L'innovation

Annalyser, anticiper, agir

P.I.E. Peter Lang

Bruxelles • Bern • Berlin • Frankfurt am Main • New York • Oxford • Wien

Réseau de Recherche sur l'Innovation
Sophie Boutillier, Faridah Djellal et Dimitri Uzunidis (dir.)

L'innovation

Annalyser, anticiper, agir

Préface de Jean-Hervé Lorenzi
Président du Cercle des économistes

Collection « Business & Innovation »
n° 5

Éditions scientifiques internationales
Bruxelles, 2013
1 avenue Maurice, B-1050 Bruxelles, Belgique
www.peterlang.com ; info@peterlang.com

ISSN 2034-5402
ISBN 978-2-87574-051-9

D/2013/5678/19

Ouvrage imprimé en Allemagne

Information bibliographique publiée par « Die Deutsche Nationalbibliothek »
« Die Deutsche Nationalbibliothek » répertorie cette publication dans la « Deutsche Nationalbibliografie » ; les données bibliographiques détaillées sont disponibles sur le site http://dnb.n-db.de.

Table des matières

Deuxième partie
Politiques d'innovation et rôle des institutions

TROISIÈME PARTIE
FUTURES TRAJECTOIRES D'INNOVATION

TEMOIGNAGES
ENTRETIENS RÉALISÉS PAR INGRID VAILEANU-PAUN ET FLORIN PAUN

Remerciements

Cet ouvrage est produit suite aux fructueux débats qui ont eu lieu au cours de la Journée Innovation 2012 organisée par le Réseau de Recherche sur l'Innovation (http://2ri.eu) qui s'est tenue le 4 juin 2012 à la Cité des Sciences et de l'Industrie à Paris.

Plusieurs institutions ont soutenu l'organisation et le bon déroulement de cette journée, ainsi que la publication de cet ouvrage. Au nom du comité d'organisation, nous remercions l'Institut CDC, La Caisse des Dépôts, CDC Entreprises, Universcience, le Laboratoire de Recherche sur l'Industrie et l'Innovation (Lab.RII, ULCO) et le Centre Lillois d'Études et de Recherches Sociologiques et Économiques (Clersé, UMR 8019).

Nous sommes aussi très redevables vis-à-vis de tous les membres du Réseau de Recherche sur l'Innovation pour leur aide dans la conception, la mise en place et les prolongements des débats qui ont eu lieu lors la Journée Innovation 2012. Aussi, nous tenons à remercier plus particulièrement Isabelle Laudier (Institut CDC), Taos Ait Si Slimane, Olivier las Vergnas et Pascal Collovald (Cité des Sciences), Jean Bourdariat (RRI), Maria Lorek (RRI).

Le Président et les vice-présidents du Réseau de Recherche sur l'Innovation expriment toute leur gratitude à Madame Claudie Haigneré, Présidente d'Universcience, pour le chaleureux accueil qu'elle a réservé à la Journée Innovation 2012.

RRI
Réseau de Recherche sur l'Innovation

CLERSÉ UMR 8019

INSTITUT CDC POUR LA RECHERCHE

Laboratoire RII
Université du Littoral

Caisse des Dépôts

cdc entreprises

universcience

Préface

Jean-Hervé LORENZI

Ce livre, qui rassemble 24 contributions d'experts reconnus – économistes ou scientifiques, est publié à un moment très exceptionnel dans l'évolution de l'économie mondiale. Chacun pense, à juste titre, que le progrès technique est au cœur de la croissance, mais un doute profond saisi les uns et les autres. Où en sommes-nous de ce progrès ? Comment va-t-il se développer ? Quelle structure permettra d'en accélérer la parution et la diffusion ? Après des années de croyance absolue dans une évolution linéaire du monde, le doute s'installe, avec des questions sous des formes diverses : disposons-nous de ressources suffisantes pour continuer à investir et à produire dans les conditions actuelles ? La connaissance scientifique connaîtra-t-elle une progression aussi stupéfiante que dans le siècle dernier ? Les pays émergents vont-ils prendre le relais de la progression humaine en laissant les pays de l'OCDE dans une stagnation séculaire ? Tout cela n'est pas simple spéculation car un grand débat public est en train de naître aux États-Unis et bientôt en Europe, lancé par Kenneth Rogoff, l'historien des crises financières. Quel est-il ? Celui du ralentissement du progrès technique et de son rôle dans la crise. Car chacun sait qe le monde a réellement découvert la croissance, de la fin du 18e siècle jusqu'à nos jours, grâce à son développement.

Conséquence logique : de très nombreux économistes se sont donc penchés sur son poids dans la croissance et l'ont considéré comme le facteur explicatif majeur tout au long de ces deux siècles. Mais, force est de constater, comme l'a fait récemment l'économiste Robert Gordon, que l'ampleur du progrès technique durant les années 2000, mesurée par la productivité globale des facteurs, est en baisse aux États-Unis, en zone euro et au Japon.

D'où le caractère central de la question qui commence à émerger, tout particulièrement aux États-Unis, et qui sera au cœur des débats des années qui viennent. Est-ce que nous n'assisterions pas, depuis une quinzaine d'années, à un ralentissement très significatif de l'émergence d'innovations et de leur diffusion ? La 3e révolution industrielle, liée aux technologies de l'information et de la communication, n'aurait-elle pas épuisé ses effets depuis les années 2000 ?

En 2009, j'avais avancé cette hypothèse dans un ouvrage au titre évocateur, « L'innovation au cœur de la nouvelle croissance »[1], pour expliquer l'ampleur et la particularité de cette crise économique profonde. En effet, la crise financière fut précédée lors des années 2000 d'une exceptionnelle hausse des prix de toutes les matières premières, agricoles, industrielles ou énergétiques ; ce signal majeur ne s'était pas transformé en incitation à innover radicalement. Par contre, les innovations financières fleurirent tandis que les innovations, pour produire à moindre coût dans les pays émergents, ne cessèrent de se répandre. Une parfaite illustration de ce phénomène fut le succès de la Logan, en comparaison de l'extrême difficulté à diffuser un nouveau produit comme la voiture électrique.

Si cette hypothèse se trouvait vérifiée, l'avenir du monde en serait rendu doublement incertain. Incertain sur les rythmes de la croissance à venir, car la baisse de la productivité globale des facteurs induirait sur longue période la faiblesse de la croissance potentielle aux États-Unis et en Europe. Surtout incertain sur les futurs bénéficiaires. Le monde connaîtra de nouvelles vagues d'innovations mais rien ne permet de dire qui les produira et qui se les appropriera. En termes clairs, on a toujours le sentiment que l'avenir des pays de l'OCDE est derrière eux et qu'ils doivent céder la première place de manière inévitable aux pays émergents qui montent en gamme et en niveau technologique. Mais ces derniers ne seront pas obligatoirement les bénéficiaires de la future révolution industrielle.

Et c'est à la découverte de ce que pourrait être cette nouvelle révolution industrielle, que nous conduit, avec talent et passion, cet ouvrage. La structure du livre est déjà programmatique. Il faut d'abord des acteurs, qui créent l'innovation, répondant ainsi à la vision schumpétérienne. Le parti pris est résolument celui de trouver dans les toutes petites entreprises l'origine principale des grandes ruptures technologiques. La deuxième partie, beaucoup plus appliquée, se demande quel est l'environnement qui favorise l'éclosion de ces milliers d'innovateurs qui vont permettre à un nouveau monde d'apparaître. Et puis vient le moment de l'interrogation sur ce que pourrait être la prochaine révolution industrielle. Les questions sont toujours les mêmes : quels seront les nouveaux secteurs ? Quel est le rôle de la science dans l'émergence de l'innovation ? Quelle est la partie des services dans ce nouveau système productif. C'est là tout l'objet de la troisième partie qui permet à cet ouvrage très exceptionnel de trouver sa cohérence et d'affirmer haut et fort un optimisme sur notre avenir qui n'est pas si courant aujourd'hui. J'ajouterai volontiers quelques recommandations pour notre pays.

---

1 Economica, 2009.

Si nous voulons être partie prenante des décennies à venir, il nous faut surmonter deux énormes difficultés. La première, et ceci est particulièrement évident en France, est celle de notre rapport intime avec le progrès scientifique. Nous avons trop largement développé l'idée qu'il pouvait être porteur de risques majeurs pour l'humanité, avec cette utilisation abusive du principe de précaution. Car cette position, qui peut avoir une vraie légitimité, est dans les conditions actuelles un véritable frein au développement scientifique et technologique.

Et puis surtout, tous nos efforts d'éducation pour élever le niveau de connaissance pour toutes les strates de la population sont très insuffisants par rapport à ce qui nous permettrait de développer l'innovation. Il est vraisemblable que nous avons dans nos laboratoires, dans les domaines de l'énergie, de l'agro-alimentaire, des sciences du vivant, de quoi alimenter une véritable transformation des modes de consommation et de production des biens et services. Encore faut-il en avoir la volonté, c'est-à-dire investir suffisamment et ne pas considérer qu'un seul domaine suffise, par exemple celui de l'environnement.

« Une nouvelle frontière technologique doit émerger sous l'impulsion d'une mutation, digne d'une révolution industrielle, dont on sait qu'elle ne peut résulter que d'une coévolution harmonieuse de la technologie, des institutions et de la demande » écrivions-nous en 2009. C'est plus que jamais d'actualité et, en un mot, il faut penser à vingt ans et conduire nos pays avec les efforts nécessaires et une détermination absolue vers la quatrième révolution industrielle.

Mais, ce livre si fouillé, si dense, si complet fera date dans la littérature sur l'innovation, car il nous apporte un panorama complet sur la réflexion que nous pouvons avoir aujourd'hui. Tout cela est encore en pointillés mais demeure largement entre nos mains. L'ambition du livre était d'éclairer la route. C'est chose faite. Reste maintenant à agir.

Présentation Générale

Sophie BOUTILLIER, Faridah DJELLAL, Dimitri UZUNIDIS

L'innovation est au cœur du modèle dynamique de croissance fondé sur l'incertitude, le risque et le profit. Dans le contexte actuel de crise et de mondialisation, l'entrepreneur, l'entreprise et les institutions publiques d'action économique sont interpelés par le besoin de renouveler au plus vite les technologies, les schémas organisationnels et les modes de production et de consommation.

Dans les nouvelles approches de l'innovation, selon les auteurs du livre, l'entrepreneur et l'entreprise sont appréhendés à travers leurs compétences et leur fonction de création de ressources. Graduelle ou radicale, l'innovation devient ainsi endogène et elle est intégrée dans un processus complexe caractérisé par de nombreuses rétroactions et interactions. L'organisation innovante est présentée dans ce livre comme un système dynamique composé de compétences particulières et diversifiées. Par l'acquisition, la combinaison et la mobilisation de ces compétences, l'innovateur (entrepreneur ou organisation) peut créer de ressources technologiques et faire évoluer les relations qu'il entretient avec son environnement. C'est ce qui explique l'importance du management de la conception, de l'application et du développement dans la mise en œuvre d'un processus d'innovation.

Un système d'innovation mobilise un ensemble de connaissances et de compétences issues des processus d'apprentissage et intégrées dans sa mémoire. Ces connaissances doivent être enrichies pour être valorisées par la mise au point, l'utilisation et le lancement commercial de nouveaux biens et services et des nouvelles technologies. La survie du système dépend de sa capacité à innover qui lui permet d'affronter les agressions externes, de se transformer et de perdurer. Les stimuli externes (concurrence, substituabilité des produits, politiques d'innovation, etc.) sont générés par le contexte économique et ils agissent sur les entrepreneurs et les entreprises comme des moyens de sélection. Les procédures de sélection sont formées par le climat des affaires : nature du marché des produits, disponibilité du capital et du travail, rythme de l'innovation, effets des politiques publiques, etc. Elles peuvent, par conséquent, créer des alternatives au mode de fonctionnement, de gestion et de production d'une entreprise donnée (ou d'un système d'innovation particulier).

Le climat des affaires est, dans tous les cas, créateur de barrières ou d'opportunités pour l'organisation. L'imprévisibilité des résultats et l'existence possible d'alternatives constituent les principales incertitudes intrinsèques aux activités d'innovation. Par ailleurs, comme le processus d'innovation est un processus d'apprentissage et de valorisation, l'organisation innovante doit constamment procéder à des ajustements internes et réviser ses relations avec son environnement. Il va aussi sans dire que, par leur action, l'entreprise et l'entrepreneur transforment le contexte sociotechnique et modèlent l'économie environnante.

En bref, l'innovation ne peut être appréhendée que si l'économiste et le manager recourent à une analyse multiforme des relations évolutives qui s'établissent entre l'acteur et le système. L'innovation contribue incontestablement à la croissance et, surtout, au changement économique et social. La réussite de ses effets multiplicateurs dépend aussi bien de l'efficacité des politiques économiques appliquées par les décideurs publics pour soutenir l'acte d'entreprendre et d'innover que des stratégies mises en œuvre par les entreprises, dans le domaine de la production, de l'acquisition et de l'application des connaissances et des idées nouvelles. Le plus difficile est cependant de prévoir son orientation : domaines d'application de la science dans la production, effets combinatoires des connaissances et des techniques, besoins révélés et/ou satisfaits, etc. Il est donc malaisé de se prononcer avec certitude sur l'orientation de la trajectoire des innovations, même si, considérant l'immense volume de connaissances scientifiques et techniques accumulées et des appels au changement, quelques indications concernant l'évolution du paradigme sociotechnique peuvent apparaître.

Dans cet ouvrage l'innovation est définie et « utilisée » en partant du modèle des 3 « A » : Analyser ses propres forces et faiblesses et celles du contexte technique, économique et social pour Anticiper le changement et Agir pour s'adapter ou, au contraire, pour conduire le progrès. Les études présentées par des universitaires, des managers de l'innovation, des journalistes et des décideurs politiques s'appliquent aux trois niveaux hiérarchiques des systèmes d'innovation : les micro-systèmes de l'entrepreneuriat et de l'entreprise ; les méso-systèmes des réseaux et des territoires ; les macro-systèmes consacrés aux paradigmes technoéconomiques.

La première partie de l'ouvrage traite des stratégies entrepreneuriales d'innovation dans un contexte systémique. Le concept d'entrepreneuriat au sens schumpétérien est étroitement lié à la question de l'innovation. Il est synonyme de l'introduction de nouvelles combinaisons productives (nouveaux biens ou services, nouvelles organisations, nouveaux débouchés, nouveaux processus) qui augmentent le profit de l'innovateur. L'entrepreneuriat décrit l'activité à travers laquelle une personne ou un petit groupe de personnes fonde une nouvelle entreprise sur la base d'une idée innovatrice, mais il peut également renvoyer à des initiatives au sein de firmes existantes, ce que certains appellent l'intrapreneuriat ou encore au sein d'un système d'innovation, sectoriel, régional ou national.

Le concept de système d'innovation a fait l'objet de nombreux travaux français et étrangers centrés sur les innovations technologiques et sur le rôle structurant des grandes entreprises dans la dynamique d'innovation. Ces travaux ont le plus souvent négligé les dimensions sociales et institutionnelles de l'innovation et davantage encore le rôle de certains acteurs économiques, comme les associations et les très petites entreprises.

Les contributions de cette première partie de l'ouvrage abordent toutes la question des systèmes d'innovation, en privilégiant des points d'entrée différents : l'entrepreneuriat et la place des petites et très petites entreprises dans la dynamique entrepreneuriale, l'innovation technologique, l'innovation sociale, les régimes d'appropriation de l'innovation, la question du développement durable...

Michel Marchesnay analyse le rôle de la très petite entreprise (TPE) dans l'avènement du capitalisme entrepreneurial qui a connu trois révolutions (technicienne, gestionnaire et sociale). À travers l'analyse de ces trois révolutions, l'auteur nous montre que les TPE, parfois structurées en réseau, sont loin d'être inactives ou subordonnées à l'innovation des grandes entreprises, mais qu'au contraire elles jouent un rôle actif et structurant dans la dynamique d'innovation. Ce travail est illustré par des cas d'innovation qui mettent en évidence la spécificité des TPE et leur forte hétérogénéité.

Sophie Boutillier montre que si l'innovation et le progrès technique ont toujours été au cœur de la dynamique capitaliste, l'analyse de leur rôle est incomplète voire insatisfaisante. L'auteure se livre à une lecture de l'histoire de l'analyse économique pour tenter de redonner à l'entrepreneur la véritable place qui lui revient dans la dynamique d'innovation et mettre en évidence l'actualité du sujet.

Patrice Noailles-Siméon propose une typologie des innovateurs visant à souligner l'intérêt de dissocier les concepts d'innovation et d'entrepreneur dans l'analyse de la dynamique d'innovation. L'auteur s'appuie sur son expérience de consultant pour aborder les points communs mais surtout les différences entre la fonction d'innovateur (jugée très occidentale) et la fonction d'entrepreneur.

Laurice Alexandre-Leclair s'intéresse à la question de l'articulation entre l'entrepreneuriat social et l'innovation sociale. Après avoir défini chacun de ces deux concepts séparément, l'auteure analyse par quel moyen cette articulation peut être obtenue. Celle-ci s'avère d'autant plus nécessaire qu'elle joue un rôle structurant dans le système national d'innovation (SNI). Ce chapitre accorde, il faut le souligner, un rôle particulier aux associations qui peuvent influer sur les travaux de recherche des chercheurs.

Yvon Pesqueux traite de la question du management de l'innovation dans les modèles de gouvernance de l'entreprise. Ces derniers sont décrits et analysés de manière très détaillée par l'auteur qui met l'accent sur la notion de développement durable. Selon lui, au même titre que la finance, le développement durable serait au cœur des modifications des modèles de gouvernance et il serait un des leviers essentiels des dynamiques d'innovation contemporaines.

Blandine Laperche, Fabienne Picard et Nejla Yacoub se livrent à une lecture néo-institutionnaliste de l'innovation « multi partenariale » définie comme « un modèle générique qui intégrerait toutes les formes d'ouverture de l'entreprise sur son environnement dans le but d'innover ». La question essentielle qui est traitée est bien entendu celle des droits de propriété et des régimes d'appropriation de l'innovation dès lors qu'elle est co-produite. Les auteurs proposent une typologie de l'innovation multi-partenariale et analysent la manière dont les droits de propriété constituent, pour chaque type d'innovation, soit un mode de coordination, soit une source d'opportunisme pour les entreprises.

Le dernier chapitre de la première partie (Florin Paun, Hugues-Arnaud Mayer) est une contribution de deux praticiens de l'innovation à l'étude des dispositifs de compréhension du processus de la « demande d'innovation » par les différents acteurs. Le chapitre privilégie une vision (plus) globale du processus de demande de l'innovation en mettant en particulier l'accent sur l'innovation sociale et sur les différentes formes de travail collaboratif fortement favorisé par des liens de confiance.

Mais l'activité de l'entrepreneur et de l'entreprise s'inscrivent dans un contexte institutionnel propre. Aussi, si les contributions de la deuxième partie ne dressent pas un bilan exhaustif du rôle des institutions publiques en matière de promotion de l'innovation, elles en font un tableau varié et riche. En vertu de l'expression populaire, « on n'arrête pas le progrès », le progrès technique n'est pas donné. Il est le produit d'une évolution complexe où interviennent une grande variété d'acteurs : entreprises, chercheurs, ingénieurs, ouvriers, etc., mais aussi et surtout des politiques qui par les orientations qu'ils fixent et les moyens qu'ils y consacrent, contribuent aussi à la production de connaissances. Dans tout pays avancé ou en développement, un grand nombre d'institutions ont été créées, avec une accélération depuis les années 1950, pour soutenir et promouvoir l'innovation. Celle-ci n'est pas seulement le moyen d'améliorer le bien-être social, elle est aussi (et peut-être surtout à l'heure actuelle) un élément important de la compétitivité économique des nations.

Zeting Liu retrace depuis les années 1950-1960 les grandes étapes du système national d'innovation français par le biais de ses politiques publiques d'innovation, qui se sont traduites par la mise en place d'une pléthore d'organismes, d'agences, de commissions, etc., plus ou moins directement rattachés au pouvoir central. Depuis les années 1980-1990, à l'instar de l'expérience des pays anglo-saxons, l'État français a cherché à mettre en œuvre une politique décentralisée, le *policy mix*, de manière à améliorer les retombées économiques des découvertes scientifiques, avec jusqu'à présent des résultats mitigés.

Parmi les institutions françaises qui soutiennent l'innovation, OSEO a un statut particulier en tant qu'entreprise publique à fonctionnement privé, pour le financement des petites et moyennes entreprises (PME). La direction de l'évaluation et des études d'OSEO dirigée par Annie Geay dresse un bilan pour 2011 : le nombre de PME financées par OSEO augmente régulièrement, pour l'investissement, le suivi de la création d'entreprises, les actions de soutien à la trésorerie et à l'innovation. En 2011, OSEO a ainsi financé 16% des créations d'entreprises, et contribué au financement de l'innovation en socialisant le risque, puisqu'ainsi les banques apportent plus volontiers leur soutien aux PME innovantes.

La CDC Entreprises (dirigée par Frédérique Savel), contribue aussi très largement au financement de l'innovation. CDC Entreprises est une société de gestion du groupe Caisse des Dépôts qui a en charge tous les programmes d'intervention de la Caisse des dépôts concernant des prises de participation en actionnaire minoritaire, depuis 1994. La Caisse des dépôts, initialement la Caisse des Dépôts et Consignations (CDC) est une très vieille institution française, créée en 1816. À l'image de la *policy mix*, la CDC Entreprises constitue un exemple significatif de l'évolution du financement de l'économie sur le long terme. Son action bénéficie aux PME, engagées dans un processus de très longue durée et sur des segments de marché peu ou mal desservis par les acteurs privés du capital investissement.

Innovation, innovation ! Mais qu'en est-il de la satisfaction des besoins humains et sociaux ? Telle est en substance la conclusion de Jean-Claude André, physicien et directeur de recherche au Centre national de la recherche scientifique (CNRS). Dans une société reposant sur la réinvention permanente de... gadgets. Certes, l'innovation technologique est une source importante de création d'emplois et de croissance économique, mais innover est aussi devenu la raison d'être tant de l'entreprise, qui par ce biais conquiert de nouveaux marchés, que de l'universitaire, qui est évalué, en fonction de sa capacité à déposer des brevets. Le système d'innovation s'est développé en France selon une logique de l'offre qui a enregistré des succès spectaculaires (allongement considérable de l'espérance de vie), mais aussi avec des catastrophes (« vache folle », sang contaminé, amiante, etc.).

L'équipe du Centre Agronomique pour le Développement (CIRAD), composée de Sophia Alami, Danièle Clavel, Claire Maffezzoli et Benoît Bertrand, présente un exemple très intéressant de coopération Nord/Sud en matière d'agroalimentaire. Le CIRAD est un établissement public français à caractère commercial et industriel. En partenariat avec des pays du Sud, il produit et transmet des connaissances pour accompagner le développement agronomique. Les auteurs exposent leur action pour la production locale de nouvelles variétés hybrides de café au Nicaragua. Compte tenu des interrogations de Jean-Claude André, l'exemple du CIRAD est tout à fait instructif de ce que peut être un processus d'innovation non linéaire et multi-acteurs. Il montre que l'innovation ne se résume pas à de la technologie. Le chercheur doit être un chercheur « total », attentif aux externalités provenant de ses travaux.

Le secteur militaire est fortement innovant. Depuis quelques années, au ministère de la Défense, l'innovation participative a contribué à faire émerger des innovations militaires, comme le montrent l'Ingénieur Général Jean-Luc Masset et le Général Bruno Lassalle, tous deux en poste à la Mission pour le développement de l'innovation participative (MIP). D'une manière générale, innovation et défense sont depuis toujours fortement liées, l'actualité ne le dément pas. Dans le secteur militaire, on distingue, l'innovation « par le haut » ou institutionnelle et « par le bas » qui provient des militaires sur le terrain. L'innovation « par le bas » ne se décrète pas, car elle est souvent liée à un problème urgent, généralement pendant un conflit. Le ministère de la Défense a créé la MIP pour soutenir l'innovation spontanée.

Dimitri Uzunidis s'interroge sur un autre acteur de l'innovation : le territoire. Depuis Marshall et son « atmosphère industrielle », le territoire est devenu pour les économistes, un acteur nodal. Plus récemment, l'accent a été mis sur son rôle en matière d'innovation. Si l'idée est *a priori* séduisante, le processus conduisant à l'innovation dans un contexte territorial donné est complexe, parce que les définitions du territoire sont pléthoriques, et parce que nombre d'acteurs interviennent. L'auteur se réfère à l'approche par la proximité, en mettant l'accent sur les synergies économiques et institutionnelles qui peuvent se produire entre des acteurs (entreprises, laboratoires publics et privés, institutions financières, etc.), formant un système local d'innovation.

Slim Thabet, représentant le Conseil Régional de Picardie, dresse un cas d'école des dynamiques de croissance (ou au contraire d'appauvrissement) susceptibles de se produire dans le cadre d'un territoire donné, ici la Picardie. L'auteur s'interroge sur les mécanismes de la désindustrialisation. Slim Thabet définit dans un premier temps la désindustrialisation qui recoupe des phénomènes très variés, en particulier l'externalisation d'activités de services directement liées à la production industrielle. Ce type de décision répond généralement à des impératifs de compétitivité. On le constate très nettement en Picardie, où malgré une baisse drastique des effectifs industriels, la valeur ajoutée industrielle a largement augmenté. Face à une situation économique et sociale difficile, quel peut être le rôle des institutions régionales pour promouvoir l'innovation ? Au-delà du « made in France », l'heure ne serait-elle au « made in région » ?

Enfin, Jacques Grangé, directeur de l'aménagement de Tremblay en France, consacre sa contribution à une région française qui concentre 29% du PIB national et près de 4% du PIB de l'Union européenne, l'Ile de France. Centrée autour de l'aéroport Charles de Gaulle, créé au début des années 1970, ce territoire est devenu depuis un carrefour mondial pour le transport de marchandises et de passagers. Mais, il est aussi un carrefour où se rencontrent les grands noms de la *high tech* mondiale, créant une économie de circulation de la connaissance.

La troisième partie de l'ouvrage est consacrée à la prospective : quelles peuvent être les innovations de demain ? Comment sont-elles générées et sont-elles une condition nécessaire et suffisante pour « mieux vivre » ? Depuis les « révolutions industrielles » du 19e siècle, la « technicisation de la science » et la « scientifisation de la technique », selon les expressions chères à Habermas (voir *La technique et la science comme idéologie*, Gallimard, 1973) ont été marquées par le rapprochement entre science, technique et économie. Le travail de production de connaissances scientifiques et techniques est devenu une activité normalisée et institutionnalisée. Malgré cette intégration poussée des connaissances scientifiques et techniques, le progrès technique suit une trajectoire qui rend l'innovation imprévisible. Dans le premier chapitre, Laurent Lemire partant du postulat que l'innovation est l'application économique de la découverte scientifique montre qu'elle est une conception récente. Même si l'innovation apparaît bien dans toute sa complexité, dans ses rapports tendus entre la rentabilité et la découverte, l'histoire des sciences révèle combien l'inconnu est une dimension essentielle de sa définition. Pour l'auteur, l'innovation est souvent une chose à laquelle nous ne nous attendions pas...

L'imprévisibilité de l'innovation ne peut empêcher le chercheur de la projeter dans le futur. Pierre Papon, analyse les logiques des grandes innovations du passé pour présenter ses tendances logiques. Les découvertes scientifiques et les innovations technologiques du 20e siècle ont changé notre rapport (et notre vision) à la matière, au temps et à l'espace. Il s'agit d'une véritable « rupture » dans nos modes de pensée et d'action : ainsi la théorie de la relativité d'Einstein a-t-elle changé radicalement tant la conception du temps et de l'espace héritée de Newton que celle de la relation entre la masse et l'énergie (l'un des fondements de l'énergie nucléaire). Elle est aussi, partiellement, d'essence technique : l'invention du transistor a permis l'essor des technologies de l'information dont l'impact social, économique et culturel est universel...

La logique de l'apparition et de la diffusion des innovations doit être comprise en recourant à l'analyse systémique. Smail Aït-El-Hadj poursuit la démonstration à partir du modèle d'analyse de la systémique technologique. Il présente une projection d'évolution de la technologie à l'horizon technologique (ici 2030). L'auteur montre ainsi que dans le mouvement général lors des prochaines décennies, l'innovation incrémentale, au sein d'un système technologique établi mais toujours fertile, devrait rester dominante. La pression environnementale constituera une tonalité permanente et croissante du mouvement d'innovation contemporain contribuant à réorienter la trajectoire technologique de l'innovation.

Mais la systémique intègre aussi un ensemble de paramètres, acteurs, fonctions, etc. économiques et sociaux qui conditionnent la naissance, la diffusion et l'absorption de l'innovation. Les objectifs du système guident souvent l'observation (le système ayant pour but de perdurer). Nous retenons dans ce livre (par souci de pragmatisme) un grand objectif : la performance économique. Pour rétablir la compétitivité et permettre un rééquilibrage du commerce extérieur, il faut entreprendre des réformes structurelles. Gabriel Colletis plaide pour un New Deal impliquant des réformes profondes dans de nombreux domaines et un effort considérable de rénovation des systèmes d'éducation et de formation. Mais ce qu'il faut avant tout changer est la définition juridique de l'entreprise comme institution à part entière, c'est-à-dire distincte de la société de capitaux laquelle rassemble les intérêts des actionnaires. Une véritable démocratie salariale pourrait alors émerger progressivement qui donnerait un sens à la « responsabilité sociale et environnementale de l'entreprise ».

La performance nécessite donc une remise en cause des schémas économiques. Mais ces grandes innovations sociétales sont dues aux transformations profondes du « travailler », de l'« entreprendre », de l'« innover », du « consommer ». La tertiarisation de l'économie modifie l'acte d'innover comme le montrent Faridah Djellal et Faïz Gallouj. La socialisation du travail scientifique, technique et de production a donné naissance au concept de réseau d'innovation (RI) qui rend compte des dynamiques d'interaction entre des agents hétérogènes avec pour finalité la production d'une innovation. Mais il est urgent d'aller plus loin. Les économies contemporaines dominées par les services et mues par les préoccupations de développement durable doivent, pour une grande part, leur capacité à innover (que leur innovation soit économique et technologique ou sociale) aux réseaux d'innovation public-privé dans les services (RIPPS) qui accordent une place centrale aux services et au « tiers secteur » ainsi qu'aux interactions avec les services publics.

L'importance des RIPPS est illustrée par Ingrid Vaileanu-Paun et Johan van Niel qui s'intéressent à l'économie de la fonctionnalité comme ensemble d'activités innovantes. Ils proposent une approche de l'innovation centrée sur la relation de l'entreprise prestataire avec ses clients. Le concept de l'économie de la fonctionnalité permet de considérer cette relation renouvelée entre l'entreprise prestataire et le client comme participant d'une stratégie d'innovation visant à la formation de nouveaux centres de création de valeur à partir du développement d'offres de solutions visant à satisfaire les besoins du client autrement que par la simple vente/achat de produits et/ou de services.

L'entreprise doit alors être revisitée et redéfinie pour intégrer l'ensemble social dont la perspective de changement passe par les réponses que ce système peut apporter au développement durable et plus particulièrement les armes dont il se dote pour surmonter la contrainte environnementale. Mais avant d'examiner quelles innovations apportent des solutions à la dégradation de l'environnement, il est nécessaire de définir l'économie verte. C'est à cette définition qu'est consacrée la contribution de Sylvain Allemand. Les politiques couramment appliquées dans les quatre domaines cruciaux du développement durable (le changement climatique, la biodiversité, l'eau et les effets de la pollution sur la santé) sont inefficaces. Pour conclure qu'il ne suffit pas d'amender nos modèles économiques, il faut trouver rapidement de nouvelles voies.

Marc-Hubert Depret aboutit à la même conclusion en traitant de la question de la transition (économique, sociale, politique, énergétique, démographique, etc.) vers un nouveau modèle de développement plus durable, moins énergivore, plus juste (socialement) et plus respectueux de l'environnement. L'effectivité de cette transition dépend des réponses que l'économie donnera aux questions suivantes : veut-on s'adapter aux changements actuels en infléchissant le modèle de développement postfordiste ou bien est-on prêt à lui substituer un nouveau modèle de développement ? Faut-il considérer l'économie verte comme un danger pour nos modes de vie ou en faire le nouveau moteur de l'économie pour la rendre plus durable et résistante aux chocs ?

En guise de conclusion, quatre représentants d'institutions publiques (Organisation de coopération et de développement économiques, Conseil économique, social et environnemental, Fédération des villes de France et Institut CDC) de promotion de l'innovation donnent leur avis sur l'acte d'innover. Ils ont été interrogés par Ingrid Vaileanu-Paun et Florin Paun sur leur perception des impacts technologiques, spatiaux, économiques et sociaux de l'innovation. Tous insistent sur la qualité pluridimensionnelle de l'innovation.

PREMIÈRE PARTIE

STRATÉGIES ENTREPRENEURIALES D'INNOVATION

Le système 1 « Parva sed apta » : l'innovativité de la TPE

Michel MARCHESNAY

Erfi, Université de Montpellier 1

Introduction

L'une des caractéristiques majeures du nouveau capitalisme est sans conteste le rôle éminent joué dans l'innovation par les entreprises de petite taille, où l'entrepreneurship supplante le leadership propre aux grandes entreprises managériales, au point que l'on évoque l'avènement d'un capitalisme entrepreneurial, qui serait fondé largement sur le rôle structurant des très petites organisations fonctionnant en réseaux.

Dans les groupes comme dans les PME, les salariés se plaignent du primat exercé par la gouvernance économique, au détriment de la gouvernance sociale. Dans *Le Monde Magazine* (9 octobre 2010) Jean-Michel Dumay parle de « TPE attitude » : « 'le mieux vivre au travail' serait constitué d'un cocktail de T comme 'transparence' (de l'organisation, des process, de la communication), de P comme 'proximité' (de la gouvernance et du management, du salarié avec le résultat de son travail) et de E comme 'enthousiasme' (fruit d'un projet collectif et du travailler ensemble)... Le tout en vue du premier des ciments entrepreneuriaux : la motivation durable ».

Cet hymne à la TPE vaut moins par son réalisme que par le changement d'attitude à l'égard de la petite taille, de tout temps portée aux nues par les moralistes (que l'on songe aux nombreuses fables de La Fontaine qui accréditent la supériorité de la « petitesse » sur la supposée « grandeur »)[1].

---

1 Il n'est pas jusqu'à ... Olivier Besancenot, de la Ligue Communiste Révolutionnaire, qui déclarait, dans le magazine *Elle [sic]* (16 avril 2007) » : « Je ne crois pas que la solution pour la jeunesse des quartiers populaires soit de faire croire que chacun pourrait devenir patron. Maintenant ça n'empêche pas de faire une distinction, je suis peut-être plus pragmatique que beaucoup d'autres... j'ai bien compris que le capita-

1. La TPE, avenir du capitalisme ?

1.1. Is small more efficient ?

La TPE est donc en passe de devenir « la » référence emblématique d'une nouvelle modernité, dans l'antichambre de ce capitalisme qualifié d'« entrepreneurial ». Ce dernier supplanterait, du moins dans ses bastions les plus avancés, le capitalisme « managérial », fondement de la société salariale. Face à l'assèchement des innovations majeures dans les activités dites de « deuxième génération industrielle », les innovations de rupture, les plus critiques, seraient, comme elles l'ont d'ailleurs toujours été, à l'initiative de petites entreprises innovantes, d'entrepreneurs à leur compte travaillant au sein de réseaux éminemment mobiles, au gré des opportunités offertes en matière de technologies, de produits et/ou de marchés. En quelque sorte, on exorciserait la foi dans la grande taille (« big is efficient », « croître ou mourir ») et l'on encenserait la supériorité de la petite taille, source d'innovativité, d'adaptabilité et de réactivité, concrétisées par des innovations de toutes sortes et de tous niveaux.

Ainsi, le slogan « small is beautiful » né aux États-Unis dès les années 1960, en même temps que la Small Business Administration, en aurait été le signe prémonitoire, la SBA devant à la fois remédier au déclin annoncé de l'industrie lourde (et à la montée du chômage) et promouvoir les activités de remplacement, plus ou moins innovantes, par la création de TPE (et d'emplois). En France, en dépit du poids des entreprises de moins de dix salariés, leur reconnaissance, tant économique que sociale, est somme toute récente. Il suffit de citer le retard mis dans les recensements et études statistiques officielles (Insee), tout comme l'organisation d'élections syndicales destinées aux salariés de TPE. D'ailleurs l'engouement, au ton parfois incantatoire, à l'égard de l'entrepreneuriat, assimilé, soit à l'innovation, soit à la création d'entreprise, n'est pas sans ambiguïté dans le contexte hexagonal. Si des filières reprenant ce terme très « performatif » d'entrepreneuriat[2] se sont multipliées, tant à l'Université que dans les Écoles, le contenu reste bien souvent proche des cours de gestion traditionnels, fait pour les grandes firmes managériales.

Ainsi, apprend-on que la prestigieuse Harvard Business School s'est enfin décidée à ouvrir une « pouponnière à start-up » (*Le Monde*, 4 décembre 2012), dénommé Hi-Lab, ainsi que des cours d'initiation à

---

lisme avait changé et qu'il y avait désormais des petits entrepreneurs qui se retrouvent dans la merde ». En oubliant ceux qui se retrouvaient… dans la soie…

2 D'ailleurs orthographié de façon souvent fantaisiste (entreprenariat, voire entrepreunariat, etc.).Entrepreneuriat a été officialisé par l'Office Québécois.

l'entrepreneuriat, à l'instar par exemple des IUT de gestion en France. Ainsi un créateur peut-il s'en féliciter : « Ils m'ont appris comment faire ma comptabilité, payer mes salariés, choisir ma banque, etc. Des choses que l'on n'apprend jamais en cours ».

1.2. Les trois « révolutions » du capitalisme entrepreneurial

- D'abord une révolution technicienne. Elle est fondée sur quelques filières émergentes dans les années 1970, devenues dominantes de nos jours. En particulier, cette génération industrielle prospecte de l'infiniment petit (proche) à l'infiniment grand (éloigné) tant dans l'espace que dans le temps.

Charles Hand, fondateur du MBA de la Sloan School en 1967, déclarait en décembre 1997, dans la revue *Entreprise* : « Quand vous vous appelez Federal Express, vous devez être gros – pour acheter des avions et être global. Mais, pour livrer un paquet dans ma petite ville de Diss, vous êtes obligé de sous-traiter la distribution finale à l'artisan du coin, qui n'a qu'une camionnette. À l'avenir coexisteront les très grandes entreprises avec les très petites [...] C'est très difficile de survivre en gardant une taille moyenne, même quand on a un bon créneau ! »

- Ensuite une révolution « gestionnaire ». La « révolution managériale » montre ses limites (gouvernance financière, développement durable, réductions d'emplois, externalisation, crise du salariat, etc.) au point de se voir opposer une « révolution entrepreneuriale », fondée, comme on va tenter de le montrer, sur l'innovativité, la singularité, les réseaux, et, bien entendu, la petite taille, quand bien même d'aucuns évoquent un « corporate entrepreneurship », simple extension du modèle de firme décentralisée en centres de profit et groupes stratégiques.

- Enfin, une révolution sociétale. Comme pour les « révolutions industrielles » précédentes, celle-ci entraine une modification profonde des « mœurs », au sens large. Ce que l'on appelle l'hypermodernité (Ascher, 2005, Aubert, 2004, Lipovetsky, 2004) résulte de changements profonds dans les valeurs. Prônées initialement par les couches sociales considérées comme « leaders d'opinion » (lesquelles passent de l'« intelligentsia » aux « médiacrates »), ces valeurs modernistes glissent des couches « supérieures » aux « classes moyennes ». Celles-ci connaissent un renouvellement profond, eu égard à leur recomposition. La légitimité sociale évolue vers les activités dominantes du nouveau capitalisme, davantage orientées vers l'esprit d'entreprise et l'individualisme (« un humanisme », selon de Singly, 2005), le « culte de la performance » (Ehrenberg, 1991) ou de l'« urgence » (Aubert, 2004), et le nomadisme (Maffesoli, 1997).

Comme lors des révolutions précédentes, les débats de société touchant à l'évolution des mœurs traduisent les antagonismes et les résistances, les couches encore dominantes s'efforçant de préserver des situations rentières, génératrices de ce que Michel Crozier appelait en 1970 la « société bloquée » dans un ouvrage dont la teneur a conservé – hélas – toute son actualité...

Or, sur nombre de points de vue, l'appel à l'entrepreneuriat contribue à lever certains tabous de notre « société bloquée ». Ainsi la recomposition des hiérarchies dans la légitimité sociale, privilégiant l'initiative individuelle et la créativité, au détriment du statut professionnel, la contestation croissante de la doxa managériale, base de la « gouvernance » des élites, confortent le prestige des activités entreprenantes. Que l'on se focalise sur l'innovation ou sur la création de sa propre affaire, la légitimité se fonde sur l'audace opportuniste, la prise de risque, et l'aspiration à la singularité.

2. La TPE : un monde kaléidoscopique

2.1. Un éventail très large

Au total, c'est plus de deux millions d'entreprises de petite taille qui sont repérées statistiquement (fichier Sirene). La moitié d'entre elles (hors auto-entrepreneurs) sont des entreprises individuelles. Hors secteur public et agricole, elles occupent le quart des salariés (contre 50% en Italie et 15% en Allemagne). Le « tissu des TPE » se modifie en permanence, d'abord par l'élimination « darwinienne » des moins aptes, ensuite par l'adaptation « évolutionniste » aux innovations (par exemple les TIC, les matériaux nouveaux) comme aux « nouveautés » en aval des filières (surtout dans le secteur des services).

Les TPE se répartissent « grosso modo » dans les activités suivantes : 30% dans le commerce, 30% dans les services aux particuliers (18%) et aux entreprises (12%), 16% dans la construction, 11% dans l'industrie agro-alimentaire (4%) et autres (7%), 8% dans les services éducatifs, sanitaires et sociaux, le reste se positionnant dans diverses activités comme le transport, l'immobilier, etc.

Elles contribuent ainsi à l'innovation, soit parce qu'elles la créent, soit parce qu'elles la diffusent, en la testant et la légitimant sur les marchés. Au-delà de cette régénération permanente, les effectifs employés dans les TPE ne cessent d'augmenter beaucoup plus rapidement que dans les PME et surtout dans les ETI (Entreprises de taille intermédiaire) et groupes, qui perdent constamment des emplois.

Déjà l'Insee avait mis longtemps à accepter le groupe comme entité statistique, puis à recenser exhaustivement les moyennes, et ensuite les petites (de 10-20, selon les seuils, à 50 employés). Mais l'évaluation exhaustive des micro-entreprises, au sens large, semble mission impossible, car on ne peut, à l'instar de l'ivrogne cherchant sa clé, qu'aller là où il y a de la lumière, c'est-à-dire là où il y a un enregistrement officiel. De surcroît, les pratiques de salariat ou de filialisation de fait, les statuts de concessionnaire exclusif ou de franchisé, notamment, posent la question de la gouvernance effective. Plus largement, la complexité du système productif des TPE n'a cessé de croître, tant du fait du déclin de la société salariale, laissant les travailleurs « chassés » créer leur propre emploi, que de l'ascension d'une nouvelle modernité, offrant à des entrepreneurs « chasseurs » l'occasion de concrétiser leurs projets innovants. Finalement, le monde des TPE doit désormais être appréhendé en termes de spectres de plus en plus larges, allant depuis les entreprises inscrites dans une économie de marché ouverte, jusqu'aux secteurs hors marché, voire dans des activités souterraines.

2.2. Artisans et artisanats

Les entreprises artisanales constituent incontestablement la référence majeure. Le plafond est officiellement fixé à 10 salariés, sauf dérogation. L'artisanat comprend près de 150 « métiers », dûment catalogués, car soumis à enregistrement et protégés. Disparues, voire clandestines au 19e siècle, après l'abrogation des corporations sous la Révolution, les Chambres des Métiers sont réinstallées en 1924. Après une période « difficile » au cours des Trente Glorieuses (1955-1985) marquée par la disparition de nombreuses activités artisanales, urbaines et surtout rurales, va se développer, à partir des années 1985, ce que nous avons appelé un « nouvel artisanat » (Julien & Marchesnay, 1987). Avec l'aide des Chambres, bénéficiant souvent d'un environnement familial favorable, une nouvelle génération d'entrepreneurs et d'activités se développe, plus ouverte sur les innovations de la troisième génération, plus apte à gérer efficacement leur affaire. De plus, les très grandes entreprises s'appuient sur les très petites pour assurer l'application des techniques et la diffusion des produits innovants.

En témoignent par exemple les formes de relations qui s'instaurent dans le BTP, où les entreprises de taille moyenne sont progressivement exclues des interfaces de la filière construction. En revanche les artisans jouent un rôle-clé dans l'utilisation des matériaux nouveaux, la construction « verte », la filière bois, etc.

Le monde de l'artisanat a particulièrement ressenti l'effet de « tectonique des plaques » évoqué supra. Cet effet est inégalement vécu dans les trois groupes majeurs de métiers – le BTP, l'industrie et les services – mais aussi au sein de chacun, selon qu'ils ont accompagné, voire bénéficié des innovations « push or pull » ou qu'ils en ont été la victime.

Une enquête récente de la Fédération des Centres de Gestion Agréés, portant sur 75 professions dans 11 secteurs d'activité, concluait à quatre situations typiques en matière de revenu annuel (avant cotisations... et déclaré au CGA).

- 17 professions obtenaient un résultat inférieur à deux fois le SMIC annuel (> 33 000€), par exemple l'antiquité-brocante, la cordonnerie, la restauration rapide.

- 16 professions avaient un revenu inférieur à 41 250€, comme la maroquinerie, l'électroménager, les cafés-restaurants.

- 25 professions avaient un revenu inférieur à 49 500€, comme la boulangerie-pâtisserie, la charcuterie, la maçonnerie.

- 19 professions avaient un revenu > 49 500€, notamment la pharmacie, l'optique-lunetterie, les ambulances.

Ces résultats mériteraient d'amples commentaires, notamment sur les rentes générées par la « société bloquée »...

2.3. Les proximités de l'artisanat

Au-delà de ce foisonnement apparent de métiers, supposés relever de la « tradition », le secteur de l'artisanat, après avoir survécu, peu ou prou, au séisme de la concentration industrielle et commerciale, est en passe de bénéficier du second séisme provoqué par l'expansion des technologies et mœurs propres à la nouvelle modernité. Certes, le nouvel artisanat inclut désormais des entreprises High Tech, des start-up. Mais, de surcroît, les artisans sont incités à, ou contraints de créer, d'adopter ou d'adapter des techniques nouvelles (par exemple, les matériaux spéciaux) ou de répondre à des attentes nouvelles (par exemple, l'écologie, internet), quitte à observer un retour vers la « tradition » ou la « proximité » (revue et corrigée !). De fait, la notion de proximité, considérée comme centrale par Olivier Torrès (1999) pour ce qui concerne les PME, l'est encore davantage dans les TPE. Elle doit alors être entendue dans une multiplicité de sens, dont chacun sous-entend diverses pratiques innovantes :

- La proximité spatiale est l'apanage des TPE artisanales, de services ou commerciales. Le regain d'intérêt, concomitant en grande partie au développement de l'hypermodernité (« Bobos » comme leaders d'opinion), a impliqué des pratiques innovantes, telles que le développement des produits « bios », que les grandes surfaces peinent à récupérer. En particulier, des circuits courts, de type « vente à la ferme », facilités par Internet, confortent ce besoin de proximité interpersonnelle, concrétisé par un réseau de clients fidélisés.

À Bolquères, station touristique (G.R. 10) dans les Pyrénées Orientales, Francis Blanc a laissé à son frère (hôtel-restaurant) la charcuterie de ses grands-parents pour la recréer près du centre du village en ouvrant un commerce multi-activités (épicerie, fruits et légumes, dépôt de pain, journaux, gaz). Il emploie deux personnes, un boucher (ex-Meilleur Apprenti de France) et une vendeuse, sa femme assurant la gestion administrative. Il investit, avec l'aide la Région, dans du matériel et développe avec succès une activité de traiteur. Ses produits régionaux sont appréciés des touristes. Cependant, un supermarché, annoncé à Pyrénées 2000, la station voisine, va l'inciter à innover davantage encore…

- La proximité d'intérêts et de compétence s'exerce désormais largement au travers des réseaux aspatiaux. Il peut s'agir de réseaux d'ordre technique, professionnels, où des TPE, hautement spécialisées, exercent à un niveau bien souvent international, voire mondial, ce que P-A Julien appelle des entreprises « de classe mondiale ». De façon plus générale, la « Révolution Internet » élargit, parfois d'emblée, le réseau de « parties prenantes » (clients, fournisseurs, etc.). Il résulte de ce fonctionnement en réseau un double mouvement d'innovation, qu'elle soit poussée par des changements techniques (normes écologiques, nouveaux matériaux, etc.), comme on le voit dans le BTP, sous la pression des donneurs d'ordre, ou qu'elle soit tirée par les attentes des « clients », entreprises ou particuliers.

L'entreprise artisanale Mercorne, située à Langogne, en Lozère, est quasiment un cas d'école. Spécialisée dans le traitement de la corne, elle en reçoit de toutes les espèces animales et de tous les pays du monde. Le traitement, destiné à une multitude d'usages (coutellerie, bijouterie, décoration, etc.) est réalisé par des artisans expérimentés, pour répondre à une demande mondiale. Elle occupe sept personnes, pour un chiffre d'affaires de 450 000€.

- Enfin on peut parler d'un mix de proximités, dans le cadre notamment des territoires (Fourcade *et al.*, 2010). Par exemple des TPE agro-alimentaires entreprennent des stratégies collectives innovantes, soit pour développer un produit territorialisé (proximité spatiale), soit pour le promouvoir sur des marchés hors territoire (proximité d'affaires). On citera dans cet esprit le développement des « lifestyle entrepreneurs », des TPE implantées en zone verte, voire sous-peuplée, soit comme « chassés » du système salarial (cadres licenciés par exemple), soit comme « chasseurs » (architectes, designers, traducteurs, etc.). Les premiers recherchent en principe une forte intégration spatiale (la « proxémie » au sens de Maffesoli, fortement teintée d'affect), les seconds une mise en réseau aspatiale, de type « intellect » ou « effect ». Mais on observe que les entrepreneurs évoluent, à mesure que les chassés réussissent et développent un projet innovant (hôtel-restaurant par exemple) et que les chasseurs s'attachent au local, au point de prendre des responsabilités associatives, voire édilitaires.

Après avoir roulé sa bosse et obtenu un diplôme de sellerie aux États-Unis, cet entrepreneur s'installe dans le Midi, en visant simplement la réparation et l'entretien des selles. Or, ayant lancé son site Internet, il reçoit des demandes du monde entier, pour fabriquer des selles haut de gamme, sur commande. Son projet, appuyé par l'usage d'outils anciens, devient fortement innovant. Il a depuis élargi son site pour y inclure une formation à l'entretien de sa propre sellerie, et spécialisé sur la selle de western, très demandée, aux portes de la Camargue. Ce cas illustre le balancement entre deux proximités, au travers de pratiques innovantes.

Mais il faut citer également cette TPE qui collecte depuis plus de cent ans le sable de la plage de Port-Leucate. Du fait des courants marins, ce sable a une granulométrie constante. Il sert, envoyé par sacs, de référent dans les cimenteries d'une cinquantaine de pays dans le monde. La proximité spatiale de cette TPE, largement ignorée des habitants, tient à une singularité naturelle, qui induit une forte proximité avec un réseau global de clients.

2.4. Les TPE, au-delà de l'artisanat

Mais le monde de la TPE n'a cessé de s'élargir, y compris dans le domaine de la recherche universitaire. Les principales avancées sont les suivantes :

- En économie rurale, à côté des artisanats et commerces de proximité, les TPE agricoles ont développé des multi activités, souvent innovantes, telles que la transformation et la vente directe, les gîtes ruraux, l'accueil touristique, etc., notamment dans les parcs naturels régionaux. Une infinie variété d'activités innovantes se situent à l'intersection entre la culture, la transformation et le service, renforcées par les réseaux.

En 2009, Laetita, maitrise de psycho, hérite de terres familiales : « Ce fut comme un déclic… J'ai toujours été une passionnée des fleurs, et cela m'a conduite vers le safran, que je cultive depuis 2011… Parfois la famille ou des amis m'aident à la récolte mais sinon, je le fais seule et manuellement ». Elle produit des macarons, des confitures, des gelées au safran, vendus dans les épiceries fines, les marchés et les foires. Le succès venant, elle envisage de doubler la surface de production. Cette pratique innovante repose sur un produit à haute valeur ajoutée.

- En économie culturelle, l'artisanat d'art occupe un large éventail d'activités, depuis la fabrication d'instruments de musique (décrite notamment par Sennet, *op. cit.*) jusqu'à la conception d'objets décoratifs. Beaucoup de villes ont promu, voire regroupé ces activités (« archipel des métiers d'art »), créant ainsi un « effet réseau ». Parallèlement, les activités liées aux arts du spectacle, ainsi qu'à la création artistique contribuent au développement d'organisations dont les statuts vont de la permanence (cirques, compagnies, orchestre, groupe musical, etc.) au nomadisme, comme les intermittents (Nicolas-Le Strat, 2005).

Dans un ouvrage récent (2009) P. Menger souligne l'incertitude et la compétition inhérentes à l'activité artistique, qui la rendent proches de l'esprit d'entreprise : « dans des univers où nul ne peut maîtriser ni la fin de son action ni la façon dont elle affectera celle d'autrui, les individus construisent leur grandeur et leur singularité par une suite de tournois de réputation » (*Le Monde*, 2 mai 2009). D'ailleurs, les recherches comparatives entre l'innovation entrepreneuriale et la créativité artistique se multiplient.

- En économie de l'innovation, on a déjà mentionné l'intégration croissante des TPE High Tech dans le système artisanal « traditionnel », ce qui, au demeurant, ne va pas sans poser des problèmes institutionnels. En effet, qu'ils soient confirmés ou débutants, ces entrepreneurs sont le plus souvent fortement diplômés, et n'ont pas suivi les filières professionnelles classiques. Cependant, les nouvelles générations d'artisans, majoritairement ouvertes aux innovations technologiques, sont a priori enclines à accepter, voire à solliciter l'intégration des « nouveaux entrepreneurs ».

On pourrait évoquer d'autres domaines où l'artisanat prospère, comme l'économie du luxe ou du tourisme. Mais il faut aller plus loin : de nos jours, le rôle des TPE dans des activités auparavant dévolues, soit à l'État, soit au marché, tend à devenir dominant. Il s'agit pour l'essentiel de l'économie sociale et solidaire. Le plus souvent, la barrière à l'entrée est avant tout réglementaire, incluant notamment l'obtention d'un diplôme ad hoc (par exemple pour l'ouverture d'une crèche). L'esprit d'entreprise se concrétise par la multiplication des prestations spécialisées, à mesure que les innovations de troisième génération dans les domaines des soins et de la santé se succèdent.

Nombre d'études concernent les professions libérales, en particulier les activités de conseil. Là aussi, la technicisation quasiment galopante induit la création de TPE de plus en plus pointues, aptes à maitriser la complication réglementaire : d'où, par exemple, le foisonnement des experts en gestion de plus en plus spécialisés, en y incluant les conseils juridiques (et judiciaires), comptables et financiers, etc. Le spectre des TPE « en libéral » est, au total, particulièrement large, et constitue un vecteur essentiel de la diffusion des innovations : tel est par exemple, le rôle dévolu aux cabinets d'architecte, conforté par les réseaux d'experts techniques et juridiques.

2.5. La micro et l'auto-entreprise, du formel à l'informel

Reste enfin, *last but not least*, l'instauration du statut d'auto-entrepreneur. La moitié des TPE ne comprennent qu'un entrepreneur (« en solo »). Or, 60% des entrepreneurs individuels déclarent vouloir avant tout « assurer leur propre emploi » (contre 30% pour les chefs d'entreprise) et seulement pour un tiers « développer leur entreprise » (contre les deux tiers pour les chefs d'entreprise). Ce statut entendait, dès lors, satisfaire un triple besoin : faciliter un projet en vue du démarrage d'une entreprise à part entière ; fournir une activité (revenu) de complément, notamment pour les retraités, les femmes au foyer, etc., mais aussi les experts ; enfin, amener les TPE « informelles » ou « au noir » à entrer dans le giron de l'économie officielle.

Les créations d'auto-entreprises avoisinent le million, soit 70% des créations. 30% concernent les services aux particuliers (commerce, restauration, transport, hébergement), 20% les services aux entreprises (conseil pour l'essentiel), 12% le soutien aux ménages. L'auto-entrepreneur(e) n'a aucune expérience de la gestion pour 70% d'entre eux (elles). Finalement, seuls environ la moitié déclarent un chiffre d'affaires. Aussi bien, sur 1 255710 auto-entreprises créées depuis 2009, 427 284 ont été radiées fin octobre 2012, soit 828 426 restantes.

Ce statut a suscité diverses critiques, en particulier en ce qui concerne la distorsion de concurrence : règles fiscales favorables (exonération de la CFE), pas d'obligation de formation, salariat déguisé. Il est question de l'amender. Cependant, il serait du plus grand intérêt de s'interroger sur sa contribution effective à la création, la gestation et la diffusion d'innovations.

Manuel était au chômage depuis trois ans. Il souhaitait reprendre son activité de photographe, mais devait acquérir du matériel haut de gamme. Ayant obtenu un microcrédit de 2000€ de l'ADIE (Association pour de Droit à l'Initiative Économique), il va pouvoir reprendre son métier avec un statut d'auto-entrepreneur. Il fignole son projet, a commencé à rembourser, et bénéficie d'un suivi juridique et comptable. (Bulletin municipal de Montpellier, juin 2011).

Leïla, responsable de communication d'un espace ludique, a créé sa marque de bijoux fantaisie en 2010, et pris le statut d'auto-entrepreneure (comme environ 500 Montpelliérains chaque année) en septembre 2012.

Son originalité réside dans la fabrication de bijoux uniques en pâte polymère, à l'effigie de produits connus des adolescentes, depuis les boucles d'oreille « moules-frites » jusqu'au collier en biscuit.

Mais tant les chercheurs que les décideurs veulent aller plus loin, en intégrant l'économie dite « informelle », voire « clandestine ».

- L'économie dite informelle regroupe des activités illégales, car non déclarées. *A priori*, elles ne peuvent être considérées comme des « entreprises », c'est-à-dire des organisations structurées autour d'un projet. Toutefois, le travail au noir peut être fortement développé dans certains secteurs, quitte à s'appuyer sur de la main-d'œuvre clandestine.

M-C Betbeder (*Le Monde*, 20 mars1983) décrit le fonctionnement d'un atelier clandestin, installé dans une cave d'un HLM. Elle note qu'« il y a de plus en plus de ces petites entreprises – certaines carrément minuscules – dans des appartements, des caves, des greniers, les une déclarées, les autres clandestines, pratiquant la sous-traitance en cascade ». Dans l'« entreprise » enquêtée, les technologies utilisées sont « très modernes », pour fabriquer des pièces électroniques. « Tout le monde travaille ensemble », en cas de délais trop courts, on fait appel à des sous-traitants encore plus petits, voire à des voisins d'immeuble, femmes et enfants y compris.

- L'économie clandestine concerne des activités illicites, relevant de la délinquance, voire de la criminalité. Un site Internet consacré à la « misfit economy » (www.misfiteconomy.com) soutient la recherche, arguant que « loin d'être des déviants, qui menacent la stabilité sociale (ces TPE) font preuve d'une ingéniosité remarquable et inventent des méthodes originales qui pourraient bien servir l'économie formelle ». L'économie souterraine est estimée à 10 000 milliards $ dans le monde, en y incluant les loubards de quartier ou de cité, les marchands à la sauvette, les squatters, les hackers et autres pirates et copieurs, les dealers, les prostitué(e)s, les prêteurs sur gage, etc.

À Paris, le quartier de la Goutte d'Or est d'abord un « carrefour marchand », un « marché ultra concurrentiel ». « Marlboro », chuchote Mohamed : affaire conclue, un comparse va chercher la cartouche. Natif de Chlef, en Algérie, il est venu en France pour trouver du travail, sans succès. « C'est pas un métier [sic] génial mais j'ai cherché du boulot sur les marchés, dans les chantiers. Rien ! ». Il se fait dans les 400€ par mois (d'après le *JDD*, 22 mai 2011). « Les caïds [...] se considèrent comme des hommes d'affaires. Ils n'ont pas le sentiment de faire quelque chose d'aussi dégueulasse que les trafiquants de drogues dures. (..) Le fait que tout ceci soit parfaitement illégal ne change pas fondamentalement la donne. C'est d'abord de l'économie, du trafic, de l'argent, bref du capitalisme » (D. Dhombres, le « bizness » des cités, *Le Monde*, 9 décembre 2012).

3. L'innovation en TPE : des pratiques et des concepts appropriés

3.1. L'innovation : des procédures aux processus

Au cours du dernier demi-siècle, l'innovation, comme idéologie, est partagée entre deux conceptions extrêmes. L'une assimile l'innovation à l'« esprit » d'entreprise, lequel se concrétise dans la création d'entreprise. La start-up High Tech est ainsi mythifiée, au sens de Roland Barthes, si l'on se réfère aux discours (émissions, films, presse, ouvrages, etc.). Mais il lui appartient d'« avoir tout d'une future grande », car elle est destinée à faire de son créateur un mythe vivant, gouvernant un empire, offert à la pâture des médias.

Les Éditions Tonkam proposent ainsi « La Vie de Steve Jobs » présentée comme « La miraculeuse *[sic]* success story du créateur d'Apple en bande dessinée ».

L'autre se concentre sur les innovations incrémentales programmées, « managées », soit dans les labos propres du groupe industriel, soit par externalisation vers des PME, fournisseurs, sous -traitants, franchisés ou concessionnaires, par acquisition de brevets ou location de licences... ou plus simplement par l'acquisition de l'entreprise, en particulier lors de sa crise de croissance… La contre-proposition va consister à démontrer que, très logiquement, dans un grand nombre d'activités de troisième génération, les TPE sont appelées à jouer un rôle déterminant, voire dominant, dans le processus d'innovation, pour lequel elles se révèlent plus aptes

Assez paradoxalement, l'approche hypermoderne de l'innovation revient aux origines de l'industrialisation, au point que nombre de chercheurs évoquent une « culture artisanale » du processus de conception et de développement (Sennett, 2008), quand d'autres s'interrogent sur une approche élargie du processus, en plaidant pour une « écologie des actions » (Moles & Rohmer, 1977). Aux origines de la première génération industrielle, le processus d'innovation repose largement sur l'« innovativité » de l'entrepreneur – entendons, ses capacités à concevoir et développer une technique ou un produit nouveau, mais aussi à améliorer sans cesse l'existant, dans et hors de l'organisation. En d'autres termes, l'ingéniosité de l'entrepreneur est faite à la fois de son aptitude mentale, cognitive, à saisir les opportunités latentes (quitte à les inventer), et d'une expertise, technique et commerciale, à les inscrire dans les outils, pour mieux répondre aux besoins plus ou moins exprimés.

L'innovateur possède une vision à la fois à « champ large » et à « longue vue ». La dimension temporelle se manifeste d'abord par l'investissement et la « payback period » (de récupération de la mise initiale), mais aussi par la conviction que, tôt ou tard, l'innovation trouvera un écho, d'abord dans l'organisation, ensuite sur le marché. Alors que l'approche procédurale, organisationnelle, inscrit le temps dans la « période-cadre », la « tyrannie de l'exercice comptable » annuel ou pluriannuel, l'approche processuelle, organique et cognitive, l'inscrit dans la « période-délai » de la vision subjective de l'entrepreneur. Plutôt que de prévision, l'innovation entrepreneuriale repose sur une anticipation de ce que sera « probablement », voire « possiblement », voire « hypothétiquement » le futur.

3.2. Une approche pragmatique : relativisme, pluralisme, solipsisme, méliorisme

Il est plus que symptomatique que les recherches en stratégie reposent de façon croissante sur une conception processuelle et cognitive de la prise de décision. L'approche pragmatiste nous semble la plus appropriée pour aborder la question de l'innovation en TPE. Le « courant pragmatiste » résulte de la contribution, pour l'essentiel, de trois philosophes nord-américains respectivement de logique, de sciences psychologiques et sociales, d'éducation, à savoir Peirce, James et Dewey (Marchesnay, 2012). Loin de se confondre avec le prosaïsme, l'utilitarisme ou l'opportunisme, ces auteurs adoptent une démarche qualifiée par James d'« empirisme radical », dans laquelle les « percepts » (perceptions individuelles) sont en interaction avec les « concepts » – ce qui implique un refus de la « transcendance » de ces derniers, leur raison d'être essentielle résidant dans leur « utilité », c'est-à-dire dans une coordination « satisfaisante » avec les percepts. En d'autres termes, le rôle d'un modèle ou d'une théorie doit être de contribuer d'abord à la détection, ensuite à la résolution de « vrais » problèmes, enfin aux conséquences de la décision envisagée.

Les apports majeurs pour la compréhension du processus d'innovation entrepreneuriale sont à nos yeux les suivants :

1°) Une vision « héraclitéenne » du monde, qu'on résume par la formule d'Héraclite d'Ephèse « Un homme ne se baigne jamais deux fois dans le même fleuve, car ce n'est plus le même fleuve, ni le même homme ». C'est d'abord introduire l'indéterminisme, sachant que le processus est une suite d'évènements, bien souvent imprévisibles, et de tous ordres, susceptibles de booster certaines étapes de développement, ou au contraire de contrecarrer l'avancement, voire la vie du projet. Or, force est de noter que la plupart des « modèles » censés aider à la création innovante raisonnent sur un futur lisse, voire prévisible, alors que, bien souvent, l'innovateur ne sait pas ce qu'il va exactement produire, comment, combien et pour qui.

Ayant participé à un comité d'agrément d'une pépinière, nous avons constaté l'emprise des formulations procédurales. On demandait d'expliciter la nature de l'innovation, la phase de démarrage, les prévisions de chiffre d'affaires (donc le marché prospecté) et de recrutement de personnel sur trois ans (donc, d'investissement), alors que, bien souvent, le créateur potentiel reste ouvert aux opportunités, tant sur le produit que sur le marché.

En réalité, le processus d'innovation repose largement sur l'apprentissage, l'alternance essais-erreurs, l'acquisition d'expérience, la perception changeante et évolutive des problèmes-clés, etc. Au gré des informations reçues et des incidents quotidiens, les perceptions changent, parfois brutalement, en permanence, ne serait-ce qu'en réaction à de simples « signes » cognitifs plutôt que de « signaux » formels. Une des conséquences fréquemment observées est la refonte permanente du projet, à mesure que certains présupposés, explicites ou non, sont remis en cause. Pour paraphraser l'aphorisme d'Héraclite « Un innovateur ne s'attache jamais au projet initial, car ce n'est plus, etc. ».

On a ainsi observé le changement de parcours d'un « jeune cuisinier » ayant repris un commerce de charcuterie, avec une sous-activité de traiteur. Durant la phase de démarrage, il reçoit spontanément des sollicitations d'entreprises locales, installées dans la Z.I. pour servir des petits déjeuners, puis des déjeuners. Progressivement, l'activité de traiteur, au demeurant mieux en prise avec ses capacités, prend le dessus au détriment de la charcuterie. Les banques se révèlent frileuses face à ce changement de stratégie, qui nécessite une augmentation du besoin de fonds de roulement (les entreprises payant à terme).

2°) Une vision pluraliste des référentiels va à l'encontre du « monisme » de la plupart des modèles de management de l'innovation. Le pluralisme implique en effet que, loin de s'en tenir à un modèle réducteur, la démarche doit prendre en compte autant de considérations, factuelles ou autres, que de besoins, dès lorsqu'ils sont susceptibles d'influer sur le cours des évènements. En particulier les traits personnels concernant l'entrepreneur, de tous ordres (y compris la vie familiale ou sentimentale !) sont en lien le plus souvent étroit avec les mobiles et motivations de l'acte d'innovation, tout comme avec la façon dont il conduit le processus. Au demeurant, la recherche entrepreneuriale concernant, par exemple, l'environnement relationnel et les réseaux d'appartenance (professionnels, sociaux, etc.) a littéralement explosé. Elle conduit notamment à prendre en compte l'interaction entre les percepts subjectifs, de l'ordre de l'affect, et les concepts de référence, de l'ordre de l'intellect, au travers, notamment, des objectifs et des performance visées, de l'ordre de l'effect. Cette question s'avère particulièrement cruciale dans les processus innovants : en particulier, on observe une évolution de la relation entre ces trois ordres de préoccupation, faite le cas échéant de « crises » d'« étapes », de « moments-clés », dont l'innovateur après l'avoir faite, pourra raconter l'histoire – du moins, selon sa propre perception « après coup » (évidemment différente de celle ressentie « sur le coup »).

Le cas « classique » est celui d'un cadre qui « se met à son compte » pour être « son patron », avoir « une vie tranquille » (affect dominant, typique du « lifestyle entrepreneur »), et qui, à mesure que l'innovation se concrétise et qu'une forte demande se manifeste (par exemple sur le site Internet), change d'attitude, et se focalise sur les performances (l'effect), nécessitant par la suite de se forger son « modèle d'affaire », par exemple choisir la croissance ou non (intellect). Bien souvent d'ailleurs, on démontre logiquement (intellect) à cet entrepreneur que son intérêt est de ne pas croître, malgré son désir ou le « chant des sirènes » (affect), afin de conserver la haute performance de son affaire (effect).

Evidemment, les autres parcours sont tout aussi « classiques » : ainsi, l'ingénieur, qui crée sa « boîte » pour exploiter « son » innovation, privilégie au départ l'objectif de performance. Il se rend compte ensuite des problèmes d'affect (proximité avec les collaborateurs et les partenaires) qui le conduisent à réviser la conception générale de son affaire. Un entrepreneur cinquantenaire avouait, en présentant son projet innovant à des élèves-ingénieurs, avoir ainsi « mangé » *[sic]* sa prime de départ la première année, pour avoir suivi des conseils trop procéduraux, monistes.

3°) Pour les pragmatistes, le solipsisme est une attitude psychologique au cœur de l'approche perceptuelle de l'innovation par l'innovateur, mais aussi de ses partenaires. Elle signifie qu'un même phénomène, ou fait, ne sera pas nécessairement[3] perçu de façon identique par plusieurs personnes, chacune en tirant des conséquences différentes, car se référant à des « concepts » (au sens large : les modes de raisonnement, les référentiels, les valeurs, etc.) différents. À côté d'arguments rationnels, l'interlocuteur utilise, sciemment ou non, des référentiels qui le sont moins, voire pas du tout, depuis l'apparence physique jusqu'au signe astral, en passant par la « réputation ». En particulier, l'innovateur est considéré idéalement comme apte à saisir des opportunités que personne ne « voit », à posséder une vision des

---

[3] Ou « nécessairement pas » ?

choses et du futur très particulière, ainsi qu'une capacité de persuasion et de persévérance. Il en résulte bien souvent des perceptions divergentes des « autres », entre réticence, et hostilité, depuis les membres de son entourage (famille, amis, etc.), les collègues et autres spécialistes, les conseillers et autres apporteurs de capitaux.

Ainsi, le Dr Le Bihan raconte que, dès 1985, il était capable de fournir par IRM des images du cerveau, ce que l'on appelle l'IRM de diffusion. Or, il s'est longtemps heurté au scepticisme de la communauté scientifique, au point que ses collègues arboraient un tee-shirt « diffusion, perfusion » et, au dos, « confusion » ! Assuré de la justesse de sa vision, il persévéra contre vents et marées C'est aujourd'hui une méthode universellement adoptée dans tous les scanners IRM dans le monde, en particulier pour détecter les AVC.

Ce cas illustre l'observation de Dewey (cité par Sennett) pour qui « pour mener les choses à bien, il est nécessaire de comprendre les résistances auxquelles on se heurte plutôt que de leur livrer bataille... la résistance a toujours un contexte, naturel ou social, l'expérience de la résistance n'est jamais un évènement isolé ».

4°) Ce que W. James appelle le « méliorisme » est consubstantiel à l'innovation, comme, selon les pragmatistes, à toute quête de l'individu. Cela signifie que l'identification des percepts et la sélection du concept le plus apte n'ont de sens qu'en fonction d'un objectif, explicite ou non : améliorer la situation de l'individu, mais plus largement, ou par voie de conséquence, contribuer au Bien Public. L'« utilité » est donc prise au sens très large, celui initié par John-Stuart Mill. Dans cet esprit, l'innovation n'aura de succès que pour autant qu'elle constitue une amélioration, un supplément de satisfaction pour les utilisateurs du produit ou les bénéficiaires du service. Mais, pour y parvenir, l'innovateur a dû modifier sa perception des « choses » en fonction d'un concept neuf, ou différent, mais mieux adapté à l'innovation. À leur tour, les bénéficiaires remettent en cause leurs propres « concepts » et, du coup, leur propre perception des problèmes.

L'histoire de l'invention du Digicode est très significative d'une façon de saisir des opportunités que l'on appelle la « sérendipité », à savoir faire une découverte sans l'avoir consciemment ou délibérément recherchée, donc par hasard, voire par erreur (en cherchant autre chose ou simplement inconsciemment). Ainsi, Bob Carrière, électronicien, en regardant un dessin animé à la télévision, voit que le loup sauvegarde son déjeuner en l'enfermant dans un frigo à l'aide d'un compteur électrique. Il « flashe » sur l'idée consistant à utiliser un système électronique pour ouvrir et fermer les portes à l'aide d'un code. Il dépose en 1960 le brevet et le nom de Digicode. On connait la suite.

3.3. La pratique innovante, comme théorie de l'action

Les néo-pragmatistes, comme Richard Sennett (2010), passent du « small is beautiful » au « small is efficient », rejoignant ainsi l'école de Francfort, illustrée par la philosophe Hanna Arendt (1983). Dans la droite ligne de la critique de la tecné par Heidegger, celle-ci pose que ce qu'elle nomme la « vita activa », base de l'« homme moderne », est constituée de trois activités : le travail, l'œuvre et l'action. On peut penser que l'entrepreneur innovant, du moins comme type idéal, est l'illustration typifiée de cette modernité.

Toutefois, Sennett passe de l'innovation, au sens de la techno-science, à la création, ce qu'il appelle la « craft culture », sachant que celui qu'il appelle l'artisan (« craftman ») est tout individu engagé dans un processus de création impliquant une démarche pragmatique. Mintzberg parle de « stratégie du potier », d'autres auteurs évoquent le « muddling through », le modelage. Sennett, reprenant les termes usités par Arendt, s'interroge (1983 :17) : « alors que l'animal laborens se fixe sur la question du comment ? (on dira : la procédure de résolution du problème, chère aux managers), l'homo faber demande pourquoi (le processus d'identification du problème, cher aux innovateurs) ». Sennett rappelle (1983 : 157) le mot de Ruskin, pour qui « l'artisan est emblématique de tous ceux qui ont besoin de la possibilité d'hésiter, de faire des erreurs ». Ce faisant, il enfonce, si l'on peut dire, le clou de la nécessité du recours au « trial and error », ou du « muddling through » : « En technologie comme en art, l'artisan qui tâtonne fait plus que découvrir le gâchis : il le crée afin de comprendre les procédés de son travail » (1983 : 220).

Ceci peut s'illustrer en prenant l'exemple d'un grand cuisinier (Pascal Barbot, d'après S. Davet, *Le Monde*, 2 décembre 2012) figure typique du « mangeur hypermoderne », selon l'expression de François Ascher (2005) : « En suivant ses tâtonnements et illuminations, en appréhendant avec lui ses quêtes d'associations et de saveurs et de justes cuissons, en l'entendant décortiquer joyeusement un produit jusqu'à son essence, on finit par en apprendre plus sur l'élaboration d'un plat et les techniques culinaires que dans n'importe quel livre de recettes. Et l'on découvre la personnalité d'un des auteurs les plus influents de la cuisine d'aujourd'hui ».

La personnalité de l'entrepreneur, évoquée dans l'exemple ci-dessus, est effectivement essentielle dans une théorie de l'action qu'Abraham Moles (1977) positionne sur « un être individuel situé en un lieu et en un temps et connaissant le monde [...] par la projection de celui-ci sur une sorte de « sphère phénoménologique » immédiate ». L'individu focalise son attention sur les phénomènes qui lui sont les plus proches (ce que

Moles appelle une « loi de proxémie ») impliquant les actions les plus « utiles ». En praxéologie, on distingue les actions « intriquées », s'inscrivant dans une chaîne causale aux conséquences (perçues ou représentées) plus ou moins lointaines, et des actions « isolées », aux conséquences à terme rapproché et à intensité faible.

Cette distinction permet dès lors de cerner plusieurs niveaux de pratiques innovantes – entendons, en termes de perceptions, de représentations et d'actions.

- L'innovation, au sens managérial, résulte d'une démarche délibérée, en ce sens qu'elle est programmée et se fixe un objectif défini. Le cas typique est celui des start-up. La démarche est analytique, les problèmes sont hiérarchisés, les actions majoritairement isolées. En fonction de leur probable survenance au cours de la phase d'incubation, puis de démarrage (lequel peut se réaliser au sein même de la pépinière ou du BIC). Les phases ultérieures de développement et de croissance entrainent une intrication systémique des actions, avec l'apparition de problèmes non perçus dans les phases antérieures.

La question se pose notamment en ce qui concerne les relations humaines. Si l'affect domine durant la période initiale, les exigences d'effect conduisent à rationaliser, objectiver (intellect) les relations interpersonnelles en instaurant une hiérarchie, donc une distance relationnelle. Une entrepreneure[4] explique qu'après trois années de démarrage de sa société de conseil dans son appartement, elle a senti le besoin d'être accueillie dans une pépinière, car « même si la proximité restait forte, il n'était plus possible, ayant dépassé le chiffre de dix salariés, de permettre un accès instantané aux dirigeants ».

- L'adaptation se situe dans le cadre institué par l'innovation de base. Quand on interroge les « tout petits » entrepreneurs, ceux-ci insistent sur l'importance de ces changements, apparemment mineurs, mais susceptibles, souvent après coup, d'avoir des effets importants (« stratégiques ») au plan individuel ou organisationnel. L'adaptation se concrétise le plus souvent par ce que nous avons appelé des « engagements » de capacités, tels que : le recrutement de certaines personnes (commercial, ingénieur, administratif), l'acquisition de matériel ou de matériaux nouveaux, ou

[4] Valérie Peillon, propos rapportés in *Le Monde*, 25 avril 2007, article de Luc Peillon). Les entrepreneurs que nous avons personnellement interrogés dans le Club de Dirigeants (sous la responsabilité de C. Fourcade et M. Polge, et sous l'égide de l'Institut Supérieur des Métiers), perçoivent généralement un seuil plus bas de sept salariés, déclenché le plus souvent à la suite d' « incidents » jugés significatifs (ratages dans les commandes ou les séries) ou simplement de décisions « de surcharge » (embauche d'un contremaître, ou d'un adjoint de direction, par exemple).

d'une licence d'exploitation d'un procédé nouveau, le démarchage de nouveaux clients, etc.

L'adaptation ne résulte pas toujours, loin s'en faut, d'une démarche délibérée, proactive. Elle est bien souvent réactive, parfois insensiblement. Par exemple, l'entrepreneur ne perçoit pas que la clientèle a évolué, dans sa composition ou dans ses besoins, il se contente de modifier le programme de fabrication en fonction des invendus. Passé un seuil, il prend conscience du problème et agit en conséquence. Mais la réaction adaptative est susceptible d'entrainer des « dommages collatéraux », exigeant d'autres actions, de telle sorte que cette « crise » est présentée après coup, dans le « story telling », comme une « innovation ».

Un couple « d'un certain âge » avait créé une friandise originale, commercialisée dans les boutiques spécialisées. Un ruban noué manuellement (et artistiquement) constituait un « signe de qualité », censé justifier le prix de ce produit à vocation oblative. Or, le succès de cette innovation reposait davantage sur une clientèle fidèle, en croissance, que sur le cadeau occasionnel, de sorte que le prix, initialement justifié par le joli ruban (coûteux en temps) vu comme innovant, devenait un obstacle au développement des ventes. Le ruban supprimé, le packaging fut simplifié, et les entrepreneurs subirent plus qu'ils ne saisirent l'opportunité de ventes en plus grandes quantités (par exemple, en cadeaux lors de congrès) un produit désormais banalisé, ce qui modifiait largement les objectifs initiaux et la vision de départ (limitée au départ en retraite).

Au total, le pragmatisme, comme, au demeurant, la plupart des courants évoqués par Chris Steyaert, confirme le primat du processus sur la procédure, tel qu'il peut être observé dans une posture d'« empirisme radical », selon l'expression choisie par William James. C'est pourquoi il importe de préférer le terme d'« innovativité », en précisant quelles sont les différences qui en découlent. Non seulement celles-ci contribuent à légitimer socialement l'entrepreneur individuel, mais elles soulignent le rôle croissant des entreprises dans le progrès économique et la compétitivité.

4. L'innovation en TPE : de la proximité à la singularité

4.1. La face organisationnelle de la TPE

Le courant dit « immanent » considère que l'organisation est une construction édifiée au travers des relations interpersonnelles, où cette fois, le rôle des individus est essentiel, y compris sur le plan de leur responsabilité personnelle, qu'elle soit juridique ou morale. Au travers des pratiques collectives et des comportements sociaux, s'établissent des rapports d'autorité et de coopération, les tâches vont se différencier, en fonction des aptitudes de chacun, des regroupements s'opérer, tout en forgeant une identité collective, facteur d'intégration des individus, et d'adhésion à la « culture », aux valeurs collectives communes.

À l'évidence cette conception immanente est bien en phase avec l'identité des TPE. Toutefois, il faut aller encore plus loin, et considérer que l'organisation est avant tout le fruit de la démarche cognitive de l'entrepreneur, de ses propres représentations. Celles-ci concernent d'abord ses valeurs, son éthique personnelle, ce qu'il considère comme « bien » ou « mal », « juste ou injuste », « normal ou non », etc. Elles sont ensuite liées à ses traits de personnalité, son histoire personnelle, ses goûts, etc. En tant qu'entrepreneur, et conformément à de nombreuses recherches, on prend en compte d'une part ses traits de caractère (empathie et altérité, autocontrôle, maitrise du risque, tolérance à l'échec), et d'autre part ses capacités (capacités techniques – « métier » – culturelles, ouverture d'esprit, adaptabilité, créativité, charisme, etc.).

Bien entendu, la personnalité de l'entrepreneur n'est pas figée, elle évolue en permanence, parfois au jour le jour, parfois plus brutalement, au gré des réussites ou des échecs, des incidents, des accidents ou des bonnes nouvelles. En conséquence, elle modèle, autant qu'elle s'y adapte, l'organisation de son « affaire » :

- D'abord l'organisation « humaine », à mesure que des personnes sont introduites (familiers, collaborateurs, stagiaires, etc.), dessine progressivement un « habitus », des codes, des conventions internes, faites d'empathie (de conflits également, mais réglés rapidement[5]), ce que l'on conviendra d'appeler une « culture ».

Une entrepreneure, créatrice d'une start-up en bio cosmétique, exposait ainsi le cas d'un jeune diplômé qu'elle avait pris à l'essai. La culture de l'entreprise était suffisamment « décontractée » pour que, après le repas, l'un des équipiers demande au débotté au « jeune arrivant » de faire la vaisselle, tâche à laquelle jusqu'ici chacun se prêtait sans problème à tout de rôle – ce à quoi il rétorqua « qu'il n'était pas payé pour faire la vaisselle », révélant ainsi une forte aversion à l'égard de la « culture » construite dans la TPE, partant, une inaptitude à l'intégration.

---

[5] Les sociologues du travail montrent que les « coups de gueule » sont plus fréquents dans les petites que dans les grandes structures bureaucratiques, mais qu'ils se résolvent rapidement, par ajustement mutuel (pratique reconnue par Mintzberg comme spécifique des structures entrepreneuriales). Plus généralement, on peut penser que la réorganisation des tâches, en cas d'innovation, sera élaborée en suivant la même démarche.

- Ensuite, l'organisation « technique » est faite des tâches à devoir répartir et accomplir. À mesure que l'entrepreneur et les siens « apprennent le métier », se dessinent les compétences indispensables, « basiques », générales dans la profession, et celles qui lui sont propres, qui vont permettre de « distinguer » son activité, voire de la « singulariser ».

Dans l'« Économie des Singularités » (2007) le sociologue Lucien Karpik se réfère particulièrement à la haute gastronomie. Dans cet esprit, on voit que la gestion d'un restaurant, quel que soit son niveau, exige un certain nombre de compétences communes, non seulement en salle et en cuisine, mais en « back office », comme la gestion fiscale et comptable, la logistique. Ensuite, nombre de restaurateurs cherchent à se différencier en proposant des « spécialités » (locales, étrangères, écologiques, etc.). À mesure qu'on passe aux restaurants gastronomiques (inscrits dans les guides), la compétence se fait de plus en plus singulière : par singularité, on entend le fait que ces compétences sont « uniques », propres à l'entrepreneur, donc non transmissibles ou cessibles (le « génie créatif » du cuisinier, en perpétuel renouvellement), qu'elles exigent des actifs spécifiques (denrées rares, modes de cuisson : ainsi, la cryogénisation chez Ferran Adria), et, enfin, qu'elles sont valorisables sur le marché.

La singularité absolue peut apparaitre comme exceptionnelle. Elle est apparemment répandue si l'on s'en tient à la position unique sur le marché. Cependant, la « solitude » peut provenir, soit du caractère hautement novateur de l'innovation, soit de l'extrême spécialisation du métier, soit enfin parce que le marché est tellement petit qu'il ne peut intéresser les entreprises de plus grande taille, voire les autres TPE ; ou, bien souvent des trois raisons ensemble, par exemple dans le cas Mercorne, cité supra. En revanche la singularisation est un travail de longue haleine, impliquant une stratégie délibérée et constamment innovatrice.

Ferran Adria est un cas particulièrement illustratif de cette stratégie de singularisation – d'autant qu'il continue à s'organiser en vue de ne pas changer de modèle. Ainsi, le restaurant El Bulli est fermé pendant six mois, durant lesquels l'équipe recherche des formules innovantes (« repousser les limites, bousculer les produits, oser d'autres alliances, de nouvelles textures ») pour renouveler entièrement la carte la saison suivante. *A contrario*, on citera la stratégie des Frères Pourcel à Montpellier, qui se sont engagés dans une multitude d'activités, en excipant d'une image fondatrice de forte singularité (trois étoiles Michelin) : hôtellerie, restauration légère, pâtisserie, cours de cuisine, formation, internationalisation, etc. de telle sorte que la perte de leurs trois étoiles, signe d'une perte de singularité, n'a pas freiné leur stratégie de développement concentrique.

4.2. La face stratégique de la TPE

Au total, l'entrepreneur de TPE perçoit quotidiennement les deux faces de « son » organisation, telle qu'il se l'approprie, sous couvert d'une double exigence : la différenciation des tâches (on fait quoi et comment ?) et l'intégration des individus (qui fait quoi, avec qui et pour qui). Il doit donc prendre en compte la culture de l'organisation, le « travailler et évoluer ensemble », ainsi que son « métier », c'est-à-dire l'ensemble des savoirs (faire, commercialiser, communiquer, compter, etc.), des compétences et des tours de main qui façonnent la compétence de la TPE.

En contrepoint de sa face interne – son organisation – la TPE baigne dans un environnement externe, parfois fort complexe. Un stéréotype veut que le « petit entrepreneur » soit isolé : s'il a en effet bien souvent de difficultés à traiter avec maints organismes, voire à en être entendu, son réseau relationnel est bien plus riche que nombre de PME, car il empiète sur le domaine social, du fait de la proximité, à côté du domaine proprement économique. Le domaine social pose la question de la légitimité, le domaine économique celui de la compétitivité – sachant que ces deux faces ne sont pas indépendantes, mais interagissent.

Pour nombre d'entrepreneurs, et ce, d'autant plus que leur affaire est « petite », la création répond, d'après les enquêtes, à un besoin déclaré d'autonomie, de liberté, d'« être son propre patron », sans qu'un échec, ou une déception, bien souvent, dissuade de recommencer l'aventure (en évitant les erreurs de la ou des tentatives précédentes !). La création apparait, en particulier dans l'artisanat, comme une forme d'ascenseur social, comme le révèle l'histoire du capitalisme. La valorisation est d'autant plus forte que l'entreprise apparait comme innovante (il suffit pour s'en convaincre d'assister à la remise de « prix de la TPE »). Le développement des réseaux interactifs sur le Web contribue à accroître l'effet de légitimité, en soulignant que telle entreprise crée (ou maintient) des emplois et des revenus (directs et indirects) sur le milieu local, qu'elle a obtenu des prix, qu'elle est connue au niveau international, qu'elle participe à des projets, etc. L'entrepreneur peut ainsi être conduit à des formes de mécénat (par exemple, embaucher des joueurs de l'équipe locale, accueillir des stagiaires, etc.). Plus généralement, le besoin de légitimité se traduit par un enracinement (stickyness) ou un enchâssement (embeddedness) concrétisé par l'appartenance à diverses institutions (syndicat, parti, bénévolat, etc.) qui, au total, constituent le réseau personnel de l'entrepreneur, qui vient se greffer sur le réseau affinitaire (parentèle, amis, voisinage). Il peut au total, assumer des responsabilités électives, édilitaires, syndicales ou autres (président du club local ou d'une association bénévole).

L'autre facette de l'environnement est professionnelle. Il comprend tous les partenaires avec lesquels l'entrepreneur est en relations d'affaires : fournisseurs, confrères ou collègues, distributeurs, banques, clients. La grande question, à laquelle les entrepreneurs ont souvent bien des difficultés à répondre, porte sur la mission, et peut s'énoncer de la façon suivante : « Quel est le service rendu, la satisfaction apportée, par votre produit ? » et surtout : « En quoi votre produit – bien ou service – est-il « meilleur que la concurrence ? ». La réponse est d'autant plus délicate que l'entrepreneur, qui « fait » le produit, à une perception différente de ses « qualités » que celui qui le distribue, qui l'achète... ou qui le concurrence. Cette interrogation vaut pour tous les produits « marketables », offerts sur le marché.

Philippe, pâtissier dans un grand palace parisien, souhaite descendre dans le Midi pour se mettre à son compte et tirer parti de ses compétences. Il reprend une boulangerie de proximité, dans un quartier résidentiel. Il entreprend de développer la conception et la production de gâteaux très innovants (et effectivement délicieux...) espérant ainsi attirer une clientèle plus large. En fait, les clients souhaitent avant tout de la boulangerie et des viennoiseries « classiques », ce que son épouse réussit à lui faire admettre. Il cède son affaire et se réinstalle à un autre endroit de la ville, achalandé différemment.

Trop souvent, les problèmes posés par l'environnement sont perçus, voire conçus sous le seul angle du « marché », c'est-à-dire des concurrents en place et de la demande potentiel. En réalité, la situation concurrentielle de la TPE découle de la confrontation avec trois problèmes majeurs : sa vulnérabilité, les degrés d'agressivité et de dépendance.

- La TPE sera d'autant plus vulnérable – c'est-à-dire susceptible d'être mise à mal par des évènements extérieurs survenant sur son marché – que celui-ci est facilement accessible (peu de barrières à l'entrée), qu'il est complexe (beaucoup d'entreprises intervenant sur le même créneau) et qu'il est turbulent (des nouveautés incessantes, voire des ruptures fortes et sporadiques). La TPE serait donc d'autant moins vulnérable que l'entrée est limitée (loyers élevés par exemple, dans le commerce), que les concurrents sont connus et bien situés, et qu'il n'y a pas de grands bouleversements.
- L'agressivité se manifeste par les guerres de prix ou de communication, voire par des pratiques prédatrices pour emporter les marchés. Un environnement accueillant, voire coopératif améliore la situation concurrentielle.
- La dépendance, à l'égard des fournisseurs (voire, « du » fournisseur) et des distributeurs, constitue un risque fréquemment observé. La TPE sera d'autant plus dépendante (en amont ou en aval)

que le nombre de partenaires « en face » est réduit (forte concentration), qu'il est difficile de les remplacer par d'autres (faible susbtituabilité), et, enfin et surtout, que la relation est essentielle, parfois à la vie-même de l'entreprise.

Mr P., fils d'ouvrier agricole, crée une entreprise de chips artisanales, destinées à une clientèle de proximité. L'affaire prospère, jusqu'à ce que l'entrepreneur décide de se faire référencer par les centrales d'achat. Il devient alors fortement dépendant, d'abord en termes notamment de délais de paiement et de logistique, ensuite de qualité (ses chips sont jugées « trop grasses » pour – ou par – les jeunes). Il décide de faire machine arrière : il revient à ses chips artisanales (en élevant la marge) et recrée les Oreillettes de Mamie (recette de sa grand'mère) une spécialité locale (délicieuse…). Il rachète le domaine viticole (où son père était ouvrier) et produit un vin de qualité.

Dans l'économie de réseaux, où chacun des membres est spécialisé dans une tâche, en liaison avec les autres, pour déboucher sur un produit commun, on doit plutôt parler d'interdépendance, ou de co-dépendance. Les stratégies concurrentielles peuvent dès lors devenir très complexes, surtout si le « secteur » (marché, filière, etc.) est à la fois turbulent et agressif. Cette question concerne plus particulièrement les start-up et autres TPE High Tech.

5. La TPE innovante : le retour de l'entrepreneur

5.1. Les logiques d'action

Le système de gestion de la TPE comprend donc quatre grands types de problèmes interactifs (culture et légitimité, sur le plan des valeurs, métier et mission sur le plan des activités). L'articulation entre ces « piliers » est l'affaire essentielle de l'entrepreneur, au travers de l'élucidation de sa logique d'action – sachant que celle-ci est appelée à évoluer en permanence, par apprentissage et par adaptation. Cette logique d'action, en tant que concept, n'est pas toujours perçue avec clarté, puisqu'elle résulte d'un « aller et retour » entre les intentions (plus ou moins bien formulées) et les actions (plus ou moins bien justifiées). On peut toutefois l'expliciter en trois types de logiques fortement interactives : intention, allocation et valorisation.

- La logique d'intention comprend les raisons profondes (pas seulement déclarées) des décisions majeures en matière de gestion (création, retrait, innovation, développement, etc.) sachant que les intentions dépassent la seule préoccupation gestionnaire. Ainsi des considérations psychologiques, voire psychanalytiques, mais aussi sociales et affectives, interfèrent dans les choix.

Par exemple, le souhait de voir ses enfants continuer l'affaire, tout en refusant d'envisager la question du « deuil », est souvent la source de conflits entre le « père fondateur » et « les héritiers ». Ceux-ci peuvent d'ailleurs « tuer le père » en refusant de prendre la succession, ou en bouleversant la logique d'action, par substitution aux activités existantes de nouvelles, déduites de stratégies innovantes. Ces conflits ont d'autant plus de poids que les relations interpersonnelles sont fortes, voire oedipiennes.

- La logique d'allocation concerne, d'abord le choix des « ressources » (matérielles, humaines et financières), et leur transformation en « capacités ». Les capacités correspondent au potentiel dans les fonctions majeures, qui varient selon la nature de la TPE : capacité de production, capacité technologique, capacité d'innovation, capacité de commercialisation, etc.

Une start-up doit disposer (en interne ou en externe) de ressources financières, mais aussi de technologie et de connaissances pour privilégier la capacité d'innovation, pour, ensuite, développer les capacités-clés (production, commercialisation, etc.) en adoptant « chemin faisant » un timing reposant sur l'adaptabilité et la flexibilité dans l'engagement des ressources.

- La logique de valorisation pose la question du type de satisfaction que l'entrepreneur entend poursuivre, en évitant le terme d'« optimisation ». Nombreux sont ceux qui visent surtout la pérennité de leur revenu. D'autres souhaitent développer leur affaire, d'autres obtenir un chiffre d'affaires, voire un retour sur investissement aussi élevé que possible, sachant que le « capital » concerne aussi bien les actifs corporels qu'incorporels (fonds de commerce, brevets, image de marque, etc.). D'autres se satisfont avant tout d'une vie « tranquille » ou « saine », comme les « lifestyle entrepreneurs » ou les éco-entrepreneurs. Enfin, les éco-entrepreneurs militent pour la valorisation du développement durable, de la protection environnementale, etc., quitte à rejeter l'« esprit de lucre ».

Depuis ces trois volets de la logique d'action, on a pu en déduire deux types idéaux de « petits » entrepreneurs, qui ne sont pas sans liens avec l'innovation, l'attitude à l'égard du risque, la veille concurrentielle, etc.

- Le PIC est mû par une logique patrimoniale, si petit que soit celui-ci, voire réduit au RMI. Il cherche avant tout à pérenniser (P) son affaire, qu'il s'agisse de « sauver » son revenu ou de maintenir la tradition familiale. Le PIC vise l'indépendance (I), par force ou par volonté, en particulier dans le domaine financier. Enfin, il ne vise pas le développement de l'affaire (C), sauf si c'est une condition de pérennité. Ces entrepreneurs ne sont guère enclins à innover intentionnellement. Ils sont plutôt adaptatifs et réactifs, à l'instar du commerçant qui « sent » quelle sera la mode de l'été, ou que tel produit « nouveau » va marcher, simplement en observant l'attitude des clientes.

Ces entreprises PIC peuvent prospérer dans les activités peu turbulentes, peu agressives et sans effets de dépendance. Elles sont en revanche vulnérables, dès lors que de nouveaux concurrents, plus agressifs, accèdent au marché, que les activités se transforment, voire déclinent. Dès lors les innovations incrémentales s'avèrent insuffisantes.

- Le CAP est mû par une logique entrepreneuriale. Les start-up et autres gazelles en sont les figures les plus représentatives. L'idée créatrice, délibére, est conçue comme devant permettre de connaitre une croissance (C) rapide, quitte à procéder à un montage financier ou de faire appel à des apporteurs de fond. L'optique peut même être d'être revendue dans les meilleures conditions de plus-value. La pérennisation (P) de l'affaire peut néanmoins être recherchée, dès lors que certains évènements viennent modifier la logique d'action : arrivée d'associés, voire d'héritiers (la dynastie évoquée par Schumpeter), développement maîtrisé de la croissance, en ce sens qu'il conserve l'autonomie (A) de décision. En principe l'entrepreneur CAP sort du statut de TPE, encore que certaines d'entre elles se développent sans croître, notamment en matières d'effectifs, en particulier dans les activités hautement spécialisées.

La « gazelle » Neotic est typique de cet esprit CAP, qui privilégie la croissance. Neotic est devenu le n°1 des solution informatiques web dédiées aux filières agricoles et agroalimentaires. Fondée par 4 étudiants en agronomie, la PME compte 43 salariés et un chiffre d'affaires multiplié par 13, avec un taux de croissance annuel de plus de 40%. La stratégie de croissance se justifie par la nécessité d'« occuper le marché » sur un créneau mondial, concernant des questions de traçabilité des produits, de rendement, de cultivars, etc. Présente dans plus de dix pays, elle souhaite élargir sa présence et se diversifier sur les productions animales. Neotic a consacré 15% du budget à la R&D (d'après Objectif Languedoc-Roussillon, juillet/août 2011).

La croissance de la TPE est donc ici une condition de survie, de pérennisation, alors que, chez le PIC, c'est le souci de pérennisation qui justifie innovations et développements. Cependant les risques de prise de contrôle par un groupe industriel ou financier ne peut jamais être exclu.

Bien entendu, l'entrepreneur évolue tout au long de sa vie : nombre d'entre eux peuvent d'ailleurs comme les chats, avoir sept vies, ou du moins rebondir et créer plusieurs affaires, au gré des innovations suscitées par les changements technologiques et commerciaux dans la société. Par ailleurs, un entrepreneur PIC pourra voir lui succéder un CAP, plus entreprenant et innovant, et, réciproquement, un CAP pourra être suivi d'un PIC, qui assurera le régime de croisière, l'exploitation de l'innovation.

5.2. L'innovateur : entre risques et opportunités

Pour les multiples raisons qui ont été évoquées jusqu'ici, l'entreprise est d'autant plus innovative au sens large, qu'elle est de petite taille. Elle est en effet plus apte à concevoir, à créer une idée d'innovation, car l'innovateur est un solitaire ; elle est plus adaptative, donc plus apte à « apprendre en faisant », pour reprendre l'expression des pragmatistes ; elle est enfin plus flexible, c'est-à-dire capable de revenir à la position précédant le changement occasionné par l'essai d'innovation. Plus l'entreprise grandit, plus elle perd cette innovativité,

Annie Kahn (*Le Monde*, 12 décembre 2012) évoque « le silence de plomb » des grands groupes, où « parler fait peur », mentionnant un article de la HBR de M. Burris, où sont évoqués les blocages aux propositions innovantes… lesquelles sont considérées comme une gêne par les managers. Ces comportements et attitudes contredisent donc la vulgate managériale, qui encense le « corporate entrepreneurship ».

Les raisons de cette supériorité sont les suivantes :

- L'innovateur est donc un solitaire, ce qui signifie qu'il dispose de capacités cognitives qui lui permettent de percevoir une opportunité (comme Bob Carrière et le Digicode), là où personne n'a saisi le lien entre « ce qui est perçu » et le rapport avec un autre « percevable », pour autant que la relation soit conceptuellement établie. Il se peut même que le « concept » mobilisé pour « expliquer » dans l'« enquête » (« inquiry » au sens de Peirce) débouche sur d'autres relations, avec d'autres explications (comme pour la pénicilline par exemple). Cet opportunisme est d'autant plus présent que le besoin de créativité est élevé.
- La TPE est organisée sous la base d'interactions, d'autant plus fortes qu'elles sont spontanées, entre les collaborateurs. En conséquence, ce type de structure favorise l'ajustement mutuel, de sorte que le processus de conception, puis de développement opératoire et commercial, avec toutes les corrections et toutes les adaptations qui s'avèrent nécessaires, s'effectue quasiment en temps réel. En particulier, la parole est d'autant plus libre que les obstacles hiérarchiques sont réduits – en témoigne l'anecdote de la vaisselle, citée supra. Par ailleurs, rappelons que les conflits et

dysfonctionnements peuvent être plus rapidement résolus que dans une hiérarchie.

- Le nombre réduit d'acteurs permet de percevoir, d'observer et de juger « en live » et « in situ », les capacités de chacun : compétences techniques et autres, aptitude au travail en équipe, implication, etc., de telle sorte que la sélection des plus aptes, et des plus « motivés », s'opère plus efficacement[6].
- L'information circulant plus spontanément, les suggestions autour des thèmes d'innovation ou d'amélioration sont plus facilement émises, entendues et éventuellement débattues.

Les cinq sens contribuent à la perception de signes susceptibles de « faire sens » pour les « parties prenantes » : l'odeur quand on pénètre dans un « laboratoire », les bruits dans l'atelier, les impressions sensorielles, comme le toucher d'un produit nouveau, etc.

Ainsi, le patron d'une petite entreprise de charcuterie demandait au livreur, au retour de chaque tournée, de rentrer dans son bureau et de tout raconter en vrac, notamment ce que les concurrents livraient, surtout les nouveautés, les marges bénéficiaires, les divers incidents. Cette approche informelle se révélait infiniment plus riche que par exemple, une procédure de compte-rendu écrit sur une fiche préétablie.

Les économistes traduiront cet avantage concurrentiel en énonçant que la TPE n'encourt que de faibles coûts de transaction (du moins entre les membres de l'organisation) d'autant plus que les conventions sont assez claires et que la confiance peut s'établir sans grandes difficultés.

Toutefois, il convient de ne pas tomber dans l'hagiographie ou l'irénisme.

- En premier lieu, les « petits » entrepreneurs subissent beaucoup plus de coûts de transaction externe que les filiales de groupes ou les moyennes entreprises. Leur méconnaissance des arcanes administratifs, règlementaires et institutionnels, mais aussi, bien souvent, des « parties prenantes » (fournisseurs, distributeurs, banquiers, etc.), méfiants a priori, contribuent à la fragilisation de la TPE, surtout dans la phase de démarrage.
- En second lieu, la forte personnalité de nombre de ces « petits » entrepreneurs peut les inciter à adopter un comportement « asymétrique », peu ouvert aux suggestions et fondé sur l'autorité du « patron ». Cette attitude se retrouve dans un grand nombre de métiers, où subsiste peu ou prou la trilogie patron-compagnon-

---

[6] Ce que nous avons appelé le « syndrome du quatuor » : lors de l'audition d'un quatuor, on « n'entend que » l'instrumentiste qui n'est pas en accord. Il en va de même dans les toutes petites structures pour ceux qui « font tache ».

apprenti. En conséquence, la hiérarchie l'emporte sur la convivialité, et, partant, peuvent se perdre des opportunités... que pourront d'ailleurs saisir les employés, en créant leur propre affaire. On citera le cas des restaurateurs ayant fait leurs classes chez tel cuisinier étoilé, qui a pu les « inspirer », ou simplement les former pour singulariser leurs propres recettes.

5.3. L'éventail des pratiques innovantes : entre l'« être » et le « néant »

Ces observations lapidaires méritent d'être sérieusement nuancées, ne serait-ce qu'au regard de l'extrême hétérogénéité du monde des TPE, mais surtout de la singularité propre à chaque situation particulière, avec son propre parcours. Tout au plus peut-on esquisser une typologie axée sur la question de la relation entre les mobiles de la création et les modalités de l'innovation, telle qu'elle transparait dans les nombreuses recherches sur la question entrepreneuriat.

1) Le micro-entrepreneur « chassé », « par nécessité »

Il possède une faible capacité d'innovation, dès l'instant que ses emplois antérieurs n'ont pas contribué à accroître son expérience d'« un » métier. Là encore, il convient de nuancer : ainsi, nombre de projets peuvent être encouragés au travers de micro crédits et de l'économie solidaire, dans les quartiers dits « difficiles », par exemple dans les zones franches. Ce que l'on a appelé l'« entreprebeuriat » recèle un potentiel d'innovativité largement inexploité, que ce soit dans les commerces traditionnels, dans les services à la personne ou à domicile, dans l'exploitation des techniques et services émergents dans l'information et la communication.

On n'en veut pour preuve que l'intérêt que leur portent maints pays étrangers. Ainsi, la Suède, après les États-Unis et le Qatar, développe en France un projet baptisé « YUMP » (Young Urban Movement Project), l'idée étant de former des personnes issues des quartiers populaires à la création d'entreprise dans une « business academy ».

Ainsi, à Montpellier, Sophiane Al Kahliki a obtenu le prix national de « Talents des Cités ». Après divers petits boulots, il décide en 2006 de créer son entreprise « Soins Saveurs d'Arganiers » dans la ZUP de La Paillade, consacrée à la commercialisation de l'huile d'argan, en partant d'un prêt de 10 000€. Il embauche un employé, participe activement à la vie de la ZUP, et participe par la suite à la création du kébab l'Arganier dans la très achalandée rue de l'Aiguillerie.

Par ailleurs, les entrepreneurs par force peuvent, dans les zones « désertifiées » ou « difficiles », innover en créant de la multi activité, souvent avec le soutien des municipalités, là où nombre de TPE avaient fermé. En lien étroit avec leur environnement, ils peuvent s'adapter, innover en permanence, à mesure que les besoins apparaissent : du café-épicerie, on va passer à la réception et l'envoi de colis et de courrier, etc. En d'autres termes, il convient de ne pas sous-estimer la capacité de rebond de ces personnes, de tous âges, souvent contraints plus qu'enclins à créer leur propre emploi.

Stéphane Beck n'a découvert son métier de tavillonneur qu'à 49 ans. Né en 1959, cet ouvrier métallurgiste quitte la région parisienne, et s'installe en Savoie, à la suite de son mariage en 1979. Alors qu'il est moniteur, un couvreur lui fait découvrir un métier en voie de disparition : la pose de tuiles traditionnelles en bois (les tavillons). Il se forme dans un Greta, puis chez un tavillonneur chevronné. Il s'installe en 2007, crée sa société Toit des Bois et abandonne progressivement ses activités saisonnières, suite à l'explosion de la demande (+25% par an, surtout par e-mail, avec le soutien de l'association de la filière-bois en Haute-Savoie), dans la vague du retour au traditionnel et la vague de l'écologie (Keller & Artisan, 2008).

2) Le créatif sans marché.

Nombre de « chasseurs » potentiels sont en mesure de développer une idée intéressante. Mais ils échouent à les concrétiser en s'organisant, soit parce qu'ils ont du mal à construire un projet, soit parce que la « mission » sous-jacente (besoin satisfait) ne semble pas en mesure de conduire à un marché viable, soit parce que le créatif ne dispose pas des capacités entrepreneuriales.

Adéla Olejnik-Bicat, styliste d'origine polonaise établie à Montpellier, souhaite « créer une entreprise à caractère humanitaire et social, sur un vrai marché ». Il s'agit de proposer des modèles de vêtements adaptés aux personnes handicapées (tétraplégiques, myopathes, etc.). Ouvrière du textile en Pologne (bien que diplômée d'école de commerce...), elle arrive en France en 1992, travaille comme costumière aux Ballets de Nancy et chez Chanel. En 1995 c'est fortuitement qu'un professeur des Beaux-Arts tétraplégique, lui donne l'idée : « J'ai voulu me mettre à leur service et donner un sens à ma vie ». Elle se forme à la création d'entreprise à Sup de Co. L'Anvar lui accorde en 2003 un des neuf prix spéciaux nationaux, de 46 000€, mais – hélas – uniquement destiné à payer des prestataires de services (étude de marché, dépôt de brevets, business plan, site internet, défilé mode). Elle vit avec 600€ par mois, mange aux restos du cœur. Applaudie au Téléthon, elle doit payer son train pour se rendre dans les Ministères parisiens, n'obtient rien de la pépinière locale, se voit promettre des aides, mais seulement quand l'entreprise sera créée (d'après Mattia, *Midi-Libre*, 11 mai 2004).

Ce projet innovant bénéficie d'une forte légitimité sociale, et sa conceptrice fait montre, et d'une grande créativité, et d'une grande ténacité. Mais son cas est exemplaire de maints projets présentés dans les stages offerts aux créateurs potentiels, en ce qu'il présente plusieurs limites couramment rencontrées.

- D'abord cette innovation peut-elle rencontrer « sa » demande, et selon quelles modalités ? Quels seraient les prescripteurs, sans doute dans le secteur, soit de l'économie sociale, soit de l'économie solidaire ? Avec quel financement, selon quelles démarches, etc. En d'autres termes, le marché semble hypothétique.
- Ensuite de quelles ressources la créatrice a-t-elle besoin : matérielles, humaines, et leur pendant, financières ? Comment accéder à ces ressources, alors qu'elle est pratiquement « sans ressources » ?
- Enfin, a-t-elle, au-delà de sa créativité, liée à son métier, les capacités personnelles (expérience, formation, caractère) pour gérer une telle entreprise, donc pour allouer et valoriser les ressources mobilisées ?

On citera en contre-exemple le cas de Globe Moteur, en 2001. B. Ranc, garagiste, a élaboré un prototype, qui a obtenu plusieurs prix de l'Anvar (produit en émergence et d'associations de handicapés). L'idée est de monter, sur une moto pour handicapés, des roues latérales équilibrantes qui se déploient automatiquement. La mise au point du prototype est l'affaire d'une équipe (un garagiste spécialisé et un ingénieur), d'un réseau (École des Mines d'Alès, électroniciens et médecins) et de deux cabinets d'experts (analyse stratégique et juridique), de parrains (Renault, Essec, ECP) et de correspondants étrangers. Le budget est en attente d'un prêt de la Soridec (Caisse des Dépôts et Consignations) et d'une subvention régionale. La commercialisation est prévue en 2003.

On a ici l'exemple d'une démarche innovante parfaitement menée, sans, à l'évidence, que tous les problèmes de mise en œuvre, notamment de la phase de démarrage aient été, non seulement résolus, mais seulement envisagés à l'avance et programmés. Les questions qui surgissent nécessairement concernent la dynamique de la coordination entre les quatre faces du système de gestion (légitimité-culture-métier-mission). De multiples évènements vont survenir, remettant en cause la cohérence globale, nécessitant des adaptations, tant dans l'organisation que dans la conception du produit. On peut même imaginer que cette moto trouve d'autres applications que l'aide aux handicapés, que le projet soit repris par un groupe industriel ou financier. Ou que l'équipe se désunisse et se désaccorde sur les logiques d'action. En d'autres termes, plus le projet est innovant, plus les aléas sont prégnants, et, partant, les risques, et plus, logiquement, les innovateurs attendent un fort retour sur investissement.

Conclusion : is small so beautiful ?

En 1982, nous répondions à cette question dans une note de lectures de la *Revue d'Économie Industrielle* (1982), par deux éléments de réponse qui nous ont guidé depuis dans nos recherches : « small is specific » et « small is difficult ».

La spécificité de la TPE apparait clairement quand on aborde, par exemple, le rapport à l'innovation. La TPE, en tant que type idéal, se distingue des plus grandes, petite entreprises y compris, par un type d'organisation fondée quasi-exclusivement sur les rapports directs, physiques, voire sensoriels, entre les individus, y compris dans l'environnement externe. Ce primat de la perception pose la question du rôle imparti à chacun, et tout particulièrement de l'entrepreneur, dont la logique d'action, nonobstant les influences qu'il peut subir, s'impose en dernière instance. Ce point est primordial lorsque l'on considère la façon dont les questions d'innovation, de nouveauté, de changement, sont perçus et interprétés par le dirigeant de TPE.

Il faut ensuite évoquer la spécificité de chaque TPE. Chacune a sa propre histoire qui résulte de l'interaction des histoires personnelles de chacun des membres, a fortiori lorsque l'organisation se réduit à un ou deux membres, ce qui est, rappelons-le, le cas de l'écrasante majorité des entreprises recensées. C'est pourquoi il faut éviter les modèles, voire les recettes « prêtes à l'emploi », comme cela a été pendant trop longtemps le cas – pour autant qu'elles aient cessé. Demander à un créateur de donner son chiffre d'affaires dans trois ans, son marché, voire tout simplement son produit, relève de ce qu'Oliver Williamson, prix Nobel d'Économie, appelle « a fantasy », une chimère. L'aide au créateur nécessite une approche au cas par cas, pluraliste, maïeutique (accouchement des problèmes à traiter), évolutive. Dans cet esprit, les associations d'entrepreneurs peuvent jouer un rôle plus réaliste, face aux approches parfois excessivement bureaucratiques.

Spécifique, mais aussi, par voie de conséquence, difficile. L'extrême hétérogénéité des types de TPE, leur extrême individualité, qui est celle de leur géniteur, cache, à côté de réussites exemplaires, bien des échecs et des désillusions. Cela vaut aussi bien pour la start-up, soit qu'elle échoue, soit qu'elle soit absorbée par une plus grande, que pour la micro-entreprise créée par une personne créative, comme on en a donné l'exemple, et qui se heurte autant aux rigidités de tous ordres qu'aux dures réalités du marché.

Mais le paradoxe veut que, plus l'entreprise est petite, plus son système de gestion est complexe, puisque tous les « piliers » interagissent. En permanence, au jour le jour, le dirigeant de toute petite entreprise enregistre, perçoit une multitude « signes » ou « signaux » qui doivent le tenir en éveil. Il doit de plus « faire marcher la boutique », surveiller la production, vérifier les commandes, négocier les marchés et les crédits bancaires (notamment à court terme, revolving), etc. Bref, le patron de TPE doit disposer de qualités non seulement d'expertise dans son métier, mais aussi physiques, nerveuses, et de caractère. Ce sont des capacités dont on peut se demander si elles sont transmissibles, notamment par l'éducation et la formation à l'entrepreneuriat. Tout au plus peut-on supposer qu'elles sont incontournables... tout comme les qualités humaines, faites à la fois d'empathie et de distance – ce qu'on appelle le charisme.

À cette aune, les réussites médiatisées masquent les difficultés et les échecs. Contrairement aux discours convenus, l'innovation n'est pas toujours accueillie avec enthousiasme, tant à l'intérieur qu'à l'extérieur de l'organisation, et pas que dans le domaine de la gestion des entreprises ! Herbert Simon rappelait que la grande force des organisations, c'est leur inertie. Celle-ci est d'autant plus prégnante qu'elle se fonde sur une vision large et hypermétrope, et qu'elle heurte des intérêts acquis. Plus l'entreprise est grande, plus le système bureaucratique génère une vision étroite et myope. Et il est bien connu que les innovations majeures sont venues pour l'essentiel d'individus isolés, en butte avec l'ordre établi... et qui ont survécu (par chance ou par mérite).

Terminons en citant Aristote, dans l'« Ehique à Nicomaque » : « Il est possible de faire les plus belles actions sans être le dominateur de la terre et des mers, puisque l'on peut même dans les actions les plus modestes agir selon la vertu. On peut voire ceci clairement en remarquant que les simples particuliers ne semblent pas se conduire moins vertueusement que les hommes les plus puissants ; et qu'ils se conduisent même en général beaucoup mieux » (Livre X, chap. IX).

Bibliographie

Andel, P., Van Bourcier, D., *De la Sérendipité*, l'ACT MEM, 2009.

Ascher, F., *La Société hypermoderne*, L'Aube, 2005.

Ascher, F., *Le Mangeur hypermoderne*, Odile Jacob, 2005.

Aubert, N., (dir.), *L'Individu hypermoderne*, ERES, 2004.

Aubert, N., *Le Culte de l'Urgence*, Champs, Flammarion, 2004.

Auctores, V., « La petite Entreprise », Dossier, *Revue Française de Gestion*, mai-juin, 2003.

Crozier, M., *La Société bloquée*, Seuil, 1970.

Ehrenberg, A., *Le Culte de la Performance*, Pluriel, Hachette, 2003.

Germain, O. (dir.), *Les grands Inspirateurs de la Théorie des Organisations*, EMS, 2012.

Gundolf, K., Jaouen, A., *Les relations interorganisationnelles des PME*, Hermès-Lavoisier, 2008.

Jaouen, A., Torrès, O., *Les très petites Entreprises – un management de proximité*, Hermès-Lavoisier, 2008.

Julien, P-A., Marchesnay, M., *L'Entrepreneuriat*, Economica, 2012

Lipovetsky, G., *Les Temps hypermodernes*, Grasset, 2004.

Maffesoli, M., *Du Nomadisme*, Livre de Poche, 1997.

Marchesnay, M., Is small so beautiful ?, *Revue d'Économie Industrielle*, n° 19, 1982, p. 110-114.

Marchesnay, M., *Management stratégique*, éditions de l'Adreg, 2007.

Menger, P., *Le Travail créateur. S'accomplir dans l'Incertain*, Gallimard/Seuil, 2009.

Moles, A., Rohmer, E., *Théories des Actes – vers une écologie des actions*, Casterman, 1977.

Nicolas-Le Strat, P., *L'Expérience de l'Intermittence*, L'Harmattan, 2005.

Sennett, R., *Ce que sait la Main – la culture de l'artisanat*, Albin Michel, 2009.

Steyaert, C., « Entrepreneuring » as a conceptual attractor ?, *A review of process theories in 20 years of entrepreneurship studies, Entrepreneurship & Regional Development*, 19, nov. 2007, pp. 453-477.

Innovation et entrepreneur : points de repère théoriques

Sophie BOUTILLIER

Université Lille Nord de France
Réseau de Recherche sur l'Innovation

Introduction

L'innovation et le progrès technique sont au cœur de la dynamique capitaliste. Pourtant, les économistes se sont depuis le début de la révolution industrielle – période fertile en bouleversements scientifiques et techniques – révélés incapables de rendre compte de ce phénomène de manière satisfaisante. Comment naissent et se diffusent les techniques et les savoirs ? Comment une idée devient-elle une marchandise, un marché ? L'entrepreneur a été identifié par le petit nombre d'économistes depuis le 18e siècle comme un preneur de risque, le vecteur du changement économique (Cantillon). Au début du 19e siècle (Say), puis du 20e siècle (Schumpeter), l'entrepreneur a été officiellement intronisé comme le faiseur de l'innovation. Ce faisant, nombre de questions et de points d'ombre ont perduré principalement en raison de l'incapacité des économistes à s'accorder sur la définition de l'entrepreneur et sur son rôle. Celui-ci apparaît et disparaît selon Schumpeter en fonction de sa capacité créative. En bref, un individu n'est entrepreneur que lorsqu'il innove. En dehors de cela, il ne fait que gérer le quotidien de l'entreprise, soit une activité routinière. Par ailleurs, s'il est admis que l'entrepreneur ne transforme pas ex nihilo l'environnement économique dans lequel il est inséré, les controverses perdurent quant à sa capacité d'action au regard notamment du rôle de l'État ou d'autres variables (goût des consommateurs, concurrence, etc.).

Si le binôme entrepreneur/innovation a été identifié comme le moteur du capitalisme, il fait toujours l'objet de controverses. Pour les uns, il est en effet l'initiateur du progrès technique et de la croissance économique, alors que d'autres privilégient la dynamique économique d'ensemble dont il est seulement une partie prenante. Cette opposition entre les partisans de la théorie individualiste et de la théorie holiste est une constante de l'histoire de la théorie économique. *La richesse des nations* de Smith, considérée par une large communauté scientifique des économistes comme l'ouvrage fondateur de l'économie politique, a été construite sur une analyste holiste. En revanche, *L'économique* de Xénophon (5-6e siècle av JC) que l'on peut historiquement considérer comme le premier traité d'économie et le *Traité d'économie politique* de Montchrestien (17e siècle), qui est le premier ouvrage portant ce titre, ont donné à l'entrepreneur (soit le propriétaire-manager de la terre pour Xénophon, le marchand pour Montchrestien) un rôle de premier plan. Ce sont au demeurant deux ouvrages qui ont été rédigés en vue de conseiller des princes (Alexandre pour Xénophon et Louis XIII pour Montchrestien) et qui avaient un objectif direct en termes de politique économique.

Outre la méthode d'analyse (holiste ou individualise) se pose la question des centres d'intérêt sur lesquels se sont focalisés les économistes au cours du temps (Boutillier, 2004). Dans l'Histoire de l'analyse économique, Schumpeter (1983) explique (certes cet ouvrage a été écrit voilà plus de 60 ans) que depuis Aristote trois sujets ont mobilisé l'attention des économistes : la valeur, la monnaie et l'intérêt ; donc point de progrès technique ni d'entrepreneur. Il explique en substance que l'économie politique s'est développée en tant que discipline scientifique à mesure que l'homme d'affaires a accru son poids dans la société, structurant à son tour des habitudes de pensée. L'intellectuel laïc apparaît au cours de la Renaissance et avec lui se dessine l'économiste parce que des problèmes nouveaux se posent à l'homme d'affaires qu'il est aussi. Parmi les premiers économistes on dénombre en effet nombre d'entrepreneurs et d'hommes d'affaires (Montchrestien, Ricardo, Cantillon, Smith, et bien d'autres, sans oublier Schumpeter qui occupa pendant quelques temps la fonction de ministre et dirigeant une banque). Les économistes construisent ainsi une science en étroite relation avec le développement de leurs affaires, pour comprendre le fonctionnement de l'économie, mais non pour chercher à se mettre en scène en tant que marchand, négocient ou manufacturier. En tant que praticiens des affaires, ils ont donc élaboré un champ lexical et conceptuel répondant à leurs pratiques mercantiles. Le marché, la monnaie, le commerce domestique ou international, telles furent leurs préoccupations majeures, le progrès technique n'en fera partie qu'à partir du moment où il aura pris une plus grande ampleur, c'est-à-dire à partir de la seconde moitié du 20e siècle. Il faut attendre la seconde moitié du 19e siècle pour que quelques économistes et/ou philosophes s'y intéressent d'abord de façon marginale.

Peu d'économistes ont accordé de l'intérêt à l'entrepreneur en tant que tel pour expliquer la dynamique économique et du progrès technique, privilégiant des analyses holistes. Notre objectif est ici de relire l'histoire de l'analyse économique à partir du binôme « entrepreneur/innovation ». La question du progrès technique étant relativement récente, nous avons pour ce faire adopté un découpage chronologique en distinguant la période qui précéda le 20e siècle (partie 1), celle du 20e et 21e siècle (partie 2).

1. Les économistes fondateurs : entre l'acteur et le système

1.1. Avant l'ère industrielle

Depuis l'Antiquité grecque, période marquée par le développement important du commerce et de l'artisanat (Hudson, 2010), la controverse tourne déjà sur le rôle respectif de l'État et du marché. Xénophon (426/30-355 av JC), considéré comme le premier auteur d'un traité d'économie, *L'économique*, concentre son propos sur les modalités de gestion d'une propriété agricole, c'est au demeurant l'étymologie de l'économie (la gestion ou l'administration du foyer). Moins qu'un traité d'économie, *L'économique*, est un traité d'agronomie (l'agriculture représentant la plus grande partie de la production de richesses) dans lequel Xénophon s'interroge sur les techniques à mettre en œuvre pour accroitre la productivité du travail. Contrairement à un principe largement répandu à l'époque, il ne pensait pas que le progrès en matière de rendements agricoles dépendait de la volonté des dieux, mais de l'ingéniosité des hommes. Xénophon définit le bon « économiste » comme un propriétaire terrien ayant la capacité d'organiser et de commander des gens. Il personnifie par conséquent l'activité économique au moyen d'un acteur concret, comme le feront par la suite Cantillon, Say et Schumpeter. Cette définition de l'économie (qui perdure jusqu'au 17e siècle) fut reprise par Aristote, selon lequel l'art de l'économie consiste dans l'autorité qu'a le maître sur ses enfants et sa femme, plus généralement sur sa maison. L'intérêt de cette conception primitive de l'économie est de mettre d'emblée en avant un personnage particulier, le propriétaire-gestionnaire, qui doit se singulariser par un ensemble de qualités pour faire prospérer son affaire.

En 1615, Antoine de Montchrestien publie le premier *Traité d'économie politique* (en titre) dans lequel il développe les thèses mercantilistes. Quatre sujets sont abordés, correspondant aux quatre parties de l'ouvrage : manufacture, commerce, navigation et soins au Prince. Montchrestien considère que c'est à l'État de donner l'exemple en créant des manufactures, mais il ne peut à lui seul tout contrôler et se substituer à l'initiative individuelle. L'État doit réglementer les professions, sans remettre en cause la concurrence, véritable stimuli de l'économie, en privilégiant l'idée d'un équilibre nécessaire entre les intérêts publics et privés. Montchrestien utilise le vocable « entrepreneur » dans le sens technique propre à l'époque, soit une personne qui passe un contrat avec l'autorité publique pour la réalisation de travaux ou d'une mission déterminés. Dans la hiérarchie sociale, Montchrestien place le marchand au sommet, jouant un rôle analogue à celui du cerveau dans le corps humain (Boutillier & Uzunidis, 1995, 1999). Il valorise l'image d'un homme actif, « né pour vivre en continuel exercice et occupation », mais si l'idée de richesse est aussi reliée à celle de confort, il ne le relie pas à celle de changement, sens de progrès technique.

De Montchrestien cependant n'a pas été reconnu par la postérité comme ayant été le fondateur de la théorie de l'entrepreneur. Cet honneur a été réservé à Cantillon, dont l'ouvrage *L'essai sur la nature du commerce en général* (1755), a été retrouvé par hasard après sa mort. Les biographes de Cantillon (Murphy, 1997) s'accordent pour écrire qu'il mena une existence des plus aventureuses, depuis la banqueroute de la banque de Law (avec lequel il était associé) jusqu'à sa mort, dont les circonstances restent troubles. Cantillon définit l'entrepreneur à l'image de son existence tumultueuse, sous le signe du défi économique et de l'incertitude des marchés. L'entrepreneur appartient à la catégorie des « gens à gages incertains », l'autre catégorie appartenant au groupe des « gens à gages certains ». L'entrepreneur esquissé par Cantillon n'est pas un innovateur au sens technique du terme, mais très certainement un individu imaginatif, capable de faire face à des situations difficiles. Ajoutons que Cantillon est mort (probablement assassiné), jouissant d'une énorme fortune, qu'il avait en grande partie accumulée grâce à des opérations commerciales et financières risquées.

1.2. Les débuts de l'ère industrielle

Au cours du 18e siècle, l'activité industrielle se développe en Angleterre avec l'émergence de la machine à vapeur et d'une grappe de techniques nouvelles, favorisant la multiplication d'unités de production (Bairoch, 1997 ; Godley & Casson, 2010). Dans l'ouvrage officiellement reconnu comme fondateur de l'économie politique, *La richesse des nations* (1776), Smith n'évoque pas en tant que tels ni l'entrepreneur, ni le progrès technique, et moins encore l'influence du premier sur le second. Smith développe même une analyse pessimiste quant à l'existence à venir d'un état stationnaire, montrant ainsi son incapacité à penser le progrès technique sur le long terme ; attitude cependant propre à son temps. Comment expliquer ce paradoxe ? Si nous suivons l'analyse de Schumpeter (1983), les économistes ont essentiellement cherché dans leurs écrits à transcrire des analyses visant à défendre leurs propres intérêts, souvent en tant qu'entrepreneur ? Montchrestien et Cantillon ont tous deux exercé le métier de commerçant, justifiant l'analyse de Schumpeter en la matière.

La question du progrès technique n'a été traitée que tardivement par les économistes, alors qu'elle transcende l'histoire de l'humanité. Il est de plus généralement appréhendé sous l'angle de la substitution du capital au travail (automatisation), et non sous celle de l'innovation du produit. Cette question ne sera abordée que partiellement, et tardivement (début du 20e siècle) ave Schumpeter.

Smith a théorisé, dans *La richesse des nations* (1776), les principes de la division du travail dans une manufacture (ce que Schumpeter nommerait une innovation organisationnelle ou de procédé), qu'il a identifié comme le moteur de la richesse, d'un autre côté il ne relie pas la transformation de l'organisation du travail manufacturier à l'entrepreneur. Smith en reste à une analyse macroéconomique reposant (comme Ricardo plus tard) sur trois classes sociales : propriétaires terriens, capitalistes et travailleurs. Cet ordre social (qui est aussi un ordre économique – cf. concept de la « main invisible ») correspond aussi à un ordre naturel voulu par la Providence, celui du marché qu'il importe de respecter. Cependant, Smith ne fait pas le lien entre cet ordre naturel et l'entrepreneur, même si on trouve dans son œuvre de façon diffuse des personnages dont le profil correspond à ce que l'on peut attendre d'un entrepreneur (Leloup, 2002a). Dans *La Théorie des sentiments moraux* (publiée en 1759). Il distingue trois caractères d'individus qui renvoient (Leloup, 2002a) à trois figures de l'entrepreneur : l'homme prudent, le fils de l'homme pauvre et le faiseur de projets. L'homme prudent dispose d'un fonds qu'il peut dépenser pour des plaisirs immédiats (dépenses courantes ou extraordinaires). Il peut aussi dépenser ses fonds pour obtenir un supplément de revenu. Il peut acquérir un capital soit pour l'achat de machines ou le paiement de salaires. L'homme prudent préfère satisfaire des besoins futurs plutôt que de dilapider ses fonds. Il ne refuse pas la nouveauté et peut fort bien se lancer dans de nouveaux projets. L'homme prudent, calculateur avisé, possède une petite entreprise, qui s'avère plus lucrative qu'une grande.

Le fils de l'homme pauvre sympathise volontiers avec les riches, pensant qu'ils sont admirés pour leur fortune. Il pense qu'il sera à son tour admiré s'il était riche. D'où son désir de devenir entrepreneur. Mais, il doit faire de nombreux sacrifices pour y parvenir. Peu instruit, il travaille énormément. Il réduit sa consommation présente pour épargner. Comme l'homme prudent, il préfère le capital à la consommation. Il passe sa vie à réinvestir continuellement ses profits. Dans *La richesse des nations*, Smith expose les deux types d'activité que le fils de l'homme pauvre peut exercer, comme prêter ses fonds à la disposition d'autres entrepreneurs. Il peut aussi utiliser ces fonds lui-même, devenant du même coup entrepreneur. Cette activité entrepreneuriale peut prendre différents aspects, en créant comme l'homme prudent une petite entreprise ou bien en devenant marchand ou négociant. Mais, il est frugal, travailleur et possède une grande acuité dans les affaires. Il ne s'engage pas aveuglement et attend que d'autres avant lui aient construit la voie. Smith cependant témoigne d'une certaine antipathie vis-à-vis du marchand, bien qu'il reconnaisse le bienfondé de ses activités pour la société. Le faiseur de projets est à l'époque de Smith un individu qui est tenté par les innovations de grande ampleur (Leloup, 2002a, p.83). Il est passionné et ambitieux. Sa passion peut le conduire à l'erreur en brisant sa capacité de jugement. Le risque d'échec est élevé, notamment en raison d'erreurs de gestion.

Le faiseur de projets peut être amené par sa passion à détourner les lois. Si la prise de risques est inhérente à la fonction d'entrepreneur, Smith condamne le faiseur de projets qui se lance dans des activités trop risquées. Mais, comment concevoir qu'un économiste que la postérité a intronisé comme le théoricien du libéralisme économique, ait été aussi prudent vis-à-vis du comportement du faiseur de projets alors que celui-ci apparaît d'emblée comme l'idéal-type du libre-échange ?

Bentham (Leloup, 2002b), en revanche, n'a pas cette perception négative du faiseur de projets. Dans *The Table on the Springs of Actions* (1813-1815, cité par Leloup, 2002b), il développe une théorie du calcul des peines et des plaisirs, propre à de nombreux représentants de l'utilitarisme. Le faiseur de projets oppose le plaisir issu du gain monétaire en cas de succès et la peine résultant de l'échec. Mais, si l'intensité du plaisir issue d'une innovation est élevée, sa proximité ou la probabilité de sa réalisation est faible. La réalisation d'une innovation prend du temps et les chances de réussite du développement d'une nouvelle activité sont faibles. Aussi, *a priori*, le faiseur de projets n'est pas fortement incité à innover. Cependant, il ressent du plaisir pendant la réalisation même de son projet, indépendamment de son issue favorable ou non. Le goût de l'action – le plaisir de faire – fait partie intégrante de l'action entrepreneuriale, indépendamment du résultat.

Au début du 19e siècle, le développement industriel nourrit les imaginations. Certains penseurs imaginent une transformation radicale de l'économie et de la société en posant les bases d'une société reposant sur de nouveaux principes dans la continuité de la philosophie des Lumières. Claude Henry de Rouvroy de Saint-Simon (Saint-Simon, 2003) place ainsi au sommet de la nouvelle société qu'il imagine, les industriels. Il relie industrialisation et progrès social, les industriels et les philosophes ayant pour tâche d'œuvrer pour l'élévation des conditions de vie matérielle et morale des ouvriers. Le meilleur gouvernement serait composé de scientifiques, artistes et entrepreneurs. Les entrepreneurs (qu'ils qualifient souvent d'« industriels-entrepreneurs ») doivent être des vecteurs de changement. Mais, au-delà de l'individu, Saint-Simon met l'accent sur les modalités de l'organisation sociale. Il conçoit une parabole qui lui valut la cour d'assises en 1820 : si le pays perdait subitement ses scientifiques, banquiers, négociants, maîtres de forges, agriculteurs... elle disparaitrait immédiatement (Saint-Simon, 1819).

Poursuivant l'œuvre de Smith, Ricardo, dans ses *Principes de l'économie politique et de l'impôt* (1817), ne développe pas (non plus) de théorie de l'entrepreneur. S'il emploie le vocable « entrepreneur » c'est essentiellement comme agent d'une analyse holiste pour expliquer les mécanismes de la redistribution des revenus entre les trois classes qui composent la société comme Smith. En effet, dans une économie qui s'industrialise, les foyers de la création de richesse évoluent, et par conséquent la répartition des revenus. Dans son raisonnement, l'entrepreneur est implicitement l'incarnation de la modernité. Tout concourt à penser qu'il n'est pas nécessaire de le mettre en avant, si ce n'est pour appréhender l'évolution du rapport de forces sociales. L'entrepreneur n'est donc pas désigné comme le moteur du progrès technique en tant que tel. Mais, dans la dernière édition (1821), des *Principes de l'économie politique et de l'impôt*, il s'interroge sur les conséquences du progrès technique sur les conditions de vie des travailleurs (chapitre absent de la première édition en 1817) (Schméder, 1989). Il discute cette question en la posant comme un fait, sans s'interroger sur l'origine du progrès technique et sur les modalités de sa diffusion à moins de s'en remettre aux avantages économiques qu'un industriel peut en retirer. Le progrès technique se manifeste exclusivement sous la forme des machines, non sous forme d'objets qui contribueraient à l'amélioration du bien-être des individus. L'introduction des machines serait essentiellement motivée par des considérations d'ordre économique (accroître la productivité du travail), mais Ricardo (comme nombre de penseurs de son temps) ne s'interroge pas sur le processus créatif qui aboutit à la production de machines.

1.3. Émergence du capitalisme industriel

En se plaçant comme le propagandiste de l'œuvre de Smith en France, Say développe sa propre conception du libéralisme. Dans *Catéchisme d'économie politique*, publié en 1821, il explique avec force de détails qu'il existe une étroite relation entre l'entrepreneur et le savant, soit entre l'économie et la science. Son ouvrage se veut très didactique. Il pose une série de questions sur l'utilisation des machines : « le service des machine est-il avantageux aux producteurs et aux consommateurs ? », « n'est-il pas dans tous les cas funeste à la classe des ouvriers ? », « le service des machines ne tend-il pas au perfectionnement de la société en général ? ».

Il explique que le progrès technique « est avantageux aux entrepreneurs d'industrie aussi longtemps qu'il ne fait pas baisser le prix des produits. Du moment que la concurrence a fait baisser les prix au niveau des frais de production, le service des machines devient avantageux aux consommateurs ». Il ajoute que le progrès technique n'a pas une influence négative sur la classe ouvrière, car l'utilisation croissante de machine va de pair avec l'emploi de main-d'œuvre. Say cite plusieurs exemples : l'imprimerie qui a remplacé les moines copistes, les métiers à tisser mécaniques dans le textile. Enfin, l'emploi de machines libère du temps pour d'autres activités : les arts et la production de connaissances d'une manière générale (Say, 1996 : 347-348). Say ne fait pas explicitement dans ces lignes le lien entre l'introduction et la diffusion des machines et l'entrepreneur. Il est pourtant très certainement le premier économiste à faire le lien entre entrepreneur et innovation (vocable qu'il n'emploie pas), en définissant l'entrepreneur comme l'intermédiaire entre le savant qui produit la connaissance et l'ouvrier qui l'applique à l'industrie.

Mais, alors que Say veut être le continuateur de l'œuvre de Smith (Steiner, 1997 : 612), il le critique fortement lorsqu'il est question de distinguer l'entrepreneur et le capitaliste quant à la nature de leurs revenus. Say distingue les ressources (capital, industrie et terre) et les services producteurs tirés de ces ressources. Chacun de ces services apparaît sur un marché particulier. Say distingue cinq marchés, dont trois pour l'industrie : le marché des services des savants, des services des entrepreneurs et des ouvriers. Le savant met sur le marché une offre de connaissances en les diffusant par exemple sous forme d'ouvrages. L'offre de services des entrepreneurs est faible pour plusieurs raisons. D'abord parce que l'entrepreneur ne possède pas forcément le capital pour investir, et doit donc se le procurer auprès des offreurs de capitaux. En second lieu, l'entrepreneur doit réunir un ensemble de qualités qui le sont rarement dans un seul individu. Enfin, la fonction d'entrepreneur est inséparable du risque, jusqu'à perdre sa fortune et son honneur. Cependant, Say fait peu référence à l'œuvre de Cantillon. Il n'est pas sûr, en effet, qu'il en ait eu connaissance (Steiner, 1997 : 621). Enfin, le marché des services des ouvriers est le marché du travail non qualifié. Les profits des ouvriers sont faibles et sont directement liés à la demande en main-d'œuvre des entrepreneurs. L'entrepreneur joue un rôle central en tant que demandeur de services aux travailleurs, aux capitalistes et aux savants (et au besoin aux agriculteurs, mais c'est une question que nous n'avons pas traitée ici) (Steiner, 1997 : 617).

L'entrepreneur est à la fois l'intermédiaire entre ces différents marchés et le gestionnaire de la production. Les profits de l'entrepreneur sont incertains. Il détient des informations qui lui permettent de défendre au mieux ses intérêts.

Les interrogations sur les effets (négatifs) du progrès technique sur l'emploi est au cœur de l'œuvre de Marx. Résolu de procéder à la critique de l'économie politique, il part de Ricardo, dont il reprend la théorie de la valeur travail incorporé, et la développe selon sa propre conception de l'économie. Il ne construit pas non plus de théorie de l'entrepreneur. Marx (comme Ricardo) est pourtant l'un des principaux théoriciens du capitalisme, qu'il analyse dans sa dimension évolutive et globale. Dans l'analyse du cycle du capital (A - M - A' où A est le capital avancé, M la marchandise et où A'>A), Marx dessine le processus holiste de la reproduction élargie du capital. Les agents économiques disparaissent au profit d'une logique systémique qui modèlent le comportement des individus, « accumulez, accumulez, c'est la loi et les prophètes ». L'entrepreneur (vocable que Marx utilise peu) devient le jeu de forces invisibles qu'il ne peut maîtriser. On est par conséquent loin de la vision de Cantillon ou de Say, d'un entrepreneur qui serait une espèce de héros économique. Marx s'interroge cependant sur le rôle de la science dans le développement du capitalisme industriel, laquelle devient selon ses dires une « branche des affaires ».

Le poids accru de la science dans l'économie est aussi le reflet de la socialisation croissante des forces productives qui se caractérise notamment par l'approfondissement de la séparation entre le travail manuel et intellectuel, et à l'intérieur de chacune de ces deux entités. Marx s'applique à souligner le caractère social de la production, combinant des connaissances industrielles, techniques et scientifiques. La production industrielle est rendue possible par le travail de l'ouvrier, mais aussi par un ensemble de connaissances scientifiques et techniques qui ont été pensées en dehors de l'industrie (Marx, 1980).

Marx stipule que le capitaliste tire profit du travail social, et se garde bien de présenter ce dernier comme un créateur exceptionnel. Le développement des sciences et des techniques va de pair avec celui du capitalisme, qui ne peut être séparé de rapports sociaux inégaux, suivant en cela une histoire qui a commencé depuis l'Antiquité. Pour Marx, cette évolution est nécessaire et souhaitable, bien que douloureuse. Elle participe au progrès de l'humanité vers le socialisme puis le communisme. Dans cette nouvelle société, les hommes ne seront plus contraints de se spécialiser dans une tâche précise et seront délivrés du poids des tâches ingrates. Pour l'heure cependant dans la société capitaliste, l'ouvrier est devenu le simple appendice de la machine (Marx, 1980).

Si le capitalisme industriel émerge d'abord en Grande-Bretagne, la théorie de l'entrepreneur en France (Montchrestien, Cantillon, Say), c'est Stuart Mill, généralement considéré comme le « dernier des classiques » (Rainelli, 1983 : 794), qui introduit dans la théorie économique anglaise l'entrepreneur, au détriment du vocable anglais d'« undertaker ». Mill cependant ne fait pas de cas particulier de l'entrepreneur en tant que vecteur du progrès technique, il le présente plutôt comme un dirigeant d'entreprise, propriétaire (actionnaire) ou non. Schumpeter (1983) critique l'emploi qu'il fait de l'entrepreneur, en affirmant que Mill pouvait se contenter du vocable manager ou directeur, plus adéquat que celui d'entrepreneur au regard de la description de Mill. Celui-ci distingue en effet le directeur salarié et l'entrepreneur. Le revenu du premier est certain, contrairement au second. Mais, l'entrepreneur n'exerce son activité que s'il est assuré d'une rémunération suffisante. Mill fait une autre taxinomie en distinguant deux types d'entrepreneur en fonction de leur capacité à se démarquer de la concurrence. Il sépare d'une part ceux qui sont dotés de « capacités et d'avantages moyens » et ceux qui ont des capacités supérieures à la moyenne. Les premiers sont touchés par le principe d'égalisation des taux de profit, non les seconds. Leurs capacités exceptionnelles ne sont pas remises en cause par l'entrée de nouvelles entreprises sur le marché. Marshall reprend cette idée et la développe en mettant l'accent tant sur la diversité des firmes que des entrepreneurs (Rainelli, 1983 : 806).

Si la théorie de l'entrepreneur semble émerger dès le 5e siècle avant JC (Xénophon), puis se poursuivre au 17e siècle (Montchrestien), elle n'a pas fait l'objet d'un fort consensus dans la communauté scientifique des économistes. En effet, lorsque l'économie politique se structure en tant que discipline scientifique à la fin du 18e siècle, les économistes restent partagés entre l'analyse holiste (Smith) et individualiste (Say).

2. Les économistes contemporains : le retour de l'acteur ?

2.1. La rationalité supposée de l'entrepreneur marginaliste

À la fin du 19e siècle, Walras a l'ambition de reconstruire l'économie politique (classique) en lui donnant le cachet de la scientificité grâce aux mathématiques. Certes, il ne fut pas le premier économiste à avoir eu cette intuition. Depuis Quesnay, au 18e siècle, les économistes ont été tentés de représenter le fonctionnement de l'économie de façon stylisée, au moyen de schémas, sans parler de Marx. Mais, Walras contribua très certainement à accélérer cette évolution. Il personnalise sans aucun doute cette conception de l'économie qui se focalise sur l'équilibre et l'échange et exclut radicalement toute représentation du progrès technique. L'œuvre de Walras souffre par conséquent d'une contradiction fondamentale entre d'une part une sorte de parti pris en faveur du progrès technique (pris en compte par l'accroissement de la productivité du travail) et d'autre part l'aspect statique de son modèle économique qui ne peut concevoir le progrès technique que par la substitution d'une fonction de production par une autre, en restant très flou sur les modalités de ce processus.

Walras s'intéresse cependant de près aux progrès réalisés dans l'agriculture et l'industrie, et insiste tout particulièrement sur l'accroissement des quantités produites qui en résulte. Il distingue le progrès économique et le progrès technique. Le progrès technique est amené par la science, alors que le progrès économique, par l'épargne. Dans la réalité, ils fonctionnent ensemble. Il montre que l'accroissement concomitant de l'investissement en capital et en travail ne sont pas incompatibles, et sont la manifestation du progrès.

Le modèle walrasien est celui d'une économie de marché (répondant à un modèle économique excluant l'incertitude) qui se trouve dans une situation d'états d'équilibre successifs, en proie à des forces abstraites. Quel rôle peut y jouer l'entrepreneur, sachant que celui-ci est défini soit comme l'agent économique qui combine les facteurs de production, soit comme l'entreprise, ce qui revient à parler de la fonction de production. Le choix qu'opère l'entrepreneur (ou l'entreprise) en termes de facteurs de production se fait en fonction du prix du travail et du capital. Il est supposé rationnel puisqu'opérant ce choix en vertu d'un calcul en termes de coût/bénéfice, dans un contexte de totale certitude facilitant par définition la prise de décision.

Cependant, en dépit de ce manque flagrant de considération pour l'entrepreneur, dans *Eléments d'économie pure*, Walras décrit une espèce d'entrepreneur idéal, comme un personnage (qui peut être un individu ou une société) « qui achète des matières premières à d'autres entrepreneurs, puis loue moyennant un fermage la terre du propriétaire foncier, moyennant un salaire les facultés personnelles du travailleur, moyennant un intérêt le capital du capitaliste, et, finalement, ayant appliqué des services producteurs aux matières premières, vend à son compte les produits obtenus » (Walras, 1988 : 287). L'entrepreneur a donc pour tâche de combiner différentes ressources, d'où différents types d'entrepreneurs : d'agriculture, d'industrie et de commerce. « L'entrepreneur d'industrie achète des textiles, des métaux bruts ; il loue des usines, des ateliers, des outils, embauche des filateurs, des forgerons, des mécaniciens ; et il vend des objets manufacturés : des 'tissus', des métaux ouvrés » (Walras, 1988 : 288). Comme son homologue schumpetérien, le walrasien n'est pas propriétaire des capitaux qu'il valorise, et doit les emprunter. Walras décrit même avec précision la comptabilité d'un entrepreneur, et souligne que celui-ci peut savoir à tout instant s'il est en état de perte ou de profit. Indépendamment du secteur d'activité dans lequel il opère, l'entrepreneur réalise un profit s'il vend plus cher ses produits ou marchandises plus cher que leur coût de production. En revanche, en situation d'équilibre global, l'entrepreneur – en tant qu'entité abstraite – ne réalise ni perte ni profit, puisque les profits et les pertes des uns et des autres se compensent.

Un bilan rapide des principales œuvres de Walras nous conduit donc à montrer le peu d'intérêt qu'il accorde à l'entrepreneur. Nous venons de le constater dans Eléments d'économie pure. Dans *Mélanges d'économie politique et sociale*, il n'y consacre aucune ligne. Dans *Études d'économie appliquée*, il s'y intéresse, non en tant que créateur de richesses, mais pour expliquer ses relations avec le banquier (qui est lui-même un entrepreneur et doit inspirer confiance).

Cependant, très attaché au principe de la liberté individuelle, Walras considère que les mécanismes du marché ne forment pas un système qui broie les individualités, c'est au contraire l'expression de la liberté d'action pour tout individu, qu'il soit industriel, commerçant, savant, artiste ou fonctionnaire.

Bien que néo-classique, Marshall développe une conception plus concrète de l'entrepreneur. Le portrait qu'il en trace se rapproche pour certains traits de ceux de Schumpeter. Il considère en effet que l'entrepreneur a des compétences qui font de lui un « conducteur d'hommes » qui sait déléguer aux différents niveaux de la hiérarchie. Marshall emploie volontiers le vocable d'« homme d'affaires », qui prend des décisions de façon réfléchie, reposant sur le calcul, mais sa rationalité est limitée. L'organisation permet de compenser les effets de rendements décroissants et contribue avec la libre entrée sur le marché à expliquer l'hétérogénéité des firmes, remettant en question l'hypothèse d'atomicité du marché (Bévant, 2001). Mais, pour que l'entrepreneur innove, certaines conditions doivent être réunies : cadre institutionnel (droit des contrats, système éducatif), marché, etc. L'équilibre sur le marché ne résulte pas d'ajustements successifs, mais d'une négociation entre les agents avec l'intervention de commerçants et de banquiers qui accélèrent le processus d'équilibre des prix. À l'équilibre, les contrats sont stables. D'une situation d'équilibre à une autre, la situation des entreprises se modifie, en particulier sous l'effet de la libre entrée. De nouveaux arrivants entrent dans le marché. Sur le long terme, en raison d'une certaine mortalité des entreprises, l'évolution et la variation des goûts des consommateurs, la situation change de façon continue. Mais, les entreprises sont localisées dans des « districts industriels » où se concentre une main-d'œuvre qui assure la circulation des techniques et des savoirs. Les entreprises bénéficient ainsi d'externalités positives grâce à l'« atmosphère industrielle ». Les grandes entreprises peuvent capter des innovations des petites entreprises qu'elles ne cherchent pas à éliminer. La création d'entreprises peut être soutenue, en contribuant au renouvellement de l'activité industrielle en introduisant de nouvelles combinaisons de ressources. Au demeurant, les grandes entreprises ne se substituent pas aux petites. Il esquisse un modèle économique où cohabitent les grandes (lesquelles reposent sur la séparation entre propriété – actionnaires – et la gestion du capital – les managers) et les petites entreprises (où l'entrepreneur cumule les fonctions de propriétaire et de gestionnaire). Cette distinction correspond aussi à une division du marché, puisque les grandes entreprises se placent sous le régime de la production de masse et des économies d'échelle et ont de ce fait une activité routinière, alors que les petites entreprises sont au contraire innovantes. Cette conception de l'économie connaîtra une grande popularité à partir des années 1980.

Keynes fut fortement critique vis-à-vis de la rationalité et du modèle walrasien (que Marshall ne remet pas fondamentalement en cause). Dans son œuvre centrale, *La théorie générale de l'emploi, de l'intérêt et de la monnaie* (publiée en 1936), il développe une analyse holiste. L'absence d'incertitude (exclue par Walras) lui semble – à juste titre – en contradiction totale avec le comportement entrepreneurial : « les hommes d'affaire jouent un rôle mixte d'adresse et de hasard dont les résultats moyens pour les joueurs ne sont connus de ceux qui prennent une main. Si la nature humaine n'avait pas le goût du risque, si elle n'éprouvait aucune satisfaction (autre que pécuniaire) à construire une usine ou un chemin de fer, à exploiter une mine ou une ferme, les seuls investissements suscités par un calcul froidement établi ne prendraient sans doute pas une grande extension » (Keynes, 1969 : 166). Face aux conséquences désastreuses de la Première Guerre mondiale, puis de la crise de 1929, l'entrepreneur keynésien n'est pas un héros. Keynes au contraire souligne son comportement irrationnel, dont les décisions reposent sur une pulsion irraisonnée de vie ou de mort, tels des « esprits animaux » !

2.2. L'entrepreneur : révolutionnaire de l'économie ?

Admirateur de l'œuvre de Walras, Schumpeter n'est pas avare de critiques. Il s'oppose au modèle walrasien de l'équilibre général et à la rationalité économique. Il dresse un constat d'échec sur la capacité de ce modèle à formuler un cadre théorique susceptible d'appréhender la dynamique économique (croissance et crise) et le progrès technique. L'entrepreneur schumpétérien est l'agent économique qui réalise de « nouvelles combinaisons de facteurs de production » qui sont autant d'opportunités d'investissement (Schumpeter, 1935 : 329-336). Elles se manifestent sous de multiples formes (fabrication d'un nouveau bien, introduction d'une nouvelle méthode de production, ouverture de nouveaux débouchés, etc.), et s'apparentent presque aux pratiques dénoncées par Marshall, selon lequel les hommes d'affaires détournent les progrès de la science pour donner de façon artificielle aux choses une apparence nouvelle (Boutillier & Uzunidis, 1995). La définition générale que Schumpeter donne de l'innovation suffit largement pour expliquer le profit comme un revenu exceptionnel et temporaire qui récompense l'entrepreneur. Celui-ci peut alors être défini comme l'agent économique qui a pris le risque de rompre la monotonie de l'équilibre walrasien.

Mettant à profit ses connaissances historiques, Schumpeter dresse le portrait d'un entrepreneur prompt à relever des défis, repoussant la routine pour aller contre l'ordre économique établi. Schumpeter instrumentalise ainsi l'entrepreneur qui devient le moteur de la dynamique du capitalisme ou selon ses dires « l'évolution économique ». L'entrepreneur est l'agent économique qui innove. L'innovation ne se limite pas à la création d'un nouveau bien ou encore par l'introduction de la machine dans les ateliers, mais est, grossièrement, ce qui permet à l'entrepreneur d'accroître son chiffre d'affaires et sa position de marché pour acquérir temporairement une position de monopole. Par le pouvoir de l'innovation, l'entrepreneur délimite son propre marché, fixe ses propres règles, et maîtrise l'incertitude propre au fonctionnement du marché. Les décisions de l'entrepreneur (comme de tout agent économique) s'inscrivent dans l'environnement économique et social dans lequel il est inséré.

Bien qu'il soit difficile à saisir, il est possible de tracer à grands traits le profil de l'entrepreneur schumpétérien et distinguer ce qui relève de l'agent économique proprement d'une part et d'une dynamique holiste d'autre part (Boutillier & Uzunidis, 1995, 1999) : l'entrepreneur schumpetérien est juridiquement indépendant, mais elle est limitée par la concurrence exercée par d'autres entrepreneurs. Elle est aussi limitée par les difficultés auxquelles il peut être confronté pour réunir les capitaux dont il a besoin pour démarrer son activité. L'entrepreneur doit par conséquent vaincre le conformisme du banquier, opinion que Schumpeter partage avec Say (1803). Cette remarque relative au rôle du banquier, permet à Schumpeter de distinguer l'entrepreneur du capitaliste, et par conséquent le profit (rémunération de l'entrepreneur) et l'intérêt (rémunération du capitaliste). Confronté à un environnement économique difficile, l'entrepreneur doit réunir des qualités exceptionnelles. L'exécution des nouvelles combinaisons est en effet « difficile et accessible seulement à des personnes de qualité déterminées ». Seules quelques personnes « ont les aptitudes voulues pour être chefs dans une telle situation ». L'entrepreneur est un individu hors du commun, contrairement à Mises (2004), pour qui tout le monde peut être entrepreneur. Mais, être entrepreneur n'est pas un état durable. Un individu n'est entrepreneur que lorsqu'il réalise de nouvelles combinaisons de facteurs de production, non lorsqu'il gère son entreprise au quotidien. Contrairement à l'entrepreneur rationnel néoclassique, son homologue schumpetérien ne recherche pas la maximisation du profit. Ses décisions se fondent sur des considérations psychologiques, que Menger (2011), fondateur de l'école autrichienne (dans laquelle s'inscrit Schumpeter) avait mises en évidence pour critiquer la rationalité walrasienne, et qui donnera dans les années 1940, la rationalité limitée (Simon, 1947). À l'image du faiseur de projets de Smith ou Bentham, il recherche d'abord le plaisir de créer, de jouer. C'est une espèce de joueur pour qui la joie de créer l'emporte sur la recherche intrinsèque du gain. Mais, le profit récompense justement celui qui réussit. L'ensemble de ces considérations fait que l'entrepreneur schumpétérien a du charisme et de l'autorité. Mais, ce n'est pas tant parce qu'il dirige une entreprise que parce qu'il remet en cause les pratiques économiques établies. C'est un « révolutionnaire de l'économie », si bien qu'il a des difficultés à se faire accepter dans le milieu des industriels établis.

Indépendance, relations difficiles avec le banquier, qualités personnelles exceptionnelles, remise en cause de l'ordre technique et industriel établi, refus de la routine tant industrielle que sociale, l'entrepreneur est un facteur de changement qui se décline de l'individu au système économique dans sa globalité. Cependant, dans *Capitalisme, Socialisme et Démocratie* (publié en 1942), Schumpeter dresse une analyse pessimiste du devenir du capitalisme entrepreneurial au profit d'un capitalisme managérial, reposant sur une séparation entre propriété (actionnaires) et gestion (managers) du capital, soit un retour à la définition de Stuart Mill (1988). La bureaucratisation de la fonction entrepreneuriale, laquelle serait assurée par une « équipe de spécialistes », pourrait conduire à la disparition du capitalisme et à l'émergence du socialisme, en d'autres termes en une économie administrée.

3. L'entrepreneur, le héros éternel du capitalisme ?

La période dite des trente glorieuses fut principalement orientée sur l'analyse de la croissance économique, le progrès technique et les grandes entreprises (Chandler, 1977 ; Galbraith, 1968). Dans *Le nouvel état industriel* (1968), Galbraith avait décrit un entrepreneur en haillons, rejeton d'un capitalisme entrepreneurial défunt. L'avenir appartiendrait désormais aux grandes entreprises et au département de recherche-développement (R&D) au regard de la prophétie de Schumpeter. Le capitalisme du 20e siècle devait être en substance celui des grandes entreprises, selon le modèle managérial évoqué plus haut et développé par des auteurs tels que Veblen (1899) et Berle et Means (1932). L'entrepreneur et la petite entreprise sont alors perçus comme des espèces en voie de disparition. La modernité du 20e siècle devait résolument reposer sur la grande entreprise et le binôme manager/actionnaire. Tout se passe alors pendant cette période comme si la prophétie de Schumpeter relative à la disparition de l'entrepreneur s'était réalisée. La crise économique des années 1970 la remet en question. La création d'entreprises dans des industries de pointe (Apple et Microsoft) montre que la reprise de la croissance économique et la création d'emplois passent par l'entrepreneur, renouant du même coup avec la conception primitive de l'entrepreneur schumpétérien des années 1910.

Les travaux de Acs et Audretsch (Acs & Audretsch, 1988) sont tout à fait emblématiques des analyses qui se font jour au début des années 1980, privilégiant l'idée selon laquelle petites et grandes entreprises sont partie intégrante du même système productif, conformément à l'analyse de Marshall. Ils n'ont pas été les seuls à avoir développé ce type d'analyse, citons par exemple les travaux très intéressants de Piore et Sabel (1986). Acs et Audrestch montrent (contre toute attente pour l'époque) que les petites entreprises sont souvent innovatrices, mais dans des secteurs déterminés. Elles le sont par exemple fortement dans la micro-électronique, mais non dans l'aéronautique. Acs et Audretsch cherchent à battre en brèche l'idée dominante pendant les années 1970 de l'incapacité des petites entreprises à innover : entreprises sous-optimales, les petites entreprises n'attirent que des travailleurs peu compétents, et investissent peu dans la R&D.

Acs et Audretsch partent d'une étude réalisée au début des années 1980 par Acs. En 1984, celui-ci avait publié une étude sur l'évolution de l'économie américaine en s'appuyant sur la métallurgie, industrie par définition fortement capitalistique et oligopolistique. Il identifie ainsi les petites entreprises comme des « agents de changement ». Les petites entreprises ne sont pas les clones des grandes. Les entrepreneurs qui créent de nouvelles entreprises cherchent au contraire à s'écarter des modèles existants et proposent des formes nouvelles productives innovantes. Pourquoi créer une entreprise si c'est pour reproduire un modèle existant ? Cette évolution industrielle marquée par la création d'entreprises innovantes est le fruit de changements technologiques majeurs, illustrés par la production de connaissances nouvelles et l'augmentation des dépenses de recherche-développement.

L'objectif d'Acs et Audretsch est d'abord de remettre en cause la prophétie de Schumpeter relative à la disparition du capitalisme (qu'il emprunte à Marx), via les travaux des théoriciens du capitalisme managérial (Galbraith, Chandler, notamment). Ils expliquent en substance que la dynamique innovative du capitalisme repose sur une combinaison subtile entre les apports respectifs des grandes et petites entreprises. Il n'y a donc pas une substitution de l'une par l'autre. Ce faisant, et si l'entrepreneur y occupe un rôle de premier plan, ce n'est pas un entrepreneur schumpétérien, car l'économie dans laquelle il est inséré a changé. L'entrepreneur est ici décrit dans une économie qui se caractérise par la socialisation croissante de ses ressources et moyens de production, marquée par une séparation toujours plus poussée entre travail manuel et intellectuel, et au sein de chacune de ces catégories. D'où les « débordements de connaissances » qui peuvent constituer autant d'opportunités d'investissement et de création d'entreprise.

Mais, et ce qui fait notamment l'originalité de l'analyse d'Acs, est qu'il souligne une forte hétérogenéité selon les industries. Audretsch (1995) montre que les grandes entreprises américaines sont globalement plus innovantes que les petites (soit des entreprises comptant moins de 500 salariés). En revanche, les petites entreprises de micro-informatique et celles des instruments de précision ont davantage contribué à l'effort d'innovation. Il existe en fait une division du travail entre les entreprises en fonction de leur taille et selon le type d'activité. Ce principe, déjà mis en évidence par Marshall, a une portée majeure sur le plan théorique pour appréhender les modalités de l'évolution historique du capitalisme, puisqu'elle conduit à la remise en cause d'une évolution quasi linéaire de l'industrie, de la concurrence vers le monopole (via les analyses de Marx, Schumpeter et Galbraith), portant en substance l'idée d'une sorte de dégénérescence du capitalisme qui progressivement change de nature, en se bureaucratisant.

Acs et Audrestch insistent sur l'importance de la proximité géographique entre les acteurs de l'innovation, renouant en cela avec les travaux de Marshall. Les connaissances ne circulent ni en l'absence de supports humains (chercheurs, entrepreneurs ou autres), ni dans un espace géographique et économique neutre. D'où l'intérêt d'étudier la création d'entreprises issues de la recherche scientifique, qui contribuent à raccourcir considérablement le lien entre la production de connaissances et l'innovation technologique (Audretsch, Acs, Feldman, 1994). Or, dans les modèles basiques de l'économie de l'innovation, l'entreprise est exogène. En d'autres termes, les entreprises existent d'emblée, sans que leur processus ayant conduit à leur création ait été expliqué. Elles collectent des connaissances pour innover. Or, Acs et Audretsch endogénéïsent ce mécanisme en revenant sur le modèle de Romer (1986) dans lequel la connaissance est un facteur de production (le capital humain se substitue au facteur travail), et devient ainsi un facteur de production de premier plan. Dans une économie toujours plus performante sur le plan scientifique et technique, des connaissances nouvelles circulent en continu. Elles sont produites par des grandes entreprises dans leurs centres R&D, par des laboratoires universitaires ou autres. Ces « débordements de connaissances » ou sortes d'externalités de la connaissance ne vont pas d'emblée se transformer en innovations. Pour Audrestch (1995, 2006, 2007), la connaissance n'existe pas en l'absence de support matériel ou humain, d'où la référence au concept de la connaissance tacite d'Arrow (1962), selon lequel la connaissance est incorporée dans les individus qui la détiennent. C'est donc bien par l'intermédiaire d'individus, porteurs de connaissances – et donc des entrepreneurs –, que ces dernières circulent et donnent naissance à des innovations. Mais, cela ne suffit pas. D'autres conditions doivent être réunies et en particulier la localisation des activités de recherche et de production.

Les emprunts d'Acs et Audretsch à l'économie évolutionniste sont manifestes (Nelson & Winter, 1982). L'intensité des dépenses de R&D n'est pas la même selon le stade d'élaboration de l'innovation, d'où l'importance de prendre en considération le cycle de vie du produit. Il convient par ailleurs de distinguer l'innovation radicale et incrémentale. De plus, au fur et à mesure de l'évolution d'une industrie (*cf.* théorie du cycle du produit), le coût de l'innovation radicale augmente par rapport à celui d'une innovation incrémentale (coût croissant à supporter pour changer de trajectoire industrielle). Mais, au fur et à mesure de son développement, une innovation radicale tend à devenir incrémentale, facilitant la diffusion de savoirs nouveaux dans l'économie. Les informations générées par les investissements de R&D des industries anciennes peuvent facilement être transférées vers des activités à faibles coûts, et donner naissance à des innovations incrémentales. Ce qui n'est pas le cas des connaissances résultant de la R&D des industries nouvelles. D'où l'idée de grandes entreprises matures qui participent à la création des trajectoires technologiques existantes, et de petites entreprises qui se situent à une autre étape du processus industriel, dont les besoins d'investissement en R&D sont moins importants.

Conclusion

Les économistes maîtrisent avec difficultés l'analyse du progrès technique. Certains d'entre eux ont été amenés à créer un personnage, l'entrepreneur, sorte de courroie de transmission entre la science et l'économie. Pour le formaliser, notre ambition a été de faire un survol (non-exhaustif) des théories économiques reposant sur le binôme entrepreneur/innovation, où l'un et l'autre n'ont pas toujours joué un rôle symétrique. L'entrepreneur ne fait pas l'unanimité. Si l'économie émerge en tant que discipline scientifique aux 4-5e siècles avant JC, en privilégiant l'image d'un acteur économique actif (le propriétaire manager de Xénophon), plusieurs siècles plus tard, Smith, que l'histoire a intronisé comme le fondateur de l'économie politique, développe une analyse holiste où l'entrepreneur joue un rôle secondaire. Vulgarisateur de l'œuvre de Smith en France, Say comble ce vide. Cette analyse sera par la suite poursuivie par Schumpeter, qui lui-même cherche à remédier aux lacunes de l'œuvre de Walras, inopérante dans l'explication de l'expansion et des crises économiques.

Au lendemain de la Seconde Guerre mondiale, et pendant les années 1950-1970, l'entrepreneur est placé sur un strapontin. Schumpeter, qui dans sa dernière œuvre, *Capitalisme, Socialisme et Démocratie* (publié en 1942) avait prophétisé la disparition de l'entrepreneur et la transition (possible) vers le socialisme (ou tout au moins une économie de marché administrée par une poignée de grandes entreprises), est étudié et approfondi. Les thèses de Galbraith (1967) et de Chandler (1977) vont dans ce sens. Cependant la crise économique des années 1970-1980 et l'émergence des nouvelles technologies de l'information et de la communication et d'autres technologies nouvelles (biotechnologies, nouveaux matériaux, etc.) donnent à partir des années 1980 un nouveau rôle à l'entrepreneur, avec des réussites spectaculaires, au premier rang desquels Apple et Microsoft, et qui va se poursuivre avec notamment l'Internet pendant les années 1990-2000, outre des innovations dans bien d'autres domaines (Papon, 2012). Les travaux d'Acs et Audretsch rendent compte de cette évolution en montrant que la création d'entreprises participe à la reproduction élargie de l'économie. Ceci à un iota près, cet entrepreneur-acteur n'a pas toutes les cartes entre les mains et est étroitement dépendant du milieu économique, social et politique dans lequel il est encastré car pour réussir l'entrepreneur a besoin d'un cadre institutionnel approprié.

Bibliographie

Acs, Z.J., Audretsch, D.B., « Innovation in large and Small Firms : An Empirical Analysis », *American Economic Review*, 78 (4), September, 1988, pp. 678-690.

Acs, Z.J., Audretsch, D.B., Feldman, M.P., « R&D Spillovers and Recipient Firm Size », *Review of Economics and Statistics*, 76 (2), Mai, 1994, pp. 336-340.

Arrow, K., « Economic Welfare and the Allocation of Resources for Invention », *The Rate and Direction of Inventive Activity*, Princeton University Press, 1962, pp. 609-626.

Audretsch, D.B., *Innovation and Industry Evolution*, MIT Press, 1995.

Audretsch, D.B., « L'émergence de l'économie entrepreneuriale », *Reflets et perspectives de la vie économique*, tome XLV, n°1, 2006, pp. 43-70.

Audretsch, D.B., *The Entrepreneurial Society*, Oxford University Press, 2007.

Bairoch, P., *Mythes et paradoxes de l'histoire économique*, Coll. Sciences humaines et sociales, La Découverte, Poche, 1997.

Berle, A., Means, G., *The Modern Corporation and Private Property*, Transaction Publishers, 1932.

Bévant, D., « L'entreprise dans Valeur et capital une approche évolutionniste », *Cahiers d'économie politique*, n°39, 2001, pp. 37-52.

Boutillier, S., Économie et économistes face à l'innovation, in Uzunidis D., (dir.), *L'innovation et l'économie contemporaine, espaces cognitifs et territoriaux*, de Boeck, 2004, pp. 21-44.

Boutillier, S., Uzunidis, D., *La légende de l'entrepreneur*, Syros-La Découverte, 1999.

Boutillier, S., Uzunidis, D., *L'entrepreneur, une analyse socio-économique*, Economica, 1995.

Chandler, A., *La main visible des managers*, Economica, 1977.

Galbraith, J.K., *Le nouvel état industriel*, Gallimard, édition originale 1967, 1968.

Godley, A., Casson M., « History of Entrepreneurship : Britain (1900-2000) », in D.S. Landes, J. Mokyr and W. Baumol (eds.), *The invention of Entreprise*, Princeton University Press, 2010, pp. 243-272.

Hudson, M., Entrepreneurs : « From the Near Eastern Takeoff to the Roman Collapse », in D.S. Landes, J. Mokyr and W. Baumol (eds.), *The invention of Entreprise*, Princeton University Press, 2010, pp. 8-39.

Keynes, J.M., *Théorie générale de l'emploi, de l'intérêt et de la monnaie*, Payot, édition originale 1936, 1969.

Leloup, S., « Les entrepreneurs smithiens : le fils de l'homme pauvre, l'homme prudent et le faiseur de projets », *Cahiers d'économie politique*, n°42, 2002a, pp. 75-87.

Leloup, S., « Conséquences anticipées et comportements face au risque dans la pensée économique de Jeremy Bentham », *Revue économique*, n°3, vol. 53, 2002b, pp. 415-4230.

Marshall, A., *L'industrie et le commerce*, tome 2, Éditions Marcel Giard, 1934.

Marx, K., *Manuscrits de 1857-1858 (Grundrisse)*, tome 2, Éditions Sociales, 1980.

Mill, J.S., *L'utilitarisme*, Champs-Flammarion publié pour la première fois en 1863, 1988, p. 96.

Mises, L., *Abrégé de l'action humaine, Les belles lettres*, édition originale 1949, 2004.

Menger, C., *Recherches sur la méthode dans les sciences sociales et en économie politique en particulier*, EHESS Translations, édition originale 1883, 2011.

Murphy, A.E., *Richard Cantillon, le rival de law*, Hermann, 1997.

Nelson, R.R., Winter S.G., *An Evolutionary Theory of Economic Change*, Harvard University Press, 1982.

Papon, P., *Bref récit du futur*, Albin Michel, 2012.

Piore, M., Sabel, C., *The Second Industrial Divide : Possibility for Prosperity*, Basic Books, 1986.

Rainelli, M., « Entrepreneur et profits dans les principes de John Stuart Mill et d'Alfred Marshall », *Revue économique*, n°4, vol. 34, 1983, pp. 794-810.

Romer, P.M., « Increasing returns and long-run growth », *Journal of Political Economy*, 1986.

Saint-Simon, H., *L'organisateur* 1819 : http://fr.wikisource.org/wiki/Parabole_de_Saint-Simon

Saint-Simon, H., *La physiologie sociale. Œuvres choisies par Georges Gurvitch* (1803-1825) 2003 : http://classiques.uqac.ca//classiques/saintsimonClaudehenri/physiologiesociale/st_simon_physio_sociale.pdf

Say, J-B., *Cours d'économie politique, et autres essais*, GF-Flammarion, première édition 1852, 1996.

Schméder, G., « Les effets du progrès : Ricardo, les machines et l'emploi », *Revue française d'économie*, n°3, vol. 4, 1989, pp. 143-155.

Schumpeter, J.A., *Théorie de l'évolution économique*, Dalloz, première édition 1911, 1935.

Schumpeter, J.A., *Capitalisme, Socialisme et Démocratie*, Payot, première édition 1942, 1979.

Schumpeter, J.A., *Histoire de l'analyse économique*, Gallimard, première édition 1954, 1983.

Solow, R., « A Contribution to the Theory of Economic Growth », *Quarterly Journal of Economy*, n°1, vol. 70, 1956, pp. 65-94,

Simon, H., *Administrative Behavior*, Mac Millan, 1947.

Steiner, P., « La théorie de l'entrepreneur chez Jean-Baptiste Say et la tradition Cantillon-Knight », *L'actualité économique*, n°4, vol. 73, décembre, 1997, pp. 611-627.

Veblen, T., *Théorie de la classe des loisirs*, Gallimard, première édition 1899, 1970.

Walras, L., *Éléments d'économie politique pure*, Economica, première édition 1874, 1988.

De l'entrepreneur à l'innovateur dans une économie dynamique

Patrice NOAILLES-SIMÉON

Venture capitalist

Introduction

L'innovateur est la fonction manquante de l'économie dynamique. Elle complète la fonction d'entrepreneur et crée le lien principal entre l'environnement et l'innovation.

De 1755 à 1921, de Cantillon à Knight en passant par J-B. Say, la science économique a progressivement distingué l'entrepreneur de l'investisseur capitaliste en soulignant ses fonctions d'organisation, de gestion de l'incertitude et du risque. Le terme d'innovateur apparaît au 20e siècle avec une double filiation d'inventeur et d'entrepreneur, mais sa définition n'est pas approfondie et le rapprochement effectué par Schumpeter entre l'innovateur et l'entrepreneur entraîne une confusion qui dure encore.

Notre objectif est de montrer la possibilité et la nécessité de distinguer les concepts d'entrepreneur et d'innovateur pour mieux rendre compte de la réalité de l'innovation.

Cette séparation des concepts d'entrepreneur et d'innovateur se fonde sur la différence de nature de l'apport économique de chacun d'entre eux : l'innovateur développe un nouveau paradigme social plus efficace que le précédent, tandis que l'entrepreneur s'efforce de maîtriser et d'optimiser les paradigmes préexistants pour faire face à l'aléa de la vie économique. Ce nouveau concept réorganise la vision du processus innovant et modifie ainsi la capacité d'intervention des différents acteurs.

Ce chapitre est divisé en quatre parties : L'innovateur jusqu'à ce jour ; La fonction d'innovateur$^{(N)}$; L'environnement de l'innovateur$^{(N)}$; Les innovateurs$^{(N)}$ dans la réalité économique[1].

1. L'innovateur jusqu'à ce jour

Les innovateurs, au sens que nous allons donner à ce terme, ont existé bien avant que le concept ne soit utilisé. Schumpeter lui-même n'utilise pas le terme d'innovateur et peu celui d'innovation. On doit distinguer deux périodes : avant et après l'apparition du concept moderne d'innovation au 20e siècle qui va conduire à confondre la fonction d'innovateur avec celle d'entrepreneur.

1.1. L'innovateur avant l'innovation

Avant le concept moderne d'innovation (20e siècle), le terme d'innovateur n'est pas utilisé. Pourtant, on en trouve de nombreux exemples cachés sous le nom d'inventeur au départ, puis d'entrepreneur.

a. *Les innovateurs-inventeurs avant l'existence du concept d'entrepreneur :*

Les premiers innovateurs au sens européen du terme, ont une activité brillante. Ils apparaissent comme étant simultanément inventeurs et entrepreneurs. Gutenberg et Watt établissent le modèle d'innovation européen.

Baumol, Landes et Mokyr (2010) ont donné une perspective multimillénaire à l'entrepreneuriat occidental puisqu'ils font remonter le phénomène à la naissance de notre civilisation, en Mésopotamie. Il apparaît d'ailleurs que ce concept n'est pas propre à l'Occident. Plus proches de nous, les entrepreneurs vénitiens[2] ont développé un corpus juridique et économique étonnant, allant jusqu'à utiliser des règles de partage de bénéfices[3] proches du capital-risque. C'est ainsi que la part du capitaine dans les bénéfices d'une navigation commerciale était de l'ordre de 25% du seul fait de sa fonction. La première définition de

---

[1] *Notation pour ce chapitre :*
1 - Pour bien distinguer le terme classique d'innovateur du concept que nous voulons définir et pour souligner la nouveauté du concept, nous avons noté ce dernier par un N sous forme d'exposant ou avec un tiret : innovateur$^{(N)}$, ou innovateur(N).
2 – L'ensemble de cet article a d'abord été conçu pour des innovateurs réalisant des innovations de rupture, c'est-à-dire avec une très forte rente technique qui se traduit par une baisse des coûts d'un facteur 10. Mais nous verrons que l'ensemble s'applique aussi aux innovations plus modestes, notamment incrémentales.

[2] En fait, les capitaines des galères commerciales.

[3] Des règles similaires existaient déjà à Carthage et chez les Phéniciens.

l'entrepreneur est donnée dans la seconde moitié du 18e siècle par Cantillon et Turgot.

En trois siècles, de 1450 à 1770, et deux grandes étapes, l'Europe invente un modèle d'innovation sans précédent dans l'histoire et sans équivalent dans le monde : un innovateur, un partenaire financier et une entreprise innovante utilisant au mieux les connaissances scientifiques de l'époque. Ce modèle global est visible dans deux innovations de rupture : l'imprimerie qui établit le modèle global et la machine à vapeur qui complète le modèle par une proximité de la R&D.

En 1450, Gutenberg crée la première entreprise innovante. On connaît mal l'activité inventive de Gutenberg, mais on connaît mieux son innovation : il a défini un standard d'impression qui durera jusqu'à la fin du 18e siècle (impression recto-verso avec une presse manuelle et des caractères mobiles réutilisables) et aussi un modèle économique d'édition qui a duré jusqu'à la fin du 20e siècle avec l'apparition combinée du Web et des systèmes d'imprimante personnelle. On ignore généralement qu'il est l'initiateur du modèle du processus d'innovation[4] occidentale : une entreprise innovante, animée par un innovateur-entrepreneur et financée par un investisseur de type capital-risque. Pour compléter le modèle, les délais seront dépassés, le prix multiplié par 2 ou 3 et les associés se sépareront, provoquant ainsi leurs ruines mutuelles.

En 1770, Black, Watt et Boulton utilisent la R&D (Thurston, 1878). Watt était un assistant (manipulateur) à l'Université de Glasgow. Il eut à réparer une machine à vapeur de démonstration de Newcomen (1710) et confronta ses remarques sur la forte consommation énergétique avec les réflexions de son associé, Joseph Black, universitaire, découvreur et spécialiste de la chaleur latente de condensation. On peut penser que le dialogue entre le scientifique, l'inventeur et leur associé entrepreneur n'a rien à envier aux processus modernes d'innovation associant des scientifiques, des techniciens et des hommes de marketing. Boulton est celui qui s'occupait de la fabrication (avec Watt) et de la commercialisation. À ce titre, il fut l'inventeur d'un modèle économique étonnamment moderne puisqu'il s'agissait de vendre un service et non la machine. À bien des égards, l'histoire de Black, Watt et Boulton est un exemple d'innovation incrémentale de quasi-rupture dans une économie de marché. C'est aussi un bon exemple du modèle linéaire : « science → invention → innovation ».

---

4 Dans ce chapitre, l'innovation est le développement d'un nouveau paradigme social ayant une efficacité économique accrue et durable.

b. Les innovateurs cachés par l'entrepreneur

Dans le langage courant de l'époque, les innovateurs dont nous venons de parler sont des inventeurs et parfois, à partir du 18e siècle des entrepreneurs comme c'est le cas de Boulton. Ces deux termes, notamment celui d'entrepreneur vont durablement cacher la fonction d'innovateur.

La définition des fonctions de l'entrepreneur est réalisée progressivement par la séparation des concepts de capitaliste et d'entrepreneur au 18e siècle puis le développement des notions de maîtrise du risque et d'organisation.

J-B. Say (1803) accorde une large place[5] à « l'entrepreneur d'industrie, celui qui entreprend de créer pour son compte, à son profit et à ses risques, un produit quelconque ». Il est le premier à mettre l'accent sur la fonction d'organisation de l'entrepreneur, en des termes plus modernes que ne le faisait Turgot. Il établit ainsi clairement la distinction des fonctions d'entrepreneur et de capitaliste.

Dans le même temps, Cantillon (1755) met en lumière la notion de risque pris et maîtrisé par l'entrepreneur, mais elle n'a reçu sa pleine mesure qu'avec Knight en 1921. L'entrepreneur décide en univers incertain et réagit à des problèmes imprévisibles et parfois inconnus.

1.2. L'émergence de l'innovateur au 20e siècle

Les grands entrepreneurs – et pour certains, innovateurs – de la fin du 19e et du début du 20e siècle jusqu'à la Première Guerre mondiale ont servi de référence à la réflexion de Schumpeter, de Knight et de Coase. Ils ont pour nom : Daimler ou Peugeot, Kuhlmann ou Bayer, les frères Wright ou Blériot, Ford ou Panhard, Edison ou Branly. Leurs légendes, souvent amplifiées et entretenues à dessein, en font des personnages incontournables de la vie économique et conduisent les économistes à approfondir la question de l'entrepreneur et de la R&D.

Pendant la première moitié du 20e siècle, le terme d'innovation prend son sens moderne et celui d'innovateur fait une apparition progressive.

a. L'innovateur, concept naissant du 20e siècle

Deux approches complémentaires sont développées pendant la première moitié du 20e siècle : d'un côté les théoriciens « traditionnels » finalisent une approche globale de la fonction d'entrepreneur comme un rouage de l'économie de marché. De l'autre côté Schumpeter qui développe une vision révolutionnaire d'un entrepreneur-innovateur.

---

[5] Dans son *Traité d'économie politique*, il emploie le terme entrepreneur plus de 110 fois.

Schumpeter (1911) a une claire définition de l'entreprise qui est très proche d'une entreprise innovante : « Nous appelons « entreprise » l'exécution de nouvelles combinaisons et également ses réalisations dans des exploitations, etc., et entrepreneurs, les agents économiques dont la fonction est d'exécuter de nouvelles combinaisons et qui en sont l'élément actif ». Dans son ouvrage de 1911, il distingue (inutilement ?) cinq catégories d'innovation avant d'arriver à une définition globale de l'innovation dans son livre « Business Cycles » (1939) : « une modification de la fonction de production » ; il oublie néanmoins de préciser « dans le sens d'une meilleure efficacité », ce qui peut sembler naturel, mais ne va pas forcément de soi. Il oublie aussi de l'étendre au domaine non marchand.

Schumpeter tente d'établir une restriction dans la définition de l'entrepreneur et d'en limiter l'usage aux seuls entrepreneurs-innovateurs. Mais il provoque surtout une confusion entre les deux termes dont nous ne sommes pas encore sortis. À certains égards, le présent chapitre est une clarification du vocabulaire employé par Schumpeter.

Dans le même temps, Coase (1937) synthétise l'ensemble des approches classiques dans son article sur la « Nature de la firme » en affirmant que « dans un système concurrentiel, l'entrepreneur est celui qui se substitue au mécanisme des prix pour l'allocation des ressources ». Cela rassemble bien l'ensemble des fonctions détaillées par ses prédécesseurs. La question de l'innovation est ignorée puisqu'implicitement exogène. Cette définition parfaite permet à son auteur de mettre en évidence les coûts de transaction et d'accès à l'information puis de justifier dans la lignée de Knight, le double rôle de l'entrepreneur : maître de l'incertitude et gestionnaire du risque.

b. La relation entre l'innovation et l'entrepreneur :

Dans la seconde moitié du 20e siècle différentes tentatives sont faites pour définir une relation entre l'entrepreneur et l'innovation. On peut distinguer deux orientations générales : une tentative de définir une fonction d'innovateur[6] et une transformation de l'innovation en une simple opportunité pour l'entrepreneur.

Les tentatives d'ouverture des perspectives conceptuelles sont assez diverses : Certaines approches systémiques et fonctionnelles de l'innovation mettent en évidence une fonction entrepreneuriale. Ainsi, Hekkert, Suurs, Negro, Kuhlmann et Smits (2005), considèrent que dans un système d'innovation, les activités entrepreneuriales constituent la fonction n°1, avant le savoir et la formation. Ce texte constitue une

[6] Ce chapitre s'inscrit dans cette tradition.

évolution tardive des approches systémiques qui ont souvent ignoré l'entrepreneur et simplement fondé leur système sur des moyens matériels et des structures.

Roberts et Fusfeld (1980) ont défini les étapes du processus d'innovation et ont mis en évidence plusieurs « rôles » ou fonctions : la génération d'idées, l'entrepreneuriat (détecter, développer, démontrer une idée technique ou une approche nouvelle), la conduite de projet, le soutien.

Charles Wessner (2005) a utilisé l'expression « Local Heroes In The Global Village » qui est très proche de notre concept, mais il n'en a pas donné une définition précise.

Quelques définitions récentes soulignent que l'innovateur est l'homme qui transforme des idées en objets économiques. Nous sommes d'accord avec cette définition sous réserve de préciser quelques points sur la durabilité notamment, car la mode et un marketing à très court terme (de type PLV) ne relèvent pas de l'innovation.

Shane et Venkataraman (2000) définissent le domaine d'étude de l'entrepreneuriat par un objectif de connaissance du « comment, par qui et avec quelles conséquences, les possibilités de production de futurs biens et services sont découvertes, évaluées et exploitées ». Ainsi, pour les sciences du management, l'innovation est considérée comme une simple opportunité saisie par l'entrepreneur.

Il faut remarquer que dans les premières approches fonctionnelles, comme dans la proposition de Shane et Venkataraman, il y a une certaine ambiguïté sur la signification de l'organisation ou de l'incertitude. Nous ne croyons pas qu'il est équivalent de naviguer sur une mer cartographiée et sur une mer inconnue. Ce sont ces approximations qui conduiront plus tard Schumpeter à dire que l'entrepreneur est innovateur par nature. C'est cette banalisation de l'acte d'innovation que nous voulons contredire ici. L'innovateur doit être distingué de l'entrepreneur car la nature de l'innovation est différente de la nature des actes entrepreneuriaux courants. L'improvisation est rarement une création durable.

1.3. Une fonction encore largement méconnue

Malgré l'apparition des termes d'innovation et d'innovateur, le concept d'innovateur reste méconnu. Le terme d'innovateur est peu utilisé dans la littérature économique ou la presse. Aujourd'hui encore, le terme utilisé assez largement est celui d'entrepreneur, parfois avec la confusion soulignée plus haut entre innovateur et entrepreneur. Pourquoi ?

a. Un terme absent des décisions politiques et des analyses

Le terme d'innovateur est rarement utilisé dans les études, dans les déclarations et dans la presse. Les décisions du Gouvernement français dirigé par M. Fillon, les rapports parlementaires de 2000 à 2010 et la recherche sur le Web avec Google conduisent à la même conclusion de rareté du terme « innovateur » :

Ainsi en septembre 2012, la recherche Google donne les résultats suivants :

- Innovation : 405 millions de références
- Innovateur + innovator : 26 millions. Il faut toutefois remarquer qu'en français, le terme innovateur est essentiellement un adjectif.
- Entrepreneur, entreprenariat, entrepreneuriat et entrepreneurship : 138 millions. Il faut remarquer que le terme d'entrepreneur est parfois utilisé pour parler d'innovateur.
- Inventor + inventeur : 96 millions de références

Le ratio 2012 Innovation / Innovateur est de 1 pour 16. Ce ratio monte à 1 pour 50 si l'on élimine les adjectifs « innovateur ». Les tests réalisés en 2010 conduisent au même ratio.

Exemple révélateur : dans l'ouvrage dirigé par M. Wessner intitulé « Understanding Research, Science and Technology Parks : Global Best Practice : Report of a Symposium (2009) » le terme innovator est utilisé trois fois alors que le terme innovation apparaît dans 134 pages.

Dans l'étude de 2012, « Growing Innovation Clusters for American Prosperity : Summary of a Symposium », le terme innovator est utilisé 7 fois, tandis que le terme innovation apparaît dans 187 pages.

b. Analyse

Le terme d'innovateur n'est pas utilisé parce qu'il n'est pas encore clairement défini et qu'il n'existe aucun travail fondamental sur le sujet. Il s'y ajoute une série de raisons pratiques :

- L'importance de l'innovation incrémentale, essentiellement réalisée dans les grands groupes, tend à faire oublier l'innovateur qui se retrouve noyé dans la structure.

- La confusion entre les termes d'innovateur et d'entrepreneur suite aux écrits de Schumpeter.

- Cette confusion est accrue par les rares innovateurs à succès qui tentent de justifier la richesse amassée par une activité inventive. Les brevets d'application pris en dernière minute par l'innovateur font partie de cette confusion.

- Enfin, la considération des Européens pour l'intellectuel en général et notamment la R&D, a pour contrepartie un certain mépris pour le commercial et la pratique ; cela pousse les innovateurs à prétendre être des inventeurs.

2. La fonction d'innovateur(N)

Dans cette deuxième partie, nous allons voir la définition de l'innovateur(N), comment il se différencie de l'entrepreneur et quel est l'enjeu de cette différenciation.

2.1. L'innovateur(N), fonction centrale du processus d'innovation

Il y a un lien très étroit entre la définition de l'entreprise et celle de l'entrepreneur, comme entre l'innovation et l'innovateur(N). L'innovation a été définie par Schumpeter (1939) comme une modification de la fonction de production[7]. La généralisation de ce concept peut s'énoncer ainsi : l'innovation est une amélioration durable & nouvelle de l'efficacité économique globale de la société. C'est aussi une nouvelle voie pour créer de la valeur. Nous préférons l'énoncé suivant : *l'innovation est le développement d'un nouveau paradigme social ayant une efficacité économique accrue et durable.*

a. Définition de l'innovateur(N)

Jusqu'à aujourd'hui, la fonction d'innovateur(N) n'a pas été clairement définie. L'acte central qui fait basculer l'idée vers le produit n'est pas précisé, ni caractérisé. Les exemples historiques évoqués dans cet article permettent de comprendre que *l'acte décisif d'une grande innovation est la définition d'un premier standard combiné, technique et économique, qui va servir de paradigme fondamental pendant longtemps à la production et la commercialisation.* La clef de ce standard peut être technique comme la puissance spécifique du moteur pour l'automobile ou normative comme pour le conteneur ou commercial comme pour le photocopieur. L'objectif est toujours de définir un nouvel ensemble qui constituera le paradigme de la production, de la commercialisation et de l'utilisation du produit pendant longtemps.

Plusieurs définitions équivalentes de l'innovateur(N) peuvent être données selon le niveau d'abstraction ou la nature de la définition : économique, gestionnaire, technique, etc.

---

[7] Mais Schumpeter n'en a pas tiré toutes les conséquences, notamment la définition de l'innovateur(N) ni de l'acte innovant.

L'innovateur(N) est celui qui établit un nouveau paradigme d'un produit ou service plus efficace que le précédent. Il est l'architecte, le constructeur et le promoteur de ce paradigme. Son action se caractérise par trois points : il organise et finance la première validation par le marché (1) d'un standard technique (2) et du modèle économique associé (3) pour une innovation. Il est ainsi l'initiateur du choix collectif fragmentaire[8] qui règle la diffusion de l'innovation.

En d'autres termes, l'innovateur(N) est celui qui définit la nouvelle fonction de production, au sens large de cette expression.

Si l'on reprend le point de vue fondamental de R. Coase, « l'innovateur(N) est celui qui modifie certaines règles de la substitution du marché par l'entrepreneur » ; c'est-à-dire les fonctions de production lorsqu'elles existent.

En pratique, il y a deux étapes majeures : réaliser des choix technico-économiques et prouver la qualité de ces choix.

- Choisir les modèles techniques et économiques :

La réalisation pratique de ces choix est affaire de circonstances. Bien souvent, l'idée fondamentale est connue, mais sa réalisation n'est pas facile et il faut procéder à de nombreux essais comme ce fut le cas pour Edison et l'ampoule électrique. Parfois, c'est une question « d'architecture », il suffit d'assembler des techniques existantes utilisées séparément comme pour Stephenson et la locomotive. Parfois, c'est une combinaison des deux comme Apple et le micro-ordinateur. Dans le cas du conteneur, toutes les idées étaient en place, mais il fallait avoir l'idée supplémentaire du standard « parfait », et ensuite il faut passer à la mise en œuvre. Dans la plupart des cas, cette activité de finalisation technique est la base de brevets.

- Démontrer la qualité des choix réalisés :

Écrire les modèles et les choix sur un papier ne suffit pas. Il faut en plus démontrer que le marché les accepte. C'est cette démonstration qui différencie l'innovateur(N) du simple inventeur et qui le rapproche de l'entrepreneur. Pour cela, il doit trouver les financements et réussir les premières ventes significatives.

---

8 Dans cet article, le choix collectif est le processus de diffusion de l'innovation. C'est un choix collectif réalisé progressivement par agrégation de choix individuels, qui ne s'impose à l'ensemble que sous la forme de « standard » qui reste soumis à l'adhésion individuelle. Il s'effectue progressivement sur le marché et nécessite entre une demi-génération (téléphone portable) et trois générations (téléphone fixe en France).

b. La fonction centrale du processus d'innovation

Le concept d'innovateur(N) schématisé dans la figure 1 ci-dessous, est l'intermédiaire entre le domaine des idées et des inventions d'une part et le domaine de l'économie d'autre part. Il n'est pas l'inventeur qui conçoit les « bases techniques » de l'innovation ; il se situe à la fin de la chaîne des inventions et réalise les derniers choix techniques et économiques. Il profite de l'expérience de tous ses prédécesseurs, tire les leçons de leurs échecs et de leurs succès pour définir un standard technique et un modèle économique[9]. Parfois, il faut plusieurs personnes pour assumer cette fonction. Et inversement, un même individu peut assumer plusieurs fonctions d'inventeur et d'innovateur(N) ou d'innovateur(N) et d'entrepreneur, ce qui conduit aux confusions linguistiques en cours entre ces trois personnages.

Figure 1 : La fonction d'innovateur(N) parmi les autres fonctions du processus d'innovation

Dans les petites innovations, dites incrémentales, cette fonction persiste, mais dans un format réduit et elle est parfois l'objet d'une organisation, comme l'a souligné Schumpeter (1942).

Comme cette fonction est généralement assumée par un homme et, sauf dans certains cas d'innovations incrémentales, n'est pas systématisable aujourd'hui. Il faut bien comprendre qu'il s'agit d'une étape qui relève de l'individu.

9 Il est celui qui tranche le nœud gordien de l'innovation et ouvre une nouvelle voie.

C'est pourquoi *l'élément clé de l'innovation est* l'innovateur(N) *dans son écosystème.* Et l'analyse des influences de chaque élément de cet écosystème relève d'une relation de nature biologique ou psychologique, plutôt que mécanique avec des besoins à satisfaire à un niveau variable selon les individus, mais pas ou peu de relations de proportionnalité.

2.2. Innovateur^N & entrepreneur

Il s'agit ici de différencier les deux concepts et aussi de comprendre l'intérêt de cette distinction. En d'autres termes, que reste-t-il à l'entrepreneur lorsqu'on lui enlève la fonction d'innovateur(N) et pourquoi faut-il le faire ?

La réponse tient en deux phrases :

- Il reste à l'entrepreneur tout ce qui a constitué sa fonction principale pendant des millénaires avant que l'Europe en la personne de Gutenberg, n'invente l'innovateur(N), son entreprise innovante et son écosystème, en 1450.
- Il est nécessaire de différencier les fonctions car la confusion limite la compréhension de l'innovation et les capacités d'actions des responsables économiques et politiques.

Précisons :

a. La différenciation

Dans un système concurrentiel, l'entrepreneur se substitue au mécanisme des prix pour l'allocation des ressources. Il optimise le fonctionnement de son entreprise selon les conditions économiques du moment.

En d'autres termes son objectif est de créer de la valeur avec les outils et méthodes existantes alors que l'innovateur(N) veut trouver une nouvelle voie plus efficace pour créer de la valeur durablement, au-delà des circonstances.

Innovateurs(N) et entrepreneurs ont en commun l'objectif de création de valeur. Mais la nature de la valeur créée et ses bénéficiaires ne sont pas les mêmes. L'innovateur(N) crée un nouveau type de valeur ou une meilleure méthode de création de la valeur et cela dans la durée et non dans la simple adaptation temporelle. Deux exemples :

- Le pilote de course automobile comme le mécanicien peuvent optimiser les réglages et la conduite, mais ne peuvent corriger le défaut de faiblesse d'un moteur. Il y faut un ingénieur qui dessine un nouveau moteur.

- Le capitaine d'un bateau qui affronte une tempête peut sauvegarder une valeur alors qu'un autre peut la perdre. Cela est affaire d'habileté et de réaction. Mais celui qui construit un nouveau bateau qui résiste mieux à la même tempête car il est plus solide, est un innovateur(N).

Le tableau 1 ci-après résume les principaux points de différenciation et de rapprochement entre tous ces concepts voisins.

Tableau 1 : Entrepreneur & innovateur(N)

Concepts	Type de création de valeur	Bénéficiaire de la valeur
INNOVATEUR(N)	Nouvelle catégorie de valeur, avec une rente technique	Principalement la société dans son ensemble. l'innovateur(N) récupère une petite partie de la valeur créée. *(Voir le § sur l'entreprise innovante)*
ENTREPRENEUR, Fondateur d'une nouvelle entreprise, y compris les sociétés unipersonnelles (sauf l'innovateur(N)).	- Nouvelle valeur, mais généralement une nouvelle façon de développer une valeur déjà connue, dans une nouvelle région ou une nouvelle clientèle. - Souvent, une simple réduction de coût.	Principalement le Fondateur et sa société.
INTRAPRENEUR (salarié)	Déplacement de la valeur avec augmentation.	L'entreprise et souvent l'intrapreneur pour une part minime.
ENTREPRENEUR SOCIAL (parfois innovateur(N))	Pas de valeur marchande mais une possibilité de grande valeur sociale.	La société dans son ensemble.
IMITATEUR	Copieur d'un innovateur(N).	Principalement, la société dans son ensemble et l'imitateur qui n'a pas la charge des frais de premier développement.

b. Enjeux de cette différenciation : créer un concept pertinent

La définition d'une fonction d'innovateur(N) (définir le standard technique et le modèle économique d'un nouveau paradigme sociotechnique plus efficace) est pertinente pour la science économique car cette fonction est ancrée dans la réalité et le sens commun et qu'elle est utilisable tant dans l'économie de l'innovation que dans la politique.

L'innovateur est un concept enraciné dans la réalité et sensible à chacun. L'innovateur(N) et l'entrepreneur sont distingués par le sens commun : « tout le monde » fait la différence entre Steve Jobs et un entrepreneur de construction, entre Bill Gates et un concessionnaire automobile, entre Malcom Mac Lean et un transporteur routier, entre un constructeur de navire et un capitaine de navire.

L'invention associée à l'innovation, qu'elle soit technique ou économique est clairement perçue par tous, même si la frontière entre l'invention et la simple « astuce » ou « mode » est parfois difficile à tracer.

L'innovateur est un concept utilisable en raison de la clarté de la définition qui le rend facilement opérationnel. Avec de nombreuses applications dans la science économique comme dans la finance (capital-risque), le management ou la politique d'innovation.

3. L'environnement de l'innovateur(N)

Après la définition de l'innovateur(N), vient immédiatement celle de son cadre d'action. Comme cet innovateurN est un individu, un être vivant, il est possible d'utiliser le concept d'écosystème[10] qui comprend les ressources et les règles de comportement ainsi que les autres êtres vivants en concurrence ou non. Dans cet environnement, l'innovateurN vit dans son « habitat » qui est l'entreprise innovante.

3.1. L'écosystème de l'innovateur(N)

L'écosystème de l'innovateur, c'est l'ensemble de son environnement physique, moral, institutionnel, virtuel, légal etc.

a. Le concept :

Comme tout être vivant, l'innovateur(N) a un écosystème complexe. Les ressources sont principalement le savoir, les idées et l'argent tandis que les règles sont les lois écrites (par exemple les brevets) et les règles non-écrites de comportement (les institutions de l'économie institutionnelle).

---

[10] Approche inspirée des travaux du « Millennium Ecosystem Assessment » (2005).

Figure 2 : L'écosystème de l'innovateur(N)

Il faut souligner que nous retrouvons dans ce concept d'écosystème, tous les facteurs traditionnels d'innovation auxquels s'ajoutent d'autres éléments. Toutefois, l'innovateur (N) n'utilise pas ces facteurs de façon rationnelle ou proportionnelle à l'effet recherché, mais selon deux règles au moins :

Une règle de non-proportionnalité : il a besoin d'une certaine quantité (variable selon les individus et les projets) mais pas plus. Un peu comme pour la nourriture.

Une règle de rationalité incertaine : les personnes qui vivent dans le même écosystème, quelle que soit la proximité de leurs profils, ne produisent pas les mêmes innovations à partir du même environnement.

Cet écosystème d'un être vivant fonctionne selon les règles écologiques de survie des espèces. C'est ainsi que la relation entre la survie ou le développement des innovateurs (N), n'est pas liée de façon purement mécanique aux facteurs qui l'entourent. De même qu'un manque d'aliment est dommageable alors qu'un excès peut l'être aussi dans certaines circonstances. Le minimum vital, les comportements et les besoins ne sont pas des résultantes mécaniques d'un besoin.

De même, certaines règles non écrites sont globalement plus importantes que toutes les règles écrites. Ainsi, les règles de survie ou d'élimination des innovateurs(N) qui ont échoué sont fondamentalement plus importantes que l'imposition ou les aides fiscales. Ou encore, l'organisme local de sécurité sociale ou la banque qui savent accepter des retards de paiement (pour la sécurité sociale) ou accorder des prêts avec des « garanties » inacceptables ailleurs sont aussi importants que les aides à l'innovation.

À certains égards, ce sont les communautés artistiques qui se rapprochent le plus du phénomène d'innovation : on n'a jamais su comment il était possible de les développer, on sait qu'il faut un pouvoir bienveillant, de l'argent, de la formation... Mais cela ne suffit pas, il faut aussi un certain « air du temps », une « ambiance », des clients, etc. Considérons que l'innovateur(N) est un « artiste » de la création socio-économique (et non artistique), mais que son comportement est de même nature.

b. Origines et concepts semblables

Ce concept d'écosystème de l'innovateur(N) est phonétiquement proche de celui d'écosystème de l'innovation. L'expression écosystème de l'innovation est une version actualisée du système d'innovation. Or le système d'innovation et la boite noire qui lui est associée généralement constituent une approche à laquelle nous n'empruntons que la méthode d'analyse fonctionnelle. Mais l'élaboration d'un système d'innovation suppose l'existence de relations rationnelles quasi-mécaniques ou proportionnelle entre les différentes parties du système, notamment entre les facteurs innovants et l'innovation. Cela se vérifie assez peu dans l'histoire. Au mieux, ces travaux fournissent une description. Mais la carte n'est pas le territoire et ne donne qu'une faible idée de la réalité de la vie qui s'y déroule.

Ce concept d'écosystème illustré par la figure 2 n'est pas totalement nouveau, mais apparaît comme une synthèse des différentes études et concepts ci-après :

- Ce concept intègre l'idée de l'environnement institutionnel, telle qu'elle est développée par North (1990, 2004). Les travaux de Laperche (2012) développent les possibilités d'intégrer cette approche institutionnelle dans l'analyse de l'innovation.
- L'esprit pionnier est souvent utilisé pour les États-Unis, mais aussi pour Israël où Senor and Singer (2009) soulignent « une attitude singulière face à l'échec... qui ramène incessamment les entrepreneurs en échec dans le système afin qu'ils utilisent leur expérience pour tenter à nouveau leur chance ».

- Les environnements innovants en géographie économique ou les milieux innovateurs avec les relations innovateurs-milieux tels qu'ils sont décrits par Uzunidis (2010).
- La notion de contexte entrepreneurial caractérisé par plusieurs facteurs clés, comme l'organisation, le temps et surtout le facteur territorial, développé dans *Innovations* (2010/3) est une composante importante de l'écosystème. Mais il n'en est qu'une faible partie.
- La Forêt tropicale (« The Rainforest ») de Hwang and Horowitt (2012) dans leur livre éponyme, qui met l'accent sur les règles non écrites.
- Les communautés de startup (« startup communities ») de Brad Feld (2012).

Par définition les relations de causes à effet se rapprochent plus des relations sociologiques, sociales ou humaines, voir biologiques que mécaniques. Ce qui se passe dans l'écosystème est souvent plus proche d'un phénomène de contamination microbienne ou virale que d'effet de quantité. Avec des effets de synergies qui peuvent dépasser le « raisonnable ».

3.2. L'entreprise innovante

Au sein de l'écosystème de l'innovateur[(N)], le concept-clé est celui de l'entreprise innovante, véritable « habitat » de l'innovateur[N]. Cette entreprise innovante est à la fois le réceptacle économique, la coquille protectrice et l'outil de l'innovateur[(N)].

Il revint à Gutenberg de créer la première entreprise innovante de l'histoire dans les années 1450. Cette entreprise innovante a une fonction globale d'accueil de l'activité d'innovateur[(N)] et une fonction économique majeure de répartition de la nouvelle valeur créée par l'innovateur[(N)]. Elle est le support du modèle économique.

La société innovante permet à l'innovateur[(N)], en choisissant les prix et les modes de paiement, de répartir la valeur[11] créée entre les différentes parties prenantes de l'innovation. La figure 3 ci-dessous, illustre le mécanisme de répartition entre les utilisateurs qui bénéficient d'une réduction de prix et les investisseurs qui obtiennent des résultats élevés ou les salariés et sous-traitants qui peuvent obtenir des conditions plus favorables de travail. L'absence de sociétés indépendantes dans les pays de l'Est a été l'une des raisons de leur quasi-incapacité à innover pendant 50 à 70 ans, malgré une recherche de haut niveau.

---

[11] La valeur de l'innovation est définie comme une rente technique au sens de Ricardo.

Figure 3 : Répartition de la valeur d'innovation à travers les prix

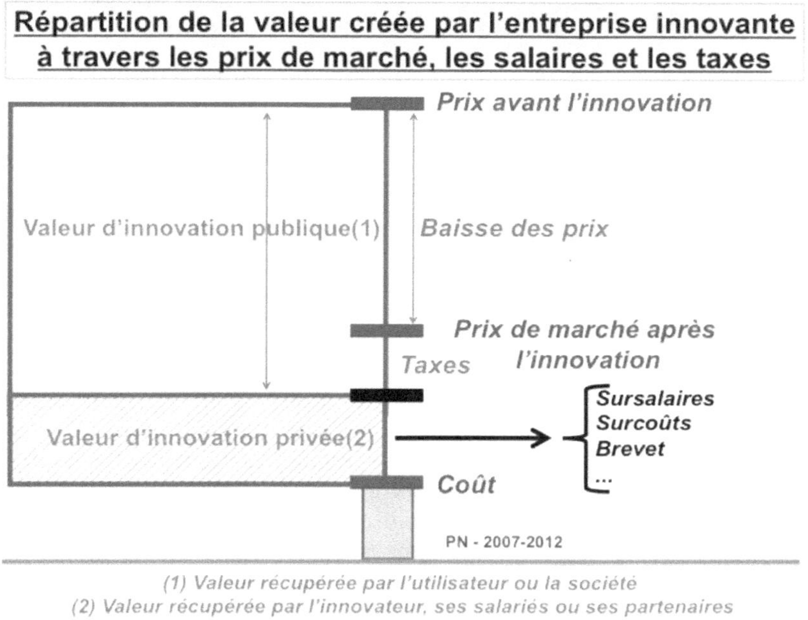

Certaines entreprises innovantes sont créées à l'occasion d'une innovation de rupture, et par la suite développent les innovations incrémentales leur permettant de préserver leur part de marché. D'autres entreprises innovantes ont une vocation plus limitée de portage d'une innovation incrémentale qui a vocation à être reprise par une entreprise leader. Toutes ces innovations incrémentales se développent dans le cadre du mécanisme bien décrit par Baumol (2002) du marché libre et compétitif qui stimule l'innovation.

Quelques entreprises de rupture tentent de garder leur capacité à générer des innovations très importantes, au moins pendant le maintien en place du Président Fondateur. Ce fut le cas d'Apple, de Sony ou de GE. Quelques-unes ont réussi à maintenir cette capacité forte au-delà de l'activité de leur fondateur, selon un mécanisme qui justifie apparemment l'analyse de Schumpeter II, comme 3M ou GE. Ce mécanisme repose très souvent sur la permanence de dirigeants innovants.

3.3. Une autre rationalité

Cet écosystème et les entreprises innovantes qui le peuplent, vivent dans un univers économique spécifique. La complexité du processus d'innovation, qui comprend non seulement une réflexion préalable, la définition d'un nouveau standard sociotechnique, mais aussi un choix collectif fragmentaire[12], conduit à développer des solutions non rationnelles. Trois analyses de natures différentes vont dans ce sens.

a. Le « biais » de l'innovateur^(N) est encore plus grand que celui de l'entrepreneur

Comme l'entrepreneur, mais dans un autre « univers », l'innovateur^(N) a une réflexion rationnelle « biaisée ». L'entrepreneur estime ne pas prendre de risque car il a une certitude ancrée au fond de lui-même de savoir passer à travers. C'est un peu comme le capitaine d'un navire qui a déjà traversé des tempêtes, « il sait qu'il sait ». Ce point a largement été analysé par Kahneman (1974 et 1982). Dans ces conditions, l'entrepreneur sait qu'il ne prend pas de risque là où d'autres en voient.

Pour l'innovateur^(N), la démarche est un peu différente car, non seulement il a une solide confiance dans ses capacités, mais surtout, il a une vision plus juste de ce qui n'existe pas encore. Lorsque les deux Steve (Wozniak et Jobs) créent le micro-ordinateur, ils pensent en termes d'ordinateur personnel pour des utilisations domestiques. Lorsque les dirigeants d'IBM créent le PC, ils pensent ordinateur professionnel. Et cela permettra à Bill Gates de profiter du vide conceptuel de ses partenaires qui ne comprennent pas ni le volume ni la logique nouvelle de ce marché et notamment le rôle des progiciels, y compris les progiciels bogués.

Ce qui permet à l'innovateur^(N) de prendre des décisions « géniales » n'est pas son génie, mais simplement son univers de raisonnement. Il utilise d'autres données, d'autres comportements, d'autres chaînes logiques. Comme l'entrepreneur qui est « certain » de dominer le risque et les incertitudes, l'innovateur^(N) a un autre référentiel de pensée et il ne voit pas le monde comme nous le voyons. Il l'imagine rationnellement (ou non) selon ses idées et en tire ses conclusions. Parmi tous ceux qui font cela, quelques uns parviennent à réaliser leur pensée. Ce sont LES INNOVATEURS (N).

b. Les sources mythologiques

L'antiquité nous a apporté la notion de « génie de l'innovation » ou de dieux qui volaient le savoir des dieux pour le donner aux hommes. L'ancêtre de nos innovateurs^(N) modernes pourrait être Prométhée, puni pour avoir transmis le feu aux hommes. Cela éclaire d'un jour nouveau la relation entre l'innovateur^(N), l'innovation et le processus de diffusion

---

[12] Dans ce chapitre, le choix collectif fragmentaire est le processus de diffusion de l'innovation. Voir note *supra*.

qui bouscule parfois les puissances sociales établies ou les simples croyances.

En transformant la « performance » de l'écosystème qui nous entoure, l'innovateur$^{(N)}$ transforme les conditions de vie des hommes et se hisse au niveau mythologique des Apkalus de la Mésopotamie. Sous la direction d'Enki, ils avaient pour mission de transmettre aux hommes le savoir des dieux (Noailles & Chambaud, 2008). Plus près de nous Lug, dieu du savoir domine le panthéon celtique, mais on sait peu de choses sur lui en raison de la victoire de Rome qui a effacé la tradition celtique. Thot en Egypte et Prométhée en Grèce ont une influence bien moindre qu'Enki et Lug. Les innovateurs$^{(N)}$ exercent une mission comparable en permettant aux hommes de vivre différemment.

c. Une fonction à la croisée de plusieurs sciences sociales

En installant la fonction l'innovateur$^{(N)}$ et l'innovateur$^{(N)}$ lui-même, au centre du processus d'innovation, on inverse l'image de ce processus et par conséquent, on place l'innovateur$^{(N)}$ dans une perspective nouvelle par rapport à d'autres sciences sociales. Il s'agit ici d'évoquer ces perspectives plutôt que de les approfondir.

L'innovateur$^{(N)}$ n'est plus un « entrepreneur standardisé » d'un processus contrôlé par des facteurs, il est le concepteur et l'organisateur d'un processus non-rationnel qui transforme des idées en objets économiques nouveaux et globalement plus « efficaces ».

Si l'on regarde cette fonction avec les yeux de René Girard (2006), l'innovateur$^{(N)}$ est celui qui crée un nouveau paradigme social qui sera imité. Et parfois, cet innovateur$^{(N)}$ peut aussi devenir le bouc émissaire.

Si l'on regarde cette fonction avec la perspective de Dumézil (1968-1995) sur les grandes fonctions de la société, l'innovateur$^{(N)}$ vient à côté du Guerrier, du Prêtre et du Paysan. Il est celui qui fait évoluer cette société.

D'un strict point de vue économique, le fait de trouver une fonction clé individuelle dans un processus économique permet d'établir des relations entre humanisme et rationalisme d'une part et entre la science économique et d'autres sciences sociales d'autre part.

4. Les innovateurs$^{(N)}$ dans la réalité économique

Dans « Business Cycles »[13], Schumpeter (1939) définit « sa » fonction d'entrepreneur. Cette fonction est assez proche de ce que nous dénommons innovateur$^{(N)}$. Il souligne qu'il n'est pas toujours facile de

[13] Chapter III. How the economic system generates evolution / C-The entrepreneur and his profit.

définir qui était « entrepreneur » dans la réalité. Compte tenu de la précision de notre définition, cela est plus aisé aujourd'hui. Mais cette fonction reste discrète et n'est généralement pas une fonction permanente. Schumpeter notait : « Personne n'est entrepreneur en permanence, et personne ne peut être qu'un entrepreneur »[14]. Inversement, tout le monde peut devenir (entrepreneur selon Schumpeter) innovateur(N) pendant une période de sa vie, mais très peu de gens sont des InnovateursN tout au long de leur vie. Quand bien même cela semble le cas, ils ont généralement d'autres activités non innovantes.

4.1. Une perspective très large

Comme le remarque Schumpeter ci-dessus, les innovateurs(N) ne sont une « espèce » stable, ni « visible ». Ils sont à la fois discrets, divers, nombreux et « temporaires ». Essayons d'en faire un inventaire approximatif, depuis les salariés jusqu'aux grands innovateurs(N)-entrepreneurs ; depuis les innovations incrémentales ou mineures jusqu'aux innovations de rupture.

Ce chapitre se fonde d'abord, pour des raisons pédagogiques, sur des innovations de rupture et de grands innovateurs(N)-entrepreneurs. Mais il s'applique aussi aux petites innovations. La figure 1 met en évidence les principales autres fonctions qui interviennent dans un processus innovant. Le chercheur ou l'inventeur ne sont pas moins importants. Mais leur fonction n'est pas la même. Par ailleurs, cette fonction est par nature combinée avec d'autres fonctions, notamment d'entrepreneur ou d'inventeur ou de chercheur. Elle conduit parfois à la fonction d'entrepreneur puis de manager, voire de capitaliste.

1 - Pour les innovations de rupture, la qualification d'innovateur(N) est assez simple. Que ce soit Mac Lean, Newcomen, Watt, Boulton ou Steve Jobs, il n'existe aucune hésitation. Pour ces grandes innovations, il n'existe qu'un innovateur(N), mais plusieurs autres personnes participent à l'innovation, dans la phase de préparation comme dans la phase de développement.

Dans les grandes sociétés qui réalisent des innovations de rupture, c'est généralement le Président qui a le rôle d'innovateur(N). Ainsi au 20e siècle Warren Lieberfarb, patron de Warner Home Video depuis 1984, « impose » dans les années 1990 le standard unique du DVD démontrant aussi que l'innovateur(N) peut être un dirigeant d'un grand groupe industriel et confirmant la multiplicité de statuts d'innovateur(N) : inventeur, entrepreneur ou salariés, lord-entrepreneurs, c'est-à-dire capitalistes et innovateur(N).

---

14 Schumpeter – in Business Cycles.

2 - Pour les petites innovations, souvent dénommées incrémentales, on se retrouve à la limite entre l'innovateur[(N)] et l'entrepreneur ou le salarié intrapreneur.

Ainsi, l'ingénieur qui change une méthode de gestion d'une unité de pétrochimie et arrive ainsi à gagner 1 ou 2 semaines de fonctionnement opérationnel par an est un innovateur[(N)] si le changement est reproductible et l'amélioration durable. Dans tous les cas, il se situe à la limite de l'innovateur[(N)] car la gestion optimale fait partie du travail d'entrepreneur.

À côté des quelques grands innovateurs[(N)] qui envahissent la scène, il existe de nombreux innovateurs[(N)] plus « furtifs » qui apportent leur contribution à l'innovation en remplissant ces fonctions de choix qui caractérisent l'innovateur[(N)]. On les trouve dans les fonctions qui entourent l'innovateur[(N)] : chercheurs, inventeurs, entrepreneurs, investisseurs, intrapreneurs et autres salariés. Leur contribution est fondamentale ou partielle, mais toujours essentielle : le chercheur qui infléchit ses travaux en fonction d'applications bien spécifiques imaginées par l'innovateur[(N)] principal ; l'inventeur qui rêve de la solution technique (qui sera reprise par un innovateur), l'entrepreneur qui veut être le premier à lancer l'innovation, tous préparent à leur façon l'innovation dont ils ne profiteront pas !

4.2. Une relation paradoxale entre l'innovation et l'innovateur[(N)]

Alors que l'on pourrait penser que les petites innovations ont besoin d'un fort promoteur tandis que les grandes devraient s'imposer par elle-même du fait de l'énorme avantage technologique et économique, c'est un peu le contraire qui se passe. Il est possible d'en tirer une conclusion générale sur le profil d'un innovateur[(N)] en fonction de l'innovation.

a. La relation paradoxale entre l'innovation et l'innovateur[(N)]

En réalité, dans les innovations incrémentales, le rôle de l'innovateur[(N)] est minimisé par le fait que le client ne ressent pas l'innovation et bénéficie simplement de l'avantage de prix ou d'amélioration technique, de façon presqu'indolore. On retrouve là les concepts de courbes d'expérience et le marché compétitif.

Le principal rôle de l'innovateur[(N)] dans les grandes entreprises est alors de vaincre les résistances internes à l'entreprise.

Entre le Kaïzen[15] et la rupture, il existe de nombreuses situations qui exigent la présence d'un innovateur(N). Il faut souligner que le Kaïzen aussi met en évidence le rôle des personnes plus que des procédures.

Figure 4 : Relation entre la stature de l'innovateur(N) et la taille de l'innovation

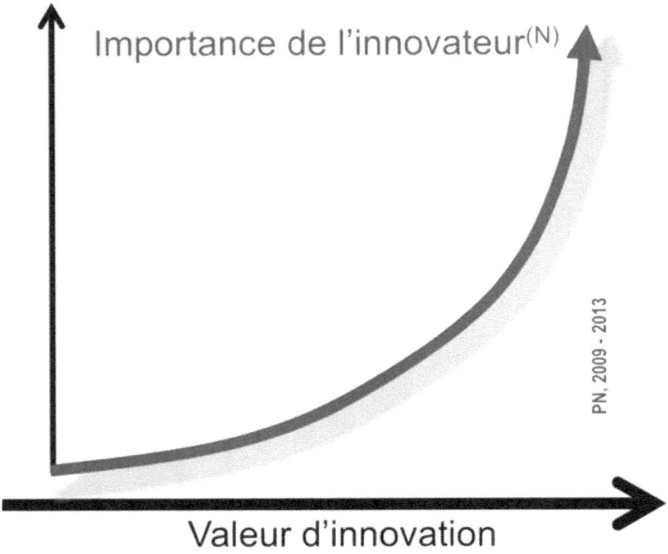

Le paradoxe de l'innovateur(N) est que son rôle est d'autant plus grand et sa fonction identifiable que l'innovation est importante et devrait alors s'imposer d'elle-même (voir figure 5).

En d'autres termes, plus l'avantage économique est fort pour le client, plus il a besoin d'explication et d'incitation !

À l'inverse, pour les innovations mineures qui ne bousculent pas les habitudes, l'innovateur(N) est un directeur marketing dynamique.

Cette situation est exactement le contraire de ce qui est imaginé généralement : les grandes innovations sont tellement importantes qu'elles

---

15 Kaïzen : terme japonais signifiant « nouveau & meilleur » ou encore amélioration. C'est une méthode pour améliorer en permanence les processus de fabrication et de management. Elle peut s'interpréter comme une réponse partielle à la complexité de l'optimisation des grandes organisations modernes et se situe à la limite entre les fonctions d'entrepreneur et d'innovateur(N).

seraient naturellement accueillies sinon attendues. Les exemples ci-après démontrent le contraire :

- La vaccination en Occident longtemps et sévèrement critiquée par les autorités religieuses et intellectuelles au 18e et au début du 19e siècle.
- L'imprimerie dans les pays musulmans longtemps interdite pour des raisons religieuses, du 15e au 19e siècle.
- L'incapacité des grandes sociétés d'informatique à concevoir un micro-ordinateur puis à développer une activité durable dans ce domaine.

b. Définir le profil de l'innovateur(N)

C'est à partir de cette relation paradoxale que l'on peut essayer de donner quelques règles simples de définition du profil de l'innovateur(N) résumées dans la figure 5 ci-dessous :

1 - Plus l'innovation est grande, plus la fonction d'innovateur(N) est importante et plus l'innovateur(N) doit être une forte personnalité et occuper une fonction opérationnelle clé. IBM a réussi le lancement de son premier ordinateur en 1955 parce que c'était le projet du nouveau président et n'a pas réussi son développement dans les PC en partie parce que c'était une équipe de managers.

2 - À chaque fois que cela est possible, il faut placer l'innovateur(N) au plus haut niveau de la hiérarchie, à la condition qu'il soit capable de superviser la vie courante de l'entreprise. L'exemple de Renault et de sa réorientation low cost dans les années 1990-2000 nous montre que le poste clé de l'innovation reste celui de président.

Figure 5 : Choisir un innovateur(N)

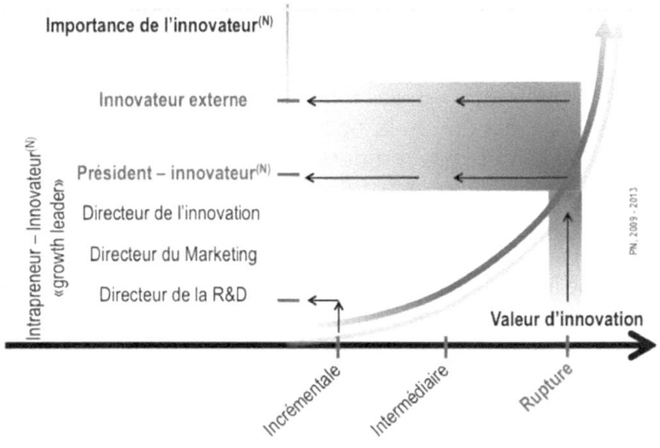

3 - Pour l'innovation incrémentale, il peut être suffisant de placer une solide équipe de R&D, à condition qu'elle soit soutenue par la direction générale. C'est d'ailleurs le modèle de très nombreuses entreprises.

4 - Pour les autres situations, il faut savoir s'adapter aux circonstances. Il faut savoir envisager et réaliser des achats de PME innovantes pour récupérer des techniques que l'on n'a pas été capable de développer en interne. C'est le cas notamment pour les innovations incrémentales importantes qu'il est souvent plus économique d'acheter que de développer. C'est bien évidemment le cas pour les ruptures. L'industrie pharmaceutique nous montre actuellement un développement vers les biotechnologies qui se fonde sur des acquisitions.

Conclusion : la nature de l'innovateur(N)

Alors que la fonction d'entrepreneur existe dans de nombreux pays et civilisations, la fonction d'innovateur(N) est apparemment essentiellement occidentale. Bien qu'il n'existe pas à ce jour de travaux de référence sur ce sujet, il apparaît que jusqu'au 20e siècle, on ne trouve pas cet ensemble innovateur(N) + entreprise innovante + financier dans les autres pays du monde. Le concept tel qu'il est décrit ici a pris sa source dans l'occident médiéval, lui a permis de réaliser la révolution industrielle du 18e et 19e siècle et de maintenir une avance technique considérable sur le reste du monde. L'Amérique du Nord a repris ce modèle dès le 19e et le Japon au 20e siècle avec des personnalités comme Akio Morita. Le début du 21e siècle montre une généralisation probable à l'ensemble du monde avec de grandes percées comme la Chine, l'Inde, l'Indonésie ou le Brésil qui démontrent une volonté de reprendre ce modèle et de le développer dans des zones de type « cluster ».

L'innovation est un phénomène à la fois endogène et exogène à l'économie : endogène car elle se fonde sur des mécanismes économiques qui sont nécessaires et exogène car le fait déclencheur n'est pas uniquement économique, mais relève souvent d'un acte individuel « indépendant » : c'est un choix opéré par un individu. Et le processus de choix innovant n'est pas toujours de nature économique. Il est partiellement rationnel, intègre une « vision » de l'avenir, ne s'améliore pas en fonction des moyens mis en œuvre et peut être bloqué par un groupe social influent.

Le choix de base est réalisé par un ou plusieurs hommes que nous dénommons innovateur(N) car il(s) assument cette fonction de choix puis démontrent la qualité de leur choix en effectuant les premières ventes qui elles-mêmes ne sont que le début d'un choix collectif.

Pour un groupe humain, que ce soit une civilisation, un pays ou une ville, innover, c'est choisir un paradigme sociotechnique plus efficace. L'innovateur(N) est l'initiateur de ce choix collectif.

Bibliographie

Baumol, W., *The free market innovation machine*, Princeton University Press, 2002.

Baumol, W., Landes, D.S., Mokyr, J., *The invention of enterprise, Entrepreneurship from ancient Mesopotamia to modern times*, Princeton University Press, The Kauffman Foundation, 2010.

Bush, V., « Science, the endless frontier – a report to President », 1945, download on http://www.nsf.gov/about/history/vbush1945.htm

Cantillon, « Essai Sur la Nature du Commerce en Général », Fletcher Gyles, in Londres/Holborn (in French), 1755– Download on http://books.google.fr/

Christensen, C., *The innovator's dilemma*, *Harper paperbacks*, 2011.

Dumézil, G., *Mythe et épopée*, Gallimard 1968-1973, 1995.

Feld, B., « Startup Communities : Building an Entrepreneurial Ecosystem », in *Your City*, John Wiley & Sons, 2012.

Girard, R., *Christianity, Truth, and Weakening Faith : A Dialogue with Gianni Vattimo*, Columbia University Press, 2006-2010.

Hekkert, M.P., Suurs, R.A.A., Negro, S.O., Kuhlmann, S., Smits, R.E.H.M., « Functions of innovation systems : A new approach for analyzing technological change », *Science Direct*, Elsevier, 2005.

Hwang Victor, W., Horowitt, G., *The Rainforest, The secret to building next Silicon Valley*, Regenwald, 2012.

Kahneman, D., Slovic, P., Tversky, A., *Judgment Under Uncertainty : Heuristics and Biases*, New York, Cambridge University Press, 1982.

Laperche, B. (eds.), *Innovation Processes and Institutions, Journal of Innovation Economics* 2012/1 (n°9). Lien : http://www.cairn.info/revue-journal-of-innovation-economics-2012-1.htm>.

Levinson, M., *The Box : How the Shipping Container Made the World Smaller and the World Economy Bigger*, Princeton University Press, 2006.

Millennium Ecosystem *Assessment Board, Ecosystems and Human Well-Being, Synthesis*, Island Press, 2005.

Noailles, P., Chambaud, S., *Innovation - valeur*, économie, gestion, Eska, Paris, 2008.

North, D., *Institutions, Institutional Change and Economic Performance*, Cambridge University Press, 1990.

North, D., *Le processus de développement économique*, Éditions d'Organisation, 2005 en français et 2004 en anglais.

Roberts, E., Fusfeld, A., « Critical Functions-Needed Roles », in the *Innovation Process*, White Paper, MIT, 1980.

Rolt Lionel, T.C., Allen, J.S., *The steam engine of Thomas Newcomen*, Landmark Publishing, Ashbourne, 1997.

Rosenberg, N., *Exploring the Black Box : Technology, Economics, and History*, Cambridge University Press, 1994.

Rosenbloom, R., Spencer, W., *Engines of innovation – US industrial Research at the end of an era*, Harvard Business School Press, 1996.

Say, J.-B., *Traité d'économie politique*, 1803 : http://classiques.uqac.ca/

Shane, S., Venkataraman S., The promise of entrepreneurship as a field of research, *Academy of Management Review*, N°25-1, 2000, p 217-226.

Schumpeter, J., *The Theory of Economic Development : An inquiry into profits, capital, credit, interest and the business cycle*, Transaction Publishers, 1982, 1911, La traduction française de 1935 avec une préface de François Perroux est disponible sur http://classiques.uqac.ca/

Schumpeter, J., *Capitalism, socialism and democracy*, Harper Perennial Modern Classics, New York, 1942 : http://classiques.uqac.ca/

Schumpeter, J., *Business Cycles, a Theoretical, Historical and Statistical Analysis of the Capitalist Process*, 1939 : http://classiques.uqac.ca/

Senor, D., Singer, S., *Start-up nation, the story of Israël economic miracle*, Twelve-Hachette Group book, New York-Boston, 2009.

Thurston, R., *A history of growth of the steam engine*, D. Appleton, New York, 1878, Nabu Press 2010 : http://digital.library.cornell.edu

Uzunidis, D., « Innovation et proximité – Entreprises, entrepreneurs et milieux innovateurs », *La Revue des Sciences de Gestion*, Direction et Gestion n° 241, 2010.

Wessner, Ch., Local Heroes, in Audretsch D.B., Grimm H., *The Global Village : Globalization And New Entrepreneurship Policies*, 2005.

Wosniak S., *iWoz*, Norton & Co, 2006.

Sites Web :

Global Entrepreneurship Monitor (GEM) : http://www.gemconsortium.org

OECD : http://www.oecd.org

World Economic Forum (WFE) : http://www.weforum.org

Institute for competitiveness & prosperity : http://www.competeprosper.ca/

State Science& Technology Institute : www.ssti.org

R&D Magazine : http://www.rdmag.com

European Commission : http://ec.europa.eu/research/innovation-union/index_en.cfm

L'entrepreneuriat social et l'innovation sociale comme facteurs fédérateurs du système national d'innovation

Laurice ALEXANDRE-LECLAIR

CEDAG Université Paris Descartes
Sorbonne Paris Cité

Introduction

L'entrepreneuriat social peut être défini comme toute création d'activité à finalité sociale et durable, à but lucratif ou non lucratif grâce à l'innovation sociale et la gouvernance participative. L'objectif principal étant de privilégier la création de valeur sociale et collective plutôt que la valeur financière et l'enrichissement des individus. En effet, les individus dirigeant ou travaillant dans une entreprise sociale acceptent une lucrativité limitée dans la mesure où les bénéfices réalisés sont alloués en grande majorité au développement de l'entreprise soit sur un plan économique, soit en termes de ressources humaines. En France, l'entrepreneuriat social s'inscrit dans le cadre de l'Économie Sociale et Solidaire (ESS) qui représente 10% environ des emplois, 215000 établissements employeurs, et plus de 100 000 emplois créés chaque année. Constituée d'associations, coopératives, mutuelles et fondations, l'ESS rassemble les structures qui se définissent, par leur statut, comme des groupements de personnes et non de capitaux (CNRES, 2012). D'après la même source, la taille moyenne d'une entreprise du secteur de l'ESS est de 11 salariés, contre 9 salariés pour les petites et moyennes entreprises (PME) du secteur privé hors ESS. Ces chiffres démontrent la croissance du secteur et son rôle dans le développement de l'emploi (2,4% en 2008 contre 1,8% pour le secteur privé).

L'entrepreneuriat social est donc une pratique en forte croissance basée sur une profonde volonté de participer au développement économique et social d'un pays ou d'un territoire au travers de l'innovation sociale. Par conséquent, les modèles économiques des entreprises sociales ne sont pas strictement économiques. Ils s'inscrivent dans une économie plurielle, mobilisant la puissance publique, les entreprises, et les citoyens dans une grande variété de configurations (AVISE, 2011). D'ailleurs en France, l'année 2012 a vu la création d'un Ministère dédié à l'Économie Sociale et Solidaire. L'Union Européenne a aussi inscrit l'innovation sociale dans sa programmation stratégique à l'horizon 2020.

L'entrepreneuriat social, sous de multiples formes institutionnelles (entreprise, association, mutuelle, coopérative, etc.), est une force de changement et d'innovation. Pourtant, le rôle des institutions relevant de l'ESS est rarement pris en considération pour expliquer les mécanismes de l'innovation, en dépit des efforts de conceptualisation qui ont été entrepris, notamment depuis les années 1990 avec les travaux de Lundvall (1992) et de Freeman (1995) sur le système national d'innovation.

Notre article a donc comme objectif d'identifier la contribution de l'entrepreneur social dans la production d'innovations, dont les mécanismes ont été décrits par le concept du système national d'innovation. Nous présenterons ainsi en première partie une revue de littérature sur l'entrepreneuriat social afin de bien définir le cadre et l'étendue de son fonctionnement. En deuxième partie, nous essayons d'identifier la place de l'entrepreneur social (au sens générique du terme) dans le système national d'innovation. Quel est le rôle des associations, quelle qu'en soit la nature, dans la production de connaissances, lesquelles débouchent sur des innovations qui contribuent à l'amélioration du bien-être social.

1. Entrepreneur social, agent de changement social

Dans cette partie, nous présentons les origines de l'entrepreneuriat social afin de mieux comprendre son évolution. Par la suite, nous tenterons de mieux comprendre la pratique de l'entrepreneuriat social en nous référant aux multiples définitions dont il a fait l'objet.

1.1. Les origines de l'entrepreneuriat social

L'entrepreneuriat social tel qu'il est défini aujourd'hui est une notion récente datant des années 1990 où les États-Unis et l'Europe de l'Ouest furent les pionniers avec notamment le lancement du programme Social Enterprise Initiative par la Harvard Business School, suivie par Columbia, Yale, et diverses fondations qui mettent sur pied des programmes de formation et de soutien aux entrepreneurs sociaux et aux entreprises sociales aux États-Unis. En Europe, l'entrepreneuriat social voit le jour en Italie d'abord qui crée un statut spécifique de coopératives sociales pour répondre à des besoins non ou mal satisfaits par les services publics. De nouvelles dynamiques entrepreneuriales à finalité sociale, ont émergé à cette période dans d'autres pays européens, Belgique, Finlande, France, Royaume-Uni, Espagne (AVISE, 2011). En France, l'ESSEC a créé une chaire Entrepreneuriat social en 2003.

L'entrepreneuriat social n'est cependant pas une pratique spécifique au 21e siècle. En effet, Boutillier (2009) retrace dans un article sur les origines de l'entrepreneuriat social en analysant l'expérience de Jean-Baptiste André Godin (1817-1888), un entrepreneur du 19e siècle. Godin a cherché à développer de bonnes conditions de travail (logement, retraite, formation, assurance sociale, etc.) pour ses salariés, tout en étant à la pointe du progrès technique, puisqu'il fut pendant de nombreuses années leader mondial dans son secteur d'activité. L'entrepreneuriat social se développe à la fin du 19e siècle pour répondre à certains maux sociaux de la révolution industrielle. Mais, il se manifeste aussi sous d'autres formes, proches d'une certaine forme de paternalisme, ainsi des entrepreneurs construisaient par exemple des églises et des écoles pour contrôler la vie hors usine de leurs ouvriers et de leurs familles. L'auteure donne aussi l'exemple des entrepreneurs français Michelin et Citroën qui ont développé des pratiques comparables en France mais qui ne sont pas considérés pour autant comme des entrepreneurs sociaux, car les objectifs de ces derniers sont d'abord économiques. En développant ce type de pratiques, les entrepreneurs du 19e siècle cherchaient à fidéliser et à motiver leurs salariés, non à améliorer leurs conditions de travail en tant que telles. Néanmoins, Boutillier (2009) présente Godin comme un entrepreneur social suivant la conception de Fowler[1] qui distingue parmi différents cas de figures les activités économiques expressément destinées à générer des retombées sociales. Ses actions s'inscrivent dans trois axes différents : politique, social et économique. Les ressources tirées de son entreprise lui permettent de donner corps à ses idées sociales. Boutillier (2009) présente les différentes innovations de Godin en se basant sur les travaux de Capron et Draperi (2003) et de Lallement (2009). On trouve donc : l'éducation des enfants et l'émancipation des femmes, la rémunération et la productivité du travail, la participation financière des salariés, la gouvernance et la démocratie, l'assurance sociale et la santé, les loisirs et la vie sociale, la culture d'entreprise et la gouvernance et l'innovation technique tous azimuts. L'innovation sociale n'est donc pas une invention

---

[1] Fowler (2000) définit trois types d'activités qu'il qualifie de socialement entrepreneuriales : l'entrepreneuriat social intégré qui fait référence à des situations dans lesquelles les activités économiques d'une organisation sont expressément destinées à générer des retombées sociales positives, la réinterprétation : des activités existantes non lucratives sont utilisées de manière créative de sorte qu'elles réduisent les coûts pour l'organisation en augmentant et diversifiant les revenus de l'organisation, l'entrepreneuriat social complémentaire est une situation où la génération de surplus financiers ne produit pas de bénéfices sociaux mais est une source de revenus.

du 21e siècle. Elle a déjà fait ses preuves au 19e siècle avec Godin en France et des entrepreneurs comme Robert Owen en Angleterre.

En France, c'est à partir de 1996 que des travaux sérieux sur l'ESS ont commencé à voir le jour avec notamment ceux du réseau EMES[2]. Defourny (2004) présente les travaux menés par le réseau EMES qui ont tenté de trouver une définition satisfaisante de l'entrepreneuriat social. Leur approche s'est fondée sur deux critères majeurs : économique et social.

Sur le plan économique, les chercheurs ont retenu quatre éléments :

1) Une activité continue de production de biens et/ou de services. Les entreprises sociales, à l'inverse de certaines organisations à but non lucratif traditionnelles, n'ont normalement pas comme activité principale la défense d'intérêts, ni la redistribution d'argent, mais elles sont directement impliquées, d'une manière continue, dans la production de biens et/ou de l'offre de services aux personnes. L'activité productive représente donc la raison d'être – ou l'une des principales raisons d'être – des entreprises sociales.

2) Un degré élevé d'autonomie. Les entreprises sociales sont créées par un groupe de personnes sur la base d'un projet propre et elles sont contrôlées par celles-ci. Elles peuvent dépendre de subsides publics mais ne sont pas dirigées, que ce soit directement ou indirectement, par des autorités publiques ou d'autres organisations (fédérations, entreprises privées…).

3) Un niveau significatif de prise de risque économique. Les créateurs d'une entreprise sociale assument totalement ou partiellement le risque qui y est inhérent. À l'inverse de la plupart des institutions publiques, leur viabilité financière dépend des efforts consentis par leurs membres et par leurs travailleurs pour assurer à l'entreprise des ressources suffisantes.

4) Un niveau minimum d'emploi rémunéré. Tout comme les organisations à but non lucratif traditionnelles, les entreprises sociales peuvent faire appel à des ressources tant monétaires que non monétaires, et à des travailleurs rémunérés comme à des volontaires. Cependant, l'activité de l'entreprise sociale requiert un niveau minimum d'emploi rémunéré.

Quant au critère social, cinq facteurs ont été pris en compte :

---

2 EMES est un réseau réunissant des centres de recherche universitaires et des chercheurs individuels reconnus, dont l'objectif est de construire progressivement un corpus européen de connaissances théoriques et empiriques sur l'économie sociale et l'entreprenariat social. Le réseau, pluraliste tant par les disciplines impliquées que par les méthodologies adoptées, étudie les questions liées au « tiers-secteur » (www.emes.net).

1) Un objectif explicite de service à la communauté. L'un des principaux objectifs des entreprises sociales est le service à la communauté ou à un groupe spécifique de personnes. Dans la même perspective, une caractéristique des entreprises sociales est constituée par leur volonté de promouvoir le sens de la responsabilité sociale au niveau local.

2) Une initiative émanant d'un groupe de citoyens. Les entreprises sociales résultent d'une dynamique collective impliquant des personnes qui appartiennent à une communauté ou à un groupe qui partage un besoin ou un objectif bien défini ; cette dimension est maintenue dans le temps d'une manière ou d'une autre, même s'il ne faut pas négliger l'importance d'un leadership souvent exercé par une personne ou un noyau restreint de dirigeants.

3) Un pouvoir de décision non basé sur la détention de capital. Ce critère renvoie généralement au principe « un membre, une voix », ou tout au moins à un processus de décision dans lequel les droits de vote au sein de l'assemblée détenant le pouvoir de décision ultime ne sont pas répartis en fonction d'éventuelles participations au capital. En outre, si les propriétaires du capital social sont importants, le pouvoir de décision est généralement partagé avec d'autres acteurs.

4) Une dynamique participative, impliquant différentes parties concernées par l'activité. La représentation et la participation des usagers ou des clients, l'exercice d'un pouvoir de décision par diverses parties prenantes au projet et une gestion participative constituent souvent des caractéristiques importantes des entreprises sociales. Dans bon nombre de cas, l'un des objectifs des entreprises sociales est de promouvoir la démocratie au niveau local par le biais de l'activité économique.

5) Une limitation de la distribution des bénéfices. Si les entreprises sociales peuvent être des organisations caractérisées par une obligation absolue de non-distribution des bénéfices, elles peuvent aussi être des organisations qui, comme les coopératives dans beaucoup de pays, ont le droit de distribuer des bénéfices, mais de manière limitée – ce qui permet d'éviter un comportement visant à la maximisation du profit.

Comme nous le constatons, les premiers travaux menés sur l'entrepreneuriat social convergent avec tous les travaux menés actuellement notamment les définitions proposées par les différents auteurs. Elles possèdent toutes des points communs : l'économique, le social, la démocratie, et la lucrativité limitée. L'entrepreneuriat social correspond donc à une forme particulière de création d'activité (qui peut prendre des formes juridiques variées), dont l'objectif principal n'est pas le profit, mais la réalisation d'objectifs sociaux, en d'autres termes intervenir dans les domaines qui ne sont pas pris en charge ni par le secteur public, ni par les entreprises relevant du marché.

1.2. Vers une meilleure compréhension de l'entrepreneuriat social

Johnson (2000), estime que l'entrepreneuriat social fait éclater les frontières traditionnelles entre le secteur public, le privé et le non-lucratif et met en avant des modèles hybrides d'activités lucratives et non lucratives. Defourny (2004) évoque même la notion de nouvel entrepreneuriat social. Plus récemment, Townsend et Hart (2008) déclarent que l'entrepreneuriat émerge comme une approche commune visant à répondre aux besoins sociaux. Toutefois les créateurs s'organisent tout aussi bien sous une forme lucrative ou non lucrative afin de s'engager vers des activités relativement similaires.

De son côté, Boutillier (2009), en définissant l'entrepreneur, déclare que les mobiles humains ne sont jamais strictement individuels, mais s'inscrivent toujours dans une réalité sociale et historique. En d'autres termes, l'entrepreneur investit dans tel ou tel secteur d'activité parce que l'état de l'économie, de la société, des sciences et des techniques le lui permet, en apportant ainsi des solutions aux problèmes posés. Dans ces conditions, créer par exemple une association pour défendre une cause environnementale est une décision qui s'inscrit dans une société pour qui la protection de l'environnement est devenue un sujet de première importance, via la mise en place depuis plusieurs années des mesures de politique publique relatives au développement durable. L'auteure se réfère aux travaux de Shane (2003) ; celui-ci développe une analyse combinatoire entre ceux de Schumpeter (1935, 1939, 1974) sur le rôle de l'entrepreneur en matière d''innovation et de Kirzner sur la capacité de l'entrepreneur à saisir les opportunités d'investissement. L'entrepreneur ne s'inscrit pas dans un vide social, il répond à un ensemble de questions qui relèvent du contexte social et économique dans lequel il est inséré. Dans ces conditions, tout entrepreneur devient social à partir du moment où les innovations dont il est l'auteur s'inscrivent dans un contexte social donné, parce qu'il répond à un besoin social et produit de l'utilité sociale.

La notion d'utilité sociale est par conséquent directement liée à celle de l'entrepreneur en général (puisqu'il crée des richesses, des emplois contribuant à l'accélération de la croissance économique) et de façon particulière à l'entrepreneur social (dont l'activité sociale sera plutôt évaluée en termes qualitatifs). Mais, outre ces considérations d'ordre général, la notion d'utilité sociale recouvre une réalité juridique bien spécifique. D'après Hély (2010), la notion d'utilité sociale est apparue pour la première fois en 1973 dans le cadre d'une jurisprudence rendue par le Conseil d'État (arrêt Saint-Luc du 30 novembre) où elle avait été mobilisée pour justifier l'exonération fiscale d'une association exploitant une clinique ayant appartenue à une congrégation religieuse (Engels

& Dutant, 2005). Suite à cette affaire, le Code général des impôts a mobilisé la notion en donnant une définition qui demeure jusqu'à présent la seule : est d'utilité sociale toute réponse à un besoin qui n'est pris en charge ni par l'État, ni par le marché. De son côté, Gadrey (2004) définit l'utilité sociale comme étant l'activité d'une organisation qui contribue à la cohésion sociale (notamment par la réduction des inégalités), à la solidarité (nationale, internationale, ou locale) et à la sociabilité, et à l'amélioration des conditions collectives du développement humain durable dont font partie l'éducation, la santé, l'environnement et la démocratie.

Cela dit, selon l'instruction fiscale, une association ou entreprise est considérée comme relevant de l'utilité sociale en vertu des 4 « P » suivants :

1. Le Produit proposé répond à un besoin peu ou mal pris en considération par le marché,

2. Le Public visé est constitué de personnes que le marché délaisse ou dont la situation économique et sociale justifie l'octroi d'avantages particuliers,

3. La Publicité est réduite à des opérations de communication,

4. Le Prix se distingue de ceux pratiqués par le secteur lucratif grâce à l'effort consenti pour faciliter l'accès du public.

Cambon (2006) évoque même la « valeur sociale » comme étant un facteur déterminant qui donne un « sens » à la réussite d'une personne ou d'un objet. En s'appuyant sur les travaux de Beauvois (2005), l'auteur définit cette valeur sociale sous deux angles : désirabilité sociale et utilité sociale. Cambon (2006) propose la définition de Pansu et Beauvois (2004 : 171) sur la désirabilité sociale comme étant l'adéquation connue des comportements observés ou anticipés d'une personne aux motivations ou aux affects réputés des membres typiques d'un collectif social. Quant à l'utilité sociale, elle peut être définie par les chances de succès ou d'échec d'une personne dans la société dans laquelle elle vit. Cette connaissance serait informée par la manière dont les personnes adhèrent aux exigences du fonctionnement social. Il est important de souligner que le terme d'utilité n'est pas à entendre dans son acception fonctionnelle (le fait de rendre service à telle personne ou à tel groupe) mais dans une acception quasi-économique (la « valeur marchande » d'une personne).

Si l'on se réfère aux différents travaux sur l'entrepreneuriat, on peut constater que l'entrepreneuriat œuvre aussi pour des causes sociales. Aujourd'hui, la littérature sur la responsabilité sociétale des entreprises est en plein essor et est riche d'exemples quant aux actions menées par les entreprises pour améliorer les conditions de travail et de vie de leurs salariés, mais aussi pour défendre des causes environnementales importantes

C'est donc l'utilité sociale qui est le facteur majeur qui distingue l'entrepreneuriat « classique » de l'entrepreneuriat social. L'entrepreneur social, contrairement à son homologue « classique », n'aurait pas pour objectif principal la maximisation du profit. Ses objectifs seraient plutôt orientés vers des causes non directement lucratives, comme la lutte contre l'exclusion sociale ou contre différentes sortes de pollution. Il s'agirait ainsi d'innovation sociale, puisqu'elle contribue à introduire du changement, mais de nature « sociale » parce que contribuant directement à améliorer le bien-être d'une partie de la population, hors d'atteinte tant du marché que du secteur public. Contrairement à une idée reçue, ces institutions relevant de l'ESS participent activement au changement social, et plus largement à la production d'innovations ? Certains auteurs, notamment l'EMES, évoquent le rôle des collectivités dans le développement du volet social de l'entrepreneuriat. Ce qui signifie que l'innovation, quelle que soit sa nature, est un processus complexe dans lequel intervient un grand nombre d'acteurs. Pourtant, le concept de système national d'innovation, dont la vocation est de relier différents acteurs (entreprises et institutions publiques) participant à la production d'innovations, ne prend pas le rôle des institutions relevant de l'ESS.

2. Innovation sociale et systèmes national d'innovation

Dans cette partie, nous tenterons d'identifier le rôle des institutions de l'ESS en matière d'innovation. Quel rôle peut jouer par exercer une association de malades pour orienter la recherche médicale dans telle ou telle direction ?

2.1. De l'innovation à l'innovation sociale

Afin de mieux comprendre l'innovation sociale, nous tenterons de définir l'innovation en premier lieu. Nous présenterons par la suite l'innovation sociale et ses différentes caractéristiques.

a. L'innovation

Selon le dictionnaire de l'Académie française, le terme date du 13e siècle, et est emprunté au bas latin « innovatio », qui signifie « renouvellement ». L'idée d'innovation s'inscrit dans celle d'un renouvellement. Mais, plusieurs siècles plus tard, en 1942, Schumpeter dans *Capitalisme, socialisme et démocratie* s'intéresse à la qualité d'innovateur de l'entrepreneur et distingue cinq types d'innovation : la fabrication de biens nouveaux ; des nouvelles méthodes de production ; l'ouverture d'un nouveau débouché ; l'utilisation de nouvelles matières premières ; la réalisation d'une nouvelle organisation du travail.

Schumpeter développe une conception de l'innovation qui est beaucoup plus large, et qui est le reflet du développement de l'activité économique propre au 20e siècle. Plus récemment, tout en s'y inscrivant, le livre blanc sur l'innovation (2008) définit l'innovation comme la création d'un avantage concurrentiel par un nouveau produit, une nouvelle organisation ou un nouveau procédé, quelle que soit sa nature : incrémentale, radicale ou de rupture. Cette définition reste floue par rapport à l'innovation sociale mais cela ne signifie pas qu'elle ne l'inclut pas. En effet, le nouveau produit pourrait être à utilité sociale, la nouvelle organisation pourrait prendre la forme d'une coopérative SCOP connue pour leurs gouvernances participatives et lucrativité limitée. Cela dit, l'aspect social de l'innovation a déjà été pris en considération dans le cadre de l'analyse évolutionniste où l'innovation est vue comme un processus social qui se rattache aussi bien aux technologies ou systèmes techniques, qu'au marché des biens et au marché du travail (Le Bas, 1995).

Gianfaldoni (2012) reprend pour sa part la définition de l'innovation proposée par Alter (2002dir) qui considère l'innovation comme l'ensemble du processus social et économique amenant l'invention à être finalement utilisée, ou pas dans des circonstances ou des contextes spécifiques. L'innovation implique donc la production et/ou l'organisation de l'entreprise.

D'après Cote et Healy (2001), l'innovation repose toujours sur une combinaison associant l'empirisme, la science et le marchand. Produit d'une expérience collective, elle n'est par conséquent jamais isolée des contraintes qui se posent en certains lieux et à certains moments de l'histoire (Boutillier & Uzunidis, 1999). L'aspect social de l'innovation prend de plus en plus forme dans les recherches programmées dans les laboratoires des grandes entreprises, à partir de la fin du 19e siècle. En effet, d'après Fontan (2004), c'est à la fin du 19e siècle que le concept d'innovation fait une entrée déguisée dans le langage sociologique notamment lorsque Tarde (1890) qui explique l'évolution des sociétés par le cumul d'inventions au quotidien, « d'innovations », qui modifient graduellement l'ensemble des comportements humains.

Il ressort de l'ensemble de ces considérations que l'innovation, au sens large du terme, n'est pas le résultat d'un acte isolé, mais le produit d'une dynamique sociale, faisant intervenir un grand nombre d'acteurs. Dans ces conditions, pourquoi créer le concept d'innovation sociale, qui en vertu de ces considérations, devient une tautologie ? Les travaux menés par des chercheurs canadiens répondent en partie à cette question.

b. L'innovation sociale

C'est en 1986 où de véritables recherches interdisciplinaires sur l'innovation sociale ont vu le jour grâce à la création du CRISES[3] au Québec. Composé d'anthropologues, géographes, historiens, mathématiciens, philosophes, gestionnaires, économistes, politiciens, sociologues, etc., les membres du CRISES étudient et analysent les innovations et les transformations sociales à partir de trois axes : le développement et le territoire, les conditions de vie et le travail et l'emploi. Ainsi, Tardif (2005), citant les travaux de Cloutier (2003, pp. 41-42), considère que l'innovation sociale est une réponse nouvelle visant le mieux-être des individus et/ou des collectivités. Elle se définit par son caractère novateur et son objectif qui prévoit des conséquences sociales positives. En revanche, plusieurs chercheurs définissent également l'innovation sociale par son processus. Autrement dit, pour répondre à ce titre, l'innovation sociale doit respecter certaines exigences en ce qui concerne son processus de création et de mise en œuvre. L'innovation sociale est alors celle qui résulte de la coopération entre une diversité d'acteurs. Sous cet angle, l'innovation sociale peut être envisagée comme un processus d'apprentissage collectif et de création de connaissances. Elle exige également la participation des usagers et ce, à des degrés divers variables au cours du déroulement du processus de création et de mise en œuvre de l'innovation sociale.

Fontan (2004) déclare que l'innovation sociale apparaît comme un processus multiforme et multidimensionnel de production et de rénovation de l'existant, dans le but de produire du changement social, et ce, à diverses échelles. L'action socialement innovante représente une médiation qui permet d'apporter une réponse à un besoin ou à un désir formulé par des acteurs sociaux pour trouver une solution à un problème social. L'action socialement innovante relève du domaine de la stratégie puisqu'elle agit sur le système d'action d'une organisation ou d'une communauté. L'action socialement innovante signifie une plus grande structuration du social, 1) en amont de l'innovation, par la redéfinition des orientations culturelles, 2) lors de sa mise en œuvre, par les nouvelles modalités de gestion des rapports sociaux, la concertation et le partenariat par exemple, et 3) en aval de celle-ci, par les pressions exercées pour changer les habitudes individuelles et collectives de consommation. C'est ainsi qu'il se construit des milieux où l'invention et la nouveauté émergent plus facilement et où le cycle conduisant à la reconnaissance de son usage social et à son institutionnalisation s'accélère, ce qui met en place des systèmes d'innovation. Donc, l'innovation sociale englobe à la fois le fait d'innover, c'est-à-dire une

---

[3] Centre de recherche sur l'innovation sociale.

action inventive orientée culturellement, produit de l'imaginaire ou du hasard, et le processus institutionnel de reconnaissance sociale de son usage, de son passage à l'institué.

Plusieurs auteurs se sont intéressés à la notion d'innovation sociale tout simplement en menant une réflexion sur l'innovation en lui donnant une dimension sociale (Fontan, 2004) qui s'inscrit depuis peu dans la mouvance de la nouvelle sociologie économique (Lévesque, Bourque, Forgues, 2001) et de la géographie socio-économique (Benko, Lipietz, 2000). Plutôt que de voir comment l'innovation agit, il faut alors voir comment on peut se reconvertir aux nouvelles pratiques productives induites par l'innovation, soit en se spécialisant dans les types de production qui ont un potentiel dynamisant, soit en mettant de l'avant des conditions sociales qui rendent la collectivité apte à innover (Fontan, Klein, Lévesque, 2003). D'ailleurs, Bacchiega et Borzaga (2001) ont utilisé les outils offerts par la théorie institutionnelle des organisations pour mettre en lumière la nature innovante des entreprises sociales. Phills, Deiglemeier, Miller (2008 : 36) considèrent l'innovation sociale comme une solution à un problème social, plus effective, efficace et soutenable que les solutions existantes, et grâce à laquelle la valeur sociale créée revient principalement à la société plutôt qu'à des agents privés.

D'autres auteurs ont élargi le champ de l'analyse pour prendre en considération l'individu mais aussi l'environnement dans lequel il est inséré. En effet, Djellal et Gallouj (2012), présentent les différentes caractéristiques de l'innovation sociale : tout d'abord, la cible. En s'appuyant sur les travaux de Cloutier (2003), Djellal et Gallouj déclarent que l'innovation sociale peut viser trois cibles : l'individu, son territoire et l'entreprise dont il s'agit d'accroître la performance.

L'innovation sociale est alors appréhendée comme une innovation immatérielle, et non technique. Djellal et Gallouj (2012) considèrent à ce sujet que l'innovation sociale ne réside pas dans l'artéfact technique en tant que tel, mais dans ses caractéristiques. La troisième caractéristique serait le processus et les parties prenantes. En effet, il est important d'identifier les différents acteurs concernés par l'innovation sociale, ainsi que le mode de production de ces acteurs. Les processus de production en question sont souvent locaux et accordent une place importante à l'informel et à une diversité d'acteurs. La dernière caractéristique à prendre en considération serait les finalités de l'innovation sociale. La finalité principale de l'innovation sociale est la résolution des problèmes sociaux. Djellal et Gallouj (2012) citent ainsi les travaux de Kubr (1988) qui distingue différentes formes de problèmes sociaux : les problèmes curatifs, préventifs, et créatifs. Dans le cas de l'innovation sociale, les problèmes sociaux sont des problèmes qui n'ont pas été résolus par la voie de l'innovation « traditionnelle », en raison de la défaillance ou du désintérêt du marché ou de l'État. Mais l'entreprise ne peut faire abstraction de son environnement, puisqu'elle est elle-même partie intégrante d'un réseau de relations sociales qui est composé des relations qu'elle entretient avec d'autres entreprises (clients ou fournisseurs), des institutions publiques, des associations (par exemple de défense des consommateurs et/ou de l'environnement), des organisations syndicales, etc.

2.2. Le système national d'innovation

Freeman (1987) a été l'un des premiers chercheurs (avec Lundvall, 1992) à présenter la notion de systèmes d'innovation pour appréhender les modalités de production et de diffusion des connaissances menant à la production d'innovations. Le concept de système d'innovation offre une grille de lecture pour mettre en lumière les interrelations entre les différents acteurs de l'innovation : entreprises, centres de recherche, etc.

Laperche et Uzunidis (2007), s'appuyant les travaux de Freeman (1987, 1995) et Lundvall (1992), ont développé une vision plus large du système national d'innovation. En effet, le système national d'innovation de Freeman est composé par l'ensemble des institutions publiques et privées (entreprises, centres publics et privés de recherche scientifique et de développement technologique – R&D, sociétés financières, administration de réglementation et de régulation…) impliquées dans la réalisation des processus d'innovation et mises en relation les unes par rapport aux autres par des flux financiers, informationnels et par les mouvements de personnes (scientifiques, ingénieurs, travailleurs de toutes qualifications et compétences). Les institutions qui relèvent du champ de l'ESS ne sont pas prises en considération. Ce qui n'est pas le cas pour Laperche et Uzunidis (2007).

Le système défini par ces derniers comprend, outre l'ensemble des institutions retenues par Freeman et Lundvall, d'autres institutions relevant de l'ESS, en particulier les associations. Les relations qui lient ces différentes entités sont formées par des transactions marchandes et non marchandes (formelles et informelles). La finalité du système est de permettre aux entreprises – acteurs majeurs, sinon primordiaux, de l'appropriation du surplus réalisé dans une économie – de réaliser les nouvelles combinaisons productives en vue de renouveler leur capital, leur production, leur activité, les marchés, en bref d'innover. Laperche et Uzunidis (2007) ne réduisent donc pas les acteurs de l'innovation aux seules entreprises et aux institutions publiques, ils prennent également en considération les associations. Ces dernières en tant qu'acteurs sociaux, via les développements précédents relatifs à l'entrepreneur social, sont créatrices de nouveautés. Les associations, quel que soit leur objet (environnemental, culturel, sanitaire, humanitaire, social, etc.) recherchent à répondre à des besoins sociaux spécifiques (lutter contre la déforestation, trouver un traitement pour des maladies orphelines, réhabiliter des banlieues dites difficiles, etc.). Ne disposant des ressources humaines, matérielles ou financières pour y répondre par leurs propres moyens, leur pouvoir réside dans la capacité de pression qu'elles peuvent exercer auprès d'entreprises ou d'institutions de recherche pour mener des recherches ou entreprendre des actions pour répondre à ces questions. Ainsi, au-delà des controverses dont nous avons fait étant plus quant à la définition de l'innovation sociale et au rôle de l'entrepreneur social, nous avons par les faits une définition de l'innovation sociale.

2.3. Système national d'innovation et innovation sociale

Rabeharisoa et Callon (2002) démontrent ainsi que l'innovation sociale est fédératrice d'un réseau de parties prenantes en s'appuyant sur une recherche menée auprès des associations de malades ayant modifié leurs finalités sociales notamment de l'accompagnement et le soutien des malades à la recherche des causes de pathologies les concernant. Ils citent ainsi Barral et Paterson (1994) qui considèrent ce déplacement de la cause des associations de malades vers la lutte contre les maladies comme porteur d'un nouveau modèle associatif. Cela dit, ces actions dépendront pour chaque association, de son domaine ainsi que des actions menées par les pouvoirs publics pour son secteur, les organismes de recherche, les industries pharmaceutiques, les fondations, etc. (Rabeharisoa & Callon, 2002).

Il s'agit donc d'un réseau social qui s'est constitué grâce au changement de la finalité sociale de l'association. Rabeharisoa et Callon (2002) évoquent même la naissance d'un modèle dans lequel les malades jouent un rôle actif dans les orientations de recherche en s'adossant au mouvement du self-help. D'ailleurs, la notion de réseau de parties prenantes avait déjà été proposée par Callon (1989) en menant une recherche sur les coquilles Saint-Jacques, et Latour (1988) sur la fission nucléaire. En effet, Lindemann (2011 : 103), cite les travaux de Callon (1986) et de Latour (1999) pour démontrer la nécessité de la participation de différents acteurs qui doivent s'inscrire dans un même réseau spécifique et intéressé par l'activité. Ainsi dans l'exemple de Callon (1986) sur les coquilles Saint-Jacques, les acteurs principaux de ce réseau sont : les coquilles Saint Jacques, les pêcheurs, les chercheurs, et d'autres scientifiques. Si les coquilles agissent de façon prévue par les chercheurs, alors ils rédigeront des articles scientifiques sur le sujet qui seront lus par d'autres chercheurs. Si ces derniers estiment que ces travaux présentent une description suffisante des actions des coquilles, ils vont adhérer au système, et le réseau devient de plus en plus stable.

Conclusion

La notion d'entrepreneur social est devenue depuis le début des années 1990 un domaine fertile en recherche, reflet d'un fait social beaucoup plus ancien. L'entrepreneur social est d'abord un entrepreneur, par conséquent un individu qui crée une organisation dont le statut juridique relève de l'ESS (qui peut être une association, une coopérative, une fondateur ou autres). En tant qu'acteur social, son objectif est de créer une activité qui répond à un objectif social donné (par exemple lutter contre l'exclusion sociale, contre la pollution d'un site naturel ou encore promouvoir certaines causes sanitaires).

D'un autre côté, la notion de système national d'innovation a été élaboré à peu près au même moment (mais indépendamment l'un de l'autre) pour détailler les mécanismes de la production de l'innovation en privilégiant deux grands types d'acteurs : les entreprises et les institutions publiques. Or, les mécanismes de la production de la connaissance sont beaucoup plus complexes et surtout ne sont pas isolés du reste de la société qui les contient. Les innovations que les entreprises offrent sur le marché ne sont pas le produit de considérations qui seraient déconnectées de l'ensemble social dans lequel elles sont encastrées. Elles répondent à des besoins sociaux (en matière d'alimentation, de transport, de santé, etc.). Cependant, s'il existe selon les dires de Schumpeter des équipes de spécialistes qui dans les grandes entreprises ont pour fonction essentielles d'innover, ces dernières doivent en capacité de détecter les informations nécessaires. Dans ce contexte, nous avons tout particulièrement souligné le rôle des associations qui sont créées pour défendre par exemple la cause des maladies orphelines et ainsi faire pression sur les laboratoires de recherche des grandes entreprises pour mener des recherches dans cette direction. Ce qui signifie que le marché n'est pas le seul vecteur d'information que les entreprises sont susceptibles d'exploiter, d'où notre intérêt pour ce qui ne relève ni du marché, ni du secteur public.

Bibliographie

Alter, N., *Les logiques de l'innovation*, La Découverte, 2002.

AVISE, *Livre blanc « développer l'entrepreneuriat social »*, 2011 : www.avise.org.

Barral, C., Paterson F., « Association d'usagers dans le champ du handicap et de la maladie », in Ravaud J., Fardeau M. (dir.), *Insertion sociale des personnes handicapées. Méthodologies d'évaluation*, CTNERHI-INSERM, 1194, pp. 217-230.

Benko, G., Lipietz A., 2000, *La richesse des régions*, Presses universitaires de France.

Boutillier, S., « Aux origines de l'entrepreneuriat social. Les affaires selon Jean-Baptiste André Godin (1817-1888) », *Innovations. Cahiers d'économie de l'innovation*, 2, n° 30, 2009, pp. 115-134.

Boutillier, S., Uzunidis, D., 1999, *La légende de l'entrepreneur*, Syros.

Callon, M., *Éléments pour une sociologie de la traduction. La domestication des coquilles Saint-Jacques et des marins-pêcheurs dans la baie de Saint-Brieuc*, L'année sociologique, n° 36, 1986, pp. 169-208.

Callon, M., *La science et ses réseaux*, La Découverte, 1989.

Cambon, L., « Désirabilité sociale et utilité sociale, deux dimensions de la valeur communiquée par les adjectifs de personnalité », *Revue internationale de psychologie sociale*, 3, Tome 19, 2006, p. 125-151.

Capron, M., Draperi, J.-F., « Jean-Baptiste Godin. Entrepreneur de son siècle ou bâtisseur du futur ? », 9e, *Journées d'histoire de la comptabilité et du Management*, CREFIGE, 20-21 mars, 2003 : http://www.crefige.dauphine.fr/recherche/histo_compta/capron.pdf

Cloutier, J., 2003, *Qu'est-ce que l'innovation sociale ?*, CRISES : http://www.crises.uqam.ca/upload/files/publications/etudes-theoriques/ET0314. pdf

CNRES, 2012, « Panorama de l'économie sociale et solidaire en France et dans les régions », étude réalisée par l'INSEE en collaboration avec le Conseil National des Chambres régionales de l'économie sociale et solidaire.

Cote, S., Healy, T., *The Well-Being of Nation. The role of human and Social capital*, OCDE, 2001.

Defourny, J., « L'émergence du concept d'entreprise sociale », *Reflets et Perspectives de la vie économique*, XLIII, 3, 2004, pp. 9-23.

Djellal, F., Gallouj, F., « Innovation sociale et innovation de service : première ébauche d'un dialogue nécessaire », *Innovations. Cahiers d'économie de l'innovation*, 2, n°38, 2012, pp. 37-66.

Engels, P., Dutant, J., *Philosophie de la connaissance. Croyance, connaissance, justification*, Librairie Philosophique Vrin, 2005.

Fontan, J.-M., « Innovation et société : pour élargir l'analyse des effets territoriaux de l'innovation », *Géographie, économie, société*, 2, vol. 6, 2004, pp. 115-128.

Fontan, J.-M., Klein, J.-L., Lévesque, B., *Reconversion économique et développement territorial : le rôle de la société civile*, Presses de l'Université du Québec, 2003.

Freeman, C., *Technology policy and economic performance : lesson from Japan*, Frances Pinter, 1987.

Freeman, C., « The national system of innovation in historical perspectives », *Cambridge journal of Economics*, n° 19, 1995, pp. 5-24.

Gadrey, J., « Services, croissance, décroissance », *Géographie, Économie, Société*, 2, vol. 6, 2004, pp. 115-128.

Gianfaldoni, P., « Les attributs de l'innovation sociale dans l'insertion par l'activité économique », *Innovations. Cahiers d'économie de l'innovation*, 2, n° 38, 2012, pp. 129-150.

Hély, M., « Le travail d'utilité sociale dans le monde associatif », *Management & Avenir*, 10 n° 40, 2010, pp. 206-217.

Johnson, S., *Literature review on social entrepreneurship*, Canadian Centre for Social Entrepreneurship, University of Alberta, 2000.

Kurb, M., *Managment Consulting. A guide to the profession*, BIT, 1988.

Lallement M., *Le travail de l'utopie. Godin et le Familistère de Guise*, Les Belles Lettres, 2009.

Laperche, B., Uzunidis, D., « Le Système national d'innovation russe en restructuration », *Innovations. Cahiers d'économie de l'innovation*, 2, n° 26, 2007, pp. 69-94.

Latour, B., *La vie de laboratoire. La production des faits scientifiques*, La Découverte, 1988.

Le Bas, C., *Économie de l'innovation*, Presses universitaires de France, 1995.

Le livre blanc de l'innovation, *Contribution au développement économique du territoire par une meilleure appropriation de l'innovation*, Chambre de Commerce et d'Industrie Saint-Étienne, 2008.

Lévesque, B., Bourque, G.L., Forgues, E., *La nouvelle sociologie économique*, Desclée de Brouwer, 2001.

Lindemann, G., « On Latour's social Theory and theory of Society, and his contribution to saving the world », *Hum. Stud.*, Springer, 34, 2011, pp. 93-110.

Lundvall, B., *National Systems of Innovation. Toward a Theory of Innovation and Interactive learning*, Pinter Publishers, 1992.

Pansu, P., Beauvois, J.-L., « Juger de la valeur sociale des personnes. Les pratiques sociales d'évaluation individuelle », in Pansu P., Louche C., (dir.), *La psychologie appliquée à l'analyse des problèmes sociaux*, Presses Universitaires de France, 2004, pp. 1-11.

Phills, J.A., Deiglemeier, K., Miller, D.T., « Rediscovering Social innovation », *Stanford Social Innovation Review*, 6(4), 2008, pp. 33-43.

Rabeharisoa, V., Callon, M., « L'engagement des associations de malades dans la recherche », *Revue internationale des sciences sociales*, 1, n° 171, 2002, pp. 65-73.

Schumpeter, J.A., *Théorie de l'évolution Économique*, Éditions Dalloz, Paris, Traduction française de la seconde édition de *Theorie der wirtschaftlichen Entwicklung*, Leipzig, Édition Dunker und Humblot [1926], 1935.

Schumpeter, J.A., *Business Cycles*, vol. 2, Éditions Mac Graw Hill, New York, 1939.

Schumpeter, J.A., *Capitalisme, socialisme et démocratie*, Petite Bibliothèque Payot, n° 55, Paris, Traduction française de *Capitalism, Socialism and Democraty*, G. Allen & Unwin, Ltd, [1942], 1974.

Shane, S., *A general Theory of Entrepreneurship. The individual Opportunity Nexus*, E. Elgar, 2003.

Tarde, G., « Les lois de l'innovation », 1890 : http://classiques.uqac.ca/Classiques/tarde_gabriel/lois_imitation/lois_imitation.htm

Tardif, C., « Complémentarité, convergence et transversalité : la conceptualisation de l'innovation sociale au CRISES », *Cahier du CRISES*, 2005 :

http://www.crises.uqam.ca/upload/files/publications/etudes-theoriques/ET0513.pdf

Townsend, D.M., Hart, T.A., « Perceived institutional ambiguity and the choice of organizational form in social entrepreneurial ventures », *Entrepreneurship Theory and Practice*, 32(4), 2008, pp. 685-700.

Le management de l'innovation dans les modèles de gouvernance de l'entreprise

Yvon Pesqueux

CNAM-Paris

Introduction

La question d'un modèle de l'entreprise innovatrice (et durable devrait-on rajouter, le développement durable étant considérant comme un thème majeur d'innovation aujourd'hui) se pose à la fois du point de vue de l'organisation innovatrice (considérée ici comme un phénomène) et de celui de sa responsabilité environnementale – pour le durable – (considérée ici comme « le » motif de l'innovation), ce « durable » venant fonder une essence de la gouvernance.

L'hypothèse de travail consistera à considérer « organisation innovatrice » et « durable » comme un discours au sens de J.L. Austin (1970) et comme une utopie.

Ces deux notions sont alors comprises comme :

- un acte propositionnel (ou locutoire), où la volonté d'innovation tout comme le « durable » sont considérés comme provenant de l'expression du volontarisme managérial pour la dimension « innovation » et du motif de cette volonté pour le « durable ».

- un acte illocutoire (ce que l'on fait parallèlement à ce que l'on dit – promesse, commandement, souhait), l'innovation se différenciant de la tradition et le « durable » de l'ignorance des conséquences sociales et environnementales de l'activité économique,

- un acte perlocutoire (ce que l'on produit parallèlement à ce que l'on dit, l'intimidation, par exemple) qui est à la linguistique ce que les prédictions auto prédictions réalisatrices sont aux sciences des organisations, l'organisation innovatrice tout comme le « durable » étant alors « création » de quelque chose ou bien encore « transgression ».

Il est important de mentionner l'injonction à l'innovation permanente ainsi qu'au durable dans le monde actuel, l'innovation tout comme le « durable » étant alors considérés comme une condition de survie, en quelque sorte… mise en scène rationalisante de l'improvisation inhérente à l'action humaine ? Nouvelle eschatologie technoscientifique (Pesqueux, 2010) où l'indéfinition de l'innovation servirait de contrepoids à la finitude inhérente au durable ? Fondements possibles d'une gouvernance organisationnelle ?

Parler d'organisation innovatrice et durable est une façon de valider l'innovation et le durable comme formes de transgression tranquille entrant en composition compte tenu de l'improvisation qui leur est inhérente. Dans leur acception vitaliste, l'innovation et le durable marquent un projet de socialisation. L'enracinement en est très entrepreneurial, dans une sorte de con-fusion « créateur-innovateur-entrepreneur ». C'est à ce titre que l'existence d'un éventuel modèle organisationnel de l'organisation innovatrice et durable se dissout dans une acception à la fois entrepreneuriale et organisationnelle de la gouvernance.

L'innovation et le durable peuvent être compris comme un processus de co-socialisation « large » qui vaut au sein d'un groupe (l'organisation) mais le plus souvent imputé à un individu considéré comme « moteur » compte tenu d'un Zeitgeist constitué par le croisement de l'innovation et du durable. Rappelons une nouvelle fois que ce Zeitgeist s'adresse aussi bien à l'organisation qu'à la société dans une acception extensive, d'où sa dimension à la fois écologique (l'organisation est alors considérée comme étant un « milieu ») et connexionniste (l'innovation connecte les générations présentes entre elles et la génération présente avec les générations futures), deux caractéristiques constitutives de son idéologie.

L'innovation et le durable peuvent aussi être considérés comme un « processus » organisant dans une approche substantialiste de l'organisation et de sa gouvernance. L'innovation et le « durable » sont alors une forme de substance organisationnelle (autre acception d'une téléologie). Comme norme du fonctionnement organisationnel et approche essentialiste de l'organisation, donc appartenant à la dualité « vision-mission », ils sont considérées comme fondateurs de son opportunisme « responsable » donc « raisonné » (et non plus simplement calculateur). C'est une forme de contingence (permettant de faire le lien avec le fonctionnalisme comme support de l'innovation) et la téléologie inhérente à l'organisation et à sa gouvernance.

Le tressage des deux notions est fondateur d'une connectivité dans laquelle le capital social est d'abord mis au service du capital naturel avant le capital humain, technique et financier. Le contexte juridique peut être considéré comme étant la dimension supra-institutionnelle du développement d'un tel modèle organisationnel qui s'institutionnaliserait autant qu'il se diffuse. Cette dimension juridique vise essentiellement le durable à partir des trois dimensions que sont l'interdiction, le rationnement et la réutilisation.

L'argumentation de ce texte est la suivante : après avoir rappelé les contours de la notion de modèle, on abordera l'innovation comme étant un discours (cf. Austin) dont souligne la substance évolutionniste. On abordera alors la notion de développement durable en en soulignant sa dimension floue et ambiguë avant de poser la question de l'existence d'un modèle de gouvernance utopique de l'organisation innovante et durable.

1. La notion de modèle organisationnel

Ce qui soutient la logique de cette démonstration repose sur la difficulté ressentie de parler d'un « objet » comme l'organisation sans position théorique quant à la modélisation. Comme « objet social », l'organisation pose la question de sa représentation.

La notion de représentation comporte des constantes : il s'agit de reproduction du réel par rapport à un certain point de vue comme on le voit dans l'utilisation du terme pour le théâtre et la peinture, par exemple. La notion se situe alors dans le même champ lexical que la figuration. La représentation institue le représenté, elle le fait « exister » au point de pouvoir le remplacer.

C'est donc aux conséquences de la référence à un modèle qu'il est question de s'intéresser ici, le premier aspect étant celui de réduction, réduction allant de pair avec une simplification et le second en étant l'aspect normatif. Dans toute référence à un modèle, l'aspect réduction de la réalité tendrait à mettre en avant l'aspect « passif » de la représentation là où, dans son acceptation normative, ce serait l'aspect « actif » de l'identification qui l'emporterait. C'est d'ailleurs ce double processus qui est qualifié de modélisation.

C'est l'institutionnalisation du modèle qui débouche sur la croyance en sa légitimité, croyance venant confondre les processus d'isomorphismes et d'allomorphismes. L'isomorphisme relève d'une perspective formelle, l'homogénéité constatée des formes posant la question des explications possibles. C'est à cela que répondent P.J. DiMaggio et W.W. Powell (1983) en identifiant trois processus d'isomorphisme pour expliquer la conformité organisationnelle, conformité propre à fonder la légitimité l'homogénéité constatée des formes : le processus mimétique qui se caractérise par l'adoption de modèles d'organisation identiques au regard de l'expérience et de la croyance du bienfondé de leur forme, le processus coercitif au regard de la pression hétéronome des autres institutions et autres organisations du champ social et le processus normatif où la norme sert de critère pour établir une base cognitive légitime. L'allomorphisme relève de pressions externes donc de logiques de contingences mais il est le plus souvent confondu avec l'isomorphisme. Mais isomorphisme et allomorphisme, en mettant l'accent sur l'homogénéité des formes organisationnelles, rendent compte de façon très générique du processus d'homogénéisation.

2. Le développement durable comme notion floue et ambiguë

La notion de développement durable est apparue récemment dans les sciences sociales (décennie 70 avec la prise de conscience des ravages sur l'environnement de la croissance des « Trente Glorieuses »). Elle connaît depuis une histoire brève et mouvementée et comprend l'idée d'une distance prise à l'égard du réductionnisme économique en mettant en avant un aspect multidimensionnel et un traitement pluridisciplinaire des questions de son champ. Elle recouvre la perspective d'une articulation entre les objectifs sociaux du développement économique, la solidarité entre les générations présentes, la conditionnalité environnementale des générations futures et de la viabilité du progrès économique. Elle s'inscrit donc à la fois comme issue de la technique et critique de la technique. C'est aussi un projet permettant de repenser le capitalisme à partir de l'idée d'un capitalisme réformé : au plein emploi et à l'État protecteur vient se rajouter l'idée d'objectifs environnementaux, d'un développement négocié entre les partenaires (devenus depuis des « parties prenantes ») que sont principalement l'État, les chefs d'entreprise, les travailleurs, la société civile. Il s'agit donc d'une forme de « théorie » du développement.

Pour mettre un peu d'ordre dans les références au développement durable, on pourrait proposer d'en distinguer les référents suivants, tous apparus de façon distincte les unes des autres essentiellement dans la décennie 1970 :

- Une origine philosophique avec H. Jonas (1993) et son « principe responsabilité », sa conception critique de la technoscience et « l'heuristique de la peur » qui lui est inhérente, cette « heuristique de la peur » ayant été à l'origine de l'acception politique du « principe de précaution », principe d'origine européenne.
- Une origine économique à la suite des thèses du Club de Rome, origine ayant servi à fonder les politiques d'évitement (du réchauffement de la planète, des pollutions, etc.) et leur volet « technique ».
- Une origine écologique, qui est un argument d'ordre scientifique ayant conduit à l'actualité de théories mathématiques telles que la

théorie des catastrophes et les raisonnements en « effet système ». La nature devient alors un objet d'étude spécifique compte tenu de méthodes scientifiques qui lui sont propres. Il en va ainsi de « l'hypothèse Gaïa » de J. Lovelock (1979) qui considère la terre comme un ensemble vivant autorégulé.

- Une origine politique qui se manifeste par l'élection de représentants de partis « verts » dans différents Parlements ou par l'intégration d'arguments « verts » par les partis « traditionnels ».

Il n'y a pas de référence en sciences des organisations avant 2000, lorsque la notion apparaît dans les discours et les pratiques managériales, le plus souvent sous la dénomination de développement durable. Cette perspective apparaît donc de façon déliée des précédentes et avec un décalage de trois décennies et fait passer la notion d'un plan macroéconomique et politique au plan organisationnel sans que, dans ce passage, il soit fait mention de la modification de son dimensionnement, c'est-à-dire celui de la réduction de la question à une réceptivité des attentes environnementales par les directions d'entreprise. C'est à ce titre que le développement durable devient enjeu de veille au regard de son potentiel d'influence sur la formulation de la stratégie aussi bien en termes d'opportunités que de menaces. On retrouve la matérialisation de ceci avec le battage médiatique consacré au développement durable comme support au développement et à la commercialisation de nouveaux produits et services et donc comme nouvelle source de rentabilité. C'est sans doute aussi cela qui permet de justifier l'engouement subit des directions des entreprises les plus grandes pour le développement durable, en particulier celles dont l'activité dépend de perspectives environnementales en termes d'activité (Véolia avec la collecte des ordures ménagères et la distribution d'eau, par exemple) et celles dont l'activité est en lien direct avec des risques environnementaux (l'industrie chimique, par exemple). On peut ainsi comprendre l'intervention de ces directions dans le contenu qu'elles apportent à la notion de développement durable, contribuant d'autant plus à son flou et à son ambiguïté (premier argument du flou).

Le développement durable, sous ses différentes facettes, concerne donc aujourd'hui aussi bien l'entreprise que l'État, une industrie donnée, les consommateurs et les citoyens. Cette extensivité est un second argument du flou de la notion. La notion naît aussi d'une sédimentation de courants variés : courants de pensée laïcs et religieux, consumérisme, mouvements de défense des droits civiques et des droits de l'homme, écologie, fonds de placement, organisations internationales, directions des entreprises multinationales, États et collectivités publiques, etc. Il faut donc souligner l'aspect faussement consensuel de la notion, aspect inhérent à son statut d'« objet frontière » (un objet commun à différents domaines et dont la signification comporte à la fois un aspect commun et des différences suivant chaque domaine) – troisième argument venant contribuer au flou de la notion. La notion de développement durable ouvre l'idée d'un consensus sur ses corrélats : solidarité, responsabilité, équité, etc. Elle prend donc une dimension éthique valant dimension politique compte tenu de l'idéologie collaborationniste dont l'idée de consensus est porteuse (quatrième argument). Elle contribue d'autant à la confusion de l'éthique et du politique, confusion qui est aussi un autre aspect de ce qui peut être qualifié d'« évidence éthique », évidence touchant tout autant les références philosophiques (avec le développement durable ici) que les éthiques appliquées (l'éthique des affaires, par exemple) (cinquième argument). Les attributs de la notions sont ainsi considérés comme devant entrer en produit de composition (et non d'opposition) avec les éléments des notions avec lesquelles on croise celle de « développement durable » : c'est le cas, par exemple, de son croisement avec la notion de « territoire ». C'est également un référentiel et un objectif (sixième argument).

Tout ceci a été à l'origine, autour de la notion de développement durable, de l'apparition d'une demande et d'une offre aussi bien politique, sociale qu'économique. Il faut en souligner la dynamique émotionnelle et l'ambiguïté du rapport entre la notion et la question de la technique. La notion de développement durable ne peut se fonder comme une critique de la technique puisqu'elle en est issue – sixième argument venant fonder l'idée de « flou ».

Avant de traiter des dimensions de l'ambiguïté de la notion, on rappellera que l'ambiguïté est ce qui marque les logiques de l'interprétation. L'ambiguïté apparaît là où le sens est incertain. La référence à l'ambiguïté contient également l'idée de « laisser un doute ».

La notion de développement durable est en effet représentative d'un champ de tensions dont les références principales sont la logique des parties prenantes, le principe « responsabilité » et les attendus des théories de la décroissance. Ce sont les références aux « parties prenantes » et aux « pratiques responsables » qui sont le plus relayées, les théories de la décroissance l'étant le moins même si, malgré leur aspect radicalement critique, elles se trouvent finalement être le plus en phase avec la notion de développement durable. Leur mot d'ordre en est l'internalisation des déséconomies externes et la remise en cause de la croissance consumériste comme facteur de développement dans les démocraties elles aussi qualifiées de consuméristes (Latouche, 2005). Les attendus peuvent être résumés de la façon suivante : la décroissance, l'anti-productivisme, la requalification du développement, en particulier dans les termes du développement durable, les huit « r » constitutifs des objectifs interdépendants de la décroissance (réévaluation, reconceptualisation, restructuration, re-localisation, redistribution, réduction, réutilisation et recyclage). Il s'agit d'éviter que les processus économiques induisent une consommation accrue de ressources naturelles alors même que le bien, en lui-même, est économe (cf. la micro-informatique et la consommation accrue de papier du fait de l'augmentation astronomique du nombre de tirages sur papier). Cet effet est qualifié d'« effet rebond ». S. Latouche pense que si un capitalisme éco-compatible est concevable théoriquement, il est à ce jour irréalisable en pratique dans la mesure où il implique une forte régulation de l'empreinte écologique de l'activité économique.

La notion de « développement durable » se réfère aussi à un « entre deux ». Sur le plan institutionnel, il se réfère à une économie sociale et solidaire qui se situerait entre l'État et le marché. Sur le plan méthodologique, il se réfère à deux heuristiques, celle de la peur mais aussi celle de l'espérance (Le Moigne, 2006).

Le développement durable peut également être considéré comme un slogan (d'ordre idéologique donc) ou comme eschatologie (théorie de la fin du monde). Cette eschatologie technico-scientifique prendrait alors le relais de celle de la bombe atomique en mettant plus l'accent sur la finitude que la précédente, qui mettait l'accent sur la destruction. Rappelons qu'une eschatologie est également représentative des peurs que se construisent les sociétés. Il en allait ainsi des Indiens mayas qui sacrifiaient des humains de peur que le soleil ne se lève plus. Quelle est donc la peur sous-jacente à la référence au développement durable ? Ne serait-ce pas l'impossibilité de pouvoir penser en dehors du cadre de l'activité économique ? Le développement durable serait alors le nouvel objet privilégié des utopies noires (rappelons que 1984 est l'archétype de l'utopie noire) dans une perspective où il s'agirait d'un régime qui appréhenderait la société comme une totalité et lui proposerait un destin, ou du moins un avenir comme étant un simple futur de survie.

On pourrait aussi qualifier la notion de développement durable d'archétype des notions « onusiennes », vides de sens, mais auquel les agents sont venus peu à peu apporter un contenu à la fois commun et divergent suivant les positions et opinions de ceux qui s'y réfèrent.

La dimension rhétorique de l'ambiguïté (Corvellec, 2007) de la notion proviendrait du tressage établi entre le discours de l'objectivité scientifique, l'ethos de la responsabilité et le pathos de l'honnêteté sur la base du protocole suivant : identification et neutralisation de tous les risques environnementaux concevables, approche « objective » de chacun d'entre eux (permettant de considérer certains d'entre eux comme étant négligeables) et formulation d'une rhétorique du non risque. Ce processus repose sur le paradoxe que la reconnaissance des risques conduit à la construction de la rhétorique du non-risque. Mais toujours sur le plan rhétorique, il est également important de souligner que le type du discours instaure le type de risque de premier rang et que donc, pour une même situation, selon que les référents sont économiques ou environnementaux par exemple, les risques ne seront pas les mêmes (celui de la rentabilité et celui de la préservation de la planète, par exemple). Et la rhétorique du risque environnemental, comme toute rhétorique, est justement celle qui permet de fonder une disjonction des référents du discours sachant que les référents ne s'expriment pas de la même manière : les intérêts économiques et les partenaires sociaux ont en quelque sorte la possibilité de s'exprimer directement alors qu'en matière environnementale, on a tendance à « faire parler » la nature (et le plus souvent sur le registre de l'émotion).

Avec le développement durable, il s'agit d'un des éléments de l'institutionnalisation de l'entreprise dans le sens d'une re-connexion de l'entreprise avec la société tout comme avec l'Homme et la nature sur la base de la trilogie « préoccupations sociales – économies d'énergie et de matières premières ». L'ambiguïté naît du fait que le jugement d'efficience reste fondé sur la performance économique.

À ce titre, la notion de développement durable in concreto est souvent une métaphore de l'innovation sur la base d'histoires singulières (Darnil & Le Roux, 2005) et sympathiques.

La notion de développement durable vient poser, mais avec finalement peu de débats, la question d'un consensus apparent sur ses corrélats : solidarité, responsabilité, équité, etc. Elle tend à fonder une acception protéiforme de la responsabilité de l'entreprise, en particulier les plus grandes : responsabilité économique (évaluation de l'apport de l'entreprise au développement par allocation de ressources, d'impôts, de transferts de technologie, d'emploi local, etc.), responsabilité sociale vis-à-vis des salariés (normes sociales, droits de l'homme, droit du travail, protection sociale), responsabilité sociétale (vis-à-vis de l'environnement et de la société), responsabilité politique (rôle des entreprises dans la politique locale, gouvernance des filiales, lutte contre la corruption, etc.), responsabilité extraordinaire (en cas de catastrophe naturelle, de conflit, de situation d'urgence venant remettre en cause le respect des droits de l'homme) et responsabilité charitable (donations aux populations locales). Elle conduit également à un discours le plus souvent optimiste qui contraste avec l'eschatologie dont elle est porteuse.

La contestation la plus radicale est en fait réalisée, non pas de façon directe, c'est-à-dire sur ses catégories même, mais sur l'absence d'effets globaux probants, en particulier en matière de lutte contre le réchauffement de la planète.

La dimension nettement politique que tend à prendre aujourd'hui la notion possède des conséquences importantes sur son usage. C'est ce qui se matérialise au travers de la remise en cause des initiatives volontaires (celles des dirigeants des entreprises multinationales) en faveur de normes internationales dont la dimension politique et coercitive est de plus en plus importante dans la mesure où elles bénéficient de la légitimité politique des organismes qui les construisent (ONU, Union Européenne, par exemple) et le relais des États.

Le développement durable adressé à l'organisation tend alors à prendre la dimension d'un problème managérial (management issue) dont la récurrence risque d'être largement pérenne du fait de sa dimension politique plus large, le réchauffement de la planète du fait de l'activité économique ayant été acté depuis la fin de l'année 2006 par le Groupe d'Experts Intergouvernemental sur l'Evolution du Climat (GIEC).

Mais avec le développement durable, c'est bien aussi la question du mode de vie qui est en question. C'est bien du passage d'une représentation de la nature comme moyen à celle de la philosophie politique et morale du care (Gilligan, 2008) dont il est question et donc du « souci des Autres ».

3. De la Corporate governance à la gouvernance « élargie » à l'organisation et à la société

La question de la gouvernance présente la caractéristique de pouvoir être abordée aussi bien sous un angle philosophique (essentiellement de l'ordre de la philosophie politique et morale) que sous un angle sociologique, économique et juridique. Elle devient un objet de réflexion central dans les pays « anglo-américains » dans le courant des décennies 70 et 80 dans la perspective de construire une sorte de « démocratie morale » ayant conduit à un consensus autour de « principes » liés à l'efficience (et non pas à une doctrine politique) : légitimité, efficacité, justice, accountability mais avec l'absence d'une position sur la souveraineté. Elle relie un principe d'action et un discours « libéral ».

C'est une notion d'origine américaine dont on peut fixer le point de départ conceptuel à R. Coase, « The Nature of the Firm » en 1937 (Coase, 1937). Comme le souligne R. Rhodes (1997), la notion est chargée de différents contextes de significations : État minimal, gouvernance d'entreprise, nouvelle gestion publique, « bonne » gouvernance, systèmes socio-cybernétiques, réseaux auto-organisés, etc. Le managérialisme de la gouvernance se trouverait ainsi concrétisé par une « gouvernance sans gouvernement », c'est-à-dire un système politique où l'on se passe d'un appareil de gouvernement au nom de la substitution du « principe » d'indépendance sans avoir aucune preuve à donner en termes de représentativité à l'omniscience reconnue jusque-là aux Pouvoirs Publics, omniscience ayant été légitimée par le développement de l'État-savant au regard d'une « Raison d'État » fondée « rationnellement ». D'un point de vue idéologique, elle se caractérise par son « collaborationnisme ».

Dans la mesure où la gouvernance publique est redevable de la gouvernance privée qui en constitue la source d'inspiration principale, il est important de poser la question de la finalité de la gouvernance prise au sens large : est-ce le consommateur, l'individu ou le citoyen ? La gouvernance tend aujourd'hui à recouvrir l'idée d'un continuum entre le gouvernement des affaires publiques (État) et privées (marché) d'où son association avec l'idée de ne pas trop gouverner au sens politique du terme et donc une auto-limitation de la Raison d'État et sa vocation idéologique à faire du marché « la » forme ultime de l'organisation politique et sociale. La gouvernance, dans sa vocation à fonder la légitimité d'une soft law, aussi bien du point de vue du droit des affaires que de celui du droit constitutionnel vient construire le volet juridique de l'institutionnalisation de l'organisation.

Les perspectives du « moment libéral » qui tendent à faire de l'entreprise l'institution centrale de nos sociétés tendent également à faire de la gouvernance une notion applicable aux deux contextes, mais dont la forme « pure » se trouverait à l'œuvre dans l'entreprise. Calée sur la légitimité du marché, la Corporate Governance va alors construire une soft law qui lui permette de faire prévaloir les intérêts de l'entreprise dans le cadre d'une hard law, celle de la société anonyme, au nom d'une professionnalisation des catégories de l'exercice de la propriété. C'est en quelque sorte une théorie constitutionnelle de l'entreprise. On peut même, à l'instar de R.A. Monks (2008), parler à cet égard de « Corpocracy ».

Ce qui nous intéresse ici est de souligner le passage de la gouvernance comme ontologie de la grande entreprise à la gouvernance comme ontologie de l'organisation puis comme ontologie de la société, par extension des domaines d'application de la notion. C'est en cela que le passage par la référence à l'innovation et au durable entre en scène. La raison de marché dont il est question avec la Corporate governance est d'ailleurs particulièrement ambiguë entre une perspective généralisée de défiance (qui marque les rapports « actionnaires-dirigeants »), une perspective de méfiance vis-à-vis des agents organisationnels (qui marque la gouvernance organisationnelle) et la confiance qui constitue une des garanties essentielles de la conception politique de la gouvernance par le relais de notions telles que l'innovation et le durable.

Ceci pose la question de la plus ou moins grande extension du contenu apporté à la notion, en particulier celle de son confinement ou non à des instruments formels.

Il est donc nécessaire de distinguer entre deux conceptions possibles de la gouvernance :

La restreinte qui confine la question de la gouvernance à la représentativité du conseil d'administration au regard de l'assemblée générale des actionnaires et à ses modalités de fonctionnement (l'exercice d'un contrôle « effectif » des dirigeants salariés). Elle se situe d'ailleurs bien en cohérence avec une interprétation contemporaine donnée à la pensée de Machiavel qui invite à considérer l'entreprise comme une personne selon le droit et comme lieu de « gouvernement privé » (Governance) où les décisions doivent être prises en fonction de ce qui est et non de ce qui doit être dans un univers où doit régner l'efficacité dans un contexte amoral. On parlera alors de Corporate Governance, conception qui confine au départ la notion à un territoire institutionnel limité : la société anonyme cotée. La gouvernance prendra alors pour objet la rationalisation de l'exercice du pouvoir du Conseil d'Administration sur la base de deux arguments : l'efficacité de la gestion dans sa capacité à générer de la valeur financière et la sécurité des actionnaires.

L'étendue qui, au travers de la gouvernance, pose la question de la substance politique de l'activité d'entreprise et l'extension de ses catégories à l'organisation, cette conception large de la gouvernance. C'est elle qui se réfère à l'innovation et au durable.

La Banque Mondiale donne la définition suivante de la gouvernance : « Par gouvernance, nous faisons référence aux traditions et institutions dans le cadre desquelles le pouvoir est exercé dans l'intérêt général dans un pays donné. Cela comprend : i) le processus par lequel les détenteurs du pouvoir sont sélectionnés, contrôlés et remplacés ; ii) la capacité du gouvernement à gérer ses ressources et mettre en œuvre des politiques adéquates ; iii) le respect des citoyens et de l'État à l'égard des institutions qui régissent les relations économiques et sociales entre eux » (Institut de la Banque Mondiale, 2004). Elle vise la capacité de l'État à fournir des institutions soutenant les marchés. La « bonne gouvernance », notion apparue dans les travaux de la banque Mondiale à partir de 1992, comprend donc la création, la protection et le respect des droits de propriété, une réglementation qui encourage la concurrence, des politiques macroéconomiques saines et l'absence de corruption. Le lien « gouvernance-efficacité de l'État » est le point focal des définitions institutionnelles avec l'accent mis sur la gestion. La notion est devenue un élément clé des politiques de développement.

Ce qui est en question dans la Corporate Governance c'est le pouvoir respectif des actionnaires et des dirigeants, donc le contrôle des dirigeants au regard du pouvoir de contrôle théorique et réel des actionnaires. La Corporate governance n'est pas ce qui conduit à choisir entre centralisation et décentralisation puisqu'il s'agit là de réguler les relations entre agents et groupes d'agents organisationnels, ou encore, autrement dit, d'organiser la vie organisationnelle. Le couple « pertinence – cohérence » prévaut alors (Boyer & Freyssenet, 2000) les deux aspects étant garants de la pérennité de l'organisation. La pertinence est ici vue comme la formulation d'une stratégie de réalisation de profit et la cohérence comme un « compromis de gouvernement d'entreprise » entre différents agents, qu'ils soient « internes » ou « externes » à l'organisation. Ce sont les réflexions de ce type qui vont conduire à la référence à une gouvernance organisationnelle. La référence à la gouvernance organisationnelle marquerait en quelque sorte le glissement vers un contenu technostructurel de la notion où innovation et durable viennent alors prendre une place majeure. L'acception organisationnelle met au centre de la gouvernance une perspective relationnelle. Elle prend acte du glissement de la figure du manager vers des référents externes comme l'innovation et le durable.

Poser la question de la gouvernance d'une organisation innovatrice et durable, c'est examiner la manière dont fonctionne l'organisation au travers de ce prisme. Et c'est ce qui vaut avec la référence à l'innovation et le durable dans leur vocation à fonder un modèle utopique de gouvernance.

Conclusion : l'innovation et le durable comme modèle organisationnel utopique (Pesqueux, 2002) de gouvernance.

Considérer l'innovation et le durable comme étant structurants d'un modèle organisationnel, c'est leur trouver une place comme facteurs de modélisation dans le jeu des contingences.

Au regard de la dualité « modèle mécanique-modèle organique » (Burns et Stalker, 1961), dualité constitutive d'une approche fonctionnaliste de l'organisation, l'innovation et le durable comme structurants d'un modèle organisationnel se trouveraient plutôt du côté des structures organiques. D'un point de vue substantialiste de l'organisation, l'innovation et le durable se retrouveraient tout aussi bien dans un modèle ingéniérique (sous forte contingence technologique alors) que dans un modèle financier (sous contingence managériale alors) (Pesqueux, 2002). D'un point de vue essentialiste, l'innovation et le durable seraient structurants d'un modèle organisationnel de gouvernance au titre d'un Zeitgeist dont ils seraient les éléments constitutifs.

Avec la référence au projet dont ils sont porteurs, l'innovation et le durable se trouvent alors être structurants d'un modèle organisationnel de gouvernance. C'est à ce titre que prolifèrent les success stories en liaison avec le durable : des produits et services « verts » développés et commercialisés de manière rationnelle. Ces « histoires » ont comme caractéristique de mettre en avant un mix fait de contraintes structuralo-organisationnelles (qui « étouffaient » la capacité d'innovation libérée par le projet inhérent à la référence au durable), des intuitions, des relations d'essence collaborative compte tenu de l'attitude bienveillante de la direction générale. Et c'est donc là qu'intervient le durable comme motif majeur. Les deux aspects font système, donnant l'impression de finir par emporter le reste dans leur dynamique. C'est aussi en cela que l'innovation et le durable se trouvent être fondateurs d'une version organisationnelle de la gouvernance et non plus seulement financière.

Bibliographie

Austin, J.L., *Quand dire c'est faire*, Seuil, Paris, 1970

Boyer, R., Freyssenet, M., *Les modèles productifs*, La Découverte, Paris, collection « repères », n° 298, 2000, pp. 107-108.

Burns, T., Stalker, G.M., « The management of Innovation », Social Science paperback, structures mécanistes bureaucratiques – structures organiques, Londres, 1961, pp. 96-125

Coase, R.H., *The Nature of the Firm*, Economica, vol. 16, 1937, pp. 331-351.

Corvellec, H., « The No-risk Rhetoric of Environmental Impact Assesment (EIA) for Off-shore Wind-farms in Sweden », 7th EURAM Conference, Paris, 16-19 May, 2007.

Darnil, S., Le Roux, M., *Innovateurs pour la planète – 80 Hommes pour changer le monde*, J.-C. Lattes, Paris, 2005.

DiMaggio, P.J., Powell, W.W., « The Iron-Cage revisited : Institutional Isomorphism and Collective Rationality in Organizational Field », *American Sociological Review*, vol. 48, 1983, pp. 147-160.

Gilligan, C., *Une voix différente*, Flammarion, collection « Champ essais », in a Different Voice : Psychological Theory and Women's Development, Paris, Harvard University Press, [1982], 2008.

Jonas, H., *Le principe responsabilité*, Cerf, Paris, 1993

Latouche, S., « Écofascisme ou écodémocratie », *Le Monde Diplomatique*, novembre, 2005.

Le Moigne, J.-L., « L'expérience de la responsabilité appelle l'éthique, qui appelle l'épistémique, sui appelle la pragmatique… », in Rosé J.-J. (dir.), *Responsabilité sociale de l'entreprise*, De Boeck, Bruxelles, 2006, pp. 375-388.

Lovelock, J., *A New Look at Life on Earth*, Cambridge University Press, 1979.

Monks, R.A., *Corpocracy*, Wiley, Londres, 2008.

Pesqueux, Y., « Le développement durable, une 'théorie' floue et ambiguë », in Lesca N., (dir.), *Veille et développement durable*, Hermes, Lavoisier, collection « Traité technologies et développement durable », Paris, 2010, pp. 25-48.

Pesqueux, Y., *Organisation : modèles et représentations*, PUF, Paris, 2002

Rhodes, R., *Understanding Governance : Policy Networks, Reflexivity, and Accountability*, Open University Press, Buckingham, 1997.

Origine, fonctionnement et gouvernance de l'innovation multi-partenariale : une lecture néo-institutionnaliste

Blandine LAPERCHE

Université Lille Nord de France
Réseau de Recherche sur l'Innovation

Fabienne PICARD

Université technologique de Belfort-Montbéliard
Réseau de Recherche sur l'Innovation

Nejla YACOUB

Université de Monastir (Tunisie)

Introduction

L'histoire regorge d'exemples d'innovations qui, bien que souvent attribuées à des individus, résultent d'une longue accumulation de savoirs et d'un travail collectif rassemblant de multiples organisations (États, entreprises, laboratoires académiques) aux relations plus ou moins formalisées. Cette vision systémique du processus d'innovation semble s'opposer aux approches récentes qui considèrent « l'innovation ouverte » comme un nouveau modèle qui se serait imposé à partir des années 1980 (Chesbrough, 2003, 2006). Tout en justifiant le caractère systémique de l'innovation, nous cherchons dans cet article à comprendre la multiplication, la diversification et le fonctionnement des formes actuelles de relations multi-partenariales, leurs conséquences en termes de droits de propriété industrielle et sur leur management (Granstrand, 1999).

L'innovation multi-partenariale est ici entendue comme un modèle générique intégrant toutes les formes d'ouverture de l'entreprise dans le but d'innover. Cette ouverture de l'entreprise sur son environnement crée d'emblée une difficulté liée à la double nécessité : celle de mise en commun et de partage des ressources clés ; celle d'assurer la protection/appropriation des ressources apportées ou générées dans le cadre de la relation multi-partenariale. Les droits de propriété intellectuelle[1] (désormais DPI), « *droit du génie humain, de l'art, de la science et du progrès technique* » (Alleaume & Craipeau, 2010) sont habituellement associés à la protection et à l'incitation individuelles à l'innovation (Arrow, 1962). Or, la multiplication des formes d'innovations multi-partenariales modifie sensiblement le rôle des DPI.

Les multiples fonctions des DPI (Le Bas & Corbel, 2012) peuvent selon nous être analysées au travers du prisme de l'économie néo-institutionnelle. « *The orientation of institutional economics is toward the set of factors that mold and define human interaction, both within organizations and between them* » (Nelson & Nelson, 2002). Cette approche permet en effet de comprendre les interactions que nouent des acteurs hétérogènes à l'occasion de leur activité d'innovation. Elle nous semble alors pertinente pour analyser à la fois les mutations de l'environnement qui ont conduit à la transformation des arrangements organisationnels autour de l'innovation et les rôles joués par les DPI dans ces nouvelles configurations.

Dans cette optique, les formes d'innovations multi-partenariales peuvent être définies comme des arrangements institutionnels hybrides, intermédiaires entre des formes plus classiques de coordination par le marché et la hiérarchie (Coase, 1937, Williamson, 1985, Ménard, 2003, 2011). Les DPI interviennent comme des dispositifs de gouvernance qui facilitent la coordination des relations partenariales mais, en raison de

---

1 Les DPI regroupent des droits exclusifs accordés par l'État, pour une période et sur un territoire donnés, aux fins d'exploitation commerciale par le détenteur du droit, des fruits de l'esprit créatif et inventif de l'être humain. Ils rassemblent principalement les droits d'auteur protégeant les œuvres de l'esprit et les titres de propriété industrielle (principalement brevets, marques, dessins et modèles industriels), protégeant les œuvres de l'industrie. Dans la mesure où l'innovation (technologique) est l'objet central de notre analyse, nous focaliserons notre attention sur un type de DPI lié directement à l'innovation, à savoir les brevets et les licences qui peuvent leur être associées.

leur imperfection, ils sont également une source de comportements opportunistes (schéma 1).

Schéma 1

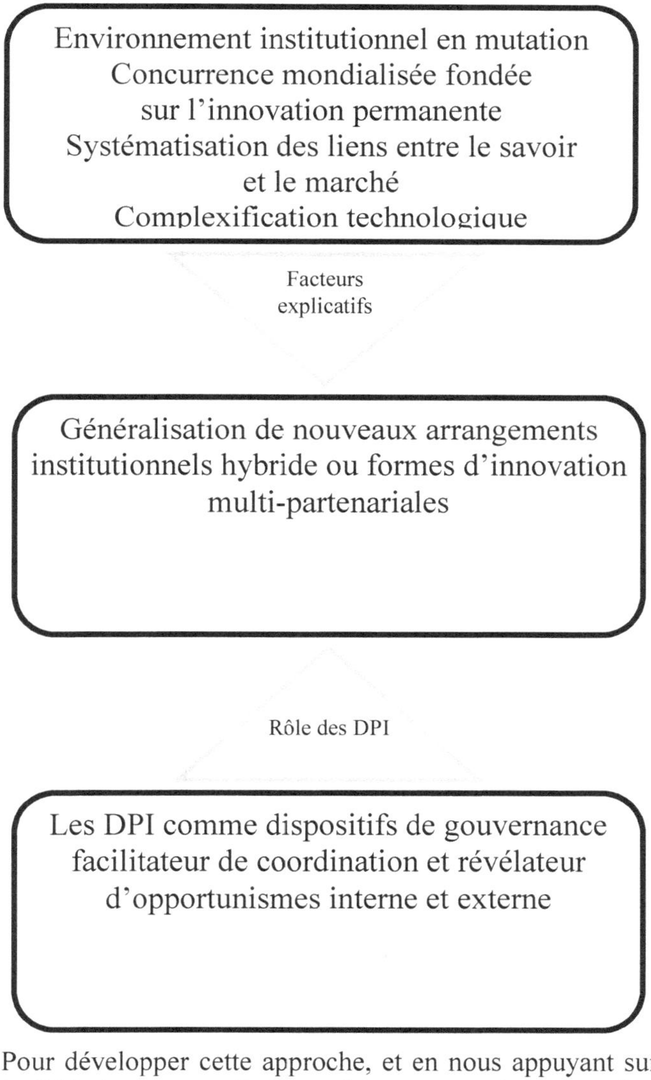

Pour développer cette approche, et en nous appuyant sur une revue de la littérature, nous étudions dans un premier temps les caractéristiques contemporaines de l'innovation multi-partenariale et les mutations de l'environnement institutionnel qui ont conduit à faire de celle-ci un modèle de référence, intégrant toutes les formes d'ouverture des frontières de la firme innovante. Dans un deuxième temps, nous nous penchons sur la diversification et le fonctionnement des formes d'innovations partenariales, considérées comme des arrangements institutionnels hybrides. Puis, dans ce contexte, nous interrogeons les configurations actuelles d'usage des droits de propriété industrielle afin de montrer qu'ils offrent de nouvelles perspectives de gouvernance.

1. L'innovation multi-partenariale : peut-on vraiment parler d'un nouveau modèle d'innovation ?

L'innovation multi-partenariale semble aujourd'hui s'imposer comme une évidence et l'on imagine difficilement que l'innovation, de par sa nature, puisse être le fruit de l'activité d'un seul et unique acteur, coupé de son environnement (Antonelli 2005, Chesbrough 2006, Gassman 2006, Chesbrough & al., 2010, Ili & al., 2010 pour l'industrie automobile, Hughes & Wareham, 2010, Yacoub & Laperche, 2010 pour la pharmacie, Sieg & al., 2010 pour la chimie). Néanmoins la question qui se pose est de comprendre les raisons de la prédominance actuelle de ce mode d'innovation. Après avoir défini ce que nous entendons par innovation multi-partenariale (1.1) nous caractériserons les grandes évolutions de l'environnement institutionnel (1.2) et technologique (1.3) contemporain qui ont favorisé son développement.

1.1. Aux origines de l'innovation multi-partenariale

Rappelons que les économistes ont longtemps considéré le progrès technique, et par la suite l'innovation, comme un phénomène extérieur à la sphère économique, un « deus ex machina » ou encore un résidu de la fonction de production dans les modèles de croissance économique (Solow 1956, 1957). Selon les tests empiriques réalisés dans la période de reconstruction et de croissance de l'après Seconde Guerre mondiale, cette croissance dans les pays industriels était pourtant largement expliquée par ce « résidu ». Les travaux de Schumpeter (1911, 1942) ont contribué à placer l'innovation au centre de l'explication des changements dans l'économie capitaliste. Facteur de croissance et de changement, l'innovation est ainsi devenue un sujet d'étude à part entière. Les économistes industriels ont commencé à s'intéresser plus précisément au contenu de cette « boîte noire » (Rosenberg, 1982), afin d'expliquer la production et la diffusion du progrès technique et par la suite celles d'autres formes d'innovation. À partir de cette période, l'innovation n'a plus été considérée comme « tombant du ciel » mais comme le résultat construit d'un processus systémique.

Par processus systémique, nous entendons un processus composé de plusieurs étapes et rassemblant de nombreux individus, organisations et institutions, au cours duquel les informations et les connaissances (des plus fondamentales aux plus appliquées) sont associées les unes avec les autres par le biais de processus d'apprentissage afin de donner naissance à de nouveaux produits, procédés, services, marchés, organisations. L'innovation, considérée comme un processus systémique, est ainsi caractérisée par de nombreuses transactions entre de multiples parties prenantes. Bien que basés sur des focales différentes de l'innovation (activités, acteurs, organisations), plusieurs courants disciplinaires partagent cette même vision systémique du processus d'innovation.

Les sciences de la conception assimilent ce phénomène à l'existence d'une co-conception ou d'une conception collaborative, distribuée (Darses, 2001, Forest & al., 2005). L'observation fine des pratiques des concepteurs (Boujut & Jeantet, 2001), montre que contrairement à ce que l'on pourrait croire, la coopération n'est pas un mode naturel de coordination pour atteindre collectivement un objectif, mais un mode instrumenté. Dans le métier de l'ingénieur, la coopération ne prend forme que médiatisée par des objets intermédiaires de conception (Vinck & al., 1999, Jeantet & al., 1996, Jeantet 2001) qui jouent le rôle de médiateurs dans la construction de représentations partagées et donc dans le processus de création de connaissances et d'innovations.

L'économie de l'innovation dans la lignée des travaux évolutionnistes évoque un modèle d'innovation en chaîne interconnectée (Kline & Rosenberg, 1986) dans lequel l'innovation peut devenir coopérative ou collaborative tant au niveau des différents services de l'entreprise qu'avec l'extérieur de l'entreprise. Si la notion de collaboration renvoie à la mise en commun ou agrégation de moyens (similaires) la coopération concerne davantage l'existence d'une complémentarité des actifs et l'on retrouve l'idée fondamentale de mise en commun d'actifs (plus ou moins spécifiques) par des organisations distinctes. Dans les années 1990, la forme d'innovation multi-partenariale la plus mise en avant est probablement la forme réticulaire, à laquelle les sociologues de l'innovation se sont particulièrement intéressés (Gaglio, 2011), la qualifiant de modèle tourbillonnaire ou réticulaire (Akrich & al., 1988). Les réseaux peuvent être définis comme des ensembles coordonnés d'acteurs professionnels hétérogènes qui participent collectivement à la conception, à l'élaboration et à la diffusion des procédés de production des biens et services. L'innovation en réseau offre une flexibilité importante, dans la mesure où le périmètre du réseau peut être facilement redéfini et où les liens qui se tissent entre les acteurs ne sont pas des liens hiérarchiques. Plus récemment, c'est la notion d'open innovation qui semble la plus usitée. Popularisée par Chesbrough (2003, 2006) elle renvoie à un continuum d'activités dont le point commun est de se différencier de l'innovation fermée, produite de façon autarcique. La notion d'innovation ouverte s'inscrit en continuité de l'innovation collaborative ou en réseau. Ainsi certaines formes d'open innovation reposent sur la reconnaissance du caractère distribué de la connaissance : Callon (1999) met en avant le rôle des associations de parents d'enfants malades dans l'activité de recherche scientifique, Von Hippel (2005) insiste sur l'intégration des utilisateurs pilotes en amont du processus d'innovation. Si ce modèle d'open innovation est aujourd'hui considéré comme dominant, les études historiques sur les modes d'organisation de l'innovation mettent en lumière des processus ouverts d'innovation dont des prémices étaient déjà visibles aux États-Unis dès le début du 20e siècle (Mowery, 2009). La littérature sur les coopérations scientifiques et technologiques montre clairement que les années 1980 marquent un tournant dans le renforcement des coopérations inter-firmes (Chesnais, 1988, Colombo & Garrone, 1996) mais aussi dans les autres formes d'innovations partenariales (notamment les relations des entreprises avec les institutions universitaires et de recherche).

Du fait de la multiplication des types de partenaires et des modalités de coopération, nous considérons dans cet article l'innovation multi-partenariale comme un modèle générique qui englobe l'ensemble de ces configurations organisationnelles et qui qualifie tout processus de création et de gestion d'innovation débordant des frontières de la firme. Les évolutions des modèles d'innovation apparaissent largement situées et en lien avec leur environnement, institutionnel mais aussi technologique.

1.2. L'intensification de l'innovation multi-partenariale comme réponse aux mutations de l'environnement institutionnel

Dans l'économie néo-institutionnaliste, l'environnement institutionnel « *renvoie aux règles du jeu, règles politiques, sociales, légales qui délimitent et soutiennent l'activité transactionnelle des acteurs* » (Ménard, 2003). Cet environnement joue un rôle clé dans le soutien aux activités et facilite (ou non) les transactions que les acteurs nouent entre eux. North (1990) soulignait que cet environnement institutionnel est composé d'institutions formelles, publiques encadrant les comportements mais les agents utilisent aussi des institutions informelles (conventions, coutumes, etc.) et créent des institutions privées pour pallier les défaillances du cadre institutionnel général et formel (Brousseau & Bessy, 2006). Nous considérons ainsi que la multiplication des formes d'innovations multi-partenariales trouve en grande partie son explication dans les mutations de l'environnement institutionnel. Nous listons ci-dessous les principaux éléments de transformation de cet environnement institutionnel susceptibles d'expliquer l'évolution des modèles d'innovation.

a. Libéralisation des marchés, concurrence mondiale et innovation permanente

Au tournant des années 1980, alors que le modèle de production/consommation de masse rencontrait ses limites, l'innovation est devenue le moteur de la concurrence entre firmes adoptant progressivement des stratégies globales (Reich, 1993). Dans ce capitalisme qualifié de cognitif (Azaïs, 2003, Moulier-Boutang, 2006), la valeur économique résulte davantage de la production de connaissances que de marchandises matérielles et l'innovation permet de soutenir un avantage compétitif durable. La mondialisation du cadre concurrentiel prend appui sur la diffusion des politiques de libéralisation des marchés du travail, du capital et des marchandises (Uzunidis, 2004). Pour mener à bien leurs stratégies d'innovation à l'échelle globale, les entreprises ont besoin d'accroître leur capacité de production et d'absorption de connaissances scientifiques et techniques par le biais de leur activité de R&D interne (Teece, 1986, Cohen & Levinthal, 1990) mais aussi de créer des espaces et des réseaux de collaboration externe qui peuvent prendre diverses formes : recherche de partenariats en direction d'entreprises ou du monde académique, facilitation de la mobilité des travailleurs qualifiés (Almeida & Kogut, 1999), achat de capacités de recherche et développement localisées notamment dans des start-up, etc. C'est au sein de réseaux de coopération scientifique et technologique internationaux qu'une partie croissante du capital-savoir des entreprises (Laperche, 2007), c'est-à-dire l'ensemble des informations et connaissances produites et acquises par l'entreprise pour innover, se construit. L'entrée dans l'ère « pro-brevet » (Kortum & Lerner, 1997) caractérisée par la recrudescence des dépôts de brevets (Guellec & al., 2010) fait écho à cette stratégie de mondialisation des entreprises qui vont multiplier les demandes de brevets à l'étranger et chercher à se protéger vis-à-vis de leurs partenaires (sous-traitants par exemple, en particulier dans pays low cost) sur diverses zones commerciales.

b. Politiques de rapprochement entre la recherche et le marché

Une des évolutions contemporaines majeures de l'environnement institutionnel concerne le rapprochement de la science et du marché. Ce rapprochement repose en partie sur le progrès des connaissances à la frontière entre science et technique qui élargit les domaines du brevetable (Mowery & al., 2001, Jaffe, 2000). Cependant, loin d'être un processus naturel, spontané du fait de pratiques scientifiques très différenciées (David & al., 1999), il a résulté ou a été facilité par la mise place d'un ensemble de lois, de règles par les pouvoirs publics. Aux États-Unis où les relations entre universités et entreprises sont traditionnellement étroites et inscrites dans le statut des chercheurs, c'est surtout le Bayh Dole Act adopté en 1980 qui a permis aux universités et organismes publics de R&D de valoriser plus facilement leurs résultats en autorisant notamment le dépôt de brevets sur la recherche financée sur fonds publics (Etzkowitz, 1998, Mowery & al., 2001, 2004). Cette loi, qui offre un cadre d'action national (ou cadre institutionnel) propice à la collaboration entre universités, organismes publics de recherche et entreprises privées est devenue un modèle pour nombre de pays européens.

Ainsi, en France, la loi de 1999 sur l'innovation et la recherche ajoute aux missions traditionnelles d'enseignement et de recherche une troisième mission de valorisation de la recherche. Elle donne la possibilité aux universités et centres de recherches publics de déposer des brevets, assouplit les relations contractuelles avec les entreprises. Elle permet également aux chercheurs de créer leur propre entreprise, de conseiller ou de participer au capital d'entreprises. Les différentes lois qui se sont succédées ont transformé les modes d'évaluation et de financement[2] de la recherche ainsi que le statut des universités (2007) et l'organisation du transfert de technologie (création des sociétés d'accélération du transfert de technologie). Elles s'inscrivent en continuité de cette tendance au renforcement institutionnel des liens entre universités et entreprises (Laperche & Uzunidis, 2011). De plus, les politiques industrielles orientées vers la création de liens systémiques entre le savoir et le marché se concrétisent par une politique de clusters ou pôles de compétitivité (2004) qui cherche à créer, à l'échelle des territoires et dans des domaines scientifiques et techniques spécifiques, des écosystèmes d'innovation porteurs d'externalités positives qui se traduiront par de nouveaux produits et services innovants, mais aussi potentiellement, par la création de nouvelles entreprises et de nouveaux emplois. Ces politiques de rapprochement entre la science et le marché ont ainsi contribué au développement d'un marché de la connaissance (Guellec & al., 2010).

D'un point de vue empirique, plusieurs travaux montrent une augmentation des co-publications impliquant simultanément un chercheur industriel et un chercheur académique. Cependant, un certain nombre de limites à ce rapprochement sont soulignées dans la littérature telles que le caractère moins fondamental des articles co-publiés (Hicks & Hamil-

---

2 L'évolution du financement d'une recherche académique par projet, en lien avec des industriels et avec les enjeux techno-économiques contemporains apparait comme un élément fort du rapprochement entre ces deux mondes.

ton, 1999) ou les différences notables entre les pays comme le Japon et l'Europe de l'Ouest (Hicks & al., 1996). Par ailleurs, Calvert et Patel (2002) étudiant plus de 22 000 articles co-publiés entre 1981 et 2000 mettent en doute l'impact de la politique publique du Royaume-Uni sur l'évolution substantielle des co-publications, laissant entendre que d'autres logiques s'ajoutent à une logique purement institutionnelle.

1.3. Complexité technologique et partenariats

Selon Hagedoorn (2006a, 2006b) le développement des partenariats technologiques et la nécessité de collaborer entre entreprises s'expliquent non seulement par une partie des éléments précédents mais également par la nature même des technologies produites et de l'activité de R&D et d'innovation. La complexité de certaines technologies implique la participation de contributeurs multiples aux compétences complémentaires, comme c'est le cas par exemple pour les technologies visant à limiter le changement climatique. Dans ce cas, « *un produit ou un processus peut combiner la recherche de pointe, les technologies de plate-forme, le savoir-faire manufacturier, les adaptations réalisées en aval et les améliorations pratiques successives... L'obtention de résultats [...] implique également de trouver la meilleure façon de combiner les facteurs de production et les filières de fabrication afin de développer et de distribuer des technologies finies* » (Taubman, 2009). Comme on le voit dans cet exemple l'émergence et la diffusion de technologies nouvelles devient un processus complexe intrinsèquement multi-partenarial.

De plus, le changement technologique repose pour partie sur la fertilisation croisée des disciplines scientifiques et des domaines technologiques (chimie + physique + électronique ou science des matériaux + électronique). Ces évolutions accroissent les incertitudes quant aux résultats des processus de recherche et de façon corollaire les coûts de R&D et conduisent à une restructuration dans l'organisation des activités technologiques (Mowery & Rosenberg, 1989).

En définitive, l'ensemble de ces évolutions de l'environnement institutionnel et technologique ont renforcé la nécessité pour les entreprises de proposer une réponse organisationnelle adaptée à ces exigences nouvelles d'innovation multi-partenariale qui leur permette d'innover tout en maîtrisant le mieux possible les coûts, les délais et la complexité. Autrement dit, l'entreprise innovante ne peut se concevoir isolée de son environnement. Les formes d'innovation multi-partenariale, peuvent être interprétées comme autant de nouveaux arrangements institutionnels, c'est-à-dire des modèles d'organisations hybrides situés entre la hiérarchie et le marché. Nous les détaillons ci-après.

2. L'innovation multi-partenariale : un arrangement institutionnel hybride

Les mutations précédemment décrites donnent naissance à de nouveaux arrangements institutionnels, qualifiés d'hybrides, qui permettent d'organiser les transactions entre les acteurs. Marchés, hiérarchies, réseaux sont des formes d'organisation des activités économiques (ou arrangements institutionnels) qui coexistent depuis longtemps (Williamson, 1985). Ils « *renvoient aux modes d'utilisation des règles par les acteurs ou plus exactement aux modes d'organisation des transactions dans le cadre de ces règles* » (Ménard, 2003). Mais, comme le souligne un rapport de l'OCDE (2004), « *leur importance relative peut toutefois être appelée à changer selon le paradigme techno-économique qui prévaut, en fonction de ses caractéristiques concernant le degré de particularité des ressources et des connaissances requises par les activités interdépendantes, et l'ampleur des coûts liés aux opérations engagées pour gérer et coordonner ces activités, et la nature des procédés innovateurs* ».

À l'heure actuelle, les modes d'organisations hybrides tendent à prendre une importance croissante, en particulier dans les activités d'innovation. Ces formes organisationnelles hydrides, classes alternatives d'arrangements institutionnels parfois qualifiés de non-standards, sont des « *modes de gouvernance reposant sur des accords entre entités juridiquement autonomes, mais qui mettent en commun un sous-ensemble de décisions économiques, arrangements visant à conserver les avantages incitatifs du marché tout en mettant en place des dispositifs de réduction des comportements opportunistes* » (Ménard, 2003 : 10). Après avoir défini les formes d'organisations hybrides (2.1.) et avoir décliné les différents arrangements institutionnels qui en découlent (2.2) nous nous intéresserons au rôle des DPI (2.3.) comme dispositif de gouvernance de l'innovation multi-partenariale.

2.1. Développement des formes d'organisations hybrides pour l'innovation

Sous-traitance, alliances stratégiques, partenariats, réseaux de fournisseurs, franchises, système de supply chain, joint-venture, consortium…, sont autant de formes d'organisations hybrides qui se déploient à toutes les étapes du processus de production. Ces organisations hybrides sont définies comme « *des arrangements dans lesquels un ou plusieurs partenaires mettent en commun des droits de décision stratégique ainsi que des droits de propriété, tout en gardant simultanément une propriété distincte des actifs clés, de telle manière qu'elles nécessi-*

tent des dispositifs pour coordonner les activités communes et pour arbitrer la répartition des gains » (Ménard, 2011 : 2).

Les raisons du développement de ces « animaux étranges » pour reprendre la métaphore de Ménard (*ibid.*) sont multiples et peuvent être puisées dans différentes approches théoriques (Ménard, 2011 : 16-20). La théorie des coûts de transactions (Coase, 1937, Williamson, 1985), postule que si les actifs sont spécifiques, si l'incertitude (interne) est forte et si la fréquence de la transaction est faible, alors les formes d'intégration ou les formes hybrides seront privilégiées (Gertham, 2006). Ces dernières, gouvernées par le droit des contrats offrent des avantages en termes d'adaptabilité, d'incitation et de contrôle. L'approche des « contrats relationnels » (Malcomson, 2011) ajoute la dimension « relationnelle » ou « non contractuelle » à l'analyse. L'importance des éléments non contractuels, tacites ou relationnels (vis-à-vis de l'expérience passée ou des projets futurs) peut expliquer la multiplication des formes hybrides. De la même manière, ces formes hybrides, par leur adaptabilité, permettent de limiter et de gérer plus facilement les tensions et les conflits liés au caractère tacite des éléments non contractuels. La théorie de l'agence met quant à elle l'accent sur les incitations et les motivations financières comme principales raisons du développement des formes hybrides, en centrant l'analyse sur le cas des franchises. La théorie des ressources (Wernefelt, 1984, Nooteboom, 1999), comme la théorie des compétences (Richardson, 1972), insistent sur la mise en commun de ressources et de compétences très spécifiques comme moteur des relations partenariales. La théorie évolutionniste permet quant à elle, d'approfondir l'analyse en expliquant les processus d'apprentissage et de construction en commun de routines.

La littérature empirique rejoint en partie les analyses théoriques et permet de définir trois grands déterminants au développement des formes organisationnelles hybrides (Ménard, 2011). Le premier est la possibilité de faire face à l'incertitude (de la demande, issue du changement technologique, de la variabilité de la qualité des inputs et des outputs, des risques d'opportunisme, des règles inadaptées ou mal appliquées). Le second consiste dans la création de valeur issue de cette dépendance acceptée (économie d'échelle et de gamme, complémentarité, apprentissage). Le troisième est lié aux retombées positives attendues lorsque des règles de partage sont mises en œuvre.

2.2. Typologies et objectifs des formes d'innovations multi-partenariales

La raison d'être des arrangements institutionnels hydrides dans l'innovation réside dans leur souplesse, dans leur capacité à contribuer au partage des coûts, des risques et à l'accélération des processus de production d'innovation. Ils soutiennent ainsi les stratégies d'exploration et d'exploitation des organisations présentées par March : « *Exploration includes things captured by terms such as search, variation, risk taking, experimentation, play, flexibility, discovery, innovation. Exploitation includes such things as refinement, choice, production, efficiency, selection, implementation, execution* » (March, 1991 : 71). Une entreprise doit trouver le bon équilibre entre les stratégies d'exploration de connaissances nouvelles et celles d'exploitation des connaissances existantes : « *(...) maintining an appropriate balance between exploration and exploitation is a primary factor in system survival and prosperity* » (March, 1991 : 71).

Les arrangements institutionnels hybrides peuvent prendre différentes formes organisationnelles et être définis à la fois par la nature des partenaires contractant et la traduction organisationnelle, plus ou moins formelle, du contrat les liant. Le choix d'une forme plus ou moins intégrée de relation est souvent spécifique à chaque situation mais trouve également des éléments d'explication dans les raisons classiques liées à la spécificité des actifs, l'incertitude et la fréquence des transactions. Nous ne les détaillerons pas dans chacun des cas évoqués ci-dessous. Nous classons les principales formes rencontrées dans la littérature mais aussi dans différentes études empiriques menées sur ce thème (Laperche & al., 2011, Laperche & Picard, 2012) selon une grille de lecture, distinguant le type de partenaire, la forme organisationnelle et l'objectif principal (exploration/exploitation) qui y est associé.

Tableau 1 – Typologie de l'innovation multi-partenariale

	Formes d'organisation			
Types de partenaires	Joint Venture	Partenariats, Alliances Stratégiques, Accord de coopération	Programmes de recherche institutionnels	Relations informelles
Grande Entreprise et Grande Entreprise (concurrentes)	Recherche amont = Exploration	Recherche amont et / ou appliquée (ex. consortium privé) = Exploration et Exploitation	Recherche amont (Partenariat Public Privé) = Exploration	
Grande Entreprise et Fournisseurs ou Clients	Recherche appliquée = Exploitation	Mise au point de technologies spécifiques = Exploitation		
Grande Entreprise et		Mise au point de technologies	Recherche appliquée	

Petite entreprise innovante (start-up)		spécifiques = Exploitation	(ex : pôle de compétitivité) = Exploitation	
Grande Entreprise et Université		Recherche amont et / ou appliquée (ex. consortium / fondation de recherche privée publique) = Exploration Valorisation d'inventions (licences) =Exploitation	Recherche amont = Exploration Recherche appliquée = Exploitation	
Université et Petite Entreprise		Valorisation d'inventions = Exploitation	Recherche appliquée = Exploitation	
Entreprises et Communauté Libre				Recherche appliquée (développement, intégration des besoins / compétences des utilisateurs) = Exploitation

a. Relations entre grandes entreprises concurrentes

Des entreprises concurrentes peuvent être amenées, en fonction de leurs besoins aux différents niveaux de la chaîne de valeur, à mettre en place un partenariat d'innovation ou de R&D et à s'engager dans une stratégie de coopétition (Nalebuff & Brandenburger, 1998, Le Roy & Yami, 2010). Plusieurs arrangements organisationnels permettent de soutenir le développement de ces transactions entre entreprises concurrentes. Les joint-ventures ou les consortiums spécialisés dans les technologies d'avenir, les alliances stratégiques et autres accords de coopération entre entreprises concurrentes de même que la participation à des programmes de recherche institutionnels ont clairement un objectif exploratoire, qui est de réfléchir aux technologies de demain et éventuellement de les mettre au point. La concurrence entre les entreprises ne disparaît pas mais se déplace en aval de la chaîne de valeur.

b. Relations entre grandes entreprises partenaires : clients, fournisseurs

Les entreprises coopèrent également avec leurs clients et leurs fournisseurs, dans un objectif essentiellement orienté vers exploitation. Avec les clients et les fournisseurs, les relations partenariales portent essentiellement sur la recherche appliquée et le développement de produits conjoints afin d'en réduire les coûts de mise au point. La mise en place de partenariats avec des fournisseurs ou des entreprises non concurrentes permet de développer une offre de produits nouveaux : cette stratégie prend appui sur la volonté de combiner des compétences ou actifs complémentaires (Teece, 1986) afin de permettre aux entreprises d'explorer au-delà des frontières de leur cœur de métier. Les clients et plus généralement les utilisateurs sont également reconnus comme ayant un rôle croissant dans l'amélioration des produits et sont de plus en plus considérés comme des partenaires. Selon les secteurs, entre 10 et 40% des clients (firmes ou particuliers, souvent clients principaux) s'engagent dans le développement ou le co-développement avec les producteurs afin de modifier le produit final (Von Hippel, 2005). En trouvant une solution permettant de mieux satisfaire leurs besoins, ils obtiennent une longueur d'avance sur les autres clients par rapport aux grandes tendances du marché.

c. Relations entre grandes et petites entreprises

Les travaux sur ce thème mettent l'accent sur l'apport des petites entreprises aux groupes en matière de technologies et savoir-faire spécifiques. Tidd et al. (2005) mettent en avant la puissance des réseaux en matière d'innovation radicale et de rupture et le rôle clé qu'y exercent les petites entreprises innovantes. En faisant appel à des petites entreprises spécialisées très performantes dans leurs domaines, les groupes accèdent à des technologies hors de leurs champs habituels de recherche et peuvent intégrer dans leur capital-savoir des technologies et compétences complémentaires, particulièrement innovantes et pointues. La coopération avec les petites entreprises leur permet aussi de réaliser un produit à un coût moindre en raccourcissant les délais de mise au point. Pour la petite entreprise, les contrats de coopération sont un moyen d'accéder à une capacité de test mais aussi au marché de la grande entreprise. L'exploitation est ainsi l'objectif premier de ces formes de coopération.

d. Relations entre entreprises et université

Les relations universités et entreprises se sont multipliées au cours des années récentes. Lorsque grandes entreprises et universités coopèrent par le biais de contrats bilatéraux ou de consortiums de recherche, l'objectif est très souvent exploratoire et destiné à la conceptualisation et à la conception des technologies futures. Mais entreprises (grandes et petites) et universités peuvent aussi coopérer via la signature de licences d'exploitation destinées à exploiter un savoir scientifique et technique en le transformant en innovation.

e. Relations entre entreprises et communauté

Contrairement aux arrangements institutionnels précédemment décrits, l'innovation multi-partenariale impliquant des communautés met l'entreprise en lien avec des partenaires qui ne sont pas identifiés individuellement (comme dans le cas du logiciel libre ou du crowdsourcing). La vocation de cette forme d'arrangement institutionnel est d'impliquer les utilisateurs potentiels dès l'amont du processus de conception et de favoriser l'émergence de nouveaux usages. On se situe clairement ici dans un processus d'exploitation des connaissances ou compétences de ces utilisateurs.

En définitive, ces différentes formes d'arrangements institutionnels hybrides qui se nouent autour de l'innovation se distinguent par leur contenu contractuel. L'un des points clés devient alors celui de la répartition des droits de propriété sur les connaissances et leur matérialisation en amont de la coopération, au sein de la relation partenariale et à son issue. C'est à ce niveau que les droits de propriété industrielle acquièrent un rôle fondamental et relativement nouveau dans la gouvernance des relations multi-partenariale.

2.3. Les DPI comme dispositifs de gouvernance de l'innovation multi-partenariale

L'innovation multi-partenariale n'est pas un processus spontané, mais un processus organisé voire institutionnalisé. Les objectifs, les attentes, les distances cognitives et les routines organisationnelles (Huet & Lazaric, 2008), sont parfois extrêmement variées et accroissent la complexité de la mise en œuvre et de la réalisation de la transaction. La mise en œuvre et l'opérationnalité des formes organisationnelles hybrides dépendent alors de la capacité à trouver les partenaires adéquats, à stabiliser les relations, ou encore à réduire les risques d'opportunismes susceptibles d'apparaître à l'occasion de la création partagée de connaissances et de technologies nouvelles. Les arrangements institutionnels hybrides posent un dilemme : d'une part, les partenaires doivent augmenter le degré de partage et de diffusion de leurs actifs intellectuels mis au service du partenariat afin que celui-ci soit fructueux, d'autre part, ils doivent garantir à la fois l'appropriation de ces actifs (et éviter que le partenaire les exploite dans d'autres projets individuels), et définir les règles de répartition des résultats de l'innovation multi-partenariale.

Les DPI sont définis au sein des contrats qui relient les partenaires : les parties prenantes sont amenées à définir les objectifs de la coopération, leurs apports respectifs et la répartition des DPI en amont et aval des résultats de la coopération. C'est pourquoi les DPI peuvent être considérés comme des dispositifs essentiels de gouvernance des relations partenariales. Les dispositifs de gouvernance sont définis comme « *des dispositifs qui insufflent l'ordre dans les activités conjointes par l'allocation d'actifs et de droits, de manière à atténuer les conflits tout en assurant des gains mutuels* » (Ménard, 2011 : 37). Pour formuler cette définition, C. Ménard se réfère à la définition de la gouvernance proposée par Williamson « *By governance, I understand devices that infuse order in joint activities through the allocation of assets and rights, so as to mitigate conflicts while allowing benefits from mutual gains* » (Williamson, 1996 : 12).

Nous considérons ainsi que le système de DPI fait partie de ces dispositifs de gouvernance à même d'« insuffler l'ordre dans les activités conjointes » en prenant appui sur la définition des droits et obligations des partenaires et au-delà en favorisant l'instauration d'un climat de confiance entre les partenaires permettant donc d'atténuer les risques de conflits. Ils sont ainsi susceptibles d'engendrer la réalisation de gains mutuels dans les stratégies d'exploration et d'exploitation menées par les partenaires.

3. Gouvernance de l'innovation multi-partenariale et droits de propriété industrielle : entre coordination et opportunisme

Si les DPI, et en particulier les brevets, peuvent être considérés comme des dispositifs de gouvernance de l'innovation multi-partenariale, c'est en raison de leur pouvoir de coordination, ou encore de réduction des coûts de transaction entre les partenaires. Au-delà de son rôle traditionnel de protection que diverses études confirment y compris dans le cadre d'innovation multi-partenariale (Oxley, 1999, Sakakibara, 2001, Gans & al., 2002, Caloghirou & al., 2003, Hernan & al., 2003, Bonte & Kelibach, 2005, Veugelers & Cassiman, 2005, Lhuillery & Pfister, 2009), le brevet est un élément structurant de l'innovation ouverte dans la mesure où « *dans la plupart des cas les entreprises n'utilisent pas les brevets pour exclure de manière ferme les autres acteurs de l'innovation mais au contraire, pour les inclure, pour collaborer et échanger avec eux* » (Penin, 2012 : 64). Ce faisant, les DPI facilitent les interactions entre les acteurs en définissant les droits et obligations des partenaires, en proposant et permettant de construire des règles encadrant les comportements tout au long du processus partenarial. La théorie économique et certaines études empiriques montrent que les DPI constituent des dispositifs utiles à la coordination des acteurs de l'innovation (3.1). Pourtant, en raison de leur imperfection, ils favorisent également le développement de comportements opportunistes (3.2.). Face à cela diverses mesures peuvent être proposées afin de soutenir par les DPI le développement de l'innovation multi-partenariale (3.3).

3.1. Les DPI comme outil de coordination dans un modèle d'innovation multi-partenariale

Le rôle des DPI comme un dispositif de gouvernance des relations partenariales décrit précédemment trouve son origine dans son rôle de coordination, c'est-à-dire d'organisation des transactions entre les agents économiques permettant de réduire les coûts de transaction et d'aboutir à une allocation efficace des ressources et des gains. Depuis Adam Smith, la notion de coordination est au cœur des préoccupations des économistes qui cherchent à comprendre comment des actions économiques individuelles décentralisées peuvent être rendues compatibles et produire un résultat collectif désirable. Reprenant une distinction classique, Pénin (2012) considère que le rôle de coordination de l'innovation multi-partenariale joué par les DPI peut être appréhendé de deux manières différentes : (i) une coordination non marchande permettant de faciliter le processus de collaboration formelle et/ou informelle entre organisations et (ii) une coordination marchande dans le sens où ils permettent de structurer les échanges marchands de technologies à travers des accords de licences de brevet. Nous proposons ici une autre lecture de la coordination, davantage liée à la temporalité du processus d'innovation qui permet de distinguer le rôle de coordination des DPI en amont de la relation partenariale (coordination ex-ante), au cours de la relation partenariale et en aval de la relation partenariale (coordination ex-post).

a. Coordination ex ante

En amont du processus d'innovation multi-partenariale, les DPI apparaissent comme des outils d'identification (signaling), de positionnement des partenaires et d'évaluation des ressources mises à disposition. Ils constituent un levier de négociation dans les rapports de forces qui s'installent dans le pool de partenaires. Le portefeuille de brevets dont dispose un partenaire peut à la fois impacter son poids dans la négociation, mais également constituer un indicateur des compétences engagées. L'apport de ressources protégées par un brevet permet de garantir la non exploitation de l'invention par les partenaires en dehors du contrat tout en favorisant le partage et la mise à disposition des connaissances utiles au partenariat. Les brevets permettent également de délimiter les droits de propriété sur l'engagement des ressources initiales par les partenaires, de clarifier les objectifs et attentes des partenaires. Ce faisant ils participent à la réduction de l'incertitude quant à la qualité du partenariat et un constituent un gage de compétences minimales.

Les DPI apparaissent également comme un outil de coordination facilitateur de la mise en relation de partenaires hétérogènes. Ce rôle de coordination ex ante est particulièrement important dans le cadre de partenariats public/privé (Lhuillery & Pfister, 2009). La négociation en amont permet de gérer les tensions entre des entreprises privées enclines à protéger leurs inventions par le secret ou par le dépôt de brevets et les chercheurs publics plutôt prompts à diffuser les résultats de leur recherche via les publications scientifiques. On observe que dans ces cas les publications académiques sont le plus souvent reportées lorsque les universités sont en contrats de partenariat avec des entreprises (Veugelers & Cassiman, 2005, Cohen & al., 1998) du fait de clauses de confidentialité qui peuvent parfois s'étendre jusqu'à cinq ans après la clôture d'un partenariat public-privé.

b. Coordination au cours de la relation partenariale

Dans un grand nombre de domaines technologiques, la combinaison entre progrès scientifiques et techniques associée à une plus grande facilité à breveter, conduit à la création de bouquets de brevets (Patent thicket selon l'expression de Shapiro, 2001). Ces enchevêtrements sont susceptibles de créer des situations de blocage dans la mesure où la mise en œuvre d'un nouveau processus d'innovation nécessite la signature de multiples et coûteuses licences d'exploitation. Ils sont nombreux dans les industries de réseaux comme les télécommunications (West, 2006). Pour y faire face, des solutions légales ont été imaginées comme les licences obligatoires ou les licences non exclusives ou encore la modification de la durée et de l'étendue des brevets (Scotchmer, 2004). Mais d'autres solutions comme la création de pool de brevets peuvent aussi être considérées comme des solutions à ces situations de blocage, en particulier lorsqu'elles concernent des technologies complémentaires (les cas du DVD ou du format de compression MPEG 2 sont souvent cités dans la littérature). Il s'agit d'une approche dans laquelle plusieurs firmes acceptent de se céder des licences croisées afin de réduire leurs coûts de transaction. Cette stratégie de groupement de brevets conduit chaque firme à mettre son invention brevetée à la disposition du groupe c'est-à-dire dans le « pool » (Laperche, 2011). Ces pools de brevet qui concernent des technologies complémentaires sont ainsi considérés comme des arrangements pro-compétitifs, favorables à l'innovation multi-partenariale et ne sont pas sujets aux lois de la concurrence qui en revanche n'autorisent pas les pools de brevet portant sur des technologies substituables, qui eux participent d'une stratégie de « *cartellisation du savoir* » (Shapiro, 2003).

c. *Coordination ex-post*

En aval du processus, les brevets déposés par le pool de partenaires garantissent aussi une répartition équitable des bénéfices commerciaux de l'innovation entre les partenaires et une exclusion relativement efficace (selon le potentiel de protection du brevet) des passagers clandestins (Sinha & Cusumano, 1991). Plus généralement, la définition de cession de contrats de licences offre la possibilité au pool de partenaires de décider du mode d'exploitation commerciale des résultats issus du partenariat. La décision de conclure des contrats de licence dépend de la stratégie de la firme en matière de propriété intellectuelle c'est-à-dire de la stratégie définissant le rôle des DPI tant pour la firme en question que pour ses contractants potentiels (Chesbrough, 2003). La diffusion des technologies brevetées via des contrats de licence demeure une stratégie risquée dans la mesure où elle est associée à des externalités positives importantes. Ainsi, après avoir souscrit des contrats de licence avec la plupart de leurs concurrents, les laboratoires Bell Transistor annoncent avoir supporté un manque à gagner dû à l'exploitation par les concurrents des technologies diffusées. De fait, une invention peut-être valorisée de différentes manières (West, 2006) que ce soit par le transfert de la technologie via des contrats de licence en vertu desquels elle est incorporée dans les produits et composantes d'autres firmes (l'exemple de Qualcomm en est révélateur pour le secteur de la technologie mobile[3], par l'incorporation de la technologie dans des composantes qui concurrencent celles similaires d'autres entreprises, ex. les microprocesseurs d'Intel, ou encore par l'intégration verticale de la technologie, ex. IBM).

Si les DPI encouragent l'innovation multi-partenariale, l'impossibilité de définir des DPI et de breveter le fruit d'un partenariat peut, *a contrario*, décourager le partenariat notamment lorsqu'il s'agit d'entreprises concurrentes pour lesquelles le risque d'opportunisme apparait comme trop important. Face à cela, des stratégies alternatives telle que l'incorporation dans d'autres innovations brevetables (ex. le paquetage d'Internet Explorer avec Windows 95 par Microsoft ou encore le paquetage du iPhoto avec le OS X par Apple) existent mais elles tendent à favoriser l'intégration verticale aux dépens de l'innovation multi-partenariale dans la mesure où ces innovations ne

---

[3] http://en.baomoi.com/Info/Qualcomm-throws-weight-behind-CDMA/5/151660.epi

génèrent pas des gains directs ce qui décourage la collaboration avec des entreprises concurrentes (West, 2005).

3.2. Les DPI dans un modèle d'innovation multi-partenariale : une source d'opportunismes ?

En dépit du rôle des DPI en tant que dispositifs de gouvernance, les risques d'opportunisme inhérents aux relations partenariales sont nombreux et peuvent constituer un obstacle au partage de connaissances et au transfert de technologies (OCDE, 2004). Les contrats qui relient les partenaires dans le modèle d'innovation multi-partenariale sont, comme tous les contrats, de nature incomplète car il est impossible de prévoir tous les résultats de la recherche, de même que le comportement de chacun des co-contractants qui se livrent à des jeux complexes de coopération et de concurrence. Comme le rappellent Brousseau et Bessy (2001) « *on parle d'incomplétude des DPI pour décrire le fait que les droits d'usages sur les ressources immatérielles sont imparfaitement définis par les institutions publiques et que toute infraction n'est pas nécessairement identifiée et réprimée par ces mêmes institutions. Dans ces conditions, un titre de propriété intellectuelle ne protège qu'imparfaitement son détenteur qui doit consentir des efforts individuels pour s'auto-protéger* ». Deux formes de comportements opportunistes liés à l'incomplétude des DPI peuvent être identifiées : un opportunisme interne et un opportunisme externe à la relation multi-partenariale.

a. Opportunisme interne ou intra-organisationnel

L'opportunisme interne ou intra-organisationnel prend naissance au sein même de l'arrangement institutionnel hybride constitué par les partenaires lorsque l'un ou l'autre des participants cherche par exemple à s'approprier les résultats du partenariat et exploite le caractère incomplet des contrats (Bogers & al., 2011). Il est crucial pour les firmes partenaires d'établir un équilibre entre les bénéfices (en termes de coûts mais aussi en termes de partage de la connaissance et des technologies) et les risques d'opportunisme provenant de la collaboration (Almiral & Casadesus-Masanell, 2010, O'Connor, 2006). L'opportunisme intra-organisationnel peut aussi signifier un avantage pris par l'organisation sur l'ensemble du ou des secteurs dans le(s)quel(s) le partenariat prend place. Dans ce cas l'ensemble des partenaires (d'un patent pool) profite de la situation multi-partenariale pour renforcer les barrières à l'entrée vis-à-vis d'acteurs tiers qui ne font pas partie de la relation partenariale (mais qui ont parfois contribué au développement technique de manière informelle). Si cette stratégie de patent pooling permet le développement de technologies complexes en atténuant les situations de blocage, elle participe souvent dans le même temps à la concentration du savoir au sein des entreprises du groupement et peut conduire à une domination plus prononcée sur les marchés. C'est notamment le cas si les nouvelles technologies développées sont brevetées mais aussi normalisées par anticipation, c'est-à-dire avant même leur diffusion marchande (Foray, 1990). Pour les entreprises participantes, c'est un moyen de dégager des rentes qui seront réinvesties dans de nouveaux processus d'accumulation du savoir et qui permettront de renforcer leur domination technologique (Laperche, 2011).

b. Opportunisme externe ou extra-organisationnel

L'opportunisme externe ou extra-organisationnel puise son origine en dehors du pool de partenaires, lorsque par exemple un acteur tiers cherche à tirer profit des imperfections des contrats. De façon indirecte, en favorisant l'innovation et le dépôt de brevets, les arrangements institutionnels hybrides contribuent au développement d'un opportunisme extra-organisationnel. Surfant sur la vague des brevets stratégiques (Le Bas & Corbel, 2012), certaines entreprises, notamment aux États-Unis, ont construit leurs modèles d'affaires sur le litige en matière de propriété intellectuelle, ce sont les « patent trolls » (Lallement, 2010, Penin, 2010). Ces pratiques se traduisent par la naissance de « non practicing entities » qui se contentent de développer l'invention, de la protéger par brevet, sans pour autant l'exploiter industriellement. L'objectif de ces entités est de disposer d'un portefeuille de brevets leur permettant de réduire le champ de manœuvre des entreprises concurrentes : en cas d'infraction, une action en contrefaçon est menée à l'encontre desdites entreprises par le détenteur du brevet. Afin de tirer profit de cette situation, les patent trolls proposent la conclusion de contrats de licence d'exploitation avec ces entreprises, mais à des conditions abusives, notamment en termes de prix. Ces pratiques, qui reflètent un opportunisme certain, découlent de l'imperfection du système de DPI. En effet, elles ne sont possibles que si la législation en matière de DPI autorise la non exploitation industrielle du brevet par son titulaire, celui-ci se transformant alors en un « brevet dormant » (Weeds 1999) qui ne fera pas l'objet d'exploitation commerciale[4]. Outre son caractère anticoncurrentiel, cette pratique a un impact négatif à la fois sur l'incitation à l'innovation, le marché de la connaissance et sur le développement des partenariats interinstitutionnels : les patent trolls sont

---

[4] D'une façon plus générale et au-delà des patent trolls, rappelons que selon le rapport de Chesbrough et Vanhaverberke (2011) sur l'innovation ouverte et les politiques publiques en Europe, environ 85% des brevets déposés par les grandes entreprises ne sont pas utilisés pour mettre au point de nouveaux produits mais sont utilisés pour dissuader les concurrents.

davantage enclins à exploiter juridiquement (via les licences) les brevets qu'elles détiennent plutôt que d'investir en R&D pour obtenir de nouveaux brevets (cf. le litige entre IPCom et Nokia et HTC).

3.3. Gouvernance des relations multi-partenariales et réduction de l'opportunisme

Les DPI s'ils favorisent l'innovation multi-partenariale en facilitant la coordination de partenaires hétérogènes, n'en sont pas moins des objets de comportements opportunistes comme nous venons de le voir. Face à cela, différentes mesures de politiques publiques peuvent contribuer à limiter ces comportements opportunistes internes et externes. Ces mesures concernent à la fois le cadre juridique des DPI, mais aussi d'autres aspects de l'environnement institutionnel. Elles impliquent de concevoir les DPI comme un élément d'un dispositif plus complet de gouvernance des relations partenariales.

Tout d'abord, il apparait qu'une politique de renforcement de la qualité des brevets est un élément essentiel de protection contre les formes d'opportunismes interne et externe. La prolifération des brevets déposés et délivrés dans les principaux systèmes de propriété intellectuelle, et la multiplication concomitante du nombre de litiges et procès fait peser des doutes sur la qualité des brevets. Selon l'OCDE (2011), la qualité des brevets a ainsi reculé en moyenne d'environ 20% entre les années 1990 et les années 2000[5]. La qualité d'un brevet « *renvoie en grande partie à la façon dont est effectué l'examen de brevetabilité, de sorte qu'un examen de qualité induit une très forte présomption de validité et une faible probabilité d'annulation après coup, notamment par les tribunaux* » (Lallement, 2008 : 101). Aux États-Unis comme en Europe, des réflexions sur la qualité des brevets ont été engagées au cours des années 2000 (Federal Trade Commission, 2003, Parlement européen, 2007, Commission des Communautés Européennes, 2008). Parmi les mesures prises ou envisagées, au-delà d'un plus grand respect des critères de brevetabilité, les États-Unis optent notamment pour une intégration plus forte des utilisateurs dans l'évaluation des brevets par un système de « Peer to patent ». Un projet pilote entre la New York Law School et l'USPTO (United States Patent and Trademark Organization) a été mis en place pour tester l'interface web2.0 (http://peertopatent.org/). En Europe, le rapport de l'office européen des choix technologiques (Euro-

5 L'Index de la qualité des brevets est un indicateur composite défini par l'OCDE. Il est basé sur six dimensions : nombre de citations du brevet par des tiers, nombre de citations d'autres brevets et de publications scientifiques dans le brevet lui-même, taille de la famille de brevet (nombre de pays dans lesquels le brevet est déposé), nombre de revendications, index de généralité (dispersion de la citation du brevet dans différentes classes), et délai de délivrance (OECD, 2011 : 190).

pean Parliament, 2007) a mis en avant la charge de travail importante de l'OEB et les conséquences négatives pour l'examen de la qualité des brevets. Les rapports de la Commission Européenne (2008 en particulier) ont cherché à élaborer une stratégie en matière de propriété industrielle, de manière à accroître sa qualité et améliorer l'accès des PME à celui-ci en réduisant le coût du recours à la propriété industrielle et en systématisant la signature de licences d'exploitation. Les réflexions sur ces points ont abouti à la signature en 2012 d'un accord européen sur le brevet communautaire. Assurer une meilleure qualité des brevets et mettre en œuvre une politique moins systématiquement favorable aux détenteurs de droits de propriété (notamment aux États-Unis), devrait permettre de limiter les pratiques abusives des entreprises dont le business model est celui du litige en matière de propriété intellectuelle (Penin, 2010).

Au-delà de la qualité du brevet, des pistes d'amélioration existent également concernant la qualité de la gestion du portefeuille de brevets. Ceci vaut notamment pour les universités dont l'utilisation de la propriété intellectuelle repose parfois sur une approche trop protectrice des savoirs internes, ou une surévaluation de la valeur des créations protégées. Ce comportement est une source de tensions dans les relations partenariales. Selon Chesbrough et Vanhaverbeke (2011) la mise en œuvre d'une gestion professionnelle de la propriété intellectuelle pourrait permettre de résoudre ces difficultés. Dans le même ordre d'idées, les arrangements institutionnels hybrides peuvent se trouver renforcés par des éléments plus informels qui vont contribuer à favoriser la circulation de l'information entre les acteurs tels que les « Janus Scientists » ou les « Professors of Practices » (Viale & Etzkowitz, 2010). Le débat pourrait être selon nous élargi en discutant des coûts et des bénéfices de la politique de valorisation marchande des savoirs scientifiques (destinée en partie à encourager les universités à générer des revenus) et à les comparer aux mêmes coûts et bénéfices d'une politique de soutien public à la recherche et à sa diffusion gratuite.

Par ailleurs, on observe que de nouvelles pratiques en matière de gestion des DPI se sont développées : on parle de communautés de brevets, de plateformes communes de brevets, de licences libres, de clauses de non revendication de droits, qui relèvent d'arrangements institutionnels que l'on peut qualifier de spontanés (décidés librement par les détenteurs des DPI). En parallèle, des formes d'arrangements institutionnels artificiels (pour reprendre le vocable de Veblen) tels que l'utilisation de licences obligatoires ou l'obligation de mise à disposition de techniques brevetées sous motifs d'intérêt public ont également émergé.

L'intérêt à déposer un brevet est également pour partie conditionné par la capacité à faire respecter les droits issus de ce titre. Les évolutions des législations nationales, internationales, l'harmonisation internationale de systèmes de propriété intellectuelle sont autant d'éléments qui favorisent le respect des DPI. La création de la Federal Court of Appeals pour les brevets aux États-Unis en 1982, la signature des Accords sur les Droits de Propriété Intellectuelle en 1994 semblent aller dans ce sens. L'ensemble de ces transformations institutionnelles (élargissement, assouplissement, mondialisation des DPI) crée un climat de confiance propice aux investissements internationaux et aux rapprochements entre acteurs et peut donc être considéré comme l'un des vecteurs clé de l'innovation multi-partenariale.

Enfin, les DPI ne doivent pas être considérés comme des dispositifs uniques de gouvernance des relations partenariales. De nouveaux dispositifs de gouvernance comme les centres stratégiques ou les systèmes de partage d'information sont susceptibles de réduire les asymétries informationnelles (Ménard, 2011). Ainsi, les centres stratégiques ou les systèmes de partage de l'information peuvent s'intégrer plus largement dans le contrat de coopération. Les centres stratégiques sont définis comme des entités institutionnelles au sein desquelles les transactions sont initiées, négociées, surveillées, adoptées, mises en œuvre, terminées. Très fréquents dans les relations multi-partenariales fondées sur l'innovation, ils peuvent prendre la forme d'un consortium défini par les parties prenantes de la collaboration ou encore peuvent être externes, c'est-à-dire gérés par une tierce-partie (par exemple les programmes de recherche européens ou encore les agences de régulation et de certification par exemple). La mise en place de systèmes de partage de l'information ou de plateformes d'informations est également importante dans la mesure où l'opportunisme interne découle en grande partie des asymétries informationnelles qui caractérisent les relations multi-partenariales. Dans le même ordre d'idées, la mise en place de chartes destinées à améliorer les transferts de technologie de la recherche publique vers les entreprises est considérée comme un outil favorisant la réduction des asymétries informationnelles concernant les aspects technologiques, institutionnels et liés aux risques financiers (Paun & al., 2012).

Conclusions et perspectives

Dans cet article (voir schéma 1), nous considérons que la multiplication des formes d'innovation multi-partenariale est très largement liée aux mutations de l'environnement institutionnel et technologique. Le développement d'arrangements institutionnels hybrides organisant l'innovation multi-partenariale prend de multiples formes et poursuit des objectifs associant l'exploration et l'exploitation de connaissances. Leur fonctionnement est complexe et nous avons montré qu'il pose avec une acuité plus forte la question du rôle des DPI. L'approche néo-institutionnelle offre une grille de lecture particulièrement intéressante de ce phénomène complexe en ce qu'elle met l'accent sur les institutions qui sous-tendent nécessairement les interactions que nouent les acteurs de l'innovation multi-partenariale. Dans ce cadre les DPI peuvent être considérés comme des dispositifs de gouvernance des relations d'innovation multi-partenariales. Par leur pouvoir de coordination, ils créent un ordre tout au long du processus d'innovation multi-partenarial, atténuant ainsi les risques de conflits et permettant d'envisager la réalisation de gains mutuels. Mais du fait de l'incomplétude des contrats ils sont aussi sources d'opportunisme, qui peut émaner à la fois des partenaires ou d'acteurs externes à la relation.

Dépasser cette tension liée à l'incomplétude des DPI passe à la fois par une reconsidération des stratégies d'acteurs privés (notamment en matière de gestion de portefeuille brevets), ainsi que par des actions règlementaires, institutionnelles portées par les acteurs publics. Au-delà de ces actions directes d'amélioration des dispositifs de gouvernance de l'innovation multi-partenariale par les DPI, d'autres aspects de l'environnement institutionnel comme la politique de recherche et d'innovation mais aussi la politique de concurrence peuvent être pris en considération. L'acception des ententes amont, au niveau de la R&D, est ainsi justifiée par les coûts et les risques du développement technologique et les retombées positives de celles-ci sur le consommateur final. Mais elles peuvent aussi être source d'opportunisme interne lorsque les entreprises dominantes au sein du pool de partenaires s'approprient les DPI au détriment d'autres parties prenantes et notamment des petites et moyennes entreprises dont le pouvoir de négociation est souvent plus limité. Quoiqu'il en soit, les perspectives théoriques ouvertes par cette approche néo-institutionnelle de l'innovation multi-partenariale et du rôle des DPI doivent maintenant faire l'objet d'investigations empiriques plus approfondies.

Bibliographie

Akrich, M., Callon, M., Latour, B., « À quoi tient le succès des innovations », *Annales des Mines*, série Gérer et Comprendre, 1988.

Alleaume, C., Craipeau, N., *Propriété intellectuelle*, Montchrestien, collection Cours, 2010.

Almeida, P., Kogut, B., « Localization of knowledge and the mobility of engineers in regional networks », *Management Science*, july, vol. 45, n° 7, 1999, pp. 905-907.

Almiral, E., Casadesus-Masanell, R., « Open versus closed innovation : a modelof discovery and divergence », *Academy of Management Review*, vol. 25, n° 1, 2010, pp. 27-47.

Antonelli, C., « Models of knowledge and systems of governance », *Journal of Institutional Economics*, vol. 1, 2005, pp. 51-73.

Arrow, K., « Economic welfare and the allocation of resources for invention », in Nelson R.R. (ed.), *The Rate and Direction of Inventive Activity : Economic and Social Factors*, NJ, Princeton University Press, Princeton,1962, pp. 609-625.

Azais, C., Corsani, A., Dieuaide, P., *Vers un capitalisme cognitif. Entre mutations du travail et territoire*, collection logiques sociales, L'Harmattan, Paris, 2003.

Bogers, M., « The open innovation paradox : knowledge sharing and protection in R&D collaborations », *European Journal of Innovation Management*, vol. 14, n° 1, 2011, pp. 93-117.

Bönte, W., Kelibach, M., « Concubinage or marriage ? Informal and formal cooperations for innovation », *International Journal of Industrial Organization*, vol. 23, n° 3-4, 2005, pp. 279-302.

Boujut, J.F., Jeantet, A., « Développement des processus coopératifs en conception de produits et évolution des outils de l'ingénieur », in Dumez H. (dir.), *Management de l'innovation, management de la connaissance*, L'Harmattan, 2001.

Brousseau, E., Bessy, C., « Contrats de licence et innovation » ?, in Mustar P., Pénan H. (dir.), *Encyclopédie de l'innovation*, Economica, Paris, 2001.

Brousseau, E., Bessy, C., « Public and private institutions in the governance of the intellectual property rights », in Andersen B. (ed.), *Intellectual property rights : innovation, governance, and the institutional environment*, E. Elgar, London, 2006.

Callon, M., « The role of lay people in the production and dissemination of scientific knowledge », *Science Technology and Society*, march, n° 4, 1999, pp. 81-94.

Caloghirou, Y., Ioannides, S., Vonortas, N.S., « Research joint ventures », *Journal of Economic Survey*, vol. 17, n° 4, 2003, pp. 541-70.

Calvert, J., Patel, P., « University-Industry Research Collaborations in the UK », *Report on Phase 1 of a project funded by EPSRC/ESRC Contract Number P015616*, SPRU, Brighton, 2002.

Chesbrough, H., « Making sense of corporate venture capital », *Harvard Business Review*, March, 2002, pp. 4-11.

Chesbrough, H., *Open Innovation : The New Imperative for Creating and Profiting from Technology*, Harvard Business School Press, 2003.

Chesbrough, H., « Open Innovation : A New Paradigm for Understanding Industrial Innovation », in Chesbrough, H., Vanhaverbeke, W., West J. (eds.), *Open Innovation : Researching a New Paradigm*, Oxford University Press, 2006, pp. 1-12.

Chesbrough, H., Enkel, E., Gassmann, O., « The Future of Open Innovation », *R&D management*, vol. 40, n° 3, June, 2010, pp. 213-221.

Chesbrough, H., Vanhaverberke, W., *Open Innovation and Public Policy in Europe*, ESADE Business School & the Science I Business Innovation Board AISBL, Science Business Publishing Ltd, 2011.

Chesnais, F., « Technical Co-operation Agreements between Firms », OCDE, *STI Review*, vol. 4, 1988, pp. 51-119.

Cohen, W.M., Levinthal, D.A., « Absorptive capacity : a new perspective on learning and Innovation », Administrative Science quarterly, vol. 35, n° 1, 1990, pp. 128-152.

Cohen, W. *et al.*, « Industry and the academy : uneasy partners in the cause of technological advance », in Noll R.G. (ed.), *Challenges to research universities*, Washington D.C. Brookings Institution Press, 1998, pp. 171-200.

Coase, R.H., « The nature of the firm », Economica, vol. 16, n° 4, 1937, pp. 386-405.

Colombo, M.G., Garrone, P., « Technological Cooperative Agreements and Firms' R&D Intensity. A Note on Causality Relations », *Research Policy*, vol. 25, 1996, pp. 923-932.

Commission des communautés européennes, Une stratégie dans le domaine des droits de propriété industrielle pour l'Europe, Communication de la Commission au Parlement européen, au conseil et au comité économique et social européen, COM, 465 final, 2008.

Darses, F., « Converger vers une solution en situation coopérative de conception : analyse cognitive du processus d'argumentation », in Darses (dir.), *La modélisation des activités collectives de conception*, 10e atelier du travail humain, juin, Paris, 2001.

David, P., Foray, D., Steinmueller, W.E., « The Research Network and the New Economics of Science : from Metaphors to Organizational Behaviours », in Malerba F., Gambardella A. (eds.), *The Organization of Economic Innovation in Europe*, Cambridge, Cambridge University Press, 1999.

Etzkowitz, H., « The Norms of Entrepreneurial Science : Cognitive Effects of the New University-Industry Linkages », *Research Policy*, vol. 27, 1998, pp. 823-833.

Federal Trade Commission, « To promote innovation : the proper balance of Competition and Patent Law and Policy », *Report*, October, 2003.

Foray, D., « Exploitation des externalités de réseau versus évolution des normes », *Revue d'économie industrielle*, vol. 51, 1990, pp. 113-140.

Forest, J., Mehier, C., Micaelli, J.P., *Pour une science de la conception*, Éditions UTBM, 2005.

Gaglio, G., *Sociologie de l'innovation*, Collection Que Sais-je ?, PUF, Paris, 2011, p. 126.

Gans, J., Hsu, D., Stern, S., « When does start-up innovation spur the gale of creative destruction ? », *Rand Journal of Economics*, vol. 33, n° 4, 2002, pp. 571-586.

Gassman, O., « Opening up the innovation process : towards an agenda », *R&D Management*, Vol. 36, n° 3, june, 2006, pp. 223-228.

Gertham, M., « Olivier Williamson et la théorie des coûts de transaction », *Revue française de Gestion*, n° 160, 2006, pp. 191-213.

Granstrand, O., *The Economics and Management of Intellectual Property*, Edward Elgar, 1999.

Guellec, D., Madies T., Prager J.C., « Les marchés de brevets dans l'économie de la connaissance », *Rapport au Conseil d'Analyse Économique*, Paris, 2010.

Hagedoorn, J., « Understanding the cross-level embeddeness of inter-firm partnership formation », *Academy of Management Review*, vol. 31, 2006a.

Hagedoorn, J., « Do alliances promote knowledge flows », *Journal of Financial Economics*, vol. 80, 2006b, pp. 5-33.

Hicks, D.M., Isard, P.A., Martin B.R., « A Morphology of Japanese and European Corporate Research Networks », *Research Policy*, vol. 25, 1996, pp. 359-378.

Hicks, D., Hamilton, K., « Does University-Industry collaboration adversely affect University Research ? », in *Sciences en Technology*, vol. 15, n° 4, 1999, pp. 74-75.

Huet, F., Lazaric, N., « Capacités d'absorption et d'interaction : une étude de la coopération dans les PME françaises », *Revue d'économie industrielle*, n° 121, 2008, pp. 65-84.

Hugues, B., Wareham, J., « Knowledge arbitrage in global pharma : a synthetic view of absorptive capacity and open innovation », *R&D Management*, vol. 40, n° 3, 2010, pp. 324-343.

Ili, S., Albers, A., Miller, S., « Open innovation in the automotive industry », *R&D Management*, vol. 40, n° 3, 2010, pp. 246-255.

Jaffe, A.B., « The U.S. patent system in transition : policy innovation and the innovation process », *Research Policy*, vol. 29, n° 4-5, 2000, pp. 531-557.

Jeantet, A., « Les objets intermédiaires dans la conception. Éléments pour une sociologie des processus de conception », *Sociologie du Travail*, n°3, 1998.

Jeantet, A.H. Tiger, Vinck, D., Tichkiewitch S., « La coordination par les objets dans les équipes intégrées de conception de produité », in De Terssac G., Friedberg E. (dir.), *Coopération et conception*, 1996, pp. 87-100.

Kline, S.J., Rosenberg, N., « An overview of innovation », in Landau R, Rosenberg N. (eds.), *The Positive Sum Strategy*, National Academic Press, 1986.

Kortum, S., Lerner, J., « Stronger Protection or Technological Revolution : What is behing the Recent Surge in Patenting ? », NBER WP 6204, NBER Inc, 1997.

Lallement, R., « Politique des brevets : l'enjeu central de la qualité, face à l'évolution des pratiques », *Horizons Stratégiques*, La documentation française, vol. 1, n° 7, 2008, pp. 93-110.

Lallement, R., « Droits de propriété intellectuelle et positionnement concurrentiel des entreprises : bilan des nouvelles pratiques et éléments de comparaison franco-allemande », *Innovations. Cahiers d'Économie de l'Innovation*, n° 2-32, 2010, pp. 11-34.

Laperche, B., « Knowledge capital and innovation in multinational corporations », *Journal of Technology and Globalisation*, vol. 3, n°1, 2007, pp. 24-41.

Laperche, B., « How to Coordinate the Networked Enterprise in a Context of Open Innovation ? A New Function for Intellectual Property Rights », *Journal of the Knowledge Economy*, 2011 : http://www.springerlink.com/content/06645q782017lgt8/fulltext.pdf

Laperche, B., Lefebvre, G., Langlet, D., « Innovation strategies of industrial groups in the global crisis : Rationalization and new paths », *Technological Forecasting and Social Change*, vol. 78, n° 8, 2011, pp. 1319-1331.

Laperche, B., Picard, F., « Innovation strategies of industrial firms facing environmental constraints : Learning from case studies », *7th international Forum on Knowledge Asset Dynamics*, 5th knowledge cities world summit, Matera, Italy, 13-15 June, 2012.

Laperche, B., Uzunidis, D., « The impacts of reforms on research and innovation in France : Direction, planning and co-ordination », *Higher education management and policy*, vol. 23, n° 2, 2011, pp. 1-18.

Le Bas, C., Corbel, P. (dir.), *Les nouvelles fonctions du brevet*, Economica, Paris, 2012.

Le Roy, F., Yami, S., *Stratégies de coopétition, rivaliser et coopérer simultanément*, De Boeck, Bruxelles, 2010.

Lhuillery, S., Pfister, E., « R&D cooperation and failures in innovation projects : Empirical evidence from French CIS data », *Research Policy*, vol. 38, n° 1, 2009, pp. 45-57.

Malcomson, J., « Relational incentive contracts », in Gibbons R., Roberts J., (eds) *Handbook of Organizational Economics*, Princeton University Press, 2011.

March, J.G., « Exploration and Exploitation in Organizational Learning », *Organizations Science*, vol. 2, 1991, pp. 71-87.

Ménard, C., « L'approche néo-institutionnelle : des concepts, une méthode, des résultats », *Cahiers d'économie politique*, n° 44, 1, 2003, pp. 103-118.

Ménard, C., « Hybrid modes of organization. Alliances, Joint ventures, Networks and other 'strange animals », in Gibbons R., Roberts J. (eds.), *Handbook of organizational economics*, Princeton University Press, Princeton, 2011.

Moulier-Boutang, Y., *Mode de recherche*, n° 5, janvier, 2006.

Mowery, D.C., « Industrial R&D in the Third industrial revolution », *Industrial and Corporate Change*, vol. 18, 2009, pp. 1-50.

Mowery, D., Rosenberg, N., « New Developments in US. Technology Policy : Implication for Competitiveness and International Trade », *CEPR Discussion Paper*, Stanford University, 1989.

Mowery, D.C., Nelson, R., Sampat, B.N., Ziedonis, A., « The Growth of Patenting and Licensing by U.S. Universitiesv : an Assessment of the Effects of the Bayh-Dole Act of 1980 », *Research Policy*, vol. 30, 2001, pp. 99-119.

Mowery, D.C., Nelson, R., Sampat, B.N., Ziedonis, A., *Ivory Tower and industrial innovation : university-industry technology transfer before and after the Bayh Dole Act in the United States*, Stanford University Press, Stanford, 2004.

Nalebuff, B., Brandeburger, A., *Co-opetition*, New York, Currency, Doubleday, 1998.

Nelson, R.R., Nelson, K., « Technology, institutions, and innovation systems », *Research Policy*, vol. 31, 2002, pp. 265-272.

Nooteboom, B., *Inter-firms alliances. Analysis and design*, Routledge, London, New York, 1999.

North, D.C., *Institutions, Institutional Change and Economic Performance*, Cambridge University Press, Cambridge, 1990.

O'Connor, J.C., « Open Radical Innovation : Toward an Integrated Model in Large Established Firms », in Chesbrough, H., Vanhaverbeke W., West, J. (eds.), *Open Innovation : Researching a New Paradigm*, Oxford University Press, Oxford, 2006, pp. 62-81.

OCDE, « Partenariats, grappes, réseaux et droits de propriété intellectuelle : perspectives et enjeux des PME innovantes dans une économie mondialisée », *Rapport, 2è conférence des Ministres en Charges des PME*, 2004.

OECD, Science, Technology and Industry Scoreboard Paris, 2011, http://www.oecd.org/document/26/0,3746,fr_2649_33703_40192154_1_1_1_1,00.html

Parlement Européen, *Policy options for the improvement of the European patent system*, STOA, Bruxelles, 2007.

Oxley, J.E., « Institutional environment and the mechanisms of governance : the impact of intellectual property protection on the structure of inter-firm alliances », *Journal of Economic Behavior and Organization*, vol. 38, n° 3, 1999, pp. 283-309.

Paun, F., Richard, P., Von Tunzelmann, N., « Asymmetries and dynamic interactive capabilities in technology transfert between ONERA - The French Aerospace LabTM and Smes », *Journal of innovation Economics*, 1, n° 9, 2012.

Penin, J., « Le problème des patent trolls : comment limiter la spéculation sur la propriété intellectuelle dans une économie fondée sur les connaissances ? », *Innovations. Cahiers d'économie de l'innovation*, n° 32, 2, 2010, pp. 35-53.

Penin, J., « Le brevet d'invention comme instrument de coordination de l'innovation ouverte », in Le Bas C., Corbel P. (dir.), *Les nouvelles fonctions du brevet*, Economica, Paris, 2012.

Reich, R., *L'économie Mondialisée*, Dunod, Paris, 1993.

Richardson, G.B., « The Organization of Industry », *The Economic Journal*, September, 1972, pp. 883-896.

Rosenberg, N., *Inside the Black Box : Technology and Economics*, London, Cambridge University Press, 1982.

Sakakibara, M., « Cooperative research and development : who participates and in which industries do projects take place ? », *Research Policy*, vol. 30, n° 7, 2001, pp. 993-1018.

Schumpeter, J.A., *Théorie de l'évolution économique*, Dalloz, 1935 (édition originale, 1911).

Schumpeter, J.A., *Capitalisme, Socialisme et Démocratie*, Payot, 1979 (édition originale, 1942).

Scotchmer, S., *Innovation and incentives*, MIT Press, Cambridge, 2004.

Shapiro, C., « Navigating the patent thicket : cross licensing patent pools and standard setting », in Jaffe E. *et al.* (eds.), *Innovation policy and the economy*, vol. I. MIT Press, Cambridge, 2001, pp. 119-150.

Sieg, J.H., Wallin, M.W., Von Krogh, G., « Managerial challenges in open innovation : a study of innovation intermediation in the chemical industry », *R&D management*, vol. 40, n° 3, 2010, pp. 281-291.

Sinha, D.K., Cusumano, M.A., « Complementary resources and cooperative research : a model of research joint ventures among competitors », *Management Science*, vol. 37, n° 9, 1991, pp. 1091-1106.

Solow, R. M., « A Contribution to the theory of economic growth », *Quarterly Journal of Economics*, vol. 70, n° 1, 1956, pp. 65-94.

Solow, R.M., « Technical change and the aggregate production function », *The Review of Economics and Statistics*, vol. 39, n° 3, 1957, pp. 312-320.

Taubman, A., « Partager les technologies pour relever un défi commun », *Magazine de l'OMPI*, mars, 2009.

Teece, D., « Profiting from Technological innovation : Implications for integration, collaboration, licensing and public policy », *Research Policy*, vol. 15, 1986, pp. 285-305.

Tidd, J., Bessant, J., Pavitt, K., *Managing Innovation. Integrating Technological*, Market and Organizational Change, Chichester, J. Wiley and Sons Ltd, 2005.

Uzunidis, D., *L'innovation et l'économie contemporaine. Espaces cognitifs et territoriaux*, De Boeck, Bruxelles, 2004.

Veugelers, R., Cassiman, B., « R&D cooperation between firms and universities : some empirical evidence from Belgian manufacturing », *International Journal of Industrial Organization*, vol. 23, n° 5-6, 2005, pp. 355-379.

Viale, R., Etkowitz, H., *The Capitalization of Knowledge*, A Triple Helix of University-Industry-Government, Edward Elgar, 2010.

Vinck, D. (dir.), *Ingénieurs au quotidien. Ethnographie de l'activité de conception et d'innovation*, PUG, Collection Génie Industriel, Grenoble, 1999, p. 232.

Von Hippel, E., *Democratizing Innovation*, MIT Press, MA, Cambridge, 2005.

Weeds, H., « Sleeping Patents and Compulsory Licensing : An Options Analysis », *Warwick Economic Research Papers*, n° 577, February, 1999.

Wernefelt, B., « A Resource-Based View of the Firm », *Strategic Management Journal*, vol. 5, n° 2, 1984, pp. 171-180.

West, J., « Does appropriability enable or retard open innovation », in Chesbrough H, Vanhaverbeke W., West J. (eds.), *Open innovation researching a new paradigm*, Oxford University Press, Oxford, 2006, pp. 109-133.

Williamson, O.E., *Markets and Hierarchies : Analysis and Antitrust Implications*, Free Press, New York, 1975.

Williamson, O.E., *The Economic Institutions of Capitalism*, Free Press, New York, 1985.

Williamson, O., *The Mechanisms of Governance*, New York, Oxford University Press, 1996.

Yacoub, N., Laperche, B., « Stratégies des grandes firmes pharmaceutiques face aux médicaments génériques », *Innovations. Cahiers d'économie de l'innovation*, vol. 32, 2010, pp. 81-107.

L'innovation par les outils d'hybridation des approches *Technology Push* et *Market Pull*

Florin PAUN

Innovation Industrielle – Valorisation, ONERA-The French Aerospace LAB

Hugues-Arnaud MAYER

Entrepreneur

Introduction

Alors que l'innovation doit être l'un des objectifs principaux de la politique industrielle, on constate que les dispositifs de compréhension du processus de la « demande d'innovation » par les différents acteurs concernés sont insuffisamment analysés. La compréhension du processus d'émergence de la demande d'innovation technologique reste un objet d'étude secondaire ou relève d'analyses distinctes menées principalement par les sciences humaines et sociales. Certains économistes constatent toutefois une évolution des modèles d'innovation qui ne se résument plus à un « processus linéaire de R&D » (Aït-El-Hadj & Brette, 2006) mais évoluent davantage vers des logiques d'ancrage orientées dans le processus de construction de la demande d'innovation.

Dans ce contexte général de questionnement relatif à l'adaptabilité des outils et des stratégies d'innovation, des travaux de recherche sur les « stratégies d'hybridation » (Paun, Von Tunzelman & Richard, 2012) des logiques de Technology Push et du Market sont menés en mobilisant les approches de « l'économie de la connaissance » (Levy & Jouyet, 2006). *La problématique scientifique* est construite sur le constat que tous les acteurs de l'innovation technologique (grands groupes, petites et moyennes entreprises-PME, laboratoires de recherche, fonds d'investissement, etc.) impliqués dans les processus de Transfert de Technologie sont attachés aux concepts et méthodologies Technology Push comme celle de l'échelle de maturité technologique, la TRL-Technology Readiness Level (Mankins, 1995). Il nous semble important de mobiliser d'autres ressources pour appréhender le processus d'innovation dans sa totalité. Les barrières posées par ces référentiels institutionnels se posent quand on essaie d'analyser les besoins d'innovation sectorielle parce que l'échelle TRL n'est plus adaptée à la complexité du processus d'innovation. La question essentielle à laquelle nous tentons de répondre dans ce chapitre est la suivante : Comment améliorer la performance des organisations, des acteurs de l'innovation ? Comment articuler au mieux les approches sectorielles Technology Push, Market Pull ? Montrer que la complémentarité de ces deux technologies permet une meilleure prise en compte des besoins des acteurs en matière d'innovation.

Nous proposons une analyse du processus de construction de la demande d'innovation au delà des marchés sectorisés qui cloisonnent souvent les relations des acteurs de l'innovation et, qui agissent dans des logiques de l'économie de la connaissance (Levy & Jouyet, 2006). L'intérêt est de comprendre le processus de co-construction ex-ante de solutions innovantes grâce à une « échelle de maturation de la demande d'innovation » (Paun, 2011) qui ne soit pas limitée au secteur ou au marché de l'expertise technologique et scientifique initiale mais qui peut être élargi à l'ensemble des activités où un besoin d'innovation est exprimé. Nous examinerons ainsi l'impact dans la création de valeur ajoutée de l'usage des dispositifs publics d'aide à l'innovation dont la performance dépend aussi de ce processus de compréhension et de construction de la demande d'innovation. Les limites et les blocages éventuels perçus par certains acteurs dans l'usage des dispositifs publiques d'aide à l'innovation seront ainsi mis en évidence grâce à une compréhension fine des étapes de « maturation de la demande d'innovation » et de convergence possible avec l'offre des technologies innovantes, souvent affectée différentes asymétries comme l'asymétrie du risque, l'asymétrie culturelle, ou encore l'asymétrie temporelle (Paun, 2011).

1. La place des approches *technology push* et *market pull* dans les theories de l'economie de l'innovation

Dans l'histoire de l'évolution des modèles d'innovation, les rôles des différents acteurs de l'innovation n'ont pas été suffisamment analysés et la place centrale a été prise par l'entrepreneur (Schumpeter, 1992). Celui-ci a été analysé par de nombreux travaux de recherche qui retracent l'évolution des stratégies des acteurs de l'innovation (Uzunidis, 2008). Les années 1980 et 1990 ont attiré l'attention sur l'innovation intégrée et systémique par une analyse des mécanismes interactifs et des relations entre les différents acteurs et components de l'innovation. Ces recherches ont développé la théorie de l'innovation du portfolio qui implique une coordination entre : l'innovation de produit et de processus, innovation incrémentale et radicale, innovation implicite et explicite, innovation technologique et organisationnelle, culturelle, innovation interne indépendante et coopérative externe (Xu, 2007). Plus récemment, ces recherches ont proposé la théorie de l'innovation systématique (Abernathy & Utterback, 1975) qui regarde l'innovation de l'entreprise comme un système complexe qui s'auto-adapte. Cette approche propose une compréhension des interactions des systèmes de l'innovation (Coriat & Weistein, 2002 ; Tucker & al., 2002) et surtout des acteurs de l'innovation lors de leurs pratiques qui contribuent ou pas à la performance des dispositifs d'aide à l'innovation. Ainsi les chercheurs (Wheatley, 2001 ; Von Hippel, 1988) considèrent que l'innovation n'est plus la fonction exclusive du département de la recherche-développement (R&D) mais le comportement attendu et la pratique de tous les employés. Aujourd'hui les recherches sur l'innovation se poursuivent sur la base des théories de l'écosystème et les économistes asiatiques (Xu, 2002) ont proposé même une nouvelle théorie d'innovation dans les entreprises : la théorie des trois totalités (3 T) qui intègre les trois dimensions de l'innovation : toute source d'innovation, tout domaine, toute heure et espace.

D'autres chercheurs (Calame, 2011) ont analysé l'aspiration à la neutralité sociale qui s'incarne particulièrement dans les pays occidentaux dans ce qui est identifié comme la « recherche fondamentale » et qui doit être distinguée de la « recherche appliquée » et de la R&D. On considère (Calame, 2011) que cette délimitation entre « recherche fondamentale » et « recherche appliquée », qualifiée de linéaire, est à la base du rapport que Vannevar Bush, directeur de l'Office of Scientific Research and Development (OSRD, Bureau de recherche et de développement scientifique) a remis au président Roosevelt à la fin de la Seconde Guerre mondiale. Ce rapport semble avoir structuré l'organisation et la gouvernance de la recherche pendant plusieurs décennies. Cependant de nombreux chercheurs (Aït-El-Hadj & Brette, 2006) des différents champs disciplinaires ont confirmé dans les dernières années que l'innovation n'est pas toujours un processus linéaire de R&D alimenté automatiquement par une recherche scientifique. Les économistes (Aït-El-Hadj & Brette, 2006) s'accordent à dire que l'innovation, notamment celle de rupture, suppose une dynamique complexe d'interactions entre une multitude d'acteurs appartenant à différents départements d'une même firme, à diverses entreprises, y compris appartenant à des secteurs différents et/ou à plusieurs autres types d'acteurs (centres de recherche public et privé, établissements d'enseignement supérieurs, etc.).

Les chercheurs (Aït-El-Hadj & Brette, 2006) confirment que cette conception systémique n'a pas encore trouvé son entière traduction dans la refonte profonde des pratiques managériales et des politiques publiques. Cela est en partie dû à un manque d'instruments et de méthodes susceptibles de donner un contenu opérationnel à ces nouvelles approches de l'innovation. Les économistes français (Levy & Jouyet, 2006) ont souligné l'importance croissante de la création industrielle et intellectuelle pour soutenir l'effort de création, de recherche et d'innovation mais que l'État ne dispose à ce jour ni de mécanismes ni d'une politique destinés à évaluer et à valoriser ces actifs. Les scientifiques et les praticiens s'accordent sur le fait que l'économie a changé et que la place croissante de l'innovation, liée à l'asymétrie de l'information, est aujourd'hui le principal moteur des économies développées (Stiglitz & Weiss, 1992).

Toutefois, dans la pratique industrielle il y a des rendez-vous manqués qui ont laissé d'une part les besoins de la société sans réponse en technologie et solution innovante et d'autres part des technologies et brevets sans application réelle. La politique du tout brevet dans certains établissements publics a abouti à ce que ces établissements détiennent des centaines, voire des milliers de brevets, au coût prohibitif de dépôt et d'entretien, sans réelle capacité d'accès au marché : le CNRS a ainsi entrepris en 2012 d'offrir plusieurs centaines de brevets aux PME plutôt que de les garder stérilement en portefeuille.

La question pour les PME est comment s'orienter très tôt vers de bonnes solutions technologiques innovantes et savoir où les trouver, des solutions qui aient un sens par rapport aux marchés d'exercice des PME concernées, tout en apportant à ces marchés eux-mêmes un souffle nouveau. Une PME agissant souvent sur un marché plus petit et moins traversé par l'innovation que les marchés d'ancrage des grands groupes, peut par une simple innovation révolutionner son propre marché. Ce fut le cas du marché de la literie où une PME auvergnate, Abeil, introduisant des produits élaborés à traitement antimicrobien révolutionna son propre marché, puis par contagion du fait de l'extrême mondialisation du secteur textile. La question des institutions et des laboratoires de recherche détenant ces actifs immatériels (i.e les brevets) est de savoir comment trouver un marché et d'assumer les coûts récurrents d'entretien de ces titres de propriété. En nous appuyant sur des travaux de recherche menés en France, sur les travaux de l'ONERA avec les PME innovantes et repris par l'École de l'innovation de l'ANRT, par les experts américains de Dent Associates ou le Think Tank des économistes Technology Transfer Society, nous proposons une analyse scientifique d'une stratégie qui réponde aux questions des acteurs d'innovation en utilisant les deux échelles d'évaluation de la maturité :

la demande d'innovation et la technologie innovante (disponible ou générant un projet potentiel de recherche).

2. L'echelle « demand readiness level », un outil au service des acteurs de l'innovation

La « Demand Readiness Level »-DRL (Paun, 2011) est une nouvelle échelle d'expression du degré de maturité d'une demande identifiée par des acteurs potentiels d'innovation. Cette échelle complémentaire à la Technology Readiness Level (TRL) montre le stade de conceptualisation d'un besoin dans un marché potentiel et permet l'identification par les acteurs d'innovation d'un point de rencontre optimum avec des offres technologiques existantes ou potentielles.

Ce nouvel outil d'aide à l'innovation se propose de mesurer le degré de maturité de l'expression d'un besoin identifié sur un marché donné en contribuant à une compréhension des comportements des acteurs de l'innovation dans les approches de type Market Pull. Le développement de cette nouvelle échelle de maturation de la demande d'innovation a été conçue (Paun, 2010) alors que l'échelle existante, Technology Readiness Level (Mankins, 1995), s'est avérée inefficace pour analyser les licences signées à l'ONERA (entre 2006 et 2011). Ainsi l'échelle DRL a été développée pour comprendre à quel degré de maturité d'une technologie aérospatiale, l'ONERA peut contractualiser ses transferts de technologie dans les divers secteurs civils des PME partenaires de l'ONERA contribuant ainsi à accroître la compétitivité des entreprises françaises.

Le graphique présenté dans la figure 1 montre qu'il n'y a pas de niveau qui émerge de manière forte. L'approche met principalement en lumière les logiques d'usage des dispositifs d'aide à l'innovation d'une part par les chercheurs et d'autre part par les PME dans un processus collaboratif analysé ainsi par rapport aux spécificités des échanges entre les acteurs de l'innovation, leurs asymétries, leurs pratiques et leurs usages. En effet, l'ONERA peut transférer la technologie à partir du niveau TRL 2 (la recherche appliquée sur prestation contractuelle à la demande d'un industriel des secteurs civils), jusqu'au niveau TRL 9 par exemple pour le code de calcul 3C3D dans le domaine de la dynamique des fluides.

Figure 1 : Distribution du nombre des accords de valorisation signés à l'ONERA dans la période 2006-2011 par niveau des TRL

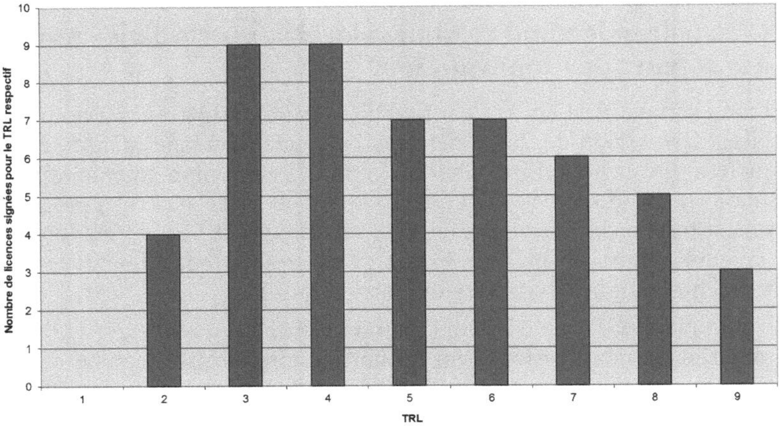

Source : Paun, 2011a.

Le problème est de rendre compréhensible à l'usage des praticiens de l'innovation la construction de la nouvelle échelle suite aux multiples expériences des divers entrepreneurs mais aussi des autres acteurs de l'innovation dans la pratique du processus d'innovation en France. Ainsi cette nouvelle échelle qui mesure le degré de maturité de l'expression du besoin, la Demand Readiness Level (Paun, 2011c) a été rapidement diffusée et utilisée par la communauté des scientifiques et des praticiens. Les praticiens internationaux (Dent Associates, 2011) et français (ANRT École de l'innovation, 2011) ont réalisé une synthèse remarquable des autres instruments de mesure existants, confirmant que l'échelle Demand Readiness Level peut soutenir les efforts d'efficacité d'usage des outils d'aide à l'innovation en permettant une analyse partagée du processus de l'innovation.

Les neuf stades de l'échelle Demand Readiness Level (DRL) peuvent être résumés dans ce chapitre. Le *premier niveau* (DRL 1) correspond à l'apparition d'un sentiment d'un manque dans les usages quotidiens d'un individu, d'une PME ou d'autres types d'acteurs économiques ou de la société. Il est par analogie l'équivalent du premier stade TRL 1 sur l'échelle Technology Readiness Level de la recherche fondamentale. Le *deuxième niveau* (DRL 2) correspond à l'identification du besoin. Ce niveau, dans les études de marché ou de sociologie, correspond aux études menées pour identifier les usages attendus pour le nouveau produit/service. Le *troisième niveau* (DRL 3) correspond à l'identification des fonctionnalités attendues de la part des nouveaux produits/services. Il est le résultat des études d'identification des usages et de la construction des répondants au besoin. *Au quatrième niveau* (DRL 4), les acteurs de l'innovation ont réussi la spécification et la quantification des fonctionnalités attendues. On connaît le niveau de performance devant être atteint sur chacune des fonctionnalités ainsi qu'en intégrant les interactions des poids respectifs de chacune des fonctionnalités par rapport aux l'autres. Le *cinquième niveau* (DRL 5) est le niveau ou tout se « joue » car les acteurs de l'innovation doivent absolument identifier la « compétence systémique » entrepreneuriale ou intrapreneuriale qui va porter le projet d'innovation. Le *niveau six* (DRL 6) est le niveau ou la « compétence systémique » (Paun & al., 2012) a réussi la traduction des fonctionnalités attendues pour le nouveau produit/service en « capabilités » dynamiques (Paun & al., 2012) La dissociation des « capabilités » (Von Tunzelmann, 2009) en ressources, compétences et habilités nécessaires pour la réalisation du nouveau produit/service innovant est réalisée au *niveau sept* (DRL 7). *Au niveau huit* (DRL 8), on identifie les acteurs appartenant aux différents types et canaux d'apport de valeur qui vont intervenir dans le processus. Le *neuvième niveau* (DRL 9) correspond à la construction de la réponse en termes d'attente d'innovation correspondant au besoin identifié dans un marché donné tout en contribuant à la construction du projet de recherche technologique nécessaire pour cette réponse co-construite en suivant l'échelle de maturité de la demande d'innovation.

On peut souligner que les différents niveaux ne peuvent être que partiellement atteints. Cela est toutefois insuffisant pour garantir le succès d'un projet d'innovation. À titre d'exemple, on peut prendre le cas d'une entreprise qui a atteint le DRL 6. Ce niveau va lui permettre d'identifier un produit existant sur un autre marché (en TRL 9 par exemple) chez une autre entreprise avec qui elle pourra conclure une transaction de fournisseur. Si la technologie en question se trouve sur son propre marché cela signifie qu'il y a anticipation d'un concurrent et qu'une transaction serait possible seulement à un prix impliquant un éventuel « exercice de pouvoir » ou une entente de type cartel. Ce n'est pas parce que la technologie est disponible en TRL 9 que l'entreprise est prête à lancer le nouveau produit sur son propre marché car il faut valider et tester (éventuellement construire) la chaîne de distribution et le flux productif par rapport aux éventuelles commandes qui pourraient être engagées (grâce aux études de marché réalisées aux niveaux DRL 3 et 4). C'est ainsi que le laboratoire Nosoco.tech spécialisé dans les nouvelles technologies antibactériennes et antivirales[1] a connu de nombreux obstacles pour imposer son produit technologiquement très avancé (gants et masques) car ce laboratoire n'a pas été en mesure de montrer

---

[1] Développement, par exemple, de nouveaux matériaux innovants et de masques antiviraux au moment de l'épidémie de grippe H1N1.

sa capacité à maîtriser toute la supply-chain. En revanche, un projet ultérieur de billets de banque antiviraux et antibactériens a été couronné de succès pour avoir fait l'objet d'une collaboration étroite, scientifique, technique, commerciale et réglementaire, avec un partenaire de taille mondiale, ArjoWiggins Security, leader des papiers de sécurité et tenant là, avec ces billets d'un nouveau genre, un moyen d'éviter certaines transmissions de germes (pour interrompre une chaîne épidémique ou protéger les personnels des banques).

Pour la transaction relative à un processus de transfert de technologie, nous avons fait l'analyse (à travers l'expérience à l'ONERA) d'un échantillon de 50 accords signés en six ans qui montre que si la somme *DRL+TRL est égale ou supérieure à 9*, cette transaction est possible. On peut donc conclure que pour qu'un produit/service devienne une innovation, les niveaux DRL et TRL 9 doivent être impérativement atteint. Il y a aussi quelques cas où des accords de valorisation pour des niveaux TRL inférieurs ou égaux à 3 ont été signés avec un niveau DRL réel supérieur à 5 (i.e en présence d'un entrepreneur doté d'un projet de haut niveau). On peut supposer que dans le cas de projets « Market Pull », la limite de la somme « DRL-TRL de 9 » peut être probablement inférieure.

La figure 2 ci-dessous résume ce constat de limite transactionnelle (*i.e* somme des DRL+TRL supérieure ou égale a 9) dans le cadre du processus de transfert de technologie entre un laboratoire de l'ONERA, les PME ou de grands groupes issus des secteurs civils

Figure 2 : Exemples de différentes limites/seuils permettant une transaction dans le cadre d'un processus de transfert de technologie à l'ONERA

Échelle de la demande ou du marché (DRL)		Échelle de la maturité technologique (TRL)	
Niveau	Définition	Définition	Niveau
1	Sensation ou sentiment « d'un manque »		
2	Identification d'un besoin spécifique	Système prouvé à travers des opérations/missions réussies	9
3	Identification des fonctionnalités attendues du nouveau produit ou service	Système complet et qualification (domaine aéronautique) à travers des tests et des démonstrations	8
4	Quantification des fonctionnalités attendues	Démonstration du système prototype en environnement opérationnel	7
5	Identification des compétences systémiques (incluant la direction du projet)	Démonstration du modèle système/sous-système ou démonstration du prototype dans un environnement significatif	6
6	Mise en adéquation des fonctionnalités attendues avec les compétences nécessaires pour construire la réponse	Validation dans un environnement significatif du composant et/ou de l'artefact produit	5
7	Définition des compétences et des ressources nécessaires	Validation en laboratoire du composant et/ou de l'artefact produit	4
8	Identification des experts ayant les compétences requises	Fonction critique analysée et expérimentée et/ou preuve caractéristique du concept	3
9	Construction de la réponse au besoin exprimé par le marché	Les concepts et/ou les applications de la technologie sont formulés	2
		Les principes de bases sont observés et rapportés	1

Source : Paun, 2011b.

Cela signifie que l'échelle des Technologie Readiness Level (TRL), utilisée de manière singulière, n'est pas suffisante pour caractériser les processus de transfert de technologie. Nous proposons d'associer à la TRL, l'échelle Demand Readiness Level (DRL) pour une meilleure compréhension des processus de transfert de technologie (Paun, 2011c) et de création de valeur. La figure 3 représentée par un diagramme propose une illustration de l'utilisation croisée de ces deux échelles de mesure (DRL et TRL).

Figure 3 : Diagramme des actions recommandées dans le cadre d'un processus d'innovation impliquant le transfert de technologies d'un laboratoire de recherche public vers un industriel

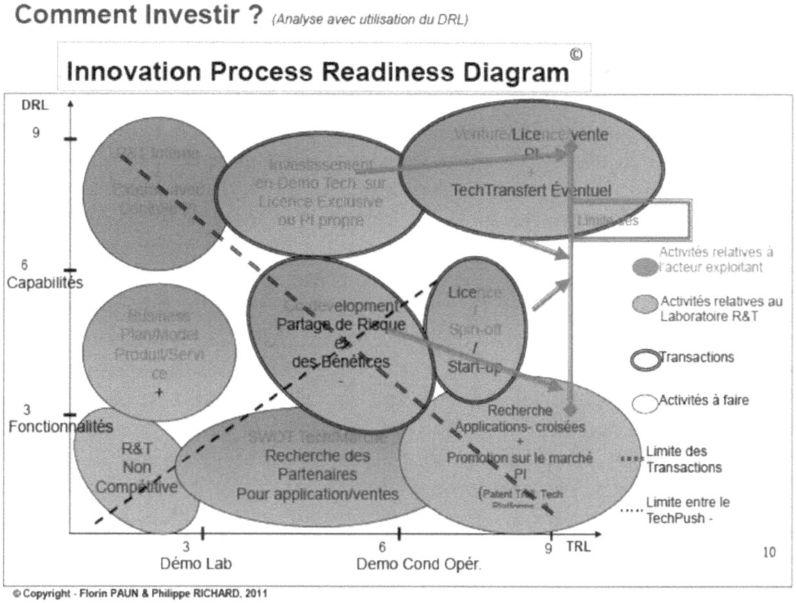

Source : Paun, 2012.

Ce diagramme d'actions recommandées en fonction des divers degrés de maturité de la technologie et de l'expression du besoin a été déjà présenté dans le milieu scientifique[2], mais aussi dans le milieu des

[2] L'École d'été du RRI, Dunkerque, juin 2011 (http://innovation.univ-littoral.fr/?page id=168), à la Special Session Practitioners de la Technology Transfer Society Annual Meeting, Augsburg, septembre 2011 (http://www.t2s-augsburg.com/t2s-2011-conference/special-sessions.html).

praticiens qui l'ont adopté[3] et a été présenté lors de conférences concernant les stratégies d'innovation en faveur de la compétitivité des entreprises françaises[4].

Par souci de simplification, nous avons représenté dans la figure 3 sur chacun des axes des échelles DRL et TRL trois niveaux *et* les actions/activités apparaissent dans des périmètres génériques supposés couvrir des domaines correspondant à des carrés de 3x3 degrés sur les deux axes. Cela nous donne neuf domaines dans lesquels des cas de situations de travail collaboratif en innovation peuvent se présenter. Dans le diagramme, les actions/activités recommandées se trouvant dans un fond foncé et/ou écrites en lettres foncées correspondent plutôt à des activités recommandées au partenaire industriel. Celles plus claires correspondent plutôt aux activités recommandées aux laboratoires de recherche publics. On a utilisé volontairement les deux couleurs pour écrire un même mot dans le cadre des activités conjointes menées en partenariat. Un autre élément de distinction est le cerclage des périmètres d'actions/activités recommandées aux deux acteurs. Un cerclage avec une ligne simple correspond à des activités restant à mener et pour lesquelles une transaction entre les deux partenaires n'est pas envisageable. Le double cerclage correspond à des actions/activités recommandées aux deux partenaires et relatives à des transactions. Deux limites génériques (elles ne sont pas strictes mais donnent une approximation pour le positionnement des différentes situations possibles) sont tracées dans le diagramme. La bissectrice représente la limite générique entre les projets d'innovation de type Market Pull. Ces derniers impulsés par le marché sont localisés au Nord-Ouest du diagramme. On peut citer l'exemple d'un industriel qui anticipe un besoin nouveau et trouve les compétences nécessaires auprès d'un laboratoire public. Les projets de type Technology Push situés sont localisés dans le Sud-Est du diagramme. Il s'agit principalement de projets liés à une technologie émergente développée par un laboratoire public qui cherche un partenaire industriel pour la diffusion commerciale. Cette limite est représentée en simple trait discontinu.

La deuxième limite générique tracée en trait discontinu doublée, représente quant à elle la limite des actions/activités directement « transactionnables » entre les acteurs de l'innovation. On peut aussi noter qu'à

---

[3] L'atelier dédié aux approches Market Pull vs Technology Push du Congrès national du réseau CURIE, juin, 2012, Limoges. Le diagramme est déjà utilisé comme outil d'accélération du Transfer de technologie visant l'innovation par les PME par différents praticiens (École de l'Innovation ANRT, DENT Associates.

[4] Journée de l'Innovation d'EDF, « Accélérer l'innovation : nouveau défi, nouveaux outils », (http://innovation.edf.com/recherche-et-communaute-scientifique/evenements/evenements/journee-innovation-d-edf-rd-91827.html).

partir du niveau TRL 9, le nouveau Produit/Service peut faire l'objet d'une mise sur le marché car déjà certifié et autorisé à la vente par les différentes autorités régulatrices. On distingue neuf périmètres d'actions/ activités recommandés, périmètres correspondant chacun aux neufs domaines de cas des situations possibles. Ces domaines ont été découpés génériquement par souci de simplification et les actions/activités leur correspondant ne sont pas exhaustives et ne sont pas strictement corrélées à ces seuls domaines car elles peuvent s'entremêler aux frontières de ces domaines.

Si les ressources pour atteindre un meilleur niveau sur l'échelle Demand Readiness Level ne sont pas disponibles dans une temporalité immédiate, alors les partenaires concernés peuvent envisager un travail collaboratif sous la forme d'un Contrat de développement à Risque Partagé (Contrat DàRP). Ce type de contrat développé par l'ONERA (Paun, 2011b) est un outil collaboratif permettant un véritable « espace de confiance » (Paun, 2011c).

L'échelle « Demand Readiness Level » est utilisée principalement par des acteurs issus de divers secteurs à fortes « asymétries » (Paun, 2011c) et où l'innovation de rupture est l'enjeu principal. Il semblerait que plus l'asymétrie culturelle (secteurs différents) est importante au début du processus collaboratif d'innovation avec les PME, plus l'innovation a de fortes chances d'être une innovation de rupture suivant l'échelle Demand Readiness Level. Les stades de maturité de la demande d'innovation sont graduels et impliquent des relations de confiance et de collaboration grâce à des outils de « compensation ou de réduction des asymétries » des acteurs de l'innovation : asymétries culturelle, de risque, temporelle, etc. La prise en compte de la diversité des acteurs de l'innovation est essentielle pour appréhender et caractériser le processus d'innovation. Cette analyse des comportements des acteurs de l'innovation lors de l'usage des dispositifs d'aide à l'innovation montre que dans un véritable processus collaboratif, commence d'abord celui de l'innovation avec les PME puis le développement des « espaces de confiance » créés par des Contrats à risque et avantages partagés (ONERA, 2010) ou par des structures comme les Pôles de compétitivité ou les Instituts Carnot. Ces processus collaboratifs sont essentiels pour identifier les points de rencontre optimaux entre la demande ainsi précisée et la technologie innovante. Cette échelle de maturité de la demande permet par ailleurs d'identifier des sujets de collaboration avec le monde scientifique capables de proposer des solutions par le transfert de technologies mais aussi de traduire des demandes sociétales dans des projets potentiels R&D. Nous considérons (Paun, 2012) ainsi que les approches Technology Push et Market Pull sont plutôt dans une relation de « causalité récursive » (Morin, 1990).

Ces nouveaux outils de l'innovation collaborative permettent d'augmenter les impacts positifs à la fois pour l'industrie et pour les laboratoires de recherche, ressourçant autant la capacité de réponse à des besoins sociétaux que la capacité de développement de nouveaux champs pour les projets R&D. C'est le cas par exemple de certains projets mis en lumière par les Investissements d'Avenir : Electerre PME de l'énergie verte (géothermie électrique), le BRGM et le laboratoire universitaire Clervolc (Clermont-Ferrand). Le besoin exprimé d'exploiter l'énergie renouvelable du sous-sol volcanique profond, résulte de la conjonction de la présence d'eau et d'énergie, s'appuie sur les compétences du BRGM et de Clervolc. En accédant progressivement et physiquement à cette ressource, Electerre propose aux laboratoires publics un nouveau champ de recherche fondamentale.

3. Les impacts des outils favorisant l'hybridation des stratégies technology push et market pull

Avec l'échelle Demand Readiness Level, on propose un nouveau système de référence complémentaire afin de mieux appréhender les stratégies d'innovation lors des processus de Transfert de technologie. L'idée est d'améliorer les pratiques des bureaux de Transfert de technologie lors des phases de collaboration avec les entreprises en général, les PME en particulier. Il s'agit de repérer les spécificités de l'ensemble des acteurs lors des différents stades du processus collaboratif. L'aboutissement de ce dernier est bien sûr la signature d'accords créateurs de valeur partagée : valeur marchande pour les industriels et capital – savoir pour les laboratoires de recherche.

Pour les responsables des Stratégies Industrielles, il est essentiel à chaque étape du processus d'innovation de maintenir une cohérence des deux échelles (TRL et DRL) lors du processus de collaboration. Il s'agira principalement de repérer les asymétries des différents acteurs et d'essayer de les minimiser. Par exemple, un partenaire industriel qui se situe au niveau DRL 8, est en mesure d'identifier ses besoins et de nouer des collaborations de RD avec le milieu scientifique pour faciliter la mise en œuvre de son nouveau produit ou service.

Si l'on intègre le système des deux références, l'une pour l'approche Technologie Push (TRL) et l'autre pour celle du Market Pull (DRL), on est en mesure de déterminer la période idéale pour qu'un accord de transfert de technologie soit signé de manière efficiente. Des recherches sur l'intégration des deux systèmes sont d'ailleurs en cours entre praticiens français et américains notamment avec l'hypothèse selon laquelle les accords seraient d'autant efficients si la somme (DRL + TRL) est au moins 10 (Paun, 2012). Si tel est le cas, le partenariat entre les industriels et les laboratoires R&D est optimal et les intérêts de toutes les parties prenantes du projet d'innovation (privés et publiques) convergent. Avec une meilleure compréhension des enjeux d'hybridation des stratégies Technology Push et Market Pull, le système d'innovation tend à évoluer vers une meilleure compatibilité avec les enjeux sociétaux et environnementaux, inévitables dans un contexte d'éco-innovation.

La stratégie de valorisation de l'ONERA a semble-t-il généré une évolution culturelle dans le monde de l'innovation avec une meilleure prise en compte des asymétries par les acteurs de l'innovation (chercheurs, PME, laboratoires, fonds d'investissement), contribuant ainsi à faciliter les opérations de transfert de technologie vers des PME françaises. Les engagements contractuels sont renforcés par une compréhension de l'importance de la dimension scientifique et de l'opportunité du Transfert de technologie afin d'optimiser les performances des PME. L'outil Demand Readiness Level (DRL) opère aussi comme facilitateur relationnel entre les acteurs de l'innovation mais également comme outil de compréhension entre les acteurs internes, lors de collaborations entre les différents chercheurs des départements et les structures de valorisation de la recherche. L'utilisation de tels outils d'aide à l'innovation renforce les relations internes vers des relations collaboratives intenses et permet la mise en réseau et la mise disposition d'experts internes auprès des PME.

Un premier succès avec la signature de la Charte ONERA-PME par plus de 80 PME français montre le rôle significatif que l'ONERA pourrait jouer comme source d'innovation dans la compétitivité des entreprises françaises et accélérateur d'un véritable cluster des capacités d'innovations multisectorielles. Le rôle que pourrait avoir ONERA est valable pour l'ensemble des régions et secteurs ou le transfert de Technologie (d'un secteur à un autre) pourrait être un levier démultiplicateur de valeur à travers l'innovation de rupture.

L'évolution des stratégies des acteurs de l'innovation vers des approches hybrides Technology Push et Market Pull à travers l'ouverture vers la collaboration avec les PME a eu un effet de multiplicateur sur la diffusion de la technologie de base (par exemple, l'aérospatiale dans le cas de l'ONERA) vers des secteurs civils divers (santé, transport civil, énergie renouvelable, etc.). Cette dynamique a eu un impact sur le positionnement des laboratoires de recherche en collaboration avec des PME françaises issus de différents secteurs. Aux relations de partenariat avec les grands groupes industriels, ONERA a ainsi créé des opportunités de co-développement avec des partenaires PME qui pourront grâce à ce renforcement scientifique devenir des fournisseurs pertinents et innovants pour les grands groupes (partenaires classiques de l'ONERA) en accompagnant la reindustrialisation des territoires français.

Soulignons que l'ONERA développe et favorise les relations informelles avec des entrepreneurs de PME, qui se sont développées en innovant, pourtant impliqués dans des secteurs très différents de l'aérospatial. L'un des objectifs est de susciter chez certaines entreprises des idées nouvelles de développement résultant d'interaction entre la Technology Push ou le Market Pull.

Cela encourage une évolution des formes de coopération et place les laboratoires de recherche comme l'ONERA dans une posture de lien renforçant à la fois les PME innovantes des filières multisectorielles et les grands groupes des secteurs classiques. Cela peut également stimuler l'innovation radicale dans différents secteurs de PME innovantes, notamment celles qui contribuent aux exportations. Ces PME peuvent également apporter ex post des ressources complémentaires aux secteurs de l'aéronautique après une réussite dans les secteurs civils. Dans la plupart des approches économiques, la stratégie de l'ONERA à l'égard des PME peut être qualifiée de « distant source », (Maskell & al., 2005), c'est-à-dire génératrice de nouvelles idées, d'expertises complexes pour d'autres centres de compétitivité issus d'autres secteurs et/ou en complémentarité avec le secteur aérospatial. Les expérimentations réalisées avec les PME dans les secteurs civils peuvent favoriser l'innovation incrémentale dans les secteurs de l'aérospatiale exprimant ainsi cette véritable « causalité récursive » (Morin, 1990) des stratégies Market Pull et Technology Push.

Cette stratégie d'hybridation de Technology Push et Market Pull peut apporter des alternatives de développement territorial dans le contexte de réindustrialisassions en évitant le modèle des clusters trop sectorisés basés sur des effets d'agglomération ou de spécialisation (Weber, 1909/1929). Le modèle des clusters spécialisés s'est avéré risqué à long-terme du fait du manque de diversification des compétences territorialisées dans des régions qui peuvent devenir des véritables « petits mondes » (« small world ») (Wattz & Strogarz, 1998). Les effets positifs de cette nouvelle dynamique d'hybridation des stratégiques d'innovation dans le développement des territoires innovants en France prouvent ses effets dans les enjeux de complémentarité des acteurs, dans les interactions entre les PME dans des processus collaboratifs plus que transactionnels (Zimmermann, 2002). Cette dynamique les encourage à travailler dans des secteurs complémentaires (au sens de « proximité cognitive », Uzunidis, 2008) et pas nécessairement dans les centres spécialisés au niveau de la même région (« proximité géographique »).

Ainsi, les clusters régionaux vont être interconnectés entre les fournisseurs-laboratoires R&D et les PME « consommatrices technologiques » (technology adopter), les membres des clusters étant connectés aussi à des membres de clusters d'autres régions. Ce type d'interactions impulsées par des approches Technology Push ou par des approches Market Pull, ou les deux vont générer des relations de coopération et des échanges de technologies à l'intérieur et en dehors de leurs propres clusters. La généralisation de l'usage des outils comme Demand Readiness Level pourrait générer la constitution aussi d'une culture des Better Business Angels et aussi l'apparition de nouveaux investisseurs pour les PME innovantes grâce à des outils de compréhension partagée des processus d'innovation.

Ces processus collaboratifs comme le transfert de technologie entre les laboratoires R&D et les PME des différents secteurs ont donc des impacts aux différents niveaux : un impact direct sur la compétitivité des PME (micro), un impact sur les régulations et l'activité territoriale (les Pôles de compétitivité ou les « Sociétés d'Accélération du Transfert de Technologies » (Satt) comme espaces de confiance-niveau méso) mais aussi sur l'emploi, la croissance et l'investissement (niveau macro). Ces stratégies des entreprises, des territoires, des réseaux professionnels[5] pour_diffuser entre les acteurs sans rapport économique mais reliés par des liens de confiance, à savoir les entrepreneurs innovants eux-mêmes, mais aussi pour diffuser avec les agents économiques et scientifiques de leur propre environnement territorial) au sens de « causalité cumulative » (Veblen, 1914) ou « causalité récursive » (Morin, 1990) sont à la fois « l'effet » d'une nouvelle dynamique de croissance par l'innovation collaboratives mais aussi « la cause » d'en retour bénéfique pour alimenter cette même dynamiques par des effets sur la compétences des employés, le financement de la recherche par l'État, l'évolution des trajectoires d'innovation des PME.

Conclusion

L'échelle de maturité de la demande d'innovation Demand Readiness Level (DRL) apporte des éléments de compréhension sur les usages et les comportements des outils d'aide à l'innovation en offrant la possibilité d'une lecture commune et simultanée du degré de maturité de l'expression de la demande de solution technologiques visant l'innovation. Ces outils identifient les stades de coopération optimaux dans les stratégies d'innovation basées sur l'hybridation des approches Technology Push (basée sur l'échelle TRL) et Market Pull (basée sur la DRL). Ces travaux de recherche menés par les praticiens de l'innovation en France, réorganisent les activités de l'innovation sur la base d'évolution des formes de collaboration caractérisées par une plus forte complémentarité des acteurs et des objectifs : d'une part l'intérêt de

[5] Le MEDEF a par exemple développé un réseau de diffusion virale de l'innovation : le MEDEF Innovation Territoires.

trouver des marchés potentiels pour les brevets technologiques et d'autre part l'intérêt de trouver des solutions technologiques pour les besoins d'innovation des PME et des grands groupes identifiées à travers la stratégie l'hybridation des deux échelles respectives Technology Readiness Level (TRL) et Demand Readiness Level (DRL). Ce chapitre présente la contribution des praticiens de l'innovation en France à l'évolution des approches du processus et des acteurs de l'innovation grâce à des outils de compréhension des usages des dispositifs d'aide à l'innovation. Le chapitre confirme le rôle des PME mais aussi du territoire dans le développement des « capabilités dynamiques » (Paun & al., 2012) pour soutenir l'efficacité des dispositifs nationaux d'aide à l'innovation. La compétitivité des acteurs et des outils d'innovation relèvent de la capacité de compréhension de leurs usages dans un contexte d'évolution des mentalités, des formes de travail collaboratif, fortement favorisé par des liens de confiance, qui trouvent des leviers de compétitivité dans les stratégies d'innovation basées sur l'hybridation du Technology Push et Market Pull, laquelle hybridation pouvant devenir une véritable vibration créatrice.

Bibliographie

Abernathy, W.J., Utterback, J.M., « A dynamic model of process and product innovation », *Omega*, 3(6), 1975, 639–56.

Aït-El-Hadj, S., Brette, O., « L'apport de la science des systèmes techniques à la maitrise de la conception pour une systémique technologique appliquée », *Innovation, management des processus et création de valeur*, 2006, pp. 67-83.

Calame, M., « Lettre ouverte aux scientifiques. Alternatives démocratique à une idéologie cléricale », 2011, pp. 71-149.

Coriat, B., Weistein, O., « Organizations, firms and institutions in the generation of innovation », *Research Policy*, Elsevier, vol. 31 (2), 2002, pp. 273-290.

Dent Associates, White Paper, 2011 : (http://www.dentassociates.co.uk/pdf/Technology%20and%20Market%20Readiness%20Levels.pdf)

École De L'innovation, « Innovation dans les PME : la maturité commerciale et technologique guide le choix du contrat de partenariat technologique », in *La lettre européenne de l'ANRT*, n° 248, octobre, 2011.

Florida, R., Cohen, W.M., « Engine or infrastructure ? The university role in economic development », in Branscomb L.M., Kodama F., Florida R. (eds.), *Industrializing knowledge : University-industry linkages in Japan and the United States*, MIT Press, Cambridge, 1999, pp. 589-610.

Levy, M., Jouyet, J.P., « L'économie de l'immatérielle, la croissance de demain », Rapport de la Commission sur l'économie de l'immatériel, 2006.

Mankins, J.C., « Technology readiness levels, a white paper », *Advanced Concepts Office*, Office of Space Access and Technology, NASA, april 6, 1995.

Maskell, P, Bathelt, H., Malmberg, A., « Building global knowledge pipe-lines : the role of temporary clusters », *World Development*, 33 (9), 2005, pp. 1715-1734.

Morin, E., *Science avec conscience (Science with a conscience)*, Paris, Fayard, 1982, new modified edition 1990.

Paun, F., « Demand Readiness Level (DRL) : A New Tool to Hybridize Market Pull and Technology Push Approaches – Introspective Analysis of the New Trends », *Technology Transfer Practices*, Springer Encyclopedia, Forthcoming, 2011a : http://ssrn.com/abstract=1763679

Paun, F., « From managing information asymmetries towards systemic asymmetries approach in technology transfer and innovation strategies : An economic analysis of the SME strategy at ONERA – the French Aerospace Lab », *IUP Journal of Knowledge Management*, vol. IX, n° 4, October, 2011b.

Paun, F., Demand Readiness Level as equilibrium tool for the hybridization between Technology Push et Market Pull approaches : *ANR - ERANET Workshop*, 8th of February, 2011c.

Paun, F., « The Demand Readiness Level Scale as New Proposed Tool to Hybridize Market Pull with Technology Push Approaches in Technology Transfer Practices », *Technology Transfer in a Global Economy*, Springer series, International Studies in Entrepreneurship, vol 28, 2012, p. 397.

Paun, F., Richard, P., « Role des outils collaboratifs dans la réduction et la compensation des asymétries relatives au processus de transfert de technologie ; étude de cas sur la nouvelle politique ONERA-PME », *Le travail collaboratif. Une innovation générique*, Marché et Organisations, L'Harmattan, 2009, pp. 59-203.

Paun, F., Von Tunzelman, N. Richard, P., « Transferring New Dynamic Capabilities to SMEs : The Role of ONERA – The French Aerospace LabTM in Promoting Asymmetries Management », (February 18, 2011), 2012 : http://ssrn.com/abstract=1763708

Schumpeter, J. A., 1911, « The Theory of Economic Development », Harvard University Press, Cambridge, MA.

Stiglitz, J., Weiss, A., « Asymmetric information in credit markets and its implications for macroeconomics », Oxford Economic Papers, 44, 1992, pp. 694-724.

Tucker, R.B., « Driving growth through innovation : how leading firms are transforming their futures », San Francisco Berrett-Koehler, 2002.

Uzunidis, D., « Proximity and Innovative Milieu », Forum The Spirit of Innovation III, Tacoma, Seattle, May, 2008: http://rrifr.univ-littoral.fr/wp-content/uploads/2008/05/seattledu.pdf

Veblen, T., « The Instinct of Workmanship, and the State of the Industrial Arts », New York, Augustus Kelley, 1963, 1914.

Von Tunzelmann, G.N., « Competencies vs. capabilities : a reassessment, Economia Politica », *Journal of Analytical and Institutional Economics*, 3, 2009, pp. 435-464.

Watts, D.J., Strogatz, S.H., « Collective dynamics of 'small-world' networks », *Nature 393*, 6684, 1998.

Weber, A., *The Theory of Industrial Location*, Chicago, University of Chicago Press, 1909/1929.

Wheatley, M.J., « Innovation means relying on everyone's creativity », *Retrieved* November, 2002, 2001.

Xu, Q., *et al.*, « TIM (Total Innovation Management) – A new paradigm of innovation management in the 21st Century », *Journal of Technology Transfer*, 32 (1-2), 2007, pp. 9-25.

Zimmermann, J.-B., « Grappes d'entreprises et petits mondes (Company clusters and small worlds », *Revue Économique*, 53 (3), 2002, pp. 517-524.

Deuxième partie

Politiques d'innovation et rôle des institutions

Le système national d'innovation et la *policy mix* de l'innovation en France : une revue historique

Zeting LIU

Université Lille Nord de France

Introduction

Le concept de policy mix est un concept emprunté aux politiques économiques notamment les politiques macroéconomiques monétaires pour décrire l'équilibre et les interactions entre les politiques publiques. La policy mix de l'innovation, traduite en français par le « dosage des politiques de l'innovation », peut être considérée comme un agrégat de politiques agissant sur les principaux domaines influant de la performance d'innovation d'un pays (CREST Expert Group, 2009 ; OECD, 2010b ; 2011b).

L'intérêt croissant porté au dosage des politiques de l'innovation reflète la prise en compte de la cohérence des politiques de l'innovation dans le cadre général des politiques publiques et de l'interaction des mesures spécifiques du soutien à l'innovation au sein de système national d'innovation. Le défi est de trouver le bon dosage des politiques qui associe des politiques scientifique technologique et de l'innovation à l'environnement économique et aux objectifs nationaux.

Cette étude porte sur les politiques d'innovation françaises en suivant les différentes étapes de son système national d'innovation. En retraçant l'historique de la formation de la politique d'innovation en France depuis son origine, cette étude propose un nouveau cadre d'analyse qui met en relation l'organisation du système national d'innovation français et le bon dosage des instruments politiques qui le soutient.

Dans un premier temps, nous présenterons les fondements théoriques de la policy mix de l'innovation. Ensuite, nous étudierons la fondation du système national d'innovation pendant les années 1960-1970 et ses évolutions dans les années 1980. Dans un second temps, nous analyserons la transformation du système français depuis les années 1990 en nous appuyant sur l'approche de la mix policy pour analyser les différents instruments de soutien à la recherche & développement (R&D) et à l'innovation à l'heure actuelle. La définition de ces différentes périodes correspond à des phases de crise et de remise en question des principes qui jusque-là présidaient au fonctionnement du système d'innovation français. (Liu, 2011a ; 2011b) Nous concluons cette étude avec quelques observations sur l'organisation du système d'innovation français et des propositions pour future recherche.

1. Politiques publiques d'innovation : fondements théoriques et formation du système de recherche français

1.1. Politiques publiques d'innovation : fondements théoriques de la policy mix

Les théories de l'innovation contemporaines sont largement basées sur les œuvres de J. Schumpeter et traversées de diverses étapes, du modèle linéaire de l'innovation développé dans la période après-guerre au concept récent de l'innovation ouverte (Chesbrough, 2003) en passant par le modèle de la liaison en chaîne (Kline & Rosenberg, 1986) dans les années 1980. L'innovation est de plus en plus considérée comme une partie intégrante des activités économiques de la société moderne et le succès des entreprises et économies nationales repose de plus en plus sur des capacités à produire et utiliser les connaissances.

D'une manière générale, les justifications de l'intervention publique dans la R&D et l'innovation mettent en avant trois types de défaillances : 1) la défaillance du marché due aux caractéristiques des nouvelles connaissances et de sa production : les externalités générées par les connaissances en tant que bien public, les coûts élevés et les incertitudes de l'investissement de R&D liées à la dissymétrie d'information sur les marchés, 2) la défaillance systémique qui bloque le fonctionnement d'un système d'innovation où les acteurs de différents milieux s'interagissent. Les défaillances du marché et systémique peuvent coexister pour un pays, 3) la défaillance du processus de l'innovation qui touche la production, la diffusion et l'utilisation des nouvelles connaissances et des technologies. Sur ces trois catégories de défaillance, on peut également ajouter la défaillance institutionnelle en raison de la dissymétrie d'information qui contraint les États d'intervenir efficacement (OCDE, 2010b).

En effet, les analyses sur la liaison entre les flux de connaissances et de technologies et la performance des entreprises montrent que les niveaux élevés de collaboration technique, la diffusion des technologies et la mobilité du personnel contribuent à améliorer la capacité des entreprises en termes de produits, de brevets et de productivité. Ainsi, la performance innovatrice d'un pays repose sur la configuration du système collectif des producteurs, distributeurs et utilisateurs des connaissances nécessaires pour l'innovation. Dans le contexte du système national d'innovation, les politiques publiques doivent améliorer la qualité des flux d'informations entre acteurs et institutions et renforcer la capacité innovatrice des entreprises, en particulier leur capacité visant à identifier et d'absorber les technologies qui seront sources d'innovation. (Niosi & al., 1992 ; Lundvall, 1992)

Toutefois, Howlett et Rayner (2007) estiment que la configuration des politiques existantes est souvent le résultat de l'accumulation des instruments politiques développés progressivement sur une période relativement longue. Par conséquent, une structure d'instruments de politique superposée augmentera non seulement la complexité et les coûts de gouvernance, mais aussi la difficulté pour les changements. À cet égard, le concept de dosage des politiques peut fournir aux décideurs un cadre conceptuel pour la conception d'un ensemble optimal de mesures de soutien à la R&D et à l'innovation.

À la différence de l'approche traditionnelle visant à étudier chaque instrument par rapport à un objectif stratégique distinctement, la policy mix permet de comprendre et d'évaluer les mesures spécifiques du soutien de l'innovation à la fois en tant que partie du système d'innovation et composant dans l'environnement économique global du pays. Les quatre aspects (ou « dimensions » selon la terminologie de l'Organisation de coopération et de développement économiques (OCDE) de la politique sont : 1) les domaines concernés par l'action publique, 2) les justifications de l'intervention politique, 3) l'orientation stratégique de l'action publique, et 4) les instruments mis en œuvre en cohérence avec l'orientation stratégique. Le « dosage » des politiques peut à la fois désigner les relations imbriquées entre ces différents aspects et leurs interactions. (OCDE, 2010b)

L'utilisation du terme « dosage » (mix) dans les études sur les politiques d'innovation traduit une prise en compte de deux développements dans l'analyse de l'innovation : 1) Parallèlement à l'importance croissante donnée au cadre des systèmes d'innovation dans l'analyse de l'innovation, apparait une compréhension plus globale des processus d'innovation. Ces évolutions – l'adoption d'une vision systémique de l'innovation et d'une prise en compte plus large de ce qu'englobe l'innovation – ont mis en avant une plus grande diversité des défaillances touchant la production, la distribution et l'utilisation des connaissances. 2) Avec la tendance de la décentralisation observée dans beaucoup de pays développés, les compétences en termes de décision et d'exécution se déplacent non seulement dans une dimension verticale (upwards/downwards) à partir des acteurs nationaux aux niveaux supra- et/ou sub-national, mais aussi à l'extérieur vers les acteurs parapublics et non étatiques. (Flanagan & al., 2011)

Il n'y a ni la « meilleure » combinaison politique ni un dosage standard qui s'adapte à tous. Idéalement, la combinaison optimale des politiques devrait prendre en compte toutes les interactions possibles entre les instruments et de fournir un soutien aux défis rencontrés par le système d'innovation d'un pays. (OCDE, 2010c) En raison de la complexité et des différences des systèmes d'innovation en termes de force compétitive, de maturité, de structures de gouvernance et de liens, cette approche est plus pertinente si l'on la considère comme un processus d'apprentissage pour améliorer la conception et l'évaluation des politiques dans le dynamique des systèmes d'innovation et comprendre des défaillances qui les caractérisent (Guy & al., 2009 ; OECD, 2005, 2010b). Le contexte et la mise en œuvre des instruments doivent être suffisamment souples afin de faire face aux changements rapides des justifications. (Flanagan & al., 2011)

Les gouvernements peuvent choisir parmi divers instruments directs (achat public, aides à la R&D) et les instruments indirects (incitations fiscales, protection de la propriété intellectuelle, réglementation, etc.) pour remédier aux défaillances du marché et de stimuler les activités de R&D. Les instruments de soutien direct à la R&D et l'innovation des entreprises (aides à la R&D, subventions et prêts) se concentrent sur des obstacles spécifiques à l'innovation comme le sous-investissement du secteur privé dans la R&D ; les échecs des acteurs du marché concurrentiel à fournir des biens publics (les nouvelles connaissances) ; les difficultés de l'accès aux services ou aux marchés publics rencontrées par les petites et moyennes entreprises (PME) ; ou l'attractivité à aux investissements étrangers à forte valeur ajoutée. Cependant, un des inconvénients de l'aide directe est qu'elle peut augmenter le risque de favoriser davantage les gagnants. Par ailleurs, il est relativement plus coûteux que le soutien indirect en termes de la mise en œuvre et de l'administration du processus de sélection.

Un des changements du dosage des politiques de l'innovation ces dernières années est l'utilisation croissante de soutiens indirects à l'innovation, notamment un recours de plus en plus fréquent aux crédits d'impôt recherche (CIR) des gouvernements et une augmentation de leur générosité. Outre le CIR, le soutien indirect comprend les incitations fiscales telles que les réductions d'impôt et des cotisations sociales des personnels liés aux activités de R&D, l'amortissement accéléré de l'investissement dans le capital, les incitations fiscales de la propriété intellectuelle et la réglementation. Elle est généralement considérée comme non-discriminatoire et peut être accessible par un éventail plus large d'entreprises. Du fait de sa neutralité, il réduit le risque des distorsions de marché par rapport au soutien direct. Et il est relativement plus facile à mettre en place et moins coûteux que le soutien direct (Bloom & al., 2002 ; OCDE, 2010). Cependant, il a tendance à soutenir plus intensivement aux activités de R&D avec peu de retombées sociales. En outre, bien qu'il existe des évaluations des différents régimes dans un certain nombre de pays, plus de preuves sont nécessaires pour prouver leur efficacité et leur impact sur l'économie globale et de bien-être social.

Plus récemment, les politiques d'innovation axées sur la demande ont aussi attiré une attention accrue de pays à travers le monde. À la différence de la politique de l'offre traditionnelle qui traitent directement ou indirectement aux défaillances du marché conduisant à un sous-investissement dans la recherche, les théories « demande pull » suggèrent que la capacité à mettre en place une innovation dépend aussi de l'opportunité de marché et de la création de la demande (OCDE, 2011). Les gouvernements, par le biais de différents instruments tels que les règlementations, les normes, les prix ou les marchés publics, peuvent jouer un rôle fondamental dans la détermination de politiques de la demande qui peuvent influer l'innovation.

1.2. La mise en place d'un système « colbertiste » de la recherche française dans les années 1960-1970

Notre analyse commence par la période où la France, soucieuse de construire sa propre puissance scientifique et d'assurer son indépendance technologique vis-à-vis des États-Unis, cherche à construire une politique scientifique et de la recherche à la française. À travers les Plans, l'État mobilise des efforts importants afin de doter la France d'une puissance scientifique et technologique digne de ce nom. La dépense nationale brute de R&D passe de 1,5% du Produit National Brut (PNB) en 1959 à 2,11% en 1968, un effort remarquable qui fait figurer la France en troisième position de l'intensité de l'effort de R&D, juste dernier les États-Unis et le Royaume-Uni (*Le progrès scientifique*, 1981).

Le système d'organisation de la recherche, souvent qualifié « colbertiste » (Salomon, 1986 ; Papon, 1988 ; Mustar & Laredo, 2002) permet à l'État de mobiliser des ressources considérables pour mener de grands projets de recherche fondamentale, notamment en faveur des grandes entreprises nationalisées dans les secteurs concurrentiels. Ce système s'est organisé de la manière suivante :

- Deux corps consultatifs – le Comité interministériel de la recherche scientifique et technique (CIRST) et le Comité consultatif à la recherche scientifique et technique (CCRST) – sont en charge de dresser les priorités des politiques scientifiques et technologiques.

- La Délégation générale à la recherche scientifique et technique (DGRST) a pour mission de préparer la planification dans le domaine de la science et technologique avec les ministères concernés et assurer la coordination de la mise en œuvre des politiques publiques.

- Les ressources nécessaires sont mobilisées à travers la planification, qui, pendant les années 1960-1970, a encore un rôle important dans l'implantation des politiques scientifique et industrielle.

- Le secteur de la recherche publique, après la réforme du Centre national de la recherche scientifique (CNRS) et la création des nouveaux organismes de recherche, est le « producteur » de savoirs scientifiques.

- À la fin de la chaîne se trouve l'utilisateur final de la production scientifique – l'industrie française notamment les grandes entreprises. Et comme par le plus grand hasard, ces entreprises ont souvent un client majeur : l'État.

C'est ainsi que, de la définition jusqu'à l'utilisateur final en passant par l'exécution, l'État entrepreneur intervient activement dans l'ensemble de la chaîne de la production scientifique française.

Les interventions de l'État dans la recherche privée pendant cette période sont notamment réalisées à travers les grands programmes et les actions concertées, qui ont pour unique objectif d'assurer à la France les bases scientifiques et technologiques d'une indépendance nationale dans des secteurs stratégiques. En effet, on observe que les actions de l'État ne sont pas guidées par une stratégie bien définie, mais répondent au coup par coup à l'émergence de nouveaux défis. En matière d'application industrielle, il s'agit de créer des champions nationaux pouvant faire bonne figure face à la concurrence sur les marchés internationaux dans des secteurs privilégiés. Les activités de recherche de ces grands groupes nationalisés ou privés sont financées par le budget de l'État à travers les programmes de recherche ou la commande publique et leur accès à la technologie avancée est assuré par une collaboration avec les laboratoires publics. L'État est ainsi à la fois l'investisseur, l'entrepreneur, et le client de la recherche industrielle française. Cette politique peut fonctionner dans les domaines où une concentration des ressources est essentielle pour débloquer un avancement technologique. Quand il s'agit des secteurs où le processus du progrès technique est plus difficile à contrôler par un ou quelques acteurs singuliers (comme les biens de grande consommation), l'intervention directe de l'État dans la recherche est plutôt un obstacle au développement industriel (Salomon, 1986).

La conséquence de cette politique est de créer un système dual au sein de l'industrie française : d'un côté une industrie « technologique » comprenant notamment le nucléaire, l'aérospatiale, la pharmacie, l'électronique, et de l'autre une industrie « traditionnelle » incluant le textile, la métallurgie, l'agroalimentaire, etc. La dépense en recherche par rapport au chiffre d'affaires dans l'industrie technologique est de l'ordre de 6% dans l'électronique civile, de 15% dans l'électronique militaire, de 4% pour l'ensemble de la chimie, de 10% pour la pharmacie et de 25% à 30% pour le secteur aérospatial. Dans les industries où l'effort de recherche est faible, il existe des centres de recherche coopératifs qui travaillent pour l'ensemble d'une profession.

Vers la fin des années 1960, les pays industrialisés commencent à rencontrer des problèmes pour transformer la recherche scientifique en retombées vers l'économie. En France, la création de l'Agence nationale de valorisation de la recherche (Anvar) en 1967 est une solution retenue par l'État pour répondre à ce problème. En regroupant les activités de transfert de technologie, qui sont assurées par les différents centres de recherche publics, l'État espère que cette nouvelle agence puisse être le « guichet unique » pour gérer les brevets et l'action de valorisation effectuée par tous les laboratoires publics, une mission qui n'a jamais vraiment réussi à cause du cloisonnement entre les laboratoires (qui sont sous la tutelle de différents ministères) et le manque de l'appui réel à l'industrie.

Au début des années 1970, le « corps » des Mines, majoritaire au sein du Ministère de l'Industrie, commence de s'intéresser au phénomène de l'innovation et mène des actions à favoriser le financement du lancement industriel ou commercial des innovations par les mesures fiscales avantageuses, et en particulier par la mise en place d'une nouvelle législation permettant l'émergence de structures financières de l'innovation.

- En premier lieu, l'Institut de développement industriel (IDI), qui a déjà la mission d'accompagner la croissance industrielle par le renforcement de fonds propres des entreprises, est appelé par les pouvoirs publics à soutenir le lancement industriel et commercial des innovations.
- Ensuite, une nouvelle législation est mise en œuvre en 1972 pour inciter à la création des sociétés de financement de projets risqués grâce à un régime fiscal spécial sur les gains en capital et les bénéfices. En conséquence, les premières sociétés financières d'innovation, le prédécesseur du capital-risque français, ont été créées avec parfois la participation de centres de recherche publics (comme Epicea du Commissariat à l'énergie atomique[1] – CEA). Par ailleurs, des dispositions sont prises en 1977 pour rapprocher les sociétés financières des « sociétés de

[1] Devenu depuis Commissariat à l'énergie atomique et aux énergies alternatives.

développement régional » (SDR) afin d'inciter ces dernières à intervenir plus vigoureusement dans le financement des projets risqués.

- Enfin, une variante de la lettre d'agrément – la lettre d'agrément à l'innovation – est créée pour faciliter le financement de la commercialisation de l'innovation.

Il convient de souligner que le système dual français qui sépare l'État et les grands groupes d'un côté et l'industrie de l'autre, ne permet pas une intervention effective des pouvoirs publics en faveur de l'innovation. De plus, les chocs pétroliers dans les années 1970 ont changé la donne. La conjoncture économique défavorable générée par la crise pétrolière provoque la baisse des efforts de R&D, commencée en 1968-1969, s'accentue à partir de la deuxième partie de la décennie 1970. La dépense nationale de R&D par rapport au PNB est de l'ordre de 1,8% en 1979, bien inférieure au niveau des États-Unis (2,4%), de l'Allemagne (2,2%), du Royaume-Uni (2,2%) et du Japon (2,0%). La recherche disparaît quasiment du radar des politiques publiques françaises vers la fin de cette période.

1.3. La revitalisation de la recherche publique et la modernisation industrielle dans les années 1980

Pendant les années 1980, les politiques publiques en France sont, comme dans les autres pays industrialisés, des réponses à la crise déclenchée par les chocs pétroliers de la décennie précédente. Le diagnostic de la situation française met en évidence la dégradation de la compétitivité de la France dans la concurrence internationale à cause du sous-investissement qu'a subi l'industrie française pendant les années 1970. Les politiques françaises en matière de la recherche et d'innovation dans les années 1980 s'appuient sur trois points : 1) la revitalisation de la recherche publique, 2) l'augmentation de la compétitivité industrielle, 3) le développement des petites et moyennes entreprises.

Cependant, si une convergence des politiques de la science et industrielle vers une politique de l'innovation commence à se manifester dans les pays industrialisés, ce phénomène n'est pas visible en France. Malgré l'effort politique consistant à marier les institutions pour créer un grand ministère de l'industrie et de la recherche, les politiques françaises scientifique et industrielle sont menées et gérées par des corps d'État différents et la coordination est faible.

À partir de 1981, le financement public de la recherche industrielle connaît également une croissance considérable. Les dépenses nationales de R&D passent de 1,8% du PIB en 1981 à 2,32% en 1990[2]. Guidé par la logique d'investir davantage dans la recherche en amont pour que l'innovation se fasse en aval, le gouvernement a mené les actions pour modifier le statut des chercheurs afin de leur donner plus grande mobilité et pour décentraliser la valorisation de la recherche. En accompagnant de la fonctionnarisation, les chercheurs dans les organismes publics se voient confier le métier du « transfert et l'application dans les entreprises et la société des connaissances acquises » par la loi d'orientation de 1982. Les chercheurs des centres de recherche publics sont désormais censés travailler avec ou dans l'industrie. Ensuite, les lois et décrets successifs de 1982-1985 donnent aux organismes de recherche publics et d'enseignement supérieur les supports juridiques nécessaires pour gérer eux-mêmes la valorisation.

Le résultat de cette nouvelle campagne de valorisation est décevant : à la fin de la décennie, il n'y a ni accroissement important du transfert de technologie des centres de recherche publics à l'industrie ni augmentation spectaculaire de création d'entreprises de technologie. Une explication est probablement liée à la culture du milieu scientifique français. Il semble qu'en France, les chercheurs ne s'intéressent qu'à la découverte scientifique et ne veulent surtout pas se mêler des « affaires » (business). Profondément attachés à leur statut et dépourvus non seulement de financement mais aussi de connaissance du marché et de la gestion, ils ne sont pas pressés de quitter leur « poste à vie » et de prendre des risques dans des domaines qui ne sont pas leur métier et qu'ils ne maîtrisent pas.

1.4. Les mesures de soutien à la recherche industrielle et à la modernisation industrielle

Les principales caractéristiques conjoncturelles que la France présente au début des années 1980 sont un ralentissement de la croissance de la production manufacturière, une détérioration de la rentabilité du capital productif, une saturation des marchés traditionnels et une différenciation des évolutions des branches industrielles. Elles forcent les pouvoirs publics à ré-étudier leurs politiques industrielles et de la recherche. Alors qu'une convergence des politiques de la science et industrielle vers une politique de l'innovation commence à se manifester dans les pays industrialisés, ce phénomène n'est pas visible en France. En fait, la politique industrielle française au début des années 1980 est définie pour aborder une vision d'ensemble de l'affectation des res-

[2] Rapport annuel du Conseil supérieur de la recherche et de la technologie sur l'évaluation de la politique nationale de recherche et de développement technologique, 1986.

sources consacrées à l'industrie selon trois critères principaux : l'emploi, la balance commerciale et le progrès technologique. Au niveau sectoriel, elle énonce pour chaque secteur des choix structurels et pour l'ensemble des entreprises de nouvelles règles de jeu claires et irrévocables.

La politique de cette époque est centrée sur deux axes : 1) soutenir la recherche industrielle pour doter l'industrie française d'une puissance technologique, 2) moderniser les secteurs traditionnels et renforcer la compétitivité des industries de transformation, qui s'accompagne d'une politique de restructuration industrielle, qui privilégie (notamment par de gros contrats) les entreprises françaises faisant preuve d'innovation et de compétitivité à l'exportation et qui abandonne progressivement les branches en difficulté jugées condamnées (notamment la sidérurgie).

Dans les années 1980, les « programmes mobilisateurs » succèdent aux grands programmes pour permettre un rapprochement entre les laboratoires publics et industriels. L'État souhaitait à travers les entreprises nationalisées atteindre l'objectif d'un volume de R&D exécutées par l'industrie représentant 1,5% du PIB. Mais, cet objectif n'a pas été atteint. En fixant de grandes ambitions – qui paraissent irréalistes compte tenu de la contrainte budgétaire du début des années 1980 – le gouvernement mobilise, malgré le désaccord du parlement (qui valide ses ambitions mais ne veut pas les financer), des moyens colossaux pour revitaliser la recherche publique et mener de grands programmes collaboratifs de recherche, parmi lesquels les programmes européens de pré-compétitivité. De plus, ces programmes coûteux, dans des secteurs identifiés par l'État comme stratégiques et d'avenir, n'impliquent qu'un petit nombre d'entreprises : les grands groupes dans les secteurs de très haute technologie. En même temps, un crédit d'impôt pour la recherche (CIR) est institué en 1983 afin d'encourager les industriels à mener les activités de recherche.

En matière de modernisation industrielle, les grandes entreprises jouent un rôle central dans ces ajustements. Le nouveau gouvernement socialiste recourt en 1981 aux nationalisations pour concrétiser son objectif d'augmenter l'effort de R&D dans les entreprises. Après ces nationalisations, une nouvelle campagne de modernisation industrielle est lancée, avec notamment la mise en œuvre en 1983 d'un Fonds industriel de modernisation (FIM) qui devait répondre à deux objectifs : réduire le taux (très élevé en 1983) des ressources pour l'investissement grâce à une collecte d'épargne, directement affectée selon un circuit court ; assortir leur attribution d'une orientation clairement technologique et tournée vers la modernisation que n'avaient pas les diverses procédures de prêts bonifiés. Le FIM a tenté de mobiliser vers la modernisation les financements publics existants pour l'investissement immatériel, spécialement pour les entreprises liées aux marchés des grands programmes technologiques publics. Le FIM est subitement fermé après les élections législatives de 1986 qui ramènent la droite au pouvoir. À l'heure du bilan, les études montrent que le FIM a davantage profité aux grandes entreprises alors que cet argent peu cher devait bénéficier davantage aux PME. Les entreprises ayant soumis des projets au FIM au niveau national sont de taille moyenne (40% ont de 500 à 2 000 salariés) ou grande (30% ont 2 000 salariés ou plus). Par ailleurs, les analyses postérieures des dossiers traités au niveau national montrent que la modernisation est indissociable de la restructuration industrielle et financière de l'appareil productif.

La majorité des projets d'investissement pendant la période 1984-1986 sont en effet plutôt des investissements de remplacement que de création de capacités de production supplémentaires. Si plus de la moitié des entreprises ressentent la pression de l'innovation et comptent mettre en place de nouveaux produits ou procédés, la technologie n'est qu'une dimension parmi d'autres de la modernisation et son importance dépend des caractéristiques des entreprises. Par conséquent, parmi les entreprises aidées, seuls des groupes privés internationalisés ou en voie d'internationalisation situés sur des marchés en croissance rapide ont pu se doter d'une organisation et de produits permettant l'obtention d'une forte rentabilité.

1.5. Les structures pour favoriser le développement technologique des PME

Les mesures en faveur des PME mises en place à partir de 1974 sont également renforcées par le gouvernement socialiste pour faciliter, en plus de la modernisation industrielle, l'accès au crédit par les PME, la veille et le transfert de technologies auprès des PME au niveau régional. L'ANVAR, qui s'est vue confier de nouvelles missions après sa réforme en 1979, joue un rôle important dans l'ensemble de ces dispositifs du soutien aux développements technologiques des PME et de la modernisation industrielle.

Entre 1978-1990, si les PME continuent à ne bénéficier que d'une faible part du total des aides publiques (qui passent de 3% en 1978 à 7,9% en 1990), les financements incitatifs en représentent la partie la plus importante, non sans résultats positifs puisque les dépenses de R&D des PME passent de 8,9% des dépenses nationales en 1978 à 16,9% en 1990. (Bernard & Quéré, 1994) Les efforts publics pendant cette période (1981-1988) se concentrent sur l'aide à apporter aux PME pour qu'elles trouvent les financements nécessaires à leurs projets d'innovation. Cette aide revêt trois aspects : faciliter l'accès au crédit des PME ; encourager les banques à prendre des mesures spécifiques pour les projets d'innovation menés par les PME ; mettre en place de nouveaux régimes pour développer les investissements à risque comme par exemple le Fonds communs de placement à risques (FCPR).

Parallèlement, on observe un phénomène de floraison des réseaux régionaux mis en place à partir des années 1970 afin de diffuser des informations technologiques et techniques auprès des PME-PMI. En 1980, ils disposent de nombreux interlocuteurs régionaux pour diffuser des informations technologiques ou procurer de l'assistance technique aux entreprises. À la fin des années 1980, les réseaux des dispositifs du transfert de technologie sont composés de structures pour :

- les interfaces recherche publique-entreprise (ANVAR, Centre Régional d'Innovation et de Transfert de technologie – CRITT –, cellules de valorisation des centres de recherche et universités) ;
- les prestations techniques (centres techniques, certains CRITT) ;
- les animations de terrain (Ateliers régionaux d'innovation et conseillers technologiques) ;
- les ressources documentaires (Agences Régionales d'Information scientifique et Technique – ARIST) ;
- les financements (ANVAR, Procédures du ministère de l'industrie, Régions), etc.

Cependant, comme toujours en France, ces structures ont des missions similaires ou croisées. Par exemple, au sein des Chambres de Commerce et d'Industrie (CCI), qui ont créé des corps d'« assistants techniques à l'industrie » chargés de réunir les organismes de soutien au progrès technique dans des « Maisons de l'innovation », il y a aussi des ARIST chargés de recueillir des informations techniques auprès des centres techniques, universités ou les laboratoires et de les diffuser auprès des entreprises. Sans compter par ailleurs les ateliers d'innovation, CRITT, centres techniques, Association pour le Développement de l'Enseignement et de la Recherche – ADER –, représentants régionaux ou des corps des ministères techniques (Délégations régionales à la Recherche et à la Technologie – DRR –, Directions régionales de l'industrie, de la recherche et de l'environnement – DRIRE –, etc.), ANVAR, etc. tous chargés, par définition, de fournir des informations techniques, technologiques, scientifiques ou des services aux PME.

2. Les nouvelles mesures de politique publique pour la transformation du système national d'innovation français à partir des années 1990

Dans les années 1990, tandis que les enjeux de l'innovation et de la recherche technologique dans la compétitivité industrielle sont progressivement reconnus, il est plus en plus évident que le soutien public à la recherche industrielle et à l'innovation est nécessaire. En répondant à la crise économique du début des années 1990, l'État français, qui a finalement pu saisir les enjeux de l'innovation et les PME pour la croissance économique et l'emploi, multiplie les discours et les plans ciblant l'innovation et les PME. Nous pouvons observer que pendant cette période la (lente) disparition du système colbertiste de recherche remplaçant graduellement par la démarche « bottom-up » qui favorise le développement des réseaux de l'innovation locaux et les initiatives privées.

En mettant perspective le dosage des mesures du soutien de l'innovation dans l'analyse du système d'innovation en France, nous pouvons observer deux tendances quant à la composition de la politique d'innovation. Premièrement, les instruments du soutien indirect à la R&D privée augmentent partiellement au déprimant de ceux du soutien direct. Deuxièmement, les PME sont devenues les cibles prioritaires du soutien public à l'innovation. Nous allons présenter les principaux instruments de soutien à l'innovation en cohérence avec les tâches stratégiques de la politique d'innovation française.

2.1. La transformation de la politique française de l'innovation vers la fin des années 1990

Pendant les années 1990, on constate l'influence des changements de la majorité sur l'effort de recherche publique. Si les gouvernements de gauche comme de droite n'hésitent pas à mener des actions dans ce sens, il semble qu'il y ait une différence idéologique entre les deux. La gauche croit que la recherche publique mérite des ressources supplémentaires afin de créer la base scientifique nécessaire. L'innovation émerge à travers les grands programmes de recherche en partenariat entre la recherche publique et l'industrie (a priori les grands groupes qui ont la capacité de travailler dans la recherche) pilotés par le ministère de la Recherche. La droite considère que l'innovation est l'affaire de l'industrie : l'État définit l'orientation de l'intervention publique et soutient les projets, menés principalement par les entreprises dans ce cadre.

De façon plus générale, la contribution publique de R&D au PIB stagne pendant la période 1988-1999. Les dépenses de R&D des administrations (DIRDA) continuent de décroître après 1987. En 1995 les entreprises dépassent pour la première fois les administrations en termes de financement et d'exécution de la R&D. La part de la dépense intérieure en recherche et développement (DIRD) réalisée par les administrations diminue à moins de 40% dans les années 1990[3].

Dans les années 1990, le rapprochement de la recherche publique et de l'industrie se concrétise principalement par deux volets : la valorisation de la recherche et le transfert de technologie via des partenariats public-privé. La valorisation à la fin des années 1990 se traduit concrètement par deux mesures :

- la création d'incubateurs et de fonds d'amorçage publics dédiés aux jeunes entreprises technologiques par les établissements publics. L'État met 100 millions de francs de crédits budgétaires à disposition pour inciter à la création de fonds d'amorçage visant à accompagner les créateurs d'entreprises lors de la phase d'incubation. Cet effort public est complété par les investisseurs privés sélectionnés dans le cadre d'un appel à propositions lancé en mars 1999.
- le lancement dès 1999 du Concours national d'aide à la création d'entreprises de technologies innovantes pour détecter et faire émerger des projets de création d'entreprises s'appuyant sur des technologies innovantes en récompensant les meilleurs d'entre eux grâce à un soutien financier et à un accompagnement adapté.

Ces mesures sont légitimées par la loi de 1999 sur l'innovation et la recherche (loi Allègre) qui s'appuie sur : 1) la mobilité des chercheurs vers l'entreprise, 2) les collaborations de la recherche publique-privé, 3) les mesures fiscales en faveur des entreprises innovantes et 4) le régime juridique en faveur de la création des entreprises innovantes.

Ces politiques suivent fidèlement la philosophie de « valorisation » des savoirs publics qui se traduit par deux recommandations : plus de collaboration de la recherche publique-privée et plus de création d'entreprises innovantes. Cependant, de nombreux rapports publiés ces dernières années (Rapport des inspections générales des finances et de l'administration de l'éducation nationale et de la recherche, 2007 ; DGRI, 2008 ; ANRT, 2008 ; OST, 2008 ; Académie des sciences 2010, etc.) répètent les mêmes constats observés depuis 1998 : la valorisation de la recherche en France ne progresse pas.

Après l'élection présidentielle de 2002 qui ramène la droite au gouvernement, Nicole Fontaine, ministre déléguée à l'Industrie, présente en décembre 2002 en Conseil des Ministres un « Plan Innovation » établi en collaboration avec Claudie Haigneré, ministre déléguée à la Recherche et aux Nouvelles Technologies. Une consultation nationale est ensuite lancée sur son contenu avant la présentation détaillée des mesures finales. Ces mesures, présentées autour de sept axes, ne sont rien

[3] Repère et références statistiques – édition 2010, Recherche et développement.

d'autre qu'une continuation de la loi du juillet 1999. Le « Plan Innovation » se distingue cependant de cette dernière par son fort accent sur les mesures fiscales, parmi lesquelles la création de la société unipersonnelle d'investissement providentiel (SUIP) (business angels) et le statut de jeune entreprise innovante (JEI), qui ont pour but de promouvoir la création d'entreprises innovantes. D'autres mesures fiscales de soutien à la R&D en entreprises incluent l'exonération des immobilisations en R&D de la taxe professionnelle, l'accélération de l'amortissement dégressif (pour revenir au taux dégressif de 40% la première année pour les seules immobilisations liées à la recherche scientifique et technique, donc aligné au taux pratiqué aux États-Unis) et une éventuelle réforme du crédit d'impôt-recherche qui doit être renouvelé en fin de 2003.

2.2. La réorganisation de gestion des programmes de recherche technologique depuis 2004 et le dosage des mesures du soutien à l'innovation en France

Depuis plusieurs années, le système national d'innovation français a été l'objet d'une transformation profonde, marquée par les réformes successives sur l'organisation et la gouvernance du système de recherche et des mécanismes de financement.

Une réorganisation de gestion des programmes de recherche technologique se profile en effet dès 2005. L'Agence nationale de la recherche (ANR) est créée en 2005 selon les standards internationaux (notamment de la DFG[4] de l'Allemagne et de la NSF[5] des États-Unis) afin de stabiliser les crédits et rendre la gestion plus lisible pour la communauté scientifique. Avec la nouvelle interprétation de la théorie de l'innovation, qui souligne l'importance de l'écosystème de l'innovation, le gouvernement lance en 2004 une première vague de labellisation des « pôles de compétitivité ». Un pôle de compétitivité doit combiner, sur un espace géographique donné, des entreprises de toutes tailles, des centres de recherche publics et privés, et des organismes de formation autour de projets coopératifs à fort contenu innovant avec une stratégie commune de développement. En 2009, le gouvernement a publié la *Stratégie nationale de recherche et d'innovation* dont l'un des objectifs principaux est de promouvoir l'écosystème de l'innovation. Dans ce cadre, le Grand Emprunt lancé en 2010 a réservé 22 billion d'euros pour une période de 10 ans (2010-2020) à l'enseignement supérieur et à la recherche dans le cadre du programme « Investissement d'Avenir ».

Ces réformes modifient fondamentalement la gestion des projets de recherche publics et redésignent l'organisation du soutien public à la

---

4 Deutsche Forschungsgemeinschaft (German Research Foundation).

5 National Science Foundation.

recherche industrielle. À l'heure actuelle, selon la typologie des systèmes d'innovation de l'OCDE, le système français est légèrement incliné vers les entreprises et les laboratoires publics (OCDE, 2010a, p. 288). Les tâches stratégiques de la politique d'innovation sont : 1) de renforcer la base scientifique et technique, 2) de favoriser l'externalité de connaissance scientifique, 3) de promouvoir la R&D et l'innovation des entreprises notamment l'innovation des PME.

2.3. Les nouveaux efforts pour renforcer la base scientifique et technologique

En 2004, la crise du monde universitaire impose au ministère de l'Enseignement Supérieur et la Recherche de se concentrer sur la réforme de l'enseignement supérieur ; le soutien de l'innovation devient dès lors une action secondaire. Après de nouvelles assises nationales de la recherche, un « Pacte pour la recherche » se traduit par la nouvelle loi de programmation pour la Recherche du 18 avril 2006, qui répond aux soucis des chercheurs. Cependant, ni la loi du juillet 1999 ni celle de 2006 ne modifient profondément la situation. Les dispositifs préconisés par les lois et les différents plans ont un effet limité.

En 2007, la loi relative aux libertés et responsabilités des universités (LRU) envisage de redéfinir la structure de gouvernance des universités et de les doter de plus d'autonomie. Parallèlement, les organismes de l'enseignement supérieur et de la recherche sont poussés à mutualiser et à optimiser leurs ressources pour créer les pôles d'excellence en la matière. Dans ce contexte, la mise en place des pôles de recherche et d'enseignement supérieur (PRES), institués par la loi de Recherche de 2006, a pour objectif de consolider le système français de l'enseignement supérieur et de la recherche fragmenté dans lequel on peut compter 81 universités, 9 grands établissements, 247 écoles d'ingénieur, 223 écoles de commerce en 2006 et 28 centres de recherche publics (chiffres de 2008)[6]. 26 PRES ont été créé en septembre 2012 avec près de 60 universités et de nombreux établissements de l'enseignement supérieur et de la recherche publique.

Dans le domaine des infrastructures de la recherche, la France rejoint les initiatives européennes de mutualisation des équipements et de ressources de recherche à l'échelle européenne. Afin d'accroître la visibilité des activités de recherche technologique en France et d'attirer les jeunes talents, le ministère de l'Enseignement Supérieur et de la Recherche a publié en décembre 2008 une feuille de route pour mettre en place 92 « très grandes infrastructures de recherche » (T.G.I.R.) en

---

[6] MESR, « Repères et références statistiques sur les enseignements, la formation et la recherche – RERS 2011 »

consolidant les infrastructures de recherche publiques existantes. Selon leur fonction, on peut distinguer trois types de TGIR : les TGRI de « programmes » associées aux programmes nationaux ou internationaux, les TGIR de « services » utilisées par les communautés scientifiques et les TGIR de « percée thématique » dédiées à la recherche fondamentale.

2.4. Le lien entre la recherche publique et privée et l'externalité de connaissance scientifique

Depuis les années 1990, les gouvernements successifs ont renforcé les efforts pour augmenter les externalités de connaissances scientifique et technologique notamment à travers les projets de recherche collaboratifs public-privé et la réorganisation des dispositifs de valorisation de la recherche (comme la restructuration des services de valorisation dans les universités et la création d'une base de données nationale des technologies – le réseau C.U.R.I.E). Ceci résulte de la multiplication des structures de collaboration ainsi que du transfert de technologie notamment envers les PME. Par conséquent, le système actuel est composé des dispositifs à multiples dimensions :

1) les structures dédiées au développement de la recherche collaborative comme par exemple les Instituts Carnot, les réseaux thématiques de recherche avancée (RTRA), les réseaux de recherche et d'innovation technologique (RRIT), les structures communes de recherche public-privé (SCR), etc. ;

2) les réseaux locaux de l'innovation comme les pôles de compétitivité ou les technopoles ; et

3) les mesures pour stimuler la valorisation de la recherche et le transfert de technologie notamment vers les PME dont les dernières créations sont les deux nouvelles structures – Sociétés d'accélération du transfert de technologies (SATT)[7] et Consortiums de valorisation thématiques (CVT) créée dans le cadre du Fonds national de valorisation – et le fonds d'investissement « France Brevets »[8] qui a pour objectif de valoriser les brevets publics ou privés pour d'éventuelles exploitations commerciales[9].

---

[7] Companies for technology transfer acceleration.

[8] Doté de 100 millions d'euros en capital, il est géré conjointement par la Caisse de Dépôt et de Consignation (CDC) et l'ANR.

[9] Cette mission rappelle celle de l'Anvar en 1967 : la valorisation de recherche par l'exploitation commerciale…

2.5. Les mesures de soutien à la R&D et l'innovation

Les mesures de soutien à l'innovation en France agissent principalement du côté de l'offre. Nous pouvons identifier trois catégories des instruments selon leurs caractéristiques ainsi que les actions ciblées.

1) Les instruments de soutien direct sont les outils classiques et les plus utilisés pour soutenir la R&D et l'innovation. (OCDE, 2005 ; 2010a ; 2011c) Les subventions pour des projets de recherche scientifique et industrielle ou pour des projets de recherche collaborative en partenariat public-privé, les subventions dédiées aux PME pour leur développement technologique (comme par exemple les avances remboursables pour les projets d'innovation des PME, les aides à la sous-traitance ou de partenariat technologique de recherche, etc.), des aides au recrutement des chercheurs, doctorants ou techniciens pour mener des projets d'innovation. Les deux principaux instruments pour favoriser les projets de recherche collaborative industriels lancés au cours de l'exercice 2004-2005 sont le « Fonds Unique Interministériel » (FUI), qui finance des projets sélectionnés dans le cadre des pôles de compétitivité et le « Programme d'innovation stratégique industrielle » (ISI)[10] gérés par OSEO, la banque publique des PME, pour les projets de recherche industriels de tailles moyennes.

2) À partir du milieu des années 2000, les instruments de soutien indirect prennent une importance accrue dans l'ensemble des mesures de soutien à l'innovation (OCDE, 2010a ; 2011c). Ce mouvement correspondant à la tendance observée dans la plupart des pays développés où le soutien indirect augmente rapidement au détriment du soutien direct. Les instruments mis en place par le gouvernement français comprennent notamment le crédit d'impôt recherche, l'exonération d'impôt sur les sociétés des dépenses de R&D, l'amortissement accéléré pour les investissements consacrés à la recherche scientifique et technique, l'exonération d'impôt sur les charges sociales patronales (pour l'embauche de personnel impliqué dans la R&D), etc. En 2008, les mesures fiscales dépassent le financement direct de la R&D privé. Les aides fiscales ont atteint 0,23% du PIB par rapport à 0,08% en 2007 tandis que le soutien direct est réduit à 0,15% en 2008 puis à 0,12% en 2009. Cette augmentation rapide des aides fiscales a été largement due à l'envolée du CIR depuis 2008. Le CIR a coûté 4,1 milliards d'euros en 2008, 4,7 milliards en 2009 et 5,2 milliards d'euros en 2010. Le CIR est considéré comme le régime fiscal le plus généreux parmi les pays d'OCDE. Et la France est en deuxième position en aides fiscales en volume après les États-Unis et la première dans l'ensemble du soutien

---

[10] Résultant de la fusion en 2008 entre l'Agence pour l'innovation industrielle (AII), créée en 2005 pour gérer les projets de recherche collaborative industriels et OSEO.

public à la R&D privée en 2008 (0,38% du PIB). Cependant, le débat autour de l'efficacité du CIR pour favoriser le développement de l'innovation dans les entreprises ne cesse de remettre en cause cette mesure devenue très couteuse après les réformes de 2008. Les analyses mobilisant les indicateurs sur la capacité d'innovation des pays européens montrent que le CIR n'a pas d'effets significatifs sur l'amélioration de la performance de l'innovation de la France depuis 2008. Toutefois, il est encore trop tôt pour comprendre l'impact du CIR sur le long terme étant donné la période relativement courte depuis la mise en œuvre des réformes. Les futures études empiriques et économétriques approfondies peuvent aider à évaluer l'efficacité de cette mesure.

Par ailleurs, dans l'effort visant à promouvoir l'investissement dans les PME innovantes, le gouvernement français met en place également des incitations fiscales dédiées au capital-risque ou des fonds communs de placement, à la réduction d'impôt sur le revenu pour investissement dans les PME innovantes, l'exonération et la réduction d'impôt sur la fortune pour les business angles, l'exonération d'impôt sur les plus-values pour les actionnaires individuels ou les fonds de fonds (mis en place par la Caisse des Dépôts et Consignations – CDC).

Ces instruments sont complétés par des mesures non basées sur la R&D. De nombreux instruments ont directement ciblés les PME comme par exemple la garantie et le cofinancement (notamment par OSEO[11]) pour faciliter leur accès au crédit, etc. Les actions ont également été entreprises pour stimuler l'entrepreneuriat comme le Concours national d'aide à la création d'entreprises de technologies innovantes lancé en 1999, des programmes de parrainage des jeunes entrepreneurs, des clubs des entrepreneurs, des services et des conseils pour appuyer la création et le développement de spin-offs publics, ou des initiatives visant à faciliter l'intégration des PME aux systèmes d'innovation européens et régionaux (par exemple, Centres Européens d'Entreprise et d'Innovation – CEEI –, Centre Relais Innovation – CRI –, Enterprise Europe Network – EEN).

2.6. Les mesures agissant sur la demande

Récemment, les débats ont repris sur l'association de mesures agissant sur la demande avec les mesures traditionnelles de l'offre (Cunningham, 2009). Parmi les différents instruments de la demande, l'achat public attire l'attention de façon de plus en plus importante. Par exemple, le guide de l'achat public écoresponsable publié en décembre 2004 dans le cadre du Grenelle Environnement vise à soutenir les

[11] L'agence pour les PME créée suite à la fusion de l'ANVAR et de la BDPME (Banque du développement des PME) en 2004.

secteurs principaux qui sont liés au développement durable (*cf.* bâtiment, énergie, transport, etc.).

Les mesures agissant sur la demande en France sont en particulier orientées vers les PME, ce qui est conforme aux principes européens mis en place dans le cadre du « Small Business Act pour l'Europe ». L'article 26 de la loi de modernisation de l'économie de 2008 permet, pour une période d'expérimentation sur cinq ans (2008-2013), aux entités soumises au code des marchés publics de réserver jusqu'à 15% de leurs marchés annuels de haute technologie, de recherche, de R&D ou d'études technologiques aux PME innovantes. Sur un autre point, le Pacte PME lancé en 2005 conjointement par le Comité Richelieu, un club de petites entreprises innovantes créées en 1989, et OSEO cherche à faciliter et renforcer les relations entre les PME innovantes et les grandes entreprises. En 2009, une extension du Pacte PME International permet aux PME de pénétrer de nouveaux marchés à l'étranger grâce à un partenariat avec les grandes entreprises. Les PME peuvent recevoir une aide pour développer des innovations pour les grandes entreprises ou des organismes publics (par exemple l'aide à l'innovation Passerelle).

Conclusion

L'analyse de la policy mix de l'innovation permet, à la différence d'approche traditionnelle, d'analyser une mesure spécifique par rapport à une stratégie politique donnée, de trouver le bon dosage des mesures publiques dans l'environnement global. Cette approche repose sur deux dimensions : 1) la relation entre les orientations et les justifications des interventions publiques et les instruments choisis ; 2) leurs interactions dans la dynamique du système national d'innovation.

Ce chapitre avait pour objectif de présenter les grandes étapes de la politique publiques française en matière d'innovation depuis la fin de la Seconde Guerre mondiale, d'un système très dirigiste de type colbertiste, appuyé principalement sur les centres de recherche publics et les grands groupes, vers un système plus décentralisé. Ensuite, sous le poids de contraintes économiques nouvelles pendant les années 1980, ce système colbertiste se transforme graduellement vers une approche bottom-up avec les actions dans les régions. C'est aussi la période où l'innovation et les PME commencent de prendre de l'importance dans les politiques publiques. Un nombre important d'initiatives en faveur de la mise en réseau des PME et le transfert de connaissances vers les PME est mis en place au niveau régional sans coordination. Cependant, alors qu'une convergence des politiques scientifique et industrielle vers une politique d'innovation est observée dans beaucoup des pays industrialisés, ce phénomène ne se produit pas en France où malgré les efforts de coordination, les politiques de la recherche et industrielle se développent de façon parallèle.

Dans les années 1990, avec l'adoption de l'approche systémique de l'innovation, une politique d'innovation apparait cependant en France. Pendant cette période, les mesures sont présentées d'une manière plus structurante autour du concept de « système » d'innovation. Les PME sont devenues la priorité de l'intervention publique en la matière. Ces dernières années, le système de recherche et d'innovation en France est entré dans une transformation profonde à la fois en termes de gouvernance et de configuration des différents instruments politiques, notamment en augmentant l'importance des instruments indirects et en réformant les incitations fiscales de recherche pour les rendre plus faciles à utiliser par les entreprises et plus généreux. Nous avons présenté les instruments de la *policy mix* française à savoir : le renforcement de la base scientifique ; la valorisation de la recherche et la diffusion de connaissance ; la promotion de la R&D et l'innovation des entreprises. Nous avons constaté l'utilisation croissante des mesures fiscales pour inciter la recherche et l'innovation dans les entreprises et la mise en expérimentation des mesures agissant sur la demande. Etant donné la période relativement courte depuis la mise en place de ces nouvelles mesures, il est difficile d'évaluer leur efficacité et impact réels sur la capacité d'innovation en France.

Bibliographie

Académie des sciences, « Rapport du groupe de travail sur la loi 99-587 du 12 juillet 1999 innovation et recherche », ministre de l'Enseignement Supérieur et de la Recherche, Paris, 2010.

ANRT, *Un dispositif au service de la recherche partenariale*, CNES, Paris, 2008.

Bernard, J., Quéré, M., « L'évolution du financement public sur l'activité de recherche des PME/PMI », *Revue d'économie industrielle*, n° 67, 1994, pp. 211-224 : http://www.ladocumentationfrancaise.fr/var/storage/rapports-publics/04 4000181/0000.pdf

Bloom, N., Griffith, R., Van Reenen, J., « Do R&D tax credits work ?, Evidence from a panel of countries 1979-1997 », *Journal of Public Economics*, n° 85, 2002, pp. 1-33.

Conseil supérieur de la recherche et de la technologie, 1986 à 1993, Rapport annuel du Conseil supérieur de la recherche et de la technologie sur l'évaluation de la politique nationale de recherche et de développement technologique, CSRT.

Chesbrough, H.W., *Open innovation*, Harvard Business School Press, Boston, Massachusetts, 2003.

Expert Group on Impacts of R&D Tax Incentives (CREST), Design and Evaluation of Tax Incentives for Business Research and Development : Good practice and future developments - Final Repport, European Commission, Directorate General - Research, 90, 2009.

Cunningham, P., « Demand-side Innovation Policies », Pro Inno Europe, *Policy Brief*, n° 1, 2009 : http://www.proinnoeurope.eu/sites/default/files/page/10/07/TrendChart_demandside_policies.pdf.

Direction de l'évaluation, de la prospective et de la performance, Repère et références statistiques sur les enseignements, la formation et la recherche édition, Paris, Ministère de l'Éducation nationale, Ministère de l'Enseignement supérieur et de la Recherche, 2011 : http://media.education.gouv.fr /file/2011/01/4/DEPP-RERS-2011_190014.pdf

Direction Générale de la Recherche et de l'Innovation (DGRI), Recherche et développement, innovation et partenariats 2007, Paris, Ministère de l'Enseignement supérieur et de la Recherche, 2008.

Dgrst, « Budget de recherche et de développement technologique pour 1982 (extrait du document annexe au projet de loi de finance pour 1982 », *Le progrès scientifique*, n° 215, novembre-décembre 1981, La Documentation française, 1981.

Flanagan, K., Uyarra, E. Laranja, M., « Reconceptualising the policy mix for innovation », *Research Policy*, n° 40(5), 2011, pp. 702-713.

Guy, K., Boekholt, P., Cunningham P., Hofer R., Nauwelaers C., Rammer C., « Designing Policy Mixes : Enhancing Innovation System Performance and R&D Investment Levels », *The 'Policy Mix' Project - Monitoring and Analysis of Policies and Public Financing Instruments Conducive to Higher Levels of R&D Investments*, 2009 : http://www.eurosfaire.prd.fr/7pc/doc/1251180852_policy_mix_methodology_26_03_09.pdf

Heide, M.J.L., *R&D, Innovation and the Policy Mix*, Erasmus Universiteit Rotterdam, 2011 : http://repub.eur.nl/res/pub/26820/280911HeideComplExtra.pdf

Howlett, M. Rayner, J., « Design Principles for Policy Mixes : Cohesion and Coherence in New Governance Arrangements », *Policy and Society*, n° 26(4), 2008, pp. 1-18.

Inspection générale des finances, « Inspection générale de l'administration de l'éducation nationale et de la recherche », Rapport sur la valorisation de la recherche, La Documentation française, 2007 : http://www.ladocumentationfrancaise.fr/var/storage/rapports-publics/074000113/0000.pdf

Jacquemin, A., Pench, L., « Quelles politiques pour soutenir la recherche et le développement ? », *Revue d'économie industrielle*, vol. 94, n° 1, 2001, pp. 13-20.

Kline, S.J., Rosenberg, N., « An Overview of Innovation », in Landau R., Rosenberg N. (eds.), *The Positive Sum Strategy*, Academy of Engineering Press, 1986, pp. 275-305.

Laredo, P., Mustar, P., « Politiques publiques de recherche et d'innovation », in Mustar P., Penan H. (eds.), *Encyclopédie de l'innovation*, Economica, 2003, pp. 613-626.

Liu, Z., « Les politiques d'innovation françaises et la place des PME : une revue historique », *Working Paper RRI*, Réseau de recherche sur l'innovation, 2011 : http://rrien.univ-littoral.fr/wp-content/uploads/2011/12/doc23.pdf

Liu, Z., « L'évolution des politiques du soutien de l'innovation dans les PME en France : le cas de l'Anvar », thèse sous la direction de Mme Geneviève Schméder, Paris, Conservatoire national des arts et métiers, 2011.

Lundvall, B.-A. (ed.), *National systems of innovation : towards a theory of innovation and interactive learning*, Printer Publishers, 1992.

Mustar, P., « Les transformations du système de recherche français dans les années quatre-vingt », *Annales des Mines*, février, 1998, pp. 16-21 : http://www.annales.org/ri/1998/ri02-98/mustar

Mustar, P., Larédo, P., « Innovation and research policy in France (1980-2000) or the disappearance of the Colbertist state », *Research Policy*, n°31, 2002, pp. 55-72.

Mytelka, L.K., Smith, K., 2011, « Innovation theory and innovation policy : Bridging the gap », Paper presented to DRUID Conference, Aalborg, June 12-15, 2001, p. 22 : http://www.druid.dk/conferences/nw/paper1/mytelka_smith.pdf

Niosi, J., Bellon, B., Saviotti, P., Crow, M., 1992, « Les systèmes nationaux d'innovation : à la recherche d'un concept utilisable », *Revue française d'économie*, vol. 7, n° 1, pp. 215-250.

Observatoire des sciences et des techniques (OST), 2008, *Indicateurs de sciences et de technologies*, Economica.

OECD, *Demand-side Innovation Policies*, OECD Publishing, 2011.

OECD, Innovation Policy and Performance : A Cross-Country Comparison, OECD Publishing, 2005.

OECD, R&D tax incentives : rationale, design, evaluation, OECD Publishing, 2011.

OECD, Science, technologie et industrie : Perspectives de l'OCDE, OECD Publishing, 2010.

OECD, The OECD Innovation Strategy : Getting a Head Start on Tomorrow, OECD Publishing, 2010.

Papon, P., « Options technologiques et stratégies de recherche : la nécessité d'une nouvelle donne institutionnelle », *Revue d'économie industrielle*, vol. 18, n° 1, 1981, pp. 52-63.

Papon, P., « Science and Technology Policy in France : 1981-1986 », *Minerva*, n° 26(4), 1988, pp. 493-511.

Le progrès scientifique, « Budget de recherche et de développement technologique pour 1982 (extrait du document annexe au projet de loi de finance pour 1982 », n° 215, novembre-décembre, La Documentation française, 1981.

Rothwell, R., Dodgson, M., « European technology policy evolution : convergence towards SMEs and regional technology transfer », *Technovation*, vol. 12, n° 4, 1992, pp. 223-238.

Salomon, J.-J., *Le gaulois, le cow-boy, et le samouraï – la politique française de la technologie*, Economica, 1986.

Garantie, financement, innovation : le rôle d'OSEO auprès des PME

Annie GEAY

Direction de l'Evaluation et des Études d'OSEO

Interventions d'OSEO en garantie, cofinancement et innovation en 2011

L'enquête de conjoncture[1], menée à l'issue du premier semestre 2012 auprès des PME, présente un panorama particulièrement morose. Le brusque ralentissement de l'activité fait écho à de sérieuses difficultés de trésorerie pour les PME, aucun secteur n'étant épargné. L'emploi stagne, voire régresse et les investissements sont en repli (OSEO, 2012).

Dans tous les cas, y compris pour les entreprises innovantes et exportatrices qui affichent une rentabilité relativement préservée, la nécessité de recourir aux concours financiers externes est systématiquement avancée. Mais la crainte d'un resserrement du crédit est aussi signalée.

Or la réponse aux besoins financiers spécifiques des PME et ETI constitue la vocation d'OSEO, avec un large spectre de dispositifs visant tant à faciliter l'accès au crédit qu'à exercer, en tant que banque de place, un réel effet de levier. Réduire autant que faire se peut le risque et faciliter ainsi les financements d'où qu'ils viennent – banques, organismes de fonds propres ou collectivités locales – oriente les actions d'OSEO dans ses relations de proximité avec les entreprises les plus fortement exposées aux conséquences d'une conjoncture dégradée (68 000 entreprises[2] accompagnées par OSEO en 2011 pour un montant de 14 milliards d'euros de financements).

[1] Tous les semestres depuis près de trois décennies, OSEO réalise une enquête de conjoncture sur la base d'un questionnaire adressé à quelque 30 000 PME.

[2] Ne sont analysées ici que les entreprises bénéficiaires d'un financement mis en place en 2011. Au total 84 000 ont bénéficié d'engagements de la part d'OSEO.

Une progression très signifiante du volume d'activité

L'année 2011 a été marquée par une progression très signifiante du volume d'activité, qui ressort à + 9 % par rapport à 2010. En cinq ans, le montant des entreprises financées a augmenté de 78%.

Garantie

L'activité 2011 a concerné en majorité la création et la transmission qui ont rassemblé 55 % des concours garantis, avec une concentration à hauteur des 2/3 sur les secteurs du commerce et de la construction.

Financement

Le succès des produits dits « mezzanine », centrés sur le financement de dépenses à caractère immatériel (besoin en fonds de roulement ou encore achat de titre de participation aux fins de croissance externe), ne se dément pas. Et, en particulier, le contrat de développement participatif (CDP) qui a fait l'objet en 2012 d'une première évaluation (cf. encadré 2).

La progression des prêts relatifs aux projets relevant des énergies renouvelables (éoliennes et photovoltaïques) doit être signalée, de même que la forte croissance du crédit-bail mobilier accompagnant les investissements en équipements.

Innovation

Fait notable : le prêt à taux zéro a mobilisé 90 millions d'euros pour le programme aide à l'innovation. 2011 a vu, par ailleurs, les premiers engagements au titre du programme « Investissements d'avenir » avec 36 millions de subventions au titre des Projets structurants des pôles de compétitivité (PSPC) et de l'appui à structuration des filières industrielles.

Graphique 1 : Répartition des financements par finalité en milliards d'euros

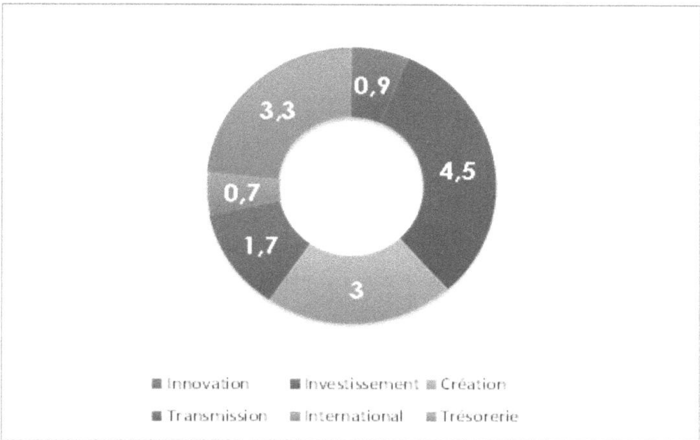

Source : OSEO

Encadre 1 : Plan automobile 2012

À la demande de l'État, dans le cadre du Plan automobile lancé par le ministère du Redressement productif en juillet 2012, OSEO a mis en place une série de mesures destinées à soutenir les acteurs PME & ETI de la filière automobile.

C'est ainsi que 150 millions d'euros sont apportés par OSEO grâce au renforcement des garanties de concours bancaire, dont la quotité est portée de 50% à 60%, et au dispositif « avance+ », qui permet d'obtenir des financements sur la base des factures aux clients. OSEO apporte également une enveloppe de prêts de 100 millions d'euros autorisant 300 millions d'euros de financements globaux pour investir dans l'appareil productif et moderniser la filière automobile.

Analyse des bénéficiaires par finalité

La majorité des financements sont affectés à l'investissement (32%), suivi de la création d'entreprises (21%), le reste allant aux actions en faveur du soutien à la trésorerie (11%), à la transmission (7%) et à l'innovation (6%) (11 000 entreprises accompagnées dans leurs projets d'investissement par OSEO en 2011 pour un montant de 4,5 milliards d'euros).

Investissement : 4,5 milliards d'euros mis en place auprès de 11 000 entreprises.

L'industrie y est ici majoritairement représentée. Les ETI, en augmentation par rapport à 2010, mobilisent d'abord des financements mezzanine.

Innovation : 3 650 entreprises accompagnées pour 900 millions d'euros.

83% des bénéficiaires ont vu leur projet financé par des aides publiques (aides à l'innovation, innovation stratégique industrielle et fonds unique interministériel) et 17% par des financements mezzanine ou garantie.

Parmi les entreprises soutenues par OSEO, celles relevant d'un soutien à l'innovation sont d'effectif et d'âge plus élevés que la moyenne : 55% sont des PME et 10% des ETI.

Création : 40 940 créations aidées.

En 2011, OSEO a financé 16 % des créations (hors auto-entrepreneurs), dont 1/3 via le prêt à la création d'entreprise (PCE) et le reste via une garantie. Il s'agit de très petites structures et 1/3 des entreprises sont individuelles.

Trésorerie : 3,3 milliards d'euros pour 8 600 entreprises.

Les TPE et PME matures, mais fragiles, en bénéficient en priorité. La construction est le secteur le mieux représenté, notamment avec la mobilisation de créances.

Transmission : 1,7 milliard d'euros pour 4 740 entreprises.

90 % des transmissions ont été soutenues via une garantie, avec un doublement du nombre de bénéficiaires depuis 5 ans. La restauration et le commerce sont dominants avec un total de 37 % en nombre.

International : 700 millions d'euros auprès de 1 030 entreprises.

L'accompagnement à l'international est un effort récent, mais prioritaire d'OSEO. Il se traduit, en 2011, par un doublement en nombre de bénéficiaires et en montants accordés. Les bénéficiaires sont majoritairement des PME industrielles, matures, solides financièrement, avec une appétence particulière pour les produits mezzanine.

*Analyse des bénéficiaires, par catégorie d'entreprise**

Les taux de pénétration d'OSEO traduisent un effort vers les entreprises aux effectifs importants. Les types de réponse apportés correspondent à des besoins de financement spécifiques. Sur la base de la ventilation des entreprises françaises par catégories selon le décret n°2008-1354 (INSEE, mars 2012) :

- 23% des 4 580 ETI ont bénéficié majoritairement d'un soutien à l'investissement ;
- 10% des 131 250 PME, principalement d'un soutien de trésorerie ;
- 2% des 2 550 000 TPE, essentiellement d'un financement au travers des dispositifs d'aide à la création.

En 2011, OSEO a soutenu près d'une ETI française sur quatre.

Analysées selon le nombre d'entreprises financées dans chacune des trois catégories d'entreprises*, les actions d'OSEO ressortent en proportions complètement inversées : les ETI apparaissent très minoritaires, alors même qu'elles mobilisent la majorité des emplois de toutes les entreprises aidées. Mis en perspective de ces mêmes données par catégorie d'entreprise (INSEE, mars 2012), les enjeux des actions d'OSEO sur l'emploi montrent que leur impact n'est pas lié au nombre d'entreprises, mais bien à leur taille.

- 2% des bénéficiaires de soutiens OSEO sont des ETI qui mobilisent 56% des emplois de l'ensemble des entreprises financées ;
- 18% sont des PME qui rassemblent 35% des emplois ;
- 80% sont des TPE qui concentrent 9% des emplois.

Enfin, les actions d'OSEO s'avèrent généralement plus importantes dans les régions à faible densité d'entreprises, ceci étant imputable notamment à la part accordée aux dispositifs orientés vers la création.

Encadré 2 : Un souci d'évaluation qualifiée : l'exemple des contrats de développement participatifs (CDP)

Renforcer ses fonds propres sans ouvrir son capital : tel est le défi posé par de nombreuses PME et ETI auquel répondent les contrats de développements participatifs.

Le CDP permet aux entreprises :

- d'alléger le poids du remboursement du prêt durant la période de mise en place de l'investissement,

- de disposer d'une ressource patiente pour financer la partie du projet habituellement délaissée par les banquiers (les investissements immatériels ou corporels à faible valeur de gage) ou pour financer l'augmentation du BFR habituellement financée à court terme.

- Le CDP a un coût supérieur aux taux des concours bancaires classiques, contrepartie de ses caractéristiques (absence de garantie, différé en capital, longue durée par rapport à la nature des investissements financés). Il est incitatif pour les partenaires financiers puisque pour eux, le CDP est une dette subordonnée.

Dans le cadre du Programme d'Investissements d'Avenir, OSEO a mis en place une première tranche de 1 milliard d'euros et a procédé après deux années de mise en œuvre (décembre 2009 à décembre 2011) à une première évaluation des objectifs initialement visés.

L'analyse menée a fait apparaitre que la cible visée par le dispositif a bien été atteinte :

- Le dispositif accompagne des entreprises majoritairement industrielles, de plus de 10 ans en moyenne, dotée d'une bonne solvabilité. Les ETI en sont les principales bénéficiaires puisqu'elles y sont statistiquement 8 fois plus représentées que dans la moyenne nationale

- Les projets financés grâce aux CDP sont d'envergure et générateurs de croissance : ils contribuent dans la moitié des cas à doubler la valeur de l'outil de production. Ce qui autorise les entreprises bénéficiaires à envisager une augmentation annuelle de leur chiffre d'affaires et de leur effectif dépassant 10%.

- Le dispositif constitue une réponse à une défaillance du marché.

- Les populations d'entreprises les plus contraintes dans l'accès au crédit sont également les plus représentées dans le dispositif. Cette analyse fait écho à une étude de l'INSEE (INSEE, novembre 2011), qui montre que plus la dynamique de croissance d'une entreprise à la recherche d'un prêt est forte, plus ses difficultés d'accès au crédit sont importantes.

- De même, a posteriori, les bénéficiaires d'un CDP affichent un repli de leur solvabilité, reflet d'un risque conséquent associé à l'investissement.

OSEO entraine donc les banques qui peuvent être réticentes à financer seules de tels projets en déployant un fort effet de levier : 1 euro de fonds d'investissement d'avenir a permis la mise en place de 41 euros de crédits bancaires ou d'apports en fonds propres.

Source : OSEO (2012). Contrats de développement participatifs : évaluation du soutien d'OSEO à la croissance des PME et ETI-décembre 2009 à décembre 2011, juin 2012.

Dans leur diversité, voire leur forte hétérogénéité, les « PME » demeurent encore mal connues et reconnues pour leurs efforts en faveur de création de valeur et leur participation à la croissance. La vision d'OSEO va à l'encontre de bien d'idées reçues : les PME innovent, investissent et exportent, mais elles sont souvent dépendantes de supports et de disponibilités de financement trop exigeants au regard de leur structure de bilan. En outre, on peut craindre que les accords de Bâle III n'infléchissent encore la politique de crédits aux entreprises menées par les banques.

Méthodologie

Depuis 2009, OSEO a mis en place une série d'indicateurs qui permettent d'analyser les caractéristiques des entreprises accompagnées et des soutiens mis en place. Ceci permet de positionner les actions d'OSEO au sein du tissu économique français et d'observer le développement des entreprises en termes de création de richesse et d'emploi.

Les données indiquées dans cet article prennent en compte les financements effectivement mis en place par OSEO en 2011.

Définitions

Catégories d'entreprises

Dans cet article, les notions de micro-entreprise, PME et ETI sont conformes aux catégories d'entreprise définies par la Loi de Modernisation de L'Économie de 2008, mais pas à sa notion générale d'entreprise. En effet, ne disposant pas d'information sur les liaisons financières, il est impossible de reconstituer les groupes auxquels appartiennent les entités analysées. Chaque entreprise est donc réduite à son unité légale et repérée par son Siren.

Bibliographie

INSEE, « Un tissu productif plus concentré qu'il ne semblait. Nouvelle définition de l'entreprise et nouvelles catégories », INSEE Première n° 1399, mars, 2012.

INSEE, « La moitié des PME d'au moins 10 personnes ont recherché un financement », INSEE Première n° 1379, novembre, 2011.

OSEO, « 55e enquête semestrielle – La conjoncture des PME », Juillet, 2012.

OSEO, Contrats de développement participatifs : évaluation du soutien d'OSEO à la croissance des PME et ETI, décembre 2009 à décembre 2011, juin, 2012.

L'intervention de CDC Entreprises dans les PME innovantes : la place du capital investissement

Frédérique SAVEL

CDC Entreprises

Introduction

L'innovation est un processus long qui ne correspond pas nécessairement à la succession des phases de recherche-développement-commercialisation. Ces étapes peuvent être « imbriquées » différemment, les avancées technologiques peuvent précédées la recherche par exemple. Le capital investissement a un rôle à jouer afin que chacune des étapes soient franchies pour permettre in fine que de nouvelles entreprises ou des entreprises existantes proposent de nouveaux produits ou services, nouveaux modes d'organisation, nouveaux développements.

CDC Entreprises est un des acteurs du capital investissement dont nous allons expliquer la stratégie et le rôle sur ce sujet.

1. L'innovation est un axe stratégique majeur des activités de CDC Entreprises

L'innovation est un axe stratégique majeur de CDC Entreprises : la société de gestion de capital investissement de la Caisse des Dépôts en direction des PME et ETI a pour vocation d'intervenir au nom de l'intérêt général dans les segments de marché peu ou mal adressés par les acteurs privés du capital investissement. À cet égard le couple rentabilité/risque du capital amorçage et du capital risque n'est pas attractif pour des investisseurs privés qui ne souhaiteraient pas s'engager dans la durée. En effet, les retours sur investissement ne sont possibles qu'à long terme voire très long terme (plus de 10 ans) et les rentabilités incertaines. Le rôle que peuvent jouer les acteurs publics, est alors de nature à avoir un effet d'entrainement qui permettra de fédérer d'autres acteurs publics voire des acteurs privés plutôt de type « industriel » sur des secteurs d'avenir. C'est précisément, dans les secteurs les plus

« technologiques » que les besoins en fonds d'amorçage vont être les plus cruciaux car les investissements y sont lourds et la « Love money » ou les « Business Angels » n'y suffisent pas.

Pour définir ses actions, CDC Entreprises considère que les entreprises de croissance dès lors qu'elles sont adressées par le capital amorçage et le capital-risque, sont des entreprises innovantes au sens du manuel d'Oslo dans lequel l'innovation n'est pas seulement définie d'un point de vue technologique mais également organisationnel, commercial... Néanmoins dans le cas des interventions du Fonds National d'Amorçage (voir point ci-après) le nécessaire caractère technologique de l'innovation est souligné.

2. Cibler le passage de la « Vallée de la mort » pour aider la jeune entreprise à surmonter cette phase de sa toute jeune existence

La « vallée de la mort » est la période au cours de laquelle la jeune start-up doit conjuguer le développement de sa clientèle tout en étant à la recherche de financement et de mise au point de sa technologie. Le passage de cette phase doit rester une zone de vigilance des actions de capital amorçage et de capital risque. Les besoins financiers, « les tailles des tickets », ne sont pas forcément très importants (de quelques dizaines à quelques centaines de milliers d'euros) mais ils sont un maillon indispensable du dispositif et de la croissance future des activités de la toute jeune entreprise.

3. Investir en priorité sur les segments du capital amorçage et du capital risque

Le positionnement de CDC Entreprises à l'égard de ces entreprises est singulier dans le capital investissement. En effet alors que sur le marché français 23% des entreprises qui ont fait l'objet d'investissement en fonds propres en 2011 sont positionnées en amorçage-capital risque[1], CDC Entreprises a répondu présente à 44% des 844 entreprises qui ont bénéficié directement ou indirectement (l'activité de fonds de fonds) de ses actions d'investissement en 2011.

---

[1] Chiffres AFIC (Association française des investisseurs pour la croissance) 2011.

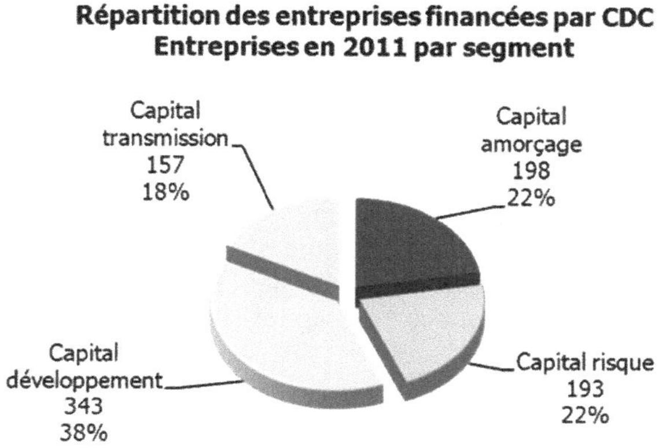

Source : CDC Entreprises

Sur le moyen terme, les évolutions à la hausse du nombre de nouvelles entreprises financées en capital-risque et en amorçage est nettement visible sur les graphiques suivants sans pour autant que le suivi (réinvestissements) des entreprises ne soit délaissé :

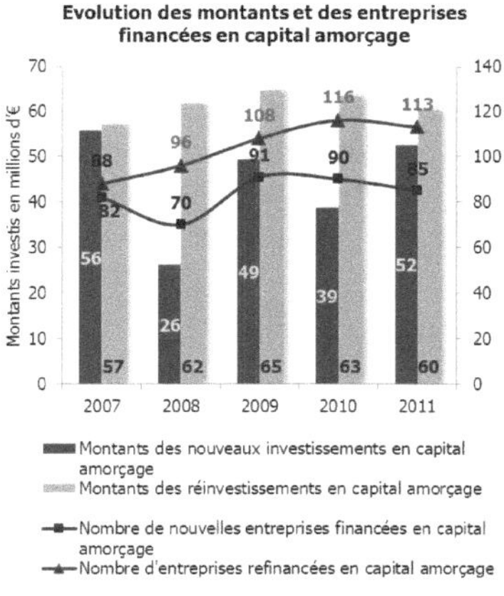

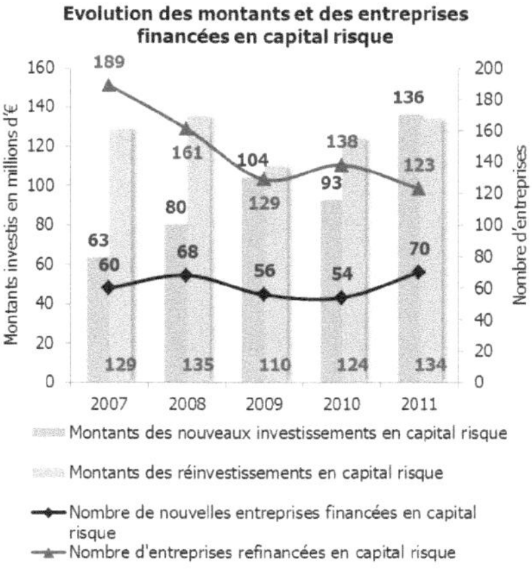

Source : CDC Entreprises

4. Contribuer à la promotion de l'innovation grâce à des ressources spécifiques et à l'identification des PME de croissance

4.1. Dédier des ressources à l'innovation

Dans le programme des investissements d'avenir (PIA) lancé en décembre 2009, la création du Fonds National d'Amorçage doté de 400M€ dans un premier temps puis de 200 M€ supplémentaires par la suite, marque l'importance qu'il y a à accompagner les entreprises innovantes dès leur démarrage.

Avec le FNA ce sont les jeunes entreprises innovantes qui sont plus particulièrement ciblées. Ce sont celles qui développent des innovations technologiques définies par la Stratégie nationale pour la recherche et l'innovation à savoir la santé, l'alimentation et les biotechnologies, les technologies de l'information et de la communication, les micro et nanotechnologies, les écotechnologies.

L'exemple des biotechnologies est édifiant quant au rôle que peuvent jouer les fonds de capital amorçage pour l'existence même d'entreprises dans un secteur d'activité majeur pour l'avenir. À cause d'un manque d'investissements en amorçage dans les biotechnologies au milieu des années 2000, l'insuffisance de sociétés matures ayant 5 à 8 ans d'existence, aptes à mettre sur le marché de nouveaux produits, de nouveaux procédés a été constaté cinq ans après. La création d'un fonds dédié, INNOBIO, permet avec la participation des plus grands laboratoires mondiaux co-investisseurs du fonds, de financer des « start up santé » en espérant les accompagner jusqu'à leur phase de développement.

4.2. Identifier les entreprises innovantes

Les entreprises innovantes pour le capital amorçage sont généralement de jeunes entreprises qui pour 45% d'entre elles ont moins de 5 ans alors que pour le capital-risque 46% des entreprises, la même proportion, ont entre 5 et 10 ans. L'accompagnement des jeunes entreprises en amorçage se traduit-il quelques années après par un accompagnement en capital risque de ces mêmes entreprises devenues « moins jeunes » ? La question peut se poser, cette analyse n'a pas été menée dans ces termes mais ce pourrait être une voie à explorer.

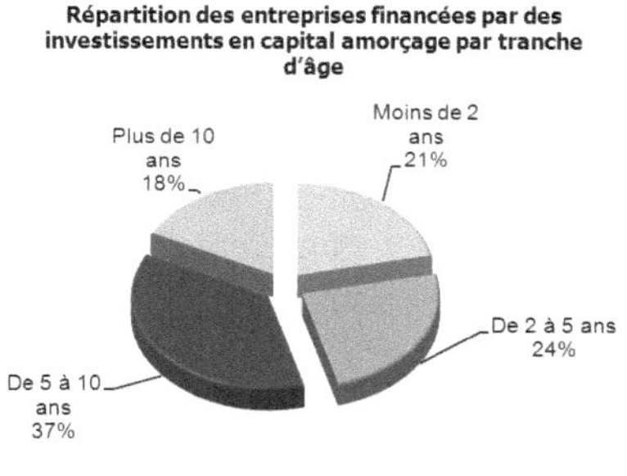

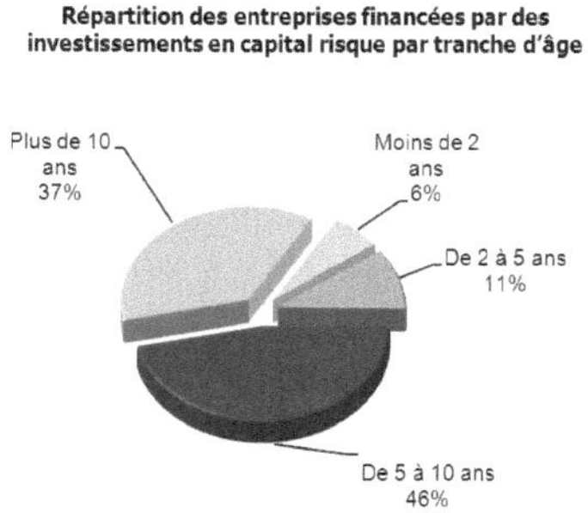

Source : CDC Entreprises

Dans le portefeuille de CDC Entreprises si toutes les activités sont possiblement éligibles, l'analyse des secteurs dans lesquels elles sont les plus présentes dans le portefeuille de CDC Entreprises fait la part belle aux secteurs stratégiques que ce soit en nombre d'entreprises financées ou en montants investis comme le montrent les graphiques ci-dessous.

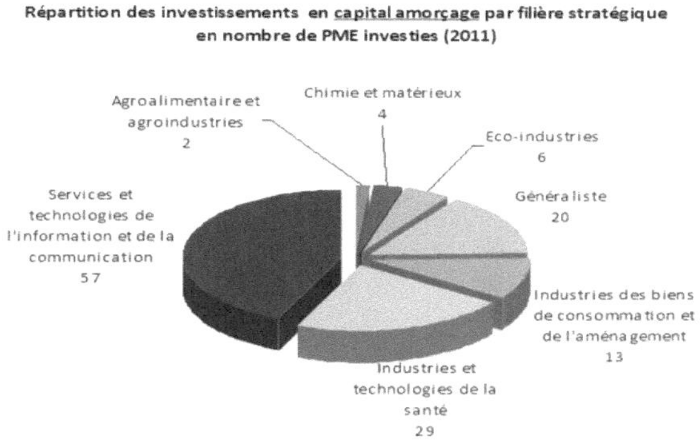

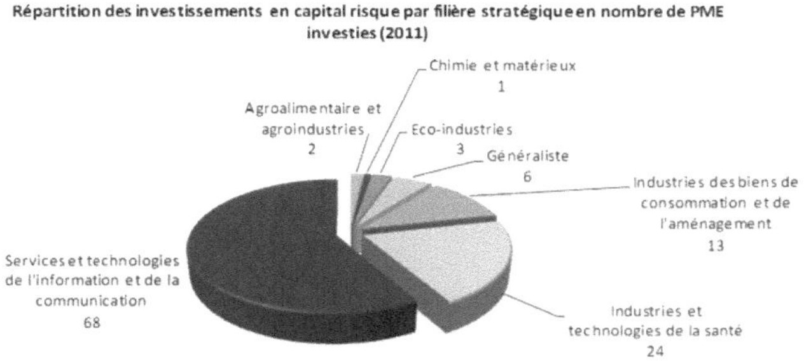

Source : CDC Entreprises

Au-delà de l'analyse de son portefeuille, CDC Entreprises a pour objectif et pour ambition d'identifier les PME en croissance en France. Pour ce faire la base de données[2] PME+ qu'elle a mise en place, réactualisée chaque année, va donner les moyens à CDC Entreprises d'identifier région par région en France, les besoins potentiels et les entreprises associées à ces besoins pour les aider dans leur développement.

CDC Entreprises, société de gestion agréée par l'AMF, est contrôlée à 100% par la Caisse des dépôts. Elle est la société de gestion du Groupe en charge de tous les programmes d'intervention de la Caisse des dépôts concernant des prises de participations en actionnaire minoritaire dans les PME, et ce depuis 1994.

Chiffres clé : 7,8Md€ sous gestion à septembre 2012 ; 3000 PME actives dans les portefeuilles des 257 fonds partenaires parmi lesquels 138 nationaux, 84 régionaux et 35 nationaux ou étrangers qui investissent tout ou partie à l'international.

En 2011 : 1,25 Md€ investis dans 844 PME. 1 PME sur 2 en France est financée directement ou indirectement par CDC Entreprises sur le marché du capital investissement.

---

2 Base de données réalisée avec le cabinet KATALYSE à partir d'une définition fine de la PME de croissance.

Un petit retour sur l'innovation et sur la place que doit/peut avoir le CNRS dans son développement

Jean-Claude ANDRÉ

CNRS

« Face à l'avenir, les hommes ont le choix entre quatre attitudes : l'autruche passive qui subit le changement, le pompier réactif qui attend que le feu soit déclaré pour le combattre, l'assureur pré-actif qui se prépare aux changements prévisibles, car il sait que la réparation coûte plus cher que la prévention et, enfin, le conspirateur proactif qui agit pour provoquer les changements souhaités » (Godet, 1991).

Introduction

Jacques Ellul affirmait que, dans la société technicienne qui est la nôtre, toute centrée qu'elle est sur la production économique et conséquemment sur les moyens qui la rendent possible, « nous vivons dans la religion du fait », le sacré ayant été transféré à la technique (Ellul, 1988). Dans un tel schéma de pensée, l'expertise technologique serait dogme et l'expert, le prêtre communiant… Pour satisfaire cette nouvelle « religion », l'innovation technologique se retrouve partout. Et elle est aussi présente dans nombre de discours. L'innovation est objet de la littérature scientifique et technique, mais est aussi discutée dans les sciences sociales et humaines : histoire, sociologie, management, économie. L'innovation est une idée centrale de l'imaginaire collectif, une notion abondamment discutée dans les médias et par le politique. L'innovation, symbole d'une société moderne, doit résoudre les problèmes sociaux et économiques. Cette omniprésence de l'innovation suggère plusieurs questions :

- Pourquoi l'innovation a-t-elle acquis une place si centrale dans notre société ou, dit autrement, d'où vient l'idée d'innovation ?

- Comment l'innovation en est-elle venue à être spontanément identifiée à l'innovation technologique ?

- Quand, et à cause de qui, l'innovation en est-elle venue à signifier l'innovation commercialisée par l'entreprise ?
- Comment associer créativité, recherche, innovation et marchés ?
- Comment sortir des injonctions paradoxales pour avancer ?

Tubiana (2012) écrit : « Les crises sont de formidables accélérateurs de progrès, elles stimulent la créativité des chercheurs ». Est-on sûr à la lecture de cette phrase que l'innovation est issue essentiellement du monde de la recherche ? Est-il nécessaire de disposer d'un marché et de moyens de transformer les idées en produits ou procédés ? Comment le transfert de savoirs entre partenaires s'opère-t-il ?

Le politique peut avoir une conception standardisée de la croissance. Mais les choses ne se résolvent pas uniquement par des structures et par des organisations que l'on croit ad-hoc. Et puis ? « Le flux des produits n'est que la traduction de flux d'idées, visions, concepts, stratégies qui se sont réifiés, matérialisés en choses commercialisées. Ce qui fait la différence n'est pas la marchandise, mais l'idée qui l'a créée. Qui apporte de nouvelles idées, change donc les marchandises, change les flux, change les chiffres » (Mediapart, 2012).

Pas de produit, pas d'usine, pas d'emploi sans idées à la source… Une politique économique consiste dans l'analyse et le développement des idées à l'origine des produits. Sur le sujet, la plupart des décideurs sont plus ou moins inscrits aux abonnés absents, même s'il existe nombre de rapports servant au développement des innovations (SNRI, 2009 ; OPECST, 2011 ; OCDE, 2007 ; Ministère de l'Industrie, 2009, 2010 ; Cour des Comptes, 2007 ; EU-FWP 7, 2012a ; EU-FWP, 2012b ; Eurogroup Consulting, 2012 ; etc.). « La guerre économique est une guerre des idées, une guerre qui a besoin d'usines à idées, […] de nouveaux champs de cultures, massifs, souvent en jachère. Créer, c'est rappelons le, se mesurer à l'inconnu » (Mediapart, 2012).

Créativité et imagination doivent être à l'œuvre au début du processus. La recherche académique ou RA (dont celle issue du CNRS) doit contribuer, à sa mesure et dans sa mission, à une approche précompétitive de l'innovation, enjeu de cette réflexion. Pour ce faire les actions de recherche doivent-elles, comme dans l'industrie, disposer d'un temps et d'un budget ? Ces limites devront être expliquées aux chercheurs qui, s'investissant dans la continuité des actions d'approfondissement, seraient susceptibles de considérer un arrêt comme un échec. Or, on sait qu'industriellement, 20% environ des projets sont viables, que 95% des produits nouveaux échouent... (Musso & al., 2002).

Le problème du suivi des projets (scientifiques) est analysé par Gartner Group (2008), à partir de la courbe de Hype représentant la visibilité d'une technologie en fonction du temps, caractérisée par :

- L'introduction et le premier attrait par des décideurs d'une base technologique. Le champ des possibles est immense ; le chercheur doit pouvoir utiliser toute son imagination. La programmation initiale est modeste ;
- Le pic des attentes exagérées : l'émergence de la technologie, pour différentes raisons est difficile. Seuls quelques axes restent prometteurs. Les travaux se développent sur les voies prometteuses ;
- Les applications industrielles apparaissent, les activités sortent du périmètre d'action de la RA ;
- La Société s'approprie les applications en les réorientant (idem).

Les processus de conception définissent l'artefact qui doit répondre aux objectifs retenus par des choix successifs de plus en plus détaillés (de plus en plus irréversibles dans la durée limitée de l'action). Dans ces différentes situations, on s'intéresse plutôt à la valeur chiffrée des choses (marchandises, CAC40, évaluation de la recherche et AERES pour la RA, etc.) qu'à l'intelligence des idées. Dans ce contexte caricatural, on ne considère souvent que l'aval, c'est-à-dire le résultat, rarement l'amont et les échecs. Quelle est donc alors la vraie source de la croissance mise à mal par l'étude de General Electric (2012). La principale cause de perte de compétitivité des entreprises serait due à une mauvaise appréciation de l'évolution de la technologie et à une mauvaise perception du caractère éphémère qui caractérise l'avance technologique (Flichy, 2003).

Ceci amène à réfléchir à la transformation du potentiel de recherche pour atteindre des objectifs de développement économique s'appuyant sur la science. Par ailleurs, au-delà des mesures structurelles et organisationnelles, c'est toujours le fond qui compte : la valeur des marchandises se convertit en bonnes ou mauvaises valeurs morales (souvent un peu les deux) ; si tant de marchandises-choses intoxiquent le monde, c'est que la dimension « morale » des créateurs de ces choses est limitée à une satisfaction financière (André, 2008 ; EU-FWP, 2012a).

Cette aventure nouvelle ne peut sans doute se développer sans un jeu ouvert fait de coopération, de fairplay, d'espace, d'initiatives, de respect des règles et de contact avec le public et l'environnement. Or, il est nécessaire de rappeler les chiffres de la balance commerciale et du chômage sans voir le manque d'idées qui se cache derrière.

1. Un retour sur l'innovation

Selon Gaglio (2011), l'innovation est une invention qui s'est répandue dans la société ; elle est moins un état, un artéfact qu'un processus. La créativité conditionne l'innovation considérée comme la capacité d'apporter des solutions originales aux problèmes auxquels chaque être humain est confronté (Foray, 2002). Un processus de divergence s'engage, et se termine, par convergence, dans une solution du problème. L'innovation couvre les aspects suivants (Schumpeter, 1911, 1999 ; Gaglio, 2011 ; Larédo & Mustar, 2003, Lesourne, Bravo & Randet, 2004) :

- Un bien nouveau ou un même bien doté de propriétés nouvelles et distinctes ;
- Une méthode de production nouvelle ;
- L'ouverture de nouveaux marchés ;
- La conquête d'une source de matières premières non encore exploitée ;
- La création d'une nouvelle organisation, comme la création d'une situation de monopole ;
- Une innovation suppose l'émergence de nouvelles pratiques sociales dans le sillage de la nouveauté (Alter, 2010) ;
- Une innovation suppose qu'on soit capable d'imaginer comment elle se vivra pour les membres de la société (Chavel, 2011) ;
- Elle remet en cause des positions acquises, des rentes de situation ; elle bouscule des certitudes et des adaptations (Gaglio, 2011).

L'innovation est un processus complexe, mal compris, synonyme de risque et d'incertitude, de fait générateur d'angoisses (pour tout un ensemble de partenaires), mais aussi de différentes formes de bénéfices pour la Société (qu'il convient aussi de ne pas oublier). Pour Durand (2004), « la stratégie d'entreprise [...] tente de résoudre le paradoxe posé par les relations entre la liberté de création et d'initiative et d'influence de la sélection économique ». À ce titre, les entreprises n'innovent pas seulement pour satisfaire leur client, mais pour imposer à leurs rivales une pression et les pousser à la faute ou à l'abandon.

Le mouvement technologique, moyen d'un résultat financier attractif, doit être créateur de richesses nouvelles accessibles par le citoyen. Dans le même temps, celui-ci demande plus de régulation du changement technique par la réglementation. Il y a donc demande d'une évaluation sociale des développements technologiques, associée à une certaine volonté de contrôle des changements techniques et organisationnels. La société est ainsi condamnée à s'adapter aux changements en s'efforçant de combler l'écart entre les aspirations complexes et ambivalentes du corps social et les effets estimés des transformations induites par les innovations.

Pour qui s'intéresse à l'innovation des limites du concept méritent d'être soulignées :

- L'entreprise acteur central réputée être le moteur de la croissance économique et lieu privilégié de l'innovation. Aujourd'hui elle provient, à des degrés divers, d'autres acteurs ;
- L'innovation demeure l'innovation technologique alors qu'elle devrait être multiple.

Les sociétés sont passées d'agricole à industrielle puis de services ou de connaissance avec une décroissance industrielle liée à la délocalisation et à l'automatisation. Ce contexte conduit à une réflexion sur l'acte de conception pour des produits et des matériaux nouveaux et sur un examen de liaison des produits aux futurs consommateurs. Ainsi, les préoccupations principales des entreprises nécessitent-elles :

- de mieux cerner, anticiper et orienter la demande par l'innovation ;
- de mieux comprendre et maîtriser les phénomènes liés à la matière ;
- d'apporter des fonctionnalités nouvelles pour favoriser une attractivité réelle ou factice sur de nouveaux artéfacts ;
- de gérer la complexité technologique, économique, humaine, etc. ;
- d'améliorer la productivité de l'investissement immatériel ;
- de maintenir leur compétitivité.

Dans ces conditions, l'industriel construit le « métier » de son entreprise à l'aide d'une pluralité de métiers spécialisés, visant par une organisation adaptée la satisfaction du « client ». L'entreprise est et sera de plus en plus pluri-métiers (Thomson, 1998) avec des interactions fortes entre sciences pratiques, humaines et sociales et technologie (Lattès, 1988). L'entreprise est entrée dans une instabilité durable, sous contrôle temporel, associée à un emploi plus instable, plus flexible et sans doute plus dispersé.

Depuis quelques décennies, on observe une évolution ressentie par le corps social vers la diminution de la production nationale de biens au profit des services, ce qui correspond à une révolution civilisationnelle traduite par une stagnation de la compétitivité. Rappelons que dans l'économie de la production, l'innovation était triple :

- progrès dans la maîtrise de nouveaux matériaux et de l'énergie ;
- procédés permettant une production « efficace » ;
- produits permettant une production de masse au moindre coût.

Alors, les objectifs étaient centrés sur l'optimisation pour satisfaire les besoins quantitatifs de la Société (suite à la pénurie de biens après la guerre de 1940). Aujourd'hui, la production est réalisée à moindre coût et de manière plus flexible. Un phénomène nouveau émerge avec diminution du coût de production et augmentation du coût de conception. Il y a « déplacement de la valeur ajoutée, c'est-à-dire de la création de richesse, à l'intérieur de la « chaîne d'offre » : des usines vers les laboratoires et les centres d'essai ; des productions vers les distributeurs et les entreprises de communication » (Debonneuil, 2007). Cependant la mode induit pour ceux qui développent du nouveau la définition d'un marché qui permet aux pionniers de se différencier des autres : rien ne sert de posséder, il faut plutôt montrer ce que l'on possède (ou laisser croire qu'on possède)... (Simmel, 1904/1988 ; Veblen, 1970). Sur le registre des personnes qui s'engagent dans l'inconnu et dans l'imaginaire, Rogers (2003) estime que :

- 2,5 % du public acceptent de prendre des risques pour disposer de technologies nouvelles ;
- 13,5% sont des « innovateurs-clients » qui disposent d'un prestige social supérieur à celui des pionniers ;
- 34% constituent la « majorité précoce » ;
- 34% la majorité tardive (mal à l'aise avec les idées nouvelles) ;
- 16% de « retardataires ».

Aujourd'hui, persévère-t-on dans l'exploration d'un système de production matérielle ou immatérielle de masse (quantitatif), ou s'engage-t-on dans la révolution du quaternaire (qualitatif) correspondant à des produits, services ou systèmes nouveaux qui satisfont un renforcement de la demande de « bien-être », pour laquelle on accepte de payer un certain prix (notion d'attractivité) et non le prix le plus bas ou une production plus rapide (Romer, 1994). Il est reconnu que ce ne sont pas les exercices de marketing qui font que les individus s'intéressent à un produit, ce sont les « besoins intrinsèques » des gens qui créent une demande effective. Alors, le profil de la population a une importance cruciale sur les choix opérés, entrainant les autres composantes du corps social dans la dynamique de production ou de service créée.

La création de richesse doit tenir compte du besoin ou de la demande du public, attiré par la nouveauté ou par l'accumulation de biens et/ou inscrit dans une nouvelle dimension sociétale (énergies renouvelables, développement durable, etc.). Alors, pour satisfaire par la science les futures applications, il est nécessaire d'anticiper et de se rapprocher de la Société en pensant l'innovation comme processus social. Cependant, les idées ne peuvent être issues que d'un contexte culturel et social donné, qui tiennent compte des connaissances et idées du temps présent. La boucle tautologique est de fait un peu bouclée...

L'entreprise doit l'emporter sur les autres compétiteurs en étant plus persuasive même si, en rendant les objets de plus en plus faciles à acquérir, en diminuant leur durée d'usage, en exploitant trop rapidement ses réserves disponibles à faible coût, la Société de consommation sait qu'elle court à sa perte ; il y a simultanément désir du nouveau et repentir conscient. Selon Girard (2008), « comme tout mécanisme sacrificiel, cette société a besoin de se réinventer de temps à autre. Pour survivre, elle doit réinventer des gadgets toujours nouveaux ». Cette forme de remède sacrificiel se déploie dans des cadres technologiques « à la mode » avec leurs mots clés un peu magiques : nanotechnologies, intelligence ambiante, développement durable, énergies nouvelles, etc. qui permettent d'évacuer pour un temps les troubles de la conscience.

Cependant, dès qu'on sort de l'idée, de la démonstration technique, le projet implique un nombre croissant de partenaires, le coût augmente exponentiellement sous contraintes temporelles, organisationnelles, de changement d'échelle. Comment recruter des personnes pour atteindre les objectifs retenus ? Comment maîtriser les faits et les gestes de ces derniers (tout en les positionnant comme réels alliés) pour éviter les débordements et les divergences ? La réussite d'une activité d'innovation ne peut être spontanée et gratuite, en sachant que la composante recherche, n'est qu'un élément parmi d'autres (Genet, 2009).

Rappelons que l'innovation technologique est une source importante de croissance et d'emplois : en 1993, 120 milliards € environ ont été consacrés en Europe à la recherche et au développement, 2 millions environ de personnes sont concernées par ce domaine. Selon Giget (2007), il y aurait dans le monde 800 000 brevets annuels, un budget mondial de R&D de l'ordre de 700 milliards €/an, une multiplication par 2 tous les 15 ans de ces chiffres. Il existe donc en principe une place large pour l'action en commun avec la recherche publique. La structure académique n'est en général pas à l'origine de l'association : selon Forgeard (2007), c'est à l'entreprise d'assurer la coordination de l'outil de recherche spécialisé du domaine public. Il y a cependant nécessité d'échanger même quand on est dans une relation de type « client-fournisseur ». Plusieurs voies peuvent cependant être proposées pour favoriser cet enrichissement culturel. La première consiste à accueillir, dans les deux sous-logiques, universitaire et industrielle, des membres de « l'autre bord » pour mutualiser les savoirs. Il faut cependant accepter de consommer du temps, la mobilité étant difficile à mettre en place :

- Pour l'industriel, car il perd un élément dynamique de son dispositif d'innovation ;
- Pour l'universitaire, car il risque de ne plus être bien repéré par la structure de gestion de sa carrière (évaluation disciplinaire).

Dans la pratique modeste de cette mobilité, il convient de n'échanger que les meilleurs éléments pour un succès du processus. Or, les responsables des laboratoires des deux bords auront plutôt tendance à être réticents à ces échanges, tant les structures ont des mentalités différentes. Que faire ?

2. Le point de vue d'un chercheur senior d'INSIS-CNRS

Historiquement, les tonneliers façonnent des pièces de bois et cerclent les éléments de chêne pour réaliser des tonneaux qui contiennent nos vins. Le cerclage doit empêcher toute fuite rédhibitoire. La réalisation de maillets qui évitent les émissions acoustiques (qui finissent par rendre sourds les artisans) est possible, mais sort des habitudes et des traditions. Cette innovation a été rejetée, pour raison conservatrice mais parce que le bruit émis lors du choc est caractéristique de la position de chaque pièce de bois relativement aux autres. L'approche scientifique d'un problème à cause de surdités trop fréquentes ne conduit pas nécessairement à l'innovation souhaitée pour différentes raisons :

- Les savoirs scientifiques ne sont qu'un petit ensemble de l'ensemble des savoirs contenus dans l'acte de produire ;
- Il y a dissociation entre ce qui constitue l'amélioration technologique ponctuelle des fondements qui restent généralement pérennes (Prades, 1992) ;
- Les aspects implicites non visibles échappent à l'analyse du spécialiste conduisant à des solutions finalement inadaptées ;
- L'innovation passe par l'accord des utilisateurs.

Pour atteindre des objectifs de production industrielle, plusieurs directions sont explorées :

- Réduction de l'activité de l'opérateur à sa tâche élémentaire ; c'est l'ingénieur qui organise le travail ;
- Organisation en secteurs spécialisés de la production industrielle (Taylorisme, Fordisme, Organisation Scientifique du Travail, etc.) ;
- « L'Homme devait s'adapter tant bien que mal à la machine et accepter de ne plus comprendre à quoi servait ce qu'il faisait, l'œuvre à laquelle il participait dépassant de loin ses possibilités d'action » (Boisselier & Boué, 1977).

L'innovation se fait souvent par petites touches dans une des directions, ce qui entraîne des modifications dans les domaines connexes pour que le système dispose d'avantages relativement à la concurrence. Il s'agit donc d'un système d'amélioration par addition. Le succès de la méthode a renforcé de manière pérenne la spécialisation disciplinaire. D'un point de vue scientifique, le monde de la recherche française est magnifié par le développement disciplinaire au sens d'Auguste Comte : développement de progrès technologiques s'appuyant sur une logique d'offre. Quand ce progrès résultant d'une approche scientifique couplée avec la notion de bénéfice à court terme, devient un objectif essentiel, on le considère comme prioritaire, en rejetant ceux d'intérêt modeste relativement à l'enjeu principal de compétition. Souvent même, on ne sait pas que des situations anormales peuvent exister à cause de cette spécialisation qui est prise comme un label de qualité, voire de référence élitiste. La séparation entre science et philosophie (Wolf, 2009) va permettre des avancées scientifiques considérables, mais elle va créer un problème tragique dans la science qui ne se connait plus elle-même, qui ne dispose plus de la capacité autoréflexive. La philosophie cesse d'être alimentée empiriquement et tautologiquement est impuissante à féconder la science…

La méthode rationnelle a modelé le monde scientifique et technique, les progrès innombrables se traduisent par une espérance de vie impensable il y a un siècle, des biens matériels non prévisibles il y a vingt ans. Mais, par inertie culturelle le système fonctionne jusqu'à insatisfaction sociale, créant des tensions perceptibles. La remise à plat de ces dysfonctionnements a été, longtemps, possible par le biais de la réglementation, facteur de progrès social. Ces crises sont venues transformer le contexte, qu'il s'agisse des risques sanitaires effectifs : vache folle, amiante, sang contaminé, ou d'inquiétudes (fondées ou non) : téléphones portables, ondes électromagnétiques, OGM, nanotechnologies, convergence NBIC… Quand l'information existe, le public l'analyse en fonction de sentiments de menaces et/ou d'impuissance qui en découlent. Ce sentiment engendre celui de la peur et transforme l'information « neutre » sur tel ou tel événement en « événement extraordinaire » (Orfali, 2005).

Le nombre de chercheurs, investis dans des travaux reliés aux risques n'augmente pas au même rythme que les questionnements. Comment satisfaire le besoin de connaissances robustes dans ce cadre ? Comment disposer de financements pour des études visant des intérêts collectifs susceptibles de freiner voire de « menacer » ceux qui sont à l'origine des processus d'innovation (Pestre, 2003) ? Comment favoriser une hybridation disciplinaire ? Comment préparer l'émergence de produits, dispositifs correspondant aux besoins futurs de l'humanité ? Comment disposer d'une expertise non conflictuelle entre scientifiques et experts dans l'analyse des risques possibles pour la Société (Barke & Jenkins-Smith, 1993) ? Voilà en quelques phrases, nombre de questions qui attendent des réponses...

Dans ce contexte, le débat sur la place de la recherche dans la Société n'est pas stabilisé : pour nombre de chercheurs, le principe de désintéressement (Merton, 1973), la séparation de la science neutre de ses applications, le mythe impossible d'une science pure et désintéressée, s'oppose à l'implication, voire l'inclusion de la Science dans le système social moderne (Moore & Frickel, 2006)... Cette situation polysémique a eu de nombreux avantages pour occulter de possibles débats, des échanges entre scientifiques et citoyens. Cependant les tensions se renforcent amenant à évoluer...

Définir un besoin et les moyens techniques et organisationnels de le satisfaire ne rentrent pas dans le leadership de la recherche scientifique qui doit garder son caractère de créativité et d'approfondissement, tout en disposant de possibilités d'agir en interface pour transférer les savoirs créés. La légitimité se construit par la mutualisation dynamique et récursive de connaissances scientifiques en vue d'une fin. Il s'agit d'une science de l'action « transformatrice, manipulatrice, constructiviste... » (Hottois, 1992), aujourd'hui orientée par l'État et l'Union Européenne par le financement. Selon Guellec (1992), les pouvoirs publics doivent suppléer des défaillances du marché ; « par des mesures incitatives ou par l'allocation de ressources publiques. Il revient ainsi à l'État de soutenir la R&D générique à long terme dont la rentabilité est insuffisante pour que des agents privés s'en occupent ». Il existe un effet sans doute pervers de cette situation, c'est la possibilité d'une meilleure planification de la recherche que la réalité le laisserait croire.

Ces évolutions amènent à se situer à mi-chemin entre recherche fondamentale et R&D appliquée « afin de garantir, dit-on, un rendement économique plus rapide. Enfin, la recherche devient tout à la fois diversifiée et interdisciplinaire, les processus décisionnels [...] sont plus flexibles, etc. » (Giesen, 2000). Les développements récents font apparaître des couplages nombreux et complexes entre systèmes, allant bien au-delà des disciplines. Il y a pour les chercheurs du domaine nécessité de « chercher à côté » de sa discipline, sous le signe de la pluridisciplinarité. « Même si le risque d'une perte de rigueur liée à la dilution de la spécialisation est inquiétant, les avantages d'un contact avec les savoirs ne peuvent être ignorés » (Sokal & Bricmont, 1997).

Pour éviter de cantonner le chercheur dans sa discipline, pour dépasser les limites du savoir, il faut trouver des voies de « transgression » qui doivent autoriser et soutenir de nouveaux couplages culturels pour permettre des synergies, autorisant par intégration la création de nouveaux artéfacts. C'est bien ce qu'exprime l'idée heureuse de couplage entre sciences et technologies. En soutenant la créativité aux interfaces, il s'agit d'aller au-delà des frontières du savoir, à partir de méthodes nouvelles ou revisitées, en resituant « la recherche et les chercheurs dans le contexte de la vie de la cité » (Pompidou, 2004).

De fait, les sciences des « artéfacts » (artéfact signifie « fait de l'art », sous-entendu humain) qui s'attachent à ce qui pourrait être (Murray, 1923 ; Simon, 1973) constituent « un espace entre le naturel et le culturel que l'on ne sait attribuer à l'un ou à l'autre de ces ordres fondamentaux. L'entre-lac de l'artificiel et du culturel évoque l'illégitimité de l'inceste » (Laufer & Paradeise, 1982). Il ne s'agit pas nécessairement d'aller dans le sens d'Habermas (1968) qui écrit : « la Techno-science est devenue un sous-système social où domine la rationalité. Ce sous-système a progressivement colonisé le reste de la structure sociale, confondant bientôt les hiérarchies rationnelles à la hiérarchie sociale ». Cette position nouvelle à cette époque est liée au fait que les résistances au progrès technologique furent limitées par diverses mesures d'ingénierie sociale (réglementation, standardisation, formatage possible des citoyens et instrumentalisation des imaginaires sociaux, « storytelling », etc.). Des événements nouveaux considérés comme inacceptables ont remis en cause la place de la technique dans la Société (Giesen, 2000) traduite par un « tournant normatif de la technologie ».

Jonas (1999) introduit le concept de liberté de la recherche qu'il fonde sur la possibilité de choisir entre « connaitre » et « faire », entre acquisition et usage de la vérité (quand elle est accessible), entre connaissance pure et appliquée, entre théorie et pratique. C'est bien à cette aune que la recherche académique peut s'engager dans cette aventure celle de sa participation au progrès technique à court, moyen et long terme. Dans la démarche culturelle des sciences pour l'ingénieur, la recherche de la compréhension du réel s'est appuyée largement sur des « *stratégies de détour, autrement dit à la construction de modèles ou à la production de faits virtuels* » (Granger, 1995). C'est, d'ailleurs, ce qui est largement exprimé dans les définitions d'une approche collective permettant de diriger l'attention vers des faits saillants, des défis scientifiques et/ou techniques. L'interdisciplinarité de la vision des lointains et des buts introduit cependant un caractère important, celui de la décision et donc de la responsabilité, parce qu'il y a des choix à opérer importants pour le devenir de la Société. Dans les faits, aujourd'hui l'indépendance des chercheurs qui ont juste à penser leur science n'est qu'une illusion, car ils ne disposent pas des financements nécessaires à leur recherche. Telle est la vertu actuelle du New Public Management…

Les objectifs premiers des sciences pour l'ingénieur sont de construire une démarche scientifique qui soit centrée sur la production des savoirs et centrée sur l'Homme – l'Homme et ses besoins, l'Homme et sa santé, l'Homme et ses produits – et par conséquent de développer une approche systémique pour concevoir, produire et exploiter des systèmes plus sûrs, plus communicants, plus économes, plus performants, plus respectueux de l'environnement. L'Institut vise d'importantes ruptures scientifiques et technologiques (cf. site internet INSIS-CNRS).

Ces objectifs s'inscrivent dans la stratégie du CNRS qui est :

- De développer des concepts et des technologies de base ;

- D'être présent sur le front de la connaissance et de faire émerger de nouveaux sujets ;
- De répondre aux grands défis de la société.

Pour atteindre ces objectifs, le soutien à l'interdisciplinarité, doit permettre la synergie entre disciplines tout en les confortant à l'intérieur d'une démarche commune pour :

- Comprendre, modéliser et observer par la simulation intensive, l'expérience ;
- Concevoir et construire : spécifier en partant du besoin exprimé et en remontant les spécifications jusqu'au composant et au système ;
- Maîtriser, optimiser et gérer la complexité liée à la mobilité, aux grandes masses de données, aux réseaux ;
- Générer de nouvelles applications.

Cependant, dans ces quelques phrases n'apparaissent pas les aspects pratiques qui permettraient des rapprochements nécessaires pour engager le corps des chercheurs dans les relations sciences-société.

3. Pour conclure avec des remarques, des souhaits et des questions

Très clairement, il existe un hiatus important entre le fonctionnement du monde économique et la recherche académique, ne serait-ce que sur le « simple » aspect recherche : dans un cas c'est un moyen de l'innovation et du développement économique, alors que pour la Recherche académique cela reste un but. Comment alors rassembler ces éléments disjoints et complémentaires utiles à la société ? Le fait que l'innovation est souvent négligée par les décideurs dès qu'il s'agit de passer aux actes a été mentionné. Une morosité qui est également soumise aux difficiles interrogations sur les risques technologiques.

Il s'agit d'examiner en quoi l'innovation n'est pas qu'un processus de validation par l'expertise mais un processus critique évalué dans le cadre d'un examen délibératif plus ouvert, intégrant tous les acteurs : entrepreneurs, scientifiques, experts, publics. Comment faire pour accorder ces différentes logiques à l'œuvre dans l'innovation que sont la logique marchande entrepreneuriale, la logique scientifique, technologique, le rapport au savoir et la logique citoyenne du processus démocratique pour arriver à une innovation responsable ou les différents niveaux s'enrichissent mutuellement ?

Sept clés nous ouvrent les portes de cette innovation responsable (De Kerorguen, 2011).

Cet auteur résume ci-après des voies de réflexion sur le thème de l'innovation :

1re clé : la sérendipité. Les avancées les plus prometteuses sont liées aux comportements marginaux et à l'exploitation créative de l'imprévu, liés à telle ou telle recherche ou invention technologique. Le désintérêt pour les talents originaux risque de laisser les entreprises et le CNRS sans solutions. Encore faut-il savoir détecter ce ferment ! Le conservatisme actuel qui privilégie une approche uniforme représente un gâchis d'altérité et de diversité. L'innovation a du mal à se faire son chemin ?

2e clé : le désordre, l'imagination. L'innovation nait du désordre. La trop grande planification de la recherche et développement passe à côté d'occasions de créer. La rigidité des modes de financement de la recherche et de la R&D empêche trop souvent de se réinventer, de proposer des visions, de prendre des risques, de choisir des personnels de recherche originaux et astucieux, de percevoir les jeux possibles de s'engager (pour un temps) sur des projets interdisciplinaires, etc. Dans nos sociétés occidentales, on évite de prendre des risques

3e clé : la cartographie. La méthode cartographique permet de rassembler sur un même plan un ensemble d'expériences et de découvrir des chemins nouveaux entre des idées qui n'avaient pour certaines pas été reliées jusqu'alors. C'est un outil précieux pour innover dans la société complexe que nous connaissons pour gérer une multitude de points de vue.

4e clé. Les signaux faibles et la vision prospective. La prospective des signaux faibles appelle notre attention sur les informations partielles, indices fragmentaires ou signes d'alerte précoces. Il s'agit de réimaginer l'avenir hors des chemins balisés ; autrement dit de développer une « vision ».

5e clé : la gestion délibérative de l'incertitude. L'environnement instable de l'économie nécessite un système d'innovation qui ne soit pas seulement bâti sur du connu, des solutions éprouvées ou opportunistes mais un système capable de se confronter à l'incertitude, au risque, à la turbulence.

6e clé : la coopération et des organisations apprenantes. Les « livings labs » sont des dispositifs d'innovation qui connaissent actuellement un franc succès en Europe et ailleurs. Ce sont des dispositifs à la fois d'open innovation (ils sont multipartenaires) et d'innovation ascendante (ils mettent les usagers-citoyens au cœur du processus d'innovation). Grâce à ces dispositifs ouverts, ils peuvent constituer des moyens performants pour coproduire des solutions nouvelles.

7e clé : le long terme. Ce sont souvent des raisons utilitaires ou économiques qui justifient la nécessité de la recherche. Il ne peut y avoir de recherche appliquée, sans recherche fondamentale. L'innovation est donc une affaire de long terme. Dans certains pays comme la France, elle reste victime de l'idéologie du résultat qui l'empêche de produire librement des effets souvent insoupçonnés.

L'innovation comme la production scientifique nait-elle de la liberté ? Selon Azoulay et al (2010), les scientifiques produisent plus de recherches innovantes s'ils bénéficient d'objectifs et de subventions à long terme, que s'ils s'inscrivent dans le court terme. Les subventions sur projets produiraient moitié moins d'articles en quantité et en qualité... Cependant, plusieurs questions ouvertes seront à discuter :

- Comment cette liberté peut-elle servir à l'innovation et alors comment la promouvoir ?
- Comment associer les différents acteurs de l'innovation de manière optimale ?
- Comment trouver les talents de demain et les soutenir financièrement et dans leurs carrières ?
- Comment favoriser les rapprochements entre SPI et entreprises ?
- Qui doit disposer du leadership pour lancer une opération innovante ?
- Que fait-on alors quand le tissu économique dans un domaine donné n'existe pas ou plus ?
- Etc.

La volonté d'agir est présente, mais saurons nous trouver des idées pour avancer ? Serons-nous innovants et créatifs ? Ces remarques impliquent donc de pouvoir, en confiance, faire des choix de cibles, d'organisation, de maitrise des temporalités, etc. tout en sortant du vieux mythe « romantique » du créateur solitaire. Si c'est à la hiérarchie universitaire de savoir détecter les talents (quels talents ?), il est important que l'activité ne se traduise pas par un formatage facteur d'une production assurée mais conforme... Il s'agit bien de réfléchir à comment organiser la pensée divergente, l'ouverture, voire un certain nomadisme scientifique, valoriser les compétences pour en faire profiter la Société dans sa dynamique d'action d'utilité sociale. Saurons-nous alors parvenir à une certaine cohérence d'une innovation :

- Tenant compte de l'univers socioculturel qu'elle couvre ;
- Respectant l'hétérogénéité voire la disjonction des connaissances rassemblées, inaccessible aux disciplines seules ?
- L'hétérogénéité des publics concernés ?

Ces considérants, présentés à (trop) gros traits, illustrent le besoin d'une reprise en main des processus d'interfaçage science-société, processus dans lesquels les sciences (dont celles de l'ingénieur) doivent redéfinir leur subsidiarité pour un rôle d'interface motrice légitimé par le développement d'un progrès au bénéfice de la Société. En introduisant des mutations soutenues par la hiérarchie, le corps conservateur (au moins dans sa discipline) de nombre de chercheurs serait amené à modifier ses façons d'agir, ce qui peut être profitable... En effet, un instinct se forme tendant à ressusciter l'ordre ancien (les automatismes freudiens de répétition). La spécialisation est probablement un « mal » nécessaire en sciences, mais comment cependant éviter les cloisonnements prématurés et les programmes inadaptés qui risquent « d'ossifier » les spécialistes, trop emmurés dans leur système de pensée et finalement incapables de ressourcement ? L'innovation nécessaire pour un pays en crise est sans doute un moyen pour les décideurs, à tous niveaux, de favoriser les réseaux recherche académique-société, pour être à même d'assurer collectivement les mutations organisationnelles nécessaires à l'enjeu.

« Les ethnologues, les anthropologues, les folkloristes, les économistes, les ingénieurs, les consommateurs, les usagers ne voient jamais d'objets. Ils ne voient que des projets, des actions, des comportements, des dispositions, des habitudes, des heuristiques, des savoir-faire, des assemblées de pratique… » (Latour, 2007).

Bibliographie

Alter, N., *L'innovation ordinaire*, PUF, Paris, 2010.

André, J.C., « Vers le développement d'une recherche durable…. Ou vers la (ré)humanisation des sciences des artefacts », *Env. Risques et Santé*, 7, 2008, pp. 47-54.

Azoulay, P., Graff-Zivin, J.S., Manso, G., « Incentives and Creativity : Evidence from the Academic Life Sciences », 2010 : http://pazoulay.scripts.mit.edu/docs/hhmi.pdf

Barke, R. P., Jenkins-Smith, H.C., « Politics and Scientific expertise : scientists, risk perception and nuclear waste policy », *Risk Analysis*, 13, 1993, pp. 425-439.

Boisselier, J., Boué, G., *Pratique de la sécurité dans l'entreprise*, Éditions d'Organisation, Paris, 1977.

Chavel, S., *Se mettre à la place d'autrui ; l'imagination morale*, PUR, Rennes, 2011.

Cour des Comptes, « Le rôle et la stratégie du CNRS », *Rapport de la Cour des Comptes*, Paris, 2007, pp. 113-153.

Debonneuil, M., *L'espoir économique : vers la révolution du quaternaire*, Bourin, Paris, 2007.

Debord, G., *Œuvres*, Gallimard, Paris, 2006.

De Kerorguen, Y., « Les sept clés de l'innovation responsable », 2011 : http://www.place-publique.fr

Durand D., *Des outils, des machines et des Hommes*, PUP, Aix-en-Provence, 2012.

Ellul, J., *Présence au monde moderne : Problèmes de la civilisation postchrétienne*, Presses Bibliques Universitaires, Lausanne, 1948/1988.

EU, « Ethical and regulatory challenges to science and research policy at global level », 2012a : http://ec.europa.eu/research/science-society/document_library/pdf_06/ethical-and-regulatory-challenges-042012_en.pdf

EU, Orientation paper prepared in connection with the FP7 2013 Work Program of Theme 4 : Nmp ; Nanosciences, Nanotechnologies, Materials And New Production Technologies 2012b : http://ec.europa.eu/research/participants/portal/ShowDoc/Extensions+Repository/General+Documentation/Orientation+papers+2013/Cooperation/NMP2013OrientationPaperen.pdf ;efp7SESSIONID=nPhWPvkRWqS8WD8L3WBVQ9lF21dwvZRpnLRv4sFbVrDhNv8yC4GT!-2088526079

Eurogroup Consulting, « L'art du management de l'innovation dans le service public », 2012 : http://www.fonction-publique.gouv.fr/publications/publications-hors-collection-1

Flichy, P., *L'innovation technique*, La Découverte, Paris, 2003.

Foray, D., « Ce que l'économie néglige ou ignore en matière d'analyse de l'innovation », in Alter N. (dir.), *Les logiques de l'innovation*, La Découverte, Paris, 2002.

Forgeard, N., « L'aéronautique et l'aéronautique civile », in Attali J., C. de Boissieu (dir.), *Un monde en mouvement ; enjeux et défis*, ESKA, Paris 2007, pp. 173-176.

Gaglio, G., *Sociologie de l'innovation*, PUF, Paris, 2011.

Gartner Group, 2008 : http://www.gartner.com

General Electric, « Global Innovation barometer », 2012 : http://www.ge.com/innovationbarometer/

Genet, C., « Quel modèle de transfert pour les nanotechnologies ? », 2009 : http://extranet.insight-outside.fr/upload/compte179/Base/inscriptions_programme/document/12000-Presentation%20midi%20minatec%202012.pdf

Giesen, K.G., « Production d'artéfacts et ingénierie sociale ; les institutions internationales comme agents paradigmatiques », AFRI 1, 2000, pp. 70-86 : http://www.afri-ct.org/IMG/pdf/giesen2000.pdf

Giget, M., « Du push technologique à la synthèse créative : vers un retour des valeurs de progrès », in Attali J., C. de Boissieu (dir.), *Un monde en mouvement ; enjeux et défis*, ESKA, Paris, 2007, pp. 177-180.

Girard, R., *Les origines de la culture*, Pluriel, Paris, 2008.

Godet, M., *L'avenir autrement*, A. Colin, Paris, 1991.

Granger, G.G., *Le probable, le possible et le virtuel*, O. Jacob, Paris, 1995.

Guellec, D., *Économie de l'Innovation*, La Découverte, Paris, 2009.

Habermas, J., *La technique et la science comme idéologie*, Gallimard, Paris, 1968.

Hottois, G., « Le règne de l'opératoire » in Prades J. (dir.), *La techno-science : les fractures des discours*, L'Harmattan, Paris, 1992, pp. 179-197.

Jonas, H., *Évolution et liberté*, Rivage, Paris, 1999.

Larédo, P., Mustar P., « Politiques publiques de recherche et d'innovation », in Mustar P., Pénan H., *Encyclopédie de l'innovation*, Economica, Paris, 2003, pp. 613-626.

Latour, B., *Petites leçons de sociologie des sciences*, La Découverte, Paris, 2007.

Lattès, R., *L'apprenti et le sorcier : les défis de l'innovation*, Plon, Paris, 1988.

Lauffer, R., Paradeise C., *Le prince bureaucrate*, Flammarion, Paris, 1982.

Lesourne, J., Bravo A., Randet D., *Avenirs de la recherche et de l'innovation en France*, La Documentation Française, Paris, 2004.

Mediapart, « La croissance en cul de sac », 2012 : http://blogs.mediapart.fr/blog/ujamaa/090512/la-croissance-en-cul-de-sac

Merton, R.K., « The normative structure of science », in *The sociology of science : Theoretical and empirical investigations*, University of Chicago Press, USA, 1973.

Ministère de l'Industrie (Morand P., Manceau D.), « Pour une nouvelle vision de l'Innovation », 2009 : http://www.industrie.gouv.fr/enjeux/innovation/rapport-morand-2009.pdf

Ministère de l'Industrie, « Technologies clés 2010 », 2010 : http://www.industrie.gouv.fr/techno_cles_2010/html/sommaire.php

Moore, K., Frickel, S. (eds.), « The new political sociology of science : Institutions, networks and power », University of Wisconsin Press, USA, 2006.

Murray, O., « The Administration of fighting Services », J. Public Admin., 1, 1923, pp. 216-217.

Musso, P., Ponthon, L., Seuillet, E., *Fabriquer le futur 2 ; l'imaginaire au service de l'innovation*, Village Mondial, Paris, 2007.

OCDE, « Stratégie de l'OCDE pour l'innovation » 2007 : http://www.oecd.org/pages/0,3417,fr_41462537_41454856_1_1_111,00.html

OPECST, « L'innovation à l'épreuve des peurs et des risques », 2011 : http://www.assembleenationale.fr/13/croecst/Innovationrapport2012tome2.pdf

Orfali, B., « La société face aux événements extraordinaires », Zagros, Paris, 2005.

Pestre, D., « Science, argent et politique », INRA, Paris, 2003.

Pompidou, A., « Pour une renaissance de la culture scientifique et technique », *Assises nationales de la culture scientifique et technique*, Axiales, 2004, pp. 26-31.

Prades, J., « Présentation », in Prades J. (dir.), *La techno-science : les fractures du discours*, L'Harmattan, Paris, 1992, pp. 9-20.

Rogers, E., *Diffusion of innovations*, Oxford Univ. Press, New-York, USA, 2003.

Romer, P.M., « The origin of endogenous growth », *J. Economics Persp.*, 8, 1994, pp. 3-22.

Schumpeter, J., *Théorie de l'évolution économique*, Dalloz, Paris, 1911/1999.

Simmel, G., « La mode », in *Tragédie de la culture et autres essais*, Rivages, Paris, 1904/1988.

Simon, H.A., « The Structure of ill-structured Problems », *Artificial Intelligence*, 4, 1973, pp. 181-201.

SNRI, « Stratégie Nationale de Recherche et d'Innovation (MESR) », 2009 : http://media.enseignementsuprecherche.gouv.fr/file/SNRI/69/8/Rapportgeneral_de_la_SNRI_-_version_finale_65698.pdf

Sokal, A., Bricmont, J., *Impostures intellectuelles*, O. Jacob, Paris, 1997.

Thomson, D., *University-Industry partnership*, TMR Network symposium, Graz, Autriche, 1998.

Tubiana, M., *Arrêtons d'avoir peur*, M. Lafon, Paris, 2012.

Veblen, T., *Théorie de la classe de loisir*, Gallimard, Paris, 1970.

Wolf, M., « Consentement, autonomie, complexité », 2009 : http://www.ethique.inserm.fr

De l'invention technique à l'innovation sociale : quel rôle et responsabilité de la recherche dans l'accompagnement du changement ?

Sophia ALAMI, Danièle CLAVEL, Camille MAFFEZZOLI, Benoît BERTRAND

Centre de coopération internationale en recherche agronomique pour le développement (CIRAD)

Introduction

L'innovation peut être définie comme la transformation de savoirs « utiles » en savoirs effectivement utilisés, et dont l'utilisation effective opère un changement au niveau des sociétés. Dans la majorité des cas, il apparaît que l'innovation est issue de relations entre science/recherche et société. Ces relations – souvent peu claires – demandent à être explicitées. En effet la recherche est de plus en souvent interrogée sur son efficacité et son impact. Elle est ainsi amenée à faire une introspection en visitant ses modèles et ses pratiques dans le cadre d'une approche plus réflexive. La recherche finalisée visant le développement tente d'expliciter son rôle dans l'accompagnement des sociétés dans leur besoin d'adaptation au changement car son identité institutionnelle se forge d'abord et surtout par l'impact de ses recherches et par son action en partenariat. S'agissant plus particulièrement d'institutions publiques œuvrant pour le développement, l'engagement est multi-forme autant sur les processus eux-mêmes que sur les résultats. D'autre part dans une société hyper-médiatisée, la recherche publique pour le développement, a aussi besoin de s'assurer de la cohérence des processus qu'elle engage avec son mandat et son éthique afin de rendre compte à tout moment des impacts positifs et négatifs qu'elle génère.

La recherche formelle sur les systèmes d'innovation en agriculture n'a commencé que dans les années 1980 alors que l'accent était mis sur l'intensification. Les premiers modèles qui ont été appliqués sont dits « linéaires ». L'approche est déterministe et l'analyse est faite avec des indicateurs chiffrés (rendements croissants ou taux d'adoption croissant). Bien qu'intégrant d'autres acteurs que la recherche au processus d'innovation, l'Impact Pathway Methodology (IPM), modèle adopté par le Consultative Group of International Agricultural Research (CGIAR), opérateur majeur en recherche en matière de développement agricole, rentre dans la catégorie des modèles linéaires de diffusion de l'innovation. Basé sur des analyses économiques, études ex-post des relations coûts-bénéfices, l'ultime objectif de l'IPM est de définir un « canevas cause-effet » destiné à donner les informations nécessaires à l'élaboration de politiques publiques d'innovation (CGIAR, 2008). Récemment, l'innovation fondée sur le modèle linéaire a évolué vers la notion de « processus ». En tant que processus, l'innovation englobe des facteurs affectant la demande et l'utilisation des connaissances d'une manière novatrice et utile. L'innovation est plus qu'une invention ou une technologie nouvelle, elle dépend du contexte environnemental et humain.

Aujourd'hui, on attend de la recherche finalisée pour le développement qu'elle ait un impact économique et social. Dans cet article, nous tentons de cerner le rôle de la recherche à travers sa contribution à la construction de l'impact des processus d'innovation qu'elle initie. Nous avons alors choisi de mettre l'épreuve certains modèles linéaires très utilisés comme la méthodologie de l'Impact Pathway (IP) en nous appuyant sur un cas concret de diffusion de nouveaux hybrides de café aux producteurs de café du Nicaragua. L'engagement de la recherche dans ce cas d'étude a débuté en 1990 et est toujours en cours.

Nous nous intéresserons plus particulièrement au rôle joué par la recherche en tant que productrice de savoirs mais aussi en tant que « médiatrice » en mettant en lumière son rôle d'activation de différents types de savoirs. À travers l'identification des points de rupture et des différents risques pouvant mettre en péril l'invention et sa vocation d'amélioration des conditions de vie des producteurs, nous ferons émerger des questions-clés relatives au rôle et à la responsabilité de la recherche. Cette analyse empirique des processus de recherche et d'innovation sur le temps long permettra de tirer des enseignements sur les modes opératoires qui ont prévalu, et sur la réalité des contributions de la recherche, au-delà de sa fonction première de production de connaissances scientifiques et techniques.

1. Méthodologie

Cas étudié : la recherche variétale du CIRAD sur le café en Amérique centrale

Le cas de la recherche variétale du CIRAD sur le café en Amérique centrale est utilisé ici pour illustrer l'implication de la recherche publique dans des dynamiques d'innovation. Cet éclairage est basé sur une analyse approfondie menée au Nicaragua sur le processus de production et de diffusion de cafés hybrides, processus débuté en1991 et toujours en cours. Le contexte général de la production est décrit dans l'encadré 1. Les deux produits novateurs fournis par la recherche sont de nouvelles variétés hybrides F1 de café Arabica et la technique d'embryogenèse somatique qui sert à leur reproduction et à leur diffusion (Bertrand & al., 2012, Etienne & al., 2012).

Une série d'enquêtes auprès des différents acteurs a permis de renseigner de façon précise les composantes du rôle joué par la recherche tout au long du processus qui a mené de l'invention à son appropriation par les producteurs (Maffezzoli, 2012). Les principaux résultats de cette enquête sont utilisés ici comme matériaux d'étude.

Encadré 1 : Contexte général de la production de café au Nicaragua (Maffezzoli, 2012)

Frontalier du Costa Rica et du Honduras, le Nicaragua, est le second pays le plus pauvre d'Amérique Centrale avec un PIB par habitant évalué à 3200$ (Statistiques Mondiales, 2011). Parmi les produits agricoles exportés sur le marché international, le café est le plus important, représentant 37% de la valeur totale des exportations agricoles en 2008 (CEPAL, 2009). Entre 2010 et 2011, le Nicaragua est passé du 17e rang mondial des pays producteurs de café au 12e, mais la productivité moyenne de café au Nicaragua reste la plus faible des pays producteurs d'Amérique Centrale.

Au Nicaragua, la production de café est traditionnellement orientée vers le café C. arabica, cultivé en systèmes agro-forestiers. Il y a environ 48 000 producteurs de café au Nicaragua, dont 80% d'entre eux sont des petits producteurs, possédant moins de 3,5ha de café en production (Flores & al., 2002). Les trois principales zones de production se situent au Nord-Ouest du pays, dans les départements de Matagalpa, de Nueva Segovia et de Jinotega, représentant près de 59,6% de la production de café national. Elles correspondent aux zones d'étude pour le cas présenté ici.

Les principaux facteurs limitant le développement de la production de café sont une faible productivité et une capacité d'investissement et d'accès aux crédits limitée des petits producteurs. Les innovations issues des institutions de la recherche publique sont faiblement adoptées du fait essentiellement de la précarité financière et la stratégie de minimisation du risque des petits producteurs.

La commercialisation est prise en charge soit par des coopératives agricoles, soit par des organisations privées – dont la seconde plus importante du pays est ECOM (Ecom Agroindustrial Corporation Ltd. http://www.ecomtrading.com) – et des ONGs. Des relations verticales et horizontales sont tissées entre les différents acteurs de la chaîne de production, intégrant des entreprises d'agro-fourniture, des banques privées et des fonds publics d'investissement dans l'agriculture et l'agroalimentaire.

Des initiatives de partenariat public-privé et d'ONGs contribuent à promouvoir la compétitivité du secteur café à travers des projets de renforcement des capacités des producteurs et de diffusion d'innovations variétales et techniques, comme l'illustre la collaboration CIRAD-ECOM à travers l'étude de cas de la diffusion des variétés hybrides de café F1 au Nicaragua.

2. Modèles mobilisés

1-Narratives : l'historique qui reprend l'enchaînement des événements tels que racontés par les acteurs du processus revêt un intérêt important. Il complète les modèles qui très souvent offrent une vision réductrice de la réalité.

2- La théorie des Rendements Croissants d'Adoption (RCA) (Arthur, 1989) s'inscrit dans un modèle linéaire avec un déterminisme produit. Nous la mobiliserons ici pour mieux en cerner les limites notamment en termes de prise en compte des externalités de réseau et des processus d'apprentissage inhérents aux processus d'innovation.

3- Nous mobiliserons le modèle de l'Impact Pathway qui permet de dérouler de manière linéaire la chaîne des causalités. Nous le mettrons à l'épreuve dans sa capacité à révéler les composantes de la construction de l'impact et de la contribution de la recherche à ces composantes.

3. Résultats et discussion

1. Narration chronologique du processus d'innovation depuis les recherches à l'origine des hybrides jusqu'à leur diffusion.

À partir de 1990, face aux nouvelles exigences du marché, de nouvelles variétés hybrides F1 ont été sélectionnées en partenariat entre le CIRAD et PROMECAFE[1] pour l'adaptation à une agriculture écologiquement intensive, basée sur l'agroforesterie. Ces nouvelles variétés ne

[1] « Platform for the modernization of coffee cultivation in the region », accord de coopération qui lie les gouvernements de plusieurs pays producteurs de la région dans le but d'accroître l'importance de la culture du café en tant qu'activité socio-économique.

sont pas protégées légalement. Elles font l'objet d'un pacte (« de caballero ») entre les partenaires (CIRAD, CATIE, et les quatre instituts du café du Guatemala, du Salvador, du Costa Rica et du Honduras) par lequel ceux-ci s'engagent à ne pas diffuser les variétés ailleurs qu'en Amérique Centrale. Après une vingtaine d'années d'expérimentations en milieux contrôlés, ou chez les producteurs, il apparaît que les hybrides F1 qui sont issus de croisements entre les variétés américaines et des caféiers sauvages provenant d'Ethiopie (prospection de la FAO en 1967) produisent 30% à 60% de plus que les meilleures variétés américaines en systèmes agroforestiers, et ce sans apport supplémentaire d'engrais (Bertrand & al., 2012).

S'agissant de plantes hybrides, pour éviter la ségrégation des caractères il est indispensable de les reproduire par multiplication végétative. Les techniques de culture *in vitro* peuvent permettre une multiplication clonale à grande échelle de ce type de matériel. Pour cela, une méthode d'embryogenèse somatique a été développée par le CIRAD (Etienne & al., 1998). L'inconvénient est que cette technique complexe demande un investissement initial important et difficile à évaluer pour sa première mise en œuvre à un niveau industriel.

À partir de 1999, le CIRAD recherche un partenaire privé pour multiplier à grande échelle les hybrides F1 par le biais d'un transfert technologique. Un contrat est signé avec le groupe suisse ECOM en 2003 (Etienne & al., 2012) pour produire massivement des plantes d'hybrides F1 destinées au marché. Un laboratoire de micro-propagation in vitro est alors créé au Nicaragua et commence à produire en 2006.

Le réseau d'acteurs de cette opération et leurs principaux liens et principales fonctions sont schématisés dans la figure 1.

Figure 1 : Leréseau des acteurs du processus d'innovation autour de l'amélioration variétale du café au Nicaragua

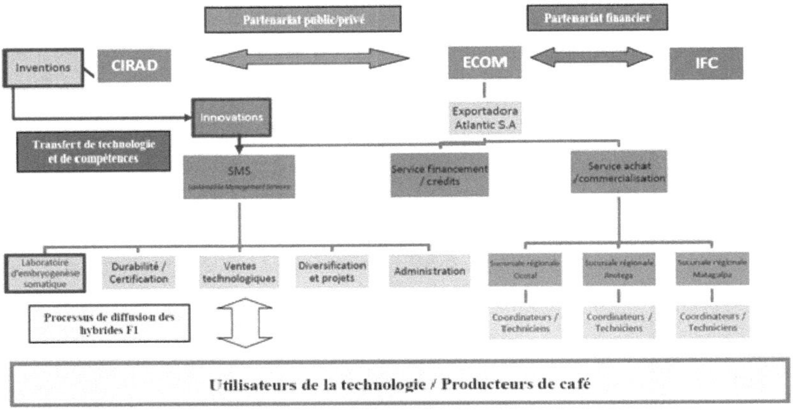

SMS : Sustainable Management Services (département d'ECOM) / IFC : International Finance Corporation / Exportadora Atlantic : succursale d'ECOM au Nicaragua

Parallèlement, à la création du laboratoire, les hybrides sont testés à grande échelle chez les producteurs. Les résultats au champ confirment les hypothèses de productivité et de qualité organoleptique des hybrides F1 de café. Après une période de mise au point et de tâtonnements de plus de 5 ans ; le modèle de production des hybrides en laboratoire et pépinières devient fonctionnel et reproductible. A posteriori le changement d'échelle est apparu comme l'une des difficultés majeures de ce transfert de technologie.

Dès 2006, la diffusion des hybrides jusqu'au producteur est un processus mobilisant tous les acteurs du réseau (cf. Figure 1), depuis le CIRAD, jusqu'aux utilisateurs. Aux yeux des producteurs, les nouveaux hybrides apparaissent comme des variétés différentes. L'adoption individuelle se fait en interaction avec SMS/ECOM, qui a le rôle de diffuser les plantes mais aussi de transférer les connaissances produites, afin d'assister le producteur dans sa démarche d'apprentissage. En retour, les institutions sont informées des résultats obtenus sur le terrain, des changements observés, des contraintes et peuvent décider de mesures d'ajustement.

Au cours du processus de diffusion et au fur et à mesure que les arbres hybrides grandissent dans leur champ, les producteurs prennent conscience que la culture de ces nouvelles variétés peut leur apporter une marge de productivité importante. Notre enquête a révélé que cette marge de productivité, du fait du conseil agricole dispensé par SMS, n'a pas été associée uniquement aux hybrides mais également au choix d'une gestion optimale des itinéraires techniques. Notre enquête a également révélé que les producteurs ayant adopté les hybrides F1 sont ouverts au changement et à l'expérimentation. Les risques associés aux prises de décisions ont engagé des ressources ordinairement allouées à d'autres postes de dépense, ou bien amené le producteur à contracter un crédit. Les changements agronomiques concernent une évolution des techniques de fertilisation (fractionnement des doses, analyse de sol, formulation des apports en micro et macro éléments), la technique de taille du café (adapté au port des hybrides et à la productivité de la plante), et de manière plus générale, un renforcement technique des pratiques culturales. Les producteurs ont amélioré leur capacité d'analyse des performances du modèle de production. Ils ont inventé une expression pour désigner cette nouvelle attitude : la « conciencia híbrida ». Elle permet aux producteurs de se reconnaître comme des « leaders » de l'innovation. Elle est un élément de stimulation en termes d'abord de prise de conscience et ensuite de comportements adaptatifs et stratégiques.

Un évènement-clé est alors intervenu : la demande des producteurs désireux de bénéficier des hybrides s'est accrue et a dépassé la capacité de production de l'entreprise CIRAD/ECOM. En effet, les producteurs ayant adopté les hybrides ont mis en place des objectifs de long terme de rénovation de leurs (s) vergers (s) de caféiers. Aussi, leur demande en plantes « performantes » (et pas forcément des hybrides), et de conseil s'est accrue. De plus, des relations de confiance et de proximité se sont nouées entre ces producteurs autour d'intérêts communs comme le regroupement d'achat des hybrides, avec la perspective d'une collaboration sur le long terme.

De son côté, ECOM s'est retrouvée face à une situation mettant en jeu sa crédibilité en tant que fournisseur de variétés performantes. Dans ce contexte de « ressource rare », la collaboration avec le CIRAD est devenue stratégique pour diversifier l'offre et apporter une réponse à cette demande qui s'est forgée puis affinée. Le facteur « ressource rare » lié aux hybrides a conduit à la création en 2012 d'une marque « de certification » pour le café issu des hybrides H1 et H3 : « le Diamond coffee ». Celui-ci correspondrait à un café d'origine dont l'altitude minimale de culture à été fixée à 1100 mètres au-dessus du niveau de la mer et qui doit être cultivé sous ombrage avec un cahier des charges contraignant. Sous ces conditions, le « Diamond Coffee » développe une qualité organoleptique considérée comme originale. La haute productivité du café hybride et sa rareté semblent représenter une opportunité de marché supplémentaire pour les producteurs et la possibilité de création d'un « cluster » bénéficiant de services et d'avantages spécifiques (financements, améliorations commerciales spécifiques etc) apportés par la société de négoce. La valorisation commerciale de cette marque n'est cependant pas encore stabilisée.

La recherche a également été motivée dans son action par une question d'ordre « éthique » soulevée au cours du processus : la démocratisation de l'accès aux hybrides. En effet il est vite apparu que les logiques économiques du partenaire privé ont poussé ce dernier du fait du manque de production hybride, à cibler une catégorie de producteurs dits « stratégiques », jugés les plus à même de promouvoir et de valoriser le potentiel des hybrides. Ces derniers, globalement plus aisés que la moyenne, ont fait l'objet d'un traitement privilégié, d'un suivi et d'un conseil de proximité avec des parcelles de validation au sein même de leurs exploitations et bénéficient de prêts de la part de l'institution financière partenaire d'ECOM (IFC, cf. figure 1).

Dans un souci de satisfaire le plus grand nombre et d'éviter l'exclusion des plus démunis, désormais conscients et désireux d'améliorer la productivité de leurs plantations de café, la recherche en concertation avec SMS a ré-orienté ses investigations et a rapidement mis en œuvre des essais comparatifs de nouvelles variétés performantes de café Arabica et d'hybrides issus de semences. Ainsi, la variété « Marsellesa » qui est issue de semences – procédure de reproduction moins coûteuse que l'embryogénèse somatique utilisée pour les hybrides – a fait l'objet de validation à grande échelle. Dès 2012, des plantes de la lignée Marsellesa ont étés diffusées auprès des producteurs en attente, afin de satisfaire leur demande. Les qualités de productivité et organoleptique de cette variété ne sont pas forcément équivalentes à celles des hybrides, mais un conseil adapté et un suivi scrupuleux d'itinéraires techniques optimaux réduisent cet écart. Le groupe ECOM à travers son département SMS, sensible à ce souci de démocratisation de l'accès à des variétés plus productives, accompagne cette dynamique et pèse sur les autorités gouvernementales pour favoriser l'accès de tous au progrès génétique.

Parti de la valorisation de quelques hybrides, SMS se retrouve aujourd'hui à gérer un catalogue variétal pour satisfaire tous les types de besoin des producteurs à travers une diversification de l'offre. SMS se positionne aujourd'hui comme l'opérateur technique de la diffusion de ce catalogue et de nouveaux produits associés à la gestion des cultures de café. Aidée par les conseils du CIRAD, SMS prend véritablement conscience qu'il faut créer une industrie semencière comme cela existe pour bien d'autres cultures. On peut parler d'effets de « spillovers » technologiques (effets d'entraînement) à travers une véritable « arborescence » d'une part des inventions variétales : nouvelles variétés hybrides propagées par semences, hybrides de semence greffés ou non, hybrides issus d'embryogenèse somatique mais également d'inventions organisationnelles pour le « specialty coffee » que représente le « Diamond Coffee », ou encore le catalogue variétal.

Les producteurs, de leur côté ont évolué avec des comportements plus « exigeants », conscients qu'ils sont devenus de la marge de progrès associée à des itinéraires techniques adaptés. Dans un système traditionnel, les agriculteurs font eux-mêmes leurs pépinières, sans précaution particulière ; ni de conformité génétique (ils se procurent les semences à partir de leur propre champ contribuant ainsi à reproduire des variétés de moins en moins conformes) ; ni de précautions phytosanitaires particulières : ils utilisent n'importe quel terreau pour faire leur pépinière et contribuent sans le savoir à propager des maladies du sol. Dans le nouveau schéma hybride, ils se procurent les plantes dans des pépinières spécialisées. De ce fait ils deviennent exigeants et souhaitent des plantes de très grande qualité horticole, obligeant ainsi le pépiniériste (pour l'instant SMS) à des cahiers de charges de plus en plus contraignants. Or SMS, ne pourra pas seul faire face à la production en pépinière de millions de plantes. Il faudra donc trouver des alliés. Qui seront-ils ? La voie n'est pas tracée. S'agira-t-il de démocratiser le « savoir-faire » auprès des organisations de producteurs qui deviendraient aussi des pépiniéristes agréées ? S'agira-t-il de faire appel à des entreprises privées spécialisées dans l'horticulture ? Cette voie passera-t-elle par un renforcement du rôle de l'État qui interviendrait pour veiller à la conformité génétique et aux exigences phytosanitaires des pépiniéristes ou au contraire, la profession saura-t-elle s'organiser en finançant une entité de contrôle ? Il est clair que ces questions sont d'ores et déjà posées, puisqu'on observe des stratégies d'« affranchissement » par rapport à SMS pour l'accès aux hybrides avec un comportement innovant d'adaptation de la multiplication des hybrides (voir le cas M. C. Encadré 2). Ici encore le rôle des chercheurs a été déterminant pour éclairer les questions et le sera encore lorsqu'il s'agira de trouver des solutions équilibrées et équitables.

Encadré 2 : Le cas du producteur M.C. :

Il possède 3 exploitations de café, et est le client le plus important d'ECOM. Il a bénéficié jusqu'en 2010 d'une part très significative du total des arbres hybrides commercialisé. Face à la contrainte de la « ressource rare » en hybrides, cet utilisateur a reproduit les hybrides par boutures classiques au sein de son exploitation de café. Cette adaptation, bien que peu efficace en termes de pourcentage de plantes enracinées lui permet néanmoins de réaliser ses objectifs d'investissement en rénovation totale de son verger de café. Bien entendu, il ne lui est pas permis de commercialiser les nouvelles variétés qui ne lui appartiennent pas (cf.

« pacte de caballero »). Cette adaptation témoigne du dynamisme du producteur mais n'est pas satisfaisante en l'état car il faudrait contrôler la conformité génétique des clones multipliés pour éviter des erreurs et vérifier que le producteur suit un cahier des charges strict en matière phytosanitaire.

4. Quels modèles pour représenter le rôle de la recherche dans ce processus ?

4.1. Cerner le rôle de la recherche à travers le processus d'adoption des hybrides : mobilisation du concept de Rendements Croissants d'Adoption

Dans sa théorie sur la compétition technologie et à travers la notion de Rendements Croissants d'Adoption, Arthur (1989) décrit la technologie comme un effet de consommation et de destruction d'un bien. Il présente les externalités de réseau comme une des cinq sources[2] de l'adoption : plus une technologie est adoptée, plus son utilité augmentera pour l'usager grâce au simple fait d'élargissement de la communauté des utilisateurs.

Une première limite importante à l'utilisation du modèle de RCA est liée à la « rareté » de la ressource « hybrides ». En effet, nous avons vu que le nouveau laboratoire ne peut faire face à la totalité de la demande. L'élargissement de la communauté des utilisateurs est donc ici techniquement impossible.

Par ailleurs, la théorie des RCA minimise le processus d'apprentissage, l'apprenant est considéré sinon comme « passif », du moins quasiment « automate ». Elle est construite sur la répétition du geste : plus l'individu pratique l'acte productif, plus il améliore sa productivité (Arrow, 1962). Cette théorie s'inspire du modèle linéaire de l'innovation où les séquences s'enchaînent de manière linéaire interdisant tout retour d'information et ne reconnaissant aucun mécanisme d'apprentissage tout au long du processus.

Or, nous avons vu que les producteurs de café potentiellement concernés pas les hybrides, ne sont pas de simples « consommateurs » de ces hybrides, mais plutôt co-producteurs par le jeu d'aller-retour entre la recherche, le conseil technique et eux. Par exemple face à la rareté, ils mettent en œuvre des stratégies d'adaptation de la technique de production d'hybrides. La « créativité » sociale dans le champ technologique est ainsi illustrée (Jollivet, 2000). Le concept RCA est remis en cause

2 Apprentissage par l'usage, externalités de réseau, économies d'échelle en production, rendements croissants d'information, interrelations technologiques.

par notre cas, puisque les externalités observées vont bien au-delà de l'invention elle-même et de son usage. Les itinéraires techniques des variétés traditionnelles se trouvent modifiés, avec notamment le fractionnement de l'apport en fertilisants. Des changements en termes d'organisation du travail au sein des exploitations sont observés.

Le nouveau concept de Rendements Croissants d'Usage Innovants (RCUI) remédie à ces manques, car il permet de prendre en compte les divers mécanismes adaptatifs observés pour le cas café tels que l'adaptation par les producteurs des variétés hybrides aux systèmes agro-économiques et climatiques. Ce modèle fait écho au modèle de liaison en chaîne de Kline et Rosenberg (1986). Ce dernier met l'accent sur les rétroactions et sur l'interactivité de la recherche et des différentes phases du processus d'innovation. Ce modèle s'inspire également de l'approche système d'innovation qui fait référence à un jeu dynamique d'interactions multiples. Il est le résultat d'un processus de mise en réseau et d'apprentissages interactifs entre acteurs hétérogènes.

Le modèle qui permet d'intégrer la réalité du processus d'innovation café décrit est celui de l'« intéressement », qui relève de la sociologie pragmatique de l'innovation. Il reconnaît la succession de compromis qui enclenchent à leur tour des processus d'apprentissage (Callon & al., 2001). Selon ce modèle « le destin de l'innovation dépend de la participation active de tous ceux qui sont décidés à la faire avancer » (Akrich & al., 1988). Le fait que les bénéficiaires de l'innovation soient coproducteurs de savoirs, connaissances et savoir-faire est aisément illustré par la mise en place de la certification en « Diamond Coffee ». Ce processus engage un certain nombre d'acteurs dans des apprentissages et débouche sur la possibilité de création d'un « cluster sociotechnique ».

4.2. Cerner le rôle de la recherche à travers sa contribution à l'impact du processus d'innovation : le modèle de l'« Impact Pathway »(IP)

Un tel modèle aux avantages reconnus en termes de lisibilité, est mis à l'épreuve des réalités des interactions et des boucles itératives du processus d'innovation multi-partenarial qui prévaut dans le domaine de la recherche finalisée pour le développement. Il a été schématisé en figure 2 et complété par les éléments du contexte qui lui font défaut. Dans le cas de la diffusion de variétés hybrides de café, nous pourrions considérer que nous sommes dans une recherche orientée « produit », et être tentés d'observer l'impact à travers l'adoption de ces nouvelles « technologies » par les petits producteurs. De façon générale nous estimons que le contexte institutionnel s'est trouvé modifié du fait de ces innovations, qui elles-mêmes recèlent diverses options permettant de s'adapter aux contraintes diverses ou de saisir de nouvelles opportunités.

Figure 2. Le modèle de l'IP appliqué au cas d'étude de l'amélioration variétale au Nicaragua

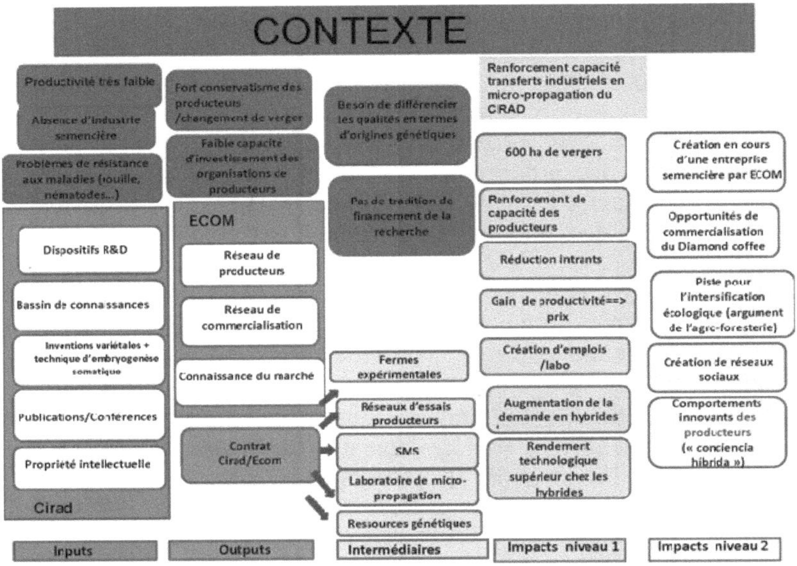

À nos yeux le schéma d'Impact Pathway ne permet pas de rendre compte des « constructions » qui ont présidé à cette invention variétale et à sa diffusion, constructions dont la recherche a été motrice et qui sont de différents ordres. Il ne rend pas compte du rôle joué par le CIRAD dans le tissage de liens multi-partenariaux donnant ainsi naissance à des réseaux productifs de connaissances et d'innovations dont le maillage s'adapte aux questions posées.

Dans le cas étudié, le partenariat autour des recherches sur l'amélioration variétale du café date de plus de 50 ans. Dans les années 1960 à 1990, les activités de prospection des caféiers sauvages et d'analyse de la diversité phénotypique ont réuni des institutions de recherche (ORSTOM, Côte d'Ivoire, Madagascar). Ces activités étaient du type « académique », c'est-à-dire non orientées vers le développement. Lorsque la recherche s'est orientée vers l'augmentation de la productivité, le modèle hybride s'est imposé et de nouveaux partenariats se sont alors construits avec les partenaires d'Amérique Centrale d'abord publics et/ou professionnels puis avec des partenaires privés.

Le réseau de partenaires créé rassemble divers talents et expertises complémentaires accélérant le co-apprentissage et le développement de la créativité. La capacité d'adaptation passe également par un renforcement des compétences permettant l'autonomie ou empowerment des acteurs sociaux (Laverack & Labonte, 2000). Les compétences permettent de faire face à une situation singulière et complexe, d'« inventer », de construire une réponse appropriée (et non pas de reproduire des réponses stéréotypées), issue soit d'un référentiel commun, soit de procédures éducatives formelles (Perrenoud, 2004).

L'architecture de tels réseaux d'apprentissage est celle des processus pédagogiques et théories de l'apprentissage (Bordenave & Pereira, 1977). Elle est recherchée dans les dispositifs de recherche en partenariat qui allient l'élaboration d'un projet, la production d'innovation et la formation, dans un même processus non linéaire qui mobilise des savoirs, des méthodes, des qualités (créativité, capacité d'organisation) et des comportements (sens de l'action collective). L'innovation est remise à sa place, au service d'un projet de société (Alter, 2000).

Le modèle « Impact Pathway » ne retrace pas non plus les processus d'apprentissage et formations qui accompagnent la mise en œuvre de la recherche en partenariat ou qui en découlent et qui sont déterminants dans la génération des impacts futurs. Or, le CIRAD a contribué au renforcement de capacités aussi bien des producteurs à travers les réseaux de producteurs/expérimentateurs, que des techniciens de SMS, qui ont bénéficié de formations techniques. La création de SMS a elle-même résulté de la longue collaboration entre le CIRAD et ECOM, qui a d'ailleurs sensibilisé l'acteur privé à l'utilité du financement de la recherche-développement.

Les multiples échanges et interactions entre les chercheurs du CIRAD et ECOM ont impulsé une certaine dynamique avec la prospection de pistes nouvelles comme le « Diamond coffee », ou des projets de formations académiques par certains collaborateurs. Ce sont bien les compétences humaines et les savoir-faire qui donnent toute leur dynamique aux processus d'innovation, de ce fait, ils doivent être reconnus et valorisés (Gordon & Chadwick, 2007).

Une autre « lacune » du modèle IP réside dans le fait de ne pas décrire la contribution de la recherche à la construction de dispositifs et réseaux socio-techniques. Dans le cas du café, il se compose des ressources génétiques, du laboratoire de multiplication des hybrides, de fermes expérimentales[3] et de parcelles de validation chez les producteurs. Ils intègrent également une cellule de R&D en cours de création avec la participation du Cirad et un réseau de conseil/formation via SMS où le CIRAD est impliqué à travers l'expertise de ses chercheurs.

Enfin, le rôle important d'intermédiation que les chercheurs jouent sur le terrain n'est pas « reconnu » par le modèle IP. Ce rôle évolue en

---

[3] Un statut particulier a été obtenu au Mexique pour ces fermes expérimentales, au niveau fiscal notamment, par l'intermédiation du CIRAD.

même temps que les perspectives des acteurs se modifient. Notamment, le regard porté par les chercheurs les amène à découvrir de nouveaux besoins et à se poser de nouvelles questions. C'est ainsi qu'au cours du processus de diffusion des hybrides, apparaît le manque d'organisation du secteur semencier en Amérique Centrale : aujourd'hui, on peut diffuser n'importe quelle variété et cela dans n'importe quelle condition sanitaire. Le besoin d'arbitrage et de régulation des productions horticoles et des semences de café est posé. Alors que le café est la deuxième production agricole de la région, qui va réglementer cette nouvelle industrie de production de plantes et au nom de qui ? Pour l'instant, suite à la longue collaboration avec le CIRAD, PROMECAFE a approuvé un plan global pour la professionnalisation de l'activité semencière et veut trouver le financement d'un projet pour :

- le renforcement du rôle des institutions locales pour promouvoir le rôle normatif de l'État et/ou des Instituts du café pour préserver les ressources génétiques et contrôler la conformité génétique des variétés inscrites aux registres nationaux et contrôler l'état sanitaire des productions horticoles.
- la prise en compte du secteur privé pour le breeding/multiplication et diffusion, en faisant jouer la concurrence
- la prise de conscience que la traçabilité, la certification et le marketing se fondent aussi sur les variétés et doivent être entre les mains des organisations de producteurs et des négociants locaux pour que la valeur ajoutée soit partagée localement.

Dans le même temps, le CIRAD qui a rapproché PROMECAFE du réseau « World Coffee Research »[4] déploie une activité de plaidoyer pour créer un réseau mondial permettant de répondre aux préoccupations de l'ensemble de la filière en termes de gestion des ressources génétiques et de création variétale en lien notamment avec les changements climatiques. De son côté, le CIRAD a bénéficié à travers le partenariat avec le privé de l'échelle industrielle de production de vitroplants comme le déploiement massif de nouveaux génotypes hybrides dans des milieux variés, ce qui lui a permis d'aborder des questions de recherche nouvelles. Le CIRAD a pu mener des études très approfondies sur une échelle jamais atteinte sur l'importance des variations somaclonales au cours des étapes de l'embryogenèse somatique (trois articles sont en cours de publication en 2012 et 2013). Il a également pu valider la durabilité de la résistance des nouveaux hybrides, l'interaction « génotypes x environnement » sur la qualité du café produit et finalement développer un nouveau procédé très innovant de production de semences hybrides par une technique différente de celle

---

4 worldcoffeeresearch.org

de l'embryogenèse somatique (données non publiées). Enfin, ce rôle d'intermédiation joué par les chercheurs du CIRAD, a amené à une vision plus large du cas nicaraguayen et à un transfert du modèle de R&D vers le Mexique, où le projet a pris un nouvel essor.

C'est cette réactivité et ce dialogue permanent, soutenus par le travail d'intermédiation décrit ci-dessus qui permettent d'éviter d'éventuelles ruptures dans le processus d'innovation, et qui prémunissent de risques de mise en péril des impacts attendus de différents niveaux.

Le CIRAD a mené une réflexion méthodologique (2010-2012) sur l'évaluation de l'impact de sa recherche sur le développement et a souligné l'importance des quatre composantes développées ci-dessus de capital social, humain, technique et d'intermédiation. Il a qualifié ces composantes de « piliers » du fait de leur importance dans la production d'impact. Les premiers travaux ont été présentés en novembre 2012 au colloque international ASIRPA[5] de l'INRA.

Conclusion

Comme l'innovation est le fruit d'acteurs très divers, la tâche qui consiste à démêler l'« écheveau » du rôle spécifique de la recherche n'est pas chose aisée. Différentes grilles de lecture sont possibles selon que l'on s'intéresse d'abord au produit de l'innovation ou d'abord aux acteurs et aux relations qu'ils entretiennent.

Or la « matière » sociale et la « matière » technique sont toutes deux relativement malléables et l'innovation réussie est celle qui stabilise un arrangement acceptable à la fois par les acteurs humains (dans notre cas les producteurs, les chercheurs et les opérateurs privés de la production et commercialisation) et par les entités non-humaines (dispositifs de production, circuit de commercialisation). Akrich et al. (1988) et Latour et al., (1991) ont proposé de regrouper ces réseaux où les liens entre acteurs tissent la matière technique sous le vocable de « réseaux socio-techniques » par définition hétérogènes.

Notre tentative de cerner le rôle et la responsabilité de la recherche pour le développement dans les processus d'innovation qu'elle initie, à travers l'utilisation de modèles classiques de l'innovation, a démontré que ceux-ci rendent imparfaitement compte des réalités. L'élément-clé réside surtout dans la « linéarité » de ces modèles qui ne permet pas de prendre en compte les boucles itératives qui jalonnent les processus d'innovation et que la recherche contribue à créer à travers les processus

---

5 Assessing Impact of Public Agricultural Research, http://www6.inra.fr/asirpa/Le-projet-ASIRPA/Conclusions-of-ASIRPA-workshop-Nov-2012-Paris/General-material

d'apprentissage. Or, c'est à partir de ces boucles que le capital social, le capital humain, les réseaux socio-techniques et le rôle d'intermédiation de la recherche qui alimentent le processus d'innovation, sont édifiés.

Ces modèles donnent une représentation « plate » de la réalité en n'intégrant pas le fait que le processus d'innovation est multi-acteurs, participatif et dynamique. Au départ, la recherche initie le processus d'innovation en jouant un rôle de traducteur du besoin et de la demande sociétale en questions de recherche puis en invention. Tout au long du processus, elle intervient en fonction des informations qui remontent des différentes phases, en activant les connaissances ou celles d'autres porteurs de savoirs utiles. Les savoirs des utilisateurs finaux sont intégrés dans les différentes phases de l'interaction. Dans le cas du café, le Cirad intervient dans les essais en laboratoire et en champs, en association avec SMS recueillant les problèmes et les demandes des producteurs. Il apporte son conseil pour des ajustements en termes d'adaptation des hybrides aux conditions pédo-climatiques, mais il initie en parallèle de nouvelles recherches pour développer de nouvelles variétés et de nouveaux concepts (catalogues de variétés, pépinières technifiées, etc.) pour répondre aux problématiques locales.

Il faut souligner ici que les valeurs (éthique) et la motivation sont des catalyseurs puissants chez les chercheurs travaillant en recherche pour le développement. Les boucles itératives d'innovation qui donnent une dynamique et une réactivité au processus en marche, sont en partie générées par le chercheur « médiateur » sur le terrain. Sa vision globale appuyée sur une dimension temps long et sur une approche géographique « large » (vision régionale voire internationale), fait de lui un « passeur de frontières » potentiel tant sur le plan des échelles spatiales que sur le plan de la production de nouveaux savoirs (Legay, 2004).

Pour expliquer les processus complexes qui se sont déroulés et qui permettent in fine de délimiter le rôle de la recherche, les modèles des RCA et de l'Impact Pathway (modèle adopté par le CGIAR) présentent des insuffisances. Le modèle Kline & Rosenberg (1986), qui met l'accent sur le fait que la recherche est active tout au long du processus qui va de l'invention à la diffusion nous apparait à cet égard plus efficace. Il reste néanmoins à traduire ce modèle beaucoup plus complexe et plus riche pour qu'il soit utilisable par les chercheurs et leurs institutions.

Concernant les processus d'innovation, il nous semble qu'il existe un domaine important à défricher et que nous n'avons fait que survoler, c'est celui de la responsabilité. Pour qu'une institution de développement puisse à tout moment rendre compte de sa responsabilité (plus au sens éthique que juridique, notion d'« accountability ») dans les processus en cours, il faut qu'elle se dote d'outils spécifiques. Or si les responsabilités ne sont pas intégrées dans la mission de la recherche de l'institution, alors qu'ils constituent des éléments-clés pour l'impact, l'institution publique de recherche pour le développement prend deux types de risques : 1) celui de ne pas s'engager sur des actions de terrain et de rester alors dans une recherche académique et normative, 2) celui de laisser aux seuls chercheurs l'appréciation au fil de l'eau des situations. La distance critique du chercheur devrait faire place à l'accompagnement, à l'intéressement réciproque, à un savoir aussitôt remobilisé dans l'action, transformé, trahi. La recherche d'une telle co-production de savoirs et de produits est une expérience pragmatique, un montage dans lequel est pris le chercheur, qu'il ne maîtrise pas et dans lequel il est engagé corps et âme (CSI[6], 2013).

Seck (2012) qualifie ce chercheur « *militant d'un lien permanent entre la recherche et les utilisateurs de ses résultats* » de chercheur « total » : « *Dans son labeur quotidien qui le lie au réel, il sait qu'il doit être aux aguets pour affronter l'inédit. Il ne cesse d'apprendre pour mieux ajuster ses concepts et outils méthodologiques aux équations que lui posent les réalités qu'il investit* ». Dans un processus aussi long et aussi complexe, on ne peut pas planifier. C'est donc dans le déroulement que les chercheurs présents ont pris des orientations, décisions et responsabilités.

Différents points de fragilité et donc de rupture potentielle ont été identifiés dans notre cas. Deux exemples sont donnés ici :

a- Dans les années 1990, la nécessité d'identifier un co-porteur pour donner toute son envergure à l'invention à travers une industrialisation de la multiplication des hybrides en vue d'une large diffusion, a poussé un chercheur à se rapprocher du groupe privé ECOM. Il a pu « vendre » le projet dans le cadre d'une coopération qui a été couronnée de succès. Un laboratoire commun a été créé et une longue collaboration s'en est suivie pour le conseil et le suivi sur le terrain.

Que se serait-il passé si le chercheur n'avait pas eu cette démarche d'engagement pour le développement ? Les inventions créées par la recherche auraient-elles dépassé le stade de prototype ?

b- En 2011, il a fallu se rendre à l'évidence ; victimes de leur succès, le groupe ECOM/CIRAD ne peut faire face à la demande en hybrides. ECOM crée une marque de prestige, le « Diamond coffee » et se concentre sur des producteurs « stratégiques » qui ont plus de moyens. Mais le CIRAD pousse ECOM à se lancer, dans une logique de « démocratisation », dans d'autres recherches pour produire des variétés lignées performantes et des hybrides moins coûteux qui se multiplient par

---

6 Centre de Sociologie de l'innovation : http://www.csi.ensmp.fr/fr/

bouturage. ECOM accompagne alors cette dynamique plus « équitable » ainsi que celle qui consiste à proposer une collection variétale à court terme aux producteurs.

Que se serait-il passé si les partenaires avaient laissé « dériver » l'invention, au profit de quelques privilégiés en incohérence avec le mandat de l'institution ?

On peut noter que le processus d'innovation ne fonctionne pas par anticipation des effets et des risques, mais qu'il évolue au fur et à mesure des résultats obtenus. Le manque de communication et de contrôle des performances et des risques associés à chaque niveau de la production-diffusion des hybrides, contribue à la fragilisation du processus. D'où l'importance à la fois d'une vision d'ensemble et d'un suivi précis localement. En s'inscrivant par « essence » dans le temps long, la recherche devrait garantir le continuum qui mène à l'innovation et à l'impact. Pour cela il lui faut être réactive et souple face à des changements brutaux pour s'adapter aux nouvelles donnes, préserver les acquis, et éviter les ruptures ou les dévoiements.

Cette vision d'ensemble peut être appréhendée par les savoirs et leur gestion. En effet, créer des compétences relève de processus d'apprentissage qui articulent la production de différents savoirs :

- le « savoir pourquoi » analyse les relations causales qui expliquent une situation. Il est du domaine de la théorie.
- le « savoir quoi » concerne la connaissance de faits et la caractérisation des situations
- le « savoir comment » concerne l'action, les techniques, les méthodes pour agir.

Il est important que les « savoir quoi » et « savoir pourquoi » soient reliés au « savoir comment ». La recherche doit traduire les connaissances sur l'innovation en connaissances pour l'innovation responsable. Selon Callon et Lacoste (2011) la recherche « responsable » est attentive aux externalités qu'elle peut produire. Elle doit être vigilante (ce qui suppose des dispositifs pour exercer cette vigilance) ; avoir un sens aigu du dialogue (pour être en mesure de collecter et de traiter toutes les objections et inquiétudes) ; être ouverte pour associer les acteurs concernés au processus d'innovation.

On s'aperçoit à travers notre étude de cas qu'une partie des fonctions de la recherche innovante pour le développement n'est pas valorisée ni reconnue. Comme on vient de le voir, le chercheur « engagé » dans de tels processus n'est pas accompagné, pas outillé, et le plus souvent mal reconnu ni évalué dans son travail d'intermédiation et de « knowledge broker » pourtant chronophage. Nous pouvons aisément deviner le malaise qui naît d'une évaluation d'un tel chercheur par des pairs qui se situent uniquement dans le champ polarisé de recherche académique. (Bourdieu, 1997). N'y a-t-il pas ici une place pour de nouveaux métiers d'accompagnement au sein de la recherche ? Des voies d'amélioration de l'appréciation du travail d'un chercheur de terrain sont actuellement à l'œuvre. Hall (2007) estime que l'insuccès des processus d'innovation en termes d'impacts sur le développement vient en partie du fait que l'on néglige le rôle des mécanismes de coordination des interactions nécessaires pour l'innovation. Il recommande de faire évoluer les schémas d'appui à la recherche agricole vers de l'appui aux interactions entre toute la gamme d'acteurs impliqués.

Les résultats de notre étude interpellent les démarches mises en œuvre pour évaluer et mesurer mais aussi accompagner les différentes contributions de la recherche pour le développement. Un certain nombre d'enseignements issus de la réalité des interventions de la recherche publique au service de l'innovation dans les sociétés en voie de développement, pourraient être formalisés et intégrés dans les dispositifs de recherche en construction.

Bibliographie

Akrich, M, Callon, M., Latour, B., « À quoi tient le succès des innovations ? » Gérer et comprendre, Annales des Mines, N°11 et N°12, 1988, pp. 4-17 pp.14-29.

Alter, N., *L'innovation ordinaire*, PUF, Paris, 2000.

Arrow, K.J., Economic welfare and the allocation of resources for invention. The rate and direction of inventive activity, Princeton University Press, Princeton, 1962, pp 609-625.

Arthur, B., « Competing technologies, increasing returns and lock-in by historical events », *The Economic Journal*, mars, 1989.

Bertrand B., Montagnon C., Georget F., Charmetant P., Etienne H., « Création et diffusion de variétés de caféiers Arabica : quelles innovations variétales », *Cahiers agricultures*, 21 (2-3), 2012, pp. 77-88.

Bordenave, J.D., Perreira, A.M., *Estratégias de ensino-aprendizagem*, Éditions Vozes, Petrópolis, Brésil, 1977.

Bourdieu, P., *Les usages sociaux de la science*, Éditions Inra, 1997.

Callon, M., Lascoume, P., Barthe, Y., *Agir dans un monde incertain. Essai sur la démocratie technique*, Le Seuil, Paris, 2001, p. 358.

Callon, M., Latour, B., « Le grand Leviathan s'apprivoise-t-il ? », in *Sociologie de la traduction*, Textes fondateurs, École des Mines, Paris, 2006, pp. 11-32.

Callon, M., Lacoste, A., « Défendre l'innovation responsable », *Debating Innovation*, Vol. 1(1), 2011, pp. 5-18

CGIAR, *Science Council, Strategic Guidance for Ex-Post Impact Assessment of Agricultural Research*, 2008, p. 88.

Étienne H., Bertrand B., Montagnon C., Bobadill A; Landey R., Dechamp, E., Jourdan, I., Alpizar, E., Malo, E., Georget, F., « Un exemple de transfert de technologie réussi dans le domaine de la micropropagation : la multiplication de Coffea arabica par embryogenèse somatique », *Cahiers agricultures*, 21 (2-3), 2012, pp. 115-124.

Gorgon, J., Chadwick, K., « Impact assessment of capacity building and training assessment framework and two case studies », *ACIAR*, Report No. 44, Fevrier, 2007, p. 120.

Hall, A., « Challenges to Strengthening Agricultural Innovation Systems: Where Do We Go From Here ? », *UNU-MERIT Working Papers*, 2007.

Jollivet, P., « Les Rendements croissants », *Multitudes*, n° 2, Mai, 2000, pp. 95-96.

Kline, S-J., Rosenberg, N., « An overview of innovation », in Landau R., Rosenberg N., *The positive sum strategy, harnessing technology for economic growth*, National Academy Press, 1986, pp. 275-305.

Legay, M., « L'interdisciplinarité vue et pratiquée par les chercheurs en Sciences de la nature, sciences de la société, les passeurs de frontières », *table ronde des journées NSS 2002*, vol. 12,1, Paris, 2004.

Laverack, G., Labonte, R., « Health Policy Plan », 15 (3), 2000, pp. 255-262.

Seck, P., *Eloge de la recherche. Passion et tension d'un chercheur africain*, Panafrica, Silex-Nouvelles du Sud, 2012.

Maffezzoli, C., *Étude de cas des déterminants de l'adoption des hybrides F1 de café au Nicaragua*, mémoire de fin d'étude, ISTOM, 2012.

Perrenoud, P., « L'université entre transmission de savoirs et développement de compétences » in *Congrès de l'enseignement universitaire et de l'innovation*, juin Girona, Espagne, 2004 : www.unige.ch/fapse/SSE

Morin E., *Les sept savoirs nécessaires à l'éducation du futur*, Editions du Seuil, Paris, 1999.

Tonneau, J-P., Clavel, D., « Nouveaux partenariat pour la recherche et l'innovation », in *Savoirs et développement rural. Le dialogue au cœur de l'innovation*, Quae et CTA Editions, 2011, pp. 19-32.

Les enjeux de l'innovation participative au ministère de la Défense

Jean-Luc MASSET

Chef de la Mission pour le développement de l'innovation participative (MIP)

Bruno LASSALLE

Adjoint opérationnel de la MIP

1. Importance de l'innovation pour la défense

1.1. Une préoccupation majeure des chefs militaires

L'innovation au sens le plus général du terme a toujours suscité l'attention des guerriers, ainsi, innovation et défense sont fortement associées depuis que les hommes se combattent.

L'innovation militaire est la métamorphose d'une idée inventive ou d'une découverte en un concept suffisamment élaboré pour apporter une réponse efficace à un besoin des armées. Elle contribue fortement à la supériorité opérationnelle et à la surprise de l'ennemi : la supériorité opérationnelle sur l'adversaire par la mise en œuvre de modes d'action inédits et de capacités nouvelles susceptibles de surclasser l'adversaire, la surprise par l'obtention d'un ascendant moral sur l'ennemi pris au dépourvu.

Au cours de l'histoire, les innovations technologiques ou doctrinales (stratégiques et tactiques) sous toutes leurs formes ont bouleversé l'art de la guerre, soit par l'évolution progressive des moyens et pratiques, soit par de grands bonds correspondant à des ruptures technologiques.

Après la révolution industrielle, l'introduction des innovations stratégiques, tactiques ou techniques s'est accélérée dans la seconde partie du 19e siècle pour connaître une progression exponentielle et multiforme caractérisée par des technologies en constant renouvellement et des armements toujours plus performants. L'histoire militaire ne manque pas d'exemples d'armées ayant bénéficié d'innovations introduites même en temps de guerre. Dans certains cas, ces innovations ont permis à une armée de modifier profondément son fonctionnement et introduit des évolutions inattendues des protagonistes.

Ce renouvellement permanent de l'art de la guerre par l'innovation s'impose naturellement comme préoccupation majeure aux décideurs politiques et chefs militaires de toutes les époques. Aujourd'hui, cette préoccupation persiste en s'accentuant, car les risques de guerre demeurent, et l'élargissement des formes envisageables de conflits comme la variabilité des circonstances augmentent l'incertitude.

1.2. Innover pour survivre : un processus ancien et sans fin prévisible

L'innovation régulière des procédés de combat et des armements est un processus d'action et de réaction permanent bien illustré par la vieille lutte du glaive contre la cuirasse ou le bouclier. Véritable obsession guerrière, la supériorité recherchée permet de vaincre à moindre péril voire du faible au fort, le nombre ne garantissant plus l'issue de l'affrontement.

En effet, depuis l'utilisation de la massue jusqu'aux armements les plus perfectionnés, toute arme a suscité une parade, tandis que toute protection a été mise en défaut par une arme nouvelle. La course aux armements apparaît de ce fait sans fin prévisible. Il est clair que cette course ne doit pas être comprise seulement sur le plan de la technologie, mais aussi sur celui des concepts et de la doctrine.

Cette évolution conduit à tirer plus loin, plus vite, plus précisément, pour obtenir la supériorité des feux ; à limiter la vulnérabilité des équipements, pour obtenir la meilleure protection et la discrétion ; à voler plus longtemps, pour obtenir la supériorité dans la mobilité ; à voir de nuit et par tous les temps, à disposer de capteurs spatiaux pour tout savoir sur l'adversaire et pour obtenir la supériorité dans le domaine de la connaissance, etc.

Dans ce contexte dialectique, innover c'est s'adapter pour survivre. Le général Beaufre, célèbre stratège français, expliquait que la stratégie s'apparente à « un processus d'innovation permanent ». C'est également vrai pour la tactique et plus largement encore, pour la manière d'exécuter toutes les tâches y compris les plus humbles.

C'est pourquoi il est nécessaire d'acquérir la maîtrise globale du phénomène d'innovation et de veiller à sa dynamique de développement en mobilisant toutes les intelligences dans l'exécution des tâches dès le temps de paix.

2. Les différents types d'innovation au ministère de la défense

2.1. L'innovation « par le haut et par le bas »

Les travaux de recherche effectués dans le cadre général de la préparation de l'avenir par des organismes spécialisés constituent la clé principale de l'innovation mais il existe une autre voie d'innovation au sein du ministère de la défense. Nous distinguerons l'innovation par le haut, dite institutionnelle, où l'innovation est pilotée par les instances en charge et confiée à des spécialistes, et l'innovation par le bas, lorsqu'elle a pour origine les militaires sur le terrain, dont la vocation d'innovateur s'avère soudaine et imprévisible.

2.2. L'innovation institutionnelle

L'innovation institutionnelle est organisée schématiquement sous la forme d'un dialogue entre officiers exprimant les besoins et ingénieurs proposant des solutions techniques que les militaires adopteront en concevant leur emploi dans le cadre d'innovations tactiques ou stratégiques. Plus précisément, cette innovation s'appuie aujourd'hui sur les travaux de prospective géostratégique réalisés par la délégation aux affaires stratégiques (DAS) avec l'état-major des armées (EMA) et la direction générale de l'armement (DGA) ; elle sous-tend un processus conduisant à la planification et à la programmation pour tirer le meilleur parti de ruptures opérationnelles et techniques au profit des systèmes de forces composant les armées.

Cette innovation, pilotée par les décideurs et répondant aux besoins exprimés à tous les niveaux de l'institution, a deux visages : une face opérationnelle consacrée à la conduite du combat et une face scientifique et technologique dédiée à la conception et l'industrialisation des matériels.

Elle est par ailleurs éclairée, alimentée par le retour d'expérience (RETEX) : la fonction RETEX, remontée rapide d'informations tirées des expériences (erreurs comme réussites) de terrain, issues d'engagements en cours ou passés, d'exercices ou de la simulation, constitue le soubassement du processus d'innovation militaire et permet une adaptation rapide des organisations militaires face à l'imprévu.

Elle prend en compte les impératifs de la loi de programmation militaire (LPM), les contraintes budgétaires et les évolutions du contexte international. De nouveaux thèmes s'imposent, comme le combattant et son environnement, la formation-entraînement, l'environnement géophysique, l'accès aux matières premières ou le développement durable.

L'innovation institutionnelle industrielle est structurée par des échanges entre les sciences et la technologie et par l'action conjointe de l'État et de l'industrie. Compte tenu des enjeux et des leçons tirées de la première moitié du 20e siècle, la France a renforcé l'innovation institutionnelle en confiant la production des matériels de guerre à l'industrie privée et avec la création en 1961 de la délégation générale pour l'armement (DGA). Cette délégation est en particulier responsable de la recherche et du développement, de l'innovation et de l'expérimentation au ministère de la défense. La R&D est essentielle pour développer les futurs systèmes d'armes, acquérir et maintenir les compétences scientifiques requises pour explorer les pistes technologiques prometteuses, évaluer les menaces…

2.3. Le processus d'innovation par le bas ou processus d'innovation participative

a. Un processus ancien

Parallèlement a toujours existé un processus d'innovation de terrain, un exemple emblématique est fourni par la réalisation d'un mortier de tranchée, un des premiers « crapouillots » par le capitaine Cellérier.

Fin 1914, après la victoire de la Marne, l'offensive allemande est brisée. L'armée allemande s'enterre dans des tranchées précédées de réseaux de fils de fer barbelés, de chevaux de frise et autres obstacles… Les alliés les imitent et bientôt deux réseaux de tranchées se font face sur un front continu des Vosges à la mer du Nord.

Lors des attaques, par manque d'un appui d'artillerie adapté, l'infanterie avant d'aborder la tranchée ennemie doit d'abord se frayer un chemin et ouvrir des brèches en cisaillant les barbelés sous le feu nourri de l'ennemi. Comment détruire les réseaux protégeant les tranchées ennemies et gêner les défenses ennemies alors qu'il y a à cette époque une pénurie d'obus de 75 et une artillerie lourde encore insuffisante. La solution s'impose, elle consiste à développer un petit mortier à tir courbe lançant depuis les tranchées et à très courte portée de puissants projectiles à l'instar des minenwerfer utilisés par les Allemands.

Des études sont alors lancées par l'état-major. Mais la première réponse à ce besoin urgent vient des « poilus » eux-mêmes. Nécessité faisant loi, d'étranges improvisations, canons de fortune bricolés à partir d'éléments de récupération et préfigurant la future artillerie de tranchée vont ainsi voir le jour.

Le capitaine d'artillerie Cellérier sur le front de l'Argonne constate comme tout le monde que les corps d'obus à balle de calibre 77, tirés par les Allemands tombent intacts une fois leur ogive ouverte pour libérer la mitraille et il remarque aussi que les douilles éjectées par nos canons de 65 entrent dans ces corps avec le jeu juste nécessaire. L'idée lui vient alors d'utiliser comme tube lanceur l'obus de 77 percé vers le bas pour le passage d'une mèche de mise à feu et de transformer en projectile adapté à ce tube la douille de 65 garnie de grenaille et d'une charge d'explosif.

Mortier Cellerier prêt au tir dans une tranchée

Mortier Cellerier et sa munition

Source Service historique des armées

Le 3 novembre 1914, le capitaine Cellerier présente son innovation à son commandant de corps d'armée et le lendemain, il exécute un tir efficace sur les réseaux allemands. Ces mortiers connaissent un réel succès auprès des fantassins à qui ils sont livrés. Faciles à fabriquer, ils peuvent être assemblés par cinq ou six, côte à côte sur un même affût en bois, simple madrier incliné de 45 degrés. Ils lancent jusqu'à 250 ou 300 mètres leurs petites bombes de 1,8 kg.

La consécration arrive lorsque le général Joffre demande au ministre de la guerre d'en généraliser l'emploi après y avoir fait apporter quelques perfectionnements.

Un bel exemple d'innovation participative, né dans la boue des tranchées, sous le feu de l'ennemi …

b. Un processus en trois phases

L'innovation par le bas ne se décrète pas, elle est le résultat de la maturation d'une idée créative et de sa concrétisation plus ou moins aisée et rapide selon les milieux humains et les circonstances. Cet enchaînement d'actions et d'événements constitue le processus d'innovation participative. Il se découpe selon trois phases caractérisant les degrés successifs d'appropriation du concept innovant par le corps concerné. Chacune des phases met en jeu différents acteurs à tous les niveaux de la hiérarchie.

- Première phase : la conceptualisation par un pionnier innovateur

Le processus d'innovation débute de manière imprévisible, lorsqu'un personnel des armées, confronté directement à un problème pratique « du terrain » ou de la vie courante professionnelle, s'implique personnellement pour le surmonter même s'il n'est pas un spécialiste du domaine concerné. Après une période de gestation, parfois longue, où il associe des choses, des idées, des situations liées à son expérience, il surprend son entourage en sortant spontanément des « rangs » pour faire part avec détermination d'une idée mûrie, simple, pleine de bon sens et de nature à résoudre pratiquement le problème. Ce concept que l'innovateur auto-déclaré propose de concrétiser avec des moyens limités, en tirant le meilleur parti de l'existant peut concerner un outil, un système, une procédure ou une pratique.

- Deuxième phase : la main tendue par le promoteur-traducteur à l'innovateur

En dépit de la conviction de l'innovateur, une telle démarche n'a rien de simple ni d'automatique.

Il est difficile d'avoir raison avant l'heure ou, comme le rappelle Michel de Montaigne dans les « Essais » en reprenant Saint Luc : « Nul n'a été prophète non seulement en sa maison mais en son propre pays, dit l'expérience de l'histoire » ; ainsi la crédibilité de la personne qui transgresse les limites de sa « fiche de poste ou de tâche » en s'attribuant un rôle inédit dans l'organisation du corps concerné est facilement mise en doute.

L'action de l'innovateur peut également être freinée par la routine, la force des habitudes : « Pourquoi faire autrement…! ». Par son aspect inhabituel qui déroge des règles et met en cause d'une certaine manière l'ordre établi, elle peut même susciter dans l'environnement militaire fortement structuré une part d'inquiétude dans son entourage professionnel et provoquer un conflit avec les spécialistes des organismes chargés officiellement de la problématique en question.

Dans ce contexte, obtenir l'autorisation de concrétiser son idée en consacrant du temps à des travaux fatalement secondaires par rapport à la mission, présuppose de gagner la confiance de la hiérarchie.

En effet, animé des meilleures intentions, l'innovateur s'attaque néanmoins aux normes en vigueur alors que ses chefs en sont les garants. Par ailleurs, le sentiment de défiance naturellement induit peut être renforcé par l'incapacité éventuelle de l'innovateur à rassurer. L'innovateur ne saura pas toujours présenter avec clarté l'intérêt de son concept et aura parfois des difficultés à établir un calendrier prévisionnel fiable car le déroulement de l'innovation est itératif voire erratique et sa planification aléatoire. Plus généralement, le projet comporte toujours des risques d'échec, demeure empreint d'incertitudes, et heurte en conséquence les principes de la logique organisationnelle.

L'obtention de cette confiance dans le contexte militaire nécessite dès le début du processus l'entremise d'un facilitateur. Cette personne ou groupe de personnes convaincu de l'intérêt de la démarche permettra d'instaurer un dialogue efficace entre l'innovateur et sa hiérarchie pour traduire et promouvoir le nouveau concept aux yeux du commandement qui pourra alors décider objectivement et adhérer au projet.

Il s'agit en particulier d'établir, avec le langage et les schémas intellectuels propres à l'institution, la faisabilité du projet, d'en montrer les avantages et la complémentarité avec les projets en cours des services spécialisés dans la modernisation des armées. Cet allié de l'innovateur capable d'apprécier la prise de risque et de rassurer la hiérarchie en démontrant l'intérêt de « faire autrement, maintenant » va jouer un rôle essentiel de catalyseur et permettre la transformation de l'essai. Il va veiller en particulier à l'instauration d'un climat de reconnaissance qui va rassurer l'innovateur et lui permettre de réaliser son projet en toute légitimité.

Sans l'implication du promoteur-traducteur, l'initiative aventureuse de l'innovateur risquerait d'être étouffée et l'innovateur déconsidéré voire noté comme un marginal et un anti conformiste.

- Troisième phase : la généralisation

Si l'introduction de l'innovation s'avère judicieuse au niveau d'un organisme, l'intérêt de l'institution réside dans sa diffusion rapide à tous ceux qui sont confrontés à la même problématique.

La meilleure manière de garantir cette généralisation en triomphant de l'action inévitable des réfractaires au changement réside dans sa bonne prise en compte par les organes spécialisés dans la préparation de l'avenir. Il importe donc que ceux-ci reconnaissent toute la place du processus d'innovation participative dans le cadre très vaste de la satisfaction des besoins de toute nature des armées.

Ici aussi, le promoteur-traducteur qui va expliquer, coordonner, diriger et provoquer l'imitation progressive puis l'appropriation au sein du corps, joue un rôle majeur.

3. L'organisation de l'innovation participative au ministère de la défense

La fonction du promoteur-traducteur aux côtés de l'innovateur est particulièrement importante mais le processus d'innovation participative reste fragile en l'absence d'une institutionnalisation de celui-ci.

Conscient de cet état de fait, pour éviter que de très nombreuses idées, réflexions, observations pertinentes nées dans les rangs des armées et susceptibles de développement ne soient perdues, le ministère de la défense a créé la mission pour le développement de l'innovation participative (MIP) qui soutient au quotidien l'innovation spontanée et recommande le développement dans les armées, services et gendarmerie d'un processus d'innovation stimulée.

3.1. L'innovation spontanée : la Mission pour le développement de l'innovation participative

C'est en 1987, dans l'Océan Indien, lors de l'opération Prométhée que ce dispositif d'innovation participative a pris racine. Le contre-amiral Le Pichon alors commandant du groupe aéronaval avait choisi de lancer un concours d'idées. Il invitait ses subordonnés de tout rang pourtant soumis à la pression des événements à faire preuve de réactivité, en formulant des propositions d'amélioration des matériels et des modes de vie. L'amiral fut lui-même surpris et impressionné par la richesse et la puissance des idées émises, dont certaines trouvèrent immédiatement des applications.

C'est ainsi notamment que fut conçu un système de traitement et de transmission des informations simplement composé d'un ordinateur portable, des logiciels afférents et de moyens facilement disponibles qui permit d'équiper un avion de reconnaissance avec pour effet de multiplier par cinquante le nombre de navires surveillés durant une mission et d'informer très rapidement le commandement.

L'amiral Le Pichon

Source MIP

Fort de cet enseignement, persuadé qu'il fallait « permettre aux idées de chacun de profiter à tous », il a proposé à un connaisseur du monde de l'entreprise, le ministre de la défense André Giraud de prendre en charge le soutien des idées des individus pour les transformer en innovations concrètes. L'élan est donné. En 1988, l'amiral Le Pichon est nommé chargé de mission pour le développement de l'innovation participative (MIP). Les premiers résultats sont au rendez-vous. À telle enseigne que la fonction est institutionnalisée par arrêté ministériel en 1995.

Aujourd'hui, la Mission pour le développement de l'innovation participative s'apprête à fêter ses vingt-cinq ans en 2013. Dotée d'une structure souple et réactive, elle soutient quotidiennement les innovateurs et promeut leurs créations. Cet appui est apporté sans distinction de grade ou de statut. Les innovateurs qui se révèlent peuvent indifféremment appartenir aux armées, au service de santé, à la direction générale de l'armement, à la gendarmerie nationale ou à toutes les autres entités du ministère de la défense. Mieux, selon les termes de l'arrêté de création de la mission, tout innovateur peut correspondre directement avec la MIP, sous réserve d'en rendre compte à son autorité hiérarchique.

En permettant à tous de porter l'innovation avec rapidité et simplicité au sein de leur communauté de travail, et en apportant une large confiance aux innovateurs déclarés dans la concrétisation de leurs idées, la MIP favorise la reconnaissance de la valeur individuelle et professionnelle en dehors du strict domaine d'action défini par les fiches de poste.

La MIP accueille, accompagne et soutient des personnels motivés et créatifs qui proposent, de leur propre initiative, une solution concrète et pertinente à un problème donné.

Cet accompagnement financé par la MIP sans incidence pour le budget des corps vise à garantir les chances d'aboutissement. Il s'agit d'aider souplement à la concrétisation des idées en guidant l'innovateur tout au long de son projet par une démarche simple et rapide, décrite et schématisée ci-dessous :

- L'innovateur contacte la MIP qui le reçoit rapidement pour qu'il puisse exposer son projet.
- Si le chef de la mission juge le projet viable et conforme à son cahier des charges (il ne s'agit pas de financer les petits programmes des armées), il saisit le chef d'état-major de l'armée d'appartenance ou le directeur du service, selon l'origine de l'innovateur.
- Dès que le commandement donne son aval, la décision de soutien est prise et le financement mis en place en moins d'une semaine.
- La mission « porte » le dossier jusqu'à la réalisation d'un prototype opérationnel et le cas échéant en propose la généralisation.

Schéma de la démarche de soutien aux innovateurs pratiquée par la MIP

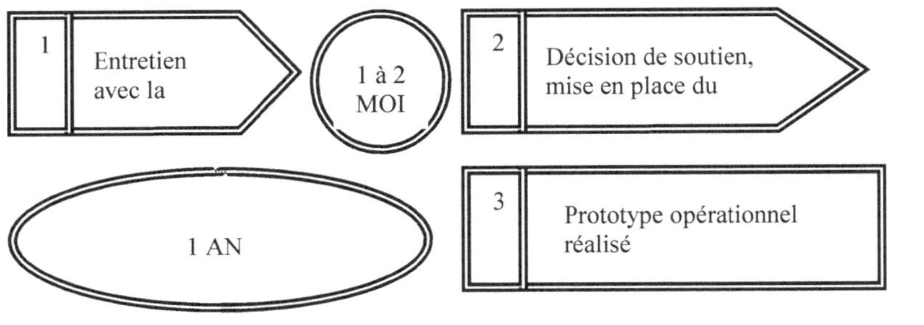

Chaque année depuis 1988, la MIP ouvre une cinquantaine de dossiers en apportant aux innovateurs une aide financière moyenne de 25 k€ et un soutien personnalisé afin de concrétiser des améliorations simples et efficaces.

3.2. L'innovation stimulée : l'amélioration continue, l'identification et la diffusion des bonnes pratiques et savoir-faire innovants

Pour conforter et étendre son action au sein des armées, et dans le cadre d'une approche plus globale, impliquant certains acteurs du monde civil, la MIP a animé dès 1995 des réflexions portant sur la stimulation ou l'impulsion de l'innovation participative. En 2008, elle a concrétisé cette action en préconisant la mise en place dans les armées et services d'un dispositif d'innovation participative stimulée.

Cette démarche, qui s'inscrit naturellement en complément des démarches qualité ou de progrès permanent, consiste à provoquer le déclenchement d'initiatives et actions de progrès individuelles au sein de la ressource humaine puis à les canaliser en les orientant selon les choix du commandement.

Le développement et l'entretien de ce processus nécessitent une forte implication des cadres de contact qui doivent être convaincus de la pertinence et des perspectives intéressantes ouvertes par cette méthode. Les cadres de contact doivent tout particulièrement relayer l'action du commandement en se montrant réceptifs aux initiatives proposées et en s'investissant dans leur développement et leur promotion. Enfin, des processus, outils et ressources doivent être mis en place pour faciliter le processus et éviter l'essoufflement ou l'engorgement des structures de décision.

Cette démarche qui permet de décomplexer l'émission des idées et de permettre leur interaction, favorise le développement d'un climat de confiance, permet l'amélioration des conditions de vie comme d'exécution du travail, et participe, pour un régiment ou une unité, au développement de la capacité opérationnelle.

Les états-majors et les services du ministère ont pratiquement tous rédigé à leur niveau des directives marquant leur volonté de développer l'innovation participative en leur sein. On citera en particulier le service de la maintenance industrielle des matériels terrestres (SMITer) et le service industriel de l'aéronautique avec ses AIA (ateliers industriels de l'aéronautique) qui ont mis sur pied des systèmes de management des idées bien structurés associés à des démarches de progrès permanent.

Pour sa part, la gendarmerie nationale dans le cadre des « Ateliers de performance » développe depuis 2007, le partage de bonnes pratiques imaginées par les gendarmes des brigades en réponse à des problèmes locaux. Ces bonnes pratiques sont valorisées par leur diffusion rapide au profit de l'ensemble des brigades réparties sur tout le territoire national. Le Service d'infrastructure de la défense (SID) a récemment adopté cette démarche.

Globalement, les axes de progrès qui se dégagent de ces initiatives concernent la santé, la sécurité, la simplification des procédures, les compléments de cohérence opérationnelle, les gains de temps, les économies de personnel et d'argent, les aspects ergonomiques, les actions de simplification administrative, le respect des principes de développement durable ; le spectre des applications est en fait très vaste.

Tout un ensemble d'actions concrètes maintenant bien enracinées constitue ainsi un socle solide pour poursuivre un développement maîtrisé de la culture d'innovation.

4. Essai de typologie de l'innovateur dans les armées

4.1. Profil de l'innovateur militaire

Le contact privilégié de la MIP avec de nombreux innovateurs sur une longue période lui confère une certaine expertise pour tenter d'esquisser un portrait type de l'innovateur. À vrai dire, il s'avère plus facile de dresser une liste qui s'apparente à un inventaire à la Prévert ; en effet, il existe toutes sortes d'esprits créatifs, habitant des personnalités aux caractères variés.

L'analyse permet toutefois de faire ressortir quelques traits bien caractéristiques : un pionnier humaniste, un travailleur curieux passionné, un courageux plein d'audace, un entrepreneur enthousiaste.

Un pionnier humaniste

Refusant le confort des chemins balisés, il s'aventure dans l'inconnu pour ouvrir dans le meilleur esprit d'équipe de nouvelles pistes. L'originalité de sa démarche n'est pas empreinte d'excentricité, mais guidée par le souci de faciliter l'exécution des tâches quotidiennes. Soucieux de réalisations concrètes, ennemi de l'immobilisme, croyant comme le maréchal Foch que « de toutes les fautes, une seule est infamante : l'inaction », il ose faire preuve d'un certain non-conformisme et d'un sens critique aiguisé qui lui permettent de bousculer les idées reçues et les situations établies pour faire différemment.

Ce non-conformisme, qui lui donne la force de remettre en cause les règles dépassées, ne doit pas être confondu avec un anticonformisme incompatible avec l'éthique du soldat, mais reconnu comme une capacité à refuser la routine.

Peu enclin à se contenter de promesses d'améliorations futures, proactif, il s'implique fermement dans la conceptualisation d'une réponse pratique en adaptant au mieux les éléments existants.

Un travailleur curieux, passionné

Tirant le meilleur profit de connaissances qu'il puise à la croisée de plusieurs domaines d'intérêt, cet esprit curieux investigue dans toutes les directions. S'appuyant sur son entourage et son réseau, il s'investit totalement sans compter son temps et travaille avec une rigueur obstinée selon la devise de Léonard de Vinci. Disposant de clairvoyance et de lucidité, il est capable de comprendre et appréhender des points de vue différents. Intuitif, il conçoit des réponses pertinentes et inédites en osant recombiner pour leur donner du sens, des éléments hétérogènes dont il a connaissance du fait de cette culture ouverte et de cette aptitude à communiquer dans des cercles extérieurs à sa communauté de travail.

Un courageux plein d'audace

Œuvrant pour un idéal, souvent sans concessions, l'innovateur fait preuve de courage en affrontant le risque sous bien des formes. Outre le danger toujours présent de s'être fourvoyé dans une mauvaise solution, il s'expose à être considéré comme un « empêcheur de tourner en rond » du fait de son attitude novatrice remettant en cause le fonctionnement routinier. Par ailleurs, ses solutions originales en font, aux yeux de beaucoup, un individu à la limite de la marginalité dont la place au sein de son milieu de travail pourrait être remise en cause, freinant ou ruinant ainsi sa carrière ... Risque familial enfin, d'un trop fort investissement personnel.

Un entrepreneur enthousiaste

Les talents de l'entrepreneur sont nécessaires à l'innovateur qui, motivé par sa passion, peut adopter la devise des princes d'Orange : « Point n'est besoin d'espérer pour entreprendre ni de réussir pour persévérer ». Cette attitude lui permet de surmonter les obstacles, de garder au fond de lui la force d'avoir raison alors même que beaucoup doutent autour de lui et d'aller jusqu'à la concrétisation de son projet.

4.2. Profils comparés du soldat et de l'innovateur

a. Des qualités communes

Le profil d'innovateur s'avère marqué par des vertus ou qualités comme le courage, l'audace, la détermination, la ténacité, l'esprit d'équipe, la générosité, la solidarité. Ces qualités caractérisent également le militaire et le développement de celles-ci est attentivement pris en compte par les écoles et centres de formation de la défense pour toutes les catégories, officiers, sous-officiers et soldats.

b. Discipline et créativité

Le non-conformisme, l'indépendance d'esprit et l'originalité qui façonnent également la personnalité de l'innovateur sont, en revanche, des traits de caractère qui peuvent apparaître à première vue incompatibles avec le profil militaire caractérisé par la loyauté, le respect de la discipline et de la hiérarchie. Toutefois comme le disait encore le général Beaufre, « dans les armées, la discipline est stricte mais la pensée libre ». Si la discipline, comme l'obéissance, sont des nécessités opérationnelles dans l'action militaire, cette discipline acceptée avec intelligence est bien différente de la discipline passive proche de la soumission exigée au début du 20e siècle. La discipline qui caractérise les militaires de nos armées d'aujourd'hui est adaptée au contexte du combat moderne marqué par l'extrême diversité des missions et des situations et un éclairage médiatique permanent. Dans ce cadre, les combattants doivent disposer d'une capacité d'autonomie permettant la prise d'initiatives et éventuellement l'improvisation dans le respect des intentions du chef.

Il n'y a donc pas incompatibilité entre esprit de discipline et ouverture d'esprit. La capacité à s'ériger en tant que force de proposition en mettant en avant sa créativité et son esprit d'innovation existe bien au sein des armées.

On commettrait le même type de confusion en opposant la qualité, au sens des normes ISO 9001 qui favoriseraient l'inertie et la rigidité, et la créativité, alors que les deux permettent l'amélioration continue et s'inscrivent dans une dynamique de progrès permanent.

c. Un milieu de rencontre favorable à l'échange des idées

Le recrutement militaire fondé essentiellement sur une motivation et une aptitude médicale apparaît multiculturel et intéresse toutes les catégories sociales du pays. La communauté militaire constitue ainsi un milieu où se côtoient dans un contexte de grande mobilité toutes les catégories socioprofessionnelles. Par ailleurs l'ensemble des membres de cette communauté est formé pour exercer des activités d'une grande variété dans un vaste registre comptant plusieurs centaines de métiers ; ce qui en fait un milieu multi-professionnel. Ces caractéristiques favorisent le brassage, l'échange des idées comme le partage des expériences et créent un « écosystème » naturellement favorable à l'innovation.

d. Quelle politique de ressources humaines ?

Par certains aspects, la créativité peut se présenter comme un don ; les qualités de l'innovateur telles le courage, l'audace, s'avèrent innées. Mais certaines aptitudes nécessaires peuvent être développées dans le cadre d'un apprentissage, notamment la gestion de projet, le management des risques, le travail en équipe...

Dans cette perspective, la formation et la gestion du capital humain se présentent comme des facteurs essentiels d'une stratégie de développement de l'innovation. Pour développer l'innovation participative, il ne suffit pas de créer un cadre favorable à la personne pour que celle-ci innove ; encore faut-il qu'elle soit préparée à cette démarche par une bonne connaissance du processus d'innovation et de ses implications.

e. Développer, favoriser la créativité individuelle des militaires

Le développement de la créativité découle également de l'apprentissage d'un certain nombre de méthodes, de procédés, organisation, planification qui peuvent être enseignés dans le cadre de la formation militaire dans la mesure où ils concourent aux spécialités nécessaires aux armées.

S'il n'apparaît pas prioritaire de développer davantage la pratique de la créativité dans toutes les écoles de cadres ; la question se pose pour les formations plus techniques de la DGA, du SSA (Service de santé des armées), du SID (Service d'infrastructure de la défense), de la DIRISI (Direction des infrastructures, réseaux et systèmes d'information) ou plus généralement des entités de soutien technique.

f. Encourager puis soutenir le processus d'innovation

Apporter à la défense la culture de l'innovation participative, telle est la démarche quotidienne de la MIP à l'occasion de ses rencontres avec les organismes. Pour ce faire, la MIP agit à deux niveaux :

- Favoriser le processus d'innovation participative spontanée :

Il s'agit de faire connaître aux personnels de la défense la démarche simple et rapide de mise en place d'une innovation participative afin de décomplexer les éventuels innovateurs.

Il s'agit également pour la MIP de créer un climat favorable à la transformation d'idées en réalisations concrètes.

Le maître-mot en la matière est de communiquer, que ce soit par des interventions au plus proche des personnels dans les entités du ministère, ou par les médias traditionnels ou l'internet-défense.

- Encourager l'innovation participative stimulée :

Il s'agit de faire la promotion de l'innovation participative aux responsables de tous niveaux. Dans cette perspective, il faut montrer que ce style de management ou de commandement apporte une forte plus-value en termes de pro-activité et d'efficacité tout en renforçant de manière significative la confiance du personnel et la cohésion du corps.

Il faut convaincre la hiérarchie que l'innovation participative n'est pas une problématique de plus à gérer et animer, mais qu'elle apporte des vraies solutions aux problèmes de l'entité ainsi que de substantielles améliorations au fonctionnement quotidien.

g. Quelles actions complémentaires envisager pour l'avenir ?

Pour la réussite de l'innovation participative impulsée et, dans une certaine mesure, de l'innovation stimulée, la MIP recommande de prendre en compte quatre règles d'or ou facteurs clés de succès :

- Faire afficher par le commandement d'un organisme une vision d'avenir ambitieuse et pragmatique, et obtenir l'adhésion active de l'ensemble des cadres de contact,

- motiver et mobiliser durablement en animant par des défis, en communiquant sur les succès,

- reconnaître les résultats obtenus en distinguant l'innovateur talentueux, accepter le droit à l'erreur,

- soutenir les idées jusqu'à leur concrétisation, promouvoir la généralisation au niveau pertinent des bonnes idées concrétisées.

h. Le rôle des ressources humaines

L'innovation participative est trop souvent vue comme un processus uniquement qualité ou technique. Or si sa finalité est bien l'amélioration continue et la création de nouveaux produits ou méthodes, elle est en fait sous-tendue par l'intervention des services spécialisés dans les ressources humaines au travers de ses sous-processus de formation, de reconnaissance, récompense et de sélection.

La formation

Ainsi, au-delà de la formation ou sensibilisation des futurs innovateurs aux ressorts et techniques de l'innovation déjà abordée, il s'agit d'inculquer aux futurs cadres de la défense, cadres supérieurs ou encadrement intermédiaire, les notions de base, bonnes pratiques et facteurs clés de succès mentionnés ci-dessus.

Si la MIP est d'ores et déjà associée à ces formations, elle n'est pas dimensionnée pour apporter avec régularité une formation au profit de l'ensemble des cycles d'enseignement. Cette formation mériterait d'être prise en compte par les écoles de formation.

Par ailleurs, en complément des formations existantes, l'accent peut être mis sur des activités propices au développement de la créativité :

- Organisation de stages ou séminaires de formation à la créativité et au travail de groupe,
- développement de l'initiative par l'exercice de la pédagogie participative,
- multiplication des travaux de recherche…

La reconnaissance et les récompenses

Une politique d'incitation à l'innovation gagne à être soutenue par des mesures individuelles. Ainsi il paraît judicieux d'amplifier les actions et encouragements des personnels non seulement par des récompenses (primes, décorations), mais aussi par une mise en valeur de ces personnes, tant individuellement que professionnellement. Ces marques de reconnaissances prenant en compte l'esprit d'innovation peuvent aussi bien trouver leur place par des témoignages d'estime au quotidien ou de manière formelle dans l'évaluation annuelle des personnels.

Instaurer un climat favorisant la reconnaissance en surmontant les obstacles demande la mise en place d'une réelle culture de l'innovation qui nécessite une information permanente et une formation spécifique.

La sélection-recrutement

Indépendamment des directives et des initiatives prises au niveau des armées ou services, il serait souhaitable, à l'instar de ce qui se fait à la DGA de prendre en compte pour les entités de soutien à dominante technique, la capacité d'innovation comme un élément de sélection des futurs cadres.

De manière générale il s'avère important que les équipes en charge des ressources humaines soient elles-mêmes sensibilisées, formées et deviennent elles-mêmes acteurs du processus d'innovation participative.

Conclusion

Par la création de la mission pour le développement de l'innovation participative (MIP), il y a presque vingt-cinq ans, le ministère de la défense s'est montré précurseur dans le domaine de l'innovation participative. Il a depuis fait des émules.

Ce type d'innovation intéresse tous les domaines de l'activité humaine, de l'université aux entreprises. Partout, des réflexions mûrissent, les articles de journaux sur ce sujet foisonnent, indiquant bien le grand intérêt voire la nature stratégique des enjeux sous-jacents. Par ailleurs, dans le contexte économique difficile que nous connaissons, l'appel à l'imagination créatrice de chacun apparaît de nature à favoriser croissance et productivité dans le commerce et l'industrie et plus généralement comme une voie économique de progrès.

Dans l'avenir, l'intérêt de développer encore cette dynamique, en faisant de chacun un acteur potentiel du changement, en reconnaissant mieux les capacités de créativité des individus tout en préservant les spécificités foncières des militaires s'avère fondamental.

L'homme étant au cœur du processus d'innovation participative, toute véritable évolution du processus global d'innovation et de progrès permanent s'inscrit dans le cadre de la fonction « ressources humaines » dont l'implication apparaît indispensable. L'élaboration progressive d'un plan de développement impactant la gestion des carrières, la gestion prévisionnelle des emplois et des compétences, la sélection et la formation, pour favoriser l'expression de l'innovation de chacun au profit de tous peut constituer une réelle opportunité pour demain.

Eléments de bibliographie

Garcia M., de Perganow N., *Innovation participative – Remettre l'humain au cœur de l'entreprise*, Carnets de l'info, 2012.

Général Beaufre, *Dissuasion et stratégie*, A. Colin, 1964.

Héron A., *Le management du progrès par l'initiative et la créativité du personnel*, mouvement français pour la qualité, 1994.

Kline S. J., Rosenberg N., « An Overview of Innovation », in Landau R., Rosenberg N., *The positive sun strategy, harnessing technology for economic growth*, National academy Press, 1986, pp. 275-305.

Schumpeter J., *Théorie de l'évolution économique*, Payot, 1979 (première édition 1911).

Waline P., *Les crapouillots (1914-1918). Naissance, vie et mort d'une arme*, Presses universitaires de Strasbourg, 2009.

Systémique locale d'innovation : proximité et entrepreneuriat

Dimitri UZUNIDIS

Université Lille Nord de France
Réseau de Recherche sur l'Innovation

Introduction

La proximité géographique entre science, technologie, industrie et finance contribue à l'émergence d'innovations, très souvent par l'intermédiaire de la création d'entreprises. Des relations peuvent se développer grâce au jeu interactif entre les acteurs privés et les institutions publiques. À l'heure actuelle, les économistes (voir par exemple, Audretsch & Feldman, 1996 ; Acs, 2001 ; Bellet & L'Harmet, 1998 ; Den Hertog, Bergman & Remoe, 2001 ; Feldman, Francis & Bercovitz, 2005 ; Florida, 2003) se penchent sur « l'économie locale », comme niveau géographique et économique d'organisation de la production, et, par conséquent, d'émergence de nouvelles activités, de nouveaux biens et services, de nouveaux emplois, de nouveaux revenus, etc. Depuis une quarantaine d'années, l'approche de l'innovation fondée sur la proximité, et plus particulièrement, le concept de système local d'innovation (apparenté dans la littérature au « milieu innovateur », voir Uzunidis & Boutillier, 2010) démontre toujours un peu plus, et mieux, sa pertinence en tant que forme de modélisation de la croissance économique décentralisée, d'aménagement du territoire, mais aussi comme source d'entrepreneuriat.

Une analyse à partir du système local d'innovation permet d'étudier l'environnement des entreprises pour comprendre leur dynamique d'innovation. La nature systémique des relations qui caractérisent une économie locale (Cooke, 2001 ; Hamdouch, 2008, Uzunidis, 2010a.) explique en effet ce qui favorise ou non l'acte d'entreprendre et d'innover. L'innovation et l'entrepreneuriat dépendent des échanges interpersonnels et interinstitutionnels (Uzunidis, 2010). Mais la systémique de l'innovation ne se réfère pas uniquement aux interactions économiques ; elle prend aussi en considération les structures sociales qui sont à l'origine de ces comportements innovateurs. Or, les institutions (État, collectivités locales, grandes entreprises) tiennent un rôle significatif dans l'organisation et l'évolution des structures socio-économiques. Et en retour le système local d'innovation contribue à la performance innovante des entreprises par l'offre des ressources scientifiques et techniques qu'il peut organiser.

Plusieurs études en économie spatiale, fondées sur l'analyse du réseau et des relations systémiques, sont ici mobilisées. L'entrepreneur n'est pas considéré comme un simple acteur du système économique. Il est dans notre cas étudié comme une relation systémique intra-réseau ou comme le résultat du fonctionnement de ce réseau (Ehlinger, Perret & Chabaud, 2007 ; Grossetti & Barthe, 2008 ; Nicolaou & Birley, 2003). Ainsi, nous étudierons comment l'entrepreneur construit son potentiel de ressources dans une économie locale, et comment il utilise ses ressources (savoir, ressources financières, relations sociales) pour développer de nouvelles relations et de nouvelles activités économiques.

L'ambition de ce chapitre est de donner quelques repères analytiques pour comprendre les relations systémiques qui naissent (ou sont incitées) entre les acteurs de l'économie locale pour « produire » un entrepreneuriat innovant (en tant que fonction économique). Dans la première partie nous présenterons les concepts de système d'innovation localisé et de proximité. La seconde partie sera donc consacrée à l'analyse de la dynamique de la proximité caractérisant un système local d'innovation comme condition nécessaire au développement de l'esprit d'entreprise.

1. Proximité et système local d'innovation

Proximité et innovation : La notion de proximité se trouve largement mobilisée aujourd'hui, autant en économie industrielle qu'en économie de l'innovation (voir notamment Torre & Gilly, 2000 ; Boschma, 2005, Zimmermann, 2008). À priori, la proximité se présente habituellement comme liée à l'existence d'externalités localisées qui produisent des effets d'agglomération spatiale et des dynamiques territoriales. Les externalités peuvent être définies (Marshall, 1891) comme étant des effets (impacts sur l'économie), positifs ou négatifs, générés par les activités d'un acteur économique. Dans cette perspective, nous proposons une approche tridimensionnelle de la proximité : géographique, organisationnelle et cognitive[1]. Selon cette approche, la question de la

[1] A noter ici que notre approche n'est pas incompatible de celle d'André Torre & Jean-Eudes Beuret (2012), pour qui il faut distinguer la proximité géographique de la proximité organisée. La proximité géographique est avant tout une question de distance. Mais elle se définit également par les caractéristiques morphologiques de

localisation des investissements est couplée à la capacité organisationnelle et informationnelle/cognitive des entreprises.

L'économie locale se présente ainsi comme un système territorialisé de valorisation de toutes sortes de capitaux et d'échanges marchands. Bénéficiant d'une certaine autonomie d'organisation (institutionnelle et économique) des ressources productives, sa caractéristique première est la formation et la mise en valeur des ressources spécifiques et la réalisation des combinaisons particulières de ces ressources spécifiques. Ces dernières sont composées de capital et de travail ayant des formes et des contenus spécifiques par rapport à des activités et à des secteurs donnés : spécifiques sur le plan technologique, financier ou démographique, mais aussi sur le plan des compétences, des qualifications, du niveau d'éducation, etc. Cette économie est observée et étudiée comme un nœud de relations de production qui contribue au développement régional et local (Uzunidis, 2008).

Alfred Marshall (1919) a démontré que l'efficacité régionale – comme mode d'organisation – réside dans ce que nous appelons aujourd'hui la réalisation d'économies de coûts de transaction. La concentration dans un seul lieu géographique des principaux acteurs du système productif (essentiellement les producteurs d'un côté et les utilisateurs de l'autre) ne facilite pas seulement les transactions, mais promeut aussi les relations de connaissances et de confiance mutuelles entre les différents partenaires (proximité spatiale). La formation et l'accumulation des compétences vont alors former, ce qu'A. Marshall a appelé en 1919, une « atmosphère industrielle » propice à conditionner le marché local du travail. Ce phénomène est relié à la fois à la compétence et à l'expérience professionnelle des travailleurs et aussi à la localisation des entreprises sur un même territoire. Dans le sens marshallien du district industriel, le « local » réunit une densité de population aux compétences avérées, un ensemble d'acteurs composant les différents maillons d'un même système productif, et enfin, un savoir-faire s'inscrivant fortement dans l'expérience constituée.

Avant Marshall, au 19e siècle Von Thünen (2009) a souligné le fait que les mécanismes du marché ne sont pas une abstraction, mais qu'elles ont lieu dans un territoire donné. Dans cette approche, le territoire est défini géographiquement, mais il est aussi le lieu où se développent les relations de proximité entre les individus. L'analyse de la Von Thünen montre que la question du territoire et de son rôle pour la

---

l'espace dans lequel se déroulent les activités ainsi que par la disponibilité et l'accessibilité des infrastructures de transport qui réduisent cette distance. La proximité organisée se réfère aux différentes façons d'être proche à d'autres acteurs selon les logiques d'appartenance et/ou de similitude.

dynamique économique n'est pas un phénomène nouveau. La principale caractéristique est que l'organisation locale de la production n'est pas liée aux principes hiérarchiques de l'organisation de l'entreprise, mais elle est plutôt basée sur les principes de collaboration, de coopération et de coordination entre les différentes unités de production. Par conséquent, la notion de solidarité entre les acteurs économiques est d'une importance considérable. Le système de production local est principalement caractérisé par la proximité entre les unités de production (entreprises individuelles, fournisseurs de services, centres de recherche, établissements de formation, etc.). Les relations entre ces unités sont d'une intensité variable et peuvent prendre des formes très diverses : relations formelles ou informelles, de marché ou hors marché, etc. Les alliances naissent principalement des flux de marchandises, de services, de travail, de technologies et de connaissances. La nature spécifique des activités impliquées dans la production de nouvelles connaissances et les interactions qui leur sont associées ont conduit les économistes à introduire la notion de proximité cognitive, en plus de la proximité spatiale (et temporelle) et la proximité organisationnelle. La proximité cognitive et l'échange de connaissances signifient le partage d'expériences plus ou moins formalisées, de codes, de langages, de modèles issus de (et facilitent) la communication d'informations à l'intérieur des organisations et entre celles-ci (Nooteboom, 2002 ; De la Mothe & Foray, 2001 ; Foray, 2003).

Pour synthétiser (voir aussi tableau 1), la proximité spatiale est caractérisée par la réduction des distances (et du temps) qui séparent physiquement les acteurs économiques ; condition permissive au développement de relations d'reconnaissance et d'inter-reconnaisance entre ceux-ci. La proximité organisationnelle est définie par l'appartenance à une même organisation (entreprise, laboratoire de R&D, université, service à l'intérieur d'une même entreprise ou administration, etc.), à un même réseau (intra-organisationnel et/ou inter-organisationnel) ou, plus largement, à une même « communauté de destin » (Uzunidis, 2010a). La proximité cognitive renvoie à l'adhésion de différents acteurs à une même conception de l'innovation, au même paradigme (technologique et/ou organisationnel), aux mêmes routines, aux mêmes heuristiques, aux mêmes algorithmes de pensée, aux mêmes conventions, aux mêmes traditions, aux mêmes croyances, aux mêmes codes internes, aux mêmes langages et/ou aux mêmes procédures d'apprentissage, de délibération, de prise de décision et de gouvernance (Depret & Hamdouch, 2004). Elle se situe donc au sein même des organisations, des réseaux et des communautés.

Tableau 1 : Les trois types de proximité

Proximité	Paramètres	Domaine d'action et enjeu
Spatiale	Distance/vitesse	Déplacement : flux, temps
Organisationnelle (intra- et inter-)	Hiérarchie/marché Intra-firme/inter-firme Verticale/Horizontale Commandement/contrat	Coordination Stratégies, actions, routines, normes
Cognitive	Code/contenu Contexte/compréhension (conscience + interprétation)	Communication Concepts, normes, idées, connaissances

Source : à partir de Madeuf, B., D. Carré, G. Lefebvre et C. Milelli. 2005.

Les relations de proximité contribuent à la coordination du processus d'innovation (Madeuf, Carré, Lefebvre & Milelli, 2005). Celui-ci, à la fois flexible et évolutif, impose à l'entreprise ou à l'entrepreneur le besoin pressant de disposer des différents types de moyens technologiques et intellectuelles, d'acquérir et de combiner constamment des ressources matérielles et immatérielles. La « théorie de la connaissance » appliquée à l'entreprise nous enseigne que la capacité d'adaptation et l'efficacité de l'entreprise dépendent de ses catégories cognitives, de ses codes d'interprétation de l'information elle-même, de ces compétences et de ses procédures mises en œuvre pour la résolution des problèmes qu'elle rencontre (Dosi, Nelson & Winter, 1999). L'information scientifique, technique et industrielle comme système de connaissances (capital savoir) qui est articulée, formalisée et susceptible d'être communiquée ou transférée, est un moyen de production identifiable comme tel (Laperche, 2001, 2007) et dont l'utilisation engendre l'innovation dans le déroulement normal du processus de production. La tâche du dirigeant ou de l'entrepreneur consiste donc à trouver l'équilibre entre la gestion des partenariats et le développement des instruments internes de l'organisation (Laperche, Galbraith & Uzunidis, 2006). Pour survivre et se développer, une entreprise est contrainte d'acquérir de nouvelles connaissances pour créer de nouvelles compétences (Penrose, 1959).

Piore et Sabel (1984) ont intégré la proximité dans un système de production flexible fondée sur des relations multidirectionnelles et horizontales. La dynamique de l'évolution des structures et de l'organisation du système local de production met en évidence l'importance des petites entreprises. Celles-ci étant plus souples et plus adaptables sont plus aptes que les grandes à renouveler le système local de production et à créer de nouveaux emplois, puisque la flexibilité facilite l'adaptation des structures locales au nouveau contexte économique. En outre, la proximité entre les grandes entreprises et les petites entreprises contribue à l'émergence du système local d'innovation par le développement des sphères de circulation, d'externalisation et d'appropriation.

Système local d'innovation : Notre hypothèse théorique fondamentale concernant le concept du système local d'innovation, à savoir l'environnement social et économique d'une région développée au cours de l'histoire (« sentier de dépendance », David, 2001), est que tous les systèmes innovants sont le produit d'interactions entre les entreprises, les institutions et le travail (voir les différentes catégories de proximité). De telles interactions sont exclusivement le résultat des synergies mutuelles (réseaux, partenariats, etc.) entre les différents acteurs locaux (publics ou privés) participant au développement économique et industriel. Par exemple, nous pouvons nous référer aux différentes formes de coopération entre les entreprises et laboratoires de recherche. C'est d'abord la situation socio-économique et l'environnement industriel et scientifique qui contribuent à la création d'activités nouvelles (en particulier grâce à l'entrepreneuriat et à l'essaimage) et à la genèse des innovations (voir aussi Konstadakopoulos 2003 ; Camagni & Capello, 2009). En outre, un système local d'innovation ne peut se développer dans une forme « naturelle » que si certaines conditions préalables sont respectées, parmi lesquelles : l'existence au niveau local d'une communauté d'acteurs (entreprises, centres de recherche et de formation, les administrations publiques, les compétences professionnelles, services à l'entrepreneuriat, etc.) ; la présence dans le proche voisinage des ressources matérielles, humaines, financières, technologiques et informationnelles alimentant le processus de création de valeur ; l'existence d'un savoir-faire spécifique conduisant à une activité de production de haute qualité ; l'abondance du capital relationnel favorable à la création de réseaux locaux, nationaux ou internationaux ; et l'existence de normes, règles et valeurs de la promotion de comportements créatifs chez les acteurs économiques.

Le système local d'innovation désigne alors le plus souvent la capacité d'une économie locale à engendrer des innovations via l'émergence de nouvelles entreprises et la localisation d'anciennes entreprises dans sa zone géographique, là où la valorisation industrielle de la recherche organise la création de petites entreprises innovantes. L'économie locale se présente, ainsi, comme un système territorialisé de valorisation de toutes sortes de capitaux et d'échanges marchands. Ce système territorialisé, par ses relations de proximité, est réducteur des risques liés à l'incertitude d'un investissement donné et initiateur de processus d'innovation, y compris grâce à la création d'entreprises et à l'accueil d'entreprises technologiques existantes. D'ailleurs, la compétitivité internationale d'un territoire est due à la richesse de son potentiel d'innovation (Porter, 1998, 2003).

La cohésion du système local d'innovation est assurée par deux logiques: la première est liée à l'interaction entre les acteurs locaux et le second à la dynamique de l'apprentissage collectif (Lundvall & Johnson, 1994). Ces interactions contribuent à organiser l'économie locale et à assurer la coordination des actes économiques. Elles permettent de réunir des acteurs locaux dans un même processus de production. La dynamique de l'apprentissage collectif apparaît initialement dans un processus où la société locale mobilise collectivement les ressources et les utilise ensuite, ce qui lui permet de répondre aux excitations extérieures et de s'adapter à son environnement (ce qui nécessite des capacités d'innovation importantes). Les capacités d'innovation sont le résultat de la coopération entre les acteurs locaux et de l'utilisation des ressources spécifiques (matières premières, capitaux, technologies, connaissances, compétences, etc.). Par la mise en place de mécanismes de coordination (rôle des autorités territoriales et du mode de gouvernance), le système local d'innovation est en mesure d'assurer l'équilibre des relations de coopération entre les acteurs locaux et des relations de concurrence interne et externe.

Trois caractéristiques communes permettent d'identifier les systèmes locaux d'innovation (Camagni, 1991 ; Maillat & Perrin, 1992) : un cadre géographiquement localisé et constitué par des ressources matérielles et immatérielles ainsi que par un ensemble d'acteurs ayant une relative indépendance décisionnelle par rapport à l'extérieur et étant capables d'effectuer des choix stratégiques ; une logique d'organisation structurée en réseaux visant à utiliser les ressources créées en commun par les acteurs à travers leurs coopérations ; une dynamique d'apprentissage des acteurs qui ont la capacité de modifier au cours du temps leurs comportements en fonction des transformations de leur environnement externe.

Pour synthétiser : les relations de proximité spatiale, organisationnelle et cognitive forment le système local d'innovation. L'ancrage territorial de l'entreprise lui permet de se constituer un réservoir de ressources (et parfois un marché) pour amortir les coûts inhérents à ses investissements dans une économie en constante transformation. Mais cet ancrage territorial dépend de la qualité dudit réservoir par rapport aux attentes de l'entreprise en matière d'innovation et d'expansion commerciale. D'où la nécessité pour les gouvernements et les collectivités territoriales d'organiser l'amélioration et la valorisation des ressources dans le but de faire naître de multiples processus d'innovation tenant compte la concurrence-coopération entre mêmes acteurs en économie ouverte (voir notamment Amable, Barré & Boyer, 1997 ; Pitelis, Sugden & Wilson, 2005, Perez, 2009). Il s'agit d'un système d'offre de ressources productives susceptible d'engendrer un entrepreneuriat technologique et d'attirer les grandes entreprises ayant des performances affirmées en matière d'innovation. En particulier, le concept de système local d'innovation repose sur l'articulation les trois dimensions de la proximité : la dimension organisationnelle – logique de coopération partenariale entre acteurs et de constitution de réseaux orientés vers l'innovation ; la dimension cognitive – existence d'une logique de création, d'apprentissage et d'acquisition de savoir-faire, orientée vers l'innovation technologique ; et la dimension territoriale – capacité à créer un avantage comparatif et connexion avec des réseaux externes afin d'augmenter l'avantage compétitif de l'économie locale.

La figure 1 présente le système local d'innovation comme nœud de relations économiques, financières, cognitives et institutionnelles. Les institutions publiques en relation avec les entreprises, associations diverses, établissements publics, etc. définissent les axes de développement et coordonnent les actions collectives (via un système d'incitations et/ou de sanctions) ; les acteurs économiques (entreprises, universités, collectivités territoriales, associations d'aide et d'entraide) et sociaux enrichissent leurs relations par voie contractuelle ou par contacts « hors-marché », les institutions financières prêtent et/ou investissent dans les activités émergeantes ou en restructuration. Le tout étant régi par les règles et les normes du cadre légal d'accumulation ; lui-même inséré dans un espace internationalement ouvert. L'espace joue un rôle important dans l'identification du système économique local, mais ce sont les relations d'externalisation et d'intégration qui définissent en dernier ressort le système local d'innovation : celui-ci est un collectif de réduction du degré d'incertitude et des risques qui s'y associent. Il permet d'articuler apprentissage, savoir-faire et culture industrielle. D'où l'importance de son mode d'organisation (Acs, 2001 ; Facchini, 2007 ; Zimmermann, 2008 ; Perez, 2009).

Figure 1 : Le milieu innovateur

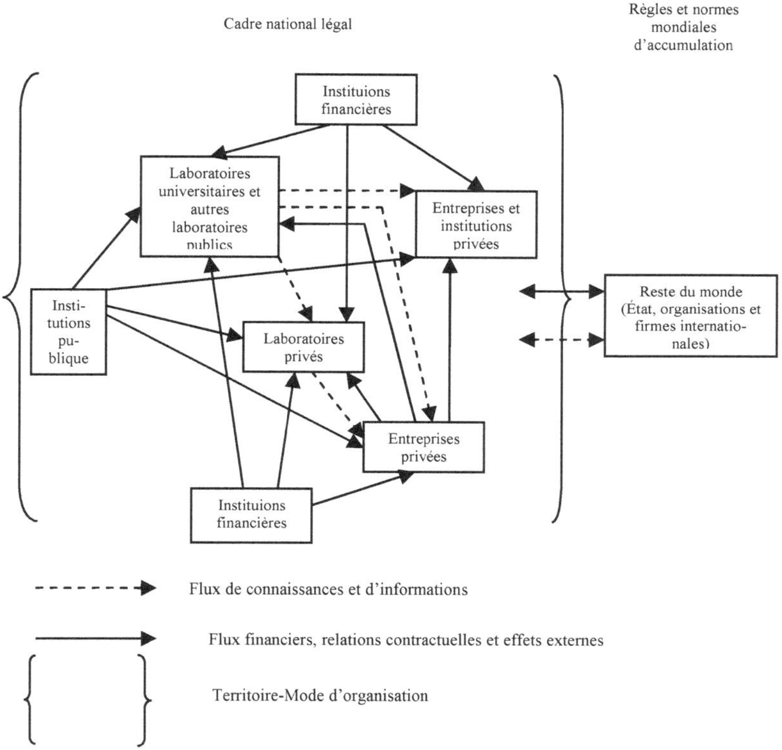

Source : Auteur

2. Système local d'innovation et esprit d'entreprise

Système local d'innovation, entrepreneuriat et proximité : Ph. Aydalot constate en 1986 que l'entreprise innovante ne préexiste pas aux systèmes locaux, elle est sécrétée par eux. Les comportements innovateurs et créateurs dépendent essentiellement de variables définies au niveau local ou régional. En effet, le passé des territoires, leur organisation, leur capacité à générer un projet commun, le consensus qui les structure sont à la base de l'innovation. Ce constat nous conduit à souligner le rôle déterminant joué par la composante territoriale dans les processus de création d'entreprises et d'innovation. L'attention portée au processus de création d'entreprise en tant que phénomène territorialisé et la mise en lumière de l'encastrement de l'entrepreneuriat innovant dans leur environnement territorial constituent les deux intérêts principaux de cette approche.

Dans cette perspective, le concept du système local d'innovation est étroitement associé à l'analyse dynamique de l'environnement cognitif et technologique des entreprises. L'étude de J. Perrin (1992) met plus particulièrement en évidence le fait que le profil des entreprises innovantes est en rapport avec les spécificités d'un système territorialisé auquel elles appartiennent. L'auteur définit l'environnement d'innovation comme le contexte qui accroît la capacité des entreprises à lancer des produits nouveaux et à mettre en œuvre des procédés technologiquement plus avancés, mais aussi comme le contexte qui permet la création de nouvelles entreprises innovantes. Il conclut que l'environnement de l'innovation progresse en se construisant territorialement et que le système local d'innovation peut intervenir de façon déterminante dans le développement des différentes formes d'innovation.

Disposant des ressources spécifiques (Depeyre, 2005), les systèmes locaux d'innovation sont identifiables par leurs capacités d'innovation propres. En effet, l'une des caractéristiques du système local d'innovation est sa capacité à développer, à reproduire et à enrichir de manière autonome un savoir-faire qui favorise une certaine spécialisation du système : « Relativement à ce qui existe dans d'autre espaces, ces spécificités créées sur une base territoriale deviennent des avantages compétitifs » (Crevoisier, 1994 : 35). Les territoires se différencient ainsi en fonction des savoir-faire particuliers qu'ils construisent historiquement. En tant que ressources spécifiques, ces savoir-faire territorialement développés présentent la particularité du système local d'innovation. Ceci permet aux entreprises de formuler de nouveaux projets en prenant en compte les ressources spécifiques du système et à l'entrepreneur de mettre en valeur, en créant son entreprise, ces savoir-faire spécifiques.

Il est ainsi aisé de comprendre que les deux logiques de la caractérisation du système local d'innovation (celle de l'organisation et celle de l'apprentissage) sont à l'origine de la naissance des relations de proximité ; condition permissive du développement de l'entrepreneuriat dans un espace défini géographiquement. Ces logiques montrent que l'innovation et la création d'entreprises sont rarement le fait d'un acteur individuel isolé. Il s'agit de processus sociaux collectifs de haute complexité organisés économiquement et techniquement par des forts liens d'interdépendance qui influent sur la capacité des acteurs, d'une part, à coopérer, à créer des réseaux d'affaires et à entreprendre, et d'autre part à modifier leur comportement et à s'adapter en fonction des transformations de contexte économique. Mais, si la proximité spatiale peut être une évidence lorsque l'on étudie un système donné, la proximité organisationnelle et les relations cognitives et informationnelles sont lentes à se mettre en place. Outre, le métier en commun, les codes et normes communes jouent un rôle primordial dans la mise en réseau des entreprises, des centres de recherche et des institutions publiques. Il s'agit d'un long apprentissage qui peut être facilité par l'intervention des institutions nodales de gouvernance territoriale et habituellement prend les formes suivantes : a) investissements publics importants dans la création des conditions d'une croissance endogène à long terme (infrastructures de transport et de communication, institutions de formation, de recherche et d'ingénierie) ; b) politique de recherche et d'innovation dont les objectifs sont la fédération autour d'un programme spécifique des compétences des entreprises, des institutions publiques et privées de recherche, des associations et des institutions de décision et la mise en réseau des acteurs de la recherche, de l'industrie, du commerce et de la prospective pour la réalisation des investissements à valeur ajoutée croissante dans le domaine fédératif (et dans ses niches) défini par les autorités de régulation ; c) création d'un pôle public d'offre de services et de capitaux aux entreprises et aux entrepreneurs (Uzunidis & Laperche, 2006 ; Perrat, 2006).

En définitive, l'étude d'un système local d'innovation est inséparable de celle des relations de proximité et de la mise en place d'un organe régulateur qui applique une politique volontariste. Ainsi, les relations de proximité peuvent ou non être issues des mécanismes du marché et elles ne sont pas structurées selon une forme hiérarchique rigide ; elles permettent le développement continu de processus d'apprentissage collectifs. Plus un système local d'innovation est ouvert et connecté à des réseaux d'innovation multiples, plus il est susceptible d'enrichir son réservoir de ressources productives et d'accroître ainsi son attractivité et sa capacité à générer des entrepreneurs. Les relations de proximité géographique sont de cette façon intégrées dans des logiques de proximité organisationnelle et cognitive qui sortent du cadre strict du territoire.

Relations de proximité et potentiel entrepreneurial : La capacité à entreprendre résulte de la variété et de la richesse du potentiel de ressources mobilisé par l'entrepreneur (Boutillier & Uzunidis, 2001 ; Boutillier, Laperche & Uzunidis, 2008). De son côté, la composition de ce potentiel de ressources dépend de facteurs extérieurs à l'entreprise et à l'entrepreneur (c'est-à-dire de la richesse du système local d'innovation). En particulier, les politiques publiques d'aide à la création d'entreprises (pour stimuler l'innovation et/ou à lutter contre le chômage) déterminent en grande partie les ressources financières auxquelles l'entrepreneur pourra accéder pour créer son entreprise et assurer sa survie. L'organisation économique et sociale a plusieurs dimensions, et donc plusieurs effets. Le niveau général de développement des connaissances et technologies dans la société aura un impact à la fois sur les connaissances acquises et assemblés par l'entrepreneur (sur la base de son éducation et les compétences des membres de son équipe ; activités liées à l'intelligence économique et à la veille technologique) et le niveau technologique de son activité. La nature du système financier (facilité ou difficulté d'accéder aux aides publiques, le degré du « conservatisme » des banquiers, le niveau de développement du capital-risque, etc.) influence à la fois la capacité d'un individu à devenir entrepreneur et la capacité d'une entreprise à se développer.

Le degré de concentration du marché, par exemple la présence de grandes entreprises, joue également un rôle considérable dans la dynamique de création de petites entreprises et dans leur type d'activité (cas de la sous-traitance). Enfin, il est nécessaire de souligner la politique menée par les entreprises en vue d'innover, soit par leurs propres moyens (budget R&D) ou en mettant en œuvre différents types de partenariat grâce notamment à l'injection de capital risque. La politique publique, le contexte socio-économique, les stratégies des grandes entreprises et le potentiel de ressources de l'entrepreneur constituent les quatre pôles d'un carré organique qui donne naissance par un ensemble de relations de proximité sur le plan territorial, organisationnel et cognitif à l'entrepreneur socialisé. Ce carré organique ouvre la voie à l'analyse de la création d'entreprises dans un cadre spécifique – territorial – de l'économie (figure 2).

L'explication de l'émergence d'une région « à succès » proviendra du fait que c'est d'abord elle-même qui a su gérer sa propre capacité à développer de nouveaux produits, de nouvelles techniques et de nouvelles organisations. Cette hypothèse, fondatrice dans la science régionale, a remis quelque peu en cause les théories économiques traditionnelles qui, au contraire, prônaient jusqu'alors un progrès et une croissance dont les facteurs trouvent principalement leur justification et leur origine à « l'extérieur » (ce sont les modèles dits de « développement par le haut »). Ainsi, le système local d'innovation est une combinaison sur un espace géographique donné d'entreprises, de centres de formation et d'unités de recherche publiques ou privées impliqués dans une démarche de partenariat dans le but d'identifier les synergies autour de projets communs à caractère innovant. Il relie l'attractivité (effets d'agglomération : Isard, 1956) avec la diffusion (effets de dispersion) et les externalités (et autres effets d'entraînement). Ces trois facteurs sont essentiels pour la naissance et la diffusion des innovations. Le plus intéressant pour une entreprise est de réaliser, dans un cadre favorable à l'investissement, d'importantes économies externes, sans avoir à supporter le moindre coût que son activité engendre pour la communauté dans son ensemble (ex. pollution ou nuisances diverses) (Krugman, 1991). Il est donc important de souligner que l'activité de l'entreprise permet de créer divers effets sur la communauté locale, mais, en retour, l'entreprise (et encore plus l'entrepreneur) attend de la communauté des moyens de et des opportunités de profite et des moyens de réalisation de ces profits.

Figure 2 : L'entrepreneur au centre du carré organique de l'économie

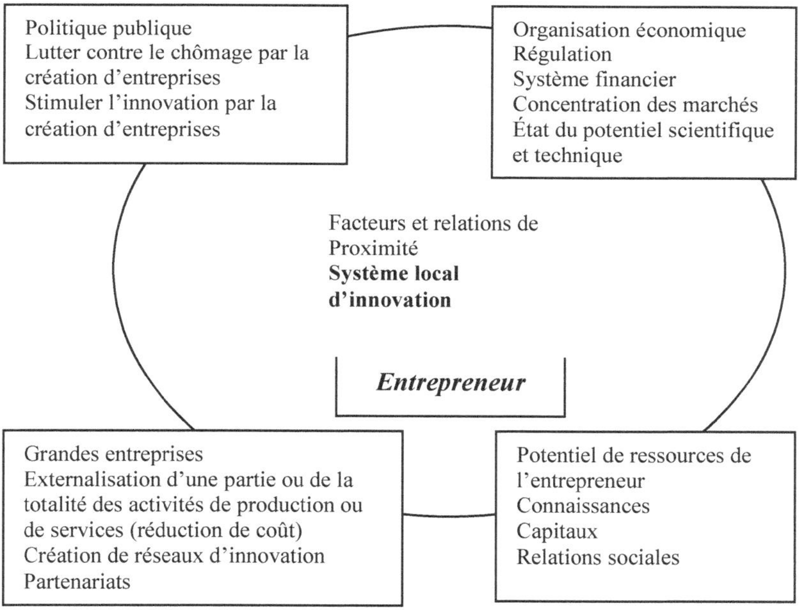

Source : Auteur.

Ce qui est favorable à l'entrepreneuriat innovant dans le cadre de l'économie de réseaux est l'existence d'un espace créé, sur les plans économique et social, par les relations de proximité : infrastructures de transport, de communication, télécommunications, éducation, ingénierie, etc. ; relations contractuelles, informationnelles, cognitives, de confiance et de coopération ; un réseau dense d'entreprises ; un dispositif d'aides fiscales et financières, etc. La figure 3 présente les liens entre les relations de proximité, le potentiel de ressources de l'entrepreneur et la réalisation de l'entrepreneuriat socialisé. Le point essentiel est la constitution de réseaux d'entreprises et d'agents publics comme moyens de réduction des risques liés à l'incertitude du marché. Plus les réseaux seront protecteurs, plus l'acte d'entreprendre sera facilité. Les relations de proximité enrichissent le potentiel de ressources de l'entrepreneur, créent des synergies et un large éventail de liens de confiance et de réciprocité. Avec pour conséquence la réduction des risques liés à l'incertitude d'un investissement donné (contrôle du marché). Ceci permet à l'entrepreneur de mettre en œuvre une stratégie de veille informationnelle, proactive ou réactive, appliquée aux différents stades de création et de développement de son affaire pour détecter de nouvelles opportunités de profit (Kirzner, 1973).

Figure 3 : Proximité et Entrepreneuriat

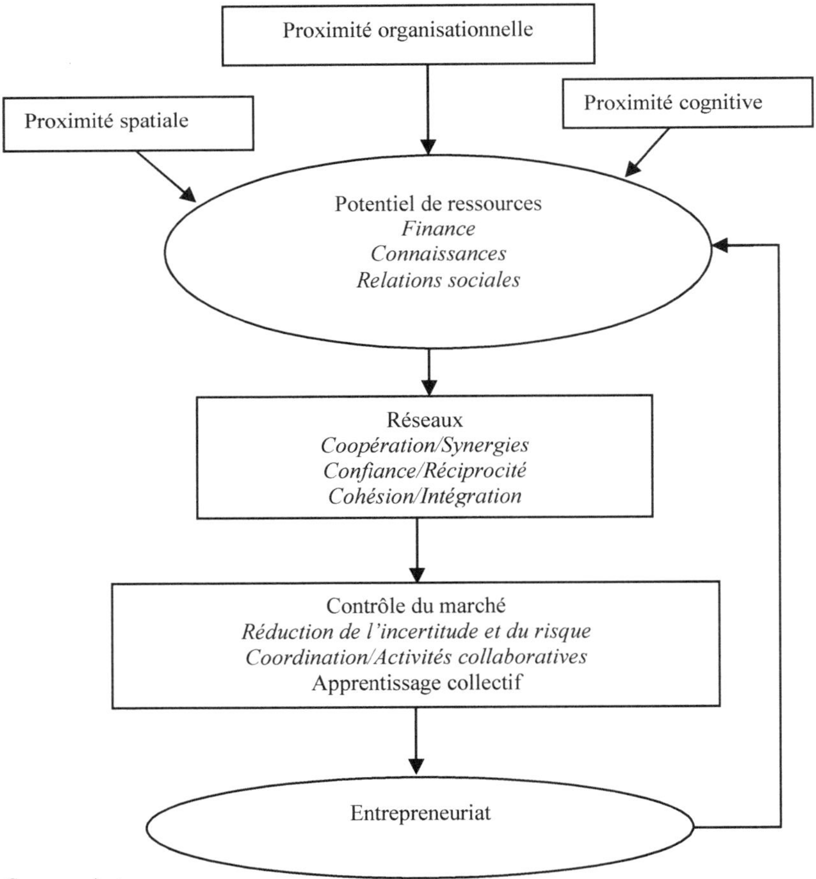

Source : Auteur

Les activités entrepreneuriales ont lieu dans un milieu géographique particulier. C'est dans ce milieu que l'entrepreneur construit son potentiel de ressources (connaissances, ressources financières et les relations sociales). L'entrepreneur développe ses relations sociales dans un territoire particulier, même si son objectif est de développer sur une échelle plus grande (et internationale) ses activités. Le territoire devient un système local d'innovation spécifique par la densité et l'intensité des trois dimensions de la proximité: spatiale, organisationnelle et cognitive. Les entreprises (grandes ou petites) peuvent être établies dans un territoire pour des raisons diverses (réduction des coûts, accès à la demande) et si la politique publique joue un rôle non négligeable dans la création ou l'attraction de nouvelles entreprises, l'entrepreneur, en tant qu'acteur social, tire avant tout profit de ses relations sociales pour créer son entreprise. Ces différents relations sociales (famille, mode de socialisation, éducation-formation, etc.) sont également le moteur du développement futur de son entreprise (Ehlinger, Perret & Chabaud, 2007; Grossetti & Barthe, 2008) ; les activités économiques étant encastrées (selon le concept de Polanyi redéfini par Granovetter, 1985) dans un territoire particulier (White, 1992, 2002).

Conclusion

Depuis les années 1980, l'entrepreneur a fait son retour sur le devant de la scène économique et politique. La capacité d'entreprendre dépend du potentiel financier, cognitif et relationnel du futur entrepreneur. Ce potentiel de ressources n'est pas stable et peut être modifié, augmenté ou réduit, selon l'évolution du contexte économique, politique et social. Par référence au système local d'innovation, nous pouvons constater que le degré d'intensité et la richesse des relations de proximité renforcent le potentiel de l'entrepreneur. La création et le démarrage d'une entreprise réussissent lorsque l'entrepreneur possède un carnet d'adresse fourni, un capital savoir à valoriser et les informations et compétences nécessaires pour accéder aux sources de financement disponibles.

Les liens systémiques entre un individu et son environnement socio-économique créent des opportunités d'investissement et de profit. Si cet environnement est orienté vers l'innovation, ces possibilités seront plus nombreuses. Ainsi, nous avons présenté le système local d'innovation comme une source majeure de l'esprit d'entreprise dans la phase actuelle de l'économie caractérisée par l'ouverture aux flux de capitaux, de marchandises et de savoir et par la marchéisation de nombreuses fonctions et activités des institutions publiques (administrations) et privées (firmes). L'analyse du système local d'innovation comme système territorial complexe, nous conduit aussi à nous intéresser au comportement de l'ensemble des acteurs locaux (entreprises, administrations, services publics, etc.) en relation avec l'extérieur. La place et les fonctions des acteurs dans le système et leur capacité à absorber de ressources extérieures (financières, cognitives et relationnelles) contribuent à l'émergence de nouvelles entreprises.

L'« alchimie » entre territoire (comme ensemble d'acteurs et d'actions spatialement localisés), entrepreneuriat et innovation peut ne pas être féconde si l'environnement d'innovation géographiquement proche ne leur fournit pas les entrants productifs dont elles ont besoin. La dimension territoriale peut être relativement peu importante si l'économie locale est pauvre en ressources et en opportunités de valorisation de capitaux. Dans ce cas, les entreprises cherchent à s'appuyer sur des réseaux extérieurs et rompent avec le milieu local. Elles appliquent d'autres formes d'organisation résiliaire leur permettant d'acquérir des ressources technologiques et cognitives sur une échelle plus grande. L'économie locale est formée alors d'un « amas » d'entreprises déconnectées ou faiblement connectées, entre elles et avec les autres institutions de décision politique et de création de valeur, et ne peut prendre la forme d'un cluster (Sommers, 2008).

Bibliographie

Acs, Z., *Regional Innovation, Knowledge and Global Change*, Continuum, London, 2001.

Aglietta, M., Rebérioux, A., *Dérives du capitalisme financier*, Albin Michel, Paris, 2004.

Amable, B., Barre, R., Boyer, R., *Les systèmes nationaux d'innovation à l'ère de la globalisation*, Economica, Paris, 1997.

Audretsch, D.B., Feldman, P.M., « R&D Spillovers and the Geography of Innovation and Production », *American Economic Review*, 86, 1996, pp. 630-640

Aydalot, P., *Milieux Innovateurs en Europe*, GREMI, Paris, 1986.

Bellet, M., L'Harmet, C. (eds.), *Industry, Space and Competition*, Cheltenham, Edward Elgar, 1998.

Boschma, R., « Proximity and Innovation : A Critical Assessment », *Regional Studies*, 39 (1), 2005, pp. 61–74

Boutillier, S., Laperche, B., Uzunidis, D., « The entrepreneur's 'resource potential', innovation and networks », in Laperche B., Uzunidis D., von Tunzelmann N. (eds.), *Genesis of Innovation. Systemic Linkages between Knowledge and Market*, E. Elgar, Cheltenham, 2008, pp. 208-228.

Boutillier, S., Uzunidis, D., « L'utilité marginale de l'entrepreneur », *Innovations. Cahiers d'économie de l'innovation*, 13 (1), 2001, pp. 17-42.

Camagni, R., *Innovation Networks : Spatial Perspectives*, Belhaven Press-GREMI, London, 1991.

Camagni, R., Capello, R., « Knowledge-Based Economy and Knowledge Creation : The Role of Space », in Fratesi U., Senn L. (eds.), *Growth and*

Innovation of Competitive Regions. The Role of Internal and External Connections, Springer, Berlin, 2009, pp. 145-165

Cooke, P., « Regional Innovation Systems, Clusters, and the Knowledge Economy », *Industrial and Corporate Change*, 10 (4), 2001, pp. 945-974.

Crevoisier, O., « Dynamique industrielle et dynamique régionale : l'articulation par les milieux innovateurs », *Revue d'économie industrielle*, 70, 1994, pp. 33-48.

David, P.A., « Path dependence, its critics and the quest for 'historical economic' », in Garrouste P., Ioannides S. (eds.), *Evolution and Path Dependence in Economic Ideas : Past and Present*, Edward Elgar, Hants, 2001, pp. 15-40.

De La Mothe, J., Foray, D. (eds.), *Knowledge Management in the Innovation Process*, Kluwer, Boston, 2001.

Den Hertog, P., Bergman, E., Remoe, S., *Innovative Clusters : Drivers of National Innovation Systems (Enterprise, Industry and Services)*, OECD, Paris, 2001.

Depeyre, C., « Retour sur la théorie des ressources », *Le Libellio d'Aegis*, 1, 2005, pp. 9-14.

Depret, M.-H., Hamdouch, A., « Proximités spatiale, organisationnelle et cognitive, réseaux d'innovation et dynamique concurrentielle dans l'industrie biopharmaceutique », Contribution Quatrième Journées de la Proximité « Proximité, réseaux et coordination », Marseille, 17-18 juin, 2004.

Dosi, G., Nelson, R., Winter, S. (eds.), *The Nature and Dynamics of Organizational Capabilities*, Oxford University Press, Oxford, 1999.

Ehlinger, S., Perret, V., Chabaud, D., « Quelle gouvernance pour les réseaux territorialisés d'organisations ? », *Revue française de gestion*, 170, 2007, pp. 155-171.

Facchini, F., « Entrepreneur et croissance économique : développements récents », *Revue d'économie industrielle*, 119, 2007, pp. 55-84.

Feldman, M., Francis, J., Bercovitz, J., « Creating a Cluster While Building a Firm : Entrepreneurs and the Formation of Industrial Clusters », *Regional Studies*, 39 (1), 2005, pp. 129-141.

Florida, R., « Entrepreneurship, creativity and regional economic growth », in Hart D.M., *The emergence of entrepreneurship policy*, Cambridge UP, Cambridge, 2003, pp. 39-60.

Foray, D., *The economics of knowledge*, MIT Press, Cambridge, 2004.

Granovetter, M., 1985, « Economic Action and Social Structure : The problem of Embeddedness », *American Journal of Sociology*, 91, 2003, pp. 481-510.

Grossetti, M., Barthe, J.-F., « Dynamiques des réseaux interpersonnels et des organisations dans les créations d'entreprises », *Revue française de sociologie*, 49 (3), 2008, pp. 582-612.

Hamdouch, A., « Conceptualizing Innovation Clusters and Networks », *Working Paper*, 6, Paris, Research Network of Innovation, 2008, p. 31: http://rrifr.univ-littoral.fr/wp-content/uploads/2008/06/doc-3.pdf, accès le 12 septembre 2009.

Isard, W., *Location and Space-Economy*, MIT Press, Cambridge, 1956.

Kirzner, I., *Discovery and the Capitalist Process*, University of Chicago Press, Chicago, 1973.

Konstadakopoulos, D., « Milieux innovateurs et apprentissage dans le Sud-Ouest de l'Angleterre », *Innovations. Cahiers d'économie de l'innovation*, 11, 2000, pp. 139-154.

Krugman, P., « Increasing Returns and Economic Geography », *Journal of Political Economy*, 99 (3), 1991, pp. 483-499.

Laperche, B., « Potentiel d'innovation des grandes entreprises et État, argumentation évolutionniste sur l'appropriation des informations scientifiques et techniques », *Innovations. Cahiers d'économie de l'innovation*, 13 (1), 2001, pp. 61-85.

Laperche, B., « 'Knowledge capital' and innovation in multinational corporations », *Int. J. Technology and Globalisation*, 3 (1), 2007, pp. 24-41.

Laperche, B., Galbraith, J.K., Uzunidis, D. (eds.), *Innovation, Evolution And Economic Change. New Ideas in the Tradition of Galbraith*, E. Elgar, Cheltenham, 2006.

Lundvall, B.A., Johnson, B., « The learning economy », *Journal of Industry Studies*, 1 (2), 1994, pp. 23-42.

Madeuf, B., Carré, D., Lefebvre, G., Milelli, C., « TIC et économie de la proximité : organisation et localisation de la R&D au sein des entreprises globales », *Innovations. Cahiers d'économie de l'innovation*, 21 (1), 2005, pp. 243-272.

Maillat, D., Perrin, J., *Entreprises Innovatrices et Développement Territorial*, GREMI, EDES, Neuchâtel, 1992.

Marshall, A., *Principles of economics*, MacMillan, London, 1891.

Marshall, A., *Industry and Trade*, MacMillan, London, 1919.

Nicolaou, N., Birley, S., « Social networks in organizational emergence : the university spinout phenomena », *Management Science*, 49 (12), 2003, pp. 1702-1725.

Nooteboom, B., « A cognitive theory of the firm », *Paper for ESNIE workshop Alternative Theories of the Firm*, Paris, November, 2002.

Penrose, E., *The theory of the Growth of the Firm*, 5e ed., Basil Blackwell, Oxford, 1972, 1959.

Perez, C., « The double bubble at the turn of the century : technological roots and structural implications », *Cambridge Journal of Economics*, 33, 2009, pp. 779-805.

Perrat, J., « Division spatiale du travail et nouvelles organisations productives : des territoires 'segments' aux territoires 'modules' ? », *Innovations. Cahiers d'économie de l'innovation*, 24 (2), 2006, pp. 91-114.

Perrin, J., « Innovations et région en développement : trois zones de la région Provence-Alpes-Côte d'Azur », in Maillat D., Perrin J., *Entreprises Innovatrices et Développement Territorial*, GREMI, EDES, Neuchâtel, 1992, pp. 65-91.

Piore, M., Sabel, C., *The second industrial divide : Possibilities for prosperity*, Basic Books, New York, 1984.

Pitelis, C., Sugden, R., Wilson J.R., *Clusters and Globalisation*, E. Elgar, Cheltenham, 2005.

Porter, M.E., « Clusters and the New Economics of Competition », *Harvard Business Review*, 76 (6), 1998, pp. 77-90.

Porter, M.E., « The Economic Performance of Regions », *Regional Studies*, 37 (6-7), 2003, pp. 549-578.

Sommers, P., « Clumps and clusters : a case study of biotechnology and life sciences in the Seattle », in Laperche B., Uzunidis D., von Tunzelmann N. (eds.), *Genesis of Innovation. Systemic Linkages between Knowledge and Market*, E. Elgar, Cheltenham, 2008, pp. 208-228.

Torre, A., Gilly, J.-P., « On the Analytical Dimension of Proximity Dynamics », *Regional Studies*, 34, 2000, pp. 169-180.

Torre, A., Beuret, J.-E., *Proximités territoriales, Anthropos*, Economica, Paris, 2012.

Uzunidis, D., « The logic of the innovative milieu », in Laperche B., Uzunidis D., von Tunzelmann N. (eds.), *Genesis of Innovation. Systemic Linkages between Knowledge and Market*, E. Elgar, Cheltenham, 2008, pp. 187-207.

Uzunidis, D., « Innovation et proximité. Entreprises, entrepreneurs et milieux innovateurs », *Revue des Sciences de Gestion*, 241 (1), 2010a, pp. 13-22.

Uzunidis, D., Boutillier, S., « The innovative milieu as the driving force of entrepreneurship », in Laperche B., Sommers, P., Uzunidis D. (eds.), *Innovation Networks and Clusters*, P.I.E. Peter Lang, Bruxelles, 2010, pp. 135-158.

Uzunidis, D., Laperche, B., *La territorialisation des aides et de la politique européenne de R&D. Quelles perspectives pour la France ?*, ORATE, Union Européenne, 2006, p. 32.

Von Thünen, J.H., *The isolated state in relation to agriculture and political economy, 1826, 1850 and 1867*, Palgrave Macmillan, London, 2009.

White, H.C., *Identity and control. A structural theory of social action*, Princeton University Press, Princeton, 1992.

White, H.C., *Market from networks. Socioeconomic models of production*, Princeton University Press, Princeton, 2002.

Zimmermann, J.-B., « Le territoire dans l'analyse économique. Proximité géographique et proximité organisée », *Revue française de gestion*, 184 (4), 2008, pp. 105-118.

De la réindustrialisation des espaces aux espaces de la réindustrialisation. Quelques enseignements des politiques de soutien à l'industrie de la Région Picardie

Slim THABET[1]

Conseil régional de Picardie

Introduction

La lutte contre la désindustrialisation a figuré parmi les thèmes de prédilection de la dernière campagne de l'élection présidentielle. Tous les candidats ont rivalisé de propositions de relance du potentiel industriel national. La liste exhaustive de ces propositions serait longue à établir : valorisation du « made in France », création d'une banque publique à destination des PME, TVA « sociale », « anti-délocalisation » « compétitivité » ou « emploi », soutien accrue à la recherche et à l'innovation, aides renforcées aux relocalisations et à l'export, etc. Les craintes suscitées par le décrochage de l'industrie ont même abouti à la création par le nouveau gouvernement d'un ministère consacré au redressement productif, faisant ainsi de la réindustrialisation une cause nationale. Ces craintes dépassent d'ailleurs les frontières hexagonales. La Commission européenne elle-même a commis très récemment une communication sur le sujet dont les accents sont des plus volontaristes[2].

---

[1] Ce texte doit beaucoup aux nombreux échanges très fructueux que l'auteur a pu avoir avec M. Anger, Directeur de Cabinet du Président du Conseil régional de Picardie, sans que la responsabilité de ce dernier ne puisse en aucun cas être associée aux éventuelles erreurs ou omissions que ce travail pourrait comporter. La relecture attentive et les conseils avisés de M. Bouhaili ont également été précieux. Les opinions exprimées dans ce papier n'engagent aucunement le Conseil régional de Picardie mais leur propre auteur.

[2] Communication de la Commission au Parlement Européen, au Conseil, au Comité Économique et Social Européen et au Comité des Régions, « Une industrie euro-

Alors que la désindustrialisation est loin d'être un phénomène nouveau – elle touche toutes les économies avancées depuis plusieurs décennies ; davantage la France, mais y compris l'Allemagne[3] – son inscription dans le débat politique ne semble que toute récente.

Pourtant, les collectivités territoriales sont confrontées depuis fort longtemps à la problématique de l'affaiblissement des capacités productives locales : délocalisations, fermetures d'établissements, plans sociaux, déséquilibre des bassins d'emplois, revitalisation de sites, etc. En première ligne, elles ont été nombreuses à engager toutes sortes d'initiatives, instruments et dispositifs afin de compenser les effets de la désindustrialisation et de reconstituer le tissu productif local. C'est le cas du Conseil régional de Picardie[4]. Celui-ci a mis en œuvre depuis 2004 une stratégie originale de développement économique faisant la part belle au renouveau industriel.

L'objet de cette contribution consiste justement à analyser les principes, les objectifs ainsi que la cohérence globale de cette stratégie. Il s'articule en trois parties :

- La première partie revient sur le phénomène de désindustrialisation en rapport avec les spécificités de l'industrie picarde qui font l'objet d'un traitement plus approfondi ;

- Replacés dans leur contexte institutionnel singulier, les grands principes fondant l'action du Conseil régional de Picardie pour renforcer la base manufacturière de son territoire sont présentés dans la deuxième partie ;

- Enfin, la dernière partie s'attache à la présentation succincte de la traduction pratique de la stratégie de soutien à l'industrie du Conseil régional de Picardie notamment à travers l'examen d'un dispositif particulier : « PIVERT »[5].

Brève chronique des heurs et malheurs de l'industrie en France et en Picardie : désindustrialisation ou mutations industrielles ?

La contraction du poids de l'industrie dans l'emploi (et la valeur ajoutée) constitue un phénomène qu'on constate dans tous les pays dits avancés depuis plus de 30 ans. Ce phénomène communément qualifié de « désindustrialisation » s'accompagne de la montée légitime des inquié-

---

péenne plus forte au service de la croissance et de la relance économique », Bruxelles, 10 octobre 2012, [COM(2012) 582 final].

3 Selon l'Organisation pour la coopération et le développement économique (OCDE), l'Allemagne aurait perdu près de 520 000 emplois industriels entre 2002 et 2009 (dernières statistiques disponibles sur le site internet de l'organisation).

4 La Picardie est une région qui se trouve au nord de la région parisienne.

5 En écho à ce dispositif, on ne fera que mentionner les traits essentiels d'un second dispositif analogue par son importance « IndustriLAB ».

tudes au sujet des délocalisations et de la perte de compétitivité des entreprises, au point où d'aucuns n'hésitent plus à parler de déclin industriel[6] de l'Europe en général, et de la France en particulier.

Néanmoins un examen attentif des statistiques invite à nuancer l'ampleur du phénomène de la désindustrialisation au regard de ses traductions concrètes dans le système productif. Il faut, en effet, circonscrire la notion de désindustrialisation pour mieux la combattre car la baisse apparente du poids de l'industrie ne se confond pas nécessairement avec la totalité des destructions effectives d'emplois. Celles-ci peuvent s'expliquer par trois principaux facteurs[7].

D'abord, à cause du souci permanent de rechercher l'amélioration de la compétitivité et de l'efficacité, les établissements industriels subissent, depuis de nombreuses années, un puissant mouvement d'externalisation d'un certain nombre de fonctions périphériques autrefois assumées par le secteur secondaire (entretien, restauration, gardiennage, logistique, informatique, etc.), vers les services productifs[8]. Il s'agit d'un transfert de catégories statistiques (« effet nomenclature ») qui correspondrait à 25% environ des pertes d'emplois industriels en France pour la période 1980-2007 (Demmou, 2011)[9]. Entre 1990 et 2010, les services productifs (également dénommés services à l'industrie) gagnaient en Picardie plus de 35 500 emplois (leur part dans l'emploi total progressait de près de 5 points) et 1,13 million d'emplois en France hors « région capitale » (+3,7 points)[10].

Notons que si l'externalisation concernait pendant longtemps des activités non stratégiques, elle touche désormais des segments de plus en plus proches des cœurs de métier de l'industrie (maintenance, ingénierie, bureaux d'études, recherche et développement, etc.).

---

6 Les termes « industriel », « manufacturier » et de « fabrication » sont ici utilisés alternativement comme synonymes.

7 Les travaux décryptant les facteurs de la désindustrialisation sont abondants ; on citera entre autres Aubert et Sillard (2005), Fontagné et Lorenzi (2005), Le Blanc (2009), Demmou (2011), Guillou et Nesta (2012), ainsi que Eudeline, Sklénard et Zakhartchouk (2012).

8 Ces fonctions de base externalisées sont aujourd'hui souvent réalisées par des travailleurs intérimaires. Or, les sociétés de travail temporaire, qui mettent à disposition ce type de personnel, sont comptabilisées dans le secteur des services.

9 L'étude de Lilas Demmou (2011), souvent citée, est considérée comme une référence car elle est de loin l'étude la plus aboutie sur le sujet.

10 Il est en effet plus prudent de comparer la Picardie à l'ensemble des régions hors Ile-de-France en raison du poids particulièrement faible de l'industrie dans l'emploi dans la « région capitale » (8,7%).

Graphique 1 : évolution des effectifs salariés dans l'industrie et les services productifs en France et en Picardie de 1990 à 2010[11]

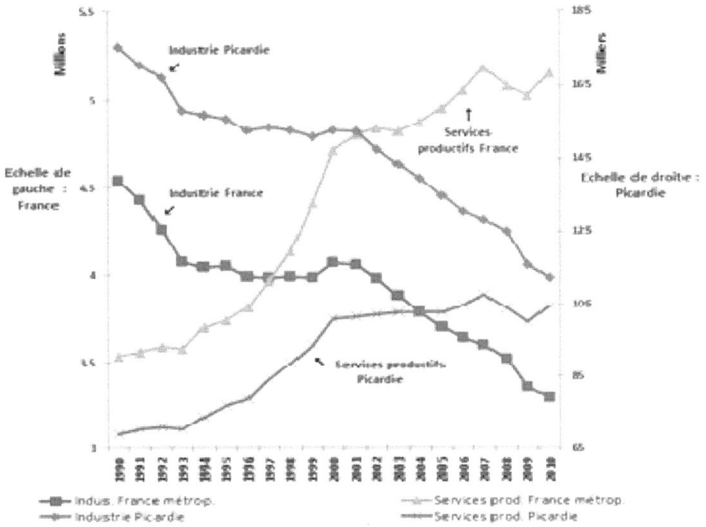

Ensuite, grâce à la modernisation de ses équipements et à l'élévation continue du niveau de qualification de ses effectifs, l'industrie a bénéficié de l'effet mécanique des gains de productivité acquis depuis les années 1980. Entre 1999 et 2009, la productivité dans le secteur industriel a augmenté de 2,9% par an en France alors qu'elle n'a progressé que de + 0,2% dans le tertiaire. Ces forts gains de productivité ont un impact sur l'évolution à la baisse des prix relatifs des produits industriels par rapport à ceux des services, et contribuent à la réduction des besoins en main-d'œuvre (Sedeno & Dupré, 2012). En 2009, on produisait grâce au progrès technique plus de biens industriels qu'il y a trente ans, mais globalement, le poids relatif du secteur manufacturier s'est contracté du fait de la croissance des autres secteurs. L'effet des gains de productivité représenterait à peu près un tiers des pertes d'emplois industriels (Demmou, 2011). En Picardie, malgré la baisse du nombre de salariés dans les activités manufacturières (-18,9%), la valeur ajoutée de la branche « industrie » a augmenté de plus de 5,5% entre 1993 et 2007, preuve que l'industrie régionale réalisait toujours des gains de productivité.

Enfin, en plus de l'externalisation et du rôle du progrès technique, la mondialisation a aussi fortement affecté le secteur secondaire. En effet,

[11] Calculs et graphique de l'auteur à partir des données INSEE.

l'ouverture croissante des marchés a entraîné d'importantes pertes de compétitivité pour certains secteurs industriels ; ce qui a provoqué des délocalisations, une contraction des activités de fabrication et des disparitions d'emplois assez conséquentes[12]. L. Demmou (2011) estime l'impact des délocalisations sur les pertes d'emplois industriels en France entre 13% (à l'aide d'une approche comptable) et 40% (à l'aide d'une approche économétrique). Malgré leur importance, les délocalisations ne sont donc pas la raison prépondérante du recul relatif de l'industrie, même si leur effet semble s'accélérer ces dernières années. S'il est très difficile d'agir sur les deux premiers facteurs, les interventions publiques européenne, nationale et locale ont plutôt intérêt à se concentrer, dans une perspective offensive, sur le troisième facteur.

Sans minimiser l'importance et l'ampleur du phénomène, il paraît plus approprié à la lumière des développements précédents de parler de réorganisation économique et de mutations industrielles que de désindustrialisation (Carrincazeaux & al., 2010)[13]. Naturellement, cela ne minimise en rien les drames économiques et sociaux engendrés par les délocalisations et les fermetures d'usines, en particulier pour les territoires.

Encadré 1 : Désindustrialisation, réindustrialisation : des phénomènes délicats à cerner

Bien que l'usage des termes de désindustrialisation et de réindustrialisation soit devenu fréquent, leur définition est pour le moins délicate. Formellement, il existe un consensus pour dire que si l'industrialisation signifie le renforcement du poids de l'industrie dans l'économie d'une entité donnée (pays, zone, région, etc.) selon un certain nombre d'indicateurs (part dans la valeur ajoutée et/ou dans l'emploi), la désindustrialisation traduit la réduction de ce poids par inversion de tendance

12 L'estimation de l'impact des délocalisations au niveau des économies régionales est beaucoup plus complexe en raison de l'absence de données locales. Il existe cependant un travail très intéressant mené en Rhône-Alpes malheureusement difficilement transposable pour d'autres régions : cf. Chanteau (2008) et Chanteau & al. (2011). La Direction régionale des entreprises, de la concurrence, de la consommation, du travail et de l'emploi (DIRECCTE) d'Aquitaine a missionné des chercheurs de l'Université Montesquieu-Bordeaux IV (GRETHA) afin d'analyser les déterminants qualitatifs des délocalisations/relocalisations. Ce travail a donné lieu à plusieurs productions dont le rapport « Délocalisations, relocalisations : Mise en perspective et enjeux pour la région Aquitaine » dans le cadre du projet ESCAPE (les Echelles spatiales de la coordination des activités Productives et délocalisations).

13 D'autres facteurs moins perceptibles que les délocalisations jouent également. C'est le cas par exemple des changements de fournisseurs au profit de pays à bas coûts ou des choix d'implantation d'unités de production ailleurs qu'en France (problèmes d'attractivité).

des mêmes indicateurs. La réindustrialisation devient *a fortiori* synonyme d'une reprise de ce poids toujours selon les mêmes indicateurs. Ce mouvement cyclique masque néanmoins des évolutions où les facteurs déterminants sont nombreux et au jeu complexe. Ce serait une erreur que de considérer que la réindustrialisation est purement et simplement le contraire de la désindustrialisation laissant ainsi supposer que ce sont des facteurs identiques qui jouent durant les deux phases du même mouvement. Non seulement, les facteurs en cause peuvent être différents mais la nature des industries, des techniques et des configurations macroéconomiques ne sont pas nécessairement les mêmes. Ce qui peut encore compliquer les choses, c'est la transformation des « nomenclatures » créant ainsi des « effets d'optique » qui relèvent purement et simplement de cette transformation.

Si l'on fait abstraction de ces dernières, l'approche dominante de la désindustrialisation est une approche mésoéconomique. Elle envisage, la baisse de la part dans la valeur ajoutée (création de richesses) ou la baisse de la part de l'emploi industriel dans l'emploi total (création d'emplois) en tenant compte des gains de productivité. Les facteurs explicatifs de ces baisses sont généralement imputés aux facteurs de compétitivité « prix » ou « hors prix » du secteur industriel lui-même. Si l'on tient compte de la mondialisation, en plus de ces facteurs, on est confronté au phénomène de délocalisation-relocalisation entre pays et/ou entre régions du même pays ou d'une même zone économique. En outre, et c'est fondamental pour notre propos, il peut y avoir justement désindustrialisation pour un pays mais pas nécessairement pour une région constitutive de l'ensemble des régions de ce pays. Les régions subissent inégalement le phénomène. Pire, ou mieux, certaines régions peuvent renforcer leurs positions industrielles alors que macroéconomiquement parlant l'industrie du pays est en déclin. Toujours est-il qu'on a du mal à dire ce que signifie exactement la désindustrialisation, sinon que l'espace concerné, conformément aux indicateurs standard, est un espace relativement passif subissant plus qu'infléchissant les tendances globales, ou pour nuancer les choses, il s'agirait d'un espace moins réactif dans la compétition avec les autres espaces analogues proches comme éloignés. Une autre manière de voir privilégie plutôt le rapport à la macroéconomie. Elle consiste à envisager le phénomène, cette fois-ci, en établissant une relation entre le revenu par tête et la montée en puissance des services au détriment de l'industrie. Selon certains économistes, dès que le revenu par tête dépasse le seuil des 8 000/9 000 dollars (constants de 1986), le pays ou l'espace concerné subit le phénomène d'une « désindustrialisation précoce » distincte d'une « désindustrialisation absolue ».

Néanmoins le problème demeure entier, sauf si l'on privilégie une analyse de la structure des échanges extérieurs. Le raisonnement porterait par conséquent exclusivement sur « les biens échangeables » avec d'autres entités économiques. On se heurte dans ce cas-ci à d'autres écueils non exclusifs des premiers. Les principaux facteurs qui sont mis en avant sont ceux de la compétitivité « prix » ou hors prix. Pour les facteurs « hors prix », les effets ne peuvent être appréciés directement. En revanche les facteurs « compétitivité prix » sont plus commodes à évaluer. Toutefois, souvent ils sont réduits au coût du travail. Or, les rapports de celui-ci aux techniques et au taux de change sont loin d'être purement linéaires. Si, pour un pays disposant de sa propre monnaie, les choses seraient difficiles à débrouiller, que dirait-on d'un pays appartenant à une même zone monétaire, mais surtout d'une région appartenant à un pays qui lui-même fait partie d'une zone monétaire ?

Toutes ces remarques n'enlèvent rien au fait que la désindustrialisation est un phénomène réel qu'il faut prendre au sérieux. Elles permettent tout simplement d'en nuancer la définition et la portée. Elles étaient destinées à montrer la complexité du phénomène et par voie de conséquence la complexité pour le décideur public de la conception d'une politique et/ou d'une stratégie ayant pour objectif la réindustrialisation. Pour un point de vue aussi pertinent que stimulant concernant ce débat et le miroir que peuvent représenter, à cet égard, les pays latino-américains pour les pays de l'Union européenne, mais aussi pour leurs régions, voir Salama (2012, 2000). C'est dire à la fois l'importance d'une « stratégie de réindustrialisation » et le poids des contraintes auxquelles elle doit faire face.

Si les mutations industrielles affectent à des degrés divers tous les pays avancés, ce constat global mérite d'être affiné par une approche territoriale plus riche, notamment pour la France. Ce sont en effet les régions du grand quart nord-nord-est, les plus industrialisés, (Franche-Comté, Alsace, Lorraine, Champagne-Ardenne, Picardie, Haute-Normandie et Nord Pas-de-Calais) qui subissent les plus fortes pertes d'emplois industriels ces 30 dernières années, avec une accélération de la contraction apparente durant l'épisode critique de la crise récente (entre la mi 2008 et la mi-2009).

Carte 1 : Effectifs de l'industrie et poids dans les régions en 2010 (INSEE)

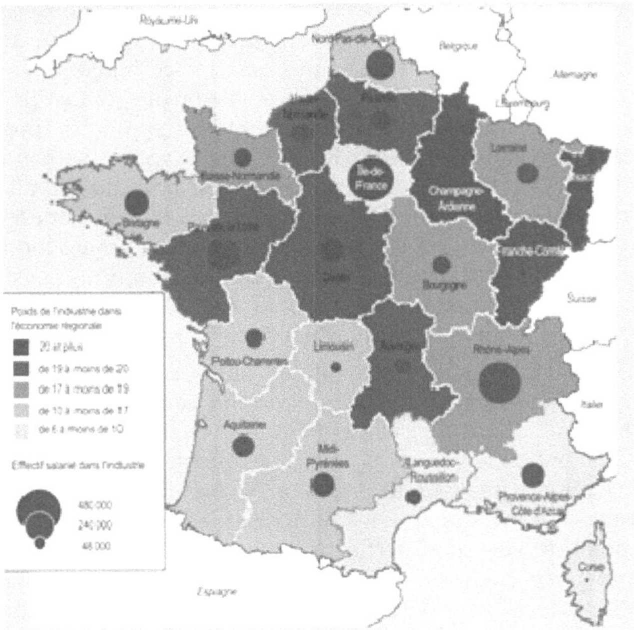

La Picardie occupe une place atypique au sein de cet ensemble. En vertu de sa position barycentrique, elle appartient au vaste « Espace nord-ouest européen » qui concentre plus de 40% du PIB européen et abrite près de 145 millions d'habitants (Destatte, 2008). Il s'agit d'une région de savoir-faire industriel ancestral[14], de vieille tradition agricole. Ses caractéristiques spatiale et sociodémographique lui confèrent un profil semi-rural[15] ayant des spécificités assez fortes notamment à travers le modèle de « l'industrie à la campagne » qui a contribué à structurer le territoire, sa culture ainsi que son identité.

---

[14] Le qualificatif « semi-rural » est plus approprié car de nombreux territoires picards dépendent du maillage régional de villes petites ou moyennes. En témoigne l'élargissement constant des aires urbaines au sens de l'INSEE : sur les 1,97 million d'habitants que compte la Picardie, 1,8 million vivent sous l'influence des villes dont les 3/4 résident dans un pôle urbain ou dans sa couronne.

[15] Le qualificatif « semi-rural » est plus approprié car de nombreux territoires picards dépendent du maillage régional de villes petites ou moyennes. En témoigne l'élargissement constant des aires urbaines au sens de l'INSEE : sur les 1,97 million d'habitants que compte la Picardie, 1,8 million vivent sous l'influence des villes dont les 3/4 résident dans un pôle urbain ou dans sa couronne.

Carte 2 : Poids de l'industrie dans les effectifs salariés des zones d'emploi picardes en 2010 (INSEE)[16]

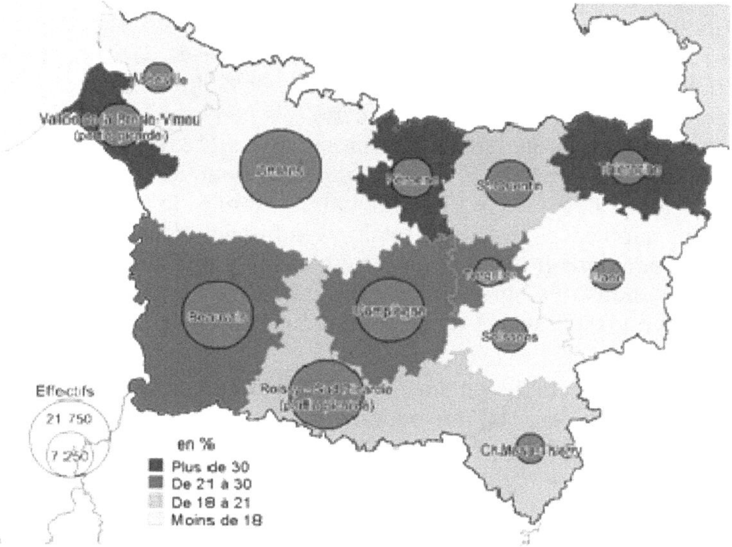

Les raisons de l'affaiblissement de ses capacités industrielles lui sont également propres. La Picardie n'est ni une région ayant été dominée par les industries extractives à la manière du Nord-Pas-de-Calais (charbon), ni une région de forte spécialisation industrielle comme la Lorraine (la sidérurgie hier, l'automobile aujourd'hui). Sa structure productive était beaucoup plus diversifiée, de basse et moyenne valeur ajoutée, que la concurrence accrue des pays à bas coûts a durement affectée. Elle correspondait globalement aux normes de production et de consommation du régime de croissance fordiste des Trente glorieuses basé sur les énergies fossiles à bon marché, la démocratisation de l'automobile, le logement pavillonnaire généralisé et mal isolé, tout cela en l'absence de véritables préoccupations environnementales. On retrouve ainsi en Picardie un large éventail d'activités comme l'automobile (équipementiers et sous-traitants), le machinisme agricole, la fonderie, le travail des métaux, la parachimie, la plasturgie, l'électroménager, l'agroalimentaire, etc. Ces secteurs ont payé un lourd tribut sous la forme de fortes pertes d'emplois et peinent encore aujourd'hui à retrouver leur dynamisme.

---

16 L'INSEE a procédé en 2011 à la révision des zones d'emploi (dont le précédent découpage datait de 1994) afin de tenir compte au mieux de l'évolution des « marchés » du travail locaux. Cette carte tient compte des données rétropolées.

L'industrie picarde occupe aujourd'hui plus de 120 000 actifs dans 7668 établissements, soit 20% de l'emploi total régional (15% en France, 21% en Allemagne). C'est la 4e région française pour le poids de l'industrie dans l'emploi total. Si l'on ajoute les services productifs aujourd'hui externalisés mais autrefois comptabilisés dans le périmètre de l'industrie, l'ensemble représente près de 36% de l'emploi régional[17]. Le secteur secondaire au sens strict cette fois génère 17,9% de la valeur ajoutée régionale brute, soit 7 milliards d'euros (12,9% pour la France métropolitaine). C'est la 5e région française pour le part de la valeur ajoutée industrielle dans le PIB régional. En termes de poids relatif dans la valeur ajoutée industrielle totale, l'industrie picarde se hisse au 2e rang des régions françaises sur les « biens intermédiaires », au 3e rang dans les « industries agroalimentaires », au 8e rang sur les « biens de consommation », et au 12e rang sur les « biens d'équipement et automobile ».

En outre, les établissements industriels régionaux sont principalement de taille moyenne et moyenne-haute, souvent en situation de sous-traitance. Il s'agit d'un point fort de l'économie picarde, par rapport à d'autres économies régionales dont les établissements sont de petites voire de très petites tailles, insuffisamment armées pour l'export et les efforts de recherche et développement.

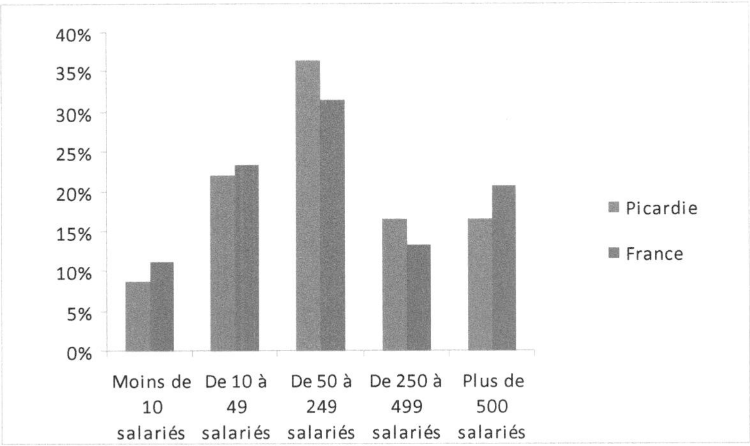

[17] La délimitation retenue ici pour les services productifs correspond à la méthodologie adoptée par l'INSEE dans le travail de Sedeno et Dupré (2012). Il s'agit de l'agrégation des effectifs salariés des cinq secteurs suivants : les transports et l'entreposage (sect. H de la nomenclature d'activités française dans sa nouvelle version de 2008), l'information et la communication (sect. J), les activités immobilières (sect. L), les activités spécialisées, scientifiques et techniques (sect. M) et les activités de services administratifs et de soutien (sect. N). Ils ont tous la particularité d'entretenir des liens d'interdépendance avec l'industrie.

L'industrie en Picardie, c'est aussi près de 14 milliards d'euros d'exportations, selon les Douanes (principalement à travers les postes « chimie », « cosmétique », « mécanique-métallurgie », « agroalimentaire ») dont 18% vont vers l'Allemagne, 1ier client et 1ier fournisseur de l'économie régionale (2 440 établissements concernés et 89 000 salariés travaillant dans les entreprises exportatrices, d'après l'INSEE).

Tableau 1 : Structure des exportations picardes en 2010 (Douanes)

	en million d'euros 2010	en % du volume national
Produits chimiques, parfums et cosmétiques	4 231	9,1
Machines industrielles et agricoles, machines diverses	1 400	4,5
Produits métallurgiques et métalliques	1 256	4,3
Produits des industries agroalimentaires	1 101	3,1
Equipements électriques et ménagers	804	4,5
Produits en caoutchouc et en plastique	722	4,4

L'intensité technologique[18] de la Picardie représentait 1,2% du PIB régional en 2009 (dernière année connue), soit plus de 570 millions d'euros. En raison de la proximité avec l'Île-de-France (et dans une moindre mesure avec le Nord-Pas-de-Calais) qui concentre les grands centres de recherche publics (CNRS, INRA, INSERM etc.), c'est la recherche privée qui prédomine en Picardie : les dépenses de recherche-développement des entreprises picardes représentent 86% des dépenses globales (65% en France), et plus des deux tiers des chercheurs picards travaillent dans la recherche privée (contre un peu plus de la moitié en France). La Picardie occupe le 2e rang parmi les régions françaises pour la part de la recherche privée dans la dépense intérieure de recherche-développement, aussi bien en termes d'effectifs qu'en termes d'efforts financiers.

La Picardie compte trois pôles de compétitivité dont deux sont à vocation mondiale : le pôle « Industries Agro-Ressources », centré sur la valorisation alternative de la biomasse à des fins industrielles, et le pôle « I-Trans », consacré aux transports terrestres durables et innovants. Autre spécificité, la Picardie abrite plusieurs territoires qualifiés de « systèmes productifs locaux » (autrefois appelés « districts industriels », puis « clusters » ou plus récemment « grappes d'entreprises » dans la terminologie de la Délégation interministérielle à l'aménagement du territoire et à l'attractivité régionale [DATAR] qui mène une politique de soutien ciblé envers ces regroupements particuliers) parmi lesquels le territoire d'Albert, qui héberge le pôle mécanique et hydraulique, également spécialisé dans l'aéronautique (avec Aerolia basée dans

---

18 L'intensité technologique correspond au rapport entre les dépenses intérieures de recherche et développement (DIRD) et le PIB.

l'aéropôle de Méaulte), mais aussi et surtout le Vimeu (et par rattachement la Vallée de la Bresle). Si l'on appliquait à ce dernier les critères de succès définis par la « nouvelle économie géographique »[19], il serait depuis longtemps condamné. Il fait cependant preuve d'une remarquable résilience grâce à son tissu d'entreprises dynamiques qui parviennent à conquérir des parts de marché à l'export. Sa réussite tient notamment à son réseau de PME spécialisées dans la serrurerie, la robinetterie, la verrerie dont les savoir-faire accumulés (souvent tacites) les aptitudes individuelles ainsi que les compétences collectives sont des atouts précieux.

Carte 3 : Les systèmes productifs locaux de la Picardie en 2008 (CCIR de Picardie)[20]

Tous ces éléments témoignent du caractère stratégique pour la Picardie de son industrie à la fois en termes de créations de richesse et d'emplois directs ou induits, de formation, de recherche-développement et d'innovation, d'exportations ainsi que de structuration des territoires au sens large. Le choix de la conforter et de la développer est ainsi

---

19 Le Vimeu est en effet dans une position géographique excentrée. Il ne dispose pas non plus d'infrastructures majeures, son éloignement de toute métropole est significatif. De plus, les effets d'agglomération n'y semblent pas prépondérants. Pour une bonne synthèse des principaux enseignements de l'économie géographique voir Prager & Thisse (2010).

20 Cette carte fait apparaître les précédentes zones d'emploi.

clairement affirmé par le Conseil régional dans ses différents documents d'orientation stratégiques votés depuis 2004. Mais avant d'aborder la stratégie industrielle de la Picardie, il est nécessaire de rappeler l'environnement institutionnel dans lequel se déploient les politiques du Conseil régional, ainsi que les axes stratégiques qui sous-tendent les politiques en faveur de l'industrie.

Le contexte institutionnel : le pouvoir des Régions entre les mots et les choses

Dans le cadre de l'organisation territoriale française résultant des Actes successifs de la décentralisation, la capacité d'action des Régions depuis qu'elle est reconnue comme collectivité de plein exercice est très encadrée. Au regard de cette architecture très rigide, force est de reconnaître que le pouvoir des conseils régionaux est assez limité (Marcou, 2008 ; Chabert, 2011). À la différence de certains autres échelons décisionnels – le bloc communal en particulier – aucun des documents régionaux n'est « opposable aux tiers »[21]. De plus, les Régions françaises ne disposent ni du pouvoir législatif ni du levier réglementaire comme c'est le cas de bon nombre de leurs équivalents européens (Allemagne, Italie, Espagne, etc.) organisés souvent soit sur le modèle du fédéralisme soit sur celui moins fréquent du régionalisme. En outre, la faible autonomie fiscale et financière des Régions s'est de nouveau aggravée à la faveur de la réforme de la fiscalité locale ayant conduit à la suppression de la taxe professionnelle et à son remplacement par la contribution économique territoriale (Guenguant, 2010 ; Klopfer, 2010 ; Bouvier, 2011). Enfin, l'appareil statistique dont disposent les Régions est à ce jour relativement modeste pour évaluer à la fois le contexte et l'efficacité de leurs actions (cf. encadré 2).

---

[21] A l'exception notable de la Région Île-de-France dont les schémas des transports et de l'aménagement du territoire s'imposent par leur caractère prescriptif, le premier étant même « validé » par la représentation nationale. La « Loi Voynet » de 1999 avait ouvert la voie à des Directives (régionales) d'aménagement opposables. Malheureusement, l'esprit de cette loi n'a jamais été suivi d'effets. Dans un tout autre domaine, les Régions ne peuvent actuellement entrer dans le capital de sociétés privées que sous certaines conditions, soit de manière indirecte, via les sociétés et/ou fonds de capital-risque, ou de manière exceptionnellement directe via l'autorisation du Conseil d'État.

Encadré 2 : Les paradoxes des régions françaises : taille et indicateurs statistiques

Superficie et poids démographique : les régions françaises sont-elles trop petites ?

La taille des régions françaises soulève des questions qui relèvent souvent du paradoxe. La Commission européenne a mis en place, à travers la nomenclature des unités territoriales statistiques (NUTS), un cadre juridique subdivisant les pays de l'Espace économique européen permettant, via l'office statistique de la Commission européenne Eurostat, de disposer de données socioéconomiques par unités globalement harmonisées. Les Régions françaises appartiennent presque toutes à la catégorie dite « NUTS 2 ». L'argument selon lequel les régions françaises sont trop « petites » (en termes de superficie et de poids démographique) par rapport aux leurs homologues européennes pour peser est souvent avancé. D'où l'appel à la fusion ou au démantèlement de certaines d'entre elles évoqué au cours des débats qui ont précédés la parution du rapport Balladur (2009). Pourtant, ces affirmations ne résistent pas à un examen objectif de quelques éléments comparatifs incontestables. L'Ecosse ne couvre que 9% du territoire du Royaume-Uni, et ne compte que 6 millions d'habitants. Elle est donc moins peuplée que la région Rhône-Alpes. En outre, toutes les régions d'Autriche sont plus petites que l'Alsace. La région Centre couvre 70 000 km2 alors que la Vénétie n'en comprend que 18 000 km2, la Lombardie 24 000 km2 et la Catalogne 32 000 km2. Trois millions d'habitants peuplent l'Aquitaine et seulement 600 000 la Navarre. Aux États-Unis, l'État du Maine a moins d'habitants que la région Picardie et 40 États américains en ont moins que la région Île-de-France [adapté de Rémond (2011), voir aussi Askenazy (2011)]. La Picardie est plus peuplée et aussi vaste que Malte, Chypre et le Duché du Luxembourg réunis, mais elle ne dispose pas pour autant de Commissaire européen. De plus, elle affiche un produit régionalisé brut (voir ci-dessous pour cette notion) plus élevé que le PIB de la Tunisie, longtemps présentée comme le dragon nord-africain (2 millions de Picards contre 11 millions de Tunisiens, une superficie de 20 000 km2 pour la Picardie et de 164 000 km2 pour la Tunisie).

Un appareil statistique inadapté

Les statistiques portant sur les dimensions socioéconomiques des régions comportent elles aussi des paradoxes. Les statistiques régionales correspondent pour l'essentiel à la transposition au niveau local des indicateurs nationaux, avec la perte de sens que génère cette adaptation :

c'est le cas du PIB régional qu'il vaudrait mieux qualifier de « produit régionalisé brut » (PRB), du taux de chômage au sens du BIT qui devient « taux de chômage localisé » ou encore de la « balance commerciale » régionale, cette dernière n'étant pas établie par l'INSEE mais par les Douanes régionales. C'est dans le même esprit que les auteurs de l'étude sur « l'impact macroéconomique de l'action régionale en matière d'emploi » ont tenté d'évaluer le multiplicateur keynésien et l'effet induit en termes d'emplois des politiques du Conseil régional du Nord-Pas de Calais (Charles & al., 2009). En outre, pour les quelques indicateurs régionaux, le délai de disponibilité relativement long complique encore plus la tâche, celui-ci pouvant prendre plusieurs mois (voire plusieurs années comme pour le PRB). Enfin, un autre défaut des statistiques régionales disponibles est de donner des informations sur le passé, de permettre en quelque sorte de mieux voir mais dans le « rétroviseur ». L'absence d'indicateurs avancés locaux est à ce titre préjudiciable. À notre connaissance, seul le Conseil économique, social et environnemental de la région Rhône-Alpes, en association avec des économistes d'un centre de recherche universitaire public lyonnais (GATE), s'est doté d'un indicateur synthétique avancé global. Il existe tout de même quelques rares tentatives de productions d'indicateurs territoriaux originaux autour notamment des travaux de Jany-Catrice et Zotti (2009), et Davezies (2008 ; 2012). Un véritable appareil statistique « mésoscopique » qui servirait de support à l'action publique locale fait encore cruellement défaut.

En conséquence, le « mode de régulation » régionale ne peut être que partiel et ce, pour plusieurs raisons : absence de régime d'accumulation propre (Gilly & Pecqueur, 2002)[22], exogénéité totale de la norme monétaire et des taux de change[23] (Levet, 2006), mainmise de l'État dans l'allocation des ressources des collectivités et quasi-absence du pouvoir fiscal[24] (Cabannes, 2011), enfin principe constitutionnel de non-tutelle

---

22 L'approche des économistes de l'École française de la Régulation s'avère de notre point de vue particulièrement féconde pour analyser les dynamiques territoriales. Quelques références ont alimenté la réflexion à la base de cet article : Benko & Lipietz (2000), Boyer & Saillard (2002, chapitres 29 et 30 principalement), Laurent & Du Tertre (2008) ainsi que Du Pasquier & Marco (2009).

23 Cette contrainte est commune à tous les États et à toutes les collectivités faisant partie de la zone « euro ». Elle l'est également pour toutes les collectivités infranationales.

24 L'on sait que pour les Conseils régionaux, les ressources sont composées pour l'essentiel de dotations, de contributions et d'allocations d'État. Les produits de la fiscalité indirecte sont issus d'assiettes et de taux également fixés par l'État, au point où on pourrait légitimement parler de quasi-dotations. Les exécutifs régionaux n'ont guère plus la main que sur une fraction étroite de la taxe intérieure de consommation sur les produits énergétiques (TICPE) dont la majoration dite « Grenelle » destinée à financer les infrastructures, ainsi que sur la taxe sur les cartes grises. Pour le Conseil régional de Picardie, c'est près de 90% de ses recettes qui font l'objet d'un contrôle

d'une collectivité sur une autre[25] (Turpin, 2008). Les politiques régionales ne peuvent donc s'inscrire dans une perspective conjoncturelle[26] – il n'existe pas de stabilisateurs automatiques régionaux – mais dans une approche nécessairement structurelle partagée avec l'État et avec les autres niveaux de collectivités territoriales (En plus de l'Europe par le biais des politiques de cohésion et de compétitivité).

Dans ses conditions, il est légitime de s'interroger sur la pertinence du maintien de l'échelon régional. Pourtant, l'expérience plaide non seulement pour son maintien mais plus encore pour son renforcement afin de faire aboutir l'esprit qui animait l'Acte II de la décentralisation dont de nombreux commentateurs s'accordent sur le fait qu'il laisse comme un goût d'inachevé[27]. Car si la Région est dépourvue du pouvoir législatif ou réglementaire, elle dispose en revanche d'un certain pouvoir

---

direct ou indirect de l'État. Avant la réforme fiscale locale, l'autonomie fiscale des Régions était en moyenne de 25%, elle est maintenant de l'ordre de 10%. Elle passe de 35% à 17% pour les Départements et de 50% à 30 % pour les communes (Hervé, 2011). On assiste également à un transfert massif des bases fiscales des entreprises vers les ménages.

25 Il existe au moins une exception à ce principe, peut-être même la seule, qui concerne les dispositifs d'aide aux entreprises dans le cadre de la compétence régionale de coordination du développement économique sur son territoire. En effet, les collectivités infrarégionales peuvent elles aussi mettre en œuvre leurs propres régimes d'aides économiques mais avec l'accord de la Région.

26 C'est le rôle dévolu au budget de l'État, celui des collectivités n'ayant pas été « conçu » dans cette optique. La règle de l'équilibre impératif du budget de fonctionnement ainsi que les procédures et les délais de présentation des délibérations en commissions permanentes et en session de l'Assemblée régionale limitent considérablement le rôle stabilisateur que pourrait éventuellement jouer à court terme le budget des collectivités. Néanmoins, certains instruments de sécurisation des parcours professionnels activables en complément des procédures de chômage partiel revêtent un certain caractère contracyclique (« Former plutôt que chômer » en Picardie par exemple. Cf. Anne Rodier, « La formation professionnelle, outil anticrise négligé », lemonde.fr, 1 mars 2010). Les aides d'urgence encadrées par la loi ainsi que les cautions ou garanties régionales pour les entreprises en difficultés auprès des institutions bancaires jouent aussi un rôle indirect non négligeable.

27 Citons entre autres les prises de position (essentiellement à travers le canal des médias) de personnalités de sensibilités différentes tels que Philippe Aghion, Patrick Artus, Daniel Cohen, Gilles Le Blanc, Jean-Louis Levet, Jean Matouk ou encore Michel Rocard et Alain Rousset. A titre d'exemple, l'Acte II de la décentralisation de 2003-2004 accordait aux Régions le rôle de « chef de file du développement économique » à la condition de voter un Schéma régional de développement économique. Toutes les Régions se sont empressées d'en voter un mais elles sont également nombreuses à ne pas avoir sollicité le rôle très flou de chef de file. Le développement économique est en effet typiquement le genre de compétences exercées par l'État et tous les niveaux de collectivités, et pour lequel une clarification des compétences est urgente, dans une logique de respect du principe de subsidiarité.

normatif[28] qui a fait ses preuves au point d'installer la médiation régionale comme un maillon intermédiaire essentiel de la « gouvernance territoriale ».

Ce pouvoir peut se matérialiser notamment par la capacité à instaurer certaines contraintes : clauses particulières dans les marchés publics, critères d'éligibilité pour accéder à des dispositifs d'aide, conditionnalité dans les partenariats négociés, etc. La collectivité régionale est aussi en mesure de favoriser ce qu'il est convenu d'appeler les « bonnes pratiques ». Sans grever les conditions de développement des agents économiques, « l'espace des bonnes pratiques est celui qui laisse des marges de manœuvre aux agents économiques pour réaliser des progrès dans les domaines sociaux et environnementaux » (Cordonnier & Grass, 2008 : 25) afin de favoriser une production de biens communs à forte utilité sociale. La Région jouit également d'un certain pouvoir d'incitation et de négociation avec les acteurs privés et publics. Vis-à-vis des acteurs privés, c'est la question des aides (directes ou indirectes) aux entreprises qui servent de levier majeur d'orientation et d'impulsion pour les politiques régionales. Les exécutifs régionaux peuvent en effet accorder des aides aux entreprises sous différentes formes (prêts bonifiés, avances remboursables, subventions, mises à disposition, financement partiel ou total d'équipements ou infrastructures etc.) dans le cadre contraignant des lois et règlements en vigueur (code général des collectivités locales, directives européennes etc.). Selon l'Association des Régions de France (ARF), les aides régionales représentaient tout de même près de 1,5 milliard d'euros en 2011.

Mais, ce sont les relations avec les collectivités subrégionales qui nous intéressent plus particulièrement. Le législateur confère à la Région l'initiative exclusive sur un certain nombre de documents régionaux (schémas, contrats, plans) en rapport avec leurs compétences propres (Schéma régional de développement économique, Schéma régional d'aménagement et de développement [durable] du territoire[29], etc.). Il existe d'autres schémas sur lesquels la Région peut se positionner sans en avoir le « monopole ». C'est le cas par exemple de l'« Agenda 21 ». Tous les échelons délibèrent sur cette thématique sous des modalités

---

[28] Voir à ce propos le dossier spécial consacré par la revue *Pouvoir Locaux* (n°86, octobre 2010) à la question du pouvoir normatif des collectivités territoriales en général, et de celui des Régions en particulier.

[29] Les composantes du bloc communal produisent, elles aussi, des documents (schéma de cohérence territoriale et plan local d'urbanisme) en rapport avec l'urbanisme et l'aménagement du territoire qui ont la particularité d'être opposables. Mais seule la Région positionnée dans le rôle d'ensemblier a l'initiative (obligatoire) du schéma régional d'aménagement et de développement du territoire (dont fait partie la question cruciale des transports régionaux pour laquelle le Conseil régional est l'autorité organisatrice) considérée alors comme cadre stratégique et prospectif de référence.

diverses (schémas, plans d'actions, chartes, guide de bonnes pratiques, etc.) sans qu'il y ait nécessairement de cohérence ou de compatibilité multi-niveaux et multi-acteurs. Dans le cas des premiers documents, il est évident que la Région ne peut travailler isolément, de même qu'il est très difficile pour les projets des blocs départementaux et communaux (ainsi que des Pays d'ailleurs) de s'affranchir totalement de la Région, ne serait-ce qu'en raison de la question cruciale des financements partagés[30]. C'est là qu'intervient la particularité de la décentralisation à la française qui a progressivement « investi » la Région d'un pouvoir qui lui est propre. Ce pouvoir spécifique, c'est celui d'amener les acteurs à adopter une vision partagée des enjeux stratégiques du territoire qui les concerne. La Région dispose, grâce à son position institutionnelle clé (collaboration avec l'État et l'Europe sur certains dispositifs tels que les Contrats de projet État-Région (CPER) et les Programmes opérationnels (PO), initiatives exclusives sur certains schémas et plans notamment) et à son ingénierie prospective ainsi que de planification, de la « légitimité »[31] lui permettant d'assumer le portage d'une vision d'ensemble stratégique pour son territoire qu'elle peut faire partager à tous ses partenaires territoriaux. Elle se positionne ainsi comme vecteur de l'ambition collective de l'ensemble du territoire au service d'une vision de l'avenir. On peut parler ici d'une culture institutionnelle qui débouche sur un rôle non négligeable de coordination[32]. La Région veille en effet à la mise en cohérence de toutes les actions collectives sur son territoire en les coordonnant pour leur garantir la cohésion d'ensemble susceptible de renforcer l'efficacité globale dans la perspective de ce que certains économistes appellent la « complémentarité stratégique » (Kempf, 1994).

Il ne s'agit en aucun cas ici de dresser le bilan de la décentralisation à la française mais de faire le constat que malgré le statut particulier de la Région qui limite a priori sa capacité d'intervention, elle a su progressivement se frayer un espace certes restreint mais bien réel de déploiement de ses actions[33]. On ne peut comprendre les politiques des Régions

---

30 Sans le concours financier de la Région et de son expertise, de très nombreux projets communaux et départementaux (et souvent même nationaux) seraient tout simplement impossibles à mettre en œuvre. Il existe à ce propos plusieurs types de contrats et de fonds entre la Région et les collectivités subrégionales destinés à financer des projets économiques, d'aménagement du territoire, etc. Sur ce point, voir Douillet (2011).

31 Légitimé acquise notamment par le dialogue (la Conférence des exécutifs est un outil puissant mobilisée dans ce sens), la négociation et l'incitation.

32 Ces deux dispositifs s'étalent sur une période de 7 ans et représentent plusieurs centaines de millions d'euros réparties sur le principe du cofinancement.

33 Le lecteur qui souhaiterait approfondir la réflexion sur les questions soulevées par les politiques et le pouvoir régionaux sous l'angle des sciences politiques peut se référer

sans prendre conscience de l'étroitesse de l'espace notamment institutionnel de leurs actions. Le faire, c'est se condamner soit à la surestimation soit à la sous-estimation des effets générés par ces actions.

C'est donc dans ce cadre que le Conseil régional de Picardie inscrit son appui au renouveau industriel local à travers l'articulation de trois axes stratégiques sur lesquels l'effort doit prioritairement être ciblé : L'ancrage territorial durable, l'anticipation et la gestion des mutations économiques ainsi que l'innovation.

L'ancrage territorial durable des activités constitue, en effet, une des voies de réindustrialisation privilégiées par le Conseil régional. La notion d'ancrage est à relier à celle de territorialisation. Elle se distingue de la localisation (Levet, 2006 ; Colletis, 2012). Si dans l'optique de la localisation, c'est la logique de comparaison des coûts qui prédomine, l'ancrage est en rapport avec les spécificités que peuvent développer les territoires. La stratégie qui consiste à proposer des avantages génériques (foncier disponible, infrastructures, aides, dégrèvements et exonérations fiscales en tout genre, etc.) peut s'avérer à terme dangereuse, car elle expose le territoire à la menace permanente des délocalisations des entreprises à la recherche de coûts moindres et par conséquent à la concurrence des espaces les moins-disants. Un territoire a au contraire tout intérêt à identifier et à développer des « avantages différenciatifs » basés sur des compétences spécifiques organisées en réseau dont les firmes peuvent très difficilement se passer : il s'agit de constituer et de valoriser un patrimoine territorial indispensable à l'ancrage durable des entreprises. Mais, les éléments constitutifs de ce patrimoine débordent la simple question des compétences complémentaires. Il comprend également la mémoire des situations de coordination/coopération antérieures réussies ainsi que la confiance entre tous les acteurs publics et privés (relations interpersonnelles fortes) qui en résulte (Colletis, 2012). Ces composantes « non standardisables » ne peuvent se construire que sur un temps long et sont les meilleures garantes de la capacité d'adaptation du territoire.

L'anticipation et la gestion prospective des mutations industrielles[34] sont aussi des outils importants de la réindustrialisation (préventive ou curative) sur lesquels la Région souhaite s'appuyer afin de construire sa

avec grand profit aux contributions réunies dans Barone (2011), ainsi qu'à Chabert (2011), Chavrier (2012) et Pasquier (2012).

34 Le Conseil régional en collaboration avec la Préfecture de Région se sont dotés d'une structure d'études prospectives destinée à éclairer les choix de politiques publiques locales. Le Centre d'analyse régional des mutations de l'économie et de l'emploi (CARMEE), Groupement d'intérêt public (GIP) de droit public, conduit ainsi des travaux de différentes natures (études, enquêtes, notes d'alerte, etc.) afin d'alimenter la réflexion stratégique des décideurs régionaux.

propre trajectoire de développement ouverte néanmoins sur l'extérieur[35]. On sait que les entreprises font face à des cycles d'activité difficiles à maîtriser. Toutefois, les mutations économiques peuvent offrir des opportunités à condition de les préparer suffisamment à l'avance (Aggeri & Pallez, 2005 ; Bouba-Olga, 2007), y compris et même surtout en période d'expansion de l'activité. Certaines entreprises qui ont acquis des techniques de production, des savoir-faire et des compétences pourraient se diversifier dans de nouvelles activités en utilisant ces vecteurs essentiels de compétitivité tout en conservant leur cœur de métier. Il s'agit ici de ce qu'on pourrait qualifier de mutation-diversification. Mais il arrive aussi qu'une ou des entreprises soient confrontées au déclin progressif de leur activité au point où leur survie serait menacée. Les savoir-faire et compétences collectives acquis par le collectif de travail doivent pouvoir se redéployer sur de nouveaux types de produits : on parlera alors de mutation-reconversion ou mutation-redéploiement. Ces compétences collectives doivent cependant faire l'objet d'une adaptation ou d'un renforcement par des actions de formation appropriées. Cette nouvelle méthode fait actuellement l'objet d'une expérimentation sur plusieurs sites, son extension à des bassins d'emplois picards est même prévue. On rejoint ainsi l'idée d'identifier et de valoriser les compétences spécifiques présentes sur un territoire susceptibles d'assurer l'ancrage durable des entreprises en pariant sur les solidarités interindustrielles (coopération renforcée entre les entreprises). Grâce à son expérience en rapport avec ses compétences dans le développement économique et la formation professionnelle, la Région veut se donner les moyens d'accompagner et d'orienter ce type de démarches en les systématisant pour pallier l'insuffisance actuelle de leur exploitation.

La promotion des innovations est également au cœur de la stratégie de soutien à l'industrie (compétitivité « hors coûts »). La Région joue en effet partout où elle le peut le rôle d'accélérateur/catalyseur d'innovations en renforçant systématiquement les capacités publiques et privées de recherche et développement régionales (en particulier celles des PME[36]) grâce à sa proximité institutionnelle avec l'ensemble des acteurs du territoire[37]. Pour ce faire, elle conduit depuis plusieurs années

---

[35] Ce choix est manifeste dans le SRDE et plus encore dans le SRADDT.

[36] Les PME ont effet plus de mal à recourir à la recherche et développement du fait du coût important que représente une telle fonction. Le Conseil régional de Picardie tente d'y remédier à travers divers dispositifs dont notamment celui du parrainage des PME par des grandes entreprises, ou par le conditionnement de certains aides ou subventions vis-à-vis des Pôles de compétitivité ou plateformes technologiques à l'association active de PME régionales dans les actions et projets menés.

[37] Sur la notion de proximité institutionnelle, voir Kirat (1993).

une politique d'innovations en soutenant sur la base d'un processus de concertation collective[38] quelques grandes « innovations/technologies-clés » (celles à même de provoquer les ruptures technologiques), de nouvelles « filières » d'excellence (chimie du végétal, nouveaux matériaux et procédés, nouvelles formes de stockage de l'énergie, etc.) à fort effet d'entraînement (transversalité), génératrices d'externalités positives et d'effets de diffusion dans l'ensemble du tissu industriel local (Cahu & al., 2009). Cette posture de « Région stratège » en adéquation avec ses moyens et ses leviers d'action a pour but de modifier progressivement la structure de spécialisation de l'économie régionale en l'adaptant au nouveau régime de croissance émergent (reconsidération globale de l'économie et des modes de vie : épuisement des ressources fossiles, sobriété et efficacité énergétique, réduction des émissions de gaz à effet de serre pour lutter contre le changement climatique, valorisation de la biomasse, économie circulaire, circuits courts, nouvelles mobilités, rôle crucial de l'information et de sa mise en réseau, etc.). L'objectif central est de faire émerger de nouvelles activités, génératrices de croissance et en même temps adaptées à la demande nationale – on aurait tort de négliger la demande intérieure comme débouché, l'attention se portant aujourd'hui quasi-exclusivement sur les exportations dans une logique néo-mercantiliste – européenne et mondiale. Mais pour réussir, la Région Picardie souhaite aussi accompagner son soutien à l'innovation d'une politique audacieuse de formation de la main-d'œuvre favorisant une production à forte valeur ajoutée et l'exigence de qualité via des normes ambitieuses. Enfin, pour le Conseil régional, il ne faut surtout pas enfermer l'innovation dans une conception trop « technocentrée ». Elle doit être considérée au sens large ; c'est-à-dire aussi bien les innovations technologiques que les innovations sociales, organisationnelles, de process, de design, etc. L'innovation se joue, en effet, aussi bien en amont, dans la conception des produits, qu'en aval, dans les services liés aux produits. C'est pour cette raison que la Région participe à l'installation des conditions favorables à l'émergence d'autres types d'innovations, en particulier sociales, notamment dans des secteurs pour lesquels on minimise parfois la capacité créative en matière de formes d'organisation et de mise au travail, tel que le secteur de l'économie sociale et solidaire (Garnier, 2012).

Si la stratégie de la Région comporte nécessairement des aspirations idéales du point de vue de sa conception, les conditions de son efficacité

---

[38] En s'appuyant notamment sur l'autorité de l'État à travers en autres le CPER, et la collaboration étroite sur l'enseignement supérieur et la recherche qui restent du domaine des prérogatives de l'État mais aussi via le Schéma régional du climat, de l'air et de l'énergie (SRCAE).

ne peuvent être jugées qu'à travers sa mise en œuvre dans la pratique. C'est-à-dire à travers ses dimensions opérationnelles.

De la cohérence des politiques de soutien à l'industrie à l'illustration de leur mise en pratique : le dispositif régional original PIVERT

Il serait prétentieux de qualifier de politique industrielle[39] les mesures de soutien à l'industrie prises à l'échelle d'une Région. Seuls les États ou l'Union européenne (à travers la Commission) peuvent disposer des leviers constitutifs d'une politique industrielle au sens plein du terme (subventions, réglementation et normes, fiscalité, protections, etc.). C'est ce qui donne tout son sens à l'idée de « Région stratège ». Celle-ci se trouve en effet dans l'obligation d'atteindre l'optimalité des objectifs alors qu'elle ne dispose que d'un nombre réduit d'instruments. Elle est par conséquent soumise à des contraintes fortes. En revanche, elle possède une connaissance beaucoup plus précise et beaucoup plus fine de la structure de son industrie et peut par conséquent mener des actions plus efficaces. Ses actions doivent cependant s'inscrire dans le cadre d'une stratégie industrielle cohérente. Il est donc préférable de parler de politiques pour l'industrie que de politique industrielle. Les politiques du Conseil régional de Picardie pour l'industrie sont basées sur une stratégie dotée d'une cohérence globale[40] qui, si elle ne se donne pas à voir a priori, est bel et bien présente et renforcé à chacun des schémas votés par la Région depuis 2004[41].

Cette date est en effet assez significative car elle a ceci de particulier qu'elle marque l'accession à la direction de la Région d'une nouvelle majorité (de gauche) qui a explicitement fait du soutien à l'industrie une priorité non seulement dans sa campagne mais aussi dans les actions menées par la suite[42]. Si l'urgence industrielle est aujourd'hui quasi-unanimement partagée, du moins dans les discours, à l'époque, marquée par une certaine dévalorisation de l'industrie, un tel parti-pris n'allait pas de soi. Cette déconsidération s'incarnait notamment dans la croyance en la possibilité d'une « entreprise sans usines » (fabless) selon

---

[39] Sur la définition de la politique industrielle, voir OFCE (2010, chapitre 3) ainsi qu'Arena & al. (1991, Chapitre 9).

[40] Ce travail a justement consisté à reconstruire la cohérence globale de la stratégie industrielle régionale.

[41] Les aspects financiers de ces politiques régionales ne se seront pas évoqués ici.

[42] Précisons que les actions économiques de la Région ne limitent bien évidemment pas à l'appui à la seule industrie bien qu'il soit clairement affirmé dans les différents documents stratégiques votés qu'elle constitue une priorité au regard de son poids tant en termes d'emplois directs qu'induits, de valeur ajoutée et de recherche et développement.

les propos d'un patron français d'une grande société aujourd'hui en sérieuses difficultés. C'était l'époque disait-on, de l'avènement de l'ère de la « société post-industrielle ». L'engouement de la part de nombreux hommes politiques et d'économistes pour les modèles nationaux de croissance tirés par la finance libéralisée (Amable, 2005) ou pour le « gisement » des services à la personne (Devetter & Jany-Catrice, 2010) a également contribué au renforcement des croyances dans une possible marginalisation sans graves conséquences de l'industrie. Ces points de vue sont aujourd'hui obsolètes. À la faveur de la crise qui a éclaté sur les marchés financiers américains au printemps 2007, l'industrie est revenue au premier plan. Longtemps tombée en disgrâce, elle est de nouveau plébiscitée comme base essentielle de création de richesse, par opposition au modèle financiarisé fondé sur sa circulation ou à celui du « parc (géant) de loisirs » justifié par la captation de valeur.

Il est vrai qu'un certain nombre de faits objectifs plaident en faveur de ce regain d'intérêt. L'industrie est en effet indispensable dans une économie tournée vers la « connaissance » : elle assure 85% de la dépense intérieure de recherche et développement (DIRD privée) alors qu'elle ne représente que 12,5% de la valeur ajoutée. L'industrie est également essentielle à la réduction du déficit courant : 75% des exportations françaises portent sur des produits manufacturés. Elle est aussi utile au bien-être et à la promotion sociale car elle demeure une source pourvoyeuse d'emplois plus qualifiés et mieux rémunérés que la moyenne, dont la perte n'est pas compensée par les emplois des services à la personne (salaire annuel brut moyen dans l'industrie : 38000 euros ; salaire annuel brut moyen dans les services à la personne : 26000 euros)[43]. Enfin, l'industrie exerce de puissants effets d'entraînement : près

[43] Artus et Virard (2011 : 85-86). On comprend dès lors les effets potentiellement déstabilisateurs pour l'ensemble de l'économie d'une politique qui viserait à soutenir l'industrie par l'abaissement du « coût » du travail manufacturier. En outre, contrairement à ce qui est souvent avancé, le « coût » salarial unitaire était en 2008 (dernier année de comparaison disponible) moins élevé dans l'industrie française qu'en Allemagne (même s'il a eu tendance à progresser plus rapidement ces dernières années) et ce, quelle que soit la source retenue : INSEE, EU-Klems, Eurostat ou le Bureau of Labor Statistics (BLS) américain (Askenazy, 2012). Les difficultés de l'industrie française sont donc à chercher ailleurs, notamment du côté de la surévaluation de l'euro. Selon les données du BLS, le coût horaire du travail dans l'industrie française n'a augmenté que de 32% en euros entre 2000 et 2010, mais de 90% en dollars sur la même période, soit une augmentation trois fois plus importante du fait de la conversion des monnaies. Ce qui provoque automatiquement une augmentation du « coût » de la main-d'œuvre en France largement supérieure à celle observée au Japon (+ 26%) ou aux États-Unis (+ 39%), mais aussi dans de nombreux pays émergents, Chine en tête dont les monnaies sont souvent arrimées au dollar. Les écarts dans les « coûts » du travail se sont même accrus sur la même période avec la Corée, Singapour, le Mexique ou encore Taiwan. Chiffres cités par Guillaume Duval dans « L'industrie, victime de l'euro fort », *Alternatives économiques*, Hors-série n°93,

d'un salarié du secteur marchand sur quatre travaille dans des entreprises de services dont le client principal est l'industrie (maintenance, bureau d'études, ingénierie, etc.). Le total des emplois de l'industrie et des services liés à l'industrie représente plus de 36% de l'emploi salarié privé (régional). Pour un poids de 12,5% de la valeur ajoutée nationale, l'industrie représente 20% de la formation brute de capital fixe des sociétés non financières (investissement des SNF). Une unité supplémentaire de valeur ajoutée produite dans le secteur de l'aéronautique génère 4,8 unités de valeur ajoutée dans le reste de l'économie française. Ce rapport n'est que de 1 à 1,5 pour le secteur « Commerces, services »[44].

Le premier acte de la stratégie industrielle a consisté à mettre en place, dès 2006, une grande manifestation, le « Printemps de l'industrie », dont la tenue est annuelle[45]. Cette manifestation consiste à ouvrir pendant plusieurs semaines les portes des usines, à organiser visites, débats et conférences autour du potentiel industriel régional. À travers cet évènement de dimension régionale, les enjeux sont multiples. Ils consistent, d'une part, à combattre l'idée que le recul de l'industrie en région serait une fatalité et à rechercher la mobilisation des Picards autour de la question industrielle par la prise de conscience de l'importance de ce moteur essentiel à l'économie régionale ; ceci afin de « préparer le terrain » aux exercices stratégiques à venir. De l'autre, de lutter contre la désaffection précoce pour les métiers de l'industrie, considérés injustement comme des activités appartenant au passé par opposition aux emplois tertiaires, ce qui contribue indirectement aux difficultés du secteur. Car, bien que le secteur soit pourvoyeur d'emplois qualifiés voire très qualifiés, il éprouve des difficultés à recruter localement.

Le deuxième acte, le plus important sans doute, a été l'élaboration du Schéma régional de développement économique (SRDE, 2006) dont le vote a été précédé par de nombreuses réunions-débats réparties sur l'ensemble du territoire afin de donner à tous (particuliers, acteurs publics et privés) l'occasion de s'exprimer sur l'avenir économique du

---

mai 2012, « Comment sauver l'industrie ? », p. 51. Enfin, selon la Direction de l'animation et de la recherche, des études et des statistiques (DARES), organe d'études statistiques et d'analyse du Ministère du Travail, 90% des salariés de l'industrie sont employés à temps complet contre 62% dans le « sanitaire et social », 66% dans le « commerce de détail alimentaire » (77% en moyenne dans l'ensemble de l'économie).

44 Hors cokéfaction-raffinage. Source : INSEE conjoncture (2012), « La fièvre tombe, le ralentissement sera lent », Note de conjoncture, mars, p. 99.

45 Cette mesure était inscrite dans le programme électoral de l'équipe élue en mars 2004.

territoire et les choix stratégiques à opérer pour impulser une dynamique fédératrice. Plus qu'un plan d'actions, le SRDE, constitue par conséquent une méthode originale concertée qui pointe les défis à relever et la nécessite d'instaurer un dialogue social territorial permanent.

Le Schéma régional d'aménagement et de développement durable du territoire (SRADDT, 2009) fut l'occasion de réaffirmer l'importance de l'industrie en articulant les problématiques économiques avec les dimensions spatiales et d'aménagement du territoire par le biais de la mobilisation et de la mise en réseau des ressources spécifiques de tous les territoires infrarégionaux.

Le Schéma régional de l'enseignement supérieur et de la recherche (SRESR, 2008-2009), dont la Région a pris l'initiative sans que celui-ci ne lui soit imposé par la loi, ainsi que la stratégie régionale de l'innovation (SRI, 2008), exercice recommandé par la Commission européenne qui conditionnait les programmes opérationnels des fonds structurels 2007-2013, eux-mêmes pendant du Contrat de projet État Région (CPER, 2007-2013), enrichie les précédents schémas en renforçant l'offre universitaire et en consolidant les capacités de recherche. L'Agence régionale de l'innovation était à cette occasion créée pour accompagner les porteurs de projets dans le montage de dossier en rapport avec l'innovation, et pour rapprocher les entreprises, en particulier les PME, du monde la recherche (laboratoires, pôles de compétitivité, etc.). Le Contrat de plan régional de développement des formations professionnelles (CPRDFP, 2011), en complément du Plan régional éducation formation (PREF, 2006), a pour ambition d'organiser, branche par branche, les dispositifs de formation dans une perspective prospective avec en toile de fond la gestion prévisionnelle et territoriale des emplois et des compétences. Les candidatures aux appels d'offre du programme des Investissements d'avenir (à partir de 2010) ont permis de récolter les premiers fruits hautement encourageants de cette mobilisation collective, la Picardie ayant su tirer son épingle du jeu (cf. conclusion).

En outre, dans une logique de rationalisation des moyens financiers et de recentrage sur ses principales missions en raison du contexte institutionnel et financier (gel des dotations aux collectivités et contraction de l'autonomie fiscale et financière des Régions), le Conseil régional de Picardie a voté fin 2010 (avec une montée en puissance progressive) un nouvel outil microéconomique d'accompagnement des entreprises, le Contrat d'appui et de développement (CAD). Il s'agit en quelque sorte d'un concentré des priorités affichées par la Région dans les précédents documents stratégiques. Le CAD vise à favoriser l'émergence de projets économiques ambitieux, créateurs de valeur ajoutée, d'emplois et de prise de conscience véritable par les entreprises des enjeux sociaux et environnementaux. Par cet outil, le Conseil régional de Picardie souhaite réformer en profondeur son rapport aux entreprises (sortir du financement classique des structures pour aller vers une approche concertée « projet ») en favorisant « la démarche citoyenne de l'entreprise ». La responsabilité sociale, sociétale et environnementale des entreprises se trouve ainsi placée au cœur de ces rapports renouvelés, basés sur un échange permanent et un respect mutuel, entre la Région et les entités économiques du territoire.

La mise en place progressive du CAD débouchera à court terme sur une nouvelle méthode de travail interne centrée sur les objectifs suivants : adoption « d'une approche globale et intégrée de l'entreprise » (SRDE), sensibilité accrue à la capacité du projet de l'entreprise soutenue à répondre aux enjeux régionaux, vigilance permanente sur l'intérêt industriel du projet ainsi que son équilibre économique et financier, veille continue sur l'incitativité du soutien régional et son effet levier, mobilisation forte des compétences induites (sociales, de recherche et développement, techniques, etc.) et création d'un véritable partenariat durable entre l'entreprise et la Région fondé sur des contreparties raisonnables.

Mais au-delà de tous ces documents stratégiques envisagés comme autant de leviers d'action, la Région cherche surtout à mieux coordonner tous ces dispositifs de soutien à l'industrie. L'ensemble de ces schémas, ainsi que d'autres qui n'ont pas été décrits ici, traduit la nécessité d'une conception cohérente notamment du point de vue institutionnelle de la stratégie de réindustrialisation. C'est cette cohérence globale qui donne du sens aux projets impulsés par la Région. L'attention portera sur un des deux projets régionaux d'envergure, en l'occurrence « PIVERT ». Il offre, en effet, une très bonne illustration des politiques intégrées menées par la Région consistant à rassembler les acteurs privés et publics majeurs concernés. Il est multidimensionnel, articulant en effet infrastructures, recherche, développement, innovation, formation, partage, collaboration, avec une attention particulière accordée aux retombées locales notamment en termes d'emplois.

P.I.V.E.R.T. (Picardie Innovations Végétales Enseignement et recherches technologiques) : vers une chimie fine à haute valeur ajoutée

Les conditions pour qu'une nouvelle filière émerge au niveau territorial tiennent parfois à la conjonction exceptionnelle de circonstances très particulières : des scientifiques convaincus de la justesse et de l'intérêt de leur intuition, des responsables politiques dotés d'une vision du développement territorial à long terme, des relations personnelles denses entre acteurs locaux, la présence des dotations agricoles et industrielles ainsi que des ressources cognitives indispensables à l'émergence de cette filière, un contexte international favorable etc. C'est dans cet environnement propice qu'est née en Picardie l'idée de la chimie du végétal, également appelée chimie « doublement » verte (Nieddu & al., 2010).

Si le projet ne se matérialise qu'aujourd'hui, son histoire remonte au début des années 1980, à l'occasion des Assises nationales de l'enseignement supérieur et de la recherche. C'est à ce moment précis que quelques acteurs politiques locaux convaincus par une équipe de scientifiques brillants décident de faire prendre à la région le virage aux résultats encore incertains à l'époque des agro-ressources. Il faut dire que le contexte général a plaidé en faveur de ce choix crucial. La loi de décentralisation de 1982 transformait la Région en collectivité locale à part entière. Un niveau décisionnel démocratique et relativement autonome peut enfin élaborer une stratégie d'ensemble concertée qui consolide le fait systémique régional picard (Sellier, 1985). Les deux chocs pétroliers ainsi que l'avant-gardiste rapport Meadows du Club de Rome soulèvent l'idée que l'ère du tout-pétrole s'achève et que le modèle productif de l'époque a atteint ses limites. La toute jeune école française de la Régulation à travers l'un de ses illustres représentants, Michel Aglietta, pointe les contradictions grandissantes du régime de croissance fordiste entrant en crise (systémique ?) et la nécessité de construire de nouveaux compromis sociopolitiques.

Le temps qui s'est écoulé depuis a été celui de la construction patiente et méthodique des bases de la filière par le renforcement progressif des institutions d'enseignement supérieur et de recherche, l'adhésion progressive des acteurs économiques et de l'agriculture concernés ainsi que les autres acteurs publics. La consécration du gigantesque travail accompli a eu lieu à deux reprises : à travers la création et la labellisation du pôle de compétitivité interrégionale (Picardie et Champagne-Ardenne) « Industries et agroressources » (IAR), pôle à vocation mondiale, en 2005 ; et à la suite de la campagne fin 2010 des Investissements d'avenir (cf. supra) qui, fait exceptionnel, a vu le projet PIVERT être retenu sans réserve – deux dossiers seulement sont dans ce cas – au titre des Instituts d'excellence en énergies décarbonées (IEED).

Les résultats ont été à la hauteur des ambitions initiales. La Picardie est aujourd'hui pionnière et internationalement reconnue dans le domaine de la chimie du végétal. Elle s'apprête en effet à accueillir le premier centre européen de transformation de la biomasse oléagineuse (colza, tournesol, lin, etc.) en produits chimiques renouvelables à travers la mise en place d'une bioraffinerie de 3e génération, clé de voûte de ce dispositif. Par bioraffinerie, il faut entendre un complexe industriel regroupé sur un même site qui vise, dans une perspective de développement soutenable, à transformer des matières premières agricole et forestière en bioénergie et en une multitude de produits biosourcés.

En favorisant l'intégration totale de la filière de l'amont agricole et forestier vers l'aval industriel, il s'agit de remplacer progressivement la chimie lourde actuelle à basse valeur ajoutée en une chimie fine à forte valeur ajoutée par la substitution de molécules issues du végétal à des molécules issues des hydrocarbures.

Les éléments constitutifs de ce vaste dispositif d'innovations environnementales sont :

- un programme de recherche précompétitif dénommé « GENESYS » développé par l'ensemble des partenaires de recherche du projet. Il s'agit de développer des produits de transformation issus de la filière oléagineuse en intégrant les approches environnementales (analyse des cycles de vie, sécurité) ;

- un dispositif de valorisation spécifique et innovant pour la recherche académique en lien direct avec les industriels partenaires de PIVERT, avec un partage de la propriété intellectuelle équilibré entre public et privé ;

- des programmes de recherche dits compétitifs conduits par les industriels partenaires de PIVERT soit de leur propre initiative, soit grâce à la valorisation du programme « GENESYS » ;

- une ingénierie des processus de formation car, si l'institut PIVERT n'a pas vocation à former en direct, il se positionne au centre d'un système fédératif impliquant les établissements de formation partenaires du projet ;

- la construction et la gestion d'une « halle » technique, le « BIOGIS CENTER », qui abritera des équipements pilotes de la bioraffinerie, complémentaires de ceux déjà existants dans les centres techniques locaux. Cette vitrine technologique permettra aux industriels de tester les nouveaux procédés de transformation issus des oléagineux à l'échelle préindustrielle en bénéficiant des avancées technologiques et environnementales proposées par le programme de recherche académique.

Ce dispositif présente de nombreux intérêts stratégiques pour la Picardie. Le secteur de la chimie représente actuellement 10% des emplois industriels locaux. Cela semble faible, pourtant la chimie occupe une place médiane dans l'appareil productif régional, se situant en amont de nombreux secteurs : l'agroalimentaire, l'automobile, le bâtiment, l'industrie pharmaceutique et la parapharmacie (cosmétique, parfumerie, etc.). Sa « conversion au végétal » est donc cruciale. PIVERT a justement pour ambition de placer la Picardie sur la frontière technologique en matière de chimie doublement verte. De plus, ses débouchés sont multiples, la chimie du végétal ayant vocation à irriguer de nombreux secteurs par ses applications novatrices. Elle trouve aujourd'hui des usages concrets dans la cosmétique (tensioactifs contenus dans les savons) et le bâtiment (mousse polyuréthane pour l'isolation des bâtiments). Mais demain, d'autres marchés seront concernés au premier chef les bioplastiques à partir du polybutylène succinate modifié ; les lubrifiants, les cires ou les plastifiants qui peuvent être fabriqués à partir des acides gras ramifiés ; ou bien encore les colorants, le nylon ou les arômes alimentaires dans lesquels des intermédiaires chimiques comme l'acide succinique, produit phare de la chimie du végétal, interviennent dans la production. C'est ainsi que FAURECIA, présent en Picardie (Méru) à travers une unité de production et de recherche-développement et qui emploie plus de 1300 salariés (4e employeur privée de la région), vient d'intégrer le pôle de compétitivité IAR. Conscient de l'intérêt que représente la chimie du végétal pour son avenir, l'équipementier automobile souhaite par cette démarche bénéficier des avancées technologiques lui permettant notamment mais pas seulement de se conformer à la directive européenne sur la recyclabilité des véhicules qui impose de faire passer le taux de réutilisation et de valorisation (en poids moyen par véhicule et par an) de 85% aujourd'hui à 95% en 2015.

La chimie du végétal est également une voie essentielle en ce qui concerne les exigences du développement durable pour l'industrie dans son ensemble. Outre le fait qu'elle vise à s'affranchir des hydrocarbures, ses procédés émettent entre 20% et 30% de gaz à effet de serre en moins que la pétrochimie parce qu'ils comportent moins d'étapes, consomment moins d'énergie (catalyse et biocatalyse) et sont menés à température et pression basses. De plus, la chimie du végétal peut offrir une alternative durable en termes sanitaires et environnementaux dans le cadre du règlement européen relatif à l'enregistrement, l'évaluation, l'autorisation et la restriction des produits chimiques, entré en vigueur depuis le 1ier juin 2007 (règlement REACH). Celui-ci impose en effet aux industriels présents en Europe de communiquer sur les substances chimiques contenues dans leurs produits et d'en éliminer les plus nocives[46]. Il y a la un facteur de compétitivité potentiellement décisif face aux industries des pays émergents.

La sensibilité aux avantages qu'apporte l'écologie industrielle est aussi au cœur du soutien à la chimie du végétal[47]. La bioraffinerie devra en effet être le lieu d'utilisation rationnelle des matières premières qui

46 Marc Chevallier (2011), « La chimie du végétal s'affirme », *Alternatives économiques*, n°306, octobre, p. 55.

47 Sur l'écologie industrielle et ses retombées territoriales, voir Erkman (2004), Maillefert (2009) et Buclet (2011).

proviendront des producteurs locaux, ce qui évitera le transport à grande échelle[48]. En outre, c'est la valorisation de l'ensemble de la plante qui est visée, y compris et surtout les résidus agricoles et forestiers. Les agriculteurs locaux trouvent ainsi une source supplémentaire de valeur ajoutée, leurs « déchets » étant valorisés par les industriels grâce à la bioraffinerie. Le débat légitime sur la concurrence entre cultures vivrières et utilisation à des fins non alimentaires principalement industrielles des ressources agricoles s'en trouve dépassé. Parce que de tout temps, l'homme a utilisé des cultures pour un autre usage que son alimentation, notamment pour nourrir le bétail lui permettant de tracter. Aujourd'hui, au plan mondial, la moitié des produits agricoles servent à l'alimentation. Le reste est réutilisé mais sous-exploité. Selon Christophe Rupp-Dahlem, président de l'association « Chimie du végétal » qui regroupe des industriels de la chimie et des agroressources, la chimie du végétal ne mobilise que 2% des surfaces agricoles actuellement et ne devrait en occuper que 4% à 5% en 2017[49]. Et dans le cadre du redressement des comptes extérieurs, la chimie du végétal apporte déjà sa contribution. La production de biodiesel à partir de colza a en effet permis d'obtenir assez de tourteaux (protéines utilisées pour l'alimentation animale) pour réduire de 30% la dépendance de la France à ce produit[50].

Encadre 3 : Une autre illustration du soutien actif du Conseil régional de Picardie à l'innovation dans l'industrie : « IndustriLAB »

Pour ne pas alourdir la troisième partie de ce travail, nous avons préféré condenser la présentation en écho de ce deuxième dispositif non moins important que celui de PIVERT. D'ailleurs, dans l'esprit des décideurs publics, PIVERT et IndustriLAB présentent une certaine complémentarité.

De tous les branches industrielles, la métallurgie[51] est probablement la plus exposée dans la mondialisation tant elle est soumise à la concurrence effrénée des pays émergents. Partant de ce diagnostic, le Conseil régional de Picardie, en concertation avec de très nombreux acteurs

48 Contrairement aux bioraffineries installées à proximité d'un port qui permet d'acheminer les inputs par bateau du monde entier.

49 Cité par Marc Chevallier, *ibid.*, p. 55.

50 Cité dans Bruno Jary et Daniel Thomas (2012), Les alternatives végétales aux ressources fossiles. Concept et enjeu territorial, Synthèse des entretiens IAR du 15-16 novembre 2011 à Chantilly (Oise), édité par le pôle de compétitivité IAR, Laon, septembre, p. 21.

51 Une bonne présentation des enjeux autour de la métallurgie est proposée dans le rapport dirigé par Pineau et Quéré (2011).

publics et privés, met tous les moyens en œuvre pour permettre à la métallurgie de construire un autre modèle d'excellence, fondé sur l'innovation sous toutes ses formes, l'enrichissement du « capital humain » et le respect de la nature.

La présence régionale de la métallurgie est très ancienne. Que ce soit la serrurerie dans le Vimeu ou la fonderie dans l'Aisne, elles sont apparues dès le 17e siècle, bien avant la première révolution industrielle. La métallurgie affiche de nos jours un poids prépondérant dans l'industrie régionale. Elle représente en effet plus de 1 500 établissements et emploie près de 44 000 salariés (dont un part non négligeable de cadres et d'ingénieurs), soit 11,1% de l'ensemble des effectifs salariés picards contre 8,6% au niveau national. La pérennité de la métallurgie est donc déterminante pour l'avenir industriel de la région.

La nécessité de faire monter en gamme les produits de la métallurgie ne datent cependant pas d'aujourd'hui. Dès le milieu des années 1980, devant les difficultés rencontrées par une part importante des industriels notamment ceux du bassin d'Albert (Somme), plusieurs initiatives étaient engagées comme la création d'une antenne locale de l'Association pour le développement de la production automatisée (ADEPA). Composée de plusieurs ingénieurs, elle est chargée d'accompagner les entreprises du bassin d'Albert dans la transition de la métallurgie légère vers celle à plus forte valeur ajoutée, en l'enrichissant des dernières avancées de l'électronique (Sellier, 1985). Chemin faisant est née l'idée de doter le territoire d'un lieu (et d'un réseau) d'échanges, de recherche, d'expérimentation, de transfert de technologie ainsi que de formation professionnelle de grande envergure. Initialement connu sous le nom de Centre de transfert de technologie robotique (C2TR), le projet s'est profondément densifié pour prendre le nom définitif d'IndustriLAB. Il s'agit d'une plateforme technologique mutualisant des moyens humains et matériels (robots, banc d'essais, démonstrateurs, etc.) dans le but d'offrir à une communauté ouverte d'utilisateurs, notamment des entreprises, des ressources (équipements, prestations, services, etc.) leur permettant de mener à bien leurs projets d'expérimentation, de recherche-développement et d'innovation. La plateforme technologique est un lieu physique d'initiation et d'accompagnement où peuvent s'articuler les projets de recherche et développement des différents acteurs du territoire (entreprises, centres publics et privés de recherche, établissements d'enseignement supérieur et lycées techniques, etc.). Même s'il a été initialement imaginé en soutien à la mécanique-métallurgie, IndustriLAB s'adresse aussi à l'ensemble des filières industrielles, groupes et PME. En effet, bien que la demande initiale émanée d'Aerolia – filiale d'EADS dont le site de Méaulte fabrique en matériaux composites les pointes avant des Airbus

– qui souhaitait disposer à proximité d'un outil de recherche et développement, c'est sous l'impulsion décisive du Conseil régional de Picardie que le projet s'est étendu à l'ensemble des filières industrielles et aux entreprises de toutes tailles. Les PME et ETI régionales trouveront là un accès privilégié, aux côtés d'autres entreprises, de laboratoires ou d'universités, à des moyens qu'elles n'auraient sans doute pas réussi à mobiliser seules.

Situé sur l'aéropôle de Picardie (Méaulte), IndustriLAB, véritable pôle technologique de développement de projets innovants autour de la robotique industrielle, de la réalité virtuelle, de l'assemblage multilatéraux et des matériaux composites proposera plus 10 000 m2 de locaux constitués de laboratoires, d'ateliers, de bureaux et de centre de formation à disposition des utilisateurs.

Vitrine mondiale des technologies de l'ingénierie, cette plateforme technologique sera mise en service dans le courant de l'année 2014 bien qu'elle opère déjà depuis 2010 dans le cadre d'appel à projets. Elle regroupera à terme les savoir-faire, moyens et services développés par son réseau de partenaires, ainsi que les technologies et matériels innovants en rapport avec ses domaines d'activités stratégiques (« ingénierie de produits innovants », « haute-performance industrielle », « robotique du futur » et « nouvelles pratiques de l'industrie »). En conclusion, précisons aussi qu'IndustriLAB abritera deux outils phares : une salle de réalité virtuelle qui permettra la conception assistée par ordinateur, en situation, sans avoir à arrêter la chaîne de production ; un ensemble de boucles d'essai ferroviaire « CADEMCE » destinée à tester la qualité de transmission du courant entre caténaires et pantographe en conditions extrêmes (vitesse, température, pression, hygrométrie, etc.). Il existe deux centres ferroviaires dans le monde, saturés au demeurant, le troisième sera installé en Picardie.

Les éléments développés dans cette troisième partie appellent plusieurs remarques.

Pour Michel Aglietta, « l'histoire du développement du capitalisme depuis la révolution industrielle montre que les grandes phases de transformation, qui relancent l'accumulation du capital sur plusieurs décennies, surviennent après des crises majeures, qui accouchent d'un nouveau régime de croissance. Ces transformations sont initiées par des innovations génériques, radicales, qui ont des répercussions dans l'ensemble des secteurs [...] » (2012 : 134). Plus loin, il fait de l'« économie verte » au sens large la source du renouveau du capitalisme dans la première partie du 21e siècle. À la lumière de ses documents stratégiques, le Conseil régional de Picardie ambitionne d'inscrire pleinement l'économie régionale dans ce nouveau régime de croissance.

L'accent a certes été mis ici sur PIVERT et moins sur IndustriLAB. Néanmoins, leur présentation ne doit pas laisser entendre un développement parallèle des filières dans le cadre desquelles s'inscrivent ces deux dispositifs. Bien au contraire, ce sont les rapports d'interdépendance étroite qu'elles entretiennent qui traduit le caractère cohérent de la stratégie de réindustrialisation entreprise par la Région. Il est clairement affiché par le Conseil régional de Picardie la volonté de croiser les deux filières : par exemple, la chimie du végétal fournirait les nouveaux matériaux et les lubrifiants nécessaires à la mécanique-métallurgie, cette dernière fabriquerait les systèmes-machines nécessaires au bioraffinage. Dans les deux cas, on perçoit que la valeur ajoutée ne se joue plus seulement sur les matériaux mais aussi sur les procédés intelligents qui permettent de les obtenir.

On comprend également que la stratégie régionale de réindustrialisation vise au renforcement endogène des capacités productives locales à même d'améliorer la situation de l'emploi et l'élévation du niveau de qualification de la main-d'œuvre. Cependant, ce renfort a pour but non pas de replier l'économie régionale sur elle-même mais de mieux l'enraciner dans l'économie du nord-ouest européen dans le cadre de l'hypothèse de recontinentalisation exprimée là aussi dans les schémas de la Région en particulier dans le SRADDT.

Enfin, si ce point a été peu évoqué jusqu'ici, les deux dispositifs ont eu le mérite de créer une coopération remarquable entre acteurs. L'État et les collectivités locales ont pleinement collaboré à la réussite de ces projets, mais plus encore, l'association des entreprises (avec les acteurs publics mais également entre elles) et leur implication active montrent l'intérêt de ce type particulier de partenariat local public-privé au service de la redynamisation du territoire. Sans oublier le concours décisif des établissements d'enseignement supérieur (écoles d'ingénieurs, universités, etc.) et des laboratoires sans qui ces projets n'auraient probablement jamais vu le jour.

Eléments de conclusion et perspectives : l'heure des Régions ?

Notre attention n'est pas de juger ici de l'efficacité de la « stratégie industrielle » de la Région Picardie ne serait-ce qu'en raison de la relative modestie des moyens dont l'institution dispose. L'étroitesse de la politique industrielle nationale, qui met principalement l'accent sur les outils fiscaux, et la réduction de celle menée par l'Union européenne à la promotion d'une certaine forme de la concurrence[52], limitent par

---

[52] Dans une communication de mars 2010 intitulée « Europe 2020. Une stratégie pour une croissance intelligente, durable et inclusive » (COM(2010) 2020), la Commission

ailleurs la portée des interventions régionales. En outre, une évaluation des effets précis (quantitatifs et qualitatifs) du soutien à l'industrie de la Région Picardie mériterait une étude spécifique qui dépasse les limites assignées à ce travail. En revanche, on peut relever un certain nombre d'éléments positifs qui, s'ils ne peuvent tous être attribués directement aux politiques régionales, confortent les politiques suivies et incitent les décideurs locaux à renforcer les instruments mis en place.

En raison de son profil économique structurellement moins favorable, l'économie picarde a accumulé un retard relatif de croissance par rapport à la moyenne nationale depuis 1999 (Dekneudt, 2009). Néanmoins, on observe que l'asymétrie entre le profil national et le profil régional a eu tendance à se réduire ces dernières années (approximativement depuis 2010) sous l'effet des mutations profondes du système productif au point que la structure picarde se rapproche de plus en plus de celle nationale. À partir d'un modèle d'analyse structurelle-résiduelle dite « shift and share » (Carré & Levratto, 2011)[53], on constate que la Picardie faisait partie des régions françaises dont la structure des activités et des emplois, malgré son caractère encore défavorable, avait progressivement évolué pour faire preuve aujourd'hui d'un certain dynamisme qui la singularise par rapport aux régions du grand quart nord-est de la France (De Vismes, 2012).

Lorsqu'on décompose le taux d'évolution de l'emploi en Picardie en trois effets différenciés (l'effet d'entraînement national, l'effet « structure d'emplois » de la région, et l'effet « dynamisme » de la région), on s'aperçoit que ce taux d'évolution régional est supérieur à celui de la France (+ 1,2% contre + 0,78%) grâce à l'effet « dynamisme » de l'économie régionale, le deuxième plus élevé de toutes les régions françaises. Si l'effet « structure d'emplois » de l'économie picarde, est toujours négatif, il s'améliore substantiellement par rapport à 2009 (- 0,22% en 2010 contre - 0,60% en 2009). L'étude ne dit bien entendu pas que les politiques menées localement sont à l'origine de cette amélioration, ce n'est d'ailleurs pas son objet. L'élimination des segments les plus fragiles de l'appareil productif explique sans doute mieux cette évolution. Néanmoins, le maintien de certaines activités résilientes amène le Conseil régional et ses partenaires à les renforcer en les aidant à relever le défi des mutations : montée en gamme des produits par la

Européenne donne la définition suivante de la politique industrielle qu'elle préconise : « Une politique industrielle de la mondialisation vise à améliorer l'environnement des entreprises notamment des PME, et à soutenir le développement d'une base industrielle forte et durable [...] » (2010 : 4).

53 Voir également l'approche de Dormard (2001) qui approfondit cette méthode en décomposant l'effet résiduel. Des éléments méthodologiques sont aussi résumés dans Charles & al. (2009).

qualité et l'innovation, soutien à l'amélioration du niveau de formation et qualification des salariés et demandeurs d'emplois régionaux, aides à l'export etc. Cet appui public local passe comme nous l'avons évoqué par le renforcement des capacités de recherche et développement publiques mais aussi privées. C'est l'attractivité de la Picardie en la matière qui est en jeu, afin d'améliorer la spécialisation régionale et d'enclencher le cercle vertueux des effets d'agglomérations mis en évidence par l'économie géographique (Prager & Thisse, 2010). À cet égard, la campagne des Investissements d'avenir dans le cadre du Grand emprunt[54] a été un grand succès pour la Picardie qui a vu de nombreux projets (18 au total) portés par des équipes de recherche régionales labellisés par les différents jurys, certains mêmes sans réserve. Citons en autres, la future bio-raffinerie « P.I.V.E.R.T » (cf. supra) visant à favoriser les nouvelles filières de valorisation du végétal à des fins industrielles (Institut d'excellence dans le domaine des énergies décarbonées), « Store-Ex », un hub de stockage électrochimique de l'énergie (Laboratoire d'excellence), le projet « Maîtrise des Systèmes de Systèmes Technologiques » d'optimisation de la gestion des réseaux intelligents multi-échelles (Laboratoire d'excellence), « Robotex », réseau de robotique industrielle de nouvelles génération (Equipement d'excellence) « Figures » qui a pour but d'améliorer les techniques chirurgicales de reconstruction maxillo-faciale (Equipement d'excellence), « RAILENUM », Institut de recherche technologique dévolu aux nouvelles infrastructures ferroviaires etc. Rapporté au nombre de chercheurs présents en région, la Picardie fait partie des régions les mieux récompensées. Cette politique porte aussi ses fruits à travers l'installation effective ou programmée de plusieurs centres majeurs de recherche et développement privés (Bostik[55]), Plastic Omnium[56] etc.) en Picardie, les entreprises souhaitant ainsi bénéficier de cette dynamique globale et contribuer à ces externalités positives[57].

---

54 Doté d'une enveloppe nationale de 35 milliards d'euros, le programme des Investissements d'avenir (Grand emprunt) a été annoncé le 22 juin 2009, à la suite des recommandations de la Commission Juppé-Rocard, afin de préparer la sortie de crise et de favoriser la croissance de long terme à travers le soutien à la recherche, à l'innovation, ainsi qu'à l'enseignement supérieur. Pour une présentation détaillée du dispositif et de ses modalités d'application, se référer à Lesourne et Randet (2012 : 373-386).

55 « Bostik va ouvrir un gros centre recherche à Compiègne », lesechos.fr, 19 novembre 2012.

56 « Plastic Omnium construit un centre de R&D à Compiègne », usinenouvelle.fr, 9 mars 2012.

57 On a la typiquement la constitution de ce qu'il est convenu d'appeler le cercle vertueux des effets d'agglomération en matière de recherche et de développement.

Cette attention particulière à la mise en réseau des acteurs publics et privés dans le sens du renforcement des capacités de recherche et développement, source de richesses et de créations d'emplois locaux, est également confortée par l'évaluation indépendante récente très positive des Pôles de compétitivité ; appréciation que la Picardie partage avec la Champagne-Ardenne et le Nord-Pas-de-Calais. Le consortium Bearing-Point, Erdyn et Technopolis Group-ITD a classé pour le compte du Gouvernement (via la Direction générale de la compétitivité, de l'industrie et des services (DGCIS) et la Délégation interministérielle à l'aménagement du territoire et à l'attractivité régionale (DATAR)), parmi la catégorie « très performants », les deux pôles de compétitivité à vocation mondiale, « Industries & Agro-ressources » et « I-Trans »[58].

La crise semble avoir réhabilité le modèle productif au détriment de celui tiré par la finance ou l'attractivité notamment résidentielle (tourisme principalement). On soulignera à ce titre plusieurs cas récents de relocalisations d'envergure incitant les décideurs locaux à un certain optimisme et à l'accentuation des efforts en matière de soutien à l'industrie. On sait certes que les relocalisations ne compensent pas les délocalisations subies par la France (Bonnal & Bouba Olga, 2012). Cependant, si elles ne sont pas à mettre sur le même plan, il faut aussi tenir compte des choix de localisation comme des renoncements aux délocalisations qui sont tout aussi avérés. La Picardie a récemment fait l'objet de nombreux cas de relocalisations encourageants : l'entreprise de machinisme agricole « AGCO », la société de mobilier de bureau « MAGENCIA », la société de matriçage et d'usinage de pièces en laiton, cuivre et aluminium « INOFORGES », l'équipementier automobile « VALEO », le constructeur de motocycles « MBK INDUSTRIE », le fabricant de chaussettes « KINDY », le groupe de cosmétique « UNILEVER », ou encore tout dernièrement la société de serrurerie « BRICARD », viennent alimenter le contingent d'entreprises ayant fait le choix du maintien ou du rapatriement d'une partie ou de la totalité de leurs activités productives (d'où l'intérêt de l'étude des facteurs spécifiques de ces relocalisations).

À travers cette contribution, nous avons souhaité établir des enseignements sur la base du cas particulier d'une collectivité qui, malgré des moyens institutionnels et financiers limités, met en œuvre un soutien actif à l'industrie du territoire dont les effets commencent à se faire sentir, la période actuelle étant celle de la transition d'une industrie d'ancienne génération vers une industrie renouvelée à plus forte valeur ajoutée. Ce travail, qui se rapproche de la monographie, plaide de notre

---

58 Le consortium a classé en trois catégories les 71 pôles de compétitivité. La première, dans laquelle ont été regroupés les pôles considérés comme les plus performants abritant 20 entités (28% des pôles).

point de vue pour le renforcement de la Région comme échelon incontournable dans la stratégie globale de reconquête productive. Les activités productives sont par nature inscrites dans les territoires. Ces derniers sont les premiers concernés par la désindustrialisation et ses effets, la réindustrialisation et ses espoirs. Par conséquent, une politique industrielle centralisée, menée uniquement depuis la Commission européenne ou les Ministères parisiens perdrait tant en efficacité qu'en légitimité, et présenterait un coût beaucoup plus élevé. La complexité croissante des situations concrètes des entreprises rend de plus en plus délicat le pilotage de l'action publique à partir de l'application systématique des découpages classiques du système productif (branches, secteurs, filières). De plus, la variété des dynamiques territoriales à l'œuvre exige des réponses plus spécifiquement adaptées à chacun des espace considérés (Veltz, 2008 ; Le Blanc, 2012). De par sa superficie, sa proximité institutionnelle et sa configuration politique, la Région a su progressivement s'imposer comme champ territorial de référence dans le domaine de l'économie (et de l'aménagement du territoire). Néanmoins, il ne faut pas perdre de vue que toute « politique » régionale ne peut à elle seule lutter efficacement contre la désindustrialisation sans le concours de l'Europe et de l'État. Il appartiendra au prochain Acte de la décentralisation en gestation d'accompagner et de renforcer la « régulation » régionale en comblant le manque de moyens (financiers, expérimentaux, prescriptifs et pourquoi pas réglementaire) de la Région lui permettant ainsi de jouer pleinement son rôle de médiation institutionnelle entre le niveau macroéconomique (Europe, État) et le niveau microlocal (entreprises, établissements, filières, communes ou intercommunalités)[59].

Bibliographie

Aggeri, F., Pallez, F., « Restructurations, délocalisations : les nouvelles formes de l'action territoriale », *Revue de l'IRES*, 47(1), 2005, pp. 235-256.

Aglietta, M., *Zone Euro. Eclatement ou fédération*, Michalon, Paris, 2012.

Amable, B., *Les cinq capitalismes. Diversité des systèmes économiques et sociaux dans la mondialisation*, Seuil, Paris, 2005.

Arena, R., Benzoni, L., De Bandt, J., Romani, P.M. (dir.), *Traité d'économie industrielle*, Economica, Paris, 2e édition, 1991.

Artus, P., Virard, M.P., *La France sans ses usines*, Fayard, Paris, 2011.

Askenazy, P., *Les décennies aveugles. Emploi et croissance 1970-2010*, Seuil, Paris, 2011.

59 Chabet (2011), Chavrier (2012). L'Europe doit elle aussi sortir des déclarations d'intention au sujet de la politique industrielle et engagé de véritables actions transversale.

Askenazy, P., « Un choc de compétitivité en abaissant le coût du travail ? Un scénario bancal qui évince des pistes alternatives », *Document de travail* (Docweb) n° 12.08 du CEPREMAP, 1ier octobre, 2012.

Aubert, P., Sillard, P., « Délocalisations et réductions d'effectifs dans l'industrie française », *L'économie française : comptes et dossiers*, Insee Référence, édition, 2005-2006, pp. 57-89.

Baron, G., *Le Vimeu industriel*, Thèse de doctorat, Amiens, Université de Picardie, 1983.

Barone, S. (dir.), *Les politiques régionales en France*, La Découverte, Paris, 2011.

Benko, G., Lipietz, A. (dir.), *La richesse des régions : la nouvelle géographie socioéconomique*, PUF, Paris, 2000.

Bonnal, L., Bouba Olga, O., « Délocalisations et désinvestissements : une analyse empirique des régions 'à risque' », *Économies et sociétés*, série 'Hors-Série', n° 45, 2012, pp. 1085-199.

Bouba Olga, O., « Délocalisations, désindustrialisation : que peuvent faire les collectivités territoriales ? », *Pouvoirs locaux*, n° 72, mars, 2007, pp. 93-97.

Bouvier, M., « La réforme de la taxe professionnelle et les transformations de l'autonomie financière locale », *Revue française de droit administratif*, n° 2 (27e année), mars-avril, 2010, pp. 267-272.

Boyer, R., Saillard, Y. (dir.), *Théorie de la régulation, l'état des savoirs*, La Découverte, nouvelle édition complétée, Paris, 2002.

Buclet, N., « L'apport de l'écologie industrielle et territoriale à la réflexion pour une chimie plus durable », in Maxim, L. (dir.), *La chimie durable, au-delà des promesses*, CNRS, Paris, 2011, pp. 191-207.

Cabannes, M., *Les finances locales sur la paille ? Des vaches grasses aux vaches maigres ?*, Le Bord de l'eau, collection « L'économie encastrée », Paris, 2011.

Cahu, P., Demmou, L., Massé, H., « Les effets économiques de la réforme du Crédit d'Impôt Recherche de 2008 », Trésor-Eco, n° 50, janvier, 2009.

Carré, D., Levratto, N., « Les effets locaux dans la dynamiques des départements français : mesure et interprétation », in Carré, D., Levratto, N. (dir.), *Les performances des territoires. Les politiques locales*, remèdes au déclin industriel, Le Manuscrit, Paris, 2011, pp. 121-155.

Carré, D., Levrattro, N. (dir.), *Les performances des territoires. Les politiques locales remèdes au déclin industriel*, Le Manuscrit, Paris, 2011.

Carrincazeaux, C., Coris, M., Piveteau, A., « Délocalisations : de quoi parle-t-on ? De la quantification des opérations à la qualification des processus », *Revue de la régulation*, 2e semestre, Automne, 2010.

Chabert, J.B., « Les régions face à leur avenir. 'Animation prospective' ou 'gouvernement méso' ? », *Pouvoirs locaux*, n° 91, décembre (IV), 2011, pp. 15-22.

Chanteau, J.P., « Quantification et analyse stratégique des délocalisations », *Revue d'économie industrielle*, n° 124, 2008, pp. 23-50.

Chanteau, J.P. (dir.), « Délocalisations d'Activités et Mobilité Internationale des Entreprises en Rhône-Alpes (DAMIER) », Rapport final LEPII-CREG, RESR-CIBLE, 2009, 2008.

Charles, S., Cordonnier, L., Dallery, T., Melmiès, J., « Une évaluation de l'impact de l'action régionale en matière d'emploi. Construction d'une maquette de la macroéconomie régionale, mesure des marges de manœuvre pour l'action publique au travers du multiplicateur keynésien, et performances sectorielles », *Rapport d'étude du CLERSE réalisé pour le Conseil Régional Nord-Pas de Calais*, 2009.

Chavrier, G., « Quel avenir pour la région dans l'organisation territoriale française ? », AJDA, n° 30, 15 septembre, 2008, pp. 1657-1660.

Chavrier, G., « La vocation du niveau intermédiaire : stratégies et prospective », *Revue française d'administration publique*, 141(1), 2012, pp. 87-97.

Colletis, G., *L'urgence industrielle !*, Le Bord de l'eau, collection 'Retour à l'économie politique', Paris, 2012.

Conseil régional de Picardie, « Du diagnostic partagé au projet de SRDE partagé », Schéma régional de développement économique, adopté le 2 juin 2006.

Conseil régional de Picardie, « Picardie objectif 2030 », Schéma régional d'aménagement et de développement durable du territoire (SRADDT), adopté le 27 novembre 2009.

Conseil régional de Picardie, « Préparer l'avenir en étant solidaire », Contrat de projet régional de développement de la formation professionnelle (CPRDFP), adopté le 25 novembre 2011.

Cordonnier, L., Grass, G., « Rapport final de la mission d'enquête sur les finalités de l'intervention publique dans le domaine de l'économie », Rapport réalisé pour le Conseil régional du Nord Pas de Calais dans le cadre de la Conférence permanente du SRDE, 2008.

Davezies, L., *La République et ses territoires. La circulation invisible des richesses*, Seuil, collection 'La République des Idées', Paris, 2008.

Davezies, L., *La crise qui vient. La nouvelle fracture territoriale*, collection 'La République des Idées', Seuil, Paris, 2012.

De Vismes, N., « L'emploi des régions en 2010 : effets structurels et dynamisme », note de la Direction des études, statistiques, et prévisions, Pôle Emploi, 2012.

Dekneudt, J., « Crise économique 2009 : la Picardie dans la tourmente », INSEE Picardie Analyses, n°46, 2010.

Demmou, L., « Le recul de l'emploi industriel en France entre 1980 et 2007 – Ampleur et principaux déterminants : un état des lieux », *Économie et Statistique*, n° 438-440, 2011, pp. 273-290.

Destatte, P., *Les enjeux du positionnement de la Picardie à vingt ans dans l'espace nord-ouest européen*, Institut Destrée, Namur, 5 janvier, 2008.

Devetter, F.X., Jany-Catrice, F., « L'invention d'un secteur et ses conséquences socio-économiques : objectifs et bilan des politiques de soutien aux services à la personne », *Politiques et management public*, 27(2), 2010, pp. 75-102.

Dormard, S., *L'économie du Nord-Pas-de-Calais : histoire et bilan d'un demi-siècle de transformations*, Presses universitaire du Septentrion, Villeneuve d'Ascq, 2001.

Douillet, A.C., « Les régions face à leur territoire. Les contrats territoriaux, de l'aménagement à la gestion du territoire régional », in Barone, S. (dir.), *Les politiques régionales en France*, La Découverte, Paris, 2011, pp. 161-179.

Du Pasquier, J.N., Marco, D., « Le rapport territorial. Essai de définition », Communication au 3e forum de la régulation, 1-2 décembre, Paris, 2009.

Erkman, S., *Vers une écologie industrielle*, 2e édition, Charles Léopold Mayer, Paris, 2004.

Eudeline, J.F., Sklénard, G., Zakhartchouk, A., « L'industrie manufacturière en France depuis 2008 : quelles ruptures ? », *INSEE, Toujours pas d'élan, Note de conjoncture*, décembre, 2012, pp. 23-50.

Fontagné, L., Lorenzi, J.H., « Désindustrialisations, délocalisations », Rapport du Conseil d'analyse économique, n° 55, La Documentation française, Paris, 2005.

Garnier, J., « Appareil productif, territoire, dialogue social : pourquoi innover ? », *Innovations*, (38)2, 2012, pp. 167-184.

Gilly, J.P., Pecqueur, B., « La dimension locale de la régulation », in Boyer, R., Saillard, Y. (dir.), *Théorie de la régulation, l'état des savoirs*, La Découverte, Paris, 2002, pp. 304-312.

Guengant, J., « Conséquences financières de la réforme de la taxe professionnelle pour les collectivités locales », *Revue française de finances publiques*, n° 111, 2010, pp. 177-202.

Guillou, S., Nesta, L., « Quelle politique industrielle dans la mondialisation ? », OFCE les notes, n° 6, 25 octobre, 2011.

Hervé, E., « Compétences exclusives ou compétences obligatoires ? », POUR, n° 209-210, 2011, pp. 103-110.

Jany-Catrice, F., Zotti, R., « La santé sociale des territoires. Un indicateur de santé sociale pour les régions françaises », Futuribles, n° 350, mars, 2009, pp. 65-88.

Kempf, H., « Contrats imbriqués, hétérogénéité et complémentarité stratégique », *Recherches économiques de Louvain*, 60(3), 1994, pp. 333-357.

Kirat, T., « Innovation technologique et apprentissage institutionnel : institutions et proximité dans la dynamique des systèmes d'innovation territorialisés », *Revue d'Économie Régionale et Urbaine*, n° 3, 1993, pp. 547-564.

Klopfer, M., « La nouvelle donne fiscale et ses impacts sur la gouvernance », *Pouvoirs locaux*, n° 87, décembre (IV), 2010, pp. 67-72.

Laurent, C., Du Tertre, C. (dir.), Secteurs et territoires dans les régulations émergentes, Paris, L'Harmattan, 2008.

Le Blanc, G., « L'industrie dans l'économie (1981-2006) : une réalité pour notre avenir. Étude comparée de l'industrie en France et dans les grandes puissances industrielles depuis 25 ans », *Note de l'Institut de l'entreprise (Cercle de l'Industrie)*, janvier, 2009.

Le Blanc, G., « Politique industrielle : une opposition politique encore à construire », in Lorenzi, J-H., Pastré, O. (dir.), *Droite contre gauche ?*, Fayard, Paris, 2012, pp. 161-170.

Lefebvre, F., *Saint Frères. Un siècle de textile en Picardie*, 1828-1936, Encrage, Amiens, 2002.

Levet, J.L., *Pas d'avenir sans industrie*, Paris, Economica, 2006.

Maillefert, M., « L'écologie industrielle : une stratégie de développement territorial durable ? », *Ecoflash*, n° 239, juin, 2009.

Marcou, G., « Les paradoxes de la région », AJDA, n° 30, 15 septembre, 2008, pp. 1634-1638.

Nieddu. M., Garnier E., Bliard, C., « L'émergence d'une chimie doublement verte », *Revue d'Économie Industrielle*, n° 132, 2010, p. 53-84.

OFCE, *L'industrie manufacturière française*, La Découverte, Paris, 2010.

Pasquier, R., *Le pouvoir régional : mobilisations, décentralisation et gouvernance en France*, Les Presses de Sciences Po, Paris, 2012.

Pineau, A., Quéré, Y. (dir.), « La métallurgie : science et ingénierie », *EDP Sciences*, collection 'Rapport sur la science et la technologie', Paris, 2011.

Prager, J.C., Thisse, J.F., *Économie géographique du développement*, La Découverte, Paris, 2010.

Rémond, B., « L'histoire de la région et la Région dans l'Histoire », in Barone, S. (dir.), *Les politiques régionales en France*, La Découverte, Paris, 2011, pp. 27-44.

Salama, P., « Inégalités territoriales et salariales dans les grandes économies latino-américaines », *Revue Tiers-Monde*, 41(164), 2000, pp. 749-773.

Salama, P., « Chine et Brésil : industrialisation et 'désindustrialisation précoce' », *Économie appliquée*, 65(1), 2012, pp. 33-67.

Sedeno, A., Dupré, A., « L'industrie rhônalpine, entre désindustrialisation et mutations industrielles », *La lettre Analyses*, n° 184, INSEE Rhône-Alpes, 2012.

Sellier, J., *La Picardie. Émergence d'une région, Amiens*, édité par le Conseil régional de Picardie, 1985.

Turpin, D., « Les nouvelles compétences des régions », AJDA, n° 30, 15 septembre, 2008, pp. 1645-1652.

Veltz, P., *La grande transition. La France dans le monde qui vient*, Seuil, Paris, 2008.

Wiscart, J.M. (dir.), *Les patrons du Second Empire. Picardie, Picard, Le Mans, Cénomane*, Paris, 2007.

Les nouveaux territoires de l'innovation et de l'économie de la connaissance : le cas de l'aéroport Paris-Charles de Gaulle

Jacques GRANGÉ

Directeur de l'Aménagement Tremblay en France

Introduction

Retour d'expérience professionnelle, en tant qu'urbaniste, il n'apparait pas inintéressant d'aborder l'économie de la connaissance et de l'innovation par le biais de ses développements spatiaux, d'autant que ceux-ci se retrouvent dans le débat public et font l'objet de controverses ; c'est le cas en Ile de France, où l'aménagement et le développement du Plateau de Saclay fait débat depuis deux décennies.

Avec 19% de la population française, l'Ile de France (IDF) fournit 29% du Produit Intérieur Brut Français ainsi que près de 4% du PIB de l'Union Européenne. C'est un des lieux majeurs de l'économie de la connaissance en Europe. En 2009, l'Ile de France assurait 39,6% de la Dépense Intérieure de Recherche et Développement[1].Par ailleurs, l'Ile de France fournit 43,2% des formations de niveau I (Bac + 5 ou plus).

Ces territoires de l'économie de la connaissance et de l'innovation commencent à être mieux connus (Ingallina, 2012) à l'intérieur des aires métropolitaines dont ils sont un élément moteur. Si on connait bien les espaces centraux[2] et péricentraux[3] organisés autour d'implantations universitaires et d'établissements de recherche, on connait aussi les territoires organisés autour d'activités industrielles high tech et d'activités scientifiques, avec notamment le rôle actif des pôles de compétitivité[4]. Ces territoires sont pour l'essentiel au Sud de Paris, et

---

1 Chiffres clés de la Région Ile de France-2012-CRCI-IAU, INSEE.

2 Quartier Latin et Seine Rive Gauche.

3 Pôle Condorcet et Paris Nord-Est, Cité Descartes.

4 Vallée Scientifique de la Bièvre.

plus particulièrement dans sa partie Sud-Ouest, la vallée de Chevreuse indique un des secteurs possibles de développement. On peut citer aussi Evry et son Génopole.

Un congrès s'est d'ailleurs tenu à Vienne en 2008[5] sous l'intitulé « Mobility Nodes as Innovation Hubs ». Cette notion de Innovation Hub a d'ailleurs été reprise par de nombreux territoires qui l'ont intégrés à leur marketing territorial (Gollain, 2010) (environ 9 910 000 résultats sur Google pour Innovation Hubs).

Bien que cela soit moins visible et perceptible *a priori*, il est nécessaire d'y ajouter pour leur part les espaces aéroportuaires, qui par les mobilités et les intermodalités (Grangé, 2012) qu'ils permettent, organisent et contribuent au fonctionnement et à l'organisation des territoires de l'économie de la connaissance et de l'innovation.

L'interfaçage air/terre permis par l'aéroport, concerne le transport du fret aérien qui devient une composante majeure des échanges internationaux en particulier pour les marchandises à haute valeur ajoutée. 30% à 40% du commerce international français transiterait par Charles de Gaulle qui est devenu avec 2,1 Millions de tonnes le premier aéroport européen pour le fret. La « high tech » est une bonne cliente du fret aérien.

Ce sont les différentes fonctions présentes sur le territoire qui permettent des développements axés notamment sur l'économie de la connaissance et l'innovation.

Les fonctionnalités du « hub » de Charles de Gaulle

Le hub d'Air France qui transporte le fret d'abord dans les soutes de ses avions passagers est redoublé par celui de Fédéral Express, un des leaders mondiaux de la messagerie express qui a fait de CDG une de ses trois grandes plateformes mondiales, avec Memphis et Canton. Ce système d'intégration de fret par le passage sur de grandes plateformes mondiales permet de desservir l'Europe et l'Amérique à J+1 et l'Asie à J+2.

Le site de Memphis est présenté sous le vocable d'« Aérotropolis® John Kasarda » (Kasarda, 2011), comme un des prototypes de la constitution de clusters en l'occurrence des bio-technologies. Le fret aérien express devient un facteur de localisation des activités « high tech ». On est dans ce cas aux États-Unis d'une métropolisation par l'aérien (Memphis, Atlanta, Washington, etc.).

À CDG, FEDEX est à l'origine de la constitution d'une association Aérotropolis qui cherche à favoriser la venue d'entreprises clientes

[5] http://www.corp.at/index.php?id=35

(informatique, maintenance électronique, biotechnologies, etc.) à proximité de son hub, ce qui stabilise ses flux de trafic qui ont tendance à être cycliques comme l'est le commerce international et ses volumes de fret aérien.

Par le volume et la diversité des flux de passagers les aéroports sont des lieux spécifiques de création de proximités temporaires, de relations « face to face » (Rallet & Torre, 2004). Dans le cas d'aéroports fonctionnant en « hub », cette intermodalité a le double avantage :

1. De permettre en un temps réduit d'assurer la continuité des itinéraires en minimisant l'impact des ruptures de charges

2. Dans l'organisation du temps d'autoriser des plages de regroupement et de dispersion des passagers et du fret ; ainsi il est possible dans une même plage horaire de « récupérer » des passagers aériens venant de Berlin, de Rome et de Madrid ainsi que des voyageurs ferroviaires arrivant de Marseille, de Bruxelles et de Strasbourg, sans compter la présence de voyageurs intercontinentaux qui doivent cependant encaisser le « jet lag » et dont l'intérêt est peut-être de pratiquer arrivées et départs différés.

Les territoires aéroportuaires sont constitués des espaces aéroportuaires stricto sensu, gérés par Aéroports de Paris et aussi d'autres espaces « frontaliers » et connexes à CDG, qui ont pour particularité d'être rapidement accessibles en un quart d'heure depuis les différents points importants de CDG (Aérogares, Gare RER/TGV, zones techniques et de fret, Roissy Pole).

Le territoire aéroportuaire de Charles de Gaulle

Source : Système d'Information Géographique – Ville de Tremblay en France.

À CDG, cela est facilité par la présence à quelques kilomètres au Sud du Parc Des Expositions de Paris Nord Villepinte où se tiennent de nombreux salons internationaux techniques et professionnels, les salons grand public s'installant préférentiellement à la Porte de Versailles.

À l'intérieur, et surtout à l'extérieur du périmètre de CDG, à proximité se sont développés des espaces d'activités, qui ont permis l'implantation d'entreprises[6] en majorité internationales et représentant quelques grands noms de la « high tech » internationale (LG, ACER, General Electric, Embraer, etc.), mais aussi d'entreprises moins connues œuvrant sur des activités pointues dans le domaine de la mesure, de l'appareillage médical, de la pharmacie, etc. C'est le cas notamment de la zone d'activité internationale de Paris Nord II[7], où plus de la moitié des entreprises sont étrangères. Utilisant la double proximité fret et passagers, ces entreprises, y installent des « show rooms » techniques permettant de faire converger, pour des démonstrations et réunions, partenaires scientifiques, techniques et d'affaires, clients actuels et futurs, fournisseurs et coproducteurs[8].

Il en est de même de l'important parc hôtelier de l'aéroport CDG et de ses proximités, en particulier de la zone hôtelière de Roissy avec ses 24 enseignes et plus de 50000 chambres, qui offre de nombreuses salles de réunion pour des rencontres intra ou inter-entreprises. Cela participe du « business as usual », mais aussi du développement d'une économie des échanges et de l'innovation (Masard & Torre, 2004), pour laquelle ces lieux constituent une ressource incontournable.

Par ailleurs de nombreux chercheurs pour leurs déplacements, utilisent les services de CDG au Nord alors que leurs laboratoires sont plutôt dans le centre et le sud parisien, Orly n'est pas vraiment un aéroport mondial. Les chercheurs » sont de grands consommateurs de transport aérien passant de colloques en congrès et séminaires internationaux.

Le patron du Génopole d'Evry, à 50 kilomètres au Sud de CDG organise ses réunions avec des scientifiques mondiaux dans des hôtels de l'aéroport plutôt que de leur infliger près de deux heures de transport pour arriver à ses locaux[9]. Des entreprises de Paris Nord 2, situées au Sud immédiat de l'aéroport ont installé à l'intérieur de leurs locaux de véritables « show-room » technologiques.

---

6 http://www.parisnord2.fr/

7 https://www.parisnord2.fr/pn2V17

8 https://www.parisnord2.fr/pn2V17/PAGE NL 120515 35/8AoAAA5nUqdzeWdTRG JmblZIAQA#192

9 Guy Loinger (2010) – Études pour l'AFTRP et la Communauté d'Agglomération Terres de France.

L'aéroport CDG est devenu aussi un lieu politique et institutionnel majeur. *Le Monde*[10] nous a appris qu'une des réunions de la crise de la zone Euro s'est déroulée très discrètement dans un grand hôtel de l'aéroport Charles de Gaulle.

Une économie de la proximité intermittente s'est ainsi constituée, qui prend la forme de ce que nous appelons une économie des échanges et de l'innovation, mix de tourisme d'affaires et d'échanges et de mutualisation d'informations techniques, scientifiques et économiques. Dans cette économie, les aéroports tiennent une place majeure[11] comme lieux de rencontre basés sur des intermodalités à plus ou moins longue distance.

Cette économie des échanges et de l'innovation a été mise en évidence par les études préalables à la création de la zone voisine Aerolians[12] qui ont été conduites par GEISTEL-Guy Loinger† et Partenaires Développement-Robert Spizzichino. Dans cette économie des échanges et de l'innovation, le territoire aéroportuaire joue un rôle majeur, non dans la « production » de l'économie de la connaissance mais dans ses « circulations », qui, comme l'a souligné Fernand Braudel (Braudel, 1986), sont organisatrices des territoires.

Même si on peut penser que sa conception d'un « cluster des échanges » articulé principalement au fret aérien est plutôt réductrice, l'importance de cette économie des échanges a été perçue par Christian Blanc (2010), qui a fait de Charles de Gaulle un point clef de son projet de Grand Paris qui comporte à la fois un réseau de transport et le développement de territoires autour des gares et des nœuds de réseaux.

[10] 22 novembre 2012.

[11] Mobility nodes as innovation hubs – Real Corp 2008, http://programm.corp.at/cdrom2008/de/papers.html

[12] La ZAC Aérolians a été créée à l'automne 2008 et son programme approuvé par le Préfet de la Seine Saint Denis à l'automne 2011.

Projet de Métro Automatique Grand Paris Express

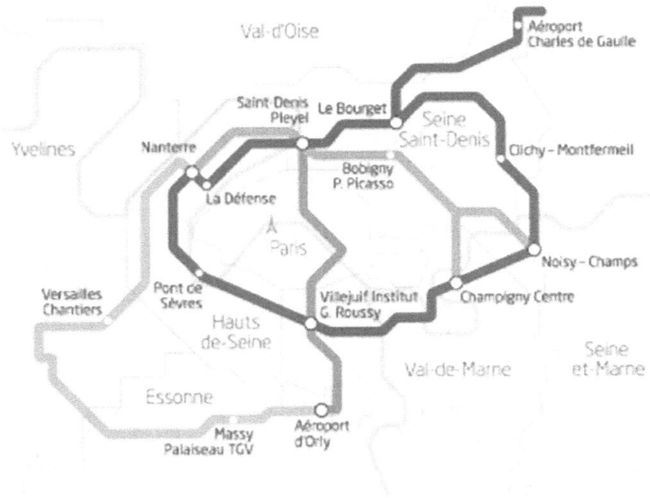

Source : Société du Grand Paris.

1. Pour un projet territorial aéroportuaire

Comme indiqué ci-dessus, par les externalités dont il dispose, le territoire aéroportuaire bénéficie d'une attractivité certaine, susceptible cependant de s'épuiser faute de mobilisation foncière et d'aménagement, de la saturation et de la congestion des accès, des difficiles connectivités (sauf automobile) de ses espaces constituants et d'une faible lisibilité économique, institutionnelle et commerciale du fait de la pluralité des intervenants et de leurs rivalités.

Par-delà la difficile adoption du Schéma Directeur de la Région Ile de France, qui a quelques difficultés à évoquer et prioriser les polarités régionales ; la loi du Grand Paris a instauré un nouveau système de transport (Métro Automatique maintenant contractualisé avec la Région), a créé de nouveaux dispositifs de planification centrés autour des gares du Métro Automatique et pouvant se substituer aux règles antérieures.

Il s'agit des Contrats de Développement Territoriaux. Les collectivités riveraines de l'aéroport ont été amenées à se rapprocher (démarche engagée depuis plusieurs années) par-delà les frontières administratives (les départements) et aussi les différences politiques.

Les deux communautés Roissy Portes de France et Terres de France[13] ont décidé d'élaborer un Contrat de Développement Territorial commun Cœur Économique de Roissy-Terres de France. Il en a découlé la nécessité d'élaborer un véritable projet urbain (Ingallina, 2010), allant au-delà de la somme des projets immobiliers, pour mettre en réseaux et articuler lieux de travail et d'habitat, intermodalités globales et intermodalités locales, accès des clients et usagers de l'aéroport et les micro-mobilités locales[14].

Le projet de Contrat de Développement Territorial en cours d'élaboration se fixe pour objectif d'aboutir à un fonctionnement intégré des différents espaces spécialisés qui composent l'aéroport CDG, qui, rappel, est le plus étendu d'Europe avec 3300 hectares. Il s'agit de coordonner spatialement et programmatiquement des projets portés par des acteurs divers, afin d'optimiser l'organisation spatiale et le développement économique du pôle de CDG.

2. Le projet de Centre International de l'Innovation

Une des propositions majeure portée par les consultants[15] est la création d'un Centre International de l'Innovation. Le concept se base sur l'interaction forte entre plusieurs fonctions. Cela implique la mise en œuvre simultanée de ces différentes fonctions.

Le projet de Centre est l'un des éléments centraux du dossier de création de la Zone d'Aménagement Concerté Aérolians Paris. Ce projet s'inscrit dans un cadre très élaboré, il n'est donc pas un isolat, il s'agit d'un projet pour un pôle de développement régional majeur qui a été priorisé par le Schéma Directeur de la Région Ile de France, approuvé en 1994 puis par le projet du Grand Paris, très largement organisé autour de différents clusters. C'est un élément central pour le cluster des échanges que le Grand Paris entend développer à partir du territoire aéroportuaire de CDG.

Le concept de base du Centre :

Ce centre de l'innovation entend dynamiser les activités économiques du territoire aéroportuaire dont les capacités vont s'accroitre avec l'aménagement Aérolians.

Le concept se base sur l'interaction forte entre plusieurs fonctions ayant chacune un certain degré d'autonomie et de potentiel de rentabilité

---

13 Nous sommes géographiquement dans la Plaine de France, berceau historique de la monarchie capétienne qui unifia la France.

14 Les études sont conduites par l'agence Bres et Mariolle, Cap Terre et Ludovic Halbert.

15 GEISTEL-Guy Loinger† et Partenaires Développement-Robert Spizzichino.

qui trouveraient dans la présence des autres fonctions les conditions d'une « fertilisation croisée » inter-fonctionnelle.

Cela implique la mise en œuvre simultanée des différentes fonctions, la composition d'une équipe d'animation assez étoffée, le choix d'une implantation stratégique dans la ZAC Sud en termes d'accessibilité et de visibilité, la définition d'un portage collectif multi-institutionnel, sa prise en considération par les grands pôles de recherche de l'arc Nord et Est, et sa reconnaissance comme étant l'un des projets majeurs du Grand Roissy sur un horizon d'une décennie.

2.1. Les cinq fonctions-clés organisées en pôles :

a. Pôle 1 Evénementiel

Ce pôle 1 serait dédié aux échanges entre les milieux de l'innovation et celui des affaires en articulation étroite avec les salons du Parc International des Expositions de Paris Nord Villepinte (une soixantaine par an) et de l'événementiel en Recherche-Science-Technologie du pôle métropolitain francilien.

Cela nécessite sa reconnaissance par les acteurs franciliens et nationaux du monde de la RST, créer une « adresse », un espace de haute qualité technique et pratique (la qualité du lieu).

La Zone d'Aménagement Concerté Aérolians Paris

C'est un projet qui remonte au début des années 1990, lors de l'élaboration du Schéma Directeur de la Région Ile de France qui avait fait du pôle de Roissy un « Pôle d'Excellence Européenne »

- 200 hectares
- 850 000 m² Surface Hors Œuvre Nette (unité de mesure des surfaces construite)
- 20 000 emplois
- Qualité urbaine architecturale, paysagère, environnementale et de services

Dans sa programmation, cinq champs d'activités ont été identifiés :

- l'accueil des directions commerciales liées aux échanges internationaux
- la logistique à haute valeur ajoutée
- les activités liées à l'innovation et l'économie de la connaissance
- l'évènementiel à finalité économique
- les services aux entreprises et à la personne.

Deux grands espaces d'aménagement ont été prévus :

- Au Nord un parc multifonctionnel d'activités internationales (150 hectares)

- Au Sud, 350 000m² de surfaces d'exposition couvertes, et une Cité des fonctions externes de qualité (hôtels, commerce, cadre de vie..), une accessibilité effective forte par rapport à la plate-forme aéroportuaire, Paris Centre et les grands pôles franciliens de recherche et d'affaires.

b. Pôle 2 Show-room

Le Show-room, serait un lieu démonstrateur de produits, de matériels, d'équipements et de concepts innovants (avant-vente) à destination des milieux professionnels de l'innovation et des affaires pour des durées plus ou moins longues en articulation forte avec la fonction événementielle (n°1), destinée notamment à l'accueil de PME innovantes franciliennes ou internationales à la recherche d'un ancrage en IDF dans les flux des mouvements de passagers de la plate-forme « monde-monde ». Cela débouche sur un besoin de construction de locaux en volume suffisants et très facilement transformables, une organisation sophistiquée en relation avec les CCI IDF-France, DATAGORA, Ubifrance, OSEO, Viparis, et l'ensemble des acteurs en quête de « lieux » d'exposition et de démonstration.

c. Pôle 3 Hôtel d'Entreprises à haute valeur ajoutée

Un concept d'Hôtel d'entreprises doté de nombreuses fonctions de mutualisation pour des entreprises en sortie de pépinières mais encore trop petites pour accéder au marché de bureaux standards, notamment d'origine « étrangère » (pays émergents) en quête d'ancrage en Europe tout en étant reliées en espace-temps court à leur siège hors Europe et leur clientèle en Europe et spécialisées sur des domaines qui entrent dans les champs de compétence des principaux Pôles de Compétitivité franciliens et nationaux, donc un *hôtel inter-filières* « spécialisé » en réseau avec les incubateurs et pépinières d'entreprises déjà présentes ou en cours de construction sur l'Arc Nord/Nord-est francilien afin d'accompagner les entreprises tout au long de leur parcours de développement et les fidéliser sur le territoire.

Il sera nécessaire de construire une prise en considération par les pôles universitaires « voisins » directement concernés, par les Pôles de Compétitivité franciliens et nationaux comme cadre d'activité relais des parcs d'activité des campus de recherche, une sélection des entreprises par un comité technique mixte recherche-université, grands groupes industriels.., une gestion qui ne fasse pas payer aux bénéficiaires le coût intégral des services mutualisés afin de garder des prix finaux raisonnables.

d. Pôle 4 Formation

L'activité de formation susceptible d'être créée dans ce Centre se situe dans le champ de la formation professionnelle avec trois cibles :

1- les métiers de l'aéroportuaire (mais pas de l'aéronautique) par regroupement de certains centres de formations existants sur le pôle de Roissy-CDG,

2- de la formation professionnelle à destination des actifs du Grand Roissy en relation avec les centres de formations publics et privés de la Seine Saint Denis

3- des activités de formation privées à l'usage des entreprises localisées sur le pôle de Roissy à destination de leur clientèle, françaises, européenne et internationale.

Il conviendra de distinguer les types locaux ceux des cibles n°1 et n°2 dont la clientèle est composée largement de jeunes du bassin d'emploi du Grand Roissy, de la cible n°3 qui a vocation à toucher des clientèles de profils socioprofessionnels éventuellement élevés. En cas d'incompatibilité entre les deux catégories, il convient de privilégier la cible n°3 plus en univers d'empathie avec les autres fonctions du centre.

e. Pôle 5 Services aux entreprises

Il s'agit d'une offre de services aux entreprises utilisatrices du C2IEC (Centre International de l'Innovation et de l'Économie de la Connaissance) mais aussi aux entreprises locales. Ces services seraient proposés par l'équipe dédiée ou par des équipes régionales ou nationales, l'équipe locale jouant un rôle d'interface. Cette équipe organiserait et animeraient tous les évènements qui auraient lieu dans le Centre : du « tracking » des directeurs d'achats de grands groupes à l'animation des plateaux de créativité, en passant par la gestion de l'hôtel d'entreprises ou encore la location des salles de formation.

Dans cette perspective, il faudrait regarder du côté des anciens CRITT (absorbés dans le Centre Francilien de l'Innovation) ou le Cervia[16] pour qualifier certains des services pouvant être proposés.

---

[16] http://www.saveursparisidf.com/site-professionnel/le-cervia-vous-accompagne/appui-aux-entreprises-franciliennes/)

Périmètre du Contrat de Développement Territorial Cœur Économique de Roissy Terres de France

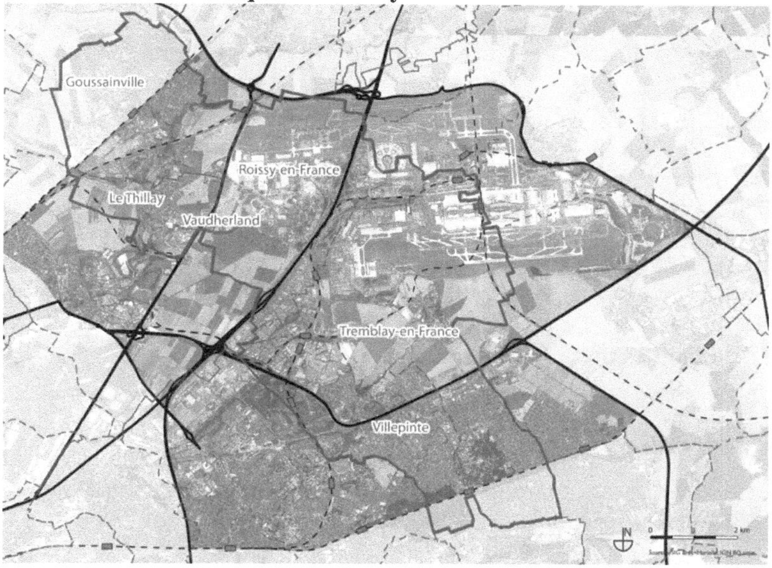

Source : Système d'Information Géographique – Ville de Tremblay en France

Ce Centre International de l'Innovation n'a pas vocation à être a priori un lieu unique, un projet immobilier. Il s'agit d'abord d'un espace organisé en réseau autour des fonctions indiquées supra. L'engagement de ce centre pourrait être l'ouverture dans des locaux existants, bien desservis par les transports en Commun, d'un espace de « co-working » pour lequel il existe une forte demande sociale et institutionnelle.

Le projet urbain de ce Contrat de Développement Territorial est organisé autour de la programmation et de la réalisation d'un Transport en Commun en Site Propre (Navettes à Haut Niveau de Services) reliant le cœur aéroportuaire et différentes zones connexes situées sur ou hors du périmètre de CDG.

Ce projet sera centré non seulement sur l'organisation des mobilités mais aussi et peut-être surtout sur l'attractivité qu'il convient de donner à ce territoire. Il s'agit de fabriquer une nouvelle urbanité atypique et spécifique permettant de passer des non-lieux (Augé, 1992) aux lieux et établissements humains.

L'urbanité ne saurait se passer de services, le territoire n'en est pas dépourvu, mais il est important d'en mutualiser l'usage, de permettre le fonctionnement en réseaux, non seulement pour les habitants proches ou plus éloignés, mais aussi pour les usagers plus permanents ou temporaires de ces espaces.

Cela permettra de construire une attractivité digne de ce centre de tourisme d'affaires pour qu'il puisse progressivement devenir une destination en soi.

Le projet de Contrat de Développement Territorial Cœur Économique de Roissy-Terres de France comporte à la demande de l'État (Préfecture de Région) un Volet Numérique qui inclut la desserte à Très Haut Début du territoire, qui n'est à ce jour que partiellement desservi en Très Haut Débit, mais Paris Nord 2 peut maintenant bénéficier de la Fibre Optique installée grâce au concours d'un Etablissement Public Interdépartemental DEBITEX (Départements de la Seine Saint Denis et Val d'Oise). Il comporte aussi le projet de mutualisation des données concernant les mobilités et le tourisme.

Il reprend le projet de Centre International de l'Innovation avec les considérants suivants recoupant largement les analyses exposées supra.

L'objectif principal est de constituer un milieu innovateur, un « hub de la connaissance », une « plateforme de connectivité » à fonctions régionales et mondiales où les entreprises et les institutions pourront envoyer leurs professionnels dans des expériences « de visu » et d'échanges « face to face ».

2.2. Ce milieu innovateur peut se déployer sur trois axes principaux :

Une continuité de soutien logistique et financier à la R&D installée localement sur le Sud CDG (RTV). Cela peut prendre des formes diverses d'équipements et de lieux mutualisés, d'insertion dans des réseaux de soutien techniques mais aussi financiers, en particulier cela pourrait prendre la forme d'un Centre de l'Innovation, interface entre les entreprises et les institutions et milieux de la recherche.

Une composante socio-urbaine renforçant la diversité des activités devant se déployer sur le site de Sud CDG. Cela participera à l'urbanité du site à aménager. On peut le voir comme un élément d'une animation urbaine sur site qui reste à organiser.

À terme, création d'un Campus par l'implantation de formations supérieures et de structures de recherche publiques ou parapubliques et privées.

Le site de CDG ne doit pas compter principalement sur ses fonctions techniques d'acheminement des trafics aériens de toutes natures mais sur son attractivité propre pour des activités « haut de gamme », jusqu'ici exercées nulle part ailleurs. C'est d'ailleurs ce qu'anticipent des acteurs privés pour bénéficier commercialement de ces facilités.

En s'appuyant sur les fonctions développées par les entreprises, un pôle de soutien à l'innovation et à la recherche, mais aussi de formation aurait toute sa légitimité sur le territoire de Roissy Tremblay Villepinte, il contribuera à structurer le « hub de l'innovation ». C'est aussi une des fonctions de la recherche que de pouvoir procéder à une « capitalisation » des savoirs et des expériences.

Si nous voulons faire de ces territoires contrastés des lieux métropolitains à part entière, il est nécessaire d'en faire des lieux clefs de l'économie de la connaissance en s'appuyant prioritairement sur l'intermodalité et en en développant l'urbanité, les aménités paysagères et l'attractivité touristique.

C'est d'autant plus nécessaire qu'une des difficultés majeures est d'organiser la connexion avec les espaces socialement déprimés de la Plaine de France qui se sont structurés autour de l'accueil des populations issues de l'immigration. Cela par un double phénomène d'offre et de demande.

Tout d'abord, par la présence historique massive de grands ensembles de logements sociaux (Sarcelles, La Courneuve, Villiers le Bel, Sevran) ces logements ont été construits des années 1950 aux années 1970. D'abord occupés par les couches populaires et moyennes autochtones, celles-ci les ont abandonnés pour la péri urbanisation pavillonnaire quand les financements du logement ont changé à la fin des années 1970. Ces populations ont laissé la place à des populations immigrées parmi les plus récentes.

Est intervenue la reconstitution d'un phénomène ancien de sas entre point d'arrivée (aéroport) et le cœur métropolitain identique à la concentration de types de populations similaires à Marseille entre La Joliette et la Gare Saint Charles. Ces populations ont besoin d'accessibilité physique et sociale aux lieux de formation et d'emploi.

La Plaine de France constitue un corridor social entre l'aéroport CDG et le cœur de l'agglomération parisienne, qui en raison de la masse d'emplois qu'il concentre continue à offrir des emplois de services « interstitiels » dans le nettoiement, le gardiennage, l'hôtellerie et la restauration, le commerce, etc. L'ancienneté (relative) des peuplements a créé des districts et des filières ethniques qui permettent aux primo-arrivants de s'insérer dans les marchés du travail métropolitains. Districts et filières trouvent leurs répondants à Paris et en banlieue Nord. Il en est de même pour les parcours résidentiels qui conduisent du logement ancien insalubre au parc social.

Conclusion

Les aéroports, par la diversité des emplois offerts, sont une ressource sociale et économique pour ces populations qui ne parvient cependant que très partiellement à contrebalancer les effets de « l'économie grise » régnant dans ces territoires qu'on a pu qualifier de « Territoires perdus de la République » (Brenner, 2004).

Pour les collectivités concernées, l'ancrage territorial de l'innovation (Crevoisier & Jannerat, 2009) et de l'économie de la connaissance est un des moyens pour trouver une « sortie par le haut » de la crise sociale vécue par ces territoires depuis plusieurs décennies. Ceci d'autant que l'Ile de France est marquée par une forte dissymétrie Nord-Est/Sud-Ouest, tant en ce qui concerne la qualité des activités économiques que celle de l'habitat, de la mixité sociale et des niveaux de services.

Cet ancrage territorial est d'autant plus nécessaire que si ces activités de l'économie de la connaissance et de l'innovation génèrent de la mobilité, elles sont elles-mêmes très mobiles au gré des recompositions qui affectent leur champ économique d'activité.

Il n'y a pas seulement des enjeux cognitifs et économiques de l'innovation, il y a aussi des enjeux spatiaux et sociaux.

Le territoire de CDG n'est pas le seul à lier aéroport, innovation et développement territorial. À l'occasion du programme européen D-Air[17] (Decarbonised Airports), nous avons pu prendre connaissance du projet « Brainport Avenue »[18] conduit par la commune d'Eindhoven (N-L) près de son aéroport, liant dans un aménagement, parc d'entreprises, laboratoires de R&D, campus et aménagement paysager.

Décidément, quand il sera question d'innovation, il faudra intégrer les aéroports !

Bibliographie

Augé, M., Non lieux, *Introduction à une anthropologie de la Surmodernité*, Seuil, Paris, 1992.

Blanc, Ch., *Le Grand Paris du XXIe Siècle*, Le Cherche Midi, Paris, 2010.

Braudel, F., *L'identité de la France*, Flammarion-Arthaud, Paris, 1986.

Brenner, E., *Les territoires perdus de la République*, Hachette, Paris, 2004.

Crevoisier, O., Jannerat, H., « Les dynamiques territoriales de connaissance : relations multilocales et ancrage régional », *Revue d'économie industrielle*, n° 128, 2009.

17 http://www.dairproject.eu/

18 http://www.brainportavenue.com/english-summary/

Crevoisier, O., « Dynamique territoriale de connaissance et milieux ancreurs en Europe », Working Paper 8, Maison d'Analyse des Processus Sociaux, Université de Neuchâtel, 2011.

Gollain, V., *Guide du Marketing Territorial*, Territorial, 2010.

Grangé, J., « Interfaces et métropoles », *Urbia*, n° 13, Université de Lausanne, 2012.

Ingallina, P., *Le projet urbain*, Que sais je ?, PUF, Paris, 2010.

Ingallina, P., Universités et enjeux territoriaux. Une comparaison internationale de l'économie de la connaissance, Presses Universitaires du Septentrion, 2012.

Kasarda, J., Greg Lindsay, *Aerotropolis : The way we'll live Next*, Penguin Books, 2011.

Loinger, G., *Études pour l'AFTRP et la Communauté d'Agglomération Terres de France*, 2010.

Masard, N., Torre, A., « Proximité géographique et Innovation », in Pecqueur B., Zimmerman J., *Économie de Proximités*, Hermès, Paris, 2004.

Rallet, A., Torre, A., *Proximités et localisation*, Hermès, Paris, 2004.

Tabariés, M., Loinger, G., Grondeau, A., *La localisation des activités de haute technologie en Ile de France*, IAURIF, 2007.

Zimmermann, J.-B., « Entreprises et Territoires : entre nomadisme et ancrage territorial », *Revue de l'IRES*, n° 47, 1, 2005, pp. 21-36.

Troisième partie

Futures trajectoires d'innovation

L'innovation introuvable

Laurent LEMIRE

Journaliste et écrivain

Introduction

L'innovation, comme application de la découverte scientifique et comme compréhension de cet apport, est une conception récente. L'histoire des sciences y fait donc peu référence. Ce qui ne veut pas dire qu'il n'y a pas eu d'innovation durant plus de 2000 ans ! Ce serait absurde. En revanche, ces progrès n'ont jamais été prémédités, envisagés, programmés. Ces audaces n'ont jamais fait l'objet d'un puissant travail en matière de recherche et développement, sauf pour l'élaboration de la bombe atomique dans le cadre du projet Manhattan durant la Seconde Guerre mondiale…

Aujourd'hui on pense l'innovation comme un apport décisif et voulu, principalement dans le domaine de la technologie et de l'industrie. Ce ne fut évidemment pas le cas dans l'Antiquité et dans toutes les époques qui ont suivi. Il faut attendre le 19e siècle, moment où s'organise une communauté scientifique, pour que la chose prenne sens. Et encore... L'innovation, relève souvent d'une vision téléologique de l'histoire des sciences. Il est en effet toujours plus facile de repérer l'innovation a posteriori. Le philosophe écossais Duns Scott « soutient qu'un progrès a lieu quand il apparaît après-coup qu'il est difficile, voire impossible de revenir en-deçà. Le progrès est moins ce qui va de l'avant que ce qui empêche de retourner en arrière » (Sondag, 2005) et cette constatation frappée au coin du bon sens date du Moyen Âge… Elle explique, en partie, pourquoi nombre de découvertes ne furent pas, au moment même où elles furent présentées, considérées comme des avancées capitales, voire des bouleversements. Pour cela, il était nécessaire qu'il y ait une prise de conscience d'un retour en arrière impossible. Et cette innovation, n'était pas toujours le fruit d'une volonté affirmée, au-delà du simple bonheur de comprendre et d'améliorer l'intelligence du monde.

Le travail d'Einstein au Bureau des Brevets à Berne dépasse tous les investissements en recherche et développement jamais réalisés. Un homme seul, avec un stylo, quelques livres, du papier, un tableau noir et une craie, ramasse en 1905 l'essentiel des connaissances en physique pour proposer six articles dont quatre vont révolutionner sa discipline. Parmi eux, bien sûr, celui sur la relativité restreinte avec sa fameuse formule E = mc2.

Puisque notre table ronde concerne les nouvelles découvertes de demain, toujours difficiles à prévoir, je vous propose de nous arrêter sur quelques découvertes du passé qui montrent que ce que l'on avait envisagé est rarement advenu. L'histoire des sciences nous permet en effet de comprendre les processus de l'innovation. Ce qui fait l'innovation, c'est la rencontre d'un individu, d'une idée et d'une époque. La fameuse formule « ce n'est pas en perfectionnant la bougie qu'on a découvert l'électricité » nous rappelle que la science avance à la fois par évolution, adaptation, et surtout par révolution, par un subtil changement de paradigme. Encore faut-il qu'il y ait une prise de conscience de ces « révolutions ».

Prenons quelques exemples. Ainsi, le découvreur trop prudent Nicolas Copernic (1473-1543). On parle toujours de « révolution copernicienne », comme s'il y avait eu un grand soir de l'astronomie de Ptolémée. La réalité est différente. Le chanoine polonais publie *Des révolutions des orbes célestes* en 1543. Il aura à peine mille lecteurs, ce qui est à la fois beaucoup pour l'époque, et très peu compte tenu de ce qui est dit dans ce texte complexe et difficile d'accès. En réalité, très peu de gens l'ont lu au moment de la parution, ce qui explique pourquoi l'Église ne condamne pas l'héliocentrisme. Elle le fait autant parce qu'elle ne comprend pas ce traité ardu que parce que cela ne remet pas en cause la doctrine catholique. D'ailleurs, juste avant de mourir, Copernic avait même dédicacé son travail au pape Paul III... Il faudra attendre Kepler et surtout Galilée et sa condamnation en 1616 pour que l'héliocentrisme soit poursuivi par l'Eglise, 73 ans après la publication du livre de Copernic. La société a alors changé. Calvin et Luther ont fait passer leur autre vision du monde. Copernic sortait du Moyen Âge, Galilée était lui pleinement dans la Renaissance. Et chacun comprit bien alors ce qu'impliquait cette nouvelle théorie astronomique qui changeait la place de l'homme dans l'Univers.

Passons d'un découvreur très connu à un découvreur inconnu. Ernest Duchesne (1874-1912) était un médecin militaire français. Il est mort à 38 ans, oublié de tous. Et pourtant, il aurait été salué comme un héros si on avait apporté un peu plus d'attention à ce qu'il avait découvert. En 1897, il publie à Lyon sa thèse intitulée « Contribution à l'étude de la concurrence vitale chez les microorganismes : antagonismes entre les moisissures et les microbes ». En fait, il vient de poser les jalons de l'antibiothérapie. Mais ni son directeur de thèse, ni les membres du jury qui le félicitèrent, ne s'aperçurent du bouleversement annoncé. Deux ans plus tôt, en 1895, Vincenzo Tiberio (1869-1915), un autre médecin militaire, italien celui-là, était arrivé aux mêmes résultats et son travail fut salué et oublié aussi vite que celui de Duchesne. Il faut attendre qu'Alexander Fleming (1881-1955) découvre la pénicilline en 1928 et reçoive le prix Nobel de médecine avec Florey et Chain en 1945 pour que les noms des deux chercheurs sortent de l'ombre. Fleming a avoué, lors d'une visite à Paris, n'avoir jamais lu Duchesne et encore moins Tiberio. On veut bien le croire, puisque les médecins français qui l'avaient lu un demi-siècle plut tôt, n'en avaient pas apprécié la portée.

Les savants peuvent également être victimes du milieu scientifique. C'est alors lui qui empêche la diffusion et l'adoption d'une découverte. L'un des cas les plus célèbres demeure celui de Georg Cantor (1845-1918). Certes le mathématicien allemand était atteint de troubles maniaco-dépressifs – aujourd'hui on dirait qu'il était bipolaire – mais la haine dont il fut l'objet de la part de ses confrères conservateurs ne fit d'envenimer cet état. On doit à Cantor des avancées décisives dans le domaine de la théorie des ensembles ainsi que sa démonstration du théorème continu. Il explique notamment qu'il n'existe pas d'ensemble de tous les ensembles puisque celui-ci contiendrait son ensemble des parties. La communauté des mathématiciens n'accepta pas ce qu'elle considérait comme un travail qui sapait les fondements d'un savoir longuement élaboré. On fit passer Cantor pour fou et il mourut à l'asile. Il est aujourd'hui considéré comme l'un des grands génies de l'histoire des mathématiques. Cette vie dramatique nous rappelle que le scientifique appartient à une communauté et que cette communauté n'est pas toujours bienveillante.

La destinée d'Alfred Wegener (1880-1930), un autre savant allemand, fut différente, mais non moins tragique. Il est mort de froid pour imposer une théorie aujourd'hui validée par tous les géophysiciens : la dérive des continents. Mais dans les années 1920, personne ne voulut reconnaître le bien-fondé de ses observations. Là encore, la communauté scientifique joua un rôle négatif. Alfred Wegener ne faisait pas partie des géophysiciens renommés. Pour eux, il n'était qu'un amateur, un climatologue égaré dans un domaine qui n'était pas le sien. Ils profitèrent de quelques imprécisions dans ses travaux pour torpiller sa théorie qui eut bien du mal à s'imposer. De son côté, Wegener monta des expéditions au Groenland pour étayer son hypothèse et prouver la validité de ses remarques. Il est mort en 1930 après une marche fatale. Mais son corps ne fut retrouvé qu'en 1931, gelé, dans son sac de couchage.

Le médecin austro-hongrois Ignace Semmelweis (1818-1865), le découvreur de l'aseptie, fut lui aussi victime de ses confrères et de leur aveuglement. Le refus de la communauté médicale poussa ce médecin visionnaire et génial dans une grave dépression dont il ne sortit jamais. Les médecins accoucheurs ne voulurent pas reconnaître qu'ils transmettaient la fièvre puerpérale dont mouraient les femmes. Et pourtant la solution nous paraît aujourd'hui évidente. Il suffisait de se laver les mains quand on passait d'une dissection sur des cadavres à un accouchement…

Le Belge Georges Lemaître (1894-1966) connut bien des déboires avec son Big Bang. Entre 1927 et 1931, il a défini les bases de la cosmologie relativiste. Il a repris les travaux du Russe Alexandre Friedmann effectués entre 1922 et 1924 qui faisaient l'hypothèse d'un univers en expansion. Lemaître a été le premier à expliquer le Big Bang par sa constatation de l'éloignement des galaxies. Mais il fut contesté, notamment par Einstein, le père de la relativité, qui ne voulait pas de ce modèle d'univers dynamique. De plus, Lemaître était prêtre. On le soupçonna donc d'avoir voulu accorder sa thèse cosmologique avec le récit de la Genèse. Ce qui était faux, bien entendu.

Un autre religieux fut lui aussi incompris. Les recherches de Gregor Mendel sur les hybrides végétaux n'intéressèrent personne lorsqu'elles furent publiées en 1865. Cette passion potagère ne fut considérée que comme le divertissement bien anodin d'un moine tchèque. Pourtant derrière ce travail il y avait une grande découverte : les premières lois de l'hérédité. Ce n'est qu'en 1901, que le Néerlandais Hugo de Vries, l'Allemand Carl Erich Correns et l'Autrichien Erich von Tschermak établirent ces lois, en reconnaissant en Mendel leur découvreur, sans doute aussi pour ne pas avoir à choisir entre eux trois… Or, 36 ans plus tôt, personne n'en avait vu les conséquences. Pas même Mendel lui-même. Depuis, on est passé d'un discret jardin de monastère aux gigantesques machines à séquencer le génome humain. Des petits pois aux grands desseins…

Citons enfin le cas d'une découverte qui a changé le monde et notre quotidien, mais pas de la manière dont on le pensait. Nous la devons au britannique Alan Turing (1912-1954) et à l'américano-hongrois John von Neumann (1903-1957), les pères de l'ordinateur. Ce dernier croyait à des machines gigantesques, grandes comme des buildings, pour effectuer des opérations de plus en plus complexes. Or, aujourd'hui, on constate que l'ordinateur est non seulement partout, mais qu'il est de plus en plus petit. Les bases de données personnelles comme les logiciels ne sont pas dans ces calculateurs géants, mais dans nos poches.

Ce cas met en évidence les aléas de l'innovation. On peut percevoir l'importance d'une découverte sans estimer sa place dans la société.

Comprendre le fond sans la forme, en quelque sorte. Le cas le plus extrême et le plus tragique est celui de la compréhension de la structure du noyau atomique. Les physiciens qui ont exploré ce territoire n'avaient jamais envisagé la bombe. Quand ils comprirent que c'était possible, il était trop tard. À l'inverse, pour ne pas verser dans le pessimisme, on peut rappeler que les physiciens du CERN qui mirent au point au début des années 1990 le système World Wide Web, la toile d'araignée mondiale, pour échanger leurs données via l'internet, savaient qu'ils offraient gratuitement à l'humanité un nouveau moyen de communication sans en avoir peut-être mesuré l'ampleur. C'est en tout cas, une belle démarche désintéressée qui traduit une vision humaniste de la science.

Le savant rencontre son idée, mais cette idée ne peut aboutir, c'est-à-dire entrer sur le chemin de l'innovation que si elle rencontre son époque. Un savant travaille toujours dans son temps. Il n'est jamais seul. Ce sont les autres qui sont aussi responsables de sa réussite, en validant, en poussant, en donnant de l'écho à ses découvertes.

Ces quelques exemples nous montrent combien il faut être prudent avec les découvertes de demain. Ce que nous réserve vraiment les nanotechnologies ou l'ordinateur quantique, nous n'en savons rien ! Mais c'est justement cette ignorance qui fait tout le sel de la science. J'irai même plus loin. C'est l'inutilité même de la science, sa non application, qui lui confère toute sa noblesse. Le grand pédagogue américain Abraham Flexner (1866-1959) qui dirigea le fameux Institute for Advanced Study de Princeton où travailla Einstein, rappelait dans un article célèbre combien le travail du scientifique devait se nourrir de cette inutilité et combien cette inutilité devait être cultivée par les institutions scientifiques. « Moins elles seront absorbées par des considérations d'utilité immédiate, plus elles contribueront au bien-être de l'humanité, mais aussi, ce qui n'est pas moins essentiel, à la satisfaction de cette curiosité intellectuelle qui semble être la passion dominante de la vie intellectuelle des temps modernes ». (Flexner, 1939) Bien sûr, c'était en 1939, mais aujourd'hui, l'historien des sciences Dominique Pestre n'est pas si éloigné de cette conception un brin anarchiste de l'innovation qui surgit du hasard autant que de la nécessité. « Dans les sociétés dites de la connaissance, la dynamique de l'innovation ne peut être qu'une dynamique sociétale globale, la résultante d'interactions entre des acteurs aux projets et outils différents. La dynamique de nos société peut de moins en moins être réduite à la trajectoire technologiquement idéale rêvée par les ingénieurs, et la meilleure solution, que l'on pense en termes de précaution, de justice sociale ou environnementale, ou de pure rentabilité, consiste à s'appuyer sur les potentialités multiples qui font nos sociétés et à faire de la variété des démarches et des cités de justice un levier d'innovation et de précaution ». (Pestre, 2010)

L'innovation apparaît donc bien dans toute sa complexité, dans ses rapports tendus entre la rentabilité et la découverte. L'histoire des sciences révèle combien l'inconnu est une dimension essentielle de sa définition. Disons que c'est souvent une chose à laquelle nous ne nous attendions pas…

Bibliographie

Flexner, A., « The Usefulness of Useless Knowledge », *Harper's Magazine*, n°179, June/October, 1939, p. 345.

Pestre, D., « Des sciences et des productions techniques depuis trente ans », *Le Débat*, n°160, mai-août, 2010, p. 127.

Sondag, G., Duns, S., *La métaphysique de la singularité*, Paris, Vrin, 2005, pp. 223-224.

Les futures ruptures scientifiques seront-elles à l'origine d'innovations ?

Pierre PAPON

ESPCI-Paris Tech

Introduction

En ce début du 21e siècle, nous vivons avec une vision du monde qui a été profondément modifiée par les découvertes scientifiques et les innovations technologiques de ces dix dernières décennies. En effet, tout au long du 20e siècle, la science et la technique ont changé notre rapport à la matière, au temps et à l'espace : on échange en temps réel des informations avec l'autre extrémité de la planète, on reçoit des images de l'espace extra-terrestre envoyées par des sondes et des robots spatiaux, on exploite l'énergie de la fission et l'on manipule la matière à des dimensions, aujourd'hui, inférieures au micron, en utilisant des automatismes, etc. Notre conception du vivant a aussi changé avec la découverte du rôle des gènes dans le fonctionnement des êtres vivants et ceux-ci peuvent être manipulés pour réparer d'éventuels défauts cellulaires ou pour produire, par exemple, de nouvelles variétés végétales. Cette nouvelle vision du monde et de la société, apportée par touches successives par les découvertes scientifiques et les innovations technologiques est de fait une véritable « rupture » dans nos modes de pensée et d'action. Cette rupture est pour partie d'origine scientifique : ainsi la théorie de la relativité d'Einstein a-t-elle changé radicalement tant la conception du temps et de l'espace héritée de Newton que celle de la relation entre la masse et l'énergie (l'un des fondements de l'énergie nucléaire). Elle est aussi, partiellement, d'essence technique : l'invention du transistor a permis l'essor des technologies de l'information dont l'impact social, économique et culturel est universel.

1. Les ruptures scientifiques : anticiper l'imprévisible ?

Certaines découvertes scientifiques (celle de la radioactivité par exemple), ou des nouvelles théories (la physique quantique), bouleversent radicalement le champ des connaissances, et on les qualifie souvent de « révolutions scientifiques » pour reprendre les termes de l'historien des sciences Thomas S. Kuhn (1972). On peut considérer, en effet, que la science ne progresse pas toujours de façon linéaire : elle procède parfois par ruptures et changements de paradigme. Un paradigme est fondé sur des découvertes majeures, des concepts et des théories qui, sur une longue une période, fournissent un cadre de référence aux scientifiques dans une discipline et vont ainsi conférer une légitimité à leurs travaux en leur donnant les outils pour s'attaquer avec efficacité à un certain nombre de problèmes difficiles. Ainsi, l'avènement de la physique quantique, au début du 20e siècle, a-t-elle été une véritable rupture dans la mesure où elle introduisait un nouveau paradigme : l'énergie ne devait plus être considérée comme une grandeur continue, un atome émettant des « paquets » d'énergie (des quanta). Des ruptures techniques peuvent être considérées, elles aussi, comme des changements de paradigme car elles peuvent changer complètement la donne technique et économique lorsqu'une innovation modifie des modes de production, voire des modes de vie. Il en fut ainsi, dans le domaine de l'énergie avec l'invention des moteurs à combustion interne, de la turbine à gaz, des cellules photovoltaïques et du transistor en 1947 qui a ouvert la voie à l'ère de l'électronique et des technologies de l'information.

Il est évidemment impossible de « prévoir » des ruptures scientifiques et techniques car il n'existe pas de prévision scientifique du progrès des connaissances au sens où il existe une prévision des phénomènes dans les sciences physiques. Toutefois, la prospective de la science et de la technologie est une démarche qui permet d'éclairer leur avenir, en conjecturant leur devenir probable et en recensant les mutations probables et les voies prometteuses. La prospective n'est certes pas un exercice de prévision mais permet également de confronter les potentialités de la recherche aux besoins économiques et sociaux c'est-à-dire à la « demande sociale » de recherche.

Repérer les signes avant-coureurs de ruptures est un point de passage obligé pour une prospective de la science et de la technologie. Voyager dans le temps, en direction du futur, est un exercice difficile et périlleux, qui emprunte soit les chemins de la prospective soit ceux de la science-fiction. Ainsi, dans un article clé qu'il avait publié en 1905 dans les *Annalen der Physik*, Albert Einstein avait-il établi le principe d'équivalence de la masse et de l'énergie (symbolisé par la fameuse E = mc2) et dans sa brève conclusion il anticipait en quelque sorte les conséquences qu'allaient en tirer les physiciens, en particulier pour expliquer le phénomène de la fission (découvert en 1938) : « il n'est pas exclu – écrivait-il – que l'on puisse réussir à vérifier la théorie avec des corps dont le contenu en énergie varie dans de grandes proportions » (Einstein, 2003). Quelques années plus tard, en 1914, l'auteur de politique fiction, Herbert Georges Wells, qui avait peut-être lu l'article d'Einstein, annonçait avec une certaine précision dans son livre *La destruction libératrice* (Wells, 1995), une grande rupture scientifique qu'il situait en 1933 : la découverte par un savant nommé Holsten de la désintégration atomique du bismuth (sa fission en fait), une découverte qui devait être appliquée très vite, annonçait-il, à la production d'électricité à partir de la radioactivité. Si les intuitions remarquables comme celles-ci sont rares, et si la liste des bévues commises par des scientifiques qui ont voulu imaginer l'avenir est relativement longue (notamment dans le domaine de l'énergie nucléaire...), il est néanmoins possible de tenter une prospective réaliste de la science et de la technologie, en faisant l'économie d'une prospective très futuriste à la Wells (qui a aussi exploré le contexte social et politique de la science du futur). C'est ce que nous nous proposons de faire brièvement dans cet article qui résume l'exercice de prospective d'un ouvrage récent (Papon, 2012). Nous y identifions des mutations scientifiques en cours avec des paradigmes dont la capacité d'expliquer des phénomènes, ou de les prévoir, semble s'épuiser, et qui sont peut-être les prémices de ruptures susceptibles de changer la donne dans le champ des sciences et des techniques, à l'horizon 2050, et dans celui de leur relation avec la société.

Les réflexions sur l'avenir des sciences et des techniques peuvent tomber dans des pièges. L'un d'eux est le « péché par linéarité » : on extrapole à vingt ou trente ans des tendances scientifiques et techniques alors qu'elles atteignent leur limite. Edison, une figure emblématique dans la galerie de portraits des grands inventeurs, s'est ainsi trompé, à la fin du 19e siècle, en estimant que, grâce aux progrès des batteries, la voiture électrique allait prendre son essor. Un second relève de la myopie, les prévisionnistes restant souvent prisonniers d'un système technique lorsqu'ils imaginent l'avenir, se refusant à envisager que la greffe d'une technique sur une autre puisse être à l'origine d'une percée. Ainsi Edison, encore lui, n'a pas vu, dans les années 1890, que le courant alternatif apportait une solution au problème du transport du courant électrique à grande distance, préférant privilégier la technique du courant continu qu'il maîtrisait mais qui s'est avérée être une impasse....

2. La physique dans les turbulences

La vision du monde que nous donne la physique a été transformée tout au long du 20e siècle et il nous faut donc faire le point. La physique moderne (la théorie de la relativité, la physique quantique) a procédé à un véritable aggiornamento de nos conceptions du temps, de l'espace, de la matière et de l'énergie, même si nous n'en sommes pas conscients. Nous vivons certes dans un espace géométrique à trois dimensions avec une perception du temps qui s'écoule du passé vers le futur mais, à l'échelle de l'univers, l'espace et le temps sont imbriqués et constituent un espace-temps que déforme localement la masse des corps créant ainsi la force de gravitation. Cette masse n'est d'ailleurs pas intangible puisqu'elle peut se transformer en énergie qui est libérée lors de la fission des atomes ou de la fusion thermonucléaire.

Si les paradigmes fondamentaux de la physique rendent bien compte d'un vaste ensemble de phénomènes (le magnétisme, les changements d'état, les propriétés électroniques de la matière, etc.), elle est confrontée, aujourd'hui, à trois sérieux défis. Le premier est qu'elle doit expliquer à la fois de la composition et de la dynamique de l'univers. Les astronomes ont observé que les galaxies s'éloignent les unes des autres et avec une vitesse croissante: il est en expansion accélérée, sans doute sous l'action d'une force d'« antigravitation » inconnue. Qui plus est, les astrophysiciens constatent que le bilan de la masse des galaxies est incomplet : il manque de la masse « ordinaire » lorsqu'ils tentent de rendre compte de leur vitesse de rotation. Pour expliquer ces constats, on fait alors l'hypothèse que l'univers serait constitué à 75% par une « énergie noire » à 20% par une « matière noire » et à 5% seulement par de la matière « ordinaire », mais cette matière et cette énergie noires restent pour l'heure indétectables. La possibilité de mettre au point une théorie globale qui rendrait compte de l'existence de toutes les particules élémentaires et des quatre forces de la nature, en particulier de la gravitation, est un deuxième défi. Les physiciens sont presque parvenus à le relever avec un modèle assez complexe dit « standard » (qui suppose la connaissance d'une trentaine de paramètres) : il unifie toutes ces forces à l'exception de la gravitation et il rend compte de l'existence de toutes les particules constitutives de la matière. Ce modèle a, par ailleurs, l'avantage de prévoir l'existence d'une particule, baptisée boson de Higgs, qui serait à l'origine de la masse de toutes les autres. Sa découverte avec le nouvel accélérateur du CERN à Genève, le Large Hadron Collider (LHC)[1], annoncée en juillet 2012, est évidemment un test de la théorie, même si son existence n'explique pas complétement l'origine

[1] Cet accélérateur est un anneau de 27km de circonférence à 100m sous terre qui traverse la frontière franco-suisse près de Genève. Des protons circulant en sens inverse, guidés par 9600 aimants supraconducteurs, entrent en collision au centre de quatre grands détecteurs. C'est lors d'expériences de collisions que l'on a pu détecter l'existence du boson de Higgs.

de la masse et c'est un défi auquel est confronté la physique[2]. Enfin, le fait que celle-ci ne soit pas encore parvenue à unifier ses deux grands cadres théoriques, les paradigmes relativistes et quantiques, qui décrivent séparément l'univers et la matière (le monde sub-microscopique pour la physique quantique, les grandes échelles spatiales pour la relativité), est un troisième défi.

Les difficultés que la physique pourrait rencontrer pour relever ces trois défis la ferait rentrer dans une zone de fortes turbulences. Si elle ne parvenait pas à en sortir, elle devrait probablement procéder à des remises en cause draconiennes de ses paradigmes et donc des théories aujourd'hui admises, ce qui constituerait, sans aucun doute, une véritable rupture. Ainsi, les expériences du CERN seront « critiques » de ce point de vue, et l'on devrait être fixé vers 2015-2020 sur leurs implications (d'autres particules que le boson de Higgs et qui pourraient être des constituants de la matière noire y seront-elles découvertes ?). De même l'hypothèse de l'existence de l'énergie et de la matière noires ne tiendrait-elle plus la route si l'on ne parvenait pas à les mettre en évidence à l'aide de satellites comme le satellite Planck lancé par l'ESA en 2009. Il est évidemment impossible d'imaginer quelle théorie alternative émergerait. Pour l'heure, on peut se contenter d'hypothèses : – une quantification de l'espace-temps dans le cadre d'une théorie unifiant les paradigmes quantique et relativiste – une révision complète du concept d'information quantique (à la base notamment du fameux principe d'incertitude de Heisenberg) – un abandon partiel du postulat de l'invariabilité de la vitesse de la lumière, l'une des bases de la théorie de la relativité. Des ruptures pourraient conduire à une nouvelle donne en physique, au-delà de 2030, dans le domaine de l'énergie (de nouvelles relations entre matière et énergie par exemple).

3. Un aggiornamento de la biologie

Notre vision du vivant a été profondément transformée par les découvertes de la biologie et de la génétique. La découverte de la structure en double hélice de l'ADN puis le déchiffrage du code génétique, dans la seconde moitié du 20e siècle, est une révolution scientifique qui témoigne de la fécondité de l'approche réductionniste mise en œuvre par la biologie qui a recherché les mécanismes moléculaires à l'œuvre dans le vivant (le paradigme de la biologie moderne, appelé « dogme cen-

2 Il existe une théorie alternative : la théorie dite des « cordes ». Celle-ci assimile les particules élémentaires (les électrons par exemple) à des petits objets unidimensionnels, de petits brins ou cordes, animés de vibration dans un espace à dix dimensions ; elle a l'inconvénient majeur de ne donner aucune prise à des vérifications expérimentales. Cf., Smolin Lee., *Rien ne va plus en physique ! L'échec de la théorie des cordes*, Paris, Dunod, 2007.

tral » de la biologie moléculaire). En schématisant, on peut avancer que le problème central de la génétique (la transmission des informations pour faire « marcher » le vivant) a été, en grande partie, réduit à la compréhension de la fonction des gènes et de molécules comme l'ADN, l'ARN et les protéines : les gènes sont, en quelque sorte, le deus ex machina, du vivant. Ajoutons que les percées de la biologie et des neurosciences ainsi que les applications de la génétique (par exemple avec la production d'OGM et les débuts très lents des thérapies géniques) ont par ailleurs véhiculé, plus ou moins consciemment, une vision mécanicienne du vivant : par leur approche réductionniste, la biologie et la génétique introduisent une conception du vivant empruntée à la fois à la physique (la manipulation d'objets microscopiques) et à l'informatique (le code génétique est assimilé à l'équivalent d'un programme informatique).

Toutefois, si les succès de cette approche moléculaire sont indéniables, le gène n'est plus considéré, aujourd'hui, comme le seul acteur de la mécanique du vivant. Le « dogme » central de la biologie moléculaire n'est certes pas totalement remis en cause, mais les biologistes admettent que la machinerie du vivant n'est pas réductible à une courroie de transmission où l'ADN joue un rôle central en transmettant l'information génétique pour la synthèse de protéines. La recherche en biologie et en génétique va certes poursuivre son « programme moléculaire » dans les prochaines décennies (pour déterminer, notamment, la structure des protéines clés) mais en développant une approche plus intégrée du vivant : celui-ci est conçu comme un « système bouclé » et régulé dans lequel les gènes, les ARN (notamment des fragments d'ARN) et les protéines sont en interaction constante (des protéines telles que les enzymes ont ainsi une action régulatrice sur les gènes)[3]. Cette approche « systémique » du vivant amorce en quelque sorte un changement de paradigme : si elle se concrétise, ce serait une rupture « molle » dans la mesure où l'approche moléculaire ne serait pas abandonnée (Gros, 2012). On conçoit aussi que dans une biologie des systèmes, le fonctionnement des gènes pourrait être de nature probabiliste : il faudrait alors évaluer la probabilité de mécanismes ou de phénomènes (l'interaction d'une protéine ou d'un mini-ARN avec un gène par exemple), la biologie se rapprocherait ainsi de la physique. Une biologie des systèmes utilisant des approches probabilistes pourrait éventuellement se lancer sur ce terrain de la prévision ce qui serait alors une véritable rupture mais elle représenterait une évolution qui prendra

[3] Les enzymes sont des molécules, souvent des protéines, qui accélèrent considérablement les réactions chimiques du métabolisme ; ce sont des catalyseurs biologiques. Il existe des virus, les rétrovirus, où l'information emprunte un chemin inverse de l'ARN à l'ADN.

plusieurs décennies. Dans cette perspective, la bioinformatique jouera un rôle clé afin de répertorier et traiter un très grand nombre de données sur les gènes et les protéines.

Le paradigme moléculaire de la biologie pourrait aussi « rebondir » avec l'avènement de la « biologie synthétique ». Celle-ci permet de synthétiser le génome de micro-organismes (des bactéries ou des levures) par assemblage de fractions d'ADN (des nucléotides). Ainsi, une équipe américaine a réalisé, en 2009, une copie synthétique d'un génome bactérien qu'elle a transféré dans une bactérie d'une espèce voisine. L'objectif de ces manipulations est de transformer des bactéries pour les faire produire avec un bon rendement des molécules (des enzymes par exemple)[4]. Ainsi, la technologie abolit-elle peu à peu la frontière entre le vivant et la matière inerte : c'est probablement l'annonce d'une rupture technique. Par la synthèse partielle du vivant on modifierait par clonage génétique, des levures, des bactéries, des algues ou des plantes pour qu'elles produisent des biocarburants, voire des hydrocarbures ou des médicaments.

Si la reprogrammation de génomes de bactéries par voie synthétique est probablement réalisable à brève échéance, en revanche celle d'êtres vivants supérieurs, des mammifères, est une entreprise assurément bien plus complexe. On sait que les cellules primitives d'un embryon se différencient pour former tous les tissus de l'organisme (un tissu musculaire, des cellules sanguines, des neurones, etc.), ce sont des cellules souches qui sont en quelque sorte polyvalentes, appelées « pluripotentes », car elles ont la capacité potentielle de reconstituer pratiquement tous les tissus d'un organisme. Leur intérêt potentiel est considérable : elles ouvrent la perspective de thérapies cellulaires visant à remplacer des cellules malades par des nouvelles cellules. Alors que les cellules souches embryonnaires sont issues de jeunes embryons, le biologiste japonais S.Yamanaka est parvenu à montrer, en 2006, que des tissus adultes différenciés (des cellules de la peau notamment) peuvent aussi fournir des cellules souches ; il a retourné, en quelque sorte, le sens de la flèche du temps en faisant retrouver leur état primitif à des cellules adultes (celui qu'elles avaient au stade embryonnaire), leur donnant ainsi la capacité de redevenir des cellules souches pluripotentes et de former une grande diversité de tissus. La découverte de ces cellules aux propriétés particulières, baptisées IPSC (induced pluripotent stem cells), est sans doute une véritable rupture dans la mesure où une reprogrammation (totale ?) d'un génome s'avère possible : elle permet à une cellule de se retrouver, apparemment, au stade initial d'un développe-

[4] Il s'agit de l'équipe de Craig Venter, l'un des pionniers du séquençage du génome humain dont l'objectif est de produire des biocarburants par ces techniques.

ment embryonnaire mais après l'introduction de gènes étrangers à l'aide d'un rétrovirus comme vecteur. Il n'est pas certain que toutes ces nouvelles cellules souches possèdent les mêmes propriétés que celles provenant d'embryons (les cellules IPSC pourraient garder une « mémoire » de leur tissu d'origine), leur « pluripotence » serait peut être limitée.

La compréhension de ce mécanisme est la clé du problème que posent les cellules souches et de fait la reprogrammation cellulaire est un processus qui est loin d'être compris et elle représente un vaste front de recherche pour les prochaines années avec l'objectif d'utiliser des IPSC à des fins de thérapie génique. La compréhension des mécanismes du développement cellulaire est un point de passage obligé pour cette génétique qui est à la frontière de la médecine et c'est un nouveau défi pour les trois prochaines décennies. On observera qu'aujourd'hui le processus de reprogrammation utilisé est peu efficace : avec un taux de succès de 1 pour 10 000, il faudrait, par exemple, un temps quasiment infini pour remplacer les 10 000 milliards de cellules du foie mais, en revanche, l'opération serait jouable sur un million de cellules d'une rétine et elle a d'ailleurs été réalisée par une équipe japonaise qui a « fabriqué », en 2010, une rétine à partir de cellules embryonnaires de souris. Le processus utilisé pour la reprogrammation n'est probablement pas sans risques car on doit réduire au silence plusieurs gènes des cellules mères qui, pour certains d'entre eux, peuvent avoir des fonctions importantes (l'un d'eux jouerait, en particulier, un rôle dans la suppression de tumeurs), et l'on devra donc s'assurer que les éventuels risques sont sous contrôle. Quoi qu'il en soit, on peut avancer l'hypothèse que les ruptures récentes intervenues dans les recherches sur les génomes, dans les deux champs de la biologie synthétique et des cellules souches, ouvrent un large front d'investigation sur la question clé de leur reprogrammation qui pourrait déboucher sur des perspectives d'application médicales et industrielles. Ces ruptures accentuent, en fin de compte, la mutation récente d'une grande partie de la biologie en une science de l'ingénieur.

4. Les neurosciences à la recherche d'un nouveau paradigme

Les neurosciences ont pour objectif de tenter d'expliquer l'ensemble des mécanismes cognitifs (le rôle des neurones, les mécanismes de la pensée, la conscience etc.) elles ont mis en évidence, à partir des années 1950, le rôle clé joué par des substances chimiques, les neuromédiateurs[5], dans la transmission des signaux dans le cerveau. Cette approche moléculaire constitue, en quelque sorte, un paradigme « chimique » qui permet d'expliquer avec succès bon nombre de mécanismes cognitifs (les émotions par exemple). Mais les progrès considérables réalisés, depuis une dizaine d'années, par les techniques de l'imagerie cérébrale dite fonctionnelle, notamment l'IRM (Imagerie par Résonance Magnétique), permettent d'obtenir une « image » relativement précise du cerveau et des aires corticales engagées dans différents processus sensoriels, affectifs et cognitifs : elles représentent une véritable rupture méthodologique pour les neurosciences[6]. L'imagerie a ainsi permis de montrer que le cerveau fonctionne souvent en activant plusieurs zones mises en réseau. Cette cartographie pourrait mettre sur la voie des mécanismes à l'origine de maladies neurodégénératives graves telles que les maladies de Parkinson et d'Alzheimer et, éventuellement, de leur traitement (par voie chimique ou à l'aide de cellules souches).

L'objectif des neurosciences ne se limite pas à cartographier le cerveau humain pour mettre en évidence les états de conscience et ses réactions à son environnement : elles ont l'ambition de comprendre les mécanismes de la cognition, les états caractéristiques de la conscience voire les bases neurologiques des émotions et des valeurs chez un être humain (Changeux, 2008). C'est un programme très ambitieux car il suppose que l'on comprenne comment le cerveau parvient à composer une scène unitaire d'une situation donnée en intégrant des signaux sensoriels très variables (auditifs, visuels, etc.) et en les traitant pour prendre une décision, réagir, calculer, tout en faisant appel à la mémoire. Pour résoudre cette énigme les neurosciences doivent dépasser le paradigme « moléculaire » afin d'accéder à une compréhension globale des phénomènes cognitifs. Cela supposerait que l'on répondre à cette question – existe-t-il soit des « systèmes » séparés qui permettent de franchir toutes les étapes de la conscience soit un mécanisme unique ? – mais aussi que l'on comprenne le rôle de la mémoire dans ces mécanismes. Compte tenu de sa complexité, on peut douter que les neurosciences parviennent à répondre à cette question et à trouver, dans les trois prochaines décennies, un paradigme débouchant sur une « théorie » complète de la conscience. Qui plus est, on observera que la conscience résulte, en grande partie, des interactions multiples de notre esprit (et donc de notre cerveau) et de notre corps avec le monde environnant, et

---

[5] Ces neuromédiateurs (comme l'acétylcholine, la dopamine, l'adrénaline, etc.) se fixent sur des récepteurs spécifiques tels une clé qui rentre dans une serrure.

[6] On met ainsi en évidence l'activation de la région occipito-temporale gauche du cerveau pendant une activité de lecture. Cf. Dehaene Stanislas, *Les neurones de la lecture*, Paris Odile Jacob, 2007.

elle est donc le produit de toute l'histoire de notre individualité, ce qui complique singulièrement la tâche des neurosciences.

5. Un nouveau paradigme pour l'informatique ?

Le paradigme informatique est plus « flou » que les paradigmes de la physique moderne et de la biologie moléculaire : il est fondé sur des méthodes et des logiciels qui permettent de manipuler une unité binaire d'information, et donc des signes et des symboles ; il est au cœur des technologies de l'information. Les ordinateurs, les microprocesseurs, les puces électroniques sont les moyens techniques qui permettent à l'informatique d'être opérationnelle et d'accroître ses performances grâce à une miniaturisation croissante des composants électroniques. On imagine que cette informatique « électronique » atteindra nécessairement une limite matérielle d'ici à 2030, celle de la dimension des puces électroniques, même si l'on utilise des composants de dimension nanométrique (l'évacuation de la chaleur dégagée par le fonctionnement des puces est rendue de plus en plus difficile par leur miniaturisation) ; avec cette limite la loi empirique de Moore (le nombre de transistors dans un microprocesseur ainsi que la « puissance » d'un ordinateur doublent tous les deux ans) cessera d'être valable. Un changement de paradigme, s'imposera très probablement si l'on veut dépasser les limites de la micro ou de la nanoélectronique.

L'informatique quantique est une alternative à l'informatique classique, elle vise à appliquer des concepts de la physique quantique et donc le paradigme qui lui est associé. Les opérations de l'informatique classique sont possibles grâce à la manipulation de charges électriques (celles des électrons) dans des circuits électroniques de dimension de plus en plus réduite. On peut donc envisager manipuler, non plus les charges électriques, mais des grandeurs physiques de nature quantique comme le spin d'une particule telle que l'électron (il est équivalent à un moment cinétique de rotation intrinsèque). Une autre possibilité consisterait à manipuler les « particules » de lumière, les photons, pour stocker et transférer de l'information. En physique quantique, les particules (les électrons, les photons, etc.) ont la propriété intrinsèque, et « paradoxale », de pouvoir occuper simultanément plusieurs états (un électron pourrait se trouver, par exemple, sur deux orbites atomiques différentes) tant que l'on ne les a pas observées. Le « paradigme » de l'informatique quantique consiste donc à manipuler des objets quantiques afin qu'ils représentent une information, en jouant non pas sur un état d'une particule, mais sur tous les états qu'elle serait susceptible d'occuper. Autrement dit, la version quantique du bit d'information de l'informatique classique (qui, on le sait, peut prendre les deux valeurs 0 ou 1), le « qubit » (quantum bit), pourrait stocker plusieurs informations à la fois.

Un ordinateur quantique pourrait alors effectuer des calculs « massivement parallèles », c'est-à-dire en faisant des opérations simultanées. L'informatique quantique serait surtout utile pour réaliser des calculs complexes, mobilisant aujourd'hui de gros moyens de calcul avec des temps de calcul importants (c'est le cas en météorologie, en physique et en chimie par exemple). L'ordinateur quantique représente un véritable défi technologique car il faudrait manipuler simultanément un grand nombre de particules, ou d'atomes (par exemple à l'aide de lasers) pour réaliser des opérations de calcul avec des algorithmes adaptés. Son invention serait une rupture, elle ne pourrait pas intervenir avant 2030.

6. La science face à des problèmes de société

Si la très grande majorité des ruptures scientifiques passées ont eu pour origine une idée ou un concept totalement neuf (pour Einstein, par exemple, faire de la vitesse de la lumière dans le vide une constante absolue), il n'en demeure pas moins que le monde des connaissances n'est pas un isolat dans la société. Les sociétés modernes, à chaque époque de l'histoire, ont exprimé des besoins en termes économiques et techniques que l'on a tenté de traduire en questions de recherche. Ainsi, si la machine à vapeur a fortement contribué à la fin du 18e siècle à lancer la révolution industrielle, son mode de fonctionnement incitait à la réflexion sur des grandeurs physiques telles que la chaleur, le travail, la température, etc. Après une grande enquête, au début du 19e siècle, dans des usines utilisant des « machines à feu », Sadi Carnot a traduit en termes scientifiques, dans ses « Réflexions sur la puissance motrice du feu », les questions que posait la machine à vapeur à son époque. Il est clair que bon nombre de découvertes scientifiques, et bien sûr d'innovations technologiques, seront le fruit d'un dialogue entre la recherche et la société dont on peut penser qu'il sera plus approfondi qu'aujourd'hui. Des grandes questions de société seront aussi très certainement à l'origine de progrès scientifiques dans les deux prochaines décennies. Autrement dit, les questions que « pose » la société peuvent se transformer en problèmes de science. On peut alors faire l'hypothèse que la technologie sera dans une certaine mesure une « médiatrice » entre la science et la société car les techniques ont souvent contribué à répondre à la « demande sociale » sollicitées par les acteurs politiques et sociaux. Nous avons limité notre réflexion à trois champs principaux : – le diptyque énergie-climat – le travail avec l'évolution des moyens d'action sur la matière à des fins diverses (production industrielle, nouvelle informatique, etc.) – les questions de sécurité au sens large du terme (santé, alimentation de la planète, sûreté dans la vie en société y compris la défense).

7. L'impératif de la transition énergétique

La question énergétique est le noyau central de la nébuleuse constituée par l'énergie, le transport et le climat dans la mesure où la quasi-totalité des scénarios énergétiques prévoient une croissance forte de la consommation énergétique mondiale à l'horizon 2050 (hors zone OCDE) car les pays émergents (Chine, Inde et Brésil notamment) ont besoin d'énergie pour assurer leur développement et utiliser des moyens de transport consommant de l'énergie. Les auteurs de ces scénarios, notamment les experts de l'Agence internationale de l'Energie (AIE), reconnaissent d'ailleurs assez souvent qu'ils ne sont pas « soutenables » (AIE, 2012). En effet, ces scenarios reposent sur la capacité de la planète à puiser dans un réservoir de ressources qui vont s'épuiser (les hydrocarbures en particulier) tout en se heurtant à la contrainte climatique : à moins d'être irresponsable, on ne peut pas courir le risque d'un réchauffement climatique qui deviendrait incontrôlable en augmentant notre consommation d'énergie fossile (80% de l'énergie primaire mondiale en 2008) qui, en amplifiant l'effet de serre, l'accélère.

Il est donc nécessaire d'engager une transition énergétique afin de diminuer l'utilisation d'énergies « carbonées » : innover est un impératif. Or, à ce stade, on doit faire un double constat : – aucune rupture majeure n'est intervenue ces dernières décennies dans les techniques de l'énergie[7] – nous ne disposons pas encore de solutions techniques pour modifier l'offre d'énergie et préparer l'après-pétrole. De fait, trois grands chantiers de recherche sur l'énergie sont ouverts : – la production de l'électricité – son stockage – les carburants pour l'après pétrole. L'avenir des techniques énergétiques étant pratiquement gravé dans le marbre à l'horizon 2030, celles-ci ayant une très forte inertie (elles requièrent des investissements importants et la mise au point de prototypes souvent coûteux), on ne peut compter que sur des innovations ne supposant pas un changement de paradigme et dont l'impact sera nécessairement limité. En revanche, à très long terme (au-delà de 2040 sans doute), les options restent plus ouvertes.

Les ruptures dont nous avons identifié les prémices en physique pourraient changer la donne pour les modes de production de l'énergie et on ne doit pas les exclure. Ce serait le cas si une « nouvelle » physique, (notamment une nouvelle théorie des particules élémentaires et des forces) apportait de nouvelles conceptions des relations entre masse et énergie, et permettait de mettre au jour des phénomènes ouvrant soit à de nouvelles voies d'utilisation de l'énergie nucléaire, soit à la mise en œuvre de nouveaux mécanismes d'interaction entre la lumière et la

---

[7] La dernière en date est la mise au point, en 1955 au Bell Laboratories aux USA, des cellules photovoltaïques au silicium.

matière pour exploiter l'énergie solaire. La fusion thermonucléaire est un autre chantier qui continuera à poser un grand nombre de questions auxquelles il n'est pas certain que la physique puisse répondre avant 2050. Quant au génie génétique, il ouvrira sans doute, lui aussi, des voies nouvelles avec le renfort de la biologie synthétique. En effet, on peut envisager la production de biocarburants par voie biologique, soit grâce à la mise au point de nouvelles enzymes par manipulation génétique de bactéries qui permettraient de dégrader la cellulose, soit la transformation complète des génomes de bactéries, d'algues ou de levures afin qu'elles produisent directement des hydrocarbures. Cette voie est certes futuriste mais on ne saurait l'exclure.

8. Quel avenir pour le travail ?

La conception et l'organisation du « travail » seront certainement une préoccupation majeure de nos sociétés dans les prochaines décennies après la rupture majeure que fut la vague d'innovations introduites par la cybernétique, l'informatique, la robotique et, plus récemment, les technologies de l'information. Les automatismes introduits dans tous les processus de production ou de commandes d'engins les plus divers (des avions aux TGV) ont modifié profondément la relation de l'homme au travail et notamment à la matière qu'il transforme. Il est probable que cette révolution n'est pas achevée. Ainsi, les neurosciences sont-elles à la recherche d'un nouveau paradigme, mais sans attendre qu'elles le découvrent, celles-ci pourraient contribuer à réaliser des « neuromécanismes », des artefacts manifestant un « ersatz » de conscience et capables de mémoriser des situations physiques (la trajectoire d'un mobile, la reconnaissance d'obstacles, etc.). Ceux-ci seraient constitués de logiciels et de circuits logiques dont le fonctionnement « ressemblerait » à celui de cerveaux humains mais, à la différence des robots classiques, leur comportement ne serait pas totalement programmé à l'avance. Qui plus est, un couplage de la cybernétique avec les neurosciences pourrait donner naissance à une nouvelle génération de robots et, plus probablement, à une robotique domestique (pour réaliser des tâches ménagères par exemple). Des robots pourraient être commandés directement par le cerveau, il « suffirait » de capter à l'aide d'électrodes les ondes électriques qu'il émet lorsqu'il est en activité, de les traiter dans un processeur et de les transmettre à une machine. On est certes à la limite de la science-fiction mais la robotique n'est peut-être pas loin d'une rupture, les Japonais ont d'ailleurs une sérieuse avance dans ce domaine[8].

---

[8] Au Japon, Toyota travaille à la réalisation d'un fauteuil roulant qui serait entièrement guidé par la pensée d'une personne paralysée. Cf. Rossier Jean, « Quarante ans de

La manipulation de la matière est une opération clé de nombreux processus de production depuis des millénaires et si, aujourd'hui, celle d'objets de dimension nanométrique (c'est-à-dire proche du millième de micron) est certes possible pour fabriquer les dispositifs les plus divers, en utilisant des techniques de microscopie, il est probable que l'on butera sur une limite technique d'ici dix ans. La physique, la chimie et la biologie sont entrées dans le monde des nanosciences, et peut être des nanotechnologies, mais cette démarche pour intéressante qu'elle soit, n'est ni une révolution ni une rupture, elle est tout simplement en continuité avec tout le mouvement initié par la découverte du transistor en 1947 qui s'est amplifié avec l'invention des circuits intégrés : la physique en appliquant les théories et les méthodes du « paradigme » quantique, et grâce aux nouvelles techniques microscopiques, a ouvert la voie à des développements technologiques avec des matériaux dont les dimensions sont de plus en plus petites. Dans ces domaines de la science des matériaux, on ne doit donc pas attendre de véritable rupture technologique que certains optimistes annoncent régulièrement mais bien davantage la poursuite d'évolutions techniques en cours depuis plusieurs décennies. On maîtrise encore très mal l'assemblage des nano-objets pour fabriquer, par exemple, un outil ou un « moteur » microscopiques, et un saut technique sera nécessaire pour développer efficacement des nanotechnologies, ce qui est dans l'ordre du possible d'ici 2030. La chimie aura très certainement un rôle central car un auto-assemblage chimique peut être un mode de construction de nanostructures. La mise en évidence, pour la première fois en 1995, des propriétés nouvelles de « condensats » d'atomes à très basse température ouvrira, peut-être, elle aussi, des perspectives intéressantes. Ces « macro-objets » quantiques (constitués par quelques millions d'atomes ayant tous la même énergie) se comportent comme un super-atome et ce nouvel état de la matière, un nouveau succès du « paradigme quantique », ne restera sans doute pas une simple curiosité de laboratoire.

9. Les défis du génie génétique

Alors que les percées de la génétique ont permis l'émergence, dans les années 1970, du génie génétique, les progrès considérables des techniques de séquençage automatique des génomes et de leur décodage permettent d'identifier des mutations de séquences de nucléotides (des fragments de gènes) qui peuvent être des facteurs de déclenchement des maladies suscitent l'espoir de voir émerger une véritable médecine

---

neurosciences », *Lettre d'information de Canal Académie*, n° 139, janvier 2010, www.canalacademie.org.

génétique qui aurait une capacité « prédictive »[9]. En association avec une « médecine prédictive », les généticiens espèrent développer une thérapie génique afin d'intervenir sur les gènes par une voie in vitro ou in vivo[10]. On peut aussi « reprogrammer » des cellules ce qui ouvre la voie à la manipulation des cellules souches : il s'agit d'utiliser des cellules qui reconstituent le tissu d'organes les plus variés du corps humain (le foie, le cœur, etc.) ce qui permettrait leur « réparation » lorsqu'ils sont atteints par une maladie. Si les techniques de séquençage d'un génome humain vont encore progresser, abaissant ainsi fortement leur coût (inférieur à 1000 € en 2020 ?), trois incertitudes majeures, au moins, pèsent sur l'avenir des techniques génétiques[11]. La première est que plusieurs mutations de gènes peuvent intervenir dans le « déclenchement » d'une maladie ce qui complique ipso facto un diagnostic et, pour des maladies complexes comme des cancers, elle rend aléatoire un traitement génétiquement ciblé. Un programme international sur le génome du cancer (le séquençage de 25 000 tumeurs) a ainsi repéré 23 000 mutations ponctuelles de gènes qui pourraient être liées à un cancer du poumon. La deuxième est que l'introduction d'un gène « correcteur » dans un génome dans une thérapie génique nécessite l'utilisation d'un vecteur qui est le plus souvent un virus et elle peut alors avoir des conséquences dommageables pour les cellules (déclencher un cancer ?) qu'il faut éviter, cette technique n'est donc pas sans risques. Enfin, troisième incertitude, la compréhension des mécanismes de « reprogrammation » des cellules souches est un préalable à l'application sur une grande échelle des thérapies géniques par cette voie. Si l'on excepte des cas « simples » de diagnostic, une médecine génétique (prédictive notamment) poserait de nombreux problèmes éthiques : peut-on perturber la vie d'un individu avec des diagnostics aléatoires ? Quel usage la société pourrait-elle faire de tests ? Pour des raisons scientifiques et éthiques, les possibilités d'une telle médecine resteront aléatoires pendant quelques décennies d'autant plus que la santé d'un individu ne se résume pas à la somme de ses particularités génétiques. On se berce sans doute de l'illusion, qu'entretient le réduc-

---

9 Des succès ont été obtenus pour certaines maladies héréditaires comme le cancer du sein et le diabète 2. Ces mutations de séquences expliquent que certains individus, chez lesquels on les a repérées, développent certaines maladies et sont sensibles à des pathogènes, ou répondent mieux à des médicaments.

10 Cette thérapie encore balbutiante a connu un succès à Paris, à l'hôpital Necker, chez de tous jeunes enfants, les bébés bulles, souffrant d'un déficit immunitaire, puis à l'hôpital Saint Vincent de Paul où deux enfants atteints d'une grave maladie neuro-dégénérative ont été traités avec succès.

11 Le séquençage s'effectue, aujourd'hui, à l'aide de machines automatiques travaillant en parallèle. En trente ans la « productivité » (nombre de bases séquencées par jour) a été multipliée par un facteur de plus d'un million et va encore croître.

tionnisme de la biologie, que l'on pourrait pallier les dysfonctionnements du corps humain en agissant sur quelques gènes, voire en les « réparant » de la même façon que l'on modifie le fonctionnement d'une machine en changeant quelques lignes du programme informatique qui la pilote. En revanche, les progrès du séquençage des génomes permettraient de mieux adapter un traitement aux caractéristiques génétiques d'un malade en ciblant avec des molécules les gènes qu'il faut traiter, c'est l'objectif de la pharmacogénétique.

Les biotechnologies sont à un carrefour : elles ouvrent la voie à des applications thérapeutiques, elles permettent l'obtention de plantes par transfert de gènes (OGM). Une véritable rupture technique viendrait probablement de la biologie synthétique qui permettrait de réaliser la synthèse entière de génomes de bactéries et de plantes afin qu'elles produisent des molécules spécifiques avec un meilleur rendement que par la voie « naturelle ». L'OCDE dans un rapport sur la « bioéconomie » (les applications des biotechnologies), *Bioeconomy to 2030* (OCDE, 2009), prévoit ainsi une forte pénétration des biotechnologies dans l'agriculture et dans l'industrie chimique, notamment pour la production d'enzymes et de biocarburants par la filière lignocellulosique[12], des secteurs où elles pourraient être à l'origine de ruptures techniques majeures.

L'éventualité de crises alimentaires à répétition est souvent évoquée par la FAO (Guillou & Matheron, 2011), et cette perspective pose la question de la production des OGM. Ceux-ci représentent déjà une proportion non négligeable des terres cultivées en coton, maïs et soja, et le rapport *Bioeconomy to 2030* envisage la croissance de leur part dans ces cultures avec plusieurs objectifs[13] : la mise au point de nouvelles variétés résistantes à la sécheresse, aux herbicides et aux parasites, l'obtention de variétés riches en vitamines (le riz par exemple) ou avec un rendement de culture plus élevé en augmentant l'efficacité de la photosynthèse. Mais, là encore, la rupture viendrait sans doute des techniques de la biologie synthétique qui permettraient de modifier simultanément plusieurs caractéristiques d'un génome. L'avenir des OGM dépendra de leur acceptabilité par l'opinion publique qui n'est pas acquise en Europe, mais il est possible aussi que des crises alimentaires conjuguées à des sécheresses provoquées par le changement climatique

---

[12] La part des biotechnologies dans la production de la chimie passerait de 2% en 2005 à 25 % en 2030 dans les pays de l'OCDE. Le nombre de médicaments issus des biotechnologies s'accroîtrait sur la période 2002-2005 (une quinzaine de nouvelles molécules par an en 2015 contre 9) mais à un rythme relativement lent.

[13] Selon l'OCDE, 76% du soja proviendrait de la culture d'OGM en 2015, 44% du coton et 20% du maïs.

finissent par faire tomber les objections mises en avant pour les développer.

10. Vers de nouveaux modes de production des connaissances ?

Si les progrès de l'informatique et de l'automatique auront très probablement une incidence sociale et économique, ils ne seront pas sans conséquences pour l'organisation de la recherche elle-même. On peut envisager, en effet, que l'on puisse organiser un accès à distance pour certains instruments de mesure ou d'observation qui seront télé-opérables grâce à des automatismes. Autrement dit, les chercheurs ne se déplaceront plus pour réaliser des mesures sur un appareil complexe (une machine pour le rayonnement synchrotron, un imageur, etc.) mais ils opèreront via des télécommandes sur des échantillons envoyés sur place par avance, une équipe de techniciens qualifiés étant chargée de mettre en œuvre le protocole expérimental. Cette recherche « télécommandée » ne sera évidemment praticable que pour des mesures ou des observations de routine qui sont souvent nécessaires dans beaucoup de programmes expérimentaux. En astronomie, il est vraisemblable que les très grands télescopes terrestres dont la construction est envisagée par les Européens et les Américains sur des sites éloignés, seront télé-opérés par les astronomes (c'est évidemment déjà le cas pour les télescopes spatiaux) avec l'aide d'une équipe technique présente sur le site. De même, un très grand nombre de mesures océanographiques réalisées par des observatoires placés au fond des océans, des robots tels que les ROV (Remotly Operated Vehicles) utilisés dans l'off-shore pétrolier et la recherche océanographique, ou des engins sous-marins autonomes et automatiques, pourraient être effectuées à distance par des océanographes restés à terre avec le soutien éventuel de techniciens embarqués à bord des navires océanographiques.

On constate par ailleurs que les progrès des techniques de mesure et d'observation, depuis une cinquantaine d'années, ont provoqué un véritable déluge de données de toutes sortes dans pratiquement tous les domaines de la science et de la technique (astronomie, physique des particules, génétique, aéronautique, océanographie, etc.) qu'il faut analyser, traiter et stocker dans des bases de données : c'est une troisième conséquence de la mutation de la pratique scientifique. Le développement considérable de l'imagerie (l'IRM notamment) dans des domaines aussi différents que l'astronomie et les sciences du vivant n'a d'ailleurs été possible qu'au prix d'un traitement massif de données d'observation qui permettent de « produire » une image. Par ailleurs, certains biologistes estiment que la biologie des systèmes (un nouveau paradigme) ne deviendra une réalité que si l'on parvient à interpréter et à traiter un très grand nombre de données sur les gènes et les protéines. La mise au point de moteurs de recherche permettant d'accéder à des données et de les utiliser dans des modèles permettra, sans doute, de progresser plus rapidement dans les sciences du vivant comme dans celles des matériaux. Quoi qu'il en soit, le développement de la recherche et de très nombreuses techniques appelle une augmentation considérable des capacités de traitement informatique dans les décennies à venir avant l'entrée en scène d'une éventuelle informatique quantique au-delà de 2030.

Ces évolutions des modes de production des connaissances ne seront pas sans conséquences institutionnelles. Parallèlement aux centres de recherche traditionnels (dans les universités, les organismes publics comme le CNRS en France, les entreprises), on assistera sans doute à la création de centres spécialisés associant un « pool » d'instruments, éventuellement pilotés à distance, à des « data centres », pour le traitement et le stockage de données, qui travailleront comme supports d'activités scientifiques ou industrielles. Cette recherche « hors les murs » (localisée en dehors des sites universitaires ou scientifiques classiques) serait placée sous la responsabilité d'organismes de recherche en association avec des universités et éventuellement d'entreprises industrielles, elle pourrait être l'épine dorsale de « clusters » régionaux associant la recherche académique aux entreprises. Qui plus est, certaines industries, confrontées à une forte croissance des coût de leur R&D (c'est le cas de l'industrie pharmaceutique par exemple) seront sans doute conduites à « délocaliser » une partie de leurs programmes de recherche pour la faire sous-traiter par des laboratoires publics dans ces clusters régionaux. C'est donc très vraisemblablement une véritable rupture institutionnelle qui émergera, à l'horizon 2040-2050, qui sera la conséquence directe des transformations en cours des méthodes utilisées par la recherche, il reste à en trouver la méthode.

Conclusion

La prospective de la science et de la technologie a la tâche difficile d'identifier dans l'entrelacs des grandes théories et des découvertes majeures qui jalonnent les grands chantiers de la recherche les prémices de futures ruptures qui pourraient changer la donne scientifique et technique à long terme. Elle doit également repérer dans la « demande sociale de recherche » des questions qui sont justiciables d'une approche scientifique. Dans nombre de domaines à la frontière de la science, de la technologie et de la société, un débat public sur les enjeux à long terme des grandes questions scientifiques et des choix techniques est nécessaire.

La crise profonde qui touche l'économie mondiale, du moins dans les pays les plus développés, et les enjeux que représentent les questions liées au développement et au climat ont remis à l'ordre du jour le rôle de la recherche et de l'innovation considérées comme des facteurs clés de stratégies pour préparer l'avenir et des ruptures. On peut se réjouir de ce constat mais il est impératif de ne pas s'en tenir là. Car même si, comme le remarquait J.M. Keynes, « l'inévitable n'arrive jamais, alors que l'inattendu arrive toujours », une réflexion sur l'avenir et les potentialités de la science et de la technologie est indispensable et passe par un renouvellement de la prospective dans ces domaines.

Bibliographie

AIE, *World Energy Outlook 2012*, OCDE, Paris, 2012.

Changeux, J.-P., *Du vrai, du beau, du bien*, Odile Jacob, Paris, 2008.

Einstein, A., « L'inertie d'un corps dépend-elle de son contenu en énergie ? », Annalen der Physik, septembre 1905, in Hawkings S., *Sur les épaules des géants*, Dunod, 18, Paris, 2003, pp. 639-643.

Gros, F., *Les mondes nouveaux de la biologie*, Odile Jacob, Paris, 2012.

Guillou, M., Matheron, G., *Neuf milliards d'hommes à Nourrir*, François Bourrin, Paris, 2011.

Kuhn, T.S, *La Structure des révolutions scientifiques*, Flammarion, Paris, 1972.

OCDE, *The Bioeconomy to 2030*, OCDE, Paris, 2009.

Papon, P., *Bref récit du futur, prospective 2050, science et société*, Albin Michel, Paris, 2012.

Wells, W.H.G., « La destruction libératrice », *Le passé du futur*, N°10, Gramma, Paris, 1995.

La prospective des innovations : le recours à la systémique

Smaïl Aït-El-Hadj

ITECH-Lyon

Introduction

Que peut-on dire des innovations du futur ? Quelles seront les innovations et donc le panorama technologique à vingt ans soit à l'échéance de 2030 ? Ce changement technologique ne saurait être radical car ancré dans un ensemble technologique qui possède une inertie propre, un « momentum », comme le définit Hughes (Hughes, 1987), qui détermine encore les évolutions sur cette échelle de 20 ans. La plupart des technologies qui seront développées à cette échéance sont déjà à l'œuvre ou à l'état émergent aujourd'hui. Ne risque-t-on pas, dans cette période, d'assister à des ruptures technologiques majeures, des innovations radicales, qui échapperaient à la linéarité prévisible du système ou du paradigme technologique installé. Là encore, les ruptures technologiques fournissent relativement longtemps à l'avance des signes annonciateurs, des signes négatifs par les marques d'épuisement et de rendement marginal décroissant, des technologies normales au sens de Kuhn (1963), mais aussi des pistes positives montrant les voies du renouveau, en particulier dans le champ de la science, avant que de se concrétiser en technologies nouvelles. Une rupture annoncée particulièrement significative de ce mouvement, est le probable remplacement de l'électronique comme technologie exclusive de traitement de l'information. L'épuisement constaté de la capacité de progrès de cette technologie, ce que l'on appelle la « fin de la loi de Moore » (Colin, 2002); comme les percées de technologies alternatives de traitement de l'information telles que les technologies de lumière et surtout l'émergence de la solution quantique, montrent bien qu'un processus de transition est, dans ce domaine, déjà en cours.

Une prospective de l'innovation est une projection raisonnée de l'horizon technologique, à l'échelle de temps proposée. Elle peut intégrer les événements conditionnels qui peuvent survenir, mais elle ne déploie pas ici tout le dispositif d'analyse de la science prospective. D'une manière plus générale, nous proposons de présenter une projection d'évolution de la technologie, ce que l'on pourrait aussi appeler les itinéraires d'innovation, à partir du modèle d'analyse de la systémique technologique. Celui-ci montre que la technologie évolue toujours au sein d'un système interactif et cohérent et qui constitue la « matrice » de génération des innovations. Par le truchement de la discontinuité du mouvement technologique et du cycle de vie technologique, l'évolution globale de la technologie prend la forme de la succession de grands systèmes technologiques historiques. Le dernier d'entre eux, dans lequel nous vivons s'est constitué à la fin de la décennie 1970.

Si l'on adhère à ces présupposés, la question de la nature et de la forme des innovations futures revient à la question : est-ce que ces innovation du futur seront issues du système technologique actuel, qui possèderait alors une réserve de progrès technologique susceptible de les alimenter ? Ces innovations seront alors assez prévisibles quant à leur nature, puisque s'inscrivant dans la continuité d'une certaine structure technologique, mais pas forcément quand à leurs formes car elles seront, dans cette phase, principalement alimentées par une combinatoire technologique.

Cette analyse suppose donc que la modélisation du type de la systémique technologique telle que nous l'entendons (Aït-El-Hadj, 2006), constitue un support pertinent pour une prospective technologique de moyen terme.

Ceci constituera la première partie de cet article. Il ne sera pas mené dans ce travail une démarche prospective complète et caractérisée, néanmoins nous en appliquerons l'esprit notamment en enrichissant un modèle de la systémique technologique implicitement déterministe par l'identification de facteurs probabilistes, tels que la dynamique environnementale ou le processus de mondialisation, pouvant permettre d'élaborer des scénarios possibles.

Dans une deuxième partie, sera dressé le tableau des types d'innovation qui devraient constituer les tendances de l'innovation dans les deux décennies à venir. La question de savoir si des innovations de rupture sont en voie d'émergence, jusqu'à nous faire basculer dans un nouveau système technologique, sera enfin examinée en dernier point.

1. Les cadres d'une modélisation de la dynamique de l'innovation : la systémique technologique

Le cadre de cette modélisation prospective de la dynamique de l'innovation est la théorie des systèmes technologiques, dite aussi systémique technologique. Nous allons présenter ce cadre d'analyse à partir de trois mécanismes le constituant : les caractéristiques et l'évolution d'un système technologique en tant que structure, la modélisation du cycle de vie des technologies, la dialectique interne au mouvement technologique à partir de l'interaction procédé/structure/fonction qui permet d'identifier et de comprendre la dominante du mode d'innovation à un moment donné de l'évolution du système technologique.

1.1. Le cadre permanent de l'innovation : les systèmes technologiques

a. Qu'est-ce qu'un système technologique ?

La systémique technologique est fondée sur la notion de système technologique formalisé par Bertrand Gille à la fondation de cette approche (Gille, 1978). Qu'est-ce alors qu'un système technologique ? C'est le modèle qui va rendre compte de cette relation fondatrice : « dans une période donnée et à des degrés divers, toutes les technologies sont interdépendantes et cohérentes entre elles » (Gille, 1978). Ainsi toute la technologie d'une période va être structurée par une solidarité générale qui va diffuser, unifier, les technologies du système, en même temps qu'elle va constituer le puissant moyen de génération et de diffusion des innovations. En effet, chaque changement technologique en un point du système, va constituer une incitation au changement par le nouveau possible qu'il représente, ou une contrainte au changement par les requêtes quantitatives et qualitatives qu'il adresse à son système d'interrelations technologiques.

Ainsi le système technologique, par son jeu de relations structurelles, va constituer une base permanente de changement technologique en diffusant, relayant et amplifiant toute perturbation.

Le système technologique constitue aussi un système hiérarchique par l'ampleur de diffusion de chacune des technologies. L'ensemble des technologies d'un système procède d'un petit nombre de moyens centraux de transformation de la matière/énergie/information qu'il est convenu d'appeler technologies génériques. C'est cette intégration hiérarchisée des technologies qui génère un ensemble unifié, certains disent un « paradigme technologique » (Dosi, 1982), qui va explorer tout son champs de possibles, avant de s'épuiser et de laisser la place à un nouveau système fondé sur un groupe de nouvelles technologies génériques, un nouveau paradigme structurant un nouveau système technologique.

b. La succession historique des systèmes technologiques

Ce modèle permet d'interpréter l'histoire technologique et la dynamique de longue durée de l'innovation comme une succession de systèmes technologiques. On a pu déjà construire une formalisation de la technologie de périodes relativement anciennes sous la forme, plus ou moins achevée, de systèmes technologiques. Ceci déjà pour la préhistoire, mais aussi pour un système technologique antique, ainsi que pour un grand système, novateur quoique fondé sur des technologies génériques traditionnelles telles que l'énergie animale, hydraulique et éolienne, sur le bois, la pierre et les fibres naturelles, qui partant d'une révolution technologique du 12e siècle va s'achever à la fin du 18e pour déboucher sur la révolution industrielle anglaise.

S'ouvre avec cette période moderne la succession de trois systèmes technologiques, dont les deux premiers se sont respectivement développés sur une période approximative de cent ans et le dernier, qui nous occupe ici, est encore en cours de développement.

c. Le cadre actuel : le 3e système technologique

Le troisième système technologique, qui est en fait le troisième système technologique de l'ère industrielle est apparu à la fin des années 1970, à la suite de l'épuisement des technologies génériques du grand système technologique, dit le deuxième, marqué par l'acier, la mécanique, l'électricité, la chimie, la première vague de l'électronique et les énergies fossiles. Son effondrement est tout à fait lié à la crise énergétique des années 1970 et à la crise de la relation de ce système avec son environnement (Aït-El-Hadj, 1989).

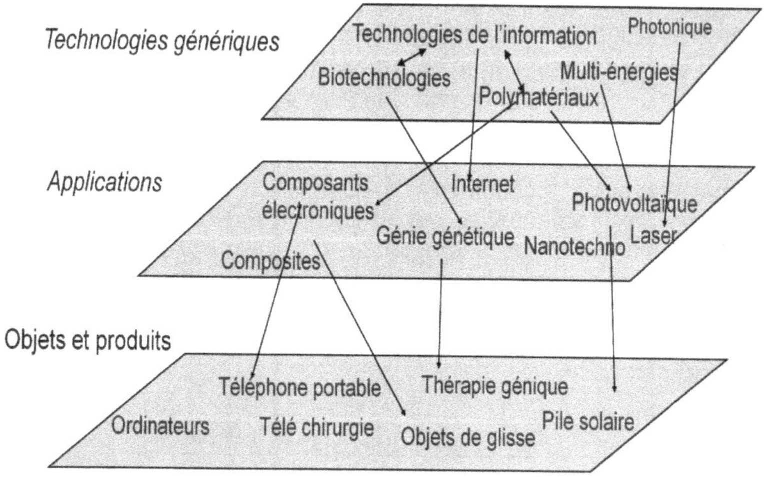

En réponse à cette crise, et en dépassement de cet épuisement technologique, le nouveau système s'est constitué sur de nouvelles technologies génériques apparues au même moment et porteuses d'un grand potentiel de développement, telles que la microélectronique, la biologie à composante génétique, un marqueur de ces apparitions ayant été en 1975 et 1976, l'attribution des prix Nobel aux inventeurs du microprocesseur et des techniques d'intervention sur l'ADN.

Ce faisceau de technologies génériques va être complété par les nouvelles problématiques de matériaux centrée sur les composites et plus généralement sur ce qu'A. Y. Portnoff a appelé « *l'hyperchoix des matériaux* » (CPE, 1983). Enfin, technologie générique problématique de ce nouveau système, l'orientation vers la diversité énergétique, réponse à la crise de l'énergie qui a ouvert une tension permanente vis-à-vis de l'environnement.

Ce système technologique a, depuis environ 35 ans, connu plusieurs vagues. La première a été largement centrée sur la micro-électronique et le déploiement du micro processeur, elle s'est déroulée jusqu'aux années 1990. Un mouvement de relais a été pris, par les technologies de l'information en réseau et l'exploitation des possibilités de la numérisation généralisée. Cette deuxième vague est aussi portée par un développement de la biologie qui atteint à ce moment sa maturité génératrice d'applications en même temps que l'approfondissement des problèmes environnementaux entraîne la reformulation de beaucoup des questions technologiques.

d. Quelques invariants du système technologique contemporain

Chaque système technologique historique a eu une logique de fonctionnement qui a animé sa trajectoire. Le troisième système est marqué par quatre grandes tendances identifiées qui en quelques sorte lui sont propres :

- La tendance à la substitution de l'information à de la matière et à de l'énergie, elle constitue la base de ce que l'on a appelé la dématérialisation ou virtualisation des technologies. Ce processus est puissamment porté par les technologies de l'information au rang desquels on peut intégrer la biologie.

- Le renforcement d'une dimension environnementale, consubstantielle d'ailleurs à ce système technologique, puisqu'il nait en partie d'une crise environnementale. Cette problématique environnementale d'économie de matière et d'énergie sera une stimulation du processus de substitution mentionné plus haut.

- Une complexificiation technologique généralisée. Ce système, ne serait ce que par l'introduction généralisée de l'électronique et des sciences de l'information dans pratiquement tous les dispositifs techniques, génère une complexification des systèmes et développe des processus de « convergence technologique ».

- La continuation de la tendance à la miniaturisation. Ce système enfin va apporter sa tonalité à des mouvements connus dans les systèmes antérieurs liés à des progrès technologiques rapides telle que la miniaturisation, qui après l'électronique connait des extrêmes avec les nanotechnologies. Il en est de même pour la maitrise de l'espace et du temps notamment avec ce qu'on a appelé les technologies nomades.

1.2. Quelques mécanismes de la dynamique technologique : la modélisation de la dynamique des systèmes technologiques

Une théorie des systèmes technologiques doit comprendre, au delà de la formalisation de leur structure, une modélisation de leur dynamique, dynamique temporelle avec le cycle de vie technologique et une modélisation de la dynamique d'interaction entre les trois dimensions de la technologie : fonction, architecture, procédé, qui au cours de son évolution sont successivement moteurs de sa dynamique.

a. L'innovation dépassement d'une limite technologique : Le modèle du cycle de vie

L'analyse de l'évolution en termes de systèmes techniques qui se succèdent historiquement a pour fondement l'analyse d'une dynamique, celle du cycle de vie des technologies. B. Gille (1978) puis R. Foster (1986) ont formalisé le cycle de vie technologique sous la forme d'un processus croissant, auto-saturé, représenté sous la forme d'une courbe en S. Ce modèle est le modèle central de la « génétique technologique » qui est déterminante dans l'ensemble du système d'analyse présenté parce que la technologie « est mouvement ». Car comme le souligne B. Gille : « *C'est en définitive l'analyse dynamique proprement dite qui paraît la plus fructueuse. Non seulement elle permet de déceler structure et systèmes, mais elle met en évidence des limites structurelles qui contraignent à l'invention, qui conduisent aux mutations de systèmes* » (Gille, 1978).

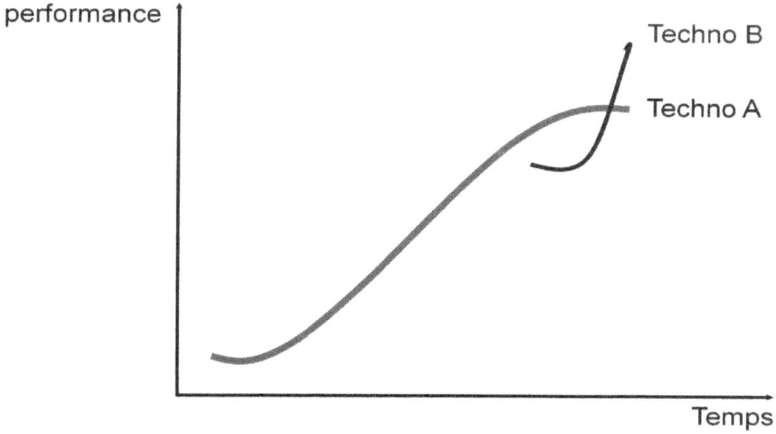

Un point clef du cycle de vie technologique concerne toute « l'analyse clinique » de la phase ultime de ce cycle, de la limite des systèmes et de leur processus de substitution, sur lequel on trouvera les apports éclairants de R. Foster (1986). Mais la courbe en S ne représente pas seulement la phase ultime de saturation, elle peut rendre compte de l'ensemble des phases de l'évolution d'une classe de systèmes techniques. Afin de rendre compte de cette évolution, ce cycle d'ensemble a été décomposé en quatre phases – émergence, développement, maturité, saturation – induisant des organisations, comportements et dynamiques différenciés des systèmes techniques, selon ces phases. L'innovation n'aura pas la même dominante dynamique selon la phase : prolifération technologique en phase d'émergence, sélection d'un « Robust design » (Gardiner, 1986) en phase de croissance, « divergence » fonctionnelle et « convergence » ou « fusion » de systèmes, en phase de maturité.

Enfin ce modèle d'évolution permet l'analyse complexe des limites entre : la saturation d'un principe technique global, la saturation du système par le blocage d'un composant, la saturation du système par les effets de complexité ou de décorrélation dimensionnelle ? Ce cycle de vie technologique a été formalisé d'une manière approchée sous les notions d'« itinéraire technologique » et de « régimes d'innovation ».

b. La dialectique interne de la technologie : le modèle de la relation « fonction-architecture-procédé »

Il s'agit ici de tenter de modéliser la dialectique entre l'évolution des fonctionnalités du système, son architecture et ses composants jusqu'aux principes techniques qui le forment. Le modèle d'Abernathy et Clark, modèle complexe de la relation et de la dominance successive, dans la vie des systèmes techniques des dimensions, fonctionnelles, architecturales et proprement techniques aux niveaux des procédés (Abernathy & Clark, 1988). Au cours de l'évolution d'un système technique, le facteur dominant de la dynamique du système technique, passe successivement par le procédé technique, l'architecture, la fonction.

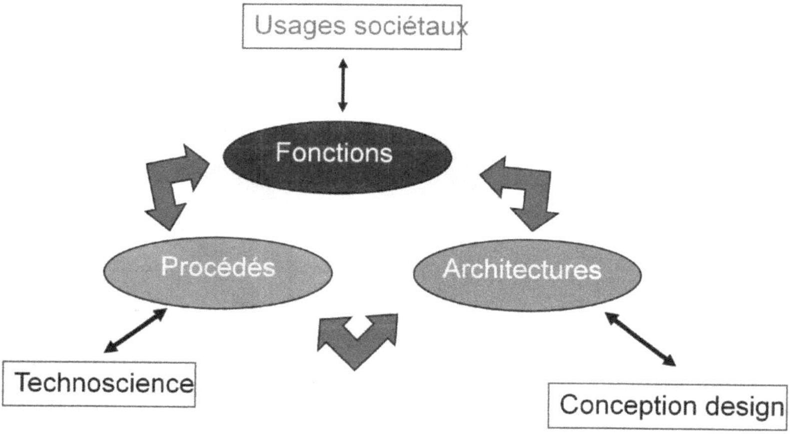

Inspiré du modèle d'Abernathy et Clark

L'intérêt de cette approche est que, selon la phase identifiée, on peut distinguer des phases d'innovation à dominante de procédé, à dominante d'architecture, à dominante fonctionnelle.

La prospective de l'innovation peut ainsi être menée à partir d'un appareillage d'analyse complet permettant de rendre compte de la structure technologique, de la formation de son cadre, des ressorts de sa dynamique, qui va permettre d'identifier une direction de l'innovation à partir d'un itinéraire technologique.

2. Exemples de tendances futures d'innovations

La projection de la structure et de la dynamique d'innovation nous semble devoir se structurer sur au moins quatre bases. Dans le futur les innovations continueront à être portées par les technologies génériques à l'œuvre dans le système actuel, quitte à ce que ce niveau de développement fasse apparaitre des propriétés émergentes. Les innovations auront tendance à se former largement, dans ce cadre, par convergence et recroisement de technologies avec apparition de fonctions nouvelles. La tonalité générale du mouvement d'innovation dans le système sera durablement marquée par la dimension environnementale. Enfin la complexification des contraintes va concentrer l'innovation sur un nouveau type d'innovation incrémentale polyvalente.

2.1. Des technologies génériques encore porteuses d'innovations

Les grandes technologies génériques du troisième système technologique apparaissent comme devoir rester le cadre porteur de l'innovation dans le futur projeté.

Les technologies de l'information par exemple apparaissent évidement riches encore d'applications dynamiques aussi bien dans les systèmes technologiques d'informatique pure, comme la continuation des progrès dans les grands calculateurs par exemple, que dans la multitude des systèmes techniques liant l'informatique à divers process opératoires, et l'ensemble des dispositifs dit intelligents et en réseau dont nous verrons plus loin qu'ils sont animés d'une dynamique technologique à dominante architecturale et fonctionnelle.

Il reste qu'on anticipe, à assez court terme, une rupture majeure au sein de la technologie de l'information entraînée par l'épuisement de la capacité d'évolution de la micro-électronique de traitement de l'information, ce que l'on a appelé, plus haut, « la fin de la loi de Moore ». En effet la croissance exponentielle de la puissance informatique fondée sur la miniaturisation permanente des composants, permettant leur accumulation croissante dans le même espace, bute aujourd'hui sur une limite absolue : la taille des supports d'évolution de l'électron va devenir inférieure à la taille de l'évolution « quantique » de celui-ci, ce qui n'en permettra plus un comportement certain.

La continuation de ce processus est donc impossible d'autant que cet obstacle primaire est renforcé par ce que l'on a appelé le « mur de la chaleur » c'est-à-dire la nécessité croissante de refroidir des composants d'une densité de concentration extrême. Ceci bloquant les apports de la miniaturisation puisque celle-ci est bloquée au niveau du système par la taille constante des systèmes de refroidissement.

Sans remettre en cause le statut des technologies de l'information et même probablement en permettant d'en reprendre le mouvement de croissance, la micro-électronique devra laisser la place à d'autres technologies alternatives de traitement de l'information. Plusieurs technologies sont apparues successivement comme candidates à la succession. Dès les années 1990 la photonique est apparue comme possible support pour la création de « l'ordinateur de lumière », mais l'impossibilité d'un dispositif de stockage de l'information sous forme optique a condamné le procédé. Aujourd'hui c'est une technologie de type quantique qui apparaît la plus probable dans la succession (Papon, 2010).

Au delà de l'aspect « procédé », la puissance numérique acquise aujourd'hui va permettre de développer les gisements de traitement de l'information vers la modélisation et le traitement de l'hyper complexité, et le développement de la simulation et des « sciences du virtuel ».

Un grand champ d'innovation pour le présent et pour le futur repose sur la perpétuation de technologies génériques – électroniques, matériaux, mécaniques – dans un mouvement de miniaturisation qui atteint une échelle – moléculaire voire atomique – de la maîtrise de l'infiniment petit. Or, on peut envisager l'utilisation de « *phénomènes qui, à cette échelle sont surprenants tout simplement parce que les propriétés des matériaux (optiques, mécaniques, magnétiques, thermiques, etc.) dépendent de leur taille : certaines disparaissent d'autres apparaissent, d'autres sont améliorées, d'autres encore ne respectent plus les lois de la physique classique, voire de la physique quantique* » (Devalan, 2006). Nous assistons ainsi à l'apparition d'un champ technologique, porteur. d'un niveau d'innovation très radical, issu de technologies génériques connues mais ouvrant un nouveau paradigme, un faisceau de propriétés émergentes radicales, ceci par un effet de taille. Ces propriétés émergentes, par la radicalité de leur possibilités fonctionnelles, devraient se déployer d'une manière puissante et « pervasive », c'est-à-dire diffuser dans de multiples domaines – électronique, télécommunications, énergie, médecine, construction, textile, armement, etc. – et comme d'autres technologies avant elles, les nanotechnologies devraient développer « *des potentialités qui ne se dévoilent que progressivement au fur et à mesure de l'extension du réel qui les soutient* » (Kahane, 2012).

De même, le grand gisement d'innovations attendu dans les biotechnologies à travers le génie génétique dès le début du nouveau système technologique, est en train de porter ses fruits notamment avec les développements de la thérapie génique, de la médecine régénératrice à l'aide des cellules souches, de la transgénèse et des OGM. Ces dernières ouvrent des voies de productions nouvelles non seulement dans l'agriculture, l'agroalimentaire, avec la production d'une alimentation fonctionnalisée, dans toute l'industrie du bio-sourcé et aussi de l'énergie à partir « *des microorganismes et des plantes génétiquement modifiés capables de produire des biocarurants plus facilement et à un moindre coût que les végétaux utilisés actuellement* » (Desaunay, 2012). Le recensement du génome humain ouvre des voies élargies à la recombinaison génétique, dans le domaine de la santé comme il a été mené dans le domaine de l'agriculture. Mais ces deux domaines butent et sont ralentis dans leur développement par une résistance psychologique soutenue et la permanence d'obstacles éthiques. Ceux ci peuvent être d'ailleurs parfois dépassés, comme dans le cas des cellules souches qui peuvent être maintenant obtenues à partir de cellules adultes différenciées, et qui ne nécessitent donc plus le recours à des embryons humains pour être obtenues.

Mais il semble que la biotechnologie connait en même temps une bifurcation vers une conception « *plus intégrée du vivant : celui-ci est conçu comme un système bouclé dans lequel les gènes, les ARN et les protéines sont en interaction constante* » (Papon, 2010), ceci tout en n'abandonnant pas la voie du développement moléculaire.

2.2. L'innovation centrée sur la convergence

Notre systèmes technologique est entré dans une phase de maturité qui permet, comme l'a montré le modèle du cycle de vie, de diversifier les technologies en fonction de leur finesse fonctionnelle et surtout de générer des applications et des systèmes nouveaux par la combinaison des technologies auparavant séparées de ce que l'on a appelé la convergence ou le fusion des technologies.

Ce mécanisme a commencé très tôt dans le système avec la migration fréquente des dispositifs de microélectronique dans des systèmes d'autres natures tels que notamment la mécanique. La naissance, dès les années 1980, des machines à commande numérique, de ce que l'on a appelé la mécatronique en est déjà une des manifestations. Le phénomène a pris une autre ampleur depuis la fin des années 1990 avec la numérisation généralisée qui a suscité une pléiade de systèmes techniques nouveaux, et qui représente à notre sens une source majeure de l'innovation des deux décennies à venir car elle amplifie les gisements propres de progrès de chacun des grands champs technologiques par celui d'un très grand champ de combinatoire de systèmes nés du croisement de plusieurs technologies.

L'innovation par la convergence des technologies est particulièrement puissante dans le domaine des technologies de l'information et de la communication favorisée sinon générée par un intermédiaire universel : la numérisation généralisée. Celle-ci permet d'unifier le fonctionnement et de rendre compatible des technologies qui, par leur convergence, vont engendrer une multitude d'applications. Ce mécanisme va engendrer des objets nouveaux, dont la plupart vont avoir un très large usage dans le public, tel le téléphone portable puis sa version développée le smartphone.

Ce mouvement déplace les limites et frontières des objets en combinant en chacun une multitude de fonctions, mais à travers cela il génère de nouvelles fonctions, messagerie personnelle téléphonique du type texto, réseaux sociaux... qui vont à leur tour engendrer des recompositions architecturales, de nouveaux faisceaux de fonctions et des recombinaisons technologiques.

Ce développement par convergence est aussi très puissant dans le domaine professionnel, dont il modifie les pratiques. Le cas de la chirurgie assistée en est un exemple saisissant, comme la généralisation des drones et robots de toute nature dans de multiples domaines d'activités. Ceux-ci en arrivent à occuper des domaines de systèmes de plus en plus complexes, et générer des objets sophistiqués de forme totalement nouvelle comme les « araignées » opératoires, qui utilisent une convergence avec la bionique. Voilà un champ très large d'objets nouveaux qui ont des chances de participer à notre vie dans les années à venir.

2.3. La pression environnementale une source de changement de la trajectoire d'innovation

La prise de conscience d'une limite environnementale est contemporaine de la naissance d'un nouveau système technologique dans les années 1970 avec la grande crise pétrolière et le Rapport du Club de Rome. Cette contrainte physique et sa prise de conscience à l'échelle mondiale n'ont fait que s'amplifier et se complexifier depuis ce moment avec les pénuries de matières premières et particulièrement du pétrole mais aussi des matières premières minérales comme les « terres rares ». L'activité industrielle et de transport, l'agriculture intensive et la concentration urbaine génèrent un niveau élevé de pollution aérienne, terrestre, maritime et fluviale. Le monde a aussi découvert, à partir de cette période, la tendance au réchauffement climatique par un effet de serre lié à la croissance d'une activité humaine génératrice de quantités gigantesques d'oxyde de carbone relâchées dans l'atmosphère. Cette limite se trouve aussi jusque dans l'exploitation de ressources normalement renouvelables comme le poisson ou la forêt.

Ces différentes formes de limites environnementales prises en charge par les autorités nationales et mondiales, comme par les mouvements d'opinion et les organisations qui se sont créées sur ce sujet, générant aussi des distorsions de prix, exercent une pression sur les activités génératrices de problèmes environnementaux en contribuant à supprimer certaines matières, matériaux ou technologies agressives et destructrices pour l'environnement. Par l'universalité de certains aspects comme les rejets de CO_2, cette contrainte peut peser sur pratiquement tous les types d'activité humaine contribuant à modifier les modes de production, de transport et de consommation. Avec l'échelle de ces phénomènes, l'inertie des transformations et des réponses, cette dimension va continuer, avec certitude, à marquer le développement de l'activité humaine sur la longue durée et à marquer ainsi les tendances d'innovation en amenant de nouvelles trajectoires technologiques.

2.4. L'innovation incrémentale polyvalente

Dans le système contemporain, la maturité de certains domaines ne permet plus une avancée significative dans la recherche de la maximisation de la performance unitaire pendant qu'un nombre croissant de contraintes pèse sur celui-ci, dont celle, et non la moindre, de l'environnement et de ses effets technico-économiques.

Une illustration significative de ce processus est l'avion civil de transport de passagers. L'expérience du Concorde a montré que la recherche de la vitesse unitaire la plus élevée atteignait ses limites, et que, dans les conditions complexes du transport civil, mach 2 n'était pas tenable durablement. Ainsi, la vitesse de 900 km/h qu'avait atteint l'aviation civile à réaction dès les années 1960 est restée une performance stable jusqu'à nos jours et très probablement pour le futur, jusqu'à la mise au point du lointain avion spatial.

Or depuis cette période, l'innovation s'est déplacée sur la résolution de l'ensemble des contraintes et projets qui pèsent sur cette activité, tels que la réduction de consommation de carburant et la minimisation des rejets de gaz à effet de serre et surtout de bruit avec une forte pression sur les contraintes de silence. Une contrainte structurante du système avion est la sécurité qui est en train de bouleverser une logique réseau du système élargi de circulation aérienne, et enfin la contrainte d'espace interne et de gestion des flux de passager qui a donné les évolutions architecturales de l'airbus A380 et du Boeing 787. Ce qui est exprimé ici pour l'avion est à l'œuvre dans tous les systèmes de transport et notamment le système automobile.

Ce mode d'évolution va rester dominant dans le futur lisible, sans rupture majeure prévisible de procédés, ces systèmes soumis a un ensemble de contraintes complexes et croissantes ne peuvent que continuer à développer ce système d'innovation polyvalente. Elle montre le jeu du modèle d'Abernathy avec des dominantes architecturales et fonctionnelles et la recherche d'un ensemble de fonctionnalités complémentaires et environnementales.

3. Des ruptures technologiques sont-elles décelables ?

Comme on l'aura compris, la tendance lourde qui apparaît comme devant structurer le mouvement d'innovation sur les deux décennies à venir reste essentiellement un mouvement d'innovation incrémentale, se déployant au sein d'un espace technologique, le système technologique contemporain, qui ne sera pas bouleversé dans ses fondements. Ceci, alors que le mouvement d'innovation donne toujours les signes d'une capacité de transformation d'une grande ampleur, centrée sur la combinatoire et la maîtrise de la complexité au sein d'un système qui, avec le force croissante de la pression environnementale, connaît à la fois un déplacement de trajectoire technologique en même temps qu'une nouvelle pression à innover pour dépasser les multiples limites que manifeste ou qu'impose ce « mur de l'environnement ». Mais cette tonalité dominante est-elle exclusive de possibles ruptures technologiques ou innovations radicales susceptibles éventuellement d'engendrer un basculement vers un autre système technologique ?

Une rupture de technologie est attendue, nous l'avons vu, sur le procédé central de traitement de l'information avec la fin de la loi de Moore et la remise en cause de la micro électronique. Mais cette rupture avec l'apparition de nouveaux dispositifs de traitement dont le probable et très performant dispositif quantique va relancer la dynamique de ce bloc des « technologies de l'information », qui constituent le véritable espace de technologies génériques du système.

De même, on ne voit pas de rupture majeure attendue dans la sphère de la technologie biologique, qui, sur le plan des paradigmes scientifiques, continue à exploiter les grands gisements scientifiques qui ont été mis en place avec la révolution génétique des années 1970.

Enfin, dans un domaine tendu, qui est celui de l'énergie, à part l'attente à long terme de la fusion nucléaire et celle non moins hypothétique de la supra conductivité, le domaine de l'énergie suscite beaucoup d'innovations d'adaptation qui se combinent et se développent dans les cadres technologiques existant, comme le montre le possible bouleversement quantitatif de la production d'hydrocarbure grâce au développement des « gaz de schiste », à la maîtrise « éco-compatible » de son développement et de son exploitation. Sous la pression environnementale, une perpétuation du développement de la technologie des piles à combustible ou de l'amélioration des rendements des batteries électriques constitueront une constante d'évolution.

Malgré la supposée imprévisibilité des ruptures technologiques et des innovations radicales, celles-ci ne naissent pas de rien ni ne font irruption de manière totalement inattendues. Elles sont prévisibles et repérables aussi bien dans les limites et anomalies identifiables dans les technologies dominantes, que dans les courants de nouveautés préparant des ruptures paradigmatiques dans le champ de la science. L'échelle temps de ce type d'apparition est, en tout état de cause, supérieure à deux décennies.

Eléments de synthèse

Ainsi, dans le mouvement général de l'innovation lors des prochaines décennies, l'innovation incrémentale, au sein d'un système technologique établi mais toujours fertile, devrait rester dominante. Ce courant d'innovation, ne sera pas exempt de ruptures locales et de sauts, comme nous le constatons à la fois pour l'informatique, les biotechnologies, et les nanotechnologies.

Une forme majeure d'innovation perpétuera ce que l'on voit apparaitre d'innovation de convergence comme de déclinaisons fonctionnelles ou de réponses à une complexité de contraintes parfois générées par la maturité du système lui même. Le courant d'innovations dans ce cadre peut être important comme lorsqu'il prend sa source, et cela s'est déjà vu historiquement, dans un système technologique mature.

La pression environnementale constituera une tonalité permanente et croissante du mouvement d'innovation contemporain contribuant à réorienter la trajectoire technologique de l'innovation. Elle introduit de plus un facteur de variabilité, du à notre méconnaissance de la rapidité de dégradation du système environnemental, concernant en particulier « l'effet de serre ». Cette imprévisibilité introduit un facteur d'imprécision dans l'ampleur et la rapidité de la recomposition technologique en faveur d'une maîtrise environnementale.

Deux autres facteurs vont intervenir en « modulation » de ce mouvement d'innovation. Il s'agit tout d'abord de l'action des groupes d'opinion, parfois à partir des traditions culturelles nationales à travers ce que l'on appelle « l'acceptabilité sociale » de certaines innovations. Ce phénomène peut avoir des conséquences importantes sur le développement plus ou moins rapide de champs technologiques tels que les nanotechnologies et les OGM.

Un dernier modulateur de ce mouvement futur de l'innovation est la mondialisation du développement. Celle-ci va intervenir par la variabilité des classes de problèmes à résoudre selon les zones de développement, comme le montre, par exemple, l'intensité dramatique des problèmes d'environnement générés par l'industrialisation rapide des pays émergents. Cette mondialisation pourrait aussi jouer un rôle d'accélérateur par la multiplication massive des opérateurs du développement technologique à l'échelle mondiale.

Bibliographie

Abernathy, W.J., Clark, K.B., *Comment établir une carte des innovations dans un secteur industriel*, Culture Technique, n°18, CRCT, Paris, 1988.

Aït-El-Hadj, S., *L'entreprise face à la mutation technologique*, Les éditions d'organisation, Paris, 1989.

Aït-El-Hadj, S., « L'apport de la science des systèmes techniques à la maîtrise de la conception, pour une systémique technologique appliquée », in Aït-El-Hadj, S., Brette, O., *Innovation, management des processus et création de valeur*, L'Harmattan, Paris, 2006.

Bonnaure, P., « Les automobiles électriques et hybrides, état des lieux et tendances », *Futuribles*, Octobre, 2012.

Colin, J.-P., « La loi de Moore : quelles limites ? », *Futuribles* n° 278, septembre, 2002.

CPE, « Rapport sur l'état de la technique, la révolution de l'intelligence », L'hyperchoix des matériaux, *Sciences et techniques*, numéro spécial octobre, 4, 1983, Paris.

Desaunay, C., « Vers un monde génétiquement modifié, Applications possibles des biotechnolgies », *Futuribles*, Les organismes génétiquement modifiés, n° 383, Mars, Paris, 2012.

Devalan, P, *L'innovation de rupture, clé de la compétitivité*, Hermès Lavoisier, Paris, 2006.

Dosi, G., « Technological paradigms and technolgical trajectories, a suggested interpretation of the determianants and directions of technical change, *Research Policy* », 11, North Holland publishing, 1982.

Foster, R., *Innovation l'avantage à l'attaquant*, Intereditions, Paris

Gardiner, P., 1986, « Robust and leandesigns with state-of-the-art automotive and aircraft examples », in *Design, innovation and long cycles in economic development*, Freeman C. Edit., Frances-Pinter, London, 1986.

Gille, B., « Prolégomènes à une histoire des techniques », in *Histoire des techniques*, La Pléiade, Paris, 1978.

Hughes, Th.P., The evolution of large technological systems, in Bijker E., Hughes Th.P., Pinch, T., (eds), *The Social construction of technological systems*, MIT press, Cambridge, Mass, 1987.

Kahane, B., « Les nanotechnologies entre rêve et réalité », *Futuribles*, Avril, n° 384, Paris, 2012.

Kuhn, T., *La structure des révolutions scientifiques*, Flammarion, Paris, 1962.

Papon P., « L'anticipation des ruptures », *Futuribles*, n°366, septembre, Paris, 2010.

Croissance ou développement ? L'ambigüité de la notion de « reformes structurelles »

Gabriel COLLETIS

Université de Toulouse 1

Introduction

Les leçons de rigueur de Bruxelles à la France, titre *Le Monde* (30 mai 2012). La Commission européenne critique non seulement les déficits publics mais aussi, ce qui semble nouveau, du moins pour la France, les déséquilibres macroéconomiques – celui du commerce extérieur, en particulier – qui devraient, selon elle, être réglés par le biais de réformes structurelles.

Aux États-Unis mais aussi en France comme en Grèce, une balance commerciale déficitaire contribue, en effet, négativement à la croissance économique et produit ainsi un manque à gagner qui peut être considérable pour les finances publiques. L'Allemagne est là pour attester que la relation se vérifie aussi en sens inverse : l'excédent commercial allemand tire jusqu'à présent la croissance de ce pays et génère des recettes fiscales qui rééquilibrent les budgets publics.

Le débat sur les réformes structurelles dont on attend qu'elles rétablissent la compétitivité et permettent un rééquilibrage du commerce extérieur connaît ainsi un regain d'intensité. Mais dès que l'on a ouvert la boîte de Pandore des réformes structurelles, on constate cependant qu'il existe d'énormes divergences dans ce que l'on entend par « réformes structurelles »…

1. Une confusion déjà ancienne entre croissance et développement

Si le débat semble faire rage entre ceux qui estiment qu'il convient de soutenir la croissance ou du moins ne pas la déprimer (le FMI ? Les États-Unis ?) et ceux qui pensent que la priorité doit aller à la réduction des déficits et au désendettement (l'Allemagne, le gouvernement français ?), un relatif consensus semble exister sur la nécessité de réformes structurelles. Mais lesquelles ?

Le flou qui entoure la notion de « réforme structurelle » en recouvre un autre, plus en amont, qui concerne les deux notions de croissance et de développement.

Le terme de « croissance » est souvent confondu avec celui de développement. Si de nombreuses langues (le grec notamment) ne font pas la distinction entre les deux termes, une proportion non négligeable d'économistes ne l'établit pas non plus. Rostow évoque ainsi « *Les étapes de la croissance* » alors que son livre (1960) (très critiqué pour son approche très linéaire) traite du développement. Idem du célèbre rapport Meadows, *The limits to growth* (1972), qui est moins une réflexion sur la croissance que la première interrogation sérieuse sur les limites d'un développement ne prenant pas en compte des processus de long terme comme les déséquilibres démographiques ou l'épuisement des ressources naturelles. En français comme en anglais ou en allemand, les deux termes, croissance et développement, peuvent être distingués et le débat gagnerait en clarté s'ils étaient tous deux employés, avec un contenu sémantique différent.

La croissance est un phénomène quantitatif qui mesure la progression d'un agrégat. Comme on le sait, la mesure de la croissance est le plus souvent centrée sur le PIB. Des réflexions stimulantes ont vu le jour depuis quelques années sur ce que le PIB mesure convenablement et ce qu'il ne mesure pas ou mal (les inégalités, en particulier). Mais il ne fait pas de doute que les dynamiques à l'œuvre sur le long terme et qui font que la croissance est durable ou non (on dirait aujourd'hui « soutenable », terme certes français mais dérivé de l'anglais) ne peuvent être interrogées à travers un indicateur quantitatif, quelles que soient ses qualités. La notion de « développement » pose précisément la question de ces dynamiques et met en relief le rôle central des institutions. La grande leçon que l'on peut tirer des apports du courant dit « institutionnaliste » (cf. notamment les travaux de Commons et de Mitchell qui ont eu une influence importante au moment du New Deal) est précisément qu'un pays qui se développe met en place des institutions qui portent ou assurent ce développement. Parmi ces institutions, on trouve souvent cités l'État mais aussi le Droit et le système juridique ou encore la protection sociale.

La Chine, par exemple, est bien un pays qui a connu une très forte croissance ces dernières années mais la question est entière de savoir si ce pays a réussi à mettre en place les institutions qui accompagnent le développement, en en étant à la fois la condition et le résultat.

La distinction croissance/développement permet de revisiter le débat sur les mesures aujourd'hui proposées. De ce point de vue, les mesures dites de soutien de la croissance sont bien nommées car elles n'interrogent le plus souvent qu'indirectement la question des institutions et de leur rôle. Il y a certes un débat sur le rôle et les missions de la BCE mais ce débat n'apparaît qu'indirectement et de manière édulcorée lorsqu'est évoquée la baisse possible des taux d'intérêt. Le seul moment où la question des institutions est directement posée concerne l'origine ou le sens des mesures proposées pour soutenir la croissance. Le constat peut alors être fait que nombre de ces mesures est proposé par la Commission européenne et se situe clairement dans la perspective d'une Europe fédérale et celle des institutions que cette Europe implique de renforcer.

Les réformes dites « structurelles » proposées, quant à elles, portent bien directement sur les institutions : la frontière entre le public et le privé, le droit du travail et la législation en général, la fiscalité, etc. Ces réformes, le plus souvent de grande portée, interrogent le développement, précisément le mode de développement qui est visé. Ces réformes questionnent aussi la nature de la crise ou de la mutation que le capitalisme connaît.

2. La crise que les pays développés traversent ne date pas de 2008

La crise que les pays capitalistes connaissent est bien, en effet, de nature structurelle. Cette grande crise du capitalisme n'est pas d'abord une crise financière. Elle n'est pas davantage une crise s'expliquant par une mauvaise gestion des finances publiques.

Cette crise trouve ses racines bien plus loin dans le temps que l'année 2008 et implique une remise en cause profonde, désormais incontournable, du modèle de développement issu de l'après-guerre. Une analyse d'ensemble de cette crise a été esquissée par ceux qui ont tenté de promouvoir la notion de « développement durable ». Reprenant la question du développement, trop souvent considérée comme ne concernant que les seuls pays « en voie de développement » ou encore le développement « local », des économistes réfléchissant à la signification du développement durable ont cherché à montrer que la question des relations entre les hommes et la nature était centrale (40 ans après le rapport Meadows…). Cependant, pour avoir souvent posé de bonnes questions et proposé des pistes de renouveau intéressantes, les promoteurs de la notion de développement durable ont manqué leur objectif car ils n'ont pas su ou voulu proposer un cadre critique interrogeant les ressorts d'une crise qui est une crise majeure du capitalisme et de son régime de croissance financiarisé.

De façon résumée, la crise structurelle que le capitalisme traverse depuis plusieurs décennies a connu trois grandes phases.

La première phase (entrée en crise) date de la seconde moitié des années 1960. On assiste alors aux premières manifestations d'une crise du travail, – la crise du taylorisme –, exprimée par l'effondrement des gains de productivité. Cette crise du travail se double d'une crise d'un modèle productiviste considérant la nature comme devant être « maitrisée », susceptible de subir un prélèvement/butin (modèle dénoncé par le rapport Meadows). Cette double crise (du travail et de la relation à la nature) se produit sur fond de perte de cohérence des mécanismes de régulation des économies nationales. Le bouclage macroéconomique keynésien fonctionne de plus en plus mal du fait de l'ouverture croissante des économies. Les États/Nations sont remis en cause comme lieu légitime de production des normes, les grandes entreprises, du moins dans certains pays (dont les États-Unis et la France), distendant, quant à elles, leurs liens avec les économies nationales dont elles sont issues.

Une seconde phase s'ouvre dans les années 1980-1990 pendant laquelle on assiste à une tentative d'instauration d'un régime de croissance financiarisé. Ce régime de croissance est marqué au niveau macroéconomique par une répartition des revenus dépendant de plus en plus de la mobilité des facteurs. Le capital financier reçoit la rémunération la plus élevée car il est volatile. La mobilité très contrainte des travailleurs peu ou pas qualifiés a comme effet que leur rémunération devient un quasi-résidu (un revenu restant après les prélèvements opérés par le capital financier, puis par le capital industriel et les travailleurs dont la qualification est reconnue ou recherchée). Au niveau des entreprises, on assiste à une inversion du lien entre finance et investissement : on ne sélectionne plus les financements possibles pour un investissement donné, on sélectionne les investissements en fonction d'une norme de rentabilité fixée ex ante.

Le régime de croissance financiarisé est synonyme d'un très fort creusement des inégalités et d'une tendance au ralentissement du rythme des innovations. En dépit d'une fuite en avant dans l'hyperliquidité et l'endettement, un premier coup de semonce intervient au début des années 2000 (éclatement de la bulle dite « d'internet ») avant une secousse beaucoup plus forte en 2008.

La troisième phase de la crise s'ouvre ainsi en 2008 avec la crise dite des « subprimes » et l'intervention massive des États pour sauver le système bancaire et financier. Cette intervention ne règle aucun des déséquilibres accumulés et approfondit celui des finances publiques. Le transfert des créances du secteur privé vers le secteur public (dernier plan d'aide à la Grèce) de même que la récession achèvent, en effet, désormais de déséquilibrer les comptes publics, rendant beaucoup plus difficile à l'avenir un éventuel nouveau sauvetage du système bancaire.

Ces trois phases de la crise du capitalisme auront provoqué de profonds bouleversements économiques, sociaux et politiques – au premier rang desquels la progression du chômage –, sans que n'apparaisse un schéma d'ensemble de sortie de crise et de mutation vers un nouveau modèle de développement.

C'est dans cette perspective qu'il convient de comprendre le débat sur les réformes structurelles comme tentative de définition d'un nouveau cadre pour un capitalisme n'étant pas parvenu jusqu'à présent à enrayer les destructions d'emplois dans les pays du capitalisme avancé. Or ces pertes d'emplois ne constituent plus un problème susceptible d'être « acheté » par des transferts sociaux. Le chômage lié à la désindustrialisation et aux déséquilibres territoriaux mine dorénavant de l'intérieur les économies des pays les plus développées.

Deux orientations profondément différentes inspirent les réformes structurelles actuellement proposées. La première s'inscrit dans le cadre des évolutions qui se sont opérées depuis le début de la crise et constitue une accentuation des traits du capitalisme actuel. La seconde orientation fournit les éléments d'un changement de paradigme et pose de façon explicite la question d'un nouveau développement.

Les politiques structurelles « d'ajustement » : relance par l'offre et l'employabilité compétitive

L'objectif des politiques visant à relancer l'offre et l'employabilité compétitive (pour reprendre la terminologie de Laurence Parisot, la patronne du Medef) revient à tenter de faire des pays européens (comme cela est déjà le cas des États-Unis, s'agissant de l'automobile) des lieux de relocalisation de l'industrie et de l'emploi. Cette tentative prend cependant des formes qui varient selon les contextes institutionnels spécifiques de chaque pays.

Dans l'industrie automobile britannique, en l'absence de résistance syndicale, voire même avec l'assentiment des organisations ouvrières, les chaînes de production fonctionnent désormais quasiment toute l'année (51 semaines). Selon l'évolution des carnets de commande, les ouvriers voient la quantité de travail qu'ils effectuent et leurs salaires baisser jusqu'à 50%. Les usines ferment si les modèles qu'elles produisent ne se vendent pas. Par ailleurs, de nombreux avantages fiscaux sont accordés par le gouvernement britannique aux entreprises qui acceptent d'investir.

En Allemagne, des millions de « minijobs », rémunérés à 400 euros par mois, ont été créés ces dernières années. Dans ce pays qui a aussi fortement accru le recours au travail à temps partiel (en particulier pour les femmes), s'est développé sans résistance significative des syndicats et avec le soutien des forces social-démocrates, un « mal emploi » mettant à mal un modèle social longtemps considéré comme exemplaire. La modération salariale allemande observée depuis une dizaine d'années ne s'explique cependant pas par le souci d'améliorer la compétitivité prix des entreprises. La raison de cette modération, souvent mal analysée en France, est celle du rééquilibrage du partage salaires/profits dans un sens favorable au second de manière à accroître les marges d'entreprises allemandes échappant de moins en moins à la pression de leurs actionnaires (exigence de versement de dividendes plus élevés). Le débat sur le « standort » allemand n'a donc pas été un débat sur la compétitivité du « site » Allemagne mais une adaptation du modèle allemand au contexte général d'un capitalisme financiarisé.

En Grèce, le véritable dessein des mesures prises depuis 2010 semble apparaître plus nettement. Ce dessein est moins de réduire les déficits publics que de répondre au déséquilibre considérable des comptes extérieurs du pays. La balance commerciale étant très fortement déficitaire, la baisse des salaires (près de 40% en deux ans) devrait aboutir à une forte contraction de la consommation et, partant, des importations. Les exportations devraient progresser, surtout si des zones économiques spéciales étaient créées, comme le proposent le gouvernement et le patronat allemands. Dans ces zones, les investisseurs bénéficieraient d'avantages fiscaux, voire de dérogation aux législations sociales et environnementales.

3. Finalement, la Grèce : une colonie !

Quant à la France, même si le Président Hollande a déclaré que le coût du travail ne résumait pas à lui seul la question de la compétitivité, rares sont les économistes qui considèrent que ce coût n'aurait pas lieu de baisser, le débat se focalisant sur les conditions de financement de la protection sociale considérées le plus souvent comme pénalisant les entreprises.

Flexibilité, baisse du coût du travail par un abaissement des cotisations patronales, voire par une diminution des salaires, encouragement au temps partiel, déconstruction du droit du travail considéré comme générant des rigidités empêchant les employeurs potentiels d'embaucher des personnels supplémentaires, constituent ainsi les maîtres-mots des réformes du marché du travail en Europe. Sans atteindre le plein-emploi, cet arsenal de réformes pourrait permettre de rétablir une situation apparemment plus satisfaisante en termes de taux d'emploi et de taux de chômage.

La poursuite, voire l'amplification du processus de privatisation, la réduction du champ des services publics (comme réponse à la nécessité affirmée de réduire le déficit, réponse servant de légitimation à la baisse des dépenses), une plus grande concurrence (relance de la directive dans le domaine des services) constituent des propositions de réforme qui complètent celles concernant le travail et dessinent une économie où règnent le marché et la concurrence.

Si on peut émettre un doute sur le caractère novateur et sur l'efficacité d'une telle perspective, surtout, on voit mal comment un processus vertueux de développement pourrait s'engager, aucune de ces orientations ne répondant aux enjeux que posent la crise et la question de la mutation nécessaire du capitalisme.

4. Les politiques structurelles synonymes de redressement productif

Les politiques structurelles que nous évoquons à présent sont celles qui, selon nous, sont susceptibles de fournir un nouveau paradigme de sortie de crise. Elles permettraient d'engager une mutation en profondeur répondant à la grande crise que le capitalisme traverse depuis plusieurs décennies.

La crise actuelle est à la fois une crise du travail, une crise des activités productives et une crise des relations de l'homme à la nature.

Le cœur du redressement productif et d'un nouveau modèle de développement en Europe consiste ainsi en un New Deal productif articulant travail, renouveau des activités productives afin de répondre aux besoins fondamentaux des populations, et protection de la nature.

Au-delà de la grande diversité des contextes institutionnels spécifiques à chaque pays, un certain nombre de constats et de principes semblent se dégager. Les entreprises et les emplois des pays européens ne peuvent plus désormais être protégés par le rempart de la productivité. En raison de coûts salariaux à l'unité produite plus faibles, les pays émergents vont concurrencer de façon sans cesse plus redoutable toutes les activités pour lesquelles la compétitivité se joue principalement sur les prix. Il est donc nécessaire, partout où cela est possible, de miser sur l'innovation, la différenciation des produits, leur capacité à répondre aux besoins, la qualité. Dans le même temps, les nouvelles productions (produits, manières de produire, usages) devront alléger le poids des activités économiques sur la nature.

Pour cela, à l'opposé d'une dérégulation plus forte encore du marché du travail visant à accentuer la concurrence des travailleurs entre eux, un New Deal pourrait être proposé. Les termes de ce New Deal seraient, du côté des entreprises, la quête privilégiée d'une compétitivité hors prix, le développement de l'innovation sous toutes ses formes, la conception de produits impliquant une économie des ressources naturelles (jusqu'à leur recyclage), et la reconnaissance des compétences de ceux qui travaillent. Cette reconnaissance signifierait que les salariés ne seraient plus considérés comme une force de travail, un coût ou encore une variable d'ajustement. Il ne serait plus attendu de ceux qui travaillent qu'ils accomplissent mal leur travail et qu'ils renoncent à leurs valeurs (le sens du collectif en particulier) afin d'atteindre des objectifs de productivité malvenus.

Du côté des salariés, ceux-ci s'engageraient à mobiliser leurs compétences individuelles et collectives, leur subjectivité et leur sens de l'esthétique. Les salariés accepteraient le principe général de mobilité entendu comme potentiel de redéployabilité des compétences d'un projet à un autre. Le travail bien fait, résolvant des problèmes inédits et imaginant des solutions innovantes, se substituerait au travail vite fait et à la tentation d'un retour en force du taylorisme.

Il est clair que ce New Deal implique des réformes profondes dans de nombreux domaines et un effort considérable de rénovation des systèmes d'éduction et de formation qui devront aussi disposer de moyens accrus.

Le droit devra aussi consacrer l'entreprise comme institution à part entière, c'est-à-dire distincte de la société de capitaux laquelle rassemble les intérêts des actionnaires. La reconnaissance de l'entreprise comme catégorie du droit devrait permettre celle, authentique cette fois, de toutes les parties prenantes. Une véritable démocratie salariale pourrait donc émerger progressivement de même que serait promue sur une base sincère et vérifiable la responsabilité sociale et environnementale de l'entreprise, ce nouvel objet juridique.

En Europe, des coopérations renforcées et une orientation nouvelle devront permettre de mettre en place des normes sociales, environnementales et aussi financières. Ces normes nouvelles auront pour sens non seulement de protéger les pays européens des pratiques déloyales et des attaques spéculatives, mais aussi de leur permettre d'avancer dans l'édification d'un nouveau modèle dont pourraient s'inspirer d'autres espaces économiques et sociaux.

Les réseaux d'innovation public-privé dans les services

Faridah DJELLAL, Faïz GALLOUJ

CLERSE-Université de Lille 1
Réseau de Recherche sur l'Innovation

Introduction

Le succès du concept de réseau d'innovation (RI) ne semble pas se démentir ces dernières décennies, que ce soit en économie, en gestion ou en sociologie. Dans ces trois disciplines et parfois par fécondation croisée entre elles, le concept s'est enrichi sur le plan théorique, empirique et méthodologique. Ce succès s'explique tout d'abord par l'apparente simplicité et la force heuristique d'un concept qui rend compte des dynamiques d'interaction entre des agents hétérogènes avec pour finalité la production d'une innovation. Il tient également à sa capacité d'« enrôlement » au-delà du champ académique, en particulier à l'intérêt qu'il suscite dans le domaine du management des entreprises et de l'action publique.

Malgré son succès et son enrichissement constant, ce concept présente un certain nombre de limites. En particulier, bien qu'ils soient particulièrement hétérogènes, les RI traditionnels (en particulier dans le champ de l'économie) sont essentiellement des réseaux d'innovation technologiques (RIT) dont la finalité est la R-D et l'innovation technologique. Ils rendent compte de systèmes d'interactions où prédominent des organisations marchandes du secteur industriel. Le concept de réseau d'innovation (et celui de système d'innovation qui lui est associé) souffre par conséquent d'un certain biais industrialiste et technologiste.

Ce chapitre est consacré à des réseaux d'innovation particuliers, encore peu connus, qui voient le jour et se développent dans les économies contemporaines dominées par les services et caractérisées par une montée en puissance des préoccupations de développement durable. Ces réseaux, que nous avons nommés réseaux d'innovation public-privé dans les services (RIPPS), se différencient des RI traditionnels, selon différentes perspectives dont il s'agira de rendre compte dans ce chapitre. Ces différences concernent à la fois la nature des acteurs impliqués dans les réseaux, leur rôle et la nature des dynamiques d'innovation mises en œuvre. Les RIPPS accordent en effet une place centrale aux services et au « tiers secteur » ainsi qu'aux interactions avec les services publics. Les dynamiques d'innovation non technologiques et sociales ne sont pas négligées, lorsqu'elles ne constituent pas l'enjeu central du RIPPS.

Cette contribution s'appuie sur les matériaux empiriques et les résultats d'un projet européen intitulé ServPPIN (The contribution of public and private services to European growth and welfare, and the role of public-private innovation networks)[1]. Ce projet, qui a réuni entre 2008 et 2011 une dizaine d'équipes européennes, a permis de construire une base de données inédites de plus de 40 cas détaillés de RIPPS dans les secteurs de la santé, du transport, des services intensifs en connaissances et du tourisme. On peut citer à titre d'exemple des réseaux de taille variable constitués afin de mettre en œuvre de nouveaux produits de formation, de nouveaux produits touristiques, des services de conseil pour l'agriculture, des innovations dans le soin aux personnes âgées, un service dynamique d'information sur le trafic intermodal régional, etc.

Au total, ce chapitre est organisé en deux sections. Dans la section 1, nous rendons brièvement compte de la notion de réseau d'innovation (ainsi que de ses relations à la notion de système), des raisons de son succès et de ses usages directs ou indirects en termes de politique publique, mais aussi de ses limites en tant que concept essentiellement technologiste, industrialiste et marchand. La section 2 est consacrée à une analyse de la manière dont le concept de RIPPS peut venir enrichir et compléter le concept de RI. Il s'agit de tenter de relâcher les différents biais évoqués précédemment. Pour atteindre cet objectif, la section 2 est consacrée à la définition du concept de RIPPS, à son illustration empirique et à l'analyse de ses spécificités en comparaison des RI traditionnels.

1. Réseaux et systèmes d'innovation : un biais industrialiste, technologiste et marchand

Le concept de réseau est un concept invasif qui connaît un indéniable succès à la fois dans les sciences humaines et sociales et dans les sciences exactes. Ce constat est également vrai pour les réseaux particuliers que sont les réseaux d'innovation. L'objet de cette première section

1 http://www.servppin.com/

est de fournir une définition de ces RI, en privilégiant une perspective évolutionniste et socio-économique (§1). Il est par ailleurs d'évoquer les raisons et les dimensions de leur succès à la fois en tant qu'outil théorique et opérationnel (§2), mais aussi de tenter de rendre compte de leur faiblesse dans une perspective d'application aux services (§3).

1.1. Réseaux et réseaux d'innovation

La notion de réseau est une notion polysémique et transdisciplinaire qui désigne tour à tour un mode d'interaction sociale, un mode d'interconnexion (technique), un mode d'intermédiation (économique), un mode d'organisation efficace sur un territoire de la fourniture généralisée d'un service, etc. (Curien, 2000). La surface de son champ sémantique est telle qu'elle conduit parfois à s'interroger sur la pertinence du concept (« si tout est réseau, rien n'est réseau »). Nous nous intéressons dans ce travail aux réseaux d'innovation dans une perspective évolutionniste et socio-économique. Bien que cette finalité d'innovation ainsi que les perspectives théoriques retenues restreignent fondamentalement le périmètre du réseau, la définition du RI n'en devient pas pour autant simple.

Dans la littérature économique et socio-économique, le concept de réseau d'innovation peut être appréhendé de deux manières différentes et complémentaires (Béjean & Gadreau, 1997).

En effet, le réseau d'innovation peut, tout d'abord, être envisagé, dans une perspective morphologique, comme une structure, un mode d'organisation (dédié à l'innovation : sa diffusion ou sa production), qui comprend un certain nombre d'acteurs et les relations entre ces acteurs. Dans une perspective évolutionniste, les relations fondamentales qui lient les acteurs dans un réseau d'innovation sont les relations d'apprentissage. Les réseaux sont ainsi des espaces où se manifestent des irréversibilités, des contraintes de sentier et une rationalité qui ne se limite pas à la somme des rationalités individuelles des acteurs.

Le réseau d'innovation peut ensuite être envisagé comme un (nouveau) mode de coordination des agents économiques, qui vient s'intercaler entre la coordination marchande traditionnelle (le recours au marché) et la coordination hiérarchique (l'intégration à l'entreprise) (Hakansson, 1989 ; Callon, 1991 ; Hakansson & Johansson, 1993). Dans une perspective d'innovation, le réseau, c'est-à-dire la mise en place de relations fondées sur la confiance, la réputation et la dépendance mutuelle entre des partenaires sélectionnés, est un mode de coordination plus efficace que la hiérarchie (qui réduit les coûts de transaction, mais qui présente le risque d'une bureaucratisation dangereuse pour l'innovation). C'est un mode de coordination également plus efficace que le marché (dans la mesure où il est difficile d'établir des contrats explicites pour des outputs de recherche et d'innovation complexes et incertains et dans la mesure où il y a un risque de divulgation de secrets stratégiques).

Dans son acception morphologique, le réseau d'innovation a fait l'objet de nombreuses typologies qui peuvent utiliser, comme critères discriminants, certaines des variables suivantes (Pyka & Schön, 2009 ; Sundbo, 2009) :

- Le mode de formation de la structure. La littérature économique distingue ainsi des réseaux spontanés qui émergent de manière auto-organisée en raison de la convergence des activités d'agents confrontés à un problème donné, et des réseaux programmés qui sont établis sous l'impulsion d'un agent chef d'orchestre.

- Le mode de fonctionnement de la structure. Celui-ci peut opposer un mode de fonctionnement vertical (top-down) à un mode de fonctionnement horizontal (bottom-up). Il peut également opposer un mode « caretaker » (dans lequel un acteur joue le rôle de chef d'orchestre, d'acteur-hub ou intégrateur de système) et un mode « non care taker » dans lequel les responsabilités sont plus diffuses (« distributed networks »).

- Le cycle de vie de la structure. En effet, les réseaux d'innovation naissent, atteignent leur maturité et peuvent disparaître.

- La nature de l'innovation, qu'ils contribuent à mettre en œuvre. Dans les RI traditionnels, comme nous le verrons, elle est essentiellement technologique.

- La nature des acteurs principaux qui interviennent dans la structure (et la nature des relations qu'ils établissent entre eux).

On notera que l'analyse des réseaux sociaux fournit une multitude d'indicateurs quantifiables, qui permettent également de décrire de manière fine les réseaux et d'en dresser des typologies. On peut citer parmi d'autres les indicateurs de densité, de connectivité, de centralité, etc.

1.2. Les raisons et les dimensions du succès

L'approche résilière de l'innovation a connu un indéniable succès depuis deux décennies, succès particulièrement remarquable pour une approche, qui dans le domaine de l'économie, relève essentiellement du champ de l'hétérodoxie. Ce succès s'établit sur les fronts théoriques, empiriques et politiques.

a. Succès théorique : réseaux et systèmes

Le concept de RI est un concept simple, de prime abord, et flexible qui, tout au moins dans sa perspective morphologique, possède une forte valeur heuristique. C'est un concept qui a établi son succès dans de nombreuses disciplines scientifiques (sciences humaines et sociales, sciences exactes) tout en permettant certaines externalités positives de connaissances entre ces disciplines. L'ouvrage récent édité par Pyka et Scharnhorst (2009), intitulé *Innovation networks*, fournit, par exemple, une belle illustration des enrichissements mutuels possibles entre travaux de physiciens et d'économistes. Dans le champ de l'économie et de la socioéconomie, ce concept présente également l'intérêt de pouvoir être décliné et de trouver des applications à différents niveaux d'analyse : mondial, national, régional, local…

Une raison importante du succès théorique, mais aussi opérationnel de ce concept est sa capacité à intégrer de nombreux autres outils analytiques : apprentissage (de différents types), capacité d'absorption, économies d'échelle, d'envergure, d'agglomération, coûts de transaction, externalités positives (spillovers) en particulier externalités de réseaux, proximité (géographique, mais aussi cognitive, organisationnelle, sociale, institutionnelle), etc. C'est également sa capacité à s'intégrer lui-même dans d'autres concepts plus larges, qui connaissent eux aussi un indéniable succès. Ainsi, la notion de réseau d'innovation est au cœur de tous les concepts de la lignée systémique, qu'il s'agisse de systèmes d'innovation nationaux, régionaux, locaux, ou encore technologiques ou sectoriels, de milieux innovateurs, de districts technologiques, de technopoles ou de clusters… Elle en constitue en effet le fondement (Depret & Hamdouch, 2009 ; Grabher, 2006 ; Glückler, 2007 ; Phlippen & Van Der Knaap, 2007). Le système national d'innovation, par exemple, est ainsi défini par Freeman (1987) comme « the network of institutions in the public and private sectors whose activities and interactions initiate, import, modify and diffuse new technologies »… Le concept de « système technologique » proposé par Carlsson et Stankiewiecz (1995 : 49) désigne un « *network of agents interacting in a specific economic/industrial area under a particular institutional infrastructure (...) and involved in the generating, diffusing and utilization of technology* ».

b. La multiplication des études empiriques

Sur le front empirique, le succès des approches résilières et systémiques se traduit par la multiplication des études empiriques visant à identifier des systèmes et des réseaux d'innovation. Cette littérature est d'autant plus abondante que, si elle peut être abordée de manière directe et explicite, la question des réseaux peut également l'être (plus ou moins directement) à d'autres niveaux : celui de la coopération bilatérale en matière d'innovation, celui des systèmes d'innovation. Ces deux niveaux constituent en quelque sorte, respectivement un resserrement et un élargissement de la focale analytique. Un bilan (extensif) de la littérature sur les réseaux d'innovation[2] pourrait ainsi être réalisé en distinguant les trois perspectives suivantes :

1) les réseaux vus sous l'angle de la coopération technologique,

2) les réseaux en tant que tels (dans leur globalité morphologique, à différents niveaux géographiques et sectoriels),

3) les réseaux en tant que composantes de systèmes d'innovation.

Il existe ainsi une abondante littérature sur la coopération et les réseaux en matière d'innovation, littérature qui a elle-même fait l'objet de nombreuses synthèses (Hagedoorn, 2002 ; Howells & al., 2003 ; Pittaway & al., 2004 ; Powel & Godal, 2004 ; Ozman, 2009 ; Morrar, 2011). Cette littérature aborde en particulier, parmi d'autres, les questions suivantes (Barge-Gil, 2010) : la variété des modèles de coopération (en particulier selon les types de partenaires), les déterminants de la coopération, l'évaluation de son succès par différentes méthodes, etc.

L'OCDE pour sa part a encouragé de nombreuses études empiriques sur les SNI visant à établir les profils de SNI des pays membres (et les réseaux sous-jacents) et à comparer leur efficacité (OCDE, 1999a, 2001, 2003). Certains travaux théoriques fondateurs évoqués précédemment comportent eux-mêmes de nombreuses études de cas. Ainsi l'ouvrage de Nelson (Nelson, 1993) décrit les SNI de 15 pays.

Les travaux empiriques consacrés à l'analyse de réseaux ou systèmes locaux d'innovation sont eux aussi extrêmement nombreux. En les désignant par le terme cluster (le cluster étant considéré comme une forme emblématique récente des réseaux ou systèmes locaux d'innovation), Dépret et Hamdouch (2009) distinguent des clusters High-Tech et des clusters traditionnels ou Low-Tech. C'est la clusterisation dans les secteurs High-Tech (TIC, biotechnologies, nanotechnologies, environnement, aéronautique, spatial et défense, multimédia, nouveaux matériaux, etc.) qui a fait l'objet de la littérature récente la plus abondante. Ces secteurs High-Tech sont caractérisés par leur intensité en R-D et en innovations radicales et associés à l'exploitation de nouvelles trajectoires technologiques. Les secteurs Low-Tech (par exemple, l'automobile, le textile, la chimie, les machines-outils) sont moins intensifs en R-D. Ils évoluent sur des trajectoires technologiques connues, sources d'innovations incrémentales. Bien que relativement moins abondante que la précédente, la littérature consacrée à leur clusterisation est cependant loin d'être négligeable. Dépret et Hamdouch (2009) fournissent une liste des contributions les plus récentes dans l'industrie automobile en Styrie autrichienne, en Allemagne et en

[2] Bilan que nous n'envisageons pas ici.

Thaïlande, les secteurs des machines-outils aux Etas-Unis, les complexes pétroliers à Aberdeen, la métallurgie à Sheffield, le secteur du sport automobile en Angleterre, le textile à New York et en Corée, la viniculture au Chili, l'industrie de plaisance en Scandinavie, la joaillerie à Birmingham... On notera qu'un seul cas de clusterisation dans les services est évoqué dans ce survey. Il s'agit de la clusterisation des activités de services dans le sud-est de l'Angleterre (Coe & Townsend, 1998).

c. Des outils d'expérimentation des politiques publiques

Les approches systémiques et résilières connaissent également un remarquable succès dans le domaine des politiques publiques. Elles fournissent, tout d'abord, des outils d'audit ou de cartographie des systèmes et réseaux existants ainsi que des outils de mesure et de comparaison de leurs performances dans une logique de benchmarking, qui permettent d'éclairer les décisions publiques. Ainsi, au-delà des diagnostics, ces approches fournissent également des outils pour l'action. Au gré de l'évolution des différentes conceptualisations, les décideurs publics à différents niveaux (supra-national, national, régional, local), ont mis au point, en particulier dans le cadre de l'aménagement du territoire, de nombreuses stratégies visant à renforcer ou créer des réseaux d'innovation plus ou moins vastes et complexes.

Pour rendre compte de manière générale de ces politiques, il serait de nouveau possible d'utiliser ici la même grille que celle suggérée pour le bilan des travaux empiriques, en distinguant différents niveaux analytiques : les politiques publiques qui favorisent la « simple » coopération technologique, pourrait-on dire ; celles (niveau intermédiaire) qui se focalisent sur les réseaux en tant que tels ; celles qui (dans une perspective systémique géographique ou sectorielle) favorisent l'agglomération.

On se contentera ici d'évoquer ce dernier niveau (la perspective systémique) dont les outils sont considérés comme des outils importants de développement par les institutions internationales (Torre, 2005), qu'il s'agisse de la banque mondiale, de l'OCDE (2001, 2005) ou encore de la Commission Européenne. Ainsi, les notions de SNI et les réseaux correspondants ont été et continuent en effet d'être au cœur des politiques scientifiques et technologiques nationales et européennes. Les notions de SRI et de clusters (comme hier celles de milieux innovateurs ou de districts industriels) sont aujourd'hui à la base des politiques locales mais aussi nationales dans de nombreux pays, même si elles peuvent y prendre des noms différents : « pôles de compétences » en Allemagne, « clusters de connaissances » et « clusters industriels » au Japon, « pôles de compétitivité » en France.

1.3. Les faiblesses des RI : biais technologiste, industrialiste et marchand

Les réseaux (mais aussi les systèmes d'innovation) tels qu'ils ont été théorisés et expérimentés présentent un certain nombre de faiblesses quand on s'intéresse à la dynamique des services. Ces faiblesses, que nous évoquons ici rapidement, mais que nous développerons plus longuement dans la section 2, traduisent trois biais : technologiste, industrialiste et marchand.

Les réseaux d'innovation (RI) tout comme les systèmes d'innovation (SI) sont en effet en réalité respectivement des réseaux d'innovation technologique (RIT) et des systèmes d'innovation technologique (SIT). Ils sont centrés sur l'innovation technologique. Une conséquence évidente de ce constat est que les actions de politiques publiques d'innovation évoquées précédemment, qu'il s'agisse de formules déjà anciennes (parcs scientifiques, incubateurs, crédits d'impôt recherche, etc.) ou de formes plus récentes (clusters, pôles de compétitivité, etc.) sont essentiellement orientées vers l'innovation scientifique et technique. Autrement dit, le concept de RI, comme les outils d'action en faveur de l'innovation (suscités par les perspectives systémiques et résilières) sont caractérisés par un biais scientifique et technique. Les RIPPS qui nous intéressent prennent en compte quant à eux à la fois l'innovation technologique et non technologique.

Le concept de RI (traditionnel) et la littérature correspondante souffrent également d'un biais industrialiste (étroitement lié au biais technologiste précédent). Il met essentiellement l'accent sur les entreprises industrielles (ce sont celles qui sont susceptibles de produire de l'innovation technologique). Il s'intéresse plus rarement aux entreprises de services. Le concept de RIPPS au contraire place les services au cœur du réseau.

Le concept de RI traditionnel et la littérature correspondante accordent également une place privilégiée à l'environnement de sélection marchand et aux acteurs privés, dans la dynamique de l'innovation, même si le rôle de l'État et des institutions scientifiques publiques sont reconnus. De ce point de vue, on peut dire que les RI présentent, dans une certaine mesure, un biais marchand.

2. Les réseaux d'innovation public-privé dans les services (RIPPS)

Nous envisageons dans la seconde partie de ce chapitre une modalité intéressante de participation des services aux réseaux d'innovation, qui contribue à atténuer les biais industrialistes, technologistes et marchands évoqués précédemment. Dans le cadre du projet européen ServPPIN, nous avons désigné par le sigle PPINS (Public-Private Innovation Networks in Services) ces réseaux particuliers. Ces RIPPS connaissent un développement important ces dernières années. Cependant, ce développement peut également être interprété comme une construction sociale. En effet, si l'accroissement du nombre de RIPPS est bien réel (statistique), il est aussi relatif dans la mesure où il traduit également simplement la prise de conscience de leur existence, c'est-à-dire la « découverte » d'une réalité invisible jusqu'à présent. La reconnaissance de ce type de réseaux d'innovation est étroitement liée à la reconnaissance de formes d'innovations de service dites cachées ou invisibles à nos indicateurs traditionnels (Nesta, 2006 ; Djellal & Gallouj, 2010). Du point de vue des théories de l'innovation dans les services, on peut dire que les RIPPS s'inscrivent dans une perspective de différenciation (ou de démarcation), qui met l'accent sur les spécificités des services en cherchant à identifier des activités d'innovation invisibles à l'appareillage traditionnel (assimilationniste).

Les RIPPS décrivent des collaborations entre organisations de services publiques et privées dans le domaine de l'innovation. Ils diffèrent des partenariats public-privé traditionnels (PPP), formes intermédiaires entre la fourniture publique du service et sa privatisation, dans lesquelles la fourniture du service public ou le financement d'une infrastructure sont confiés contractuellement à un prestataire privé. Ils diffèrent aussi de plusieurs manières des RI traditionnels évoqués dans notre première section. Tout d'abord, les relations entre les acteurs publics et les acteurs privés en constituent le pivot. Ensuite, les prestataires de services (dans toute leur variété) y sont les acteurs principaux. Enfin, l'innovation non technologique (innovation de service), souvent négligée dans la littérature, y est prise en compte, et peut constituer la principale finalité du réseau.

2.1. Un relâchement du biais marchand : la place centrale des interactions entre acteurs publics et privés

Bien entendu, les RI traditionnels n'excluent pas la participation des services publics au réseau. Ainsi les laboratoires publics de recherche et les universités occupent souvent une place importante dans les RI traditionnels, en tant que co-producteurs de l'innovation, et les administrations publiques dont le rôle est de promouvoir un environnement favorable à l'innovation n'en sont pas absentes. Les RIPPS qui nous intéressent ici rehaussent la contribution des services publics et non marchands de différentes manières sur les plans à la fois quantitatifs et qualitatifs. En effet, d'une part, des acteurs nouveaux interviennent dans le réseau, et, d'autre part, ils interviennent de manière plus significative (par exemple en étant les initiateurs du réseau).

Dans les RIPPS, le périmètre des acteurs effectifs (directs) publics et non marchands de l'innovation est sensiblement élargi. Il ne s'arrête plus à la recherche publique (universités, organismes de recherche). Pour toute activité de service public, les RIPPS rendent en effet également compte non seulement de sa fonction éventuelle de promotion de l'innovation, mais aussi et surtout de sa fonction d'acteur direct, coproducteur de l'innovation dans son propre domaine d'activité. Les RIPPS rendent ainsi également compte des dynamiques interactives d'innovations qui impliquent les administrations publiques, qu'elles soient locales, régionales, nationales ou internationales. En d'autres termes, les RIPPS permettent d'aborder, dans la perspective résilière, un champ d'innovation encore largement sous-exploité : non pas celui de l'innovation avec le soutien des services publics, mais celui de l'innovation dans les services publics (Windrum & Koch, 2008 ; Djellal & Gallouj, 2012). Les RIPPS contribuent ainsi à atténuer le paradoxe d'administrations publiques ambivalentes : soucieuses du renouvellement des actions de soutien à l'innovation, mais qui seraient insensibles à l'innovation pour leur propre compte.

Le concept de RIPPS ne néglige pas l'implication possible des acteurs de la recherche en sciences humaines et sociales (SHS). Cette intégration des SHS dans les réseaux d'innovation est favorisée par la prise en compte de l'innovation non technologique (cf. point 2.3). Elle est conforme à la définition de la R-D établie par le manuel de Frascati de l'OCDE (OCDE, 2002 ; Djellal & al., 2003), définition qui couvre, on l'oublie trop souvent, à la fois les ST (sciences et techniques) et les SHS. Notre base de données de cas fournit plusieurs exemples de RIPPS comprenant non seulement des laboratoires de ST, mais aussi des laboratoires de SHS. Par exemple, Le RIPPS intitulé Geowine établi en France pour mettre au point des méthodes de traçabilité et d'authentification de la qualité des vins, comporte un laboratoire de recherche en économie.

Les RIPPS permettent également de prendre en compte les dynamiques d'innovations d'un certain nombre d'acteurs non marchands qui échappent le plus souvent aux RI traditionnels. C'est le cas en particulier d'un certain nombre d'organisations qu'on désigne par le terme générique de « troisième secteur ». Le qualificatif « troisième » ne renvoie pas à la décomposition traditionnelle en trois secteurs (primaire, secondaire et tertiaire), mais à une décomposition du tertiaire lui-même en services marchands, services publics et « troisième secteur ». Ce dernier regroupe un ensemble hétérogène d'acteurs non marchands, mais non nécessairement publics ou totalement publics : des associations, des organisations non gouvernementales (ONG), des organisations semi-publiques, etc. Notre base de données de cas fournit de nombreuses illustrations de cet enrichissement de la palette d'organisations du secteur public ou du troisième secteur intervenant dans les RIPPS. Tous secteurs confondus, on peut citer, à titre d'exemple, la Croix rouge, une municipalité, une agence de développement, une chambre de commerce et d'industrie, un syndicat du tourisme, un syndicat du transport, les institutions du marché du travail (collaborations entre employeurs et syndicats), une fondation, etc. La littérature fournit d'autres illustrations. Rabeharisoa et Callon (2005), par exemple, mettent en évidence le rôle essentiel des associations d'usagers dans les réseaux de la recherche médicale concernant certaines maladies.

Au-delà de la diversité des nouveaux acteurs publics et non marchands impliqués dans les RIPPS, c'est le caractère central de leur implication qu'il faut noter. Les organisations publiques et semi-publiques ainsi que celles dites du troisième secteur sont en effet souvent à l'initiative des RIPPS. Au-delà de ce constat général, on peut dire que, quel que soit le secteur envisagé (transport, santé, tourisme, conseil), le rôle stratégique joué par le troisième secteur (en tant qu'initiateur du réseau ou en tant que médiateur entre acteurs publics et privés) est sans doute un des résultats les plus inattendus de nos enquêtes (Sundbo, 2009 ; Windrum, 2009 ; Weber, 2009).

Ainsi, dans la majorité des études de cas du secteur du transport, le réseau est initié par un acteur public. Ce n'est pas étonnant dans la mesure où, dans la plupart des pays, le système de transport continue d'être un domaine important de l'action publique. Le secteur public et semi public est également dominant dans les services intensifs en connaissances et le tourisme. En effet, sur les 16 cas correspondants, seuls 5 sont initiés par le secteur privé, tandis que 7 le sont par le secteur public, 4 par le secteur semi-public. Dans le secteur de la santé, enfin, 4 cas de RIPPS sur 10 sont initiés et orchestrés par des organisations du troisième secteur, 2 par des organisations du secteur public, 2 par des organisations privées et 3 par un engagement équilibré du public et du privé (Windrum, 2009).

2.2. Un relâchement du biais industriel : les services au cœur des RIPPS

De nouveau ici on ne peut pas affirmer que les RI traditionnels ignorent totalement les services marchands. Il semble cependant que la palette des services marchands envisagés soit généralement relativement limitée. Elle se réduit le plus souvent, aux services de conseil et aux services financiers. Les services intensifs en connaissances sont d'ailleurs parfois décrits comme un nouveau lieu d'expression de l'esprit schumpétérien d'entreprise. Ils participent d'un nouveau modèle d'innovation intitulé modèle d'innovation interactionnel ou assisté par SIC (Services Intensifs en Connaissances) ou encore modèle de Schumpeter 3 (Gallouj, 2002 ; Sundbo & Fuglsang, 2002), qui vient compléter les modèles d'innovation entrepreneuriale (Schumpeter 1) et d'innovation monopolistique (Schumpeter 2), dans lesquels l'esprit d'entreprise est associé respectivement à l'entrepreneur individuel et au département de R-D des grandes firmes.

Les RIPPS quant à eux prennent en compte un spectre plus large d'activités de services publics (comme nous venons de le souligner dans la section 2.1), mais aussi privés. Par ailleurs, dans le réseau, ces activités de services marchands n'occupent pas des positions marginales (par rapport aux activités industrielles). Elles peuvent au contraire, en être des acteurs-clés, des nœuds stratégiques. En théorie, dans la nébuleuse de ces services marchands, n'importe quelle activité peut être concernée. Notre base de données permet d'identifier les exemples suivants : des consultants, une chaîne de télévision, des agences de voyages et des tour operators, des services privés de soins aux personnes âgées, des firmes de transport, etc.

Au-delà de la diversité des prestataires impliqués, la place privilégiée accordée aux firmes et aux organisations de service dans les RIPPS invite à réfléchir à la manière dont les spécificités traditionnelles des services (leurs caractéristiques techniques) peuvent influencer le fonctionnement du réseau.

L'économie et le management des services (Gadrey, 1996a ; Eiglier & Langeard, 1987 ; Djellal & Gallouj, 2007) ont réalisé des progrès importants dans l'analyse du prestataire de service individuel et son produit, qu'ils décrivent par les critères d'immatérialité (le service est intangible), d'immédiateté (le service est non stockable), d'interactivité (le service est coproduit par le prestataire et le client), par son inscription temporelle (il faut distinguer le service à court terme, l'output, et le service à long terme, l'outcome), et enfin par son inscription sociale (la définition du « produit » est subjective). L'économie et le management des services ont également consacré une abondante littérature aux conséquences théoriques, politiques et managériales de ces caractéristiques, et cela dans de nombreux domaines : la production, l'échange, l'innovation, la performance, etc. Ces caractéristiques ont des conséquences sur la nature de l'innovation, ses modes d'organisation, ses régimes d'appropriation. Elles ont également d'évidentes conséquences sur les modalités de localisation et les formes d'échange des services. Elles posent des problèmes théoriques et méthodologiques quant à la définition et à la mesure de la performance des services, etc.

Les RIPPS quant à eux peuvent être envisagés comme des systèmes multi-agents de relations de services. Les difficultés associées à ces différentes caractéristiques s'y trouvent par conséquent décuplées. Les différents agents en interaction sont confrontés au caractère flou de leurs produits respectifs, aux difficultés de stockage de ces derniers, à des systèmes d'interaction multiples, à la multiplicité et à l'éventuelle compétition des systèmes de valeur mobilisés (c'est particulièrement évident dans les interactions entre acteurs publics et non marchands et acteurs privés), à l'inscription des différents produits respectifs dans des échelles spatiales (local, national, global) et temporelles (output, outcome) différentes. Les RIPPS introduisent ainsi les problématiques traditionnelles de l'économie des services dans les analyses résilières de l'innovation.

Bien que la question soit sujette à des débats importants, et à des interprétations contradictoires[3], l'interactivité (qui traduit une certaine forme de participation du client à la production de la prestation, à sa coproduction) est souvent désignée comme la principale caractéristique technique intrinsèque distinguant les services des biens, c'est pourquoi nous lui accordons ici une attention particulière. Les travaux sur l'innovation dans les services mettent souvent en évidence la participation du client aux processus d'innovation (Ulwick, 2002 ; Edvardsson & al., 2010). Mais la question de la participation du client (ou de l'usager) aux processus d'innovation industriels (et dans les RI traditionnels) n'est pas non plus nouvelle. Elle est ainsi au cœur des travaux de Von Hippel (1976) sur les « lead users ». Cependant, dans le cas des services, on peut dire que l'interactivité est endogène au produit (le client est une composante endogène à celui-ci). Elle se décline naturellement au processus d'innovation. Ainsi, les services s'inscrivent de manière encore plus naturelle que les biens dans des modèles d'innovation interactifs. On constate cependant une différence essentielle entre l'implication des clients dans les RI traditionnels et leur implication dans les RIPPS. Dans les RI traditionnels, la collaboration avec le client s'effectue essentiellement dans le cas d'innovations particulièrement nouvelles et complexes (Tether, 2002). C'est, par exemple, l'instrumentation de haute précision dans les travaux de Von Hippel. Dans le cas du service, (probablement dans la mesure où celui-ci est souvent une composante endogène du produit), le client peut être impliqué dans n'importe quel type d'innovation, quel que soit son degré de sophistication ou de matérialité. On notera cependant que dans nos études de cas,

[3] La littérature met ainsi en évidence une certaine convergence entre les biens et les services, c'est-à-dire une dialectique d'industrialisation des services et de « servicisation » des biens, traduisant une montée en puissance du service et de la relation de service dans les secteurs produisant des biens (industriels, mais aussi agricoles).

paradoxalement, le client est rarement évoqué comme partenaire du RIPPS et de l'innovation qu'il met en œuvre. Cela ne signifie pas qu'il est absent, compte tenu de son incorporation dans les processus de servuction des différents prestataires impliqués dans le RIPPS. Sa présence se manifeste également de manière indirecte à travers certaines organisations du troisième secteur (associations d'usagers, etc.).

2.3. Un relâchement du biais technologiste : la prise en compte de l'innovation cachée

Comme le souligne à juste titre Edquist (1997), même s'ils peuvent également s'intéresser aux dynamiques organisationnelles et institutionnelles, les principaux travaux économiques fondateurs de l'analyse systémique ou résilière sont avant tout centrés sur l'innovation technologique (fondée sur les sciences et les techniques). Les RIPPS quant à eux sont concernés à la fois par l'innovation technologique (l'innovation visible) et l'innovation non technologique (l'innovation invisible ou cachée). De ce point de vue, ils élargissent ainsi le champ de la notion de réseau d'innovation.

L'innovation visible est celle qui est perçue par les indicateurs traditionnels, tels que la R-D et les brevets. Elle traduit donc une vision technologiste et assimilationniste de l'innovation (Gallouj, 1994), dans laquelle celle-ci est pour l'essentiel fondée sur la production de systèmes techniques à base scientifique. Qu'ils soient qualitatifs ou quantitatifs, les travaux empiriques qui s'appuient sur une telle conception convergent vers les mêmes conclusions à savoir que les services sont relativement moins innovants que l'industrie, et qu'ils leur sont souvent subordonnés dans la mesure où ils se contentent, pour l'essentiel, d'adopter des technologies produites dans les secteurs industriels. Cette conception technologiste et scientifique de l'innovation ne permet d'appréhender que le côté émergé de l'iceberg de l'innovation. Elle est à l'origine d'un « gap d'innovation », qui peut être défini comme la différence entre la réalité de l'innovation produite dans une organisation ou une économie et l'innovation telle qu'elle est mesurée par nos outils traditionnels (Nesta, 2006 ; Djellal & Gallouj, 2011).

L'innovation invisible ou cachée constitue donc un champ de recherche important et encore largement inexploité, qu'explore depuis quelques années un courant de l'économie et du management des services qui s'inscrit dans une perspective de démarcation ou de différenciation par rapport à la perspective assimilationniste évoquée précédemment (Gallouj, 1994). L'innovation invisible n'est pas une catégorie homogène. Elle couvre le large spectre des innovations dites non technologiques : innovations sociales, innovations organisationnelles, innovations méthodologiques, innovations marketing, innovation de produit ou process immatériel... On peut citer à titre d'exemple : un nouveau contrat d'assurance, de nouveaux instruments financiers, un nouveau domaine d'expertise juridique, une nouvelle formule de restauration, de distribution ou d'hôtellerie, un nouveau concept de loisir ou de tourisme, un nouveau protocole de soin ou de nettoyage, une nouvelle méthodologie de consulting... Compte tenu de la convergence entre les biens et les services, dans les économies contemporaines, l'innovation invisible n'est pas le propre des secteurs de services, elle se manifeste également dans les secteurs industriels et agricoles.

Le caractère non technologique de ces innovations invisibles ne signifie pas qu'elles ne s'appuient pas ou ne peuvent pas s'appuyer sur une technologie matérielle (des systèmes informatiques ou de télécommunication, des moyens de transports, de cuisson ou de réfrigération, par exemple), mais qu'elles ne leur sont pas consubstantielles et qu'elles peuvent dans certains cas se passer d'elles. Autrement dit, il serait injustifié de considérer qu'il n'y a innovation que lorsque la nouveauté s'incarne dans un système technique. Ne pas admettre cela, c'est fortement sous-estimer la capacité d'innovation dans les services. La myopie (toujours persistante, bien qu'en voie d'atténuation grâce aux révisions des manuels de l'OCDE) des indicateurs nationaux et internationaux de R-D et d'innovation s'explique par cette erreur. Ce n'est pas que les services soient inaptes à la R-D et à l'innovation, c'est que ces indicateurs, fortement technologistes, sont inaptes à en rendre compte.

Pour constituer notre base de données de RIPPS, et pour rendre compte à la fois de l'innovation visible et invisible, nous avons distingué cinq types d'innovations : 1) des innovations technologiques ; 2) des innovations de services cognitifs ; 3) des innovations conceptuelles ; 4) des innovations organisationnelles et de process ; 5) des innovations résilières.

Les innovations technologiques désignent les artéfacts matériels à proprement parler (les innovations de produits ou de process) ou des services s'appuyant fortement sur des technologies. Les quatre autres formes d'innovation envisagées sont quant à elles non technologiques ou immatérielles. Les innovations de services cognitifs désignent des innovations immatérielles qui consistent à fournir de nouveaux services à forte composante cognitive (par exemple, de nouveaux programmes éducatifs dans le domaine de la santé, de nouveaux champs d'expertise dans le domaine du conseil). Les innovations de concept décrivent la mise en œuvre de nouveaux « produits » immatériels (de nouvelles formules de services), qui se développent fréquemment dans certains services aux consommateurs, comme l'hôtellerie, la restauration, le commerce, le tourisme. Les innovations organisationnelles et de process sont également immatérielles. Elles décrivent la mise au point de nouvelles structures organisationnelles, de nouveaux processus de servuction (ou l'amélioration de structures, de pratiques ou process anciens). Si, sur le plan analytique, l'innovation organisationnelle et l'innovation de processus diffèrent, dans la pratique il est difficile d'en faire la distinction. C'est pourquoi nous les associons dans une même catégorie. Enfin, l'innovation résilière est un cas particulier d'innovation organisationnelle, qui traduit l'idée que la constitution d'un RIPPS peut-être elle-même envisagée comme la finalité principale (l'objet) de l'innovation.

Dans le domaine de la santé, notre base de données de cas est dominée par les innovations non technologiques. Elle comporte en effet 1 cas d'innovation de services cognitifs consistant en un produit de formation innovant destiné aux malades. Elle comprend 4 cas d'innovations organisationnelles ou de process. Il s'agit d'une méthodologie de calcul des coûts, de la création d'une nouvelle organisation de recherche, d'une nouvelle école de santé et d'un nouvel hôpital. Nous avons également identifié 3 cas d'innovations résilières dont en particulier un réseau de soins innovant pour la prise en charge des personnes âgées. Les autres cas sont des innovations technologiques pour l'essentiel liées aux technologies de l'information (technologies interactives de réhabilitation, nouvelles technologies non agressives d'imagerie médicales, logiciel de gestion des risques, etc.).

Dans le domaine des services intensifs en connaissances (y compris le tourisme), ce qui n'est pas surprenant, les innovations non technologiques sont également les plus nombreuses. On compte ainsi 6 cas d'innovations de services cognitifs (dont la plupart sont des produits de formation ou de conseil), 3 cas d'innovations de concept (en particulier de nouveaux produits touristiques tels qu'un festival des fruits, des expériences touristiques « sans allergies » (« allergy-free »), 2 cas d'innovations organisationnelles et 5 exemples d'innovations technologiques.

Dans le domaine des services de transport, enfin, notre base de données ne comporte aucune innovation de services cognitifs. Une meilleure prise en compte de la logistique, dans nos enquêtes, aurait probablement permis de mettre en évidence de telles innovations. Notre base de données comprend néanmoins un cas d'innovation organisationnelle et de process, un cas d'innovation technologique. La majorité des cas sont considérés comme des innovations technologiques ayant des impacts organisationnels et de process importants.

Conclusion

Nous avons consacré ce chapitre à l'identification empirique et théorique d'une forme de réseau d'innovation particulière qui se développe dans les économies de services contemporaines, forme que nous avons baptisée « réseau d'innovation public-privé dans les services » (RIPPS).

Les RIPPS peuvent être envisagés comme des dispositifs socio-économiques réellement nouveaux dont le nombre s'accroît dans des économies de services préoccupées de développement durable, et qui explorent des modes de coopération alternatifs aux processus croissants de privatisation. Mais ils peuvent également être envisagés comme des constructions sociales, la simple « découverte » d'une réalité existante, mais échappant jusque-là à l'acuité de nos outils analytiques. Cette visibilité nouvelle est à mettre en liaison avec la prise de conscience croissante en économie et en gestion de l'importance et de la nécessité de l'identification non seulement de formes d'innovations invisibles, mais aussi des types de performances invisibles.

Qu'ils soient réels ou « construits », les RIPPS contribuent à relâcher les biais qui caractérisent les RI traditionnels centrés sur l'innovation technologique portée pour l'essentiel par des firmes industrielles dans un environnement de sélection marchand. Tout d'abord les RIPPS enrichissent le concept de RI traditionnel en en étendant le périmètre à de nouveaux acteurs : l'ensemble des services marchands, les organisations du troisième secteur. Ensuite, ils enrichissent les modalités possibles de la participation des organisations publiques au réseau : celles-ci ne sont plus cantonnées à un rôle de soutien à l'innovation, elles peuvent être des acteurs actifs de l'innovation en particulier en ce qui concerne leur propre activité. Enfin, les RIPPS augmentent sensiblement le périmètre de l'innovation prise en compte. Ce n'est plus seulement l'innovation technologique qui est visée, mais aussi l'innovation non technologique sous toutes ses formes, en particulier l'innovation de service public et l'innovation sociale.

En posant la focale analytique sur certaines formes d'innovation cachées qui sont à l'origine d'un « innovation gap » dans nos économies contemporaines, les RIPPS soulèvent également la question des performances cachées (et du « *performance gap* »). Le *performance gap* mesure la différence entre la performance réelle d'une organisation ou d'une économie et la performance évaluée exclusivement par les outils économiques traditionnels (essentiellement la productivité et la croissance) (Djellal & Gallouj, 2011). Dans les RIPPS, le rôle central des services publics et du troisième secteur contribue à favoriser des systèmes d'évaluation pluralistes de la performance, fondés sur des critères multiples et évolutifs permettant de mieux appréhender l'intérêt socio-économique des collaborations (Gadrey, 1996b ; Djellal & Gallouj, 2012). En d'autres termes, les RIPPS ne doivent pas être évalués uniquement selon les critères des mondes industriels et financiers, mais aussi selon ceux des mondes sociaux, civiques et de la réputation. Les

RIPPS peuvent en effet non seulement créer de la valeur ajoutée économique (des revenus), mais aussi de la valeur ajoutée socio-civique et en termes de réputation : solidarité vis-à-vis des plus démunis, inclusion sociale, équité, image du territoire où ils se déploient.

Comme nous l'avons souligné dans ce chapitre, le succès des concepts de réseaux et de systèmes d'innovation tient en partie à leur déclinaison possible dans le domaine des politiques publiques. Sous cet angle, les RIPPS eux aussi peuvent être envisagés à la fois comme des objets (des cibles) et des instruments de la politique publique. Ils doivent être soutenus et utilisés afin de réduire l'innovation gap, le performance gap et le policy gap (induit par les deux précédents), qui continuent de caractériser les économies de services contemporaine.

Bibliographie

Barge-Gil, A., « Cooperation-based innovators and peripheral cooperators : an empirical analysis of their characteristics and behavior », *Technovation*, 30, 2010, pp. 195-206.

Béjean, S., Gadreau, M., « Concept de réseau et analyse des mutations récentes du système de santé », *Revue d'économie industrielle*, vol. 81, 3e trimestre, 1997, pp. 77-97.

Callon, M., « Réseaux technico-économiques et irréversibilité », in Boyer R., Chavance B., Godard O. (dir.), *Figures de l'irréversibilité en économie*, Édition de l'EHESS, Paris, 1991, pp. 195-230.

Carlsson, B., Stankiewicz, R., « On the nature, function and composition of technological system », in Carlsson B. (ed.), *Technological systems and economic performance : the case of factory automation*, Dordrecht, Kluwer, 1995, pp. 21-56.

Cohen, W.M., Nelson, R., Walsh, J., « Links and impacts : the influence of public research on industrial R&D », *Management Science*, 48(1), 2002, pp. 1–23.

Curien, N., *Économie des réseaux*, Repères, La Découverte, 2000.

Depret, M.-H., Hamdouch, A., « Clusters, réseaux d'innovation et dynamiques de proximité dans les secteurs High-Tech : une revue critique de la literature récente », *Revue d'économie industrielle*, n°128, 4ème trimester, 2009, pp. 21-52.

Djellal, F., Francoz, D., Gallouj, C., Gallouj, F., Jacquin, Y., « Revising the definition of research and development in the light of the specificities of services », *Science and Public Policy*, 30/6, 2003, pp. 415-429.

Djellal, F., Gallouj, C., « Introduction à l'économie des services », Presse Universitaire de Grenoble, 2007.

Djellal, F., Gallouj, F., « Innovation dans les services, performance et politique publique », *Économie appliquée*, Tome LXIV, n° 2, juin, 2011, pp. 53-894.

Djellal, F., Gallouj, F., « L'innovation dans les services publics », *Revue Française d'Économie*, XXVII (2), octobre, 2012, pp. 97-137.

Djellal, F., Gallouj, F., *La productivité à l'épreuve des services*, P.I.E Peter Lang, Bruxelles, 2012.

Djellal, F., Gallouj, F. (eds.), *The Handbook of Innovation and Services : a multidisciplinary perspective*, Edward Elgar Publishers, Cheltenham, 2010.

Edvardsson, B., Gustafsson, A., Kristensson, P., Witell, L., « Customer integration in service innovation », in Gallouj F. Djellal F. (eds.), *The Handbook of Innovation and Services : a multidisciplinary perspective*, Edward Elgar Publishers, Cheltenham, 2010, pp. 301-317.

Eiglier, P., Langeard, E., *Servuction, le marketing des services*, McGraw-Hill, 1987.

Freeman, C., *Technology policy and economic performance : lessons from Japan*, Pinter, London, 1987.

Gadrey, J., *L'économie des services*, 2e édition, La Découverte, Paris, 1996a.

Gadrey, J., *Services : la productivité en question*, Desclée de Brouwer, Paris, 1996b.

Gallouj, F., *Économie de l'innovation dans les services*, L'Harmattan, Paris, 1994.

Gallouj, F., « L'innovation interactionnelle : une approche néoschumpeterienne », in Djellal F., Gallouj F. (eds.), *Technologies et innovations dans la nouvelle économie des services*, L'Harmattan, Paris, 2002.

Glückler, J., « Economic geography and the evolution of networks », *Journal of Economic Geography*, vol. 7, n° 5, 2007, pp. 619-634.

Grabher, G., « Trading routes, bypasses and risky intersections : mapping the travels of "networks" between economic sociology and economic geography », *Progress in Human Geography*, vol. 30, n° 2, 2006, pp. 163-189.

Hagedoorn, J., « Inter-firm partnerships : an overview of major trends and patterns since 1960 », *Research Policy*, 31, 2002, pp. 477-492.

Hakansson, H., *Corporate technological behavior, cooperation and networks*, Routledge, Londres, 1989.

Hakansson, H., Johanson, J., « The network as a governance structure : inter-firm cooperation beyond market and hierarchies », in Grabher G. (ed.), *The embedded firm : on the socio-economics of industrial networks*, Routledge, Londres, 1993.

Howells, J., James, A., Malik, K., « The sourcing of technological knowledge : distributed innovation processes and dynamic change », *R&D Management*, 33 (4), 2003, pp. 395–409.

Morrar, R., « Public-Private Innovation Networks in services », PhD thesis, University Lille1, Lille, 2011.

Nelson, R. (ed.), *National innovation systems*, Oxford University Press, 1993.

NESTA, « The innovation gap : why policy needs to reflect the reality of innovation in the UK », *National Endowment for Science, Technology and the Arts*, Research Report, October, 2006.

OCDE, *Managing national innovation systems*, OCDE, Paris, 1999a

OCDE, Innovative clusters, drivers of national innovation systems, OCDE, Paris, 2001.

OCDE, *Frascati Manual : Proposed Standard Practice for Surveys on Researchand Experimental Development*, 6th edition, OECD, Paris, 2002.

OCDE, *Public-private partnership for research and innovation : an evaluation of the dutch experience*, Paris, 2003.

OCDE, *Business clusters, promoting enterprise in central and eastern Europe*, Paris, 2005.

Ozman, M., « Inter-firm networks and innovation : a survey of the literature », *Economics of Innovation and New Technology*, 18 (1), 2009, pp. 39–67.

Phlippen, S., van der Knaap, B., « When clusters become networks », *Tinbergen Institute Discussion Papers*, n°TI 100/3, 2007.

Pittaway, L., Robertson, M., Munir, K., Denyer, D., Neely, A., « Networking and innovation : a systematic review of the evidence », *International Journal of Management Reviews*, 5/6 (3&4), 2004, pp. 137-168.

Powell, W., Grodal, S., « Networks of innovators », in Fagerberg, J., Mowery, D.C., Nelson, R.R. (eds.), *The Oxford Handbook of Innovation*, Oxford University Press, Oxford, 2005.

Pyka, A., Scharnhorst, A. (eds.), *Innovation networks : new approaches in modelling and analyzing*, Sprringer, 2009.

Pyka, A., Schön A., *Taxonomy of innovation, cooperation and networks in service industries*, ServPPIN, European Commission, 2009.

Rabeharisoa, V., Callon, M., « The involvement of patients in research activities supported by the French Muscular Dystrophy Association », in Jasanoff, S. (ed.), *States of Knowledge : The Co-Production of Science and Social Order*, Routledge, London/NewYork, 2004, pp. 234-263.

Sundbo, J., Fuglsang, L. (eds.), *Innovation as strategic reflexivity*, Routledge, 2002.

Sundbo, J., « Public-private networks and service innovation in knowledge intensive services : a report of European case studies », ServPPIN project, WP5, october, 2009.

Tether, B., « Who co-operates for innovation and why. An empirical analysis », *Research Policy*, 31(6), 2002, 947-967.

Torre, A., « Clusters et systèmes locaux d'innovation : un retour critique sur les hypothèses naturalistes de la transmission des connaissances à l'aide des catégories de l'économie de la proximité », *Régions et Développement*, n° 24, 2005, pp. 15-44.

Ulwick, A.W., « Turn customer input into innovation », *Harvard Business Review*, 80(1), 2002, pp. 91-97.

Von Hippel, E., « The Dominant role of the user in scientific instruments innovation process », *Research Policy*, 5(3), 1976, pp. 212-239.

Weber, M., « Public-private service innovation networks in transport », *ServPPIN project*, WP6, october, 2009.

Windrum, P., Green, L., « Public-private ServPPIN networks and service innovation in health », *ServPPIN project*, WP4, october, 2009.

Windrum, P., Koch, P. (ed.), *Innovation in Public Sector Services. Entrepreneurship, Creativity and Management*, Cheltenham UK, Northhampton MA, USA, Edward Elgar, 2008.

Modèles d'innovation dans l'économie de la fonctionnalité

Ingrid VAILEANU-PAUN

Université Paris-Diderot

Johan VAN NIEL

Université de technologie de Troyes

Introduction

Les enjeux de développement durable mettent notamment au centre de l'action des entreprises leur capacité à innover dans le sens d'une réduction de leur impact environnemental, en utilisant des processus de production moins polluants ou en concevant des produits plus économes en ressources matérielles et énergétiques, tout au long de leur cycle de vie. La crise économique pose pour sa part le problème de la réindustrialisation des économies occidentales. Quelle doit être dans ces conditions cette réindustrialisation souhaitable ? Veut-on reconstruire des zones à forte intensité productive, ou s'agit-il d'instaurer de nouvelles relations entre les entreprises et le territoire ? Le territoire constitue une partie importante de l'analyse car, quel que soit la taille de l'entreprise, elle est insérée dans un territoire, d'où elles tirent nombre de ressources matérielles et humaines. Pour rendre les modes de production et de consommation davantage compatibles avec les impératifs du développement durable, il apparait nécessaire d'adopter un point de vue systémique, et donc d'étendre le domaine d'action de l'entreprise au-delà de ses murs. Les modèles économiques d'entreprise hérités du fordisme, qui reposent sur une dichotomie entre l'offre et la demande, identifiant le producteur au créateur de valeur et le client au destructeur de la valeur (Mont, 2002), se heurtent dès lors à des limites fortes.

Nous proposons une approche de l'innovation centrée sur la relation de l'entreprise prestataire avec ses clients industriels. Le concept de l'économie de la fonctionnalité nous permet de considérer cette relation renouvelée entre l'entreprise prestataire et le client comme participant d'une stratégie d'innovation visant la formation de nouveaux centres de création de valeur à partir du développement d'offres de solutions visant à satisfaire les besoins du client autrement que par la simple vente/achat de produits et/ou de services. Cette approche de la dynamique micro-économique permet d'observer l'évolution de la demande à travers l'impact des parties prenantes (du système d'acteurs) sur la valeur d'entreprise dans un espace englobant des régulations, des acteurs et des critères d'évaluation spécifiques en constante évolution. En considérant le client au travers de ses relations avec les autres parties prenantes, on identifie ses besoins multiples mais aussi les trajectoires de changement de ses besoins à travers l'évolution des registres d'évaluation qui intègrent les intérêts d'acteurs divers, comme les actionnaires, les employés, les autorités locales, la communauté civile, etc.

La première partie de ce chapitre traite de l'analyse du rôle de la relation de coopération avec le client dans un modèle d'économie de fonctionnalité. L'évolution de la demande et la ramification des besoins des clients, qui ne se satisfont plus de l'achat d'un produit ou d'un service mais attendent des solutions innovantes et personnalisées, implique de développer de nouvelles trajectoires d'innovation en vue de garder une position concurrentielle.

La deuxième partie propose une analyse de cette relation renouvelée de l'entreprise prestataire avec le client et son système d'acteurs (B to B to C), stratégie d'innovation multisectorielle qui pousse les entreprises à s'aventurer en dehors de leur domaine traditionnel d'activité, de la pertinence dans un tel contexte des registres classiques de l'innovation et des différents niveaux de choix stratégiques à opérer au sein de ces nouvelles trajectoires d'innovation.

La troisième partie vise à apporter un éclairage sur les changements de formes de concurrence et d'organisation interne des entreprises comme conséquence du renouvellement de la relation entre l'entreprise et le client et surtout leur relation de co-conception de l'offre, une forme d'innovation spécifique aux modèles d'affaires de l'économie de la fonctionnalité. On constate ainsi l'émergence de dispositifs institutionnels nouveaux en termes d'évaluation et de valorisation des nouveaux centres de création de valeur.

1. La pertinence d'une stratégie de coopération entre l'entreprise prestataire et le client système

L'économie de la fonctionnalité consiste en la substitution de la vente d'un service (une fonction) à la vente d'un produit. L'objectif économique est de créer une valeur d'usage la plus élevée possible pendant le plus longtemps possible, tout en consommant le moins de ressources matérielles et d'énergie possible (Stahel, 2006 ; Bourg & Buclet, 2005). Ces économistes constatent pour leur part qu'on présente souvent la vente de services comme un obstacle à l'innovation. Dans la nouvelle relation avec le client, l'acte de vente est remplacé par un processus d'adaptation continue à des besoins qui évoluent en permanence. Cette relation de coopération est garante d'une fidélisation des clients, dans la mesure où ceux-ci s'impliquent dans le processus de co-conception de l'offre avec l'entreprise prestataire.

La coordination des différents agents impliqués dans l'activité productive a été analysée à travers les coûts de transaction (Coase, 1937 ; Williamson, 1985 ; Hart & Moore, 1990), dans une logique néo-institutionnaliste fondées sur le contrat, et a été abordée plus récemment par les approches portant sur la modularité des structures industrielles. Baldwin et Clark (2000) définissent le principe de modularité par la capacité de décomposer un produit complexe en un ensemble de modules indépendants, coordonnées par la mise en place d'interfaces standardisées, qui permettent une gestion autonome des modules par les multiples acteurs qui interviennent tout au long du processus. Ce processus favorise l'innovation à travers le rôle d'architecte joué par une entreprise centrale et par celui des producteurs de modules toujours plus nombreux, responsabilisés et innovants.

Le client industriel se présente ainsi comme un système d'acteurs (un « Client Système », voir figure 1) qui influence les décisions et la valeur d'entreprise à travers la confrontation de registres d'évaluation et d'intérêts qui se montrent souvent contradictoires. Suite à une analyse de la nature nous pouvons classer les différents acteurs qui influencent le client industriel en fonction de sa contribution à l'augmentation de l'une des quatre valeurs d'entreprise ainsi identifiées : la valeur financière/capitalistique (actionnaires, cadres dirigeants, agences de cotation et de certification, etc.), la valeur travail/productive (employés, agences d'évaluation des compétences et performances interne, etc.), la valeur marchande (les clients, la concurrence, les réseaux de distribution, etc.) et la valeur territoire (les régulations spécifiques, les institutions, la communauté locale, les associations professionnelles et extra-professionnelles, les spécificités territoriales, etc.).

Le but de cette analyse est d'identifier de nouveaux centres de création de valeur en anticipant les besoins du client grâce à une compréhension des pressions que celui-ci peut subir de la part des parties prenantes (du système d'acteurs) dans sa dynamique économique et les arbitrages qu'il doit réaliser entre les quatre valeurs identifiées.

La problématique de l'arbitrage entre plusieurs dimensions de la valeur d'entreprise

L'approche de l'économie de la fonctionnalité permet d'intégrer les externalités positives et négatives dans le processus productif. Dans ce contexte, le registre d'évaluation de l'entreprise ne s'arrête plus à sa capacité à réaliser des profits, mais s'étend à sa capacité à améliorer la qualité des relations qu'elle noue avec les autres parties prenantes.

En fonction des régulations spécifiques d'un territoire à l'autre, les valeurs de l'entreprise peuvent être interprétées de différentes façons. Si en Europe, la capacité à limiter les pollutions est une valeur quantifiable et reconnue comme telle avec des impacts positifs sur la valeur marchande, de travail et financière, elle devient un handicap pour l'entreprise dans les pays en développement, où le coût associé à l'emploi de procédés de production propres affecte la compétitivité de l'entreprise (reposant sur de bas coût de main-d'œuvre), face à des concurrents qui refusent d'innover pour une meilleure compatibilité avec le développement durable. Nous avons analysé dans le cadre de travaux de recherche la séquentialité des régulations pour un développement durable et la séquentialité des formes de concurrence associées d'un territoire à l'autre. L'organisation des externalités en fonction de leurs contributions, comme présenté dans la figure 1, aux quatre dimensions de la valeur (dimension financière, marchande, travail et territoriale) (Vaileanu-Paun, 2013) permet de comprendre les différentes typologies de parties prenantes mais aussi leurs relations de collaboration pour alimenter les enjeux d'innovation, ce processus collaboratif avec le client qui est perçu comme système des parties prenantes organisées par rapport à la fonction qu'elles ont dans le processus de création de valeur dans les logiques de l'économie de la fonctionnalité. Ainsi, ces parties prenantes contribuent au développement de l'une ou plusieurs dimensions de la valeur (financière, marchande, productive, écologique) et influencent et orientent ainsi les décisions du client B to B dans ce processus de co-évaluation. L'importance de ce schéma est centrale dans la compréhension de l'hétérogénéité du Client (B to B) qui ne peut pas être résumé à des simple points de consommation mais qui sont des véritables écosystèmes régis par des relations interdépendantes entres les parties prenantes qui ont un impact majeur sur le territoire même s'ils sont traités souvent comme simples « externalités ». Les approches de l'économie de la fonctionnalité remettent ces externalités au cœur des logiques de création de valeur à travers la centralité de la compréhension des besoins des solutions multifonctionnels auquel le fordisme répondait avec la vente des produits standardisés.

Figure 1 : Renouvellement de la relation client : Registre Client Système

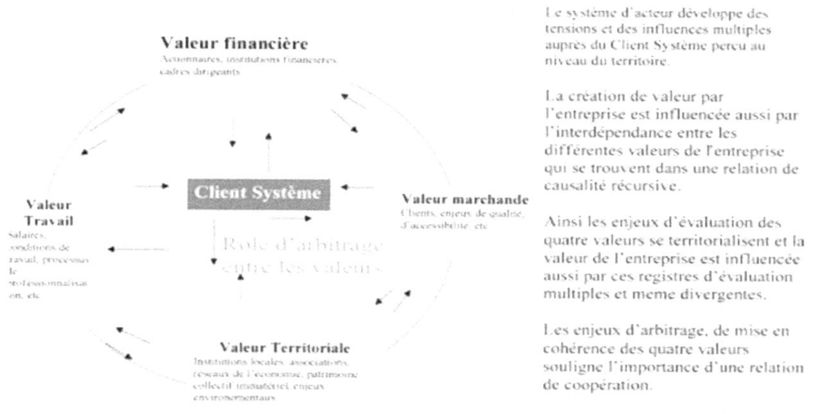

Source : Vaileanu-Paun, 2013.

Ainsi, l'approche de l'économie de la fonctionnalité propose une lecture plus nuancée qui incite les entreprises à l'ajustement des quatre dimensions de la valeur. Dans la lecture de la fonctionnalité il n'y a plus de distinction entre les approches B to B et B to C parce que les logiques de l'économie de la fonctionnalité permettent une approche englobante de type B to B, partant des besoins du « client système » pour identifier les « solutions fonctionnelles » à co-construire avec celui-ci dans le but de la création d'une valeur territoriale partagée (Vaileanu-Paun & Boutillier, 2012). Ainsi le modèle d'innovation dans les approches de l'économie de la fonctionnalité relève d'un processus collaboratif multi-acteurs organisé autour des différentes dimensions de la valeur que ces parties prenantes influencent : la valeur financière, la valeur marchande, la valeur travail et la valeur écologique-territoire.

L'objectif de préservation de la position concurrentielle à travers la co-conception, la co-production et la co-évaluation

Dans un contexte de développement des nouvelles technologies de l'information et de la communication (NTIC) et d'intensification de la concurrence, les entreprises prestataires cherchent à fidéliser leurs clients en leur proposant des partenariats stratégiques qui incluent l'implication du client dans le processus de conception de ses propres produits et services pour mieux adapter leurs offres aux besoins de ceux-ci.

Dans ce cadre d'analyse, trois types de relations de coopération peuvent être définis (Du Tertre, 1997) : entre pairs (la coopération horizontale), entre supérieurs et employés (la coopération verticale/hiérarchique) et avec des acteurs qui n'appartiennent pas aux premières deux catégories (la coopération transversale). Dans la logique propre à l'économie de la fonctionnalité, « le registre de la coopération » intègre l'implication des clients dans la « co-conception », « co-production » et « co-évaluation » de l'offre, en vue de l'émergence d'une solution qui réponde à leurs besoins multiples tout en respectant les contraintes de l'entreprise prestataire et des acteurs du territoire.

Dans ces nouvelles conditions d'analyse des relations entre les acteurs, l'attention se déplace du client vers les relations du client avec son système d'acteurs. Le processus d'évaluation va aussi se déplacer d'une analyse de la satisfaction du client vers l'analyse de l'impact de l'offre (solution) sur les relations du client avec les acteurs du territoire. Dans le registre de la coopération, le résultat (la qualité de la solution) est une fonction du degré de co-conception, co-production et « co-évaluation » avec le client. Les logiques d'innovation sont soumises à ces trois niveaux de collaboration en influençant les formes de concurrence et les formes d'organisation. La figure 2 présente le registre de la collaboration qui relève des trois dimensions de l'intensité de cette collaboration qui ne se résume pas, comme dans le processus linéaire de l'innovation hérité du fordisme, à une relation de transaction mais se décline au niveau de la co-conception, celui de co-production et celui de la co-évaluation.

On identifie ainsi de nouveaux centres de création de valeur par le processus d'innovation au niveau de ses trois dimensions de collaboration (co-conception, co-prodution et co-évaluation) provenant de la transformation des externalités positives et négatives, qu'elles soient matérielles ou immatérielles, en actifs issus de la relation entre le client et l'entreprise prestataire. Dans le modèle économique de type fordien, l'action de vente des biens ou de services place le client et l'entreprise prestataire dans une relation de « co-ordination » (Du Tertre & Le Bas, 1997) tandis que dans la logique de l'économie de la fonctionnalité, cette relation est de « coopération » (Gaglio & al., 2011). Au fur et à mesure de l'analyse des conditions de développement des relations de « coopération » avec le client (de co-conception, de co-production et de co-évaluation) on identifie l'importance des enjeux de connaissance et de compétence dans ce processus collaboratif de renouvellement de la relation entre le client et l'entreprise.

Figure 2 : Le modèle d'innovation comme processus collaboratif

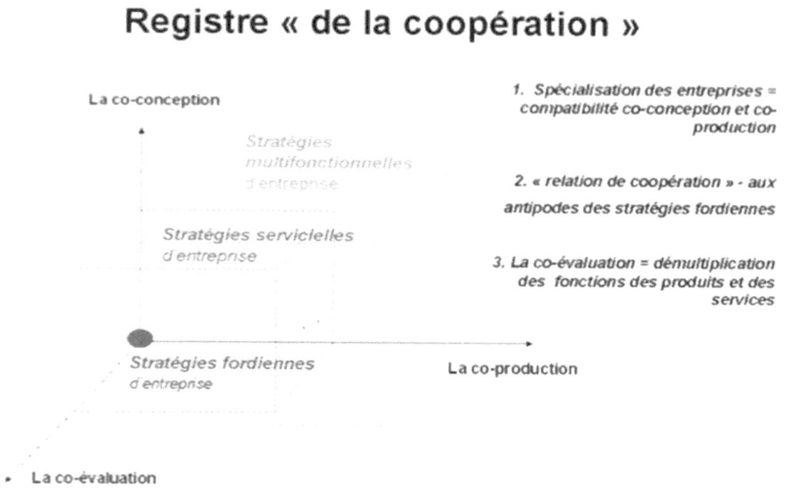

Source : Vaileanu-Paun, 2013.

Les travaux de recherche économiques montrent que l'augmentation de la complexité des milieux économiques provoque des effets de spécialisation des entreprises qui se replient sur leurs activités de base pour faire face à l'incertitude du monde économique. La tendance des entreprises à se spécialiser crée les conditions pour le développement de relations de coopération et surtout de co-conception et co-production. Plus la spécialisation est grande, plus la relation de coopération est justifiée pour développer des solutions qui puissent répondre à des besoins multiples des clients.

1.1. La co-conception comme processus de spécification de la demande

La co-conception est un processus nouveau consistant à spécifier les besoins multiples du « client système » grâce à la nouvelle place qu'il occupe dans le processus productif. La proximité avec le client devient essentielle pour l'émergence d'une offre fidèle aux besoins du client, qui est analysé en tant qu'acteur du développement durable dans son territoire qui relève des régulations spécifiques. La demande (de type multifonctionnelle) ne peut pas émerger par l'intermédiaire des études de marketing classiques, mais est le produit exclusif d'une relation de coopération, d'échange avec l'entreprise prestataire dans laquelle on adapte en permanence l'offre grâce à un processus de validation ou invalidation des idées et des procédés. Il s'agit d'ailleurs d'un processus en spirale de co-conception, co-production et co-évaluation dans « les logiques servicielles » (Du Tertre & Le Bas, 1997), mais avec pour objectif de faire émerger une demande qui englobe plusieurs attentes ainsi précisées.

La terminologie de « client » dans les conditions de « co-conception » risque d'être dépassée parce que « le client » est aussi un « concepteur producteur » de sa propre solution grâce à cette nouvelle relation de co-développement avec l'entreprise qui mobilise aussi le système d'acteurs (fournisseurs, complémenteurs). On préfère continuer à utiliser le terme pour ne pas changer le modèle de référence classique et bien communiquer les idées du nouveau modèle de type fonctionnel. Les besoins multiples du client peuvent être souvent contradictoires : budgets minimums et qualité maximum, coûts moindres des biens et haute qualité environnementale de leur production. C'est pour cela que la solution co-conçue n'est pas une simple somme des biens et services mais une nouvelle fonction d'un ensemble des produits et services soumis à un processus d'innovation par l'entreprise prestataire avec l'aide du client lui-même. Plus l'investissement initial dans des ressources immatérielles est grand, par exemple la participation des équipes des différents départements dans la co-conception, plus la solution finale est adaptée et multifonctionnelle. L'implication des capacités territoriales (fournisseurs et complémenteurs) augmente d'autant plus le degré de multifonctionnalité de la solution recherchée que les contraintes diverses soumises en interne par le client (intérêts des actionnaires, fournisseurs, salariés, consommateurs, opinion publique, etc.) sont plus fortes quand la proximité géographique et culturelle est plus grande.

Ce processus de « co-conception » remet en cause le système de l'innovation classique associé à un « créateur de valeur », innovateur et un « consommateur de valeur » et des résultats d'innovation. Dans le processus de co-conception, le rôle du client n'est plus limité à l'espace du marché mais il intervient en amont du marché, dans le processus de l'innovation dans le cadre de la co-conception. Comprendre la posture multiple du client (comme employé, citoyen et même actionnaire) offre une approche différente et responsable du processus de production et place le territoire comme acteur central du développement durable.

La « co-évaluation » est tout d'abord le résultat d'une interaction volontaire entre le client et l'entreprise, en dehors du marché, dans le but d'améliorer le résultat de la solution finale et augmenter le degré de fidélisation des clients. Plus l'investissement est grand dans la co-évaluation, plus le résultat est en phase avec « l'évolution séquentielle de la demande ». La co-évaluation est analysée ici comme un processus dynamique capable d'intégrer plusieurs registres d'évaluations spécifiques aux différentes parties prenantes et plusieurs postures possibles des clients (citoyen, consommateur, actionnaire, employé) dans le but de faire un arbitrage des critères d'évaluation les plus pertinents dans une situation précise et à un moment donné. Ce processus implique la capacité du client et de l'entreprise prestataire d'analyser plusieurs registres d'évaluation dans le but de faire des arbitrages pour mettre en compatibilité plusieurs postures d'évaluations et non pas dans le but de les homogénéiser.

Sans les conditions d'une nouvelle place du client dans le processus de production (la co-conception et la co-production), cette co-évaluation ne pourrait pas être envisagée comme processus intrinsèque et même créateur de valeur pour l'entreprise et pour le client. L'évaluation a une pertinence et suscite la confiance grâce à l'objectivité de l'évaluateur qui doit être une entité externe et indépendante par rapport aux acteurs évalués et doit analyser les acteurs par rapport à des critères déjà établis. Le concept de l'économie de la fonctionnalité place la crédibilité de l'évaluation (co-évaluation) dans la capacité de prise en compte des différences et d'arbitrage de plusieurs registres d'évaluations des différentes parties prenantes qui influencent les quatre valeurs d'entreprise. Le manque des dispositifs institutionnels capables de gérer une co-évaluation ne met pas en valeur la capacité de croissance économique dématérialisée grâce à la relation de coopération.

La relation de coopération avec le client et le système d'acteurs n'est pas proposée comme modèle universel d'entreprise mais représente une forme émergente donnée de stratégie d'entreprise pour répondre aux enjeux de développement durable, des effets de globalisation et de l'augmentation de l'usage des NTIC dans l'espace économique moderne. Fidèle aux logiques de l'économie de la régulation, cette analyse n'essaie pas de proposer un modèle unique d'entreprise mais d'analyser les nuances et les degrés possibles de coopération entre l'entreprise et le client système dans le but d'atteindre des objectifs concurrentiels et d'augmenter la valeur d'entreprise telle qu'elle a été analysée grâce aux vecteurs de création et reconnaissance de valeur par les acteurs divers et spécifiques à chacun des territoires.

2. Nouveau modèle d'innovation d'entreprises dans l'économie de la Fonctionnalité

On observe que sans changer de « configuration productive » (Du Tertre & Le Bas, 1997), l'entreprise peut changer de trajectoire d'innovation et intervenir ainsi au niveau des secteurs de ses propres clients ou de ses propres fournisseurs. On continue ainsi sa trajectoire d'innovation environnementale en dehors (en parallèle) de la trajectoire d'innovation propre à sa configuration productive. On gagne ainsi en performance environnementale d'un point de vue multisectoriel, avec une capacité de démultiplication de l'innovation pour un développement durable, mais on reste aussi dans une trajectoire classique au niveau de la production standard du secteur de l'entreprise.

2.1. Le concept de « trajectoire technologique » adapté à l'enjeu du développement durable

Les entreprises suivent des « trajectoires technologiques », définies comme des cheminements empruntés par les innovations technologiques qui leur permettent de dépasser ou de contourner des blocages techniques ou des contraintes économiques (Nelson & Winter, 1982). Ces trajectoires apparaissent liées à un paradigme technologique particulier : certains économistes (Du Tertre & Le Bas, 1997) considèrent que tout changement de paradigme introduit des ruptures dans le cheminement du progrès technique, et sollicite l'apparition de nouvelles trajectoires générées par les acteurs économiques.

2.2. Le rôle du client et des parties prenantes dans le processus d'innovation de l'entreprise

L'un des concepts de départ pour nos recherches est « la co-conception » de biens et de services avec le client, ce que Du Tertre et Le Bas (1997) analysent à la lumière des logiques servicielles : la relation de service entre l'entreprise prestataire et le client, la proximité et les enjeux de temporalité dans la consommation des services dans le moment de leur production même, etc. Stahel (2006) et Lauriol (2007) placent pour leur part le débat autour d'une « double boucle » du processus productif, qui permet d'y intégrer la réparation et la réutilisation des biens, d'une part, et le recyclage à la fin de vie du produit, d'autre part. Les travaux de Mont (2002) ont attiré l'attention sur le manque de cohérence entre les avancées qu'apporte l'économie de la fonctionnalité dans les modèles de gestion d'entreprise et la persistance d'un modèle industriel d'innovation qui propose une innovation de produit séparée de l'innovation de services. Ainsi, les produits et les services associés destinées à générer une commercialisation de la performance (« vendre la performance et non pas les produits ») se retrouvent d'une manière aléatoire ou artisanale sur le marché.

Lancaster (1979) avait déjà attiré l'attention sur le fait que le consommateur ne choisit pas entre différents produits mais entre différentes caractéristiques que les biens fournissent. L'idée que les consommateurs achètent des biens pour les transformer par l'intermédiaire d'une « fonction de production maison » (« household production function ») a attiré l'attention dans les années 1960 sur les subtilités des théories de la concurrence. D'autres économistes ont identifié ont encore davantage mis l'accent sur le rôle du client dans le processus d'innovation. Von Hippel (1988) fonde sa méthode « lead user » (« user as innovator ») sur l'observation de l'existence d'une catégorie de clients qui achètent les nouveaux produits dans le but de les transformer pour mieux répondre à des besoins divers. Les innovations apportées aux produits des entreprises par ces clients (« lead-users ») peuvent être incrémentales ou même radicales avec le détournement de l'usage de produit initial pour d'autres fonctions dans d'autres secteurs. Shapiro (2001) considère pour sa part que les entreprises doivent inviter leurs utilisateurs dans le processus de recherche-développement (RD), dans le cadre d'un partenariat pour la « co-innovation ». Cette source d'innovation gratuite pour les entreprises est encore mal valorisée.

2.3. Trajectoires d'innovation dans l'économie de la fonctionnalité

Dans l'analyse de la relation entre l'entreprise prestataire et le client système, nous identifions trois niveaux où s'opèrent les choix de trajectoires d'innovation. Le domaine d'innovation est un premier niveau de choix pour les trajectoires d'innovation, qui permet d'identifier s'il s'agit d'une innovation technologique, organisationnelle (innovation interne à l'entreprise) ou institutionnelle (innovation qui concerne la relation avec les acteurs reconnus au niveau du territoire, au niveau sectoriel). L'innovation technologique a été analysée par les économistes à la lumière du modèle économique de type fordien, surtout en termes d'innovation de produit, de processus, ou de services rendus, avec pour but de faire des gains de productivité et/ou des économies d'échelle, et donc de générer de la croissance économique fondée sur l'accroissement de la consommation de ressources matérielles et énergétiques.

Nous proposons une nouvelle dimension de l'innovation technologique dans la continuation de la logique de l'économie de la fonctionnalité : « l'innovation de fonction ». Un même produit, associé à des services et à un nouveau modèle de revenu (ventes d'usage ou de performance), peut remplir une fonction qui réponde mieux à une demande précisée dans le cadre d'une relation de co-conception avec les clients. Les services d'autopartage, par exemple, permettent ainsi d'offrir une fonction de mobilité sans qu'il soit nécessaire aux usagers d'acheter un véhicule. L'intensité de l'innovation est un autre niveau de choix pour les trajectoires d'innovation des entreprises (innovation incrémentale, radicale ou de rupture).

2.4. Les innovations incrémentales

Les innovations incrémentales ne font qu'approfondir des perspectives déjà tracées en s'inscrivant dans une trajectoire prédéfinie. Elles ouvrent des perspectives de valorisation plus limitées, ou plus localisées et leur but est de rendre plus efficients des systèmes technologiques et organisationnels, sans modifier la configuration productive (Du Tertre & Le Bas, 1997). Les innovations incrémentales approfondissent des trajectoires technologiques antérieures, par exemple en développant dans le secteur du bâtiment des matériaux qui absorbent le bruit ou la chaleur, ou en rationalisant des processus de production qui devient moins polluant ou qui produit moins des déchets.

Nous identifions ici les innovations incrémentales pour une compatibilité avec le développement durable comme celles qui sont destinées à l'amélioration des processus, des technologies, des produits ou des organisations existants pour pouvoir enregistrer une diminution d'usage des ressources ou des externalités environnementales négatives. Ces innovations ne remettent pas en cause l'existant et renforcent les systèmes en place en validant les ventes des produits grâce à ces innovations. Le transfert de compétences et d'innovations incrémentales dans un autre secteur ou sur le territoire est peu probable étant donné la nature même de l'innovation. En termes d'objectif concurrentiel, ces innovations incrémentales pour une compatibilité avec le développement durable sont souvent vite imposées aux concurrents à travers les réglementations territoriales ou sectorielles, qui valident ainsi l'innovation comme norme pour un développement durable.

Ainsi, l'investissement pour une innovation incrémentale n'est plus un avantage comparatif pour l'entreprise à moyen-long terme, mais une condition pure de territorialisation, de respect des régulations propres aux territoires ou une barrière à l'entrée sur un certain marché. Elles peuvent être perçues comme intégrant le patrimoine collectif immatériel.

2.5. Les innovations radicales

Les innovations radicales ouvrent de nouvelles perspectives de développement technologiques et économiques à long terme dans la mesure où elles sont en phase avec un nouveau paradigme technologique. Dans cette approche de l'économie de la fonctionnalité, les innovations sont radicales quand elles impliquent pour les entreprises qui les mettent en œuvre des basculements de compétences qui impliquent aussi des modifications organisationnelles et même le changement de leur configuration productive.

Les innovations radicales sont capables d'offrir une performance environnementale plus importante que les innovations incrémentales, mais les entreprises doivent être prêtes à acquérir de nouvelles compétences et même à opérer des changements organisationnels pour bénéficier des avantages comparatifs offerts en termes d'image ou d'avantages fiscaux, comme c'est le cas des investissements pour l'innovation concernant les énergies renouvelables. Ces innovations radicales peuvent également déboucher sur la création de nouvelles compétences facilement transférables vers d'autres secteurs d'activité, ce qui leur permet de rester sur une trajectoire d'innovation incrémentale dans leur propre secteur.

2.6. Les innovations de rupture

Les innovations de rupture génèrent par définition un changement structurel, allant jusqu'à impliquer la nécessité de changement des dispositifs institutionnels. Une telle innovation peut présenter des traits contradictoires et même avoir certaines de ses caractéristiques qui soient compatibles avec le nouveau paradigme économique, tandis que d'autres continuent de relever de l'ancien. Du point de vue de l'organisation et de la stratégie d'entreprise, on reste souvent dans une division de travail propre au modèle industriel fordien, le rapport salarial et d'autres formes et dispositifs institutionnels qui subissant quelques ajustements mais ne changeant pas de manière structurelle. Les innovations en termes d'efficacité énergétique des bâtiments peuvent être considérées tout de même comme des innovations de rupture capables de changer les relations entre les acteurs et les régulations qui assurent l'actuel régime d'accumulation. L'économie de la fonctionnalité se décline dans le secteur énergétique au travers des contrats de performance énergétique (CPE), comprenant un engagement total sur des résultats qui les engage à atteindre des objectifs – diagnostiqués au préalable avec le client – de qualité et d'amélioration sur la durée de l'efficacité énergétique de ses installations. Le prestataire va s'engager sur un niveau de réduction de la consommation énergétique de son client, puis se rémunérer sur les économies financières que celui-ci va réaliser. Le passage d'une transaction directe et ponctuelle à un engagement de résultat sur la durée va en effet transformer radicalement la chaîne de valeur de l'offre et donc les relations entre fournisseur et client : la définition de l'objet de l'offre et de son architecture vont nécessiter de combiner diverses fonctions et compétences, qu'il faudra au préalable définir explicitement puis contractuellement, en collaboration étroite avec le client. Par la suite, loin d'être captif d'une offre « statique », le fournisseur pourra augmenter ses marges bénéficiaires en améliorant en continu l'efficience de son offre ou en y intégrant de nouvelles fonctionnalités.

Nous proposons un troisième niveau d'analyse en fonction de la diversification de l'innovation au niveau sectoriel. On identifie ainsi, comme présenté dans la figure 3, les innovations multisectorielles, qui interviennent dans d'autres secteurs que celui de base et sont justifiées par le but de contribuer au développement durable. Plus les innovations sont dans des secteurs éloignés du secteur de base, plus elles sont d'une grande intensité (radicales ou de rupture).

Figure 3 : Trajectoires d'innovation dans l'économie de la fonctionnalité

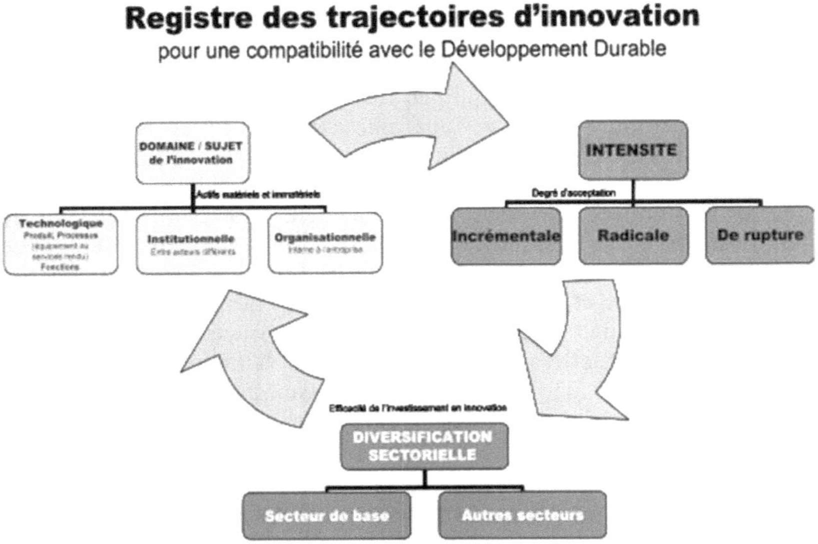

Source : Vaileanu-Paun, 2013.

Dans ces conditions, la barrière à l'entrée dans un certain secteur ne se situe plus dans la non-appartenance à ce secteur (en termes de produit ou processus). Les entreprises ont plus de marge d'action pour pénétrer de nouveaux secteurs. Par exemple, grâce au développement durable, La Poste a pu faire des investissements dans l'innovation dans le domaine de la voiture électrique, lui permettant d'accéder à un secteur qui est en plein renouvellement, soit de contribuer à la mise eu œuvre de nouvelles logiques d'usage des moyens de transport. La diversification sectorielle dans l'innovation se fait à travers ces logiques d'usage et surtout grâce à la compréhension des besoins d'usage dans le contexte des contraintes et opportunités du développement durable. Ce qui induit une évolution des rapports de concurrence entre les entreprises.

3. Le rôle des trajectoires de l'innovation dans les formes de concurrence

Les changements de formes de concurrence et de l'organisation interne des entreprises placent le territoire au centre des stratégies de création de valeur par l'entreprise. La capacité des entreprises à gérer les compétences en interne mais aussi au niveau du territoire pour pouvoir répondre aux besoins des clients ou développer une relation de co-conception avec le client et le système d'acteurs impose la proximité des ressources immatérielles et l'existence de relations de coopération bien structurées.

Dans le contexte actuel de saturation des marchés, la concurrence évolue. Elle réside de plus en plus dans la capacité d'innovation des entreprises qui ne se limite plus au secteur d'activité de base des entreprises mais transgresse les barrières sectorielles. Avec l'apparition d'innovations multisectorielles, on assiste à une démultiplication des formes de la concurrence qui peut venir de tous les acteurs et de manière désectorisée. La concurrence n'est pas seulement horizontale et verticale, elle est aussi transversale, et touche tous les secteurs qui proposent des innovations radicales.

La généralisation des innovations de rupture dans les autres secteurs que celui de l'entreprise va à son tour généraliser une situation de concurrence transversale venant des acteurs qui ne n'étaient pas initialement des concurrents directs. Cette forme de concurrence, qui relève d'une stratégie d'innovation de nature radicale ou de rupture, est capable de provoquer un changement structurel vers un nouveau modèle économique centré autour des objectifs de développement durable. Dans le contexte des problématiques environnementales, l'innovation multisectorielle est perçue par les clients et les parties prenantes comme un démultiplicateur de solutions de développement durable et offre aux entreprises un avantage concurrentiel réel, bien qu'elle puisse conduire à l'apparition d'une concurrence déstabilisante sur leur secteur de base.

Le territoire retrouve ainsi une nouvelle importance. On assiste en effet à une territorialisation des formes de concurrence du fait de la nécessité d'une proximité avec les parties prenantes qui sont impliquées dans la co-conception de l'offre. Le territoire acquiert une place centrale et est perçu comme centre de création de valeur, avec des régulations propres, un patrimoine collectif immatériel spécifique et de nouvelles opportunités de développement d'avantages comparatifs.

Le rôle des trajectoires d'innovations multi-secteurs pour réduire l'asymétrie de l'information favorisant l'innovation

La nouvelle place du « client système » (B to B to C) et des parties prenantes dans le processus de conception et de production ouvre des perspectives d'innovation importantes à l'échelle multisectorielle, mais pose aussi des problèmes de gestion des informations, des relations et des risques dans ce système complexe de coopération avec le réseau d'acteurs. La capacité de bien choisir les clients, les partenaires d'affaires, les employés ou les actionnaires devient aussi importante que de maîtriser des avancées technologiques ou d'acquérir des parts de marché. L'asymétrie de l'information (Akerlof, 1970), c'est-à-dire les différences d'informations détenues par certains agents économiques par rapport à leurs contreparties, pose des problèmes dans la gestion de la relation de coopération entre l'entreprise et le « client Système ».

Des asymétries dans les trajectoires d'innovation ont été mises en évidence par des travaux de recherche récents sur l'évolution des modèles d'innovation et des processus de transfert de technologies. Ces économistes (Paun, 2011 ; Paun, & al., 2012 ; Paun & Richard, 2008) ont constaté que plus les petites et moyennes entreprises (PME) opèrent dans des secteurs très différents des secteurs où sont déposés les brevets ou encore où sont réalisées les expertises des chercheurs. Pourtant, plus le nombre d'innovations de rupture dans ces secteurs est important, plus le processus de transfert de technologie est facilité grâce à une complémentarité des acteurs de l'innovation et des effets de non concurrence. Les trajectoires d'innovation qui partent du même brevet génèrent d'autant plus d'asymétries que les différences entre l'équipe constituée par les chercheurs d'une part et celle constituée par les managers des PME est grande. Par exemple, les brevets de l'aérospatiale se concrétisent dans l'aérospatiale par une innovation incrémentale. Les mêmes brevets peuvent donner lieu par le transfert de technologie dans un secteur civil à une innovation de rupture destinée à un usage de masse par des entreprises clientes ou des individus, avec une répercussion immédiate sur le bien-être de la société, la création d'emplois et un retour sur investissement en termes de royalties. Les logiques d'innovation multi-secteurs posent en effet la question de l'évolution de nouvelles filières, de nouvelles configurations productives grâce à des transferts de technologie d'un secteur à un autre. Par exemple, le transfert de technologie de l'aérospatiale vers le secteur de l'énergie renouvelable génère de nouvelles technologies de production d'énergie par des éoliennes grâce à la mise en œuvre de logiques de calcul appropriées. Le particulier ou la PME peut devenir ainsi producteurs de leur propre énergie, via le développement des petites éoliennes, qui se développe depuis quelques temps au niveau mondial.

En suivant les logiques des asymétries générées dans les trajectoires d'innovation dans le contexte de l'aérospatiale nous pouvons extrapoler l'analyse aux innovations dédiées à rendre les entreprises plus compatibles avec le développement durable. Ainsi, nous constatons que plus les entreprises développent des relations de coopération avec des acteurs œuvrant dans des secteurs totalement différents de leur secteur de base, plus les innovations pour améliorer la compatibilité avec le développement durable sont de nature radicale ou de rupture et ont un impact positif sur l'augmentation des compétences des équipes, donc une augmentation des actifs immatériels (compétences). Les entreprises trouvent ces compétences complémentaires ou asymétriques avec des entreprises clients ou partenaires, ce qui les encourage davantage à favoriser les relations de coopération au niveau du territoire en facilitant le développement et la mutualisation des coûts d'innovation. Le rapport avec les clients et avec la concurrence est ainsi démultiplié et même déplacé vers d'autres secteurs. D'un autre côté, les salariés acquièrent aussi en participant au développement d'activités liées au développement durable. Des retombées positives apparaissent également au niveau territorial. En effet, en investissant dans l'innovation de type multisectorielle pour une compatibilité avec le développement durable, les entreprises augmentent la valeur territoire en diminuant les émissions de gaz à effet de serre (GES) ou en protégeant l'environnement. Elles contribuent également à augmenter la valeur financière (via la sensibilité des actionnaires pour les formes de production propres), la valeur travail (via l'interprétation de cette stratégie d'innovation comme opportunité de compétitivité à long terme) et la valeur marchande (via les besoins en solutions propres répondant à des besoins multiples qui touchent aussi le système d'acteurs du client en dehors des besoins propres à l'espace des affaires).

Le modèle du « client système » (B to B to C) repose sur des relations de coopération multisectorielles qui alimentent l'émergence de trajectoires d'innovation compatibles avec le développement durable. Le rôle des entreprises est ainsi central dans un modèle qui place le territoire au centre d'un processus de croissance économique découplée de l'augmentation de la consommation des ressources matérielles, les clients jouant un rôle actif dans la définition du produit/service.

Conclusion

Ce chapitre vise à une meilleure compréhension des stratégies d'innovation d'entreprise et à une identification des trajectoires d'innovation pouvant conduire à un découplage de la croissance économique de l'augmentation de la consommation des ressources matérielles. Nous observons que la stratégie de coopération avec le client et le système d'acteurs paraît en mesure d'assumer les impératifs de croissance de la valeur d'entreprise grâce à la coopération avec les parties prenantes tout au long d'un processus renouvelé de co-conception, co-production et co-évaluation avec le client. La co-conception avec le

« Client Système » (B to B to C) fragilise en revanche l'entreprise dans un modèle économique de type fordien (de poursuite de réduction des coûts salariaux et délocalisation) quant à l'objectif de préservation de sa situation concurrentielle, en raison d'une exacerbation de la concurrence qu'elle soit horizontale, verticale et transversale, multi-secteur. De plus, on assiste à une territorialisation des formes de concurrence où la place du territoire devient fondamentale dans le processus d'innovation et de fidélisation des clients. On constate que dans les stratégies d'innovation pour une compatibilité avec le développement durable, l'innovation est souvent incrémentale dans les secteurs de base. Elle est en revanche radicale, voire de rupture, dans les secteurs où le risque de perturbation du cœur de métier de l'entreprise est moindre. Cela a un effet de démultiplication des effets favorables pour un développement durable au niveau sectoriel grâce à l'innovation par des acteurs externes au secteur considéré.

La mise en évidence de relations de coopération (notamment de co-conception) avec le Client Système montre comment s'élargit la gamme des stratégies d'innovation. La maîtrise conjointe des compétences du système d'acteurs (les actifs immatériels au niveau du territoire) et la mise en valeur d'un arbitrage entre les quatre valeurs d'entreprise permet de répondre avec des innovations aux besoins multiples et évolutifs des clients, permettant d'atteindre des objectifs concurrentiels (fidéliser des clients à long terme). L'asymétrie du risque et de l'intérêt entre les équipes du client (B to B) et de l'entreprise prestataire est une barrière dans le modèle fordien, où le client veut acheter la meilleure qualité au moindre prix et le prestataire veut produire au moindre coût et vendre au prix le plus élevé. La relation de coopération, et surtout de co-conception, est proposée comme solution pour réduire cette asymétrie grâce aux effets de confiance résultant du partage des résultats obtenus grâce à la coopération. Cet output n'est pas la simple somme des inputs du client et de l'entreprise dans leur relation de coopération mais englobe une fonction nouvelle. Enfin, la contribution de ces recherches au concept de l'économie de la fonctionnalité et de la théorie de la régulation relève des approches heuristiques grâce aux registres d'analyse du Client système, de la relation de coopération et des trajectoires d'innovation multisectorielle pour une augmentation de la compatibilité avec le développement durable. Mais, des travaux de recherche doivent être entrepris pour identifier des typologies de « client système » (B to B to C) et analyser l'impact des changements qu'une relation accrue avec le client peut générer sur les formes de concurrence et sur l'organisation interne des entreprises, ce qui peut générer des changements plus profonds du régime d'accumulation et du mode de régulation.

Bibliographie

Akerlof, G.A., « The Market for 'Lemons': Quality Uncertainty and the Market Mechanism », *The Quarterly Journal of Economics*, vol. 84, n° 3, 1970, pp. 488-500.

Baldwin, C.Y., Clarck, K. B., *Design Rules : The Power of Modularity*, vol. 1, MIT Press, Cambridge MA, 2000.

Bourg, D., Buclet, N., « L'économie de fonctionnalité : changer la consommation dans le sens du développement durable », *Futuribles*, novembre, n° 313, 2005.

Du Tertre, C., Le Bas, C., « L'innovation et les entreprises à ingénierie intégrée dans le Bâtiment », *Recherche*, n° 85, 1997.

Gaglio, G., Lauriol, J., Du Terte C., *L'économie de la fonctionnalité : une voie nouvelle vers un développement durable ?*, Octarès Éditions, coll. « Travail, Subjectivité – Entreprises, Territoires », Toulouse, 2011.

Hippel, E. (von), *The sources of innovation*, Oxford University Press, 1988.

Lauriol, J., « Functional Economy and Business Development : towards new strategic and institutional challenges », ANZAM Conference, 2007.

Lancaster, K. J., *Consumer Demand : A new Approach*, Columbia University Technology, 1971.

Mont, O., « Clarifying the Concept of Product-Service System », *Journal of Cleaner Production*, vol. 10, n° 3, 2002, pp. 237-245.

Nelson, R.R., WinteR S.G., *An Evolutionary Theory of Economic Change*, Harvard University Press, 1982.

Paun, F., Richard, P., « Extensive multi-domain innovation model through Aerospace Technology Adopter SME's cluster », New-Onera-The French Aerospace Lab development strategy, Forum Spirit of Innovation, Réseau de recherche sur l'innovation, 2008.

Paun, F., « From Managing Informational Asymmetries Towards a Systemic Asymmetries Approach in Technology Transfer and Innovation Strategies », An Economic Analysis of the SME Strategy at ONERA-The French Aerospace LabTM, The IUP *Journal of Knowledge Management*, vol. IX, n° 4., octobre, 2011, pp. 27-52.

Paun, F., Von Tunzelmann, N., Richard, P., « Asymmetries and dynamic interactive capabilities in technology transfer between ONERA-The French Aerospace LABTM and SMEs », *Journal of Innovation Economics*, 1, n° 9, 2012, pp. 103-137.

Shapiro, S.M., *24/7 Innovation : A blueprint for surviving and thriving in an age of change*, McGraw Hill, 2001.

Stahel, W., « The Functional Economy : Cultural and Organizational Change », in Richards D.J., (ed.), *The Industrial Green Game : Implications for Environmental Design and Management*, National Academy Press, 1997, pp. 91-100.

Stahel, W., *The Performance Economy*, Palgrave Macmillan, 2006.

Vaileanu-Paun, I., 2013, « Entreprises et territoires dans l'économie de la fonctionnalité. Le cas d'EDF », thèse de doctorat en sciences économiques, Université Paris 7 Denis Diderot, soutenance prévue en 2013.

Vaileanu-Paun, I., Boutillier, S., « Économie de la fonctionnalité. Une nouvelle synergie entre le territoire, la firme et le consommateur ? », *Innovations. Cahiers d'économie de l'innovation*, 1 n° 37, 2012, pp. 95-125.

Mais pourquoi parle-t-on d'économie verte ?

Sylvain ALLEMAND

Journaliste et écrivain

Introduction

Avant de se demander quelles innovations recouvre l'économie verte, la moindre des choses est a priori de définir ladite économie. Sauf qu'un premier coup d'œil sur la production éditoriale qui lui est consacrée et les débats qu'elle suscite, nous place devant un constat plutôt embarrassant : il n'y a visiblement pas une, mais des définitions sinon approches de l'économie verte. Même si elles s'accordent sur un objectif commun – réconcilier l'économie marchande et l'écologie, grâce aux technologies vertes et autres cleantech –, il y a un paradoxe à définir ce qui de toute évidence participe d'un processus en émergence. Si une définition préalable permet d'éviter les malentendus, elle peut aussi figer ou donner l'illusion d'une réalité déjà stable. Or les contours de l'économie verte sont loin d'être encore parfaitement cernés.

A contrario, une notion ne doit-elle pas sa force à son ambiguïté même ? À l'usage dont on peut en faire sans définition formelle préalable ? L'économie verte ne serait pas la première à connaître cette situation. Des notions aussi cruciales que la démocratie, la mondialisation ou encore le développement durable ont prospéré parce qu'on sait pertinemment ce qu'elles veulent dire… tant qu'on ne nous demande pas de les définir.

1. Pourquoi l'économie verte ?

Avant donc de définir l'économie verte, employons-nous à répondre à une question plus simple et au final plus instructive : pourquoi a-t-on éprouvé le besoin de parler d'économie verte ? Quand cette notion est-elle apparue dans le monde académique et les débats publics ? De quel symptôme est-elle la manifestation ?

Déterminer le jour de naissance d'une notion est toujours une gageure. Cependant, c'est manifestement dans les années 2007-2008 et le sillage de la croissance verte qu'émerge l'économie verte, en réponse à un double défi : la crise économique et financière consécutive à celle des subprimes et les préoccupations liées au réchauffement climatique.

Des auteurs considèrent qu'elle est plus ancienne encore qu'on ne le pense. Ainsi de Patricia Crifo, professeur à Paris Ouest Nanterre La Défense, enseignant chercheur à l'École polytechnique, par ailleurs membre du Conseil économique du développement durable, pour qui l'« *économie verte n'est pas un concept nouveau en soi : depuis plusieurs décennies, l'idée d'une croissance ou d'une économie plus durable est mise en avant comme réponse aux problèmes économiques et environnementaux* ». Sauf qu'un glissement sémantique (le passage d'une économie durable à une économie verte) n'est pas anodin : il peut traduire un changement qui mérite attention. Qui plus est, des faits peuvent être anciens tout en ayant été ignorés et c'est tout l'intérêt d'un néologisme que d'en révéler rétrospectivement l'antériorité ou l'ancienneté… En ce sens, l'économie verte serait une autre manière d'appréhender, de lire la situation présente, future et passée.

À cet égard, il est intéressant d'observer comment la notion s'est imposée pour rendre compte rétrospectivement des évolutions intervenues au cours de… ces vingt dernières années (soit le laps de temps qui sépare les deux Sommets de la Terre de Rio). En juin 2012, un article des *Échos* titrait « Économie verte : ce qui a changé en vingt ans », comme si c'était au nom de cette économie-là que les changements étaient intervenus alors même que la notion est, comme on l'a rappelé, plus récente. Une illustration parmi d'autres des vertus d'un néologisme qui ne fait pas que désigner une tendance nouvelle, mais permet de relire rétrospectivement l'histoire par un autre prisme (en l'occurrence une vision de l'économie intégrant l'environnemental).

2. Un versant écologiste et un versant économique

Cela étant dit, deux versants distincts semblent avoir été empruntés pour imposer, dans des acceptions différentes, un verdissement de l'économie.

D'une part, le versant qu'on qualifiera d'« écologiste » : il est emprunté par des écologistes soucieux de démontrer qu'ils ont aussi des propositions à formuler en matière de fiscalité, de revenus, de politique budgétaire…

D'autre part, le versant « économiste » : il est, lui, emprunté, par des acteurs économiques (entrepreneurs, chefs d'entreprise, mais aussi chercheurs, théoriciens de l'économie…) qui s'emploient à montrer que l'économie (marchande) peut non seulement intégrer les préoccupations environnementales, mais encore tirer profit de cette intégration.

En français, une des toutes premières occurrences de l'économie verte a emprunté le premier versant : elle est l'objet de l'ouvrage publié en 2007, par Pascal Canfin, alors journaliste et président de la commission Économie et Social des Verts : *L'Économie verte expliquée à ceux qui n'y croient pas* (Les Petits Matins). Il s'emploie à montrer comment la conversion écologique de l'économie peut permettre la création de centaines de milliers d'emplois. Au-delà, il s'agit pour lui de montrer aussi qu'on peut être écologiste et s'intéresser à l'économie dans toutes ses dimensions. Plus récemment, durant l'été 2012, l'auteur, devenu entre-temps Ministre délégué chargé du développement, défendait de nouveau le principe d'une telle économie, dans une tribune publiée dans *Le Monde*, et cosignée avec Cécile Duflot, le Ministre de l'égalité des territoires et du logement, en y voyant une réponse adaptée aux défis de la crise. Face aux industries qui souffrent et au chômage qui augmente, notre « *réponse est l'économie verte qui organise une ré-industrialisation sélective et une relocalisation des modes de production* ». Au-delà de l'investissement dans l'isolation des bâtiments, elle consiste également, à les lire, à conditionner l'accès aux marchés au respect de normes environnementales.

Sans vouloir relativiser la portée de l'ouvrage et de cette tribune (dont on soulignera au contraire l'intérêt), la notion telle qu'elle s'est imposée dans la recherche académique et les débats publics a emprunté l'autre versant. Son émergence doit en effet sans doute davantage au rapport sur l'« économie du changement climatique » remis en octobre 2006 par Sir Nicholas Stern, ancien économiste en chef de la Banque mondiale, au Premier ministre britannique Tony Blair. Ce rapport de 600 pages alertait sur le coût de la négligence et de la passivité en matière d'environnement en évaluant ce coût. En cas d'inaction, il atteindrait 5 500 milliards d'euros d'ici dix ans, soit l'équivalent d'une récession mondiale de 20%. À elle seule, la défense des côtes anglaises contre les inondations s'élèverait à 1,2 milliard de dollars par an. Plutôt que d'attendre, Nicholas Stern recommandait d'agir en estimant le coût d'une action efficace pour l'économie (en l'occurrence, la réduction de 25% des émissions actuelles de GES), à 1% du produit mondial, soit environ 400 milliards de dollars par an.

Ces évaluations et des formules choc dans la bouche d'un économiste éminent, comme « le changement climatique est la plus grande menace pour l'économie de marché que le monde ait jamais connue » a légitimé la réflexion sur la manière de revoir les rapports entre cette économie et l'environnement. Si le rapport Stern n'évoque pas l'économie verte à proprement parler, il devait contribuer à intégrer les préoccupations environnementales dans l'économie de marché.

Dans son sillage, on se met, en effet, outre-Atlantique, à parler de plus en plus de green economy. La notion est ensuite relayée par des organisations internationales (l'ONU, via le PNUE, l'OCDE, la Banque mondiale, le FMI) à travers leurs rapports et des forums.

Dans un rapport publié en mai 2010 sous le titre « stratégie pour une croissance verte », l'OCDE la présente comme un moyen de poursuivre la croissance tout en prévenant la dégradation de l'environnement, l'appauvrissement de la biodiversité et l'exploitation non viable des ressources. Ce rapport contient des recommandations techniques telles que la mise en place de signaux ou instruments de marché pour faire payer la pollution.

Depuis, l'économie verte a été, avec la gouvernance du développement durable, l'un des thèmes phare de Rio + 20, qui s'est déroulé les 20-22 juin 2012. Afin d'alimenter les débats, le Programme des Nations Unies pour l'Environnement (PNUE) a publié en février 2011 un rapport sous le titre « Pour un développement durable et une éradication de la pauvreté » qui consacre de larges développements à cette économie verte. Ce rapport conclut notamment que la réallocation en faveur d'« investissements verts » dans dix secteurs clés, de 2% du PIB mondial, permettrait d'impulser la transition vers une économie à faible émission de carbone à la fois plus prospère et plus respectueuse de l'environnement. Autrement dit, une économie verte.

Celle-ci a bien été au cœur de bien des débats non sans cristalliser les critiques formulées contre le Sommet de Rio + 20, en France du moins, où de nombreux articles ont imputé son échec au primat accordé à cette économie. Nous y revenons plus loin. Auparavant, force est de constater que celle-ci avait été largement diffusée à travers le monde, dans les pays du nord comme dans des pays émergents.

3. Dans l'agenda européen

Parmi les grandes régions économiques, l'Union européenne en fait état dans le cadre de son paquet énergie climat adopté en janvier 2008 dans la perspective de la conférence de Copenhague sur le climat, de décembre 2009. Associée à plusieurs domaines – la lutte contre le changement climatique, l'énergie, la pollution de l'air, le transport, la gestion de l'eau, la protection de la biodiversité, la lutte contre le bruit, le traitement des déchets – l'économie verte est présentée comme un moyen de découpler croissance économique et prélèvement des ressources, et d'atteindre l'objectif dit des « 3 fois 20 », soit une baisse de 20% des émissions de gaz à effet de serre, une réduction de 20% de la consommation d'énergie, enfin, une augmentation de 20% de la part, dans l'Union européenne, des énergies renouvelables d'ici à 2020.

Lancée en 2010, la stratégie « Europe 2020 » renouvelle, l'ambition de promouvoir une économie « plus efficace dans l'utilisation des ressources, plus verte et plus compétitive » s'appuyant notamment sur les technologies vertes et les technologies de l'information et de la communication. L'accent est mis sur la lutte contre le changement climatique et les questions énergétiques. Avec l'innovation, l'emploi et la cohésion sociale et territoriale, l'économie verte figure parmi les priorités, toujours avec pour objectif d'atteindre les « 3 fois 20 ».

4. Aux États-Unis, en Chine, en France

Parallèlement, la plupart des grands pays industrialisés ou émergents (États-Unis, Chine, Corée du Sud, Allemagne, France, etc.) mettent en avant dans leurs stratégies économiques, le rôle de l'économie verte comme moteur de sortie de crise et/ou réponse au défi du réchauffement climatique. Les plans de relance élaborés par les différents gouvernements depuis l'automne 2008, sont l'occasion d'évoquer une relance verte. Cependant, d'un pays à l'autre, les circonstances dans lesquelles s'effectue la mise à l'agenda de cette nouvelle approche de l'économie dans les débats publics influent aussi sur la manière de l'envisager.

Aux États-Unis, ce sont la question énergétique et la prise de conscience de la trop forte dépendance du pays aux énergies fossiles qui contribuent à populariser la notion jusqu'à laisser envisager un Green New Deal.

En Chine, c'est l'ampleur des dommages infligés à l'environnement par la croissance soutenue que connaît le pays depuis au moins une décennie, qui conduit les autorités chinoises à lancer des programmes d'investissement dans les énergies renouvelables (éolien, photovoltaïque) au cœur de l'économie verte.

En France, plus que le Grenelle de l'environnement, qui débute durant l'été 2007, c'est le programme d'investissements d'avenir lancé en 2010 qui contribue à la médiatisation de cette économie verte. Pour mémoire, ce programme prévoit de consacrer plusieurs milliards d'euros aux « filières vertes d'avenir » : biocarburants, bâtiments efficaces en énergie, réseaux intelligents (smart grids), chimie verte et véhicules du futur. Ces années correspondent à la publication de plusieurs ouvrages ou dossiers sur ce thème notamment à la Documentation française (voir la bibliographie).

5. Une consécration en demi-teinte à Rio + 20

Au plan international, c'est donc le Sommet de Rio + 20 qui devait la consacrer. De fait, jamais les médias ne l'auront autant abordée à travers des articles et des dossiers spéciaux. Mais pour rendre compte des oppositions dont elle devait faire l'objet, oppositions que le Sommet contribuera au final à cristalliser en faisant apparaître un net clivage entre ses partisans réels ou présumés (l'ONU, à travers le PNUE, les pays du Nord et multinationales) et ses opposants (pays du Sud et ONG). Plusieurs reproches lui sont adressés :

- l'économie verte participerait d'une nouvelle forme de néocolonialisme. L'accusation est formulée explicitement par le président bolivien, Evo Morales, à la tribune de la Conférences des Nations Unies sur le développement durable, le 21 juin, à Rio de Janeiro ;

- sans aller jusque-là, les pays émergents (Brésil, Chine, etc.) soupçonnent les pays du Nord de vouloir reprendre la main en imposant leurs technologies sous couvert de protection de l'environnement (une critique déjà adressée à l'encontre du développement durable) ;

- pour les ONG les plus radicales, l'économie verte ne viserait qu'à repeindre en vert un modèle de développement qui resterait fondé sur la logique capitaliste ; elle servirait à justifier le développement de la filière nucléaire, des OGM, etc.

6. Une économie verte… inclusive ?

Résultat : si l'économie verte figure en bonne place dans la déclaration finale de Rio + 20 (pas moins de 19 articles et 5 pages lui sont consacrés), c'est pour en pointer les limites. Elle n'apparaît plus que comme un moyen parmi d'autres pour parvenir au développement durable. Et les États signataires sont justes « encouragés » à l'appliquer. Aussi un journaliste du service Planète du journal *Le Monde* n'hésite pas à parler de « Krach » de l'économie verte…. Avant même la tenue du Sommet, un autre résumait la situation en ces termes : « *L'économie verte devait être la solution au désordre de la planète. Elle est devenue la pomme de discorde du sommet de la terre* ».

Depuis la notion semble être passée au second plan dans plusieurs pays à commencer par les États-Unis. Alors qu'il en avait fait un cheval de bataille pour sortir de la situation consécutive à la crise des subprimes, le président Barack Obama met désormais en avant les perspectives concrètes en termes de création d'emploi et d'indépendance énergétique offertes par l'exploitation des gaz de schiste…

Cependant, l'économie verte n'a pas été totalement abandonnée. Le Sommet de Rio + 20 a aussi été l'occasion de mettre en avant l'idée d'une économie verte... inclusive, au sens où elle intégrerait aussi des préoccupations de justice sociale. Si l'idée, promue par l'Union européenne et le Brésil, est séduisante, on peut douter de sa capacité à s'imposer dans le langage ordinaire des acteurs. La Banque mondiale parle, elle, plus explicitement d'« économie verte et solidaire ».

7. Des analogies avec le développement durable

À bien des égards, la notion d'économie verte semble connaître le même destin que le développement durable. Survivra-t-elle aussi longtemps et supplantera-t-elle d'ailleurs celle-ci ? On laissera de côté cette question pour le moment, pour souligner d'abord les similitudes que présente leur diffusion. Comme le développement durable, l'économie verte se diffuse du haut vers le bas en se laissant approprier par les acteurs économiques (multinationales, start-up et dans une moindre mesure des PME). Et comme le développement durable, elle suscite des débats et des controverses, quoique de moindre intensité (le développement durable a dû faire face aux vives critiques du courant tiers-mondiste qui a pu y voir une manière de préserver les intérêts des pays du Nord en soumettant les pays du Sud au même régime dans l'usage des énergies fossiles). Dès octobre 2010, *Les Échos* posait la question : « Faut-il enterrer l'économie verte ? ». Pour justifier cette interrogation, ce journal mettait notamment en avant la faible mobilisation des PME ou des doutes quant à la capacité de cette économie verte à créer plus d'emplois qu'elle est susceptible d'en détruire aussi... Parmi les autres objections dont elle fait l'objet, il y a le soupçon de n'être après tout qu'un phénomène de mode (objection à laquelle le développement durable doit encore faire face malgré son apparition voici plus de 25 ans...). De fait, aux États-Unis, l'exploitation du gaz de schiste semble devoir reléguer au second plan l'économie verte dont le Président Obama avait fait la source de nouvelles créations d'emplois. Pis, elle pourrait être le moteur d'une nouvelle bulle spéculative autour des valeurs vertes.

8. Intérêt et vertus de l'économie verte

Replacée, même sommairement, dans sa généalogie, la notion d'économie verte donne pourtant mieux à voir son intérêt pour ne pas dire ses vertus. À commencer par celle de chercher à administrer la preuve qu'économie et écologie ne s'opposent pas, mieux qu'elles sont complémentaires, qu'il est possible de rester compétitif en prenant en compte les externalités négatives des activités économiques. Comment ? Justement, en exploitant au mieux les potentialités des cleantech et autres éco-industries dans le secteur de l'énergie, mais aussi des transports, de la ville, de l'agriculture, etc. En valorisant aussi les services économiques rendus par la nature. L'économie verte est en outre bien plus que la croissance verte qui était déjà une réponse à l'objection formulée depuis plusieurs années par les tenants de la décroissance, pour lesquels il est illusoire de résoudre les défis environnementaux en restant dans une logique de croissance.

9. Une confiance dans l'économie de marché et... l'État régulateur et investisseur

Tout en s'inscrivant dans la logique de l'économie marchande, l'économie verte revient aussi à réhabiliter le rôle de l'État, en donnant corps à l'idée d'une substitution d'un « État qui fait » par un « État qui fait faire ». À défaut de disposer de moyens d'investir, il dispose de plusieurs leviers à commencer par la réglementation.

Plusieurs auteurs qui traitent de l'économie verte mettent en avant ce retour de l'État. Par exemple, Patricia Crifo, Michèle Debonneuil et Alain Grandjean, auteurs d'un rapport du Conseil économique pour le développement durable sur la croissance verte remis en novembre 2009. « *La finitude des ressources*, écrivent-ils, *impose un 'retour de l'État' et de la régulation publique, et de nouvelles répartitions des rôles du public et du privé* ». L'État, ajoutent-ils « *doit tout d'abord mettre en place les instruments adéquats (éco-fiscalité ou marchés de droits) pour compléter le système de prix, et assurer que celui-ci reflète les raretés environnementales...* ».

Ce rôle de l'État est également souligné en introduction du numéro des Cahiers français consacré, en avril 2010, à l'économie verte : « *Les politiques publiques jouent un rôle essentiel pour répondre à la double crise économique et écologique. Elles initient les plans de relance (...) favorisent les investissements permettant l'éclosion de nouveaux marchés et la création d'emplois. Elles orientent aussi la recherche et le développement des compétences* ». Un rôle essentiel donc, même si « *réussir le passage à une économie verte implique également la participation d'autres acteurs : entreprises privées, collectivités territoriales et consommateurs* ».

Tandis que Patricia Crifo et Olivier Godard montrent comment « *Des politiques publiques (sont) au service de l'économie verte* », un autre article signé Nick Johnstone et Ivan Hascic souligne, lui, l'efficacité de l'action publique jusque dans l'éco-innovation. « *De nombreux gouvernements, soulignent ces auteurs, se sont engagés activement dans la lutte contre la crise environnementale et climatique. Afin d'atteindre leurs objectifs, ils soutiennent notamment l'investissement dans les technologies propres. L'action des gouvernements consiste à injecter des fonds, à adopter une fiscalité incitative et à instaurer des quotas de production* ».

Rétrospectivement, on peut considérer que le protocole de Kyoto a préfiguré, en théorie du moins, l'intégration des questions environnementales dans les mécanismes de marché, à travers la mise en place du système mondial des certificats de réduction d'émissions (CER) qui, concrètement, permet aux entreprises polluantes de « se racheter » en finançant des projets compensatoires de développement dans les pays du Sud.

À force de penser en termes d'État, il ne faudrait pas cependant oublier le rôle des acteurs infra-étatiques, dans les États fédéraux (comme les États-Unis où la Californie et New York jouent un rôle moteur dans la promotion de l'économie verte), mais aussi dans les pays décentralisés comme le nôtre où les collectivités territoriales sont des acteurs non négligeables. Certaines voient d'ailleurs dans l'économie verte un moyen de relocaliser les activités.

Que l'on considère l'État ou plus généralement les pouvoirs publics, nationaux et locaux, l'économie verte se révèle plus ambivalente qu'elle ne l'est de prime abord. Ce qu'explique bien Patricia Crifo, déjà citée : « *Fondamentalement, l'économie verte conjugue deux dimensions en apparence contradictoires : une composante réglementaire d'une part, perçue comme une contrainte pour les acteurs économiques, et une composante économique d'autre part, qui traduit à l'inverse un potentiel d'investissement et de compétitivité* ». Plutôt que d'opposer une vision libérale à une vision étatique de l'économie verte, il convient de l'appréhender dans ses apparentes contradictions (ou tensions ou encore dilemmes) en les considérant comme une source de créativité et d'innovation. Cette idée est d'ailleurs déjà présente dans la manière d'envisager les contraintes environnementales elles-mêmes. Loin d'être un frein, elles sont une opportunité. C'est du moins l'hypothèse développée notamment par Michael Porter de l'Université de Harvard, et étayée par des recherches montrant que la combinaison cohérente de pratiques exemplaires en matière environnementale représente un vecteur de rentabilité pour les entreprises.

Pour Philippe Jurgensen, auteur d'un ouvrage sur l'économie verte (Odile Jacob, 2009), il est possible de sortir de ces contradictions en utilisant, au profit de l'environnement, les mêmes lois économiques qui ont jusqu'ici conduit à sa mise en danger. En l'occurrence, la loi de l'offre et de la demande, de la libre concurrence et de la recherche du profit. « *Pour les retourner en faveur de l'environnement, il faut et il suffit donc qu'il devienne* rentable [souligné par l'auteur] *d'économiser l'énergie, de réduire les émissions pollutantes et d'investir dans les énergies renouvelables, les technologies propres ou le retraitement des déchets* ». Le même ajoute qu'il serait nullement utile de « *casser la croissance* ».

L'auteur reconnaît encore que « *même si l'évolution spontanée des marchés, avec la raréfaction et le renchérissement des énergies fossiles, contribue déjà sérieusement à cette réorientation (à travers l'évolution naturelle des prix), il faut que l'intervention publique infléchisse les choix en valorisant les efforts accomplis* ». À eux seuls, les signaux prix ne peuvent en effet suffire, le marché ne percevant pas le coût pour la collectivité de certains types de consommation. Il revient donc aux pouvoirs publics de mobiliser des outils pour donner de la valeur à ce qui n'en a pas *a priori*. Pour cela, il dispose des outils relevant de la taxation (cf. la taxe carbone, l'écotaxe ou la « contribution énergie climat ») et/ou de la réglementation.

Dans les faits, la mise en place de ces outils ne va pas de soi et a suscité des débats et controverses (voir le rejet en France du projet de taxe carbone). On se gardera d'y revenir en détail, notre propos étant ici d'illustrer la vocation de l'économie verte d'articuler mécanismes de marché et intervention publique.

Malgré cette reconnaissance du rôle des pouvoirs publics, l'économie verte s'inscrit à l'évidence dans une vision libérale qui fonde ses espoirs sur la capacité des lois du marché à intégrer.

Cependant, on peut distinguer une approche que l'on qualifiera de sociétale (celle de l'entrepreneuriat social ou du social business) en ce sens où, soucieuse de l'intérêt général, elle valorise des structures à but non lucratif, plutôt que des sociétés recherchant en priorité la profitabilité pour leurs actionnaires.

Une autre vertu de l'économie verte réside dans le fait de mettre en musique des notions apparues antérieurement, mais sans qu'un lien fût toujours établi entre elles : l'économie de la fonctionnalité, l'économie circulaire, l'environnement comme bien commun mondial, les écotechnologies, etc. Ce faisant, elle contribuerait à une approche globale et non plus sectorielle des enjeux, même si, comme on le verra plus loin, ceux qui l'invoquent ont tendance à mettre l'accent sur les technologies vertes et à escamoter les autres innovations à soutenir : au plan organisationnel, fiscal, réglementaire, etc.

10. Une contribution à la réflexion sur les nouveaux indicateurs de richesse

Elle permet en outre d'approfondir la réflexion engagée depuis plusieurs années autour des nouveaux indicateurs de richesse. Concrètement, elle a inspiré au PNUE la notion de PIB vert (plus connu des spécialistes sous le nom d'« Inclusive Wealth Index »). Lancée lors du

Sommet Rio + 20, elle consiste à ajouter au volume de production mesuré par le PIB classique, l'évolution du capital humain et celle du capital naturel. Pour en démontrer le bien-fondé, le PNUE a comparé l'évolution du PIB par habitant et du PUB vert par habitant pour 40 pays, entre 1990 et 2008, soit près de 20 ans.

Les résultats sont ambivalents car la destruction du capital naturel peut être compensée par la croissance économique. C'est le cas de l'Inde et de la Chine dont le PIB vert, même très inférieur au PIB classique enregistré sur la même période, reste positif… (respectivement 0,9% et 2,1% de croissance annuelle). À l'inverse, le PIB vert des vieux pays industrialisés (France, Allemagne) progresse plus vite que le PIB classique (respectivement 1,3% et 1,5%). En bref, il pose question tant par ses résultats que sa prétention à intégrer plusieurs dimensions, sans réellement remettre en question le PIB classique. Il n'en alimente pas moins le débat sur la manière de sortir du primat des PNB et PIB forgés pour les besoins de la société de consommation et de production de masse.

11. D'autres pistes de recherche

Même si les économistes n'ont pas attendu la perspective de cette économie-là pour s'intéresser à l'environnement (comme en témoigne ne serait-ce que l'existence de l'économie de l'environnement), elle ouvre en outre d'autres pistes de recherche. Enfin et peut-être surtout, elle apporte des perspectives nouvelles, y compris à des secteurs ou filières « traditionnels », comme l'agriculture par exemple. Dans le cadre d'une économie verte, l'agriculteur est appelé à devenir aussi producteur d'énergie – par l'exploitation de la biomasse – et à rendre plus positive son image jusqu'ici écornée par sa responsabilité dans la surexploitation de l'énergie et la dégradation des éco-systèmes. « Si l'exploitant agricole reste pour le moment perçu comme un entrepreneur qui valorise des actifs fonciers en produisant des biens, essentiellement alimentaires, cette fonction se diversifie, en effet, rapidement vers la production d'énergie et de matières premières (notamment des biomatériaux), le stockage de carbone dans le sol ou la restauration de la biodiversité » comme l'écrivent Capucine Laurent et Anne Gouyon.

Au-delà de ces considérations, l'économie verte aurait le mérite d'être déjà une réalité comme s'emploie à le montrer des évaluations sur le poids représenté par les éco-industries et les technologies propres. À cet égard, les chiffres les plus impressionnants circulent sans qu'on en connaisse toujours la source et le mode de calcul. Ainsi, « on estime » le marché mondial de l'ensemble des « éco-industries » ou « technologies propres » à quelque 600 milliards d'euros annuels, soit 1,5% du produit mondial, avec une croissance annuelle de 5% à 10%. De son côté, le rapport Stern estimait la taille du marché de la réduction des émissions de GES à 100 milliards au milieu du 21e siècle. D'après l'Organisation internationale du travail (OIT), ce sont déjà une centaine de millions d'emplois verts qui existeraient à travers le monde. Les énergies nouvelles créeraient 220 000 emplois en France, et 2 millions à l'échelle européenne. L'Allemagne est citée en exemple puisque à elle seule l'énergie éolienne y aurait créé 45 000 emplois directs. De son côté, le président américain Barack Obama avait au début de son mandat annoncé la création de 5 millions d'emplois « verts », d'ici « les prochaines années ».

Les nouvelles technologies vertes ou cleantech sont il est vrai censées trouver des applications dans de nombreux domaines allant de l'électronique à l'habitat en passant par la chimie, l'agriculture, les nouveaux matériaux, les transports, sans oublier la ville, etc.

Toujours pour accréditer la réalité de cette économie, d'autres chiffres concernent les investissements qu'elle parviendrait à attirer. « *La 'nouvelle frontière' des technologies environnementales a attiré plus de 3 milliards de dollars d'investissements en fonds propres dans le démarrage ou le développement d'entreprises non cotées des clean techs en 2007* ». (Ph. Jurgensen). Les introductions en bourse permettraient de lever plus de 10 millards de dollars par an. Déjà en Chine, 19% des capitaux à risques seraient investis dans les technologies propres. L'économie verte aurait déjà sa Mecque, en l'occurrence la Silicon Valley qui s'est imposée en « Solar Valley ». En bref, l'« économie verte est bien en marche ». C'est par ses mots que Jurgensen clôt la 3e partie de son livre.

12. Des malentendus

Pour être intéressante, la notion d'économie verte n'en est pas moins, comme on l'a vu, source de malentendus et d'interrogations. Si une pluralité d'acteurs institutionnels et économiques l'ont fait leur, il est à craindre qu'ils ne l'utilisent en l'abordant par des versants différents, ni n'en tirent les mêmes conséquences quant à la remise en cause du système de production et de consommation actuel.

Quoi d'étonnant à cela ? Le risque ne serait-il pas de concevoir une économie verte sans prendre en compte le contexte où elle se déploierait ? La même question s'est posée pour le développement durable, dont on a vite admis la nécessité de le conjuguer au pluriel. De fait la promotion du photovoltaïque ou de l'éolien n'a pas de sens sous certaines latitudes. À l'évidence, c'est d'économies vertes au pluriel dont il faudrait parler pour tenir compte du contexte géographique, mais aussi institutionnel, juridique, législatif voire culturel. L'économie verte n'a manifestement pas les mêmes chances d'être promue dans des pays sans véritables État ou sans administration que dans les pays dits développés.

Restent des approches différentes qui tendent à nous écarter de l'approche globale pour ne pas dire systémique, qu'elle renferme potentiellement, comme on l'a souligné plus haut. Car si l'économie verte est affaire de start-up et d'innovations technologiques, elle ne saurait être réduite à cela. Elle appelle à l'évidence des innovations fiscales, réglementaires etc. Or, en l'état actuel des discussions, les approches restent parcellaires et la vision de l'économie verte encore floue. Les défenses et illustrations qui en sont faites ne se départissent pas toujours de ce qu'on appellera un effet catalogue : on la présente à travers des initiatives diverses et originales, mais sans que le lien entre elles soit précisé. Entre autres illustrations, on peut citer la liste des lauréats du prix « entreprises et environnement » organisé fin novembre 2011 à l'initiative du ministère de l'écologie pour récompenser les sociétés les plus innovantes en matière d'économie verte. On y trouve pêle-mêle :

- le distributeur de Maison du Monde qui a poussé loin une démarche d'écoconception sur un canapé produit en France ;

- Oberthur Technologies, pour la commercialisation d'une carte Sim en papier ;

- Alstom Transport, pour la récupération de l'énergie de freinage des trains urbains ;

- Clean Energy Planet qui a conçu une station de vélo-partage électrique ;

- Cesbron qui a développé un réfrigérateur solaire pour réduire les pertes de nourriture des populations rurales isolées ;

- Eiffage et Dervenn qui a imaginé un modèle de financement de génie agri-écologique, servant de compensation dans le cadre des travaux de la ligne à grande vitesse en Bretagne ;

- Cabinets Geophyte et Evinerude, pour la mise au point d'un plan de lutte contre l'ambroisie.

Au total, une trentaine d'initiatives sont récompensées y compris dans le domaine la finance responsable. Cette manière de faire n'est pas en soi condamnable. Elle participe de l'indispensable effort de sensibilisation et de médiatisation. Pour convaincre, il faut donner des exemples qui fassent si possible rêver. Le développement durable n'a pas échappé à ce type de démarche. Aujourd'hui encore, on le définit à partir de listes à la Prévert…

Au-delà d'initiatives locales ou spécifiques, l'économie verte semble couvrir jusqu'à l'agriculture bio ou encore le commerce équitable. Mais de quelle agriculture bio parle-t-on ? La même question se pose pour le commerce équitable qui recouvre des approches différentes voire antagonistes (cf. ceux qui font le choix de commercialiser les produits équitables en grande surface et les autres). Reste qu'on ne peut s'en tenir à cela. Car doit aussi se poser la question de savoir si ces initiatives non seulement sont à même de faire évoluer les organisations qui les portent, mais encore si leurs effets ne se neutralisent pas. Une question qui s'est posée pour les agendas 21 locaux dont la somme ne fait pas nécessaire un développement durable à l'échelle d'un pays.

À trop focaliser sur les nouveaux produits et services, on risque d'escamoter le fait que l'économie verte, c'est aussi la nécessité :

- de nouveaux systèmes de production susceptibles de réduire l'impact de nos consommations ;
- de nouvelles réglementations et normes (cf. les contraintes réglementaires imposées par la Californie) ;
- de nouvelles fiscalités ;
- de nouveaux indicateurs qui prennent en compte la totalité des coûts et des gains (ressources économisées et renouvelées) ;
- de nouveaux métiers et formation ; etc.

13. Une médiatisation trompeuse

La médiatisation dont l'économie verte est l'objet est trompeuse : parmi les premiers concernés, les entreprises, peu nombreuses sont celles qui en font une priorité. À commencer par les PME. Comme le résume un représentant régional du Medef, cité par l'article des *Échos* évoqué plus haut, « La croissance verte n'est pas du tout une priorité des entreprises, c'est leur survie dans la crise qui passe avant tout ». En France, moins de 3 500 entreprises sont certifiées ISO 14001, dont deux tiers sont de grandes entreprises. Pour mémoire, la France compte 2,5 millions d'entreprises (98% de PME).

De leur côté, les multinationales investissent, mais de préférence dans des start-up, ces investissements étant conçus plus comme des relais de croissance que comme des opportunités pour faire évoluer leur propre organisation. Si les entreprises ont pleinement conscience de l'importance de l'innovation, elles en restent le plus souvent à une innovation incrémentale (consistant à améliorer à la marge des produits et services pour se différencier des concurrents : on reste donc dans la même logique de production) sinon une innovation radicale (on s'en tient à un changement technologique, comme celui, par exemple, qui a fait passer du corail au TGV) pour reprendre le distinguo de l'économiste Christian Du Tertre qui estime nécessaire une innovation de rupture comme celle qui ferait passer d'une logique d'équipement de transport à une logique de services de mobilité (en allant jusqu'à promouvoir des milieux innovateurs serviciels).

14. Où est passé le social ?

Au-delà de ces réserves, se posent plusieurs questions. La première concerne la dimension sociale, présente dans les préoccupations du développement durable dont elle constitue l'un des trois principaux piliers tout comme d'ailleurs dans la Responsabilité sociale des entreprises (RSE), mais comme escamotée dans l'économie verte (du moins jusqu'à l'évocation récente d'une économie verte inclusive ou solidaire).

De prime abord, celle-ci a donc pu légitimement donner le sentiment d'un recul et d'une remise en cause des efforts accomplis jusqu'à présent pour essayer de tenir ensemble la création ou la préservation d'emplois, l'équité dans la répartition des richesses produites et la préservation des ressources naturelles. Cette relégation au second plan de la dimension sociale serait regrettable pour des territoires qui ont justement une longue tradition d'économie sociale et solidaire et qui se sont employés à l'articuler aux exigences environnementales. On pense en particulier au Nord-Pas-de-Calais dont les initiatives en matière de développement durable s'appuient sur des acteurs issus de la tradition de l'économie sociale ou solidaire, sinon de l'entrepreneuriat social.

15. Emplois : des créations ou une destruction créatrice ?

Une autre question porte sur les perspectives que l'économie verte offrirait en termes d'emplois. On met spontanément en avant les créations qu'elle est susceptible de permettre (sans qu'on sache toujours à quelle échéance et comment les évaluations ont été établies) sinon les emplois qu'elle représenterait déjà. On est moins disert en revanche sur les destructions d'emplois et la remise en cause de métiers. Or, rien ne permet de dire que la dynamique de l'économie verte échapperait au processus de destruction créatrice telle que définie par Joseph Schumpeter. Les thuriféraires de l'économie verte peuvent faire l'hypothèse que, parce qu'elle participe d'un modèle économique radicalement nouveau, fondé sur d'autres modes de production et de consommation ainsi que d'autres formes de richesse, son avènement sera moins coûteux. En d'autres termes, parce qu'elle nous fera consommer mieux, l'économie verte réduira nos besoins en termes de pouvoir d'achat.

Reste que rien n'exclut le risque de destructions d'emplois. Même les filières prétendument créatrices se révèlent fragiles et difficiles à constituer. Ainsi, dans le domaine des énergies renouvelables, du photovoltaïque (en Allemagne, Q-Cells, le pionnier allemand du secteur a déposé son bilan en avril 2012). C'est que cette filière est, comme d'autres en voie de constitution dans les pays développés, directement exposées à la concurrence internationale. D'où au passage l'enjeu des discussions autour d'une meilleure prise en compte de l'environnement dans la régulation du commerce international, illustrée par la création, au sein de l'OMC, d'un Comité du commerce et de l'environnement. Pour l'heure, force est de constater que la question des normes environnementales progresse encore peu dans les négociations internationales et qu'il y a encore loin de parvenir à la constitution d'une OME (Organisation mondiale de l'environnement) qui serait le pendant de l'OMC.

Plus généralement, les éco-industries sont, elles aussi, victimes du marasme économique, même si la situation semble assez inégale selon le type d'activité. Les éco-industries liées étroitement à l'immobilier, comme le secteur des sites et sols pollués, ou à la production industrielle et à la consommation, comme les activités du déchet et du recyclage, sont davantage pénalisées. D'autres secteurs, comme celui de la distribution d'eau, qui correspondent à des marchés arrivés à maturité, ou les énergies renouvelables qui bénéficient d'aides importantes, ont toujours le vent en poupe. Cependant, la crise peut avoir un effet négatif sur les budgets de recherche et développement des entreprises. Compte tenu du coût élevé des éco-technologies, un repli sur les techniques de base est à redouter.

16. Quel financement ?

À force de focaliser sur le financement des start-up à leur commencement, on passe sous silence les besoins de capitaux nécessaires au financement de l'innovation, de nouvelles capacités de production, des forces commerciales, etc. « *Or, comme le relève un observateur, les investisseurs, qui ont déjà largement mis la main à la poche, s'aperçoivent qu'ils ne pourront pas financer ainsi toutes ces filières émergentes jusqu'au retour sur investissement. Et ils commencent à en abandonner certaines en chemin, même si leurs technologies s'avèrent très prometteuses* ».

Résultat : les start-up sont rachetées par de grands groupes, qui ont, eux, la possibilité d'accéder à de meilleures conditions aux marchés financiers. À titre d'exemple : le groupe Véolia, qui s'appuie sur un partenaire californien pour la sélection des meilleures technologies. En soit, cette évolution n'est pas condamnable. Elle fait partie de la logique entrepreneuriale suivant laquelle l'innovateur n'est pas forcément le mieux qualifié pour gérer une entreprise en développement. Les multinationales ont de surcroît les moyens de passer à l'industrialisation et les forces commerciales pour valoriser les nouveaux produits et services. Mais, une fois encore, on peut s'interroger sur les capacités à évoluer elles-mêmes, en adoptant d'autres modes d'organisation.

17. Une révolution ?

D'aucuns ont parlé de « révolution » à propos de l'économie verte. Au risque d'embrayer sur des considérations plus spéculatives, la réflexion vaut la peine d'être menée. Car il n'est pas indifférent de savoir ce que pourrait être cette révolution. Suggère-t-elle une rupture ? Où participe-t-elle d'une transformation silencieuse au sens du philosophe François Julien qui désigne par là les basculements qui s'opèrent sous le poids de l'agrégation de changements « minuscules ». Est-elle en émergence ou à instituer ? Les opinions sont moins convergentes qu'on peut le penser. Auteur d'un rapport sur la croissance verte pour le consultant Roland Berger, Eric Confais considère que « la transformation promise de l'économie verte n'est décidément pas au rendez-vous ». De fait, d'après une enquête menée auprès de 50 entreprises, les trois quarts font moins de 10% de CA dans cette économie verte. Le même estime cependant que ce lent démarrage est aussi un bon signe, car des changements trop rapides pourraient être contre-productifs.

18. Retour vers le développement durable ?

On le voit, la notion d'économie verte est au cœur de débats et de réflexions qui, pour être critiques, empreintes de scepticisme, ne disqualifient pas cette notion. Si elles comptent des détracteurs, elle a aussi ses partisans qui, sans être soupçonnables d'ultra-libéralisme, ne trouvent rien à redire à sa pertinence.

Pourtant, c'est bien à une attaque en règle à laquelle on a assisté à l'issue du Sommet de Rio + 20, si on en juge par la tonalité des comptes rendus qui paraissent dans la presse.

La notion survivra-t-elle malgré tout ? On peut le penser à la lecture de *La Tribune* citée plus haut, des ministres Cécile Duflot et Pascal Canfin, qui y voient donc une réponse appropriée au contexte de crise actuelle. Pour l'heure, il y a encore loin entre les promesses de l'économie verte et ses avancées effectives. Ce dont le dernier rapport de l'OCDE sur les « Perspectives de l'environnement à l'horizon 2050 » publié en mars 2012 s'inquiétait. Dans chacun des quatre domaines examinés (le changement climatique, la biodiversité, l'eau et les effets de la pollution sur la santé), la poursuite des politiques des politiques actuelles compromet tout « objectif d'amélioration ». Selon l'auteur du rapport, Simon Upton (directeur de la section environnement au sein de l'OCDE), « il ne suffira pas d'amender nos modèles économiques, il faut trouver de nouvelles voies et de façon urgente ». À l'évidence, la crise économique n'a pas favorisé, contrairement aux espoirs de certains, la transition vers une « économie verte ». Elle a au contraire incité à articuler l'économie verte à des préoccupations sociales. Soit l'autre

« pilier » du développement durable. Tout se passe donc comme si on assistait à un retour aux sources. Les débats autour de l'économie verte n'auront pas été pour autant vains et méritent même d'être poursuivis, de quelque versant qu'on aborde cette économie, tant il y a encore besoin d'éclaircir les rapports entre économie marchande et enjeux environnementaux.

Bibliographie

Canfin, P., *L'Économie verte expliquée à ceux qui n'y croient pas*, Les Petits Matins, 2007.

Flam, M., *L'Économie verte*, PUF, 2010.

Jacquet, P. Rajendra, K.P., Tubiana, L., *Regards sur la Terre 2010*, Presses de Sciences Po, 2010.

Jurgensen, Ph., *L'Économie verte, comment sauver la planète*, Odile Jacob, 2009.

Petit, Y., *L'Économie verte : un défi pour l'Europe*, La Documentation française, 2009.

Dossiers

« L'économie verte », *Cahiers français*, n° 355, mars-avril 2010, La Documentation française.

« La révolution verte », *Problèmes économiques*, n° 2966, 4 mars, 2009, La Documentation française.

Que nous réservent les innovations vertes ? État des lieux et éléments de prospective

Marc-Hubert DEPRET

Université de Poitiers

Introduction

Vingt ans après le premier Sommet de la terre de Rio, l'urgence écologique se fait de plus en plus pressante. Changement climatique, pollution, dégradation des espaces naturels, démographie quasi-exponentielle, hypertrophie urbaine et encombrement routier, migrations climatiques, montée de l'obésité, gaspillages en tout genre, épuisement des ressources naturelles et recul de la biodiversité ne sont que quelques-uns des signes les plus visibles des atteintes (souvent irréversibles et très couteuses[1]) portées par l'Homme à son écosystème et à lui-même (Hamdouch & al., 2012). Crises à répétition, surendettements (pécuniaire et écologique), mondialisation à somme nulle et vaste redistribution des cartes à l'échelle internationale, finance dérégulée, inégalités

[1] De nombreuses études ont en effet estimé le coût de ces dommages pour l'économie mondiale. Le rapport Stern (2007) évalue ainsi le coût du dérèglement climatique à 5500 milliards d'euros. Le rapport montre également, que, à plus long terme, si rien n'est fait pour réduire les émissions de gaz à effet de serre, une augmentation abrupte et de grande ampleur des températures (5 à 6° C.) pourrait amputer, chaque année, entre 5% et 10% du PIB mondial et entre 5% et 20% de la consommation par habitant. Le Groupe d'experts intergouvernemental sur l'évolution du climat (GIEC) estime qu'il en coûtera, chaque année, jusqu'à 3% du PIB mondial pour stabiliser les émissions de gaz à effet de serre d'ici 2030 et jusqu'à 5,5% pour les stabiliser d'ici 2050 (Pachauri & Reisinger, 2008). En se basant sur une estimation de la valeur des services rendus à l'homme par les écosystèmes (de l'ordre de 23500 B€), Kumar (2010) a, quant à lui, estimé que la destruction des écosystèmes pourrait couter jusqu'à 7% du PIB mondial en 2050. Rien que dans le domaine de l'énergie, les investissements nécessaires pour moderniser ou remplacer les installations électriques existantes dans le monde et permettre un accès plus généralisé à l'électricité s'élèvent à 45000 milliards de dollars d'ici 2050 (IEA, 2011). Quant à eux, Spencer & al. (2012a) estiment les investissements supplémentaires requis pour faire face au défi de la transition énergétique à plus de 10000 milliards d'euros.

croissantes, désindustrialisation et standardisation (des modes de vie, des stratégies industrielles et des politiques économiques et sociales) constituent, parallèlement, autant d'indices de la non-soutenabilité de notre modèle de développement de type post-fordiste. Celui-ci – fondé sur la massification des modes de production et de consommation et une surexploitation des ressources (notamment carbonées) – apparait en effet en bout de course.

C'est dans ce contexte que la question de la transition (économique, sociale, politique, énergétique, démographique, etc.) vers un nouveau modèle de développement – plus durable (ou soutenable), moins énergivore, plus juste (socialement) et plus respectueux de l'environnement – est aujourd'hui posé par de nombreux experts et institutions (cf. par exemple : Elzen & al., 2004 ; Smith & al., 2005 ; Kemp & al., 2007, Kern & Smith, 2008 ; Nikvist & Whitmarsch, 2008 ; Jackson, 2010 ; OCDE, 2011a, 2011b, 2012 ; Spencer & al., 2012b). Si cette question est encore loin d'être tranchée – tant sur la forme (« écologisation » de l'économie vs. « économisation » de l'écologie) et le rythme (10 ans, 25 ans, 50 ans, voire 100 ans) que pourrait prendre cette transition, que sur son coût (économique et social)[2] –, elle est aujourd'hui au cœur des préoccupations des décideurs et des citoyens. Dans cette perspective, plusieurs stratégies de résilience (cf. Depret & Hamdouch, 2013a) sont envisageables en croisant deux dimensions (cf. Tableau 1). Ainsi, veut-on s'adapter aux changements (climatiques et économiques) actuels en infléchissant le modèle de développement post-fordiste ou bien est-on prêt à lui substituer un nouveau modèle de développement (dimension 1). Parallèlement, faut-il considérer l'économie verte comme un danger pour nos modes de vie (ou comme un nouvel avatar du capitalisme se drapant de vert) ou bien faut-il en faire le nouveau moteur de l'économie pour la rendre plus durable et résiliente aux chocs (dimension 2).

L'économie verte[3] (cf. cadran nord-est du Tableau 1) constitue une de ces pistes aujourd'hui non encore véritablement explorée. Elle vise à changer de système économique en utilisant la contrainte environnemen-

---

[2] Stern (2007) estime ce coût compris entre 1% et 2% du PIB mondial annuel d'ici 2050. Spencer & al. (2012a) estiment les investissements nécessaires (dans l'efficacité énergétique des bâtiments, les énergies renouvelables et la construction des réseaux de transport et d'électricité) à 2,1% du PIB par an. Il est sans doute supérieur dans la mesure où les hypothèses (souvent optimistes) retenues (notamment celles relatives aux émissions de CO_2) sont aujourd'hui largement dépassées (Jackson, 2010).

[3] On notera ici que d'autres auteurs parlent d'économie « décarbonée » (Foxon & al., 2008 ; Grubb & al., 2008 ; UNEP & ILO, 2008 ; BERR, 2009), d'économie « plus respectueuse de l'homme et de la nature » (Janci, 2012) ou d'économie « soutenable » (Elzen & al., 2004 ; Jackson, 2012). Le terme d'économie verte sera ici privilégié.

tale comme un levier de développement (OECD, 2009 ; PNUE, 2011 ; OCDE, 2011a, 2012). L'économie verte se fonde sur une croissance durable, l'inclusion sociale, le bien public, et la sobriété énergétique et en ressources naturelles (Depret & Hamdouch, 2009, 2010, 2012a, 2012b ; Hamdouch & Depret, 2010, 2013a, 2013b). Dans les *scenarii* les plus optimistes, ce nouveau modèle de développement doit favoriser l'activité économique, l'emploi, l'innovation, l'indépendance énergétique, le bien-être, le mieux vivre ensemble, la réduction des inégalités (sociales et territoriales), et la préservation des écosystèmes et des générations futures (OECD, 2008, 2009, 2011 ; WWF & Roland Berger Strategy Consultants, 2009 ; COE, 2010 ; Baron & al., 2011 ; CGDD, 2011 ; EIO, 2011 ; Muro & al., 2011 ; PNUE, 2011). L'économie verte est ainsi un nouveau paradigme (Kemp & al., 1998 ; Elzen & al., 2004 ; Smith & al., 2005 ; Grubb & al., 2008 ; Kern & Smith, 2008) qui, à terme, serait susceptible de transformer l'économie mondiale en modifiant ses structures (technologiques, économiques, institutionnelles, sectorielles, etc.), les comportements des acteurs (entreprises, consommateurs, investisseurs, institutions, etc.) et leurs objectifs. Dans ce cadre, les éco-industries et les technologies propres devraient jouer un rôle majeur dans la transition vers ce nouveau paradigme (ou modèle de développement).

Tableau 1 : Innovations vertes, modèles de développement et stratégies de résilience

		Degré de rupture avec le mode de développement actuel (dimension 1)	
		Faible (continuité)	Elevé (rupture)
Degré de « verdissement » de l'économie (dimension 2)	Fort	***Green business, greenwashing ?*** - Le développement durable et la responsabilité sociale et environnementale, une source d'avantage compétitif / comparatif pour les États et les entreprises - L'innovation verte, un nouveau relais de croissance - Verdissement de l'économie et du social (formation) - Risque de *greenwashing* (verdissement de l'image et non des pratiques) de la part de certaines entreprises	**Économie verte** - Modèle de développement fondé sur une prospérité (et non sur une simple croissance) à la fois économique, inclusive (socialement et culturellement) et durable (préservant la biodiversité, les ressources naturelles et les générations futures) - Adoption de modes de production, de distribution, de consommation, d'échange et de transport respectant l'environnement et les l'équité sociale et territoriale (amélioration du bien-être, accès aux « capabilités » d'épanouissement, préservation du patrimoine, etc.) - Promotion des innovations « responsables » et durables

	Faible	***Statu quo ante*** - Déni de l'origine anthropique du changement climatique - L'environnement, une contrainte pour l'économie, l'emploi et les modes de vie - La technologie comme solution (« miracle ») à la pénurie des ressources et au changement climatique - « Paternalisme libertaire » (ou « bienveillant ») en matière environnementale (recours aux « *nudges* verts » et aux contrats plutôt qu'à la régulation)	**Décroissance, altermondialisme** - Refus du productivisme, du consumérisme et de la croissance (fut-elle « verte ») - Appel à la sobriété, à la simplicité volontaire, à l'autosubsistance, à la lenteur, voire à la désobéissance civile - Rejet du scientisme et de la course à l'innovation verte - Réduction planifiée de la production et de la consommation

L'objet de cette contribution est quadruple. Dans un premier temps, nous montrons, d'une part, que l'économie verte ne se limite pas aux seules éco-industries et, d'autre part, que les innovations environnementales couvrent un large spectre qui dépasse le simple champ des technologies propres. Dans un deuxième temps, nous montrons que la révolution verte est d'ores et déjà en marche même si les éco-innovations radicales (*i.e.* celles qui favoriseront la transition vers un nouveau modèle de développement) sont encore, pour la plupart, dans les laboratoires de R&D ou dans les cerveaux des futurs entrepreneurs « verts ». Dans un troisième temps, nous montrons que la transition vers une économie verte sera vraisemblablement parsemée de multiples obstacles (technologiques, économiques, sociaux, géopolitiques et institutionnels). Nous montrons enfin que cette transition est néanmoins possible à la double condition de politiques adaptées et d'un changement profond des modes de production, de consommation, de transport, d'échange, et de vie.

1. Éco-industries, technologies propres et *green business* : Un très large spectre d'activités et de formes d'innovation

L'économie verte est une notion aux multiples facettes. Trans-sectorielle, multidisciplinaire et relativement récente, elle n'a pas encore été agrégée de manière harmonisée dans les comptabilités nationales (OECD, 2008 ; CGDD, 2011 ; Muro & al., 2011). L'économie verte recouvre ainsi différentes réalités selon le périmètre retenu pour ses champs d'activités.

Ainsi, dans son acception la plus restrictive, l'économie verte est généralement assimilée aux éco-industries ou aux secteurs purement liés à l'environnement. Elle regroupe alors à la fois les éco-activités[4] et les (autres) activités vertes ou verdissantes[5] (CGDD, 2011). D'un point de vue économique, ces marchés commencent à peser lourd dans la hiérarchie des secteurs à l'échelle globale. Le chiffre d'affaires du secteur des technologies environnementales oscille en effet entre 630 milliards de dollars (WWF & Roland Berger Strategy Consultants, 2009) et 782 milliards de dollars (USDC, 2010), tandis que celui des biens et services environnementaux dépasse 1370 milliards de dollars (UNEP/ILO, 2008).

Dans une acception intermédiaire, le *green business* recouvre les activités relatives à la fois à l'environnement (dépollution, purification et distribution de l'eau, recyclage, économie circulaire, écologie industrielle, chimie verte, etc.), aux énergies renouvelables (photovoltaïque, éolien, géothermie, biomasse, hydro-électricité, etc.) et à la « décarbonisation » de l'économie[6]. Le chiffre d'affaires cumulé de ces activités « post-carbonne » représente aujourd'hui près de 5000 milliards de dollars (BERR, 2009).

Dans son acception la plus extensive, l'économie verte regroupe l'ensemble des activités entrainant « une amélioration du bien-être humain et de l'équité sociale tout en réduisant de manière significative les risques environnementaux et la pénurie de ressources. Elle se caractérise par un faible taux d'émission de carbone, l'utilisation rationnelle des ressources et l'inclusion sociale » (PNUE, 2011 : 1). Pour y parvenir, les pouvoirs publics doivent mettre en place des politiques de croissance verte inclusive que l'OCDE (2010a : 1) définit comme « la voie à suivre pour passer de l'économie actuelle à une économie durable. Elle consiste à promouvoir la croissance et le développement tout en réduisant la pollution et les émissions de gaz à effet de serre, en limitant le plus possible la production de déchets et le gaspillage des ressources naturelles, en préservant la biodiversité et en renforçant la sécurité énergétique. Elle nécessite de « découpler » davantage les impacts

4 Les éco-activités comprennent les activités produisant des biens et services environnementaux au sens strict dont la finalité et les compétences mises en œuvre contribuent à mesurer, prévenir, maîtriser et corriger les impacts négatifs et les dommages sur l'environnement (CGDD, 2011).

5 Les autres activités vertes (ou verdissantes) regroupent les activités produisant des biens et services favorables à une meilleure qualité environnementale dont la finalité n'est pas strictement environnementale, mais qui intègrent de nouvelles « briques de compétences » pour prendre en compte de façon significative et quantifiable la dimension environnementale (CGDD, 2011).

6 Différentes activités entre dans ce cadre : efficacité énergétique des bâtiments, nucléaire, capture et stockage du CO_2, réseaux de transport et d'électricité, transport, modal et infrastructures de transport, carburants alternatifs, financement des « fonds carbone », services issus de l'économie de la fonctionnalité, etc.

environnementaux et la croissance économique et d'adopter des modes de consommation et de production plus respectueux de l'environnement tout en réduisant la pauvreté et en améliorant les perspectives des populations en matière de santé et d'emploi. La croissance verte implique de faire de l'investissement environnemental une nouvelle source de croissance économique ».

Dans cette dernière acception, les innovations vertes ont elles-mêmes une portée assez large (Depret & Hamdouch, 2009). Elles ne se limitent pas aux seules innovations éco-technologiques (curatives ou préventives) permettant soit d'atténuer les conséquences environnementales des procédés de fabrication, soit de prévenir/réduire la production des externalités (environnementales) négatives ou la consommation des *inputs*/en cours des processus de production (Beise & Rennings, 2005). Elles peuvent en effet être mise en œuvre, soit pour innover (« technologiquement ») dans le domaine de l'environnement, soit pour intégrer la dimension environnementale à chaque étape du cycle de vie des produits/services/*process*, soit encore pour sensibiliser les salariés, fournisseurs, clients ou citoyens au respect de l'environnement (Ingham & al., 2011). Dans ce cadre, une innovation verte peut avoir une dimension organisationnelle, servicielle ou institutionnelles – par nature – non purement technologique (*cf.* Arundel & Kemp, 2009). De fait, la plupart des innovations vertes reposent sur une conception renouvelée des usages et, bien souvent, sur leur dimension non technologique (*business models*, marketing, *design*, services associés, etc.) (Dhont-Peltrault & Lallement, 2011)[7]. Dans certains cas, les éco-innovations peuvent même avoir une portée systémique (*i.e.* à la fois technologique et organisationnelle, servicielle ou dématérialisée) dès lors qu'elles permettent de répondre à un besoin (individuel/collectif) spécifique (en matière de logement, de mobilité, de loisirs, de culture, de distribution, d'épargne, etc.) relatif à l'environnement (Depret & Hamdouch, 2009) (*cf.* Tableau 2).

---

[7] On pense ici tout particulièrement à certains :
- modes d'organisation (télétravail, modes de coopération, vidéoconférences, etc.) ;
- pratiques (systèmes de management environnemental, éco-conception, éco-design, écolabels, éco-conduite, *product stewardship*, « bonnes pratiques », etc.) ;
- outils institutionnels (schémas de développement de l'espace communautaire, plans locaux de développement durable, Agendas 21 locaux, plans climat locaux, *think thank* écologiques, *nudges* verts, conférences citoyennes, etc.) ;
- services (audit écologique et conseils en développement durable, services éco-efficients, *utilities*, écotourisme, microcrédits, marchés agricoles locaux, coopératives « *slow food* », etc.).

Tableau 2 : Quelques exemples d'innovations vertes systémiques

Types d'innovation	Exemples
Nouveaux usages	Location et maintenance d'appareils électronique ; Lettres recommandées ou factures virtuelles ; Echange ou partage de biens, de services, de savoirs, voire de logements ; Monnaies locales complémentaires ; Propriété collective ; Tourisme durable ; etc.
Systèmes de conception	Plateformes collaboratives ; *Crowdsourcing* ; *Living labs* ; etc.
Modes de production	*Fab labs* ou auto-fabrication assistée par ordinateur ; Agriculture biologique ; etc.
Modes de consommation	Achats groupés ; Troc ; Dons ; *C2C* ; Facturation fondée sur la performance ; Recours à des opérateurs de mobilité électrique ; Location d'objets entre particuliers ; Services de couches lavables ; Gratuité ; etc.
Techniques de distribution	Circuits courts ; Commerces et artisanat de proximité ; Commerce équitable ; Guichets uniques de services publics ; etc.
Modes de transport	Systèmes d'autopartage de vélo ou de voiture ; Transport modal ; etc.
Mécanismes de financement	Micro-crédit ; Banques solidaires ; Investisseurs sociaux ; Coopératives ; etc.
Techniques de construction	Bâtiments basse consommation ; Démarches HQE et *LEED* ; Maisons à énergie positive ; Logements coopératifs ; Immeubles en autopromotion ; « Villes en transition » ; Territoire à énergie positive ; Ecoquartiers ; *Città slow* ; etc.

L'innovation verte ne se limite toutefois pas aux seules innovations permettant de réduire son empreinte écologique. L'économie verte est en effet fondée sur un équilibre durable entre les trois piliers (économique, social et environnemental) du développement durable. Dans cette perspective, l'innovation (verte) doit être responsable (Ingham & al., 2011) en répondant à un besoin spécifique des consommateurs (dimension économique), en intégrant des composants plus respectueux de l'environnement (dimension environnementale) et en étant fabriqués/assemblés dans des unités de production adoptant des pratiques sociales « mieux disantes » (dimension sociale). L'innovation verte (responsable) désigne alors très largement « *l'intégration volontaire de considérations sociales et environnementales dans la mise au point, la production et la commercialisation (par une entreprise, un État, une collectivité locale, une association, une communauté, etc.) d'un produit, d'un service, d'un procédé, d'un système ou d'un mode d'organisation dans le but de fournir aux consommateurs ou aux citoyens des solutions objectivement nouvelles ou améliorées qui contribuent à créer de la valeur économique et non économique et qui répondent aux besoins (latents ou exprimés ; individuels, communautaires ou collectifs) du présent (en particulier des marchés moins servis ou non servis) sans compromettre la capacité des générations futures de répondre aux leurs* » (*ibid.* : 385). Ici, l'innovation responsable englobe à la fois les innovations vertes (précédemment définies), les innovations sociales et solidaires (Richez-Battesti & Vallade, 2012), et les innovations issues de l'économie de la fonctionnalité (Bourg & Buclet, 2005).

Toutes ces formes d'innovation verte constituent de formidables opportunités pour pénétrer les nouveaux marchés verts qui connaissent actuellement une croissance forte et dont le potentiel (économique, financier et humain) est considérable.

2. L'économie verte, une révolution en marche ?

Depuis quelques années, de nombreux faits stylisés concourent vers le même constat : la transition vers une économie plus verte est d'ores et déjà amorcée. Cette transition n'en est sans doute qu'à son premier stade (Elzen & al., 2004 ; Smith & al., 2011 ; Kemp & al., 2007 ; Kern & Smith, 2008 ; Nikvist & Whitmarsch, 2008 ; Nora, 2009 ; Jackson, 2010 ; OECD, 2011 ; PNUE, 2011). Elle reste fragile tant les inerties et les résistances (économiques, financières, sociales, institutionnelles, cognitives, etc.) sont grandes (Grübler & al., 1999 ; Jackson, 2005 ; Smith & al., 2005 ; del Rio & Unruh, 2007 ; Depret & Hamdouch, 2009, 2012 ; Crifo & al., 2010 ; Maréchal & Lazaric, 2010 ; EIO, 2011 ; Gosh & Nanda, 2011 ; Janci & Quinet, 2011). Si personne ne sait cependant quel et quand en sera l'issue, il est désormais possible de l'observer et de la quantifier.

D'un point de vue économique, les activités liées au *green business* et à l'économie verte représentent ainsi un poids à la fois conséquents et croissants tant en termes de chiffre d'affaires (*cf.* section précédente) qu'en termes d'emplois (UNEP & ILO, 2008 ; WWF & Roland Berger Strategy Consultants, 2009 ; UNEP & ILO, 2011 ; COE, 2010 ; CGDD, 2011 ; Muro & al., 2011 ; Spencer & al., 2012a). Ceci est particulièrement vrai dans les domaines de l'environnement (EIO, 2011), de l'énergie (WWF & Roland Berger Strategy Consultants, 2009 ; UNEP & Bloomberg New Energy Finance, 2011), du bâtiment et de l'efficacité énergétique (BERR, 2009) où les perspectives d'avenir sont radieuses – tant dans les pays développés que dans les pays émergents (UNEP & Bloomberg New Energy Finance, 2011).

Dans le secteur des énergies renouvelables, les investissements (technologiques, industriels et financiers) se multiplient depuis quelques années, et ce quel que soit le maillon de la chaine de financement (*cf.* Tableau 3). Certains ont même parlé de « bulles vertes » pour caractériser cette forte croissance des investissements (publics et privés) dans les technologies propres (Depret & Hamdouch, 2010). Un quart des investissements des sociétés de capital-risque aux États-Unis serait ainsi investi désormais dans ces *cleantech* (Pernick & al., 2012)[8].

Tableau 3 : Evolution et répartition des investissements engagés dans les énergies renouvelables dans le monde entre 2004 et 2010 (en milliards de dollars)

Nature des investissements (classés selon le degré croissant de maturité des projets)	2004	2005	2006	2007	2008	2009	2010
R&D publics, RD&D privés	4,9	4,1	4,4	4,8	5,3	6,1	8,6
+ Investissements financiers	19,4	42,6	76,4	111,5	132,5	122,2	142,7
dont investissements en capital-risque	*0,4*	*0,6*	*1,3*	*1,9*	*2,9*	*1,5*	*2,4*
dont investissements des sociétés de private equity	*0,3*	*0,8*	*3,1*	*3,2*	*6,6*	*3,1*	*3,1*
dont investissements sur les marchés cotés	*0,4*	*4,0*	*11,0*	*22,0*	*12,8*	*12,5*	*15,4*
dont financement d'actif dans les projets d'infrastructures	*18,3*	*37,2*	*61,0*	*84,4*	*110,2*	*105,1*	*121,8*
+ Projets de production décentralisée d'énergie	8,6	10,7	9,4	13,2	21,1	31,2	59,6
= Total nouveaux investissements	32,9	57,4	90,2	129,5	158,9	159,5	210,9
+ Opérations de fusions et acquisitions (F&A)	8,5	25,9	35,0	57,4	65,2	65,7	57,7
= Total des investissements	41,4	83,3	125,2	186,9	224,1	225,2	268,6

Source : Depret et Hamdouch (2013c), adapté de UNEP et Bloomberg New Energy Finance (2011)

Cette croissance des marchés verts est en grande partie induite par un fort volontarisme de la part des pouvoirs publics qui ont fait de la croissance verte et du développement durable des axes majeurs de leur politique industrielle. Pour nombre de décideurs, la croyance selon laquelle la « sortie de crise » passera par une croissance plus soutenable et donc moins carbonée apparait en effet fortement ancrée et « transpire » dans les politiques récemment mises en œuvre dans un grand

[8] On notera toutefois ici que seule une trentaine de sociétés de capital-risque aux États-Unis ciblent une partie substantielle de leur portefeuille d'investissements sur les énergies propres (Gosh et Nanda, 2011). De fait, un quart des investissements en capital-risque dans ce domaine sont le fait des cinq principaux capitaux-risqueurs spécialisés dans les énergies propres (Ghosh et Nanda, 2011).

nombre de pays (Robins & al., 2009 ; Hamdouch & Depret, 2010 ; Depret & Hamdouch, 2013b, 2013c). Près de 194 milliards de dollars ont ainsi été injectés (ou engagés) dans l'économie mondiale à ce titre (UNEP & Bloomberg New Energy Finance, 2011). Les subventions en faveur des énergies renouvelables (66 milliards de dollars en 2010) continuent également de progresser régulièrement (IEA, 2011), tout comme les montants investis dans le domaine de la R&D (*cf.* Tableau 3). Des *clusters* verts sont également en train d'émerger et de se structurer un peu partout dans le monde autours de grands centres d'excellence (Cooke, 2010 ; Depret & Hamdouch, 2010).

Au-delà, ces politiques contribuent à réorienter les programmes de R&D, la réflexion scientifique et institutionnelle, les priorités économiques nationales et, à terme, les avantages compétitifs des pays qui s'engagent dans l'économie verte. À terme, ces politiques pourraient modifier structurellement les méthodes d'innovation, les modes de production (industrielle et agricole), de consommation et de financement. (Depret & Hamdouch, 2012c).

Parallèlement, les consommateurs contribuent aussi à faire évoluer l'offre « verte » des entreprises (Bonini & Oppenheim, 2008). Ils sont en effet de plus en plus nombreux à rechercher de nouveaux produits plus durables. Ils ont également de nouvelles attentes (éco-*design* des produits, efficacité énergétique des bâtiments, responsabilité sociale et environnementale des entreprises, etc.). Ils promeuvent enfin de nouveaux comportements de consommation (location plutôt que propriété, achat groupé, troc, covoiturage, copartage, vente ou prêt entre particuliers, épargne solidaire, etc.), de nouveaux moyens de conception/production (*fab labs*, plateformes collaboratives, *crowdsourcing*, etc.) et de nouveaux modes de distribution (circuits courts, etc.). De nouvelles formes d'organisation du travail (télétravail, proximité temporaire, etc.) émergent également (Le Roux, 2009).

C'est dans ce contexte relativement porteur que s'inscrivent de plus en plus d'entreprises et d'entrepreneurs « verts » (le plus souvent agglomérés au sein de *clusters* verts). Les grands groupes, les PME et les entrepreneurs sont ainsi de plus en plus nombreux à s'engager dans une démarche (authentiquement « citoyenne » ou à visée stratégique) de responsabilité sociale et environnementale ou, plus largement, de développement durable (Ingham & al., 2011). Nombre d'entre eux investissent également de plus en plus l'économie verte. C'est notamment le cas dans les technologies propres et les énergies renouvelables où les besoins sont considérables et où les sommes investies sont conséquentes (IEA, 2011b).

Depuis l'entrée en vigueur du Protocole de Kyoto, on observe ainsi une forte progression à la fois des dépenses engagées en R&D (UNEP &

Bloomberg New Energy Finance, 2011), du nombre des brevets déposés (UNEP & al., 2010 ; Breitzman & Thomas, 2011 ; Picard, 2012) et de celui des entreprises créées (OCDE, 2011a) dans le domaine de l'environnement. La révolution verte est donc également en marche dans les laboratoires de R&D des entreprises engagées dans des stratégies de croissance verte et dans les cerveaux des entrepreneurs verts de demain. Dans ces secteurs, les *business models* les plus prometteurs semblent être les technologies propres (piles à combustibles, nouveaux matériaux, capture/stockage du CO_2, fusion nucléaire, etc.), l'efficacité énergétique (bâtiments/produits, *smart grid*, stockage de l'énergie, etc.) et les énergies renouvelables (biocarburants, photovoltaïque, éolien, biomasse, biogaz, géothermie, pompes à chaleur, énergie marine, hydroélectricité à petite échelle, cogénération, etc.). De nombreuses opportunités s'offrent également aux entrepreneurs verts dans le domaine des services (Gadrey, 2009 ; Djellal & Gallouj, 2012) et dans celui des innovations responsables (Ingham & al., 2011) à condition toutefois de lever un certain nombre d'obstacles.

3. De nombreux obstacles encore à surmonter

Bien qu'en marche sur bien des aspects, la révolution verte qui s'amorce et dont nous venons de dresser les contours à grands traits reste toutefois fragile. L'histoire des techniques est pleine de ces révolutions/paradigmes tués dans l'œuf (Gille, 1978 ; Freeman & Perez, 1988 ; Dockès, 1990). Le temps de la Science et de la Technologie est en effet un temps qui s'inscrit dans la (longue) durée et qui se caractérise par une incertitude radicale (Depret & Hamdouch, 2007). Pour imposer leurs produits, *process*, services ou technologies de rupture – au sens de Christensen (2003) –, les innovateurs et les entrepreneurs empruntent ainsi une route à la fois longue et semée de multiples embûches (*cf.* Tableau 4).

En guise de conclusion :
Comment ne pas « tuer dans l'œuf » l'économie verte ?

Au final, dans ce contexte hautement turbulent, les fenêtres « d'opportunités » – ou de « durabilité » (D'Allessandro & al., 2008) – qui s'ouvrent aux entreprises et aux entrepreneurs verts dépendent énormément de l'environnement (économique, politique, concurrentiel, voire psychologique) dans lequel ils évolueront (Depret & Hamdouch, 2012c).

C'est pourquoi l'émergence, le développement et, au final, la transition vers l'économie verte requièrent différentes conditions (Hamdouch & Depret, 2013a) :

Tableau 4 : Diversité des barrières à l'entrée dans l'économie verte

Nature des barrières à l'entrée	Risques induits	Références bibliographiques
Barrières financières	Investissements longs, coûteux et risqués (notamment pour les investisseurs privés)	Grübler & al. (1999) Rennings (2000) Crifo & al. (2010) Janci et Quinet (2011)
	Immaturité des projets, des technologies et des modèles d'affaires proposés aux investisseurs	Ghosh et Nanda (2011) Spencer & al. (2012a)
	Absence de mécanismes de sortie (en capital) pour les sociétés de capital-risque et les *private equity*	
	Concentration des investisseurs spécialisés dans l'économie verte	
	Court-termisme et incomplétude des marchés financiers (notamment dans un contexte de crise)	Gollier (2011) Janci (2012)
	Durcissement des conditions d'octroi de crédit (Bale III et Solvabilité II)	Spencer & al. (2012a)
	Sunk costs élevés (infrastructures, maintenance des équipements, formation de la main-d'œuvre, etc.)	Depret et Hamdouch (2009)
	Effets d'apprentissage et d'expérience	Grübler & al. (1999)
	Insuffisante valorisation des ressources naturelles, des sources d'énergie (carbonées et alternatives) et des externalités socio-économiques et environnementales (insuffisance du signal prix du carbone)	Crifo & al. (2010) Janci (2012)
Barrières technologiques	Connaissances, compétences et technologies requises complexes (voire transversales) et embryonnaires (ou difficiles d'accès)	Depret et Hamdouch (2009) Spencer & al. (2012a)
	Infrastructures (publiques) souvent déficientes	Del Rio et Unruh (2007) Spencer & al. (2012a)
Barrières organisationnelles	Dispersion des acteurs de l'économie verte (coûts de transaction, asymétries d'information, etc.) et coûts d'entrée dans (et de constitution) des réseaux	Depret et Hamdouch (2010) Spencer & al. (2012a)
Barrières cognitives	Imprévisibilité des comportements d'achat (généralement routiniers) des clients potentiels (consommateurs, entreprises)	Crifo & al. (2010) Jackson (2005) Maréchal et Lazaric (2010)
	Absence de main-d'œuvre qualifiée	Muro & al. (2010) CGDD (2011)
	Inertie des acteurs (routiniers) et dépendance de sentier	Spencer & al. (2012b)
	Incertitude sur le consentement à payer des consommateurs verts	Crifo & al. (2010)

Barrières (géo)politiques	Niveau des taxes environnementales et nature des modes de régulation mis en œuvre	
	Dumping réglementaire ou mesures protectionnistes relatives à la souveraineté ou à la sécurité nationale	Hamdouch et Depret (2012b)
	Absence de marges de manœuvre budgétaire et déséquilibre des balances commerciales	Depret et Hamdouch (2012c) Janci (2012) Spencer & al. (2012a)
	Court-termisme, « électoralisme » et inconstance des politiques publiques menées	Depret et Hamdouch (2012c) Spencer & al. (2012a)
Barrières institutionnelles	Non coopération (voire conflits) entre les différentes échelles administratives	del Rio et Unruh (2007)
	Absence de (ou concurrence entre) normes	Crassous-Doerfler (2011)
	Poids de certains *lobbies* (industriels, énergétiques, financiers)	Depret et Hamdouch (2012c)

Des pouvoirs publics engagés

Compte tenu des obstacles auxquels les entreprises, entrepreneurs et investisseurs verts font face, la promotion d'une économie verte inclusive plus sobre en énergie et en ressources[9] requiert un fort volontarisme politique. Cela passe naturellement par une forte intervention publique (Depret & Hamdouch, 2009, 2012a, 2012c ; Jackson, 2010 ; OCDE, 2010 ; Bureau, 2011 ; Crassous-Doerfler, 2011 ; Gollier, 2011 ; Janci & Quinet, 2011 ; Hamdouch & Depret, 2013a, 2013b). La transition vers l'économie verte requiert également de l'imagination, notamment dans son mode de financement (Janci, 2012).

Des financements de long terme

L'investissement public et l'épargne privée (notamment celle destinée au financement des retraites) doivent être orientés massivement vers l'économie verte (Jackson, 2010 ; Janci & Quinet, 2011). Ils doivent

---

9 Pour ce faire, les pouvoirs publics (à différents niveaux territoriaux et en lien avec le secteur privé,) dispose de très nombreux leviers d'action (partenariats public-privé, co-investissements en fonds propres, schémas de garantie publique et de bonification, taxes écologiques et défiscalisation, mise aux enchères de quotas d'émission, subventions d'amortissement à R&D, à la démonstration et au déploiement des produits/services/technologies/*process* verts, obligations d'État vertes ou climatiques, valorisation des économies d'énergie et des autres comportements écologiquement et socialement vertueux, mise en place de sociétés de tiers investissement, augmentation du taux d'actualisation, etc.). Ceux-ci doivent être habilement combinés selon le degré de maturité des projets qu'il finance (Depret & Hamdouch, 2012c) afin d'éviter certains effets pervers (*hold-up* d'une partie des fonds publics alloués par les *lobbies* et les grands groupes, bulles financières, mauvais choix technologiques, etc.) (Crifo & al., 2010 ; Bureau, 2011 ; Guillerminet & al., 2011 ; Rosier, 2011).

être coordonnés dans la mesure où une juste répartition des rendements et des risques entre acteurs publics et privés est généralement considérée comme étant une des clés du succès (Janci, 2012). Ils doivent nécessairement s'inscrire dans la longue durée (et donc se détacher de toutes contingences conjoncturelles ou politiciennes) compte tenu des échelles temporelles en jeu (Glachant & al., 2010).

Une forme de planification et de coordination des politiques publiques

La transition vers l'économie verte requiert un *timing* adapté (Jänicke & al., 2000 ; Sartorius & Zendel, 2005)[10]. Elle nécessite également une politique intégrée combinant des mesures relevant de différents domaines (environnement, économie, social, fiscalité, industrie, entrepreneuriat, agriculture, énergie, urbanisme, éducation, recherche, etc.) et agissant à différentes échelles administratives (supranationale, nationale, régionale, locale) (Depret & Hamdouch, 2009 ; Nill & Kemp, 2009 ; Dhont-Peltrault & Lallement, 2011). Ces politiques doivent également cibler les priorités budgétaires (et notamment les filières à privilégier) et s'y tenir afin d'éviter les logiques de « saupoudrage » et les politiques « tout azimut », tout en améliorant la visibilité des investisseurs et des entreprises vertes (Hamdouch & Depret, 2013a ; Janci, 2012). Les pouvoirs publics devront aussi prendre en charge l'ensemble des « laissés-pour-compte » (entreprises polluantes, salariés déqualifiés, précaires énergétiques, territoires en déclin, etc.) que cette transition devrait occasionner (Jackson, 2010 ; Spencer & al., 2012b).

Une gouvernance participative, démocratique et multi-échelles

Le changement climatique, la préservation de la biodiversité et l'épuisement des ressources naturelles sont des problèmes par nature globaux. Ils induisent donc une solidarité internationale intégrant l'ensemble des parties prenantes (Voituriez, 2012). Dans le même temps, des actions décentralisées (selon les spécificités « locales » et les

---

[10] Comme le souligne parfaitement Jackson (2010 : 142, nos crochets), « si nous investissons [dans les énergies renouvelables] trop lentement, nous tomberons à court de ressources avant que les alternatives ne soient en place. Les prix des carburants exploseront et l'économie s'effondrera. Si nous investissons trop rapidement, nous courrons le risque de ralentir l'économie au point de ne plus disposer des ressources requises pour les investissements ultérieurs ». De fait, « une économie durable doit être capable de résister aux chocs exogènes et d'éviter les contradictions internes qui engendrent le chaos durant les périodes de récession » (*ibid.* : 145).

différentiels de développement économique des territoires[11]) doivent également être mises en œuvre (pour régler les problèmes locaux). La gouvernance doit ainsi être à la fois globale et locale. Elle doit également prendre en compte les générations futures (Stern, 2007) et le temps de renouvellement des écosystèmes (Boutillier & al., 2012). La transition vers une économie plus respectueuse de l'homme et de la nature renvoie en effet à l'arbitrage entre consommation présente (bien-être des générations présentes et état de la nature) et investissements pour l'avenir (bien-être des générations futures et équilibre de long terme des écosystèmes) (Janci, 2012).

Un modèle économique non fondé sur une lecture purement financière de l'économie

Le développement durable implique à la fois un renforcement de la transparence et de la bonne gouvernance des entreprises et des marchés financiers, l'adoption d'indicateurs de performance extra-financiers, et des incitations à des investissements plus responsables (Depret & Hamdouch, 2012a). Parallèlement, la croissance du produit intérieur brut ne doit plus être la principale variable macro-économique guidant les politiques publiques (dans la mesure où il n'y a plus actuellement de découplage entre la croissance économique, l'équité sociale et les dommages sur l'environnement). Il faut donc avoir recours à d'autres indicateurs de richesse (Gadrey & Jany-Catrice, 2007) afin de mieux valoriser le capital humain (indice de développement humain, indicateurs de progrès, indice de bien-être économique durable, indice de santé sociale, indicateurs de sécurité personnelle, indice de pauvreté humaine, baromètre des inégalités, etc.) et le capital environnemental (PIB environnemental, empreinte écologique, bilans carbone, etc.). Plus largement, le développement durable invite à repenser les fondements même de notre modèle économique (postkeynésien et financiarisé) actuel (Jackson, 2010).

Des entreprises et des investisseurs privés conscientisés

La révolution verte implique l'engagement d'entreprises et d'investisseurs verts pionniers. Cet engagement peut être engagé (positionnement citoyen ou écologique de l'entreprise ou de l'investisseur responsable) ou plus prosaïquement opportuniste (exploration de niches de marché non encore exploitées ; réduction des coûts ; valorisation des coproduits, des déchets et de l'énergie des procédés de fabrication ; adhésion des salariés ou des investisseurs responsables aux valeurs

---

[11] Se pose ici notamment la question du « partage du fardeau » du changement climatique et donc de la répartition des efforts entre les pays développés, les pays émergents et les pays en développement.

citoyennes ou écologiques de l'entreprise ; etc.). Il peut prendre différentes formes (production/commercialisation de produits/services/technologies vertes, responsabilité sociale et environnementale, éthique, éco-conception, écologie industrielle, etc.).

Des entrepreneurs verts et de nouveaux business models

Les PME et les entrepreneurs verts doivent se doter de nouveaux modèles d'affaires s'ils veulent avoir une chance d'imposer leurs produits/ services/technologies/*process* verts face aux entreprises déjà présentes sur les marchés (« carbonés ») (Ingham & al., 2011).

Des compétences et des formations adaptées aux métiers verts

La transition vers l'économie verte requiert de former les nouveaux « cols verts », mais également d'anticiper et d'accompagner la reconversion des salariés qui perdront leurs emplois dans les activités les plus polluantes, « sales » ou énergivores[12] (COE, 2010 ; Crifo, 2011 ; Spencer & al., 2012b).

Des labels, des normes techniques et des réglementations dédiés aux activités vertes

L'incertitude occasionnée par l'absence de normes environnementales et de normes de qualité – ou, au contraire, par la multiplication de normes concurrentes – constitue un frein important au développement de l'économie verte (Crassous-Doerfler, 2011). Plus largement, c'est une partie du cadre légal qui faudrait réformer, notamment en matière d'urbanisme, de fiscalité et de propriété intellectuelle (Spencer & al., 2012b).

Des consommateurs « citoyens » et une remise en cause de leurs modes de vie

La transition vers l'économie verte implique l'existence d'une « demande verte » et ainsi des consommateurs adoptant massivement de nouveaux produits/services/technologies responsables (Bonini & Oppenheim, 2008). Les citoyens devront sans doute également modifier leurs comportements écologiques (Oullier & Sauneron, 2011). Ils de-

---

[12] Comme le souligne fort justement l'OCDE (2011b : 2), « les ajustements potentiels associés à la croissance verte seront probablement concentrés sur une faible proportion de la population active totale. De fait, si les industries les plus polluantes sont responsables d'une large part des émissions totales de CO_2, elles ne représentent qu'une faible part de l'emploi total ». En 2004, dans les pays de l'OCDE pour lesquels on dispose de données, ces industries étaient responsables en moyenne de 82% des émissions de CO_2 du secteur non agricole, alors qu'elles n'employaient que 8% de la population active totale ».

vront aussi rationaliser l'usage des produits / services qu'ils consomment (automobiles, équipements électriques, électroménager, habitation, etc.). Leurs modes de vie (*i.e.* leurs rapports à l'écologie, à l'habitat, au transport, à l'argent, à la propriété, au reste de la société, etc.) et la manière de l'organiser (Jackson, 2010) en seront alors profondément modifiés. La révolution verte sera ainsi avant tout cognitive ou comportementale (... ou ne sera pas).

Sans tous ces efforts, l'économie verte restera, au mieux, une promesse sans lendemain. Pour les entreprises, elle ne constituera qu'une simple niche ou opportunité de marché. Au pis, les générations actuelles risquent bien d'avoir à rendre des comptes, devant le « Tribunal de l'Histoire », aux générations suivantes. La transition vers une économie plus soutenable se fera alors dans l'urgence et la précipitation. L'ère des énergies fossiles sera alors regardée comme une parenthèse, courte et déraisonnable, de l'histoire de l'humanité (Nora, 2009).

Bibliographie

Arundel, A., Kemp, R., « Measuring Eco-Innovation », *UNU-MERIT Working Papers*, 017, 2009.

Bainée, J., « Les opérateurs de mobilité électrique », in Boutillier S., Djellal F., Gallouj, F., Laperche, B., Uzunidis, D. (dir.), *L'innovation verte : De la théorie aux bonnes pratiques*, P.I.E. Peter Lang, Bruxelles, 2012, pp. 125-148.

Baron, R., Quinet, A., Janci, D., Gollier C., Bureau D., de Perthuis C., Solier B., Crifo P., Lamotte H., Guillerminet M.L., Ollivier T., Bonnet X., Crassous R., Rosier P. (dir.), *Le financement de la croissance verte*, Conseil Économique pour le Développement Durable Paris, 2011.

Beise, M., Rennings, K., « Lead Markets and Regulation : A Framework for Analyzing the International Diffusion of Environmental Innovations », *Ecological Economics*, 52(1), 2005, pp. 5-17.

BERR, *Low Carbon and Environmental Goods and Services : An Industry Analysis*, BERR Department for Business Enterprise & Regulatory Reform, John Sharp : Innovas Solutions Ltd, Winsford Cheshire, 2009.

Bonini S.M.J., Oppenheim J.M., « Helping 'Green' Products Grow », *The McKinsey Quarterly*, october, 2008.

Bourg, D., Buclet, N., « L'économie de fonctionnalité : Changer la consommation dans le sens du développement durable », *Futuribles*, 313, 2005, pp. 27-37.

Boutillier, S., Djellal, F., Gallouj, F., Laperche, B., Uzunidis, D., « Présentation générale : Les domaines du possible de l'innovation verte », in Boutillier S., Djellal F., Gallouj F., Laperche B., Uzunidis D. (dir.), *L'innovation verte : De la théorie aux bonnes pratiques*, P.I.E. Peter Lang, Bruxelles, 2012, pp. 11-27.

Breitzman, A., Thomas, P., « Analysis of Small Business Innovation in Green Technologies », *Small Business Research Summary*, SBA Office of Advocacy, 389, 2011.

Bureau, D., « La mutation énergétique face aux contraintes budgétaires », in Baron R., Quinet A, Janci D., Gollier C., Bureau D., de Perthuis C., Solier B., Crifo P., Lamotte H., Guillerminet M.L., Ollivier T., Bonnet X., Crassous R., Rosier P. (dir.), *Le financement de la croissance verte*, Conseil Économique pour le Développement Durable, Paris, 2011, pp. 51-61.

CGDD, « Activités, emplois et métiers liés à la croissance verte : Périmètres et résultats », *Études & Documents*, 43, Paris, MEDDTL, 2011.

Christensen C.M., *The Innovator's Solution : Creating and Sustaining Successful Growth*, Harvard Business Press, Boston, 2003.

COE, *Croissance verte et emploi*, Conseil d'Orientation pour l'Emploi, Paris, 2010.

Cooke, P., « Jacobian Cluster Emergence : Wider Insights from 'Green Innovation' Convergence on a Schumpeterian 'Failure' », in Fornahl D., Henn S., Menzel M.-P. (eds.), *Emerging Clusters : Theoretical, Empirical and Political Perspectives on the Initial Stage of Cluster Evolution*, Edward Elgar, Cheltenham, 2010, pp. 17-42.

Crassous-Doerfler, R., « La rigueur budgétaire : un 'stress-test' pour les politiques de croissance verte ? », in Baron R., Quinet A, Janci D., Gollier C., Bureau D., de Perthuis C., Solier B., Crifo P., Lamotte H., Guillerminet M.L., Ollivier T., Bonnet X., Crassous R., Rosier P. (dir.), *Le financement de la croissance verte*, Conseil Économique pour le Développement Durable, Paris, 2011, pp. 109-113.

Crifo, P., « Les politiques environnementales et technologiques au service de l'innovation et de la croissance vertes », in Baron R., Quinet A, Janci D., Gollier C., Bureau D., de Perthuis C., Solier B., Crifo P., Lamotte H., Guillerminet M.L., Ollivier T., Bonnet X., Crassous R., Rosier P. (dir.), *Le financement de la croissance verte*, Conseil Économique pour le Développement Durable, Paris, 2011, pp. 75-89.

Crifo, P., Crassous-Doerfler R., Flam M., *L'économie verte et le rôle de l'industrie dans la croissance verte*, Cercle de l'Industrie, Paris, 2010.

D'Allessandro S., Luzzati T., Morroni M., « Feasible Transition Paths toward a Renewable Energy Economy : Investment Composition, Consumption and Growth », *Workshop 'Confronting Structure'*, Sustainable Development Commission, April, London, 2008.

Del Rio, P., Unruh, G., « Overcoming the Lock-Out of Renewable Energy Technologies in Spain : The Cases of Wind and Solar Electricity », *Renewable and Sustainable Energy Review*, 11, 2007, pp. 1498-1513.

Depret M.-H., Hamdouch A., « Quelles politiques de l'innovation et de l'environnement pour quelle dynamique d'innovation environnementale ? », *Innovations. Cahiers d'Économie de l'Innovation*, 29/1, 2009, pp. 127-147.

Depret, M.-H., Hamdouch, A., « Développement durable, innovations environnementales et *green clusters* », in Zuindeau B. (dir.), *Développement durable et territoire*, Presses Universitaires du Septentrion, Villeneuve d'Ascq, 2010, pp. 143-153.

Depret M.-H., Hamdouch A., « Les politiques de "croissance verte" comme stratégies de repositionnement compétitif : Le cas de la France et de son 'Grenelle de l'environnement' », in Hamdouch A., Depret M.-H., Tanguy C. (dir.), *Mondialisation et résilience des territoires : Trajectoires, dynamiques d'acteurs et expériences locales*, Presses de l'Université du Québec, Québec, 2012a.

Depret, M.-H., Hamdouch, A., « Clean Technologies and Perspectives of the "Green Economy" in Emergent and Developing Countries : Foundations, Opportunities and Constraints », in B. Laperche B., Levratto N., Uzunidis D. (eds.), *Innovation, Growth and Sustainable Development : The New Eco-tech Paradigm*, Cheltenham, Edward Elgar, 2012b, pp. 259-284.

Depret M.-H., Hamdouch A., « Quand le "local" rencontre le "global" : Proximité, réseaux, *clusters* et entrepreneuriat dans le *green business* », *Septièmes Journées de la Proximité : « Créativité, innovation et proximité »*, HEC Montréal (Canada), 21-23 mai, 2012c.

Dhont-Peltrault, E., Lallement, R., « "Investissements d'avenir" et politique industrielle en Europe : Quel ciblage et quelle sélection des projets innovants ? », *La Note d'Analyse*, 236, Conseil d'Analyse Stratégique, Paris, 2011.

Djellal, F., Gallouj, F., « L'innovation dans les services : Une innovation (plus) verte ? », in Boutillier S., Djellal F., Gallouj F., Laperche B., Uzunidis D. (dir.), *L'innovation verte : De la théorie aux bonnes pratiques*, P.I.E. Peter Lang, Bruxelles, 2012, pp. 69-95.

Dockès, P., « Formation et transferts des paradigmes socio-techniques », *Revue Française d'Économie*, 5(3), 1990, pp. 29-82.

EIO, *The Eco-Innovation Challenge : Pathways to a Resource-efficient Europe-Annual Report 2011*, Eco-Innovation Observatory, Brussels, 2011.

Elzen, B., Geels, F.W., Green K. (eds.), *System Innovation and the Transition to Sustainability : Theory, Evidence and Policy*, Edward Elgar, London, 2004.

Foxon, T.J., Kohler, T.J., Oughton, C. (eds.), *Innovation for a Low Carbon Economy : Economic, Institutional and Management Approaches*, Edward Elgar, London, 2008.

Freeman, C., Perez C., « Structural Crises of Adjustment Business Cycles and Investment Behavior », in Dosi G., Freeman C., Nelson R., Soete L., Silverberg G. (eds.), *Technical Change and Economic Theory*, Pinter Publishers, London, 1988, pp. 38-66.

Gadrey, J., « Écologie, révolution des services et emploi », in Laperche B., Crétiéneau A.-M., Uzunidis D. (dir.), *Développement durable : Pour une nouvelle économie*, P.I.E. Peter Lang, Bruxelles, 2009, pp. 121-141.

Gadrey, J., Jany-Catrice, F., *Les nouveaux indicateurs de richesse*, La Découverte, Paris, 2009.

Ghosh, S., Nanda, R., « Venture Capital Investment in the Clean Energy Sector », *Harvard Business School Working paper*, 2011, pp. 11-20.

Gille, B., (dir.), *Histoire des techniques*, Gallimard, Paris, 1978.

Glachant, J., Lorenzi, J.H., Quinet, A., Trainar, T., *Investissements et investisseurs de long terme*, Conseil d'Analyse Économique, Paris, 2010.

Gollier C., « Finance durable et investissement responsable », in Baron R., Quinet A, Janci D., Gollier C., Bureau D., de Perthuis C., Solier B., Crifo P., Lamotte H., Guillerminet M.L., Ollivier T., Bonnet X., Crassous R., Rosier P. (dir.), *Le financement de la croissance verte*, Conseil Économique pour le Développement Durable, Paris, 2011, pp. 35-47.

Grubb, M., Jamasb, T., Pollitt, M.G. (eds.), *Delivering a Low-Carbon Electricity System : Technologies, Economics and Policy*, Cambridge University Press, Cambridge, 2008.

Grübler, A., Nakicenovic, N., Victor, D.G., « Dynamics of Energy Technologies and Global Change », *Energy Policy*, 27(5), 1999, pp. 247-280.

Guillerminet, M.-L., Lamotte, H., Ollivier, T., Bonnet, X., « Vers un cadre stable et efficace de soutien public aux énergies renouvelables », in Baron R., Quinet A, Janci D., Gollier C., Bureau D., de Perthuis C., Solier B., Crifo P., Lamotte H., Guillerminet M.L., Ollivier T., Bonnet X., Crassous R., Rosier P. (dir.), *Le financement de la croissance verte*, Conseil Économique pour le Développement Durable, Paris, 2011, pp. 91-106.

Hamdouch, A., Depret, M.-H., « Policy Integration Strategy and the Development of the 'Green Economy': Foundations and Implementation Patterns », *Journal of Environmental Planning and Management*, 53(4), 2010, pp. 473-490.

Hamdouch, A., Depret, M.-H., « Green Business and Entrepreneurship », in Carayannis E.G., Dubina I.N., Seel N., Campbell D.F.J., Uzunidis D. (eds.), *Encyclopaedia on Creativity, Invention and Entrepreneurship*, Springer, New York, 2012a.

Hamdouch, A., Depret, M.-H., « Sustainable Development and the Territorial Dynamics of the "Green Economy": Actors, Scales and Policies », *Finisterra-Portuguese Journal of Geography*, 2012b.

Hamdouch, A., Depret, M.-H., Tanguy, C., « Introduction générale », in Hamdouch A., Depret M.-H., Tanguy C. (dir.), *Mondialisation et résilience des territoires : Trajectoires, dynamiques d'acteurs et expériences locales*, Presses de l'Université du Québec, Québec, 2012.

IEA, *World Energy Outlook 2011*, International Energy Agency, OECD Publishing, Paris, 2011.

Ingham, M., Depret, M.-H., Hamdouch, A., « L'innovation responsable comme opportunité stratégique : Problématisation et illustration dans le cas de PME de la domotique », in Hamdouch A., Reboud S., Tanguy C. (dir.), *PME, dynamiques entrepreneuriales et innovation*, P.I.E. Peter Lang, Bruxelles, 2011, pp. 381-404.

Jackson, T., *Motivating Sustainable Consumption : A Review of Evidence on Consumer Behaviour and Behavioural Change*, Sustainable Development Research Network, London, 2005.

Jackson, T., *Prospérité sans croissance : la transition vers une économie durable*, De Boeck, Bruxelles, 2010.

Janci, D., Quinet, A., « Investissements de long terme et financement de la croissance verte », in Baron R., Quinet A, Janci D., Gollier C., Bureau D., de Perthuis C., Solier B., Crifo P., Lamotte H., Guillerminet M.L., Ollivier T., Bonnet X., Crassous R., Rosier P. (dir.), *Le financement de la croissance verte*, Conseil Économique pour le Développement Durable, Paris, 2011, pp. 19-33.

Janci, D., « Du partage public-privé du financement de la transition vers une économie plus respectueuse de l'homme et de la nature », in CGDD (dir.), *Paroles d'économistes*, Conseil Économique pour le Développement Durable, Paris, 2011, pp. 103-108.

Jänicke, M., Blazejczak, E.D., Hemmelskamp, J., « Environmental Policy and Innovation : An International Comparison of Policy Frameworks and Innovation Effects », in Hemmelskamp J., Rennings K., Leone F. (eds.), *Innovation-Oriented Environmental Regulation : Theoretical Approaches and Empirical Analysis*, Physica Verlag, Heidelberg, 2000, pp. 125-152.

Kemp, R., Totmans, J., Loorbach, D., « Assessing the Dutch Energy Transition Policy : How Does it Deal with Dilemmas of Managing Transitions ? », *Journal of Environmental Policy and Planning*, 9(3), 2007, pp. 315-331.

Kern, F., Smith, A., « Restructuring Energy Systems for Sustainability ? Energy Transition Policy in the Netherlands », *Energy Policy*, 36(11), 2008, pp. 4093-4103.

Kumar, P., *The Economics of Ecosystems and Biodiversity : Ecological and Economic Foundations*, Earthscan, Oxford, 2010.

Le Roux, S., « Le travail collaboratif : Une innovation générique », *Marché et Organisations*, 10, 2009.

Maréchal, K., Lazaric, N., « Overcoming Inertia : Insights from Evolutionary Economics into Improved Energy and Climate Policies », *Climate Policy*, 10, 2010, pp. 103-119.

Muro, M.; Rothwell, J., Saha, D., *Sizing the Clean Economy : A National and Regional Green Jobs Assessment*, Brookings Institution, Washington D.C., 2011.

Nikvist, B., Whitmarsch, L., « A Multi-level Analysis of Sustainable Mobility Transitions : Niche Development in the UK and Sweden », *Technological Forecasting and Social Change*, 75(9), 2008, pp. 1373-1387.

Nill, J., Kemp, R., « Evolutionary Approaches For Sustainable Innovation Policies : From Niche to Paradigm ? », *Research Policy*, 38(4), 2009, pp. 668-680.

Nora, D., *Les pionniers de l'or vert*, Grasset, Paris, 2009.

OCDE, *L'OCDE et la croissance verte*, OCDE Publications, Paris, 2010.

OCDE, *Panorama de l'entrepreneuriat 2011*, OCDE Publications, Paris, 2011a.

OCDE, *Vers une croissance verte*, OCDE Publications, Paris, 2011b.

OCDE, *Une croissance verte inclusive : Pour l'avenir que nous voulons, Travaux de l'OCDE en rapport avec Rio+20*, OCDE Publications, Paris, 2012.

OECD, *Environmental Innovation and Global Markets*, OECD Publishing, Paris, 2008.

OECD, *Sustainable Manufacturing and Eco-innovation : Towards a Green Economy*, OECD Publishing, Paris, 2009.

Oullier, O., Sauneron, S., « Nudges verts : De nouvelles incitations pour des comportements écologiques », *La note d'analyse, Questions sociales*, 216, Centre d'Analyse Stratégique, Paris, 2011.

Pachauri, R., Reisinger, A., *Changements Climatiques 2007 : Rapport de synthèse du Groupe d'experts intergouvernemental sur l'évolution du climat*, Programme des Nations Unies pour l'environnement, Paris, 2008.

Picard, F., « De l'opportunité technologique à l'opportunité entrepreneuriale : L'exemple des technologies de réduction des émissions des gaz à effet de serre », in Boutillier S., Djellal F., Gallouj F., Laperche B., Uzunidis D. (dir.),

L'innovation verte : De la théorie aux bonnes pratiques, P.I.E. Peter Lang, Bruxelles, 2012, pp. 191-205.

PNUE, *Vers une économie verte : Pour un développement durable et une éradication de la pauvreté : Synthèse à l'intention des décideurs*, Programme des Nations Unies pour l'environnement, Paris, 2011.

Rennings, K., « Redefining Innovation – Eco-innovation Research and the Contribution from Ecological Economics », *Ecological Economics*, 32(2), 2011, 2000, pp. 319-332.

Richez-Battesti, N., Vallade, D., « Vers une politique publique de soutien à l'innovation sociale comme processus d'endogénéisation de l'attractivité du territoire ? Le cas de la région Languedoc-Roussillon », in Hamdouch A., Depret M.-H., Tanguy C. (dir.), *Mondialisation et résilience des territoires : Trajectoires, dynamiques d'acteurs et expériences locales*, Presses de l'Université du Québec, Québec, 2012.

Robins, N., Clover, R., Singh, C., *A Climate for Recovery : The Colour of Stimulus Goes Green*, HSBC Global Research, London, 2009.

Rosier, P., « Les entrepreneurs et le financement de la croissance verte », in Baron R., Quinet A, Janci D., Gollier C., Bureau D., de Perthuis C., Solier B., Crifo P., Lamotte H., Guillerminet M.L., Ollivier T., Bonnet X., Çrassous R., Rosier P. (dir.), *Le financement de la croissance verte*, Conseil Économique pour le Développement Durable, Paris, 2011, pp. 115-116.

Sartorius, C., Zendel, S., *Times Strategies, Innovation and Environmental Policy*, Edward Elgar, Cheltenham, 2005.

Smith, A., Stirling, A., Berkhout F., « The Governance of Sustainable Socio-technical Transitions », *Research Policy*, 34(10), 2005, pp. 1491-1510.

Spencer, T., Bernoth, K., Chancel, L., Guerin, E., Neuhoff, K., « Green investments in a European Growth Package », *IDDRI Working Papers*, 11/12, 2012a.

Spencer, T., Chancel, L., Guérin, E., « Existing the crisis in the right direction : A sustainable and shared prosperity plan for Europe », *IDDRI Working Papers*, 09/12, 2012b.

Stern, N., *The Economics of Climate Change : The Stern Review*, Cambridge University Press, Cambridge, 2007.

UNEP, Bloomberg New Energy Finance, *Global Trends in Sustainable Energy Investment 2011: Analysis of Trends and Issues in the Financing of Renewable Energy*, UNEP Collaborating Centre for Climate & Sustainable Energy Finance Frankfurt School of Finance & Management, Frankfurt, 2011.

UNEP, EPO, ICTSD, *Patents and Clean Energy : Bridging the Gap between Evidence and Policy : Final Report*, United Nations Environment Programme, European Patent Office and International Centre for Trade and Sustainable Development Report, Munich, 2010.

UNEP, ILO, *Green Jobs : Towards Decent Work in a Sustainable, Low-Carbon World*, United Nations Environment Programme and International Labor Organization, Nairobi, 2008.

USDC, *Measuring the Green Economy*, U.S. Department of Commerce, Washington D.C., 2010.

Voituriez, T., « Clarifying the Muddle Over the Green Race », *IDDRI Working Papers*, 9/12, 2012.

WWF, Roland Berger Strategy Consultants, *Clean Economy, Living Planet : Building Strong Clean Energy Technology Industries*, Amsterdam, 2009.

Témoignages

Entretiens réalisés par Ingrid Vaileanu-Paun et Florin Paun

Les institutions publiques jouent un rôle fondamental en matière de promotion de l'innovation. Elles contribuent pour les unes au niveau international, pour les autres au niveau local, à la diffusion d'idées nouvelles et à la définition de moyens de leur mise en œuvre. L'innovation, nous l'avons vu dans le cadre de cet ouvrage, conduit à redéfinir les pratiques économiques et sociales. La production de richesses change de nature, devient plus immatérielle pour répondre à des besoins sans cesse renouvelés. Innover est par conséquent devenu une obligation systémique, et bouleverse les rapports entre les acteurs économiques et sociaux, d'où le besoin de définir de nouvelles règles de gouvernance.

Dompter la finance pour innover

Pier Carlo PADOAN

Secrétaire général adjoint de l'OCDE et chef économiste

L'impératif de nouveaux indicateurs de mesure de la croissance

L'OCDE envisage une nouvelle approche dans la compréhension du développement économique. Le Global Forum est organisé par l'OCDE comme une semaine des évènements interactifs avec la société civile. Tous les départements de l'OCDE réorganisent leur programme général en fonction des problématiques et leçons révélées lors de ces échanges qui visent à reconsidérer les implications des stratégies politiques. D'autres dimensions sont aussi importantes comme le bien-être, la qualité de vie, l'environnement, les inégalités, etc. En ce qui concerne les conseils de stratégies politiques, il est important de comprendre qu'elles sont des compromis des différentes dimensions, y compris de la croissance verte. Il y a des différents critères d'évaluation qui lient la croissance économique et le bien-être. L'OCDE a proposé l'Index Better Life qui prend en compte le bien-être des pays et des individus. Mais, il est important de comprendre les compromis qui doivent être réalisés en termes d'énergie, et que les inégalités sont fortes face à l'impératif d'une croissance verte à venir. Il faut qu'on comprenne le mieux possible quelles sont les implications de ces compromis pour les conseils de stratégies politiques.

Ensuite, nous devons comprendre cette réalité comme un processus interactif. Et pour y arriver nous analysons les différentes interactions entre les *think tanks* de nos sociétés et les gouvernements qui semblent ouverts à ces nouvelles tendances. Que fait-on exactement en matière d'évaluation ? Nous analysons comment les reformes dans nos régions (par exemple, la réforme des marchés des produits) peut influencer et interagir avec les reformes de la structure financière. La crise a mis en évidence ces problématiques systématiques d'interaction entre le monde financier et le monde réel au niveau macro mais aussi micro. La Présidence Mexicaine de l'OCDE a contribué à cibler l'attention de nos travaux sur ces problématiques d'intérêt général et de mieux comprendre les relations entre l'éducation financière et la protection du consommateur, par exemple. De ce point de vue, le G20 a aidé à réorienter les règles financières vers plus de protection des individus. Nos recherches concernant les mécanismes de partage de risque ont montré que lors des chocs macro-économiques, les individus sont affectés différemment en fonction de la structure de leurs institutions. Cela souligne l'importance de la nature des structures et institutions pour protéger les citoyens, ce qui met en lumière la dimension sociale des interdépendances économiques. Ce sont les défis majeurs de notre travail envisagé en cette période d'après crise. L'OCDE a le devoir d'écouter tous les acteurs de la société et essayer à comprendre et améliorer les stratégies politiques en conséquence.

L'impératif de l'innovation

Nous travaillons depuis trois ans sur les problématiques de l'innovation, y compris sur le processus de production de la technologie dans le but de comprendre l'importance du changement du processus de partage du capital savoir en fonction de la nature et de la forme des organisations et des stratégies institutionnelles. Quels sont en effet les mécanismes qui génèrent de la croissance ? La croissance se présente d'abord comme des idées, la façon dont les individus interagissent et travaillent ensemble. Notre but est de concevoir cette architecture des institutions et des outils qui facilitent la production d'idées capables de produire de la richesse. Les projets innovants sont des nouvelles sources de richesse. Les actifs immatériels repoussent les frontières de la technologie et facilitent les nouveaux usages des équipements anciens. La stratégie centrale relève ici des enjeux de l'éducation et de la capacité à envisager de nouvelles stratégies d'usage comme par exemple, les *Skill Strategies* ou stratégies des compétences. L'une des stratégies des compétences vise la compréhension des besoins en compétences spécifiques pour nos sociétés, ou bien des besoins réels en produits et services spécifiques. Il s'agit d'un cercle vertueux qui doit être maitrisé : comprendre les besoins des individus et répondre aux besoins évolutifs de nos sociétés. C'est pour cela que l'innovation, tout comme l'éducation, sont des processus interactifs indispensables. Un bon professeur continue à apprendre et à assimiler au profit de ses étudiants parce que l'interaction utile forme un modèle à double sens.

Les stratégies d'innovation sont basées également sur des interactions entre des universités ou laboratoires et des entreprises comme acteurs locaux qui comprennent la culture locale et les besoins spécifiques. Les politiques d'innovation tendent à être adaptées à des spécificités locales. Le modèle de la Silicon Valley a du mal à être implanté dans d'autres pays ou régions à cause des spécificités locales de l'écosystème scientifique et économique. Comme exemple relatif à un secteur important en France, la production du vin montre comment une technologie de production de vin donne des résultats différents d'une région à l'autre en fonction des spécificités de la terre, de l'exposition au soleil. Ce qui prouve que le résultat est une interaction des dimensions générales et locales. Cette problématique est un véritable défi lorsqu'on essaie de construire de principes généraux nécessaires pour guider les pays vers une croissance durable. Les pays développent leurs propres stratégies d'innovation et l'OCDE propose, comme dans d'autres domaines, des guides de bonnes pratiques en innovation.

L'enjeu d'une nouvelle gouvernance entre les acteurs de l'économie

En mettant en cohérence les grandes entreprises et les PME dans la chaine de valeur, on stimule de nouveaux types d'innovation qui soutiennent la création de valeur, qui soutient elle-même le développement des PME qui sont souvent contraintes de rester petites en raison de la législation ou des régulations qui ne les encouragent pas à grandir. Les PME sont des acteurs clés dans l'innovation et dans la création des emplois parce que les politiques publiques ont un rôle important dans l'encouragement à l'introduction des technologies propres pour éviter ainsi les dépendances de sentier qui bloquent les sociétés dans l'usage des technologies « sales ».

Les atouts de la coopération

Jean-Paul DELEVOYE

Président du Conseil Économique Social et Environnemental (CESE)

Une croissance innovante et qualitative

Je pense que nous sommes arrivés à un moment où il faut revisiter toutes nos théories qui relèvent des enjeux d'évaluation de la valeur. Nous ne sommes pas seulement en crise mais dans une véritable métamorphose de nos sociétés. Nous vivons une période de croissance (telle qu'on a pu l'évaluer jusqu'à maintenant) faible sous l'impact des problématiques écologiques et sociales. Il faut réfléchir à une croissance faible mais qui assure notre qualité de vie, nos retraites, nos perspectives de croissance pour les futures générations. Il nous faut donc d'autres critères d'évaluation par exemple de bien-être, d'épanouissement, de la performance sociétale. Nos sociétés vivent, par exemple aux États-Unis, un véritable décrochage au sens que les modes de vie actuels sont contestés et contestables. On assiste en effet à des ruptures sociétales.

On voit par ailleurs que la relation de l'individu à la collectivité est en train de s'inverser. Chaque citoyen est associé au futur de son entreprise, de sa stratégie. Ce qui apporte un nouveau regard et un renouvellement dans la conduite des sociétés du 21e siècle. De plus, dans la lecture de la valeur de l'entreprise vont apparaitre de plus en plus, des critères révélant la valeur sociétale… Dans un délai très court, on va avoir l'empreinte écologique s'imposer comme l'un des indicateurs nouveaux qui vont réorienter l'attention vers des entreprises éthiques. La capacité à générer de l'épanouissement des ressources humaines dans les entreprises va faire naitre des générations qui sauront donner du sens à leur travail.

Soutenir l'innovation des PME

L'innovation et la création des emplois sont surtout dans les PME et dans les relations de proximité. En France, nous avons des compétences magnifiques dans la recherche fondamentale, mais pas assez dans la recherche appliquée. Même les PME françaises innovantes se font rachetées très vite. Il faut apporter un soutien permanent pour que les universités et les PME françaises travaillent mieux ensemble, dépassent leurs différentes asymétries (de culture professionnelle, de temporalités, d'intérêt, de risque) pour générer une nouvelle culture de l'innovation chez les jeunes chercheurs français et soutenir un nouveau modèle français, mais aussi européen, d'innovation.

Rapprocher les entrepreneurs des universités est le vrai défi de la capacité de la France à encourager l'innovation comme processus de création de valeur partagée. Aux États-Unis, la culture de l'innovation passe par une culture de collaboration entre ces acteurs de l'innovation, par le dépôt des brevets et des facilités pour le transfert de technologie vers des PME innovantes. Avec la loi sur l'autonomie de l'université, la France a fait les premiers pas vers une stratégie de soutien à l'innovation, mais c'est encore insuffisant.

Développer de nouvelles synergies entre les acteurs de l'économie

Il est nécessaire surtout d'encourager les relations de collaboration entre les grands groupes et les PME. En Allemagne, par exemple les grands groupes sont de véritables locomotives pour les PME allemandes. En France, il faut passer d'une structure pyramidale à une structure en réseau qui assure la croissance des PME et le développement des filières des fournisseurs. Je pense que la crise actuelle nécessite des solutions nouvelles. La société matérielle et numérique du 21e siècle impose des changements structurels.

Les parties prenantes doivent être intégrées dans le processus de prise de décision pour réussir un véritable changement structurel face à la crise actuelle. L'organisation syndicale, par exemple, doit être mieux représentée dans la forme de gouvernance de l'entreprise du 21e siècle. Il faut les impliquer dans la formation pédagogique et dans les enjeux des décisions stratégiques. En associant les employés à l'élaboration de la stratégie de l'entreprise, on offre des capacités nouvelles en ressources humaines en termes de motivation, collaboration, soutien de la stratégie et de leur implémentation.

Le citoyen sera le coproducteur de la société du futur et donc les nouveaux moyens d'évaluation devront être mises en place. Si nous voulons sauver notre pacte collectif, il faut encourager l'engagement collectif pour améliorer à la fois la performance économique et la performance sociale.

Mais il faut reconnaître la dimension territoriale des problèmes qui se posent dans notre société. Chaque problème est différent selon sa nature et le périmètre dans lequel devient pertinent. Par exemple, les problématiques environnementales relèvent des enjeux mondiaux mais l'action effective d'implémentation des solutions est locale.

Je crois au développement des territoires de proximité qui nécessitent des capacités de gestion et de mise en relations des acteurs sociaux, de collaboration et même réconcilier des partenaires divergents : actionnaires, syndicats, clients, concurrents, fournisseurs, etc. Au CESE et à l'échelon de la France, la Conférence Sociale s'attaque par exemple à des sujets transversaux qui relèvent d'un intérêt direct pour les citoyens : les enjeux de rémunération, la protection sociale, les services publics et la cause collective.

Territoire entrepreneurial

Christian PIERRET

*Maire de Saint-Die-Des-Vosges, ancien ministre,
président de la Fédération des maires des villes moyennes*

L'innovation un projet sur le long terme

L'évaluation du personnel pourrait être une véritable barrière au développement des projets et à l'épanouissement du personnel lui-même puisqu'il est difficile de reconnaitre la qualité des meilleurs éléments vis-à-vis de ceux qui n'ont pas le même degré d'implication dans leurs missions et qui ralentissent toute l'équipe, du fait de l'absence du droit de sanctionner. Comment inciter une conduite exemplaire et la reconnaissance de l'esprit d'initiative de la compétence si la fonction publique, qui est la quintessence d'une tradition et d'une noblesse dans l'action, ne dispose pas des outils nécessaires ?

L'évaluation a de l'intérêt si elle permet de gérer – de manière prévisionnelle – les emplois et les compétences dont on dispose pour réaliser les objectifs envisagés. L'évaluation du personnel relève plutôt d'un dialogue avec les intéressés sur leurs capacités à mener à bien des projets concrets et à atteindre des objectifs. Le but est d'insérer cette évaluation personnalisée et individuelle dans le contexte et le projet global de la ville. Mais le projet et sa structure évoluent dans le temps à travers des priorités définies par les élus en rapport avec les attentes des habitants, en fonction des contraintes nouvelles (économiques, financières, sociales) qui peuvent apparaître. Une véritable évaluation du personnel doit intégrer cette capacité actuelle et future d'adaptation à cette dynamique des attentes des habitants. L'évaluation doit permettre de déterminer les besoins en formation du personnel dont les métiers évoluent au regard des changements des techniques. On ne construit plus des routes comme avant. Les métiers évoluent désormais vers une plus grande complexité. Le changement, au travers des enjeux d'évaluation, devrait donc apporter des réponses à tous les acteurs impliqués s'ils ont, toutefois, plus de liberté pour se soustraire aux contraintes statutaires et procédurales.

Les enjeux d'évaluation doivent servir le projet politique, celui défini par les élus choisis par les électeurs. Cependant, les grilles d'évaluation sont limitées et limitatives. De surcroît, leur rigidité bloque souvent l'action au niveau territorial.

La question doit se centrer sur ce que la personne est capable d'apporter au projet à un moment donné afin de satisfaire au mieux les demandes et besoins des habitants. L'équipe administrative d'un élu a pour objectif de répondre, le plus efficacement possible, aux attentes des habitants. Ainsi, sa structure doit se réformer et s'adapter en conséquence. Dans le monde des collectivités locales, les projets changent rapidement à cause de la technicité spécifique, des innovations, de la concurrence et de l'évolution des besoins des habitants dans les collectivités territoriales. Or, leur structure reste figée, alors que le monde qui nous entoure est un monde qui change tous les 18 mois. Nous devons avoir une vision, une stratégie qui porte un projet de long terme. Michel Rocard avait introduit cette stratégie de gestion prévisionnelle, celle de l'importance d'avoir un œil sur les choses qui évoluent vite. Grâce aux enjeux d'évaluation, on bénéficie d'une vision de recul : l'arbre est figé mais, de près, ses feuilles bougent et réagissent à leur environnement.

On intègre les parties prenantes en les mobilisant. Les valeurs de pluridisciplinarité, la remise en cause de soi-même, le travail en équipe font partie de ce qu'on appelle les valeurs nobles du service public français qui, par définition, évolue en suivant son but. Si l'on veut mobiliser les parties prenantes, il faut leur faire confiance. La confiance est un paramètre essentiel des enjeux de collaboration. Et la loi fondamentale du service public est d'être en mesure de se remettre en cause pour être en cohérence avec ses objectifs.

Dans une vision téléologique de l'individu et du service public, la mobilisation autour d'objectifs et de projets à terme passe par un partage des valeurs communes. Par exemple, nous avons mis en place « 7 valeurs communes » au sein de la mairie de Saint-Dié-des-Vosges, qui nous sont chères et que nous nous efforçons de respecter et de faire respecter dans chaque action. Ainsi, nous envisageons de mutualiser les moyens, d'économiser les ressources, de faire mieux avec moins, tout cela dans l'objectif fondamental de répondre aux besoins évolutifs des habitants.

L'impératif de l'innovation

Nous observons dans la pratique locale que le système d'encadrement français freine l'esprit d'innovation dans la manière de gouverner, qu'il faut libérer davantage. La multiplicité et complexité des normes nationales et européennes limitent, malheureusement, l'initiative locale, la capacité d'innovation et de création des collectivités locales. Les normes surabondantes, conçues dans des administrations qui n'ont pas une bonne connaissance des réalités locales, sont difficilement applicables. De plus, cet excès des normes technocratiques introduit une dimension d'urgence permanente. L'urgence devient paramètre non-choisi de l'action publique locale.

L'enjeu d'une nouvelle dynamique des territoires

La prise de décision au niveau local relève d'une recherche de cohérence entre les divers intérêts des acteurs et vise l'amélioration des actions. Dans ce contexte de la responsabilité des collectivités locales, la prise de risque est perçue comme positive au sens de l'importance d'être entreprenant. Il faut encourager le risque maîtrisé comme un vecteur de l'action publique. Mais cette prise de risque nécessaire se voit annihilée par la norme. Le manque d'initiative supprime ainsi l'innovation, au sens d'innovation sociétale et sociale qui se dégage des stratégies de gouvernance. Toute tentative d'innovation se retrouve ainsi étouffée entre deux systèmes : d'une part, la Constitution française et le principe de précaution, et, d'autre part, la complexité des normes qui impose un carcan aux collectivités locales. La prise de décision, qui induira des effets sur le long terme, pose un vrai problème de perception des collectivités locales. La loi de 2003, qui autorise une plus grande prise de risque pour tester des innovations et des expériences innovantes utiles au développement territorial, doit être approfondie.

L'individualisme, qui confie à l'égoïsme, constitue un frein à la « valeur territoriale ». L'accumulation de biens matériels, que nous connaissons aujourd'hui, est considérée comme essentielle à la vie quotidienne par la majeure partie de la population. Or, il n'existe plus de produits physiques qui ne soient pas aussi un service. Il n'y a pas de produit physique sans une fonction de service. Il y a beaucoup d'immatériel dans le matériel. Plus on s'élève dans la connaissance, plus on est partisan de la valeur immatérielle d'un objet, on cherche alors la personnalité d'un produit. Pour que la dématérialisation soit partagée par la plupart des consommateurs, il faut partager tout d'abord le sens du lien social. La marque offre une sorte de signifiant. On se rattache à une marque dans ses fonctions relevant d'une valeur immatérielle.

Le signifiant rappelle le plus souvent la qualité, autour des effets de démonstration : le savoir-faire d'un artisan, la gastronomie française, les montres suisses par exemple. L'image d'un produit est souvent attachée à un territoire. Le signifiant est de plus en plus territorialisé : Paris, la capitale du luxe, les produits japonais ou allemands qui rassurent par leur robustesse et technicité ne sont que des exemples qui rattachent une certaine qualité, image de luxe à un territoire que l'on peut résumer au

« *made in* … ». Cette image ne reste que si le territoire fait partie de la définition du produit : pour Aulnay, pas de signe positif mais pour la montre de Genève, oui. La territorialisation des produits constitue une stratégie de différentiation. Cela définit la nature de la relation plus ou moins intime entre l'entreprise et le territoire sur lequel elle est implantée.

L'entreprise ne doit pas être étrangère au territoire, mais elle doit s'intégrer dans l'environnement pour être durable. Même s'il n'y a pas de lien organique, la relation territoire-entreprise est une histoire à construire en permanence. Cela n'exclut pas une stratégie de capitalisation des effets positifs de la mondialisation avec le but de gagner des parts de marché dans le monde entier en utilisant l'avantage d'une marque issue d'un territoire qui contribue à la valeur de la marque. Il y a aussi des territorialisations qui ont des connotations négatives plus ou moins justifiées : le « *made in China* » peut en être un exemple.

Il ne faut pas généraliser le modèle de territorialisation ni celui de la mondialisation mais comprendre les possibilités de stratégies nouvelles qui émergent de ces changements profonds de nos modes de vie, de production et de consommation. Les services autour des pratiques nouvelles de mobilité qui répondent aux besoins de se déplacer sans acheter la voiture font l'objet de démonstrations de nouveaux modes de consommation de nos sociétés. La performance de ces services basés sur l'usage des produits et équipements relève souvent d'une valeur immatérielle et non marchande.

La solution n'est pas une réponse standardisée générale par le monde scientifique. À l'inverse, des produits issus d'une tradition industrielle, d'un savoir-faire artisanal, ou au travers d'enjeux de consommation de proximité, comme les circuits courts en agriculture, répondent seulement à des besoins locaux. Cette balance entre le mondial et le local se retrouve dans ces stratégies souvent en opposition, souvent en complémentarité et même générant des relations de coopération qui accélèrent les bénéfices des acteurs locaux et mondiaux. Dans ce contexte, les enjeux de développement durable apparaissent comme une tentative de correction des erreurs sur le plan des relations humaines générées par la mondialisation. En même temps, je réfute le concept de démondialisation, qui tend à faire vivre nos sociétés en vase clos.

Il n'y a pas de modes universels qui se succèdent les uns aux autres. Il s'agit plutôt de modèles mieux adaptés aux différentes cultures, et conceptions du monde. Certains modèles économiques veulent se substituer au modèle productiviste mais le modèle fordiste reste encore très présent dans plusieurs secteurs économiques. Il s'agit plutôt d'une multitude de modèles en fonction des étapes de développement des économies actuelles, et non pas un modèle dominant standardisant les sociétés. La trajectoire de développement relève de transitions au sens des sociétés plus économes et plus respectueuses de notre environnement. C'est d'ailleurs heureux pour l'humanité qu'il n'existe pas qu'un seul modèle de société. Il faut sortir d'une sorte de prétention de l'universel comme si la mondialisation serait ultima ratio du monde. La réalité du terrain est locale et caractérisée par la diversité de l'action et des solutions, comme par l'altérité des situations humaines.

Éloge de la complexité

Isabelle LAUDIER

Responsable scientifique de l'Institut CDC pour la recherche

Perception entre l'évolution des projets de recherche et de l'innovation

Aujourd'hui la recherche et l'innovation sont de nature multi dimensionnelle ; nous devons en avoir une conception élargie. Il y a bien sûr la recherche scientifique, l'innovation technologique au sens traditionnel où nous les entendons, mais nous devons également être de plus en plus attentifs aux innovations de processus, à l'innovation participative, aux innovations organisationnelles, sociétales, aux innovations de modèle économique, pour ne citer que quelques pistes

Quelles pourraient être des pistes pouvant favoriser le travail de recherche ?

En liaison avec ce que je viens de préciser plus haut, il est important de favoriser des outils qui poussent vers une pluralité des démarches, car il faut à la fois favoriser des projets dans le champ de la recherche fondamentale, mais aussi dans le domaine de la recherche appliquée, sachant qu'il n'est pas toujours pertinent de distinguer les deux… Il faut également favoriser la pluridisciplinarité (ou des échanges poussés entre disciplines), car il est de plus en plus indispensable de travailler de façon multidisciplinaire pour capter et expliciter les évolutions économiques, sociales, environnementales, sociétales d'aujourd'hui. Les politiques publiques doivent pouvoir dans cette logique encourager les différents acteurs dans un contexte général de diversité des approches et faciliter leurs initiatives. Dans les territoires par exemple, les enjeux de développement économiques requièrent de façon croissante d'être pensés de façon multidimensionnelle, que l'on se situe dans le champ de la recherche dans ce domaine, ou de la recherche sur les processus innovation territoriaux.

Comment dépasser les logiques de spécialisation, de discipline, et les trajectoires de recherche qu'elles génèrent ? Comment inciter les acteurs de la recherche et de l'innovation à s'engager dans des démarches de décloisonnement susceptibles de favoriser le développement du le travail collaboratif entre filières ?

À partir de l'observation de ma propre activité de financement de la recherche, je constate la montée de nouvelles thématiques émergentes, qui sont par nature transversales. L'importance est de pouvoir repérer ces signaux faibles, qui nous indiquent les questions stratégiques de demain. Etre innovant, c'est également avoir cette capacité de saisir ces signaux faibles, ces tendances, et de les traduire en problématiques de recherche nouvelles, de nature à nous aider à mieux comprendre les évolutions stratégiques de demain.

C'est une des missions de l'Institut CDC pour la Recherche que de financer des travaux de recherche sur des sujets de ce type, en amont de la réflexion stratégique. Ce travail de soutien à la recherche sur les nouvelles thématiques transversales comme le développement durable, la gouvernance des territoires, la compréhension des écosystèmes d'entreprises, l'évolution des modèles économiques, la valorisation des usages, par exemple, implique des démarches multidisciplinaires, ce qui rejoint votre question. Si l'on souhaite capter au mieux les processus émergents, la multiplicité des approches de recherche apporte beaucoup.

Comment sont intégrés les enjeux sociaux et environnementaux ?

La Caisse des Dépôts est un investisseur de long terme responsable. Une charte (la Charte d'investissement responsable de la Caisse des Dépôts) a été signée en 2011 qui énonce les principes d'investissement responsable du Groupe, que vous pouvez retrouver sur le site de la Caisse des Dépôts.

Cette politique d'investisseur est cohérente avec l'identité du Groupe, dont la mission est de concourir au développement économique à long terme du pays. Cette charte décrit notamment la conception de la création de valeur à long terme de la Caisse des Dépôts, qui comporte plusieurs dimensions : création de valeur financière, création de valeur immatérielle, création de valeur sociétale. Cette conception de la valeur permet notamment de bien prendre en compte les impacts de nos investissements, et de nos actions plus généralement, impacts financiers mais aussi socio-économiques ; il y a tout un travail de réflexion sur notre modèle économique pour définir ces effets de long terme. Les principes d'investissement responsable sont ensuite déclinés dans les activités d'investissement, via des analyses ESG notamment, et selon un engagement de long terme.

Cette réflexion est alimentée par un certain nombre de projets de recherche, qui permettent d'approfondir ces problématiques d'investissement à long terme (allocation d'actifs à long terme par exemple), mais aussi sur des sujets transversaux comme les questions environnementales ou de cohésion territoriale. Ces travaux sont menés de façon transversale au sein du groupe, dans une logique d'échange entre chercheurs et opérationnels.et avec l'objectif de nourrir la réflexion collective. De la validation des problématiques de recherche à la diffusion des résultats, en passant par le suivi des projets, le soutien aux projets de recherche peut constituer un levier de dynamique collective au sein du Groupe, et de partage de la réflexion.

Cette action de soutien à la recherche est d'ailleurs logique pour une institution comme la Caisse des Dépôts qui doit sans cesse penser ses missions à long terme, en fonction de l'évolution des besoins économiques, des innovations qui émergent et là où les marchés ne peuvent (ou insuffisamment) intervenir

Comment développer une culture scientifique au niveau du territoire, assurer un environnement propice à la recherche et à l'innovation ?

La Caisse des Dépôts est directement engagée sur ces thématiques : la question de l'organisation de l'économie de la connaissance dans les territoires est un des axes stratégiques de la Direction du Développement territorial et du Réseau. Ludovic Valadier, responsable du Département Innovation, Recherche, Université, est en charge de ces actions, qui portent notamment sur l'accompagnement des universités – dans leurs plans immobiliers par exemple, la mise en place d'une économie de la connaissance s'appuyant sur la valorisation de la recherche, ou encore sur l'appui aux politiques publiques territoriales en direction de la recherche et de l'innovation, comme la politique des pôles de compétitivité.

La logique de long terme qui est celle de la Caisse des Dépôts est favorable à l'appui aux stratégies innovantes dans les territoires. Elle constitue un maillon souvent crucial auprès des projets structurants, grâce à cette capacité de prise de risque de long terme, en amont des marchés. Je dirais que cette approche innovante et responsable, qui est notre travail collectif, constitue une forme d'incubation de nouveaux projets porteurs des tendances à long terme de notre économie.

Quel est le rôle du territoire dans le développement et la valorisation des projets ?

La reconnaissance que le territoire joue un rôle important dans la dynamique de développement économique est un point très important, car cela permet de conduire à des approches de la recherche, de l'innovation, ou encore du soutien aux entreprises cohérentes avec les potentialités locales, de façon intégrée. Dans nos recherches, nous cherchons à développer, expliciter des analyses territorialisées des échanges économiques. Partir de l'ancrage des activités dans les territoires permet de mettre en évidence des « effets territoriaux », de comprendre comment des logiques territoriales peuvent s'avérer bénéfiques pour l'ensemble des acteurs économiques. Ces analyses sont précieuses pour identifier et soutenir les bons leviers de développement territorial, les réseaux d'entreprises innovants, pour penser les filières de demain ou encore accompagner des stratégies centrées sur la valorisation des ressources locales.

Ceci implique notamment de mieux connaître les impacts territoriaux des politiques publiques. Par exemple, beaucoup de dispositifs de politiques publiques ont un caractère national, mais ont des impacts dans les territoires, et ont des effets différenciés en fonction des acteurs des territoires. Il est important de comprendre ces effets territoriaux des politiques publiques nationales. Si l'on veut soutenir de nouvelles activités, les actions en circuits courts, valoriser les ressources locales, il faut bien repérer l'ensemble de ces effets des politiques publiques, nationales, territoriales, locales, en fonction des composantes spécifiques des divers territoires.

Quelles évolutions avez-vous décelé dans les pratiques de la recherche et de l'innovation durant ces dernières années ?

La structuration des financements des projets de recherche a évolué ces dernières années. Du coté des universités, leurs doctrines se sont enrichies pour intégrer les logiques de partenariat, elles sont encouragées à trouver des partenaires pour la mise en œuvre des projets de recherche, qui passe par des mécanismes contractualisation par projet. Ces partenariats permettent un travail de suivi participatif avec les partenaires, ce qui peut faire évoluer les pratiques de recherche et surtout favoriser l'innovation par une ouverture à de nouveaux savoirs au sein des institutions. Nous observons ces démarches également au niveau de la valorisation.

À partir de votre expérience, vers quelles modalités de la gouvernance de la recherche évolue-t-on ?

On ressent pour un certain nombre de sujets de recherche le besoin de favoriser les coopérations et les synergies entre acteurs, qu'il s'agisse des enjeux de pluridisciplinarité que l'on a évoqués, mais aussi entre acteurs de milieux différents, chercheurs, opérationnels, institutionnels ;

croiser les expériences de chacun est d'autant plus important que l'on se situe dans des démarches territoriales, y compris de recherche

Quels sont les plus belles expériences dans votre travail ? Qu'est-ce que vous motive le plus dans votre travail ?

Chaque projet de recherche est passionnant, en ce qu'il pose une question à laquelle nous essayons collectivement de répondre : les chercheurs par le travail de recherche qu'ils effectuent, les acteurs ensuite par la traduction stratégique qu'ils en font et la réflexion qu'ils conduisent pour intégrer de nouvelles données de fond dans les activités. Je citerai un projet qui illustre bien cette démarche à la fois pluridisciplinaire et transversale entre acteurs, mais je pourrai donner d'autres exemples ; s'appuyer sur la recherche pour anticiper les tendances et se préparer aux nouveaux enjeux est toujours très enrichissant, surtout pour un acteur de long terme comme la Caisse des Dépôts. Par exemple, nous avons beaucoup apprécié le travail de recherche sur les circuits courts, qui partait d'une question – comment favoriser des stratégies territoriales centrées sur la valorisation des ressources locales et plus intégrées à l'échelle locale –, et d'une démarche originale d'observation d'expériences pilotes et de conduite du travail via un groupe de réflexion réunissant des experts variés. Notre objectif était d'identifier des questions transversales qui se posent dans les différents terrains observés, pour mieux cerner les enjeux de stratégies territoriales en circuits courts, mais sans pour autant définir un mode de développement.

À l'occasion de ce dernier point, je préciserais pour conclure que l'idée de mettre à jour des processus complexes est très importante, et la recherche peut nous y aider tout particulièrement. Notre époque requiert en effet que nous soyons de plus en plus ouverts à l'idée que les réponses aux défis sont complexes, qu'il n'y a pas un mais des modèles, des systèmes, des solutions diverses et l'articulation avec l'expertise, la recherche amont devient dans ce cadre fondamentale. Cet enjeu de la complexité me motive beaucoup.

Notices biographiques

Smaïl AÏT-EL-HADJ, Professeur à l'ITECH (Institut Textile et Chimique de Lyon), il est responsable de la Cellule recherche en innovation et directeur du mastère *Ingénierie de l'innovation et du produit nouveau.* Ses recherches et interventions en entreprise portent sur le développement des méthodologies de conception, sur leur élargissement à l'éco-conception et sur l'enrichissement des méthodologies d'ingénierie système par la systémique technologique. Précédemment professeur à l'École centrale de Lyon et à l'IAE de Lyon, il a notamment publié : *Systèmes technologiques et innovation* à L'Harmattan et *Les systèmes techniques, lois d'évolution et méthodologies de conception*, avec V. Boly (direction) chez Hermès-Lavoisier.

Sophia ALAMI, Chercheur agroéconomiste au CIRAD, a coordonné un projet de recherche sur la libéralisation de la filière cotonnière dans six pays d'Afrique. Spécialiste de la valorisation de la recherche et l'innovation, elle a été chargée d'affaires innovation à OSEO de 2004 à 2008. Elle travaille aujourd'hui sur les processus d'innovation liés à la recherche pour le développement et sur les mécanismes qui conduisent à des impacts socio-économiques en tant que chargée de mission innovation au sein l'UMR innovation. Membre de la Direction exécutive de l'incubateur « Innodev » de Dakar, elle est fortement impliquée dans la création d'entreprises africaines à partir des résultats de la recherche.

Laurice ALEXANDRE-LECLAIR est Maître de Conférences à l'Université Paris Descartes affiliée au CEDAG et membre du Réseau de Recherche sur l'innovation (RRI). Elle est l'auteure de plusieurs articles sur l'entrepreneuriat et l'entrepreneuriat social et s'intéresse tout particulièrement à l'innovation sociale et à l'entrepreneuriat des femmes. Elle est coresponsable de la thématique Entrepreneuriat et Société à l'association ARHIME et elle est la responsable pédagogique de l'organisation ENACTUS Université Paris Descartes.

Journaliste et essayiste, Sylvain ALLEMAND rend compte depuis près de quinze ans de l'actualité de la recherche, des initiatives et des débats relatifs au développement durable et des thèmes connexes (innovation, entrepreneuriat...). Parmi ses ouvrages : *Développement du-*

rable. Et moi, qu'est-ce que je peux faire ? (actes des Rencontres auxerroises du développement durable 2011), éditions Edilivre, 2012 ; *Culture, tourisme et territoire, des synergies à construire* (coordination), éditions La Librairie des territoires, 2011 ; *La Microfinance*, Ellipses, 2011 ; *Pourquoi le développement durable ?*, Belin, 2010 ; *Économie sociale et solidaire, nouvelles trajectoires d'innovation ?*, en codirection avec Sophie Boutiller, L'Harmattan, 2010.

Jean-Claude ANDRÉ, Ingénieur ENSIC, Docteur d'État en Sciences Physiques, est DR CNRS - émérite au Laboratoire Réactions et Génie des Procédés UMR 7274 CNRS à Nancy et est conseiller auprès de la Direction d'INSIS-CNRS à Paris pour des aspects innovations, responsabilité de la recherche, etc. Il a été pendant plus de 12 ans Directeur scientifique de l'Institut National de Recherche et de Sécurité (risques professionnels). Ses domaines de recherche actuels concernent les applications de l'optique, les nanotechnologies, l'expertise dans le domaine des risques, la prospective et l'innovation responsable.

Benoît BERTRAND, Docteur en biologie est directeur adjoint de l'Unité de Recherches Résistance des Plantes aux Bioagresseurs (IRD-CIRAD-UM2). Il mène des recherches sur l'hétérosis chez les caféiers et l'adaptation au changement climatique. De 1990 à 2002, alors qu'il coordonnait un réseau de recherches en Amérique Centrale sur la génétique des caféiers, Il a créé des hybrides F1 qui sont actuellement propagés et diffusés en Amérique Centrale et au Mexique. Il est l'auteur d'une cinquantaine d'articles scientifiques et a contribué à de nombreux ouvrages sur les caféiers et l'amélioration génétique. Il vient notamment de contribuer à l'ouvrage *Cultiver la biodiversité pour transformer l'agriculture* aux éditions Quae.

Sophie BOUTILLIER est Maître de Conférences en économie, habilitée à diriger des recherches à l'Université de littoral Côte d'Opale et docteur en sociologie. Elle est chercheure au Lab.RII/Grei Université du Littoral Côte d'Opale et du Clersé (Centre Lillois d'Études et de Recherches sociologiques et Économiques, UMR 8019) à l'Université de Lille 1, et directrice du master Stratégie d'Innovation et Dynamiques Entrepreneuriales. Elle est vice-présidente du Réseau de Recherche sur l'Innovation, chargée de l'entrepreneuriat. Ses travaux de recherche portent principalement sur la théorie économique de l'entrepreneur et de l'innovation et sur les changements économiques et sociaux qui en découlent. Elle est l'auteur de plusieurs articles scientifiques et d'ouvrages publiés notamment aux éditions Peter Lang.

Danièle CLAVEL est agronome et généticienne, docteur en sciences de l'environnement de l'université Paris XII et diplômée en sciences sociales pour le développement. Elle a travaillé 15 ans en Afrique notamment dans le domaine de l'adaptation à la sécheresse. Ses activités actuelles à Montpellier portent sur l'innovation et le rôle des savoirs dans les zones sèches d'Afrique. À ce titre elle a coordonné des projets européens ainsi que des ateliers internationaux et a publié en 2011 un ouvrage intitulé *Savoirs et développement rural : le dialogue au cœur de l'innovation* aux éditions Quae.

Gabriel COLLETIS, Professeur de sciences économiques à l'Université de Toulouse 1-Capitole. Ses recherches couvrent les champs de l'économie industrielle, de l'économie spatiale et régionale, de l'économie de la connaissance. Ses derniers ouvrages sont *L'urgence industrielle !*, Les Editions Le Bord de l'Eau (2012), *Les Nouveaux horizons du capitalisme* (codirection avec Bernard Paulré), Economica (2008) et *La France industrielle en question* (codirection avec Yannick Lung), La Documentation Française (2007). Il a été conseiller scientifique du service du développement technologique et industriel du Commissariat au Plan. Il est aujourd'hui membre du Club d'Analyse économique de la Région Midi-Pyrénées.

Marc-Hubert DEPRET est Maître de Conférences en sciences économiques à l'Institut des Risques Industriels, Assurantiels et Financiers (Université de Poitiers). Depuis septembre 2013, il mène ses activités de recherche au sein du Centre de Recherche sur l'Intégration Économique et Financière (EA 2249). Il est spécialisé en économie de l'innovation et de la connaissance, en économie géographique et en économie industrielle. Ses recherches portent sur les dynamiques d'émergence et de structuration des réseaux d'innovation et des clusters. Il est également membre associé du BETA (UMR 7522) et un des vice-présidents du Réseau de Recherche sur l'Innovation.

Faridah DJELLAL est Professeur à l'Université Lille à la Faculté des Sciences Économiques et Sociales. Spécialiste d'économie des services et de l'innovation, elle est membre du Laboratoire Clersé-CNRS (Centre Lillois d'Études et de Recherches Économiques et Sociologiques, UMR 8019), du RRI (Réseau de Recherche sur l'Innovation) et du RESER (association européenne de recherche sur les services).

Faïz GALLOUJ est Professeur à l'Université Lille 1. Il est membre du Laboratoire Clersé-CNRS (Centre Lillois d'Études et de Recherches

Économiques et Sociologiques, UMR 8019), du RRI (Réseau de Recherche sur l'Innovation) et du RESER (association européenne de recherche sur les services). Il est directeur de deux masters spécialisés dans l'économie et le management des services et de l'innovation. Dans ces deux domaines, il a publié une douzaine d'ouvrages.

Titulaire d'un doctorat en Biochimie végétale, Annie GEAY a rejoint l'ANVAR en 1984, où elle a assuré des responsabilités en délégations régionales et au siège de l'établissement. En 2005, avec la création d'OSEO, elle a contribué en Pays de la Loire puis en Ile de France au développement des synergies entre les trois grands métiers d'OSEO (innovation, garantie et financement). En 2007, elle a pris la charge de la direction de l'innovation, puis de celle de l'expertise et du développement de l'innovation au siège d'OSEO. Depuis la fusion juridique des différentes entités du groupe OSEO début 2011, elle anime la direction de l'évaluation et des études d'OSEO.

Jacques GRANGÉ est Directeur de l'Aménagement de la ville de Tremblay en France. Il est Diplômé d'Études Supérieures en Sciences Économiques, Urbaniste Qualifié (Office Professionnel de Qualification des Urbanistes) et Ingénieur Principal de la Fonction Publique Territoriale. Il est Président d'Urbanistes en Ile de France (union régionale du Conseil Français des Urbanistes) et Vice-Président d'Urbanistes des Territoires.

Blandine LAPERCHE est Maître de Conférences en sciences économiques, habilitée à diriger des recherches. Elle est membre du Lab.RII/Grei Université du Littoral Côte d'Opale et du Clersé, UMR 8019, Université de Lille 1. Elle est aussi vice-présidente du Réseau de Recherche sur l'Innovation. Ses travaux portent sur l'économie industrielle et de l'innovation avec un intérêt particulier pour les stratégies des entreprises (Droits de propriété intellectuelle, innovation verte, etc.). Elle a récemment publié (en codirection) *Innovation, Crisis and Sustainable Development*, E. Elgar (2012) et *L'innovation verte. De la théorie aux bonnes pratiques*, Peter Lang (2012).

Bruno LASSALLE est Saint Cyrien de la promotion lieutenant Darthenay (1974-76). Ayant choisi initialement de servir dans l'artillerie au sein des troupes de montagne, il a commandé le 93° régiment d'artillerie de montagne de Grenoble-Varces, et œuvré en administration centrale en particulier pour la préparation de l'avenir. Il est depuis début 2012 adjoint opérationnel de la MIP. Général de brigade en deuxième section.

Bruno Lassalle est diplômé du cours supérieur des systèmes d'armes terrestres (CoSSAT) et fut auditeur de la 37° promotion du CHEAr. Il est chevalier de la Légion d'honneur et officier de l'ordre national du Mérite.

Laurent LEMIRE est journaliste au *Nouvel Observateur* et à *Livres Hebdo*, il est l'auteur de plusieurs ouvrages sur l'histoire des sciences dont *Les savants fous* (Laffont, 2011) et *Ces savants qui ont eu raison trop tôt* (Tallandier, 2013).

Zeting LIU est docteur en économie (CNAM-Paris), chercheur au Laboratoire de recherche sur l'industrie et l'innovation-Clersé (UMR 8019) et membre du Réseau de Recherche sur l'Innovation. Son domaine de recherche couvre les politiques du soutien à l'innovation des entreprises et les PME innovantes. Elle auteure de *Politiques d'innovation et les PME*, L'Harmattan, 2013.

Jean-Hervé LORENZI est Président du Cercle des Économistes, Conseiller du Directoire de la Compagnie Financière Edmond de Rothschild. Il est également titulaire d'une chaire : « économie du vieillissement » de la Fondation du Risque. Il a commencé sa carrière en 1975 en tant que Professeur d'économie à l'Université de Paris XIII et à l'école Normale Supérieure. Entre 1979 et 2000, il a été Conseiller auprès du Président du Groupe Havas (développement des nouvelles technologies) ; Directeur Adjoint de la DIELI (Direction des Industries Electroniques et Informatiques) au Ministère de l'Industrie, Chef de la Mission Informatique ; Conseiller technique du Ministre de l'Industrie en charge des nouvelles technologies ; Conseiller Économique du Premier Ministre (industrie, services, télécommunications) ; Directeur Général de CEA Industrie et Directeur Général Adjoint puis Directeur Général Délégué de Gras Savoye. Il est docteur en sciences économiques et a reçu, pour sa thèse, le prix 1975 de l'A.F.S.E (Association Française de Sciences Économiques). Il a également été reçu premier à l'agrégation des Facultés de Droit et Sciences Économiques en 1975. Il est l'auteur de nombreux ouvrages et articles et participe à diverses émissions de radio et de télévision.

Camille MAFFEZZOLI, Ingénieur ISTOM en Agro-Développement International. Elle a réalisé deux missions au Pérou dans le secteur du café. Une évaluation d'impact d'un projet de renforcement des compétences de petits producteurs organisés en coopérative et la création d'une franchise de coffee shop pour le café de qualité. En 2012, elle a collaboré avec le CIRAD pour l'évaluation de l'impact de deux innovations issues de la recherche du centre et l'analyse du processus d'innovation au Nicaragua. Elle suit actuellement, au sein de l'IRC, une formation d'Ingénieur de Spécialisation sur les innovations et la gouvernance des systèmes alimentaires. Elle réalise son stage avec l'INRA et la FRCIVAM sur l'étude de modèles de coordination économique, dans le cadre d'un projet de développement des filières courtes en France.

Michel MARCHESNAY est Professeur émérite de l'Université de Montpellier. Ses travaux actuels portent sur l'entrepreneuriat, l'entrepreneur, la toute petite entreprise, l'artisanat, en lien avec l'épistémologie, notamment les apports du pragmatisme. Il a présidé l'AIMS et l'AIREPME, après avoir fondé l'ADEFI et créé l'ERFI (Equipe de Recherche sur la Firme et l'Industrie. Un prix international Julien-Marchesnay est attribué tous les deux ans à un chercheur confirmé ayant contribué au développement de la recherche en entrepreneuriat et PME.

Jean-Luc MASSET est diplômé de l'école Polytechnique (X 1976), et de l'École Nationale Supérieure de l'Aéronautique et de l'Espace (ENSAE 1981). Directeur d'établissements de la DGA (Direction Générale de l'Armement) (AIA Bordeaux de 2004 à 2006 et DGA Essais de missiles de 2009 à 2011), il est depuis 2011 chef de la Mission pour le développement de l'innovation participative (MIP) pour l'ensemble du ministère de la Défense. Ingénieur Général de 1ère classe de l'Armement, Jean-Luc Masset a été auditeur de la 36e session du CHEAr. Il est chevalier de la Légion d'honneur et officier de l'ordre national du Mérite.

Hugues-Arnaud MAYER est docteur en Pharmacie, titulaire d'un MBA-HEC, et entrepreneur (Nosoco.tech – biotech, Chasaygas – énergies vertes, BBM&A – expertise européenne, Alliance – logement social). Il est aussi président de la Commission Innovation du MEDEF, membre du CA de l'ANRT. Il a publié des articles scientifiques en biologie et contribué à de nombreux articles, posters, interventions dans des colloques ou congrès européens sur des thèmes variés mais orientés vers la création de valeur dans les PME grâce à l'innovation et l'international, en particulier dans le cadre de projets collaboratifs.

Johan VAN NIEL est ingénieur et titulaire d'un master en écologie industrielle et développement durable. Ses expériences professionnelles l'ont amené à s'intéresser, entre autres, aux outils d'évaluation du développement durable et aux stratégies d'innovation dans le domaine de la chimie « doublement verte ». Il réalise actuellement une thèse de doctorat en cotutelle (Université de technologie de Troyes, directeur Nicolas Buclet, et Université de Lausanne, directeur Dominique Bourg) portant sur les implications d'une généralisation de l'économie de fonctionnalité, dans le cadre de laquelle il participe à plusieurs travaux de recherche sur ce modèle économique émergent.

Patrice NOAILLES-SIMÉON Fondateur de l'Institut Politiques & Technologies (1985), conseiller technique du ministre de la Recherche et de l'Enseignement Supérieur (1986), conseiller municipal de la ville de Sceaux (1983-1995), dirigeant de deux Fonds de capital investissement dans les années 1990-2000 ; auteur de *De Gaulle & la technologie*, préface de Stanley Hoffmann (1994, avec Gilles Marchandon) et de *L'innovation – valeur, économie, gestion* (2008, avec Serge Chambaud). Actuellement, il est président de Seillans investissement SCR, fonds de capital-risque, Membre du Réseau de Recherche sur l'Innovation et administrateur de l'Université d'Evry. Il prépare un Forum des politiques publiques d'innovation.

Pierre PAPON, physicien, est Professeur émérite à l'École Supérieure de Physique et Chimie Industrielles de Paris (ESPCI). Il a été Directeur général du CNRS et PdG de l'Ifremer. Il est président d'honneur de l'OST (Observatoire des Sciences et des Techniques), vice-président du Conseil d'administration de la Fondation Maison de sciences de l'homme. Auteur d'une douzaine d'ouvrages sur la physique, l'énergie et la prospective, il a publié en septembre 2012 chez Albin Michel, *À la recherche du futur, prospective 2050 science et société*, un essai de prospective de la science et de la technologie en relation avec les questions de société.

Directeur Adjoint Innovation Industrielle à l'ONERA, Dr. Florin PAUN est en charge du Transfert de Technologie, de la Protection et de la Valorisation de la propriété industrielle et du développement commercial des affaires à l'international. En tant qu'économiste, ses articles scientifiques (repris par Technology Transfer Society, réseau C.U.R.I.E et AUTM, ANRT) traitent de l'usage efficient des relations de collaboration notamment en faveur des PME innovantes. Il conseille aussi des gouvernements européens sur les politiques d'innovation. Son expertise porte sur la compréhension des asymétries existantes entre les différentes parties impliquées dans les processus d'innovation et les outils collaboratifs de compensation/réduction (DRL) de celles-ci.

Yvon PESQUEUX est Professeur titulaire de la chaire « Développement des Systèmes d'Organisation » du Conservatoire National des Arts et Métiers (Paris). Normalien, agrégé des Techniques Économiques de Gestion, docteur ès Sciences Économiques de l'Université de Paris-Sorbonne et Docteur Honoris Causa de l'Université de Galati (Roumanie), il est l'auteur de nombreux articles scientifiques. Ses travaux de recherche portent principalement sur les rapports entre philosophie et organisation. Il a publié des ouvrages dont les derniers sont les suivants : *L'« école japonaise » d'organisation*, Editions AFNOR, Paris, 2009 (en collaboration), *Management de la connaissance*, Economica, Paris, 2011, 2° édition (en collaboration), *Imaginaires, Savoirs, Connaissance*, Colloque du CNAM des Pays de Loire, Angers, 2010, Editions du CNAM-Pays de Loire, 2012 (en collaboration), *Le développement professionnel des cadres – apprentissage et gestion des connaissances* (éd.), SCEREN / ESEN, Poitiers 2012, *Contrôle de gestion – Des outils de gestion aux pratiques organisationnelles*, 4° édition, Paris, Dunod, 2013 (en collaboration avec Hélène Löning, VéroniqueMalleret, Jérôme Méric et avec la participation d'Andre Solé), *Epistémologie des sciences de gestion*, Paris, Vuibert, 2013 (en collaboration avec Alain-Charles Martinet). Il est également Past President de l'IFSAM (International Federation of Scholarly Associations of Management). Il est éditeur de la revue *Society and Business Review* (EmeraldPublishing).

Fabienne PICARD est Maître de Conférences en sciences économiques à l'Université de Technologie de Belfort-Montbéliard. Elle exerce son activité de recherche au sein de l'Institut de Recherche sur les Transports, l'Energie et la Société (EA7274) où elle est Directrice Adjointe du laboratoire RECITS. Son activité de recherche se focalise sur les systèmes d'innovation, dans leur dimension territoriale et technologique. Elle s'intéresse plus spécifiquement aux processus d'émergence et de diffusion des nouvelles technologies de l'énergie (*smart grids*, pile à combustible) et à l'impact de la transition durable sur l'organisation et le management de l'innovation dans les entreprises.

Frédérique SAVEL est responsable des études économiques à la Direction de la stratégie et du pilotage à CDC Entreprises. Elle était auparavant Directrice d'investissement à CDC Infrastructure où elle a conduit de grands projets. En 2003 à sa création, Frédérique a rejoint le département des partenariats publics-privés de la CDC et est intervenue dans les montages financiers en fonds propres des premiers projets. Elle a également travaillé à la gestion des actifs immobiliers de la Direction bancaire de la CDC après avoir été consultante au BIPE (Bureau d'information et de Prévisions Économiques). Frédérique Savel est docteur en économie.

Slim THABET est Chef de projet à la Direction de la prospective, de la programmation, de l'aménagement durable et de l'Europe du Conseil Régional de Picardie (DIPPADE). Ses travaux contribuent à l'élaboration des politiques régionales de développement économique et d'aménagement du territoire. Titulaire d'un doctorat en sciences économiques, il membre du Centre de Recherche sur l'Industrie, les Institutions et les Systèmes Économiques d'Amiens (CRIISEA) et enseigne à la Faculté d'économie et de gestion de l'Université de Picardie Jules Verne. Ses domaines de spécialité sont l'histoire de la pensée économique, la macroéconomie, l'économie keynésienne ainsi que le développement territorial.

Dimitri UZUNIDIS est professeur d'économie politique. Spécialiste en économie internationale, de l'entrepreneur et de l'innovation, il est aussi directeur de publication des revues *Innovations, Cahiers d'économie de l'innovation*, *Journal of Innovation Economics* et *Marché et Organisations*. Il a aussi des responsabilités éditoriales chez Peter Lang, De Boeck, Springer, etc. Il est actuellement président du Réseau de Recherche sur l'Innovation. Certaines de ses publications et directions d'ouvrages : *John Kenneth Galbraith and the Future of Economics*, PalgraveMacMillan, London, 2005, *Innovation, Evolution and Economic Change. New Ideas in the Tradition of Galbraith*, E. Elgar, Cheltenham, 2006, *Genesis of Innovation. Systemic Linkages between Knowledge and Market*, E. Elgar, Cheltenham, 2008, *Powerful Finance and Innovation Trends in a High-Risk Economy*, Palgrave MacMillan, 2008, *Innovation Networks and Clusters: The Knowledge Backbone*, Peter Lang, Brussels, 2010, *Crisis, Innovation and Sustainable Development. The Ecological Opportunity*, E. Elgar, Cheltenham, 2012.

Ingrid VAILEANU-PAUN est économiste, experte en économie de la fonctionnalité. Elle a été expert pour Mission Prospective du Gouvernement sur la Transition vers une économie écologique, pour le programme gouvernemental BIPE et Smart Grids et expert invité pour la rédaction des programmes internationaux ANR. Ses articles scientifiques portent sur l'évolution des stratégies des entreprises et des territoires, sur l'impact du renouvellement des relations avec le client et leurs parties prenantes (BtoBtoC), sur l'évolution des offres fonctionnelles pour la compétitivité des entreprises ainsi que sur la territorialisation des enjeux d'évaluation participative.

Nejla YACOUB est Maître-Assistante en Économie à la Faculté des Sciences Économiques et de Gestion de Mahdia (Tunisie). Elle est Docteur en Économie Industrielle et de l'Innovation de l'Université du Littoral Côte d'Opale (France) et de l'Université de Tunis El Manar (Tunisie). Elle s'intéresse en particulier à la question de la brevetabilité et de l'innovation dans les économies en développement, notamment dans le secteur pharmaceutique. Nejla Yacoub est membre de l'unité de recherche en Économie Appliquée et Simulation (EAS) à Mahdia et du Réseau de Recherche sur l'Innovation (RRI) à Paris. Elle est aussi membre de l'association GREEGS (Groupe de Recherche et d'Étude en Économie et en Gestion) et chercheure associée au Laboratoire de Recherche en Économie, Management et Finance Quantitative (LaREMFIQ) à Sousse.

Business & Innovation

The creation of new activities, of news production and consumption modes, of new goods and services, of new markets and new jobs (etc.) depends as much on the heroic action of entrepreneurs as on the strategies of big corporations which develop their activities at a global scale. Innovation and business are interlinked. The main themes of the books published in this series are: Entrepreneurship, enterprise and innovation; Innovation strategies in a global context; Innovation policies and business climate; Innovation, business dynamics and socio-economic change. The synergies between innovative entrepreneurship, firms' strategies and innovation policies is of major importance in the explanation of technological paradigms change and of the transformations in economic and social structures of wealthy and less wealthy countries. In this series are published books in English or in French specialized in economics, management and sociology of innovation and also dealing with change and entrepreneurship in a local, national or international perspective.

This series is supported by the Research Network on Innovation.

La création de nouvelles activités, de nouveaux modes de production et de consommation, de nouveaux biens et services, de nouveaux marchés, de nouveaux emplois, etc. repose aussi bien sur l'action héroïque des entrepreneurs que sur la stratégie des grandes entreprises qui se déploient sur une échelle mondiale. L'innovation et les affaires sont intrinsèquement liées. Trois grandes thématiques seront particulièrement privilégiées : Entrepreneuriat, entreprise, innovation et développement durable ; Innovation et réseaux ; L'Innovation dans un contexte global. Les rapports synergiques entre entrepreneuriat innovant, stratégies des firmes et politiques d'innovation est un axe majeur dans le changement des paradigmes technologiques et la modification des structures économiques et sociales des pays riches et moins riches. Dans la collection sont publiés en français ou en anglais des ouvrages d'économie, de management et de sociologie de l'innovation, du changement et de l'entrepreneur dans une perspective locale, nationale et internationale.

La collection bénéficie de l'appui du Réseau de Recherche sur l'Innovation.

FSC
www.fsc.org
MIX
Papier | Fördert
gute Waldnutzung
FSC® C083411

Kolibri 360 GmbH
Ferdinand-Jühlke-Straße 7
99095 Erfurt, Deutschland
produktsicherheit@kolibri360.de